Thieme

Innere Medizin in Frage und Antwort

Hermann Sebastian Füeßl

8. unveränderte Auflage
73 Abbildungen

Georg Thieme Verlag
Stuttgart • New York

Prof. Dr. med. H.S. Füeßl
Internist und Gastroenterologe
Leitender Arzt am Bezirkskrankenhaus
85540 Haar bei München

Die Deutsche Bibliothek – CIP-Einheitsaufnahme
Füeßl, Hermann:
Innere Medizin in Frage und Antwort/Hermann Sebastian Füeßl. – 7. überarb. Aufl. – Stuttgart : Thieme, 2001

Begründet von Hansjörg Netolitzky

Wichtiger Hinweis: Wie jede Wissenschaft ist die Medizin ständigen Entwicklungen unterworfen. Forschung und klinische Erfahrung erweitern unsere Erkenntnisse, insbesondere was Behandlung und medikamentöse Therapie anbelangt. Soweit in diesem Werk eine Dosierung oder eine Applikation erwähnt wird, darf der Leser zwar darauf vertrauen, dass Autoren und Verlag große Sorgfalt darauf verwandt haben, dass diese Angabe dem **Wissensstand bei Fertigstellung des Werkes entspricht**.

Für Angaben über Dosierungsanweisungen und Applikationsformen kann vom Verlag jedoch keine Gewähr übernommen werden. **Jeder Benutzer ist angehalten**, durch sorgfältige Prüfung der Beipackzettel der verwendeten Präparate und gegebenenfalls nach Konsultation eines Spezialisten festzustellen, ob die dort gegebene Empfehlung für Dosierungen oder die Beachtung von Kontraindikationen gegenüber der Angabe in diesem Buch abweicht. Eine solche Prüfung ist besonders wichtig bei selten verwendeten Präparaten oder solchen, die neu auf den Markt gebracht worden sind. **Jede Dosierung oder Applikation erfolgt auf eigene Gefahr des Benutzers**. Autoren und Verlag appellieren an jeden Benutzer, ihm etwa auffallende Ungenauigkeiten dem Verlag mitzuteilen.

1. Auflage 1973
2. Auflage 1975
3. Auflage 1982
4. Auflage 1986
5. Auflage 1992
6. Auflage 1997
7. Auflage 2001

Umschlaggestaltung: Thieme Verlagsgruppe
Umschlagfoto: Thomas Stephan, Munderkingen
Zeichnungen: Christiane und Dr. Michael von Solodkoff, Neckargemünd

Printed in Germany
Satz: Dörlemann Satz, D-49448 Lemförde
Druck: Druckerei Appl, D-86650 Wemding

ISBN 3-13-496308-6 1 2 3 4 5 6

Vorwort zur 7. Auflage

Für das 1973 von Dr. Netolitzky begründete und über viele Jahre hinweg betreute Werk ist aufgrund des raschen Wandels in wichtigen Gebieten der Inneren Medizin eine erneute Überarbeitung notwendig geworden. Der grundsätzliche Aufbau in Form der Wissensvermittlung durch Fragen und Antworten blieb beibehalten, da er sich nach dem Urteil der Leser bewährt hat. Durch Verzicht auf die breite Darstellung heute kaum mehr relevanter Krankheitsbilder und Untersuchungsverfahren konnte trotz des Wissenszuwachses in der Inneren Medizin der Gesamtumfang des Werkes gleich gehalten werden. Es bleibt den Dozenten und den Auszubildenden bzw. Studenten an den Krankenpflegeschulen oder Fachhochschulen überlassen, auf welche Fragen verzichtet werden kann und wo noch mehr in die Tiefe gegangen werden muss.

Verschiedene Informationen übersteigen vielleicht die Anforderungen, wie sie an Examenskandidaten für Pflegeberufe gestellt werden. Das Buch soll aber über die Examensvorbereitung hinaus auch als Kompendium der Inneren Medizin und kleines Nachschlagewerk auf der Station dienen. Ein detailliertes Sachregister ermöglicht das rasche Auffinden der gewünschten Information.

Die Lesegewohnheiten haben sich in unserer durch Bilder geprägten Zeit ebenfalls stark verändert. Der Georg Thieme Verlag hat das Werk durch ein neues Layout und eine grafische Auflockerung für den Leser wesentlich attraktiver gemacht. Die klinischen Abbildungen wurden ergänzt und aktualisiert und die Schemazeichnungen farbig gestaltet. Damit dürften die Lesbarkeit und der didaktische Wert des Buches weiter gewonnen haben.

Alle an dem Werk Beteiligten haben sich um eine sorgfältige redaktionelle Bearbeitung und optimale Gestaltung bemüht. Gerade in einem so komplexen Werk ist aber nichts so gut, dass es nicht noch verbessert werden könnte. Daher bitte ich alle Lehrenden und Lernenden um Anregungen und Kritik mit dem Ziel, die Fragensammlung laufend den Bedürfnissen der mit dem Buch arbeitenden Zielgruppe anzupassen. Mein besonderer Dank gilt den immer hilfsbereiten und verständnisvollen Mitarbeitern des Verlages, insbesondere Frau Christine Grützner und Frau Dagmar Kleemann.

München, September 2001 Hermann Sebastian Füeßl

Inhaltsverzeichnis

1 Einführung **1**
1.1 Anatomie und Physiologie 1
1.2 Allgemeine Krankheitslehre 2
2 Blut **6**
2.1 Anatomie und Physiologie 6
2.2 Untersuchungsmethoden 15
2.3 Krankheiten des Blutes 21
Anämien 21
Polyzythämie und Polyglobulie 26
Krankheiten der Leukozyten 27
Maligne Lymphome 30
Knochenmarkschädigungen 32
Hämorrhagische Diathesen 34
2.4 Spezielle Therapien 36
Transfusionen 36
Transplantationen 39
3 Lymphatisches System und Milz **41**
3.1 Anatomie und Physiologie 41
3.2 Untersuchungsmethoden 43
3.3 Krankheiten des lymphatischen Systems und der Milz 43
Lymphatisches System 43
Milz 44
4 Immunsystem **45**
4.1 Anatomie und Physiologie 45
4.2 Krankheiten des Immunsystems 47
5 Blutkreislaufsystem **49**
5.1 Anatomie und Physiologie 49
Arterien 50
Kapillaren 54
Venen 54
5.2 Untersuchungsmethoden 55
5.3 Krankheiten des Blutkreislaufsystems 58
Arterien 58
Venen 63
Embolie 65

Hypotonie . . . 67
Hypertonie . . . 68
Schock . . . 70
Apoplexie . . . 74

6 Herz . . . 79

6.1 Anatomie und Physiologie . . . 79
6.2 Untersuchungsmethoden . . . 85
6.3 Krankheiten des Herzens . . . 94
Endokarditis . . . 95
Myokarditis . . . 98
Perikarditis . . . 98
Erkrankungen der Herzklappen . . . 99
Erkrankungen der Koronararterien . . . 101
Herzinsuffizienz . . . 109
Herzrhythmusstörungen . . . 116
Angeborene Herzfehler . . . 128

7 Atmungssystem . . . 130

7.1 Anatomie und Physiologie . . . 130
7.2 Untersuchungsmethoden . . . 137
7.3 Krankheiten des Atmungssystems . . . 142
Erkrankungen von Nase, Rachen und Kehlkopf . . . 142
Erkrankungen der Lungen . . . 145
Erkrankungen von Pleura und Mediastinum . . . 159
Pathologische Atemtypen . . . 162

8 Verdauung . . . 164

8.1 Anatomie und Physiologie . . . 164
8.2 Untersuchungsmethoden . . . 174
8.3 Krankheiten des Verdauungssystems . . . 187
Erkrankungen des Mundes . . . 187
Erkrankungen der Speiseröhre . . . 189
Erkrankungen des Magens . . . 194
Erkrankungen des Dünn- und Dickdarms . . . 202
Erkrankungen des Peritoneums . . . 209
Erkrankungen des Pankreas . . . 211
Erkrankungen der Leber . . . 213
Erkrankungen der Gallenwege . . . 221

9 Harnsystem . . . 226

9.1 Anatomie und Physiologie . . . 226
9.2 Untersuchungsmethoden . . . 231
9.3 Krankheiten des Harnwegssystems . . . 239
Erkrankungen der Nieren . . . 239
Erkrankungen der Blase . . . 251
Veränderungen der Urinausscheidung . . . 252

9.4 Spezielle Therapien . . . 253
Dialyse . . . 253
Nierentransplantation . . . 254
10 Endokrines System . . . 256
10.1 Anatomie und Physiologie . . . 256
10.2 Untersuchungsmethoden . . . 264
10.3 Krankheiten des endokrinen Systems . . . 267
Erkrankungen der Hypophyse . . . 267
Erkrankungen der Schilddrüse . . . 269
Erkrankungen der Nebenschilddrüsen . . . 273
Erkrankungen der Nebennieren . . . 274
Erkrankungen des Inselapparats des Pankreas . . . 277
11 Stoffwechsel . . . 278
11.1 Untersuchungsmethoden . . . 278
11.2 Krankheiten des Stoffwechsels . . . 280
Diabetes mellitus . . . 280
Gicht . . . 293
Störungen des Fettstoffwechsels . . . 295
Weitere Störungen des Stoffwechsels . . . 296
Störungen der Ernährung . . . 296
Störungen der Nährstoffzufuhr . . . 302
12 Rheumatischer Formenkreis . . . 310
12.1 Untersuchungsmethoden . . . 310
12.2 Krankheiten des rheumatischen Formenkreises . . . 310
Rheumatisches Fieber . . . 312
Chronische Polyarthritis . . . 313
Degenerative Erkrankungen der Gelenke und der Wirbelsäule . . . 314
Kollagenosen . . . 317
13 Immunsystem und Infektionen . . . 319
13.1 Untersuchungsmethoden . . . 319
13.2 Erkrankungen des Immunsystems . . . 327
Allergien . . . 327
Immunität . . . 330
13.3 Infektionskrankheiten . . . 332
Gesetzliche Vorschriften . . . 339
Epidemiologie und Immunologie . . . 339
Desinfektion und Sterilisation . . . 342
Klinik und Pflege bei Infektionskrankheiten . . . 347
Erkrankungen durch Bakterien . . . 353
Erkrankungen durch Chlamydien . . . 382
Erkrankungen durch Viren . . . 384
Erkrankungen durch Pilze . . . 407

Erkrankungen durch Protozoen (einzellige tierische Erreger) 409
Erkrankungen durch Metazoen (mehrzellige Tiere) 416

Sachverzeichnis **422**
Literaturverzeichnis **449**

1 Einführung

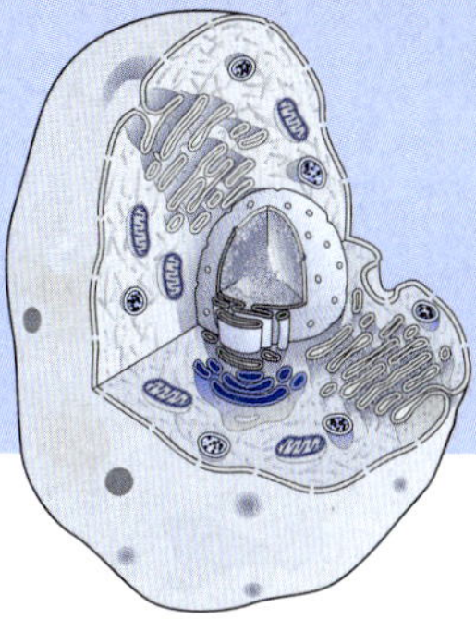

1.1 Anatomie und Physiologie

Aus welchen Bausteinen und Funktionssystemen baut sich der menschliche Körper auf?
Aus Zellen, Geweben, Organen und Organsystemen.

Was sind Zellen?
Zellen sind die kleinsten, nur im Mikroskop sichtbaren Baubestandteile der Lebewesen (lat. cella = Kammer). Sie schwanken in ihrer Größe um einige tausendstel Millimeter (1/1000 mm = 1 μm) und zeigen je nach Spezialisierung sehr verschiedene Gestalt und Funktion.

Geben Sie Beispiele von wichtigen Spezialisierungen der Körperzellen.
Weiße Blutkörperchen (Leukozyten) können ihre meist runde Form verändern, sich langsam fließend fortbewegen, aus dem Blut in das Gewebe übertreten und eingedrungene Krankheitserreger in sich aufnehmen und unschädlich machen (Phagozytose). Sie stellen die urtümlichste und vielseitigste Zellart im Organismus dar.

Bei den Muskelzellen ist die Fähigkeit zur Kontraktion des Zellleibes in besonders hohem Maße ausgeprägt. Die Nervenzellen oder Neuronen weisen als Spezialisierung die Erregbarkeit und die Erregungsleistung des Zellleibes (Protoplasma) auf. Drüsenzellen vermögen bestimmte Stoffe, z.B. Sekrete oder Hormone, zu produzieren. Epithel- oder Deckzellen überziehen Organoberflächen.

Ei- und Samenzellen ermöglichen die Fortpflanzung mit dem Aufbau eines neuen Individuums. Außerdem gibt es noch viele andere Zellarten wie Bindegewebszellen, Fettzellen, Knochenzellen, Knorpelzellen u.a.m.

Was ist ein Gewebe?
Zellen bilden – als Bausteine des Organismus – durch Anhäufung in bestimmter Anordnung größere Baueinheiten des Körpers, die Gewebe, z.B. Muskelgewebe, Nervengewebe, Drüsengewebe. Gewebe sind Verbände gleichartig spezialisierter Zellen für bestimmte Aufgaben. Die wissenschaftliche Lehre vom Gewebe heißt Histologie.

Wie werden menschliche Organe gebildet?

Menschliche Organe werden durch die sinnvolle Verbindung verschiedener Gewebe aufgebaut, die bestimmte Funktionen zu erfüllen haben. Das Herz z.B. besteht aus Muskelgewebe mit Blutgefäßen und Bindegewebe, die Lunge aus Epithelzellen der Lungenbläschen, den Blutgefäßen der Lunge usw.

Was ist ein Organsystem?

Einige Organe bilden durch engere Koordinierung übergeordnete Funktionssysteme zur Bewältigung größerer Aufgabenkomplexe wie Verdauung, Atmung, Blutkreislauf u.a.m.

Welche Organsysteme bilden den Organismus?

Der Organismus besteht aus folgenden Organsystemen: Kreislaufsystem (aus Herz, Blutgefäßen und Blut), Atmungssystem, Verdauungssystem, Harnapparat, Hormondrüsen (das Endokrinium), Nervensystem und die Sinnesorgane, Haut, Bewegungsapparat, Geschlechtsorgane.

1.2 Allgemeine Krankheitslehre

Was ist Gesundheit?

Gesundheit ist der Zustand, in dem alle Organe ungestört ihre Tätigkeit entfalten können, zur Erhaltung des Organismus harmonisch zusammenwirken (Erhaltung des Individuums) und die Fortpflanzung gewährleisten (Erhaltung der Art).

Wie definiert die Weltgesundheitsorganisation Gesundheit?

Als Zustand völligen körperlichen, seelischen und sozialen Wohlbefindens und nicht nur das Freisein von Krankheit und Gebrechen. Das für jeden Menschen erreichbare Höchstmaß an Gesundheit bezeichnet sie als eines seiner Grundrechte.

Was darf als „normal" bezeichnet werden?

Unter Norm kann der statistische Durchschnitt verstanden werden, z.B. die Durchschnittsgröße einer Bevölkerungsgruppe. Aber alle, die größer oder kleiner als dieser Durchschnitt sind, dürfen nicht als abnormal bezeichnet werden. Normale Werte liegen in der Medizin und Statistik innerhalb einer gewissen Schwankungsbreite, die meist als doppelte Standardabweichung angegeben wird. 95% aller Messwerte einer möglichst repräsentativen Stichprobe der Bevölkerung liegen innerhalb dieses Bereichs.

Was wird als Krankheit bezeichnet?

Krankheit ist die Störung der normalen Lebensvorgänge in Organen und Organsystemen durch einen von innerhalb oder außerhalb des Körpers einwirkenden Reiz. Dieser führt zu einer von der Norm abweichenden Beeinträchtigung der physischen und/oder psychischen Befindlichkeit oder auch zu wahrnehmbaren körperlichen Veränderungen, im Extremfall zum Tod des Individuums.

Wo und wie können sich Krankheitserscheinungen auswirken?

Die krankhaften Störungen der Lebensvorgänge können die Entwicklung, den Stoffwechsel, den Kreislauf, die Atmung, das Blut, die Verdauung usw., aber auch die Psyche betreffen und zwar in gesteigerter, geschwächter oder qualitativ veränderter Form.

Nennen Sie Krankheiten, bei denen eine Erbanlage eine wichtige Rolle spielt!

Bei den vererbbaren Krankheiten spielen krankhafte Erbanlagen eine entscheidende Rolle: Bluterkrankheit, Lippen-Kiefer-Gaumenspalte, Klumpfuß, Farbenblindheit usw. Bei anderen können Erbfaktoren eine wichtige Teilursache sein: Diabetes, Gicht, Bluthochdruck, Karzinome, Schizophrenie usw.

Was bedeutet Disposition?

Unter Disposition wird eine ererbte oder erworbene Anfälligkeit des Organismus verstanden, auf eine bestimmte Schädigung außergewöhnlich, d.h. meist im Sinne einer Krankheit, zu reagieren. Als Beispiel kann der Stress dienen: während manche Menschen völlig „immun" gegen die Einflüsse von Stress sind, reagieren Menschen mit einer entsprechenden Disposition mit verschiedenen Befindensstörungen und Krankheiten, z.B. Kopfschmerzen, Herzklopfen oder Magengeschwüren.

Welche äußeren Krankheitsursachen gibt es?

- Gewalteinwirkung mit Verletzung.
- Physikalische Ursachen wie Hitze, Kälte, elektrischer Strom, Strahlenschäden.
- Unter-, Über- und Fehlernährung wie Dystrophie durch Eiweißmangel oder Vitaminmangelkrankheiten, Eisenmangelanämie, Wohlstandsfettsucht mit Arteriosklerose, Hypertonie, Diabetes mellitus.
- Chemische Krankheitsursachen wie Genuß- und Suchtmittel (Alkohol, Nikotin, Aufputsch- und Rauschdrogen), Berufskrankheiten (z.B. Staublunge), Vergiftungen (z.B. Blei-, Kohlenmonoxyd-, Quecksilbervergiftungen).
- Infektionskrankheiten durch Viren, Bakterien, Protozoen, Pilze und Parasiten.
- Exogene psychische Schädigungen wie Milieuschäden der Kinder, Managerkrankheit, Gefangenschaft und Folter.

Es gibt Krankheiten mit noch nicht vollständig geklärter Ursache wie z.B. Tumorwachstum, endogene Psychosen, essentieller Bluthochdruck oder Autoimmunerkrankungen.

Welche Arten des Krankheitsgeschehens kennen Sie?

Je nach Art des vorherrschenden Krankheitsgeschehens werden folgende Störungen unterschieden:

- Durchblutungsstörungen, z.B. Herzinfarkt, Schlaganfall;
- Entzündungen, z.B. Gallenblasenentzündung, Lungenentzündung, Nierenentzündungen;
- Reaktionen durch Überempfindlichkeit, Allergien, einschließlich der Autoaggressionskrankheiten und Immunopathien, z.B. Asthma, Gelenkrheumatismus, Transfusionsschock;
- Mangelkrankheiten durch Fehlen wichtiger Stoffe, z.B. Eisenmangelanämie, Avitaminosen;
- Stoffwechselkrankheiten, z.B. Diabetes, Gicht, Hypercholesterinämie;
- degenerative Veränderungen, z.B. Arthrosen, Hirnabbau im Alter;
- benigne oder maligne Tumoren, z.B. Myom, Karzinom, Leukämie.

Was sind funktionelle und was organische Krankheiten?

Bei funktionellen Krankheiten sind nur *Regulationsstörungen* eingetreten, es liegen keine organischen Veränderungen der Gewebe vor, z.B. Herz-Kreislauf-Regulationsstörungen, vorübergehende Durchblutungsstörungen. Hierzu werden auch oft die Befindensstörungen gezählt wie Abgeschlagenheit, bestimmte Arten von Kopf- oder Bauchschmerzen, Kloßgefühl im Hals usw.

*Abb. **1.1** Muskelzunahme*

Im Gegensatz dazu stehen z.B. Herzinfarkt und Schlaganfall, bei denen es sich um *organische* z.T. *zerstörende Veränderungen* am Herzen bzw. Gehirn handelt.

Was bedeuten Hypertrophie und Atrophie?

Hypertrophie bedeutet *Größenzunahme* eines Organs durch Vergrößerung der einzelnen Zellen mit dem Versuch, die Leistung dieses Organs den erhöhten Anforderungen anzupassen, z.B. Größenzunahme des Herzens bei Sportlern, bei Hypertonie oder Größenzunahme der verbliebenen Niere, wenn eine Niere entfernt wurde (Abb. **1.1**).

Atrophie ist *Gewebeverlust*, z.B. Muskelatrophie eines gelähmten Beines.

Welches sind Zeichen einer akuten Entzündung?

Als *Allgemeinreaktionen* können Fieber, im Blutbild eine Leukozytenvermehrung (Leukozytose), beschleunigte Blutkörperchensenkung und Veränderungen der Bluteiweißzusammensetzung (feststellbar in der Serumeiweiß-Elektrophorese) auftreten.

Lokal, im befallenen Gewebe zeigen sich durch Erweiterung der Blutgefäße und Austritt von Blutflüssigkeit im Gewebe: Rötung (Rubor), Schwellung (Tumor), Überwärmung (Calor), Schmerz (Dolor), Beeinträchtigung der Funktion (Functio laesa).

Ins befallene Gewebe wandern polymorphkernige Leukozyten ein, die Lymphozyten bilden Gegenstoffe (Antikörper). In Körperhöhlen können sich seröse, eitrige oder blutige Ergüsse ansammeln, im Gewebe kann es zu Abszessen kommen.

2 Blut

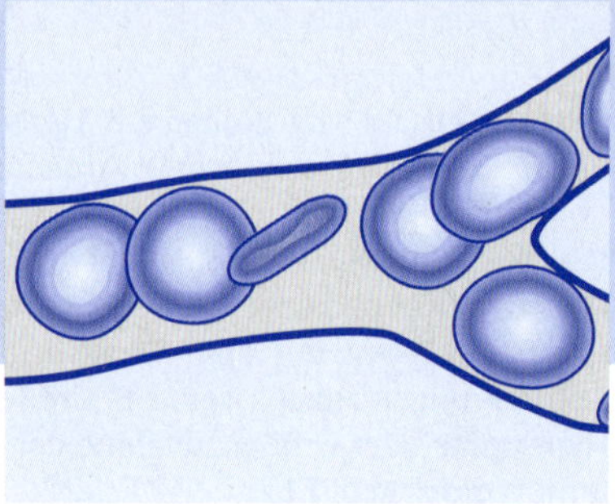

2.1 Anatomie und Physiologie

Wie heißt die Lehre vom Blut, den blutbildenden Organen und den Blutkrankheiten?
Hämatologie.

Welche Aufgaben hat das Blut?
- *Transportorgan*: es transportiert z.B. Sauerstoff und Nährstoffe oder lebenswichtige Hormone zum Gewebe hin und von dort CO_2 und Schlackenstoffe zu den Ausscheidungsorganen (Lunge, Leber, Darm, Niere, Haut).
- *Verbindungs-* und *Vermittlungsorgan*: es verbindet die Organe untereinander und koordiniert ihre Tätigkeit durch Nachrichtenvermittlung der Hormone und anderer Stoffe (z.B. Anregung des Atemzentrums durch CO_2).
- Aufrechterhaltung der lebenswichtigen Salzkonzentrationen, der *osmotische Druck*, wird durch das Blut mit Austausch von Wasser und Salzen in den Geweben besorgt.
- Das Blut ermöglicht durch Wärmeausgleich und Wärmeabgabe die *konstante Körpertemperatur*.
- Durch die Leukozyten und Antikörper nimmt das Blut einen wesentlichen Anteil an der *Infektabwehr*.

In welchen Teilen des Kreislaufsystems findet der Stoffaustausch statt?
Der Stoffaustausch zwischen Blut und Gewebe findet durch die Kapillarwandungen (Endothel) statt.

Aus welchen Bestandteilen besteht das Blut?
Es besteht zu 55% aus den flüssigen Bestandteilen, dem Blutplasma, und zu 45% aus drei Arten von Blutkörperchen, den roten Blutkörperchen (Erythrozyten), den verschiedenen Arten von weißen Blutkörperchen (Leukozyten) und den Blutplättchen (Thrombozyten) (Abb. **2.1**).

Woraus setzt sich das Blutplasma zusammen?
Das Blutplasma enthält 90% *Wasser*. Als *Elektrolyte* finden sich: Natrium-, Kalium-, Kalzium- und Magnesiumsalze als Chloride, Karbonate und Phosphate gelöst, z.B.

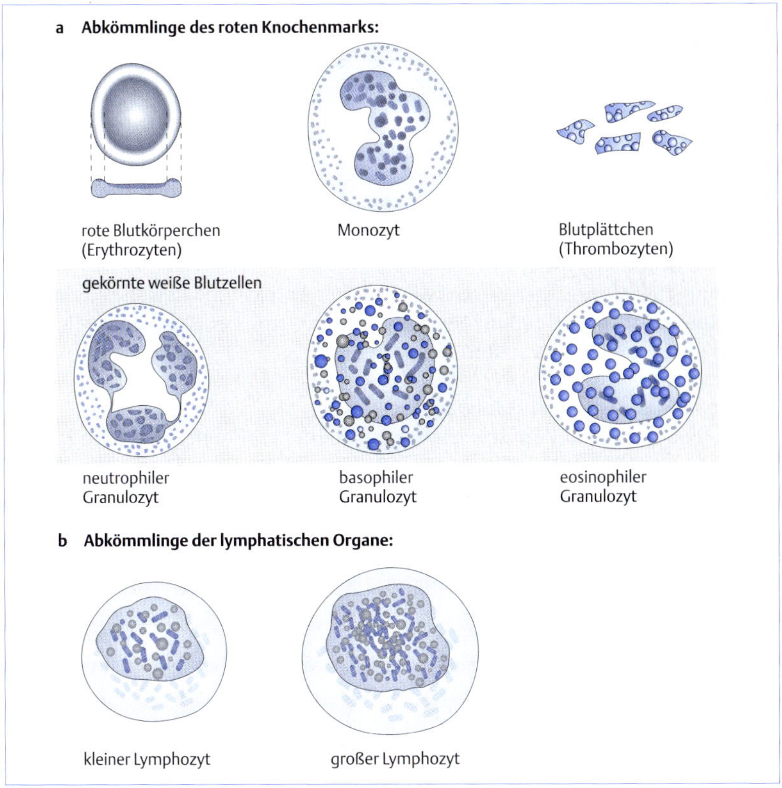

*Abb. **2.1** Die Blutzellen. **a** Abkömmlinge des Knochenmarks sind die Erythrozyten, die Granulozyten, die Monozyten (teilweise) und die Thrombozyten. **b** Abkömmlinge der lymphatischen Organe sind die kleinen und großen Lymphozyten. Die Auszählung der einzelnen Blutzellen ergibt den Prozentanteil. Granulozyten, Lymphozyten und Monozyten werden als weiße Blutkörperchen (Leukozyten) zusammengefasst (nach Faller).*

0,6–0,7 % Kochsalz (NaCl). *Plasmaeiweißkörper* sind das leicht gerinnbare Fibrinogen, das Albumin und die verschiedenen Globulinarten.

Weitere *wichtige Stoffe* sind: Glukose, Bilirubin, Prothrombin, Harnstoff, Harnsäure, Kreatinin, Lipide, Cholesterin, Eisen, Kupfer, Hormone und Enzyme.

Was wird als Blutserum bezeichnet?

Blutserum ist das Plasma ohne Fibrinogen, d.h., es besteht aus der Blutflüssigkeit mit dem gelösten Albumin und den Globulinen (s. Blutgerinnung, S. 13).

Welche Aufgabe hat das Fibrinogen?

Das Fibrinogen ist ein leicht gerinnbarer Eiweißkörper aus fadenförmigen Molekülen. Bei der Blutgerinnung wird das *gelöste Fibrinogen* in das *feste Fibrin* verwandelt und bildet ein festes Blutgerinnsel, das eine Blutung zum Stehen bringen kann und als Wundverschluss dient.

Welche Aufgaben hat das Albumin?

Albumin bindet an seiner Oberfläche Stoffe und Medikamente, die von ihm aufgenommen, transportiert und an entsprechender Stelle abgeladen werden („Huckepackverkehr").

Albumin hält Wasser fest, so dass dieses nicht so leicht ins Gewebe eindringen kann. Bei Verlust von Albumin (Hypalbuminämie), z.B. bei Eiweißmangelernährung, können sich Ödeme bilden („Hungerödem").

Welche Aufgabe haben die Globuline?

Die Globuline sind ein Gemisch sehr verschiedener großmolekularer Eiweißkörper. Man unterscheidet 4 Fraktionen: α_1-, α_2-, β-, γ-Globuline.

Einige von ihnen transportieren durch lockere Bindung an ihrer Oberfläche Stoffe im Blut wie Eisen, Kupfer und Hormone. Unter den Globulinen finden sich Antikörper zur Infektionsabwehr, besonders im Gammaglobulinbereich. Dieses sind die Immunglobuline.

Was sind Transferrin und Ferritin?

Transferrin (früher auch Eisenbindungskapazität) ist das Eisenträgerprotein im Serum, seine Sättigung sagt etwas über den Grad des Eisenmangels oder der Eisenüberladung aus. Zuverlässiger ist das Ferritin, ein im Blut zirkulierendes Eiweiß, das direkt mit dem Gesamteisengehalt des Körpers korreliert.

Welche Farbe können Blut und Blutserum haben?

Sauerstoffreiches, arterielles Blut ist hellrot, sauerstoffarmes, venöses Blut dunkelrot.

Das Serum ist durch Bilirubin normalerweise etwas gelblich gefärbt, durch vermehrtes Blutfett (Triglyceride) kann es milchig trüb sein.

Wie groß ist die Gesamtblutmenge und die zirkulierende Blutmenge des Körpers?

Je nach Körpergewicht beträgt die Gesamtblutmenge 8 % des Körpergewichts oder 5–6 Liter. Es zirkulieren etwa 3,5–4 Liter Blut im Körper. Der Rest des Blutes befindet sich in Reservedepots, vor allem in Leber und Milz.

Wie werden 10 %, 30 % und 50 % Blutverluste der Gesamtblutmenge vertragen?

Ein Blutverlust von 10 % wird von einem Gesunden ohne Beschwerden vertragen. Ein Blutverlust von 1/3 der Gesamtblutmenge ist bereits bedenklich. Ein akuter Verlust der Hälfte der Blutmenge kann tödlich sein. Außerdem hängen die Gefahren einer Blutung auch von der Geschwindigkeit eines Blutverlustes ab. Rascher Blutverlust ist gefährlicher als eine langsame Sickerblutung, chronischer langsamer Blutverlust bleibt lange Zeit unbemerkt.

Wie versucht der Organismus einen akuten Blutverlust auszugleichen?

Die Kompensationsmechanismen eines akuten Blutverlusts sind Engstellung der peripheren Gefäße (Blässe, Kälte) und Erhöhung der Kreislaufgeschwindigkeit des Blutes (Tachykardie).

Wie wird eine zu große und eine zu geringe Blutmenge bezeichnet?

Ein vergrößertes Blutvolumen nennt man Hypervolämie; eine verkleinerte Blutmenge heißt Hypovolämie.

Wo werden die Blutzellen gebildet?

Im *roten Knochenmark* werden die roten Blutkörperchen (Erythrozyten), die gekörnten weißen Blutkörperchen (Granulozyten) und die Blutplättchen (Thrombozyten) gebildet. Diese Zellen entwickeln sich aus den Stammzellen des Knochenmarks und durchlaufen verschiedene Reifungsstadien bis zu ihrer endgültigen Form. Ein Teil der Stammzellen wandert in der frühen Embryonalzeit aus dem Knochenmark in *lymphatische Organe* (Lymphknoten, Milz, Thymusdrüse), wo sich aus ihnen die Lymphozyten bilden. Auch die Monozyten entstehen aus den Stammzellen des Knochenmarks.

Beim Foetus im Mutterleib findet auch in den *Röhrenknochen*, in der *Milz* und der *Leber* Blutbildung statt.

Wo findet sich rotes Knochenmark?

Die platten Knochen enthalten rotes Knochenmark, z.B. Brustbein, Becken, Wirbel, Rippen, Schulterblatt, Schädeldach, Hand- und Fußwurzelknochen.

Welche wichtigen Zellen kommen normalerweise im Sternalmark vor?

Hierzu gehören:

- Erythroblasten, Mutterzellen, aus denen die Erythrozyten entstehen,
- Myeloblasten und Myelozyten und deren Zwischenstufen, aus denen sich die granulierten Leukozyten bilden,
- Megakaryozyten, Stammzellen, die aus Plasmaabschnürungen die Thrombozyten bilden und
- Plasmazellen, den Lymphozyten ähnliche Zellen, aber mit größerem Plasmasaum. Sie kommen auch vereinzelt im peripheren Blut vor und bilden die Immunglobuline.

Wo werden die Erythrozyten gebildet und wie sehen sie aus?

Sie entstehen im Knochenmark aus den Erythroblasten und sind flache gelbgrüne Scheibchen von ca. 8 μm Durchmesser (= 0,008 mm) mit einer flachen Delle an den Ober- und Unterseiten.

Wie sehen jugendliche Erythrozyten aus und wie heißen sie?

Jugendliche Erythrozyten zeigen Strukturen (Kernreste), die sich blau färben lassen. Sie heißen Retikulozyten.

Welche wichtigen Stoffe enthalten die Erythrozyten?

Der wichtigste Stoff ist das eisenhaltige Häm, das an Eiweiß (Globin) gebunden ist und daher Hämoglobin (Hb) heißt. Erythrozyten sind kaliumreich.

Welche Aufgaben haben die Erythrozyten?

Sie dienen dem Sauerstofftransport, indem sie diesen mit Hilfe des eisenhaltigen Hämoglobins in den Lungenkapillaren locker binden und in den Gewebekapillaren an das Gewebe abgeben.

Wie viele Erythrozyten sind normalerweise vorhanden?

Normalwerte sind 5 Millionen Erythrozyten in 1 μl (μl = mm^3 = Mikroliter) für einen Mann und 4,5 Millionen für eine Frau.

Welche Faktoren sind zur normalen Bildung der Erythrozyten erforderlich?

Wichtig für eine genügende Zahl reifer Erythrozyten sind: Eisen, Eiweiß, Vitamin B_{12}, Folsäure und der Intrinsic factor.

Welche Rolle spielen Vitamin B_{12}, Folsäure und Intrinsic factor bei der Blutbildung?

Der *Intrinsic factor* ist ein Enzym, das von bestimmten Zellen der Magenschleimhaut gebildet wird und für die Resorption von Vitamin B_{12} im terminalen Ileum unbedingt notwendig ist.

Vitamin B_{12} (Zyanokobalamin) wird im Dünndarm aufgenommen, in der Leber gespeichert und nach Bedarf ans Knochenmark abgegeben. Es ist für die Ausreifung der Erythrozyten unentbehrlich.

Die *Folsäure* ist Teil des Vitamin-B-Komplexes und ist für die Ausreifung der Erythrozyten unerlässlich. Mangel an Vitamin B_{12} oder Folsäure führt zur perniziösen Anämie (s. Mangelanämien, S. 22).

Wie lang ist die Lebensdauer der Erythrozyten und wie erfolgt der Abbau?

Ein Erythrozyt lebt etwa 120 Tage im Blut. Der Abbau der Erythrozyten erfolgt im retikuloendothelialen System (s. RES, S. 42) der Milz, Leber und Knochenmark. Aus dem Häm, dem eisenhaltigen Farbstoffanteil des Hb, werden Gallenfarbstoffe gebildet. Das Eisen wird im Blut als Ferritin an Eiweiß gebunden transportiert und in der Leber und im Knochenmark gespeichert.

Welche Gruppen von Leukozyten gibt es und wo werden sie gebildet?

- Die Granulozyten werden im roten Knochenmark gebildet. Alle ihre Formen werden zur myeloischen Reihe zusammengefasst (Myelon = Mark).

- Die Lymphozyten entstehen in den lymphatischen Organen: Thymus, Milz Lymphknoten, Tonsillen. Gewisse Lymphozyten können sich im Lymphgewebe zu spezialisierten Plasmazellen umwandeln, die Immunglobuline produzieren.
- Die Monozyten werden im Knochenmark produziert. Sie können sich in Makrophagen umwandeln und wie die Granulozyten als „Fresszellen" körperfremde Substanzen in sich aufnehmen und beseitigen (Phagozytose).

Welche Arten von Granula kommen bei den Leukozyten vor?

Die Zellen mit *neutrophilen*, nicht färbbaren Granula (= Körnchen) sind am zahlreichsten. Die Körnchen in den *eosinophilen* Leukozyten lassen sich rot färben. Die *basophilen* Leukozyten zeigen blau gefärbte Granula.

Welche Reifungsgrade machen die Granulozyten durch?

Die Entwicklung beginnt im Knochenmark mit den Myeloblasten, die sich über Promyelozyten, Myelozyten und Metamyelozyten weiter entwickeln. Aus diesen werden im Blut über die stabkernigen, die segmentkernigen Granulozyten gebildet. Die Reifung durchläuft bei neutrophilen, eosinophilen und basophilen Leukozyten die gleichen Stufen.

Wo kommen die Leukozyten vor?

Leukozyten finden sich im Knochenmark, im Blut, in der Lymphflüssigkeit, in lymphatischen Organen und im Liquor. Nur 5 % aller Leukozyten finden sich im strömenden Blut.

Wie können sich die Leukozyten bewegen?

- Sie zeigen amöbenartige Beweglichkeit und können durch Spalten der Kapillarwände in das Gewebe auswandern: *Diapedese*.
- Sie werden durch bestimme Stoffe (Zelltrümmer, Fremdkörper, Krankheitserreger) angelockt: *Chemotaxis*.
- Sie können Fremdkörper umfließen und in sich aufnehmen: *Phagozytose*.

Was nennt man Phagozytose?

Die „Fresszellen" (Phagozyten) können körperfremde Substanzen (Antigene wie Bakterien, Viren, Zelltrümmer oder auch unbelebte Substanzen) in sich aufnehmen und durch Verdauung unschädlich machen.

Wodurch entsteht die Entzündungsreaktion im Gewebe?

Bei der Phagozytose geht auch ein Teil der Phagozyten zu Grunde. Ihre Zerfallsprodukte, z.B. Enzyme, greifen auch das gesunde Gewebe an, was als Entzündungsreaktion in Erscheinung tritt.

Wie lange leben Granulozyten?

Die durchschnittliche Lebensdauer der Granulozyten beträgt 10 Tage.

Wie entstehen die Lymphozyten?

In der Embryonalzeit entwickeln sich aus den Stammzellen des Knochenmarks zwei Zellarten, die Träger des Immunsystems sind:

Die *T-Lymphozyten* entstehen unter dem Einfluss der Thymusdrüse. Sie sind hauptsächlich für die *zelluläre* Immunreaktion verantwortlich, d.h. sie können Antigene erkennen, zum Teil körperfremde Substanzen selbst vernichten oder B-Lymphozyten über das Antigen informieren.

Die *B-Lymphozyten* sind hauptsächlich für die *humoralen* (d.h. in Flüssigkeiten ablaufenden) Immunreaktionen zuständig. Sie können sich bei Kontakt mit einem Antigen zu Plasmazellen entwickeln, die Antikörper (Immunglobuline) produzieren (s. Antikörper, S. 45).

Welche Arten von T-Lymphozyten sind zu unterscheiden?

- Die Effektor- oder Killerzellen unter den T-Lymphozyten können eine körperfremde Substanz (Antigen) oder Zelle selbst angreifen.
- Die Helferzellen unter den T-Lymphozyten informieren die B-Lymphozyten über das Antigen, so dass diese die spezifischen Antikörper bilden können.
- Die Suppressor- oder Unterdrückerzellen regulieren bzw. unterdrücken eine eventuell überstarke Reaktion der Helfer-T-Lymphozyten.
- Die Memory- oder Erinnerungszellen behalten die Erinnerung an einen Fremdstoff, mit dem der Körper einmal in Kontakt trat und gegen den er Abwehrstoffe (Antikörper) gebildet hat. Der Organismus mobilisiert die Abwehr.

Was sind Plasmazellen?

Sie sind den Lymphozyten ähnlich, haben aber einen breiten Plasmasaum. Sie finden sich im Knochenmark; im strömenden Blut sind sie selten. Sie sind die Bildungsstätte für Immunglobuline (humorale Antikörper).

Wo werden die Blutplättchen gebildet?

Die Blutplättchen (Thrombozyten) entstehen im Knochenmark durch Abschnürung aus dem Zytoplasma der Knochenmarkriesenzellen (Megakaryozyten). Die Thrombozyten haben keinen Kern. Sie sind 2–3 μm groß und leben ca. 4 Tage. 200000–300000 Thrombozyten/μl sind normal.

Welche Aufgaben haben die Thrombozyten?

Durch den Zerfall von Thrombozyten wird Thrombokinase frei, die das Prothrombin in Thrombin umwandelt. Dieser Vorgang gehört zur ersten Phase der Blutgerinnung.

Wie verläuft die Gerinnung des Blutes?

Die Blutgerinnung verläuft in 3 Phasen:

- In der ersten Phase wird das Prothrombin im Blut, das aus der Leber stammt, in Thrombin verwandelt.
- In der zweiten Phase bewirkt das Thrombin die Umwandlung des flüssigen Fibrinogens in festes Fibrin.
- In der dritten Phase zieht sich das Fibrin zu einem Fasernetz zusammen, in dem die Blutzellen liegen. Von diesem Blutkuchen wird das flüssige gelbliche Serum abgepresst. Das geronnene Blut verschließt die Austrittstellen der Blutung durch Krustenbildung.

Wie kommt es zur Umwandlung von Prothrombin in Thrombin?

Durch Gewebeverletzung wird unter Mitwirkung von Gerinnungsfaktoren ein Enzym, die Gewebethrombokinase (= Thromboplastin), aktiviert. Der Zerfall von Blutplättchen (Thrombozyten) bewirkt die Freisetzung von Blutthrombokinase. In Gegenwart von Kalziumionen und dem plasmatischen Gerinnungsfaktor VIII (antihämophiles Globulin) wird durch Thrombokinase Prothrombin in Thrombin umgewandelt. Wenn einer dieser Faktoren fehlt, kommt es nicht zur Blutgerinnung.

Beschreiben Sie ein einfaches Schema der Blutgerinnung.

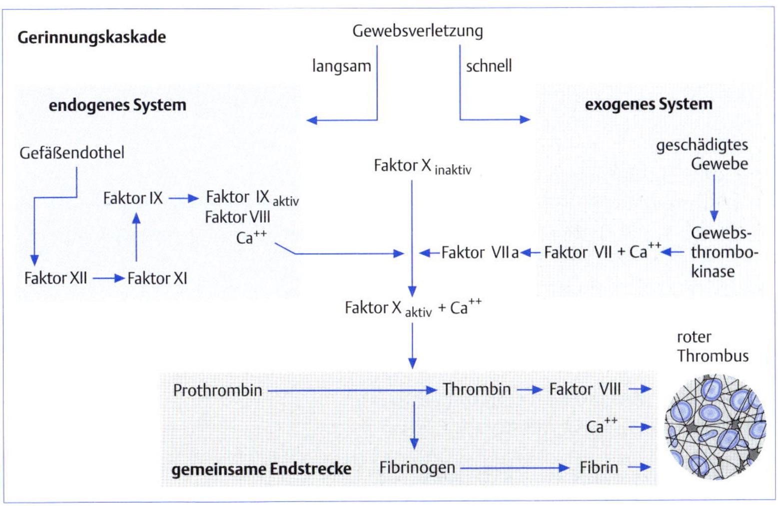

*Abb. **2.2** Der Prozess der Blutgerinnung beginnt mit aktivierenden Substanzen aus der verletzten Gefäßwand (exogenes System) oder aus den Thrombozyten (endogenes System). Beide Systeme aktivieren über eine Reihe von unterschiedlichen Plasmaenzymen, sog. Faktoren, die Endstrecke der Gerinnung. Letztlich entstehen aus löslichen Fibrinogen-Einzelmolekülen (Monomeren) elastische Fibrinnetzwerke (Polymere), in denen sich Blutzellen fangen (nach Schwegler).*

Wo und wie wird das Prothrombin gebildet?

Prothrombin wird in der Leber unter Mitwirkung des Vitamin K produziert. Bei Vitamin-K-Mangel infolge schwerer chronischer Durchfälle bei Darmkrankheiten oder bei Leberkrankheiten kann zu wenig Prothrombin gebildet werden.

Was wird Faktor VIII genannt?

Faktor VIII ist das antihämophile Globulin, das zur Blutgerinnung unentbehrlich ist. Fehlt es ganz oder teilweise, wie bei der Bluterkrankheit (Hämophilie), besteht eine Blutgerinnungsstörung mit der Gefahr unstillbarer Blutungen. Bei Blutungen oder vor Operationen, auch Zahn ziehen, muss Faktor VIII zugeführt werden.

Welche Bedeutung hat der Faktor IX?

Beim Mangel an Faktor IX (Christmasfactor) liegt eine Form der Bluterkrankheit, die Hämophilie B, vor. Zu ihrer Behandlung gibt es Faktor-IX-Konzentrate.

Was sind Hämostyptika?

Blutgerinnungsfördernde Medikamente, die zur Blutstillung verendet werden.

Was ist Plasmin?

Plasmin ist ein *Enzym*, das Blutgerinnsel wieder auflösen kann. Eine Vorstufe des Plasmins (Plasminogen) befindet sich im Blutplasma. Die Aktivierung zu Plasmin kann durch Streptokinase, Urokinase oder Gewebe-Plasminogen-Aktivator in Gang gebracht werden.

Die wichtigste Anwendung finden Plasminogen-Aktivatoren in der Therapie des akuten Myokardinfarkts, indem sie das Blutgerinnsel auflösen sollen, das zum Verschluss der Koronararterie geführt hat.

Was wird als Blutungszeit bezeichnet?

Als Blutungszeit gilt die Zeit, bis zu der nach einer kleinen Stichverletzung eine vorläufige Blutstillung eingetreten ist. Normalerweise beträgt sie 2–3 Minuten.

Was wird als Gerinnungszeit bezeichnet?

Die Zeit bis zur Ausbildung eines festen Blutgerinnsels. Die Gerinnungszeit beträgt normalerweise bis zu 8 Minuten.

Welche Blutgruppen sind zu unterscheiden?

Blutgruppe 0, A_1, A_2, B, A_1B, und A_2B.

Was sind Agglutinine?

Agglutinine sind Eiweißstoffe, die durch Reaktion mit einer chemischen Gruppe an den Erythrozyten zur Verklumpung der roten Blutkörperchen führen. Ein Mensch der Blutgruppe A hat in seinem Serum verklumpende (agglutinierende) Substanzen gegen die Erythrozyten der Blutgruppe B (Anti-B-Agglutinin). Sein Blut der Gruppe A verträgt sich so z.B. nicht mit dem Blut der Gruppe B (Abb. **2.3**).

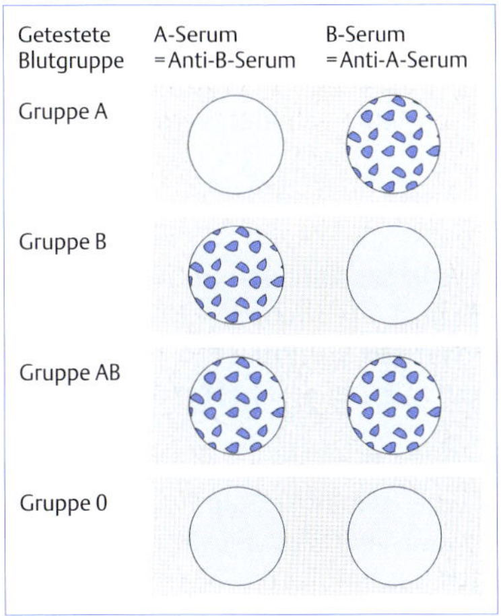

Abb. ***2.3*** *Vereinfachte Darstellung der mit Testserum auftretenden Agglutinationen. Bestimmung der Blutgruppe (nach Faller)*

Jeder Mensch hat im Blut Antikörper gegen die Blutgruppen, die er selbst nicht hat.

Was wird als Rhesus-Faktor bezeichnet?

Eine Blutkörpercheneigenschaft, die 85% der Menschen aufweisen, und die man *Rh*-positiv nennt, während 15% *rh*-negativ sind, weil ihnen dieser Faktor fehlt.

2.2 Untersuchungsmethoden

Wie viel Hämoglobin (Hb) ist normal?

In 100 ml Blut sind für den Mann 14–18 g, für die Frau 12–16 g Hb.

Was drückt das mittlere korpuskuläre Hämoglobin (MCH) aus und welche Abweichungen kommen vor?

Das MCH, früher auch Färbekoeffizient genannt, gibt den durchschnittlichen Gehalt des einzelnen Erythrozyten an. Normal ist ein MCH von 30 pg (pg = Pikogramm = 10^{-12} g) Hämoglobin pro Erythrozyt. Das MCH kann nach folgender Formel errechnet werden:

$$\text{MCH (pg)} = \frac{\text{Hämoglobin (mg/dl)}}{\text{Erythrozytenzahl } (10^{9}/\text{dl})}$$

Ein MCH über 32 pg wird als hyperchrom und unter 28 pg als hypochrom bezeichnet.

Was bedeutet MCHC?

Unter MCHC versteht man die mittlere korpuskuläre Hämoglobinkonzentration. Sie errechnet sich nach:

$$\text{MCHC (g/dl)} = \frac{\text{Hämoglobin (g/dl)}}{\text{Hämatokrit (l/l)}}$$

Was gibt das MCV an?

Das MCV (= mittleres korpuskuläres Volumen) gibt das Durchschnittsvolumen des einzelnen Erythrozyten an. Normal ist um 90 fl (fl = Femtoliter = 10^{-15} l). Ist das Durchschnittsvolumen kleiner, spricht man von Mikrozytose (z.B. bei hämolytischer Anämie), ist es größer, von Makrozytose (z.B. bei perniziöser Anämie).

Wie wird der Hämatokrit bestimmt?

Ungerinnbar gemachtes Blut wird in eine kleine Hämatokritkapillare eingefüllt und zentrifugiert. Die sedimentierte Erythrozytensäule wird abgelesen. Sie stellt das prozentuale Volumen der Erythrozyten vom Gesamtblut dar. Normal bei Männern um 47 %, bei Frauen um 42 %.

Was bedeutet Hämolyse?

Wenn Hämoglobin aus den Erythrozyten austritt, nennt man das Hämolyse. Meistens besteht eine Anämie. Typische weitere Laborbefunde sind eine Erhöhung von Bilirubin und Laktatdehydrogenase (LDH).

Was sind Porphyrine?

Porphyrine sind Abbauprodukte des Hämoglobins, die normalerweise nur in geringen Mengen vorkommen. Die Porphyrien sind Krankheitszustände mit Vermehrung dieser Stoffe.

Wie heißt die übermäßige krankhafte Eisenspeicherung?

Es sind zwei Formen bekannt. Bei vermehrtem Eisenanfall im Serum durch Hämolyse, viele Bluttransfusionen oder zu hoch dosierter Eisenbehandlung wird Eisen verstärkt in der Leber abgelagert. Daneben gibt es auch eine angeborene Eisenspeicherkrankheit (Hämochromatose) mit Eisenablagerungen in allen Organen.

Welche pathologischen Formen der Erythrozyten gibt es?

- Megalozyten: abnorm große Erythrozyten, die bei perniziöser Anämie vorkommen.
- Kugelzellen (Sphärozyten): Erythrozyten mit verkürzter Lebensdauer aufgrund einer defekten Membran.
- Sichelzellen (Depranozyten): kurzlebige sichelförmige Erythrozyten mit abnormem Hämoglobin (HbS); typisch für die Sichelzellanämie bei Afrikanern.

Die verschiedene Färbung der Erythrozyten wird als Polychromasie, die verschiedenartige Form als Poikilozytose bezeichnet. Anisozytose bedeutet verschieden große Erythrozyten.

Gibt es Krankheiten des Hämoglobins?
Es gibt mehrere Hämoglobinvarianten, die als anlagebedingte krankhafte Veränderungen auftreten können. Wichtige Hämoglobinopathien sind:
- die verschiedenen Formen der erblichen Thalassämien, die hauptsächlich in den Mittelmeerländern (Italien, Griechenland, Türkei) vorkommen und
- die Sichelzellanämie, eine angeborene chronische hämolytische Anämie mit abnormem Hb (HbS) und mit Sichelform der Erythrozyten bei Afrikanern.

Wie sieht ein normales weißes Blutbild aus?
Die Gesamtzahl der Leukozyten beträgt 6000–8000/μl. Davon sind ca. 2% Stabkernige, ca. 57% Segmentkernige, ca. 30% Lymphozyten, ca. 6% Monozyten, ca. 4% Eosinophile und ca. 1% Basophile (Differentialblutbild).

Was nennt man Linksverschiebung?
Eine Zunahme der jugendlichen und stabkernigen Granulozyten. Sie tritt z.B. als Zeichen einer akuten Entzündung auf.

Was ist eine Leukozytose?
Eine Leukozytenvermehrug über 10000/ μl. Sie tritt z.B. bei Entzündungsvorgängen, aber auch bei vielen anderen, z.T. harmlosen Zuständen auf.

Was versteht man unter Leukopenie?
Das Absinken der Leukozyten unter 5000/μl. Sie ist das Zeichen einer Schädigung der Leukopoese (Bildung von Leukozyten).

Wie nennt man Vermehrung oder Fehlen der Eosinophilen?
Eine Vermehrung heißt Eosinophilie, ein Fehlen Aneosinophilie. Eine Eosinophilie wird oft bei allergischen Erkrankungen oder bei Wurmkrankheiten beobachtet.

Wie wird das Prothrombin gemessen?
Der Prothrombinspiegel wird durch die Bestimmung der Thromboplastinzeit, auch Quick-Test genannt, bestimmt. Normal sind 80–100% Quick-Wert. Um die in verschiedenen Labors bestimmten Werte besser vergleichen zu können, wird seit einigen Jahren auch der INR-Wert (internationale normalisierte Ratio) angegeben. Dabei bildet man einen Quotienten aus der Thromboplastinzeit des Patientenplasmas und eines standardisierten Normalplasmas. Der Normalwert beträgt 1,0, unter Antikoagulation mit Marcumar liegt der therapeutische Bereich zwischen 2,5 und 4,5. Sinkt der Quick-Wert unter 15% oder steigt die INR über 5 an, so besteht die Gefahr einer Blutung.

Kann die Gerinnungsfähigkeit des Blutes herabgesetzt werden?
Die Gerinnungsfähigkeit des Blutes kann z.B. durch Entzug der Kalziumionen mit Natrium citricum (s. Blutsenkung) oder Oxalsäure aufgehoben werden.

Ferner kann man den Prothrombinspiegel durch *Antikoagulantien*, z.B. Heparin oder Kumarinderivate, z.B. Marcumar, herabsetzen, wie z.B. bei Herzinfarkt, Thrombose, Embolieneigung oder Herzklappenersatz.

Wie wird eine Heparinbehandlung kontrolliert?

Die Heparindosierung wird nach der patiellen Thromboplastinzeit (PTT) eingestellt. Die PTT beträgt normalerweise 25–30 Sekunden und sollte bei therapeutisch wirksamer Heparinisierung um das 2- bis 3fache verlängert sein. Die Therapie mit niedermolekularem Heparin wird dagegen nur nach Körpergewicht dosiert und muss nicht mit einer Labormethode kontrolliert werden.

Wozu wird die partielle Thromboplastinzeit gemessen?

Die partielle Thromboplastinzeit (PTT) ist die Gerinnungszeit nach Zusatz von Anlagen des Thrombozytenfaktors 3 und Kalziumionen. Sie dient als Suchtest bei Verdacht auf eine hämorrhagische Diathese und zur Überwachung einer Therapie mit unfraktioniertem Heparin.

Wo wird die Knochenmarkpunktion vorgenommen und welche Bedeutung hat sie?

Zur Knochenmarkpunktion eignet sich das Brustbein (Sternalpunktion) oder der Beckenkamm (Beckenkammbiopsie), wobei in der Regel die Beckenkammpunktion aufgrund ihrer geringeren Komplikationsrate und besseren diagnostischen Aussagekraft vorzuziehen ist. Dabei gewinnt man auch Aufschlüsse über den Zustand des Knochens.

Die Knochenmarkpunktion ermöglicht ein Urteil über Störungen der Blutzellenbildung und ist bei vielen hämotologischen Krankheiten sehr wichtig z.B. Leukämien, Anämien, Thrombopenien und Panmyelopathien.

Welche Materialien werden für eine Sternalpunktion benötigt?

Zur Sternalpunktion richtet man auf einem Tablett: Hautdesinfektionsmittel und sterile Tupfer, Lokalanästhetikum mit Spritzen und Kanülen, sterile Sternalpunktionsnadel mit Mandrin, Spritze zum Ansaugen des Knochenmarks, Uhrglasschälchen zum Aufnehmen des Punktats, fettfreie, saubere Objektträger zum Ausstreichen des Knochenmarks und sterile Tupfer zur Kompression der Punktionsstelle und Schnellverband.

Das Einstechen zur Anästhesie, das Eindrücken der Sternalpunktionskanüle in das Brustbein und besonders das Ansaugen des Knochenmarks empfindet der Patient als unangenehm und schmerzhaft.

Wie wird eine Beckenkamm-Nadelbiopsie durchgeführt?

Sie wird meist an der Spina iliaca posterior superior vorgenommen. Der Patient wird auf dem Bauch gelagert. Nach gründlicher Hautdesinfektion wird eine Lokalanästhesie von Haut und Periost angelegt.

Gerichtet werden: ein Lochabdecktuch, sterile Handschuhe, Einmalskalpell zur Hautinzision, sterile Tupfer, Spezialbiopsiekanüle mit verriegeltem Mandrin, ein Versandröhrchen mit 4%igem Formalin zur Aufnahme des Punktatzylinders und ein steriler Abdeckverband.

Welche Untersuchungen stehen mit den Bluteiweißkörpern in Beziehung?

Die *Senkungsgeschwindigkeit* der Erythrozyten („Blutsenkung") wird durch Veränderungen in der Zusammensetzung der Bluteiweißkörper beeinflusst.

Die genaueste Untersuchung der Serumeiweißkörper wird durch die Serumeiweiß-*Elektrophorese* erreicht, die das Verhältnis der Eiweißkörper in Prozenten anzeigt.

Wie wird eine Blutsenkung durchgeführt?

Zur Bestimmung der Blutsenkung wird eine 2-ml-Spritze mit 0,4 ml Natrium citricum aufgezogen. Dann füllt man diese Spritze mit Blut aus der Vene bis 2,0 ml auf, durchmischt durch Kippen und drückt dann das Gemisch in das Blutsenkungsröhrchen (Monovette).

Das Gestell, in dem sich das Senkungsröhrchen befindet, darf nicht an einem warmen Ort (also nicht über der Heizung oder in der Sonne am Fenster) aufgestellt werden.

Name des Patienten und Nummer des Röhrchens sowie die Uhrzeit werden sofort aufgeschrieben und eine Weckuhr auf 60 Minuten zum Ablesen gestellt. Die Blutsenkung wird nach einer und nach 2 Stunden abgelesen.

Die normale Blutsenkung (BSG oder BKS) beträgt beim Mann in der 1. Stunde 3–8, in der 2. Stunde 5–18 mm, bei der Frau in der 1. Stunde 6–11, in der 2. Stunde 6–20 mm.

Worauf beruht das Prinzip der Elektrophorese?

Serumeiweißkörper bewegen sich im elektrischen Feld mit verschiedener Geschwindigkeit. Albumine wandern am schnellsten in der Richtung des elektrischen Stromes, der durch einen Filterpapierstreifen fließt. γ-Globuline bewegen sich kaum vom Auftragungsort des Serums weg. Durch diese verschiedene Wanderungsgeschwindigkeit werden die Serumeiweißkörper voneinander getrennt und danach mengenmäßig bestimmt.

Wie sieht das normale Serumeiweißbild aus?

Als ungefähre Richtzahlen dürfen gelten:

Albumin: ca. 60%; α_1-Globuline: ca. 4%; α_2-Globunline: ca. 8%; β-Globuline: ca. 12%; γ-Globuline: ca. 16–20%. Gesamteiweiß: ca. 6,5–8 g/l.

Welche typischen Elektrophoreseveränderungen gibt es?

- Unspezifische Syndrom, z.B. bei frischen entzündlichen Prozessen: Albuminverminderung (Hypalbuminämie) und Vermehrung der α_2-Globuline;

- Nephrotische Syndrom: Serumeiweißverminderung (Hypoproteinämie), starke Hypalbuminämie, starke Vermehrung der α_2- und β-Globuline (s. Nephrotisches Syndrom S. 243);
- Syndrom der chronischen Entzündung: α_2- und γ-Globulin-Vermehrung;
- Leberzirrhose: starke γ-Globulin-Vermehrung (s. Leberzirrhose, S. 218);
- Plasmozytom (s. Plasmozytom, S. 32): starke, schmalbasige Erhöhung einer Globulinfraktion in der Elektrophorese, z. B. besteht bei Gammaplasmozytom ein sehr hoher Gammagipfel (Abb. **2.4**).

Was versteht man unter Immunelektrophorese?

Bei der Immunelektrophorese wird die elektrische Auftrennung der Globuline mit der Fällung bestimmter Eiweißkörper durch Antiseren kombiniert. Es lassen sich Immunglobulin-Untergruppen innerhalb der großen Gruppe der Globuline feststellen.

Was ist Lipämie oder Lipidämie?

Vermehrter Fettgehalt des Blutes. Bei der Hypertriglyceridämie ist das Serum milchig trüb, bei der Hypercholesterinämie klar.

Welche Enzyme werden im Blutserum häufig bestimmt?

- Serumamylase und Serumlipase bei Pankreaserkrankungen;
- Transaminasen (SGOT = Serum-Glutamat-oxalacetat-transaminase, genannt auch AST = Aspartat-aminotransferase, SGPT = Serum-Glutamat-pyruvat-transaminase, genannt auch ALT = Alanin-aminotransferase) und Laktatdehydrogenase (LDH) bei Leberkrankheiten und Herzinfarkt;

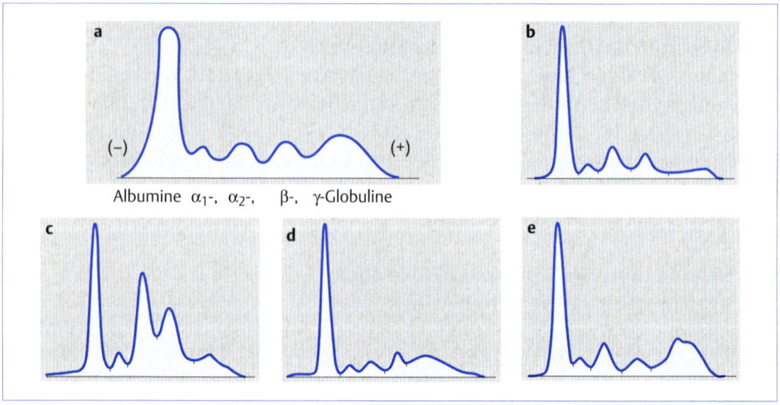

*Abb. **2.4a–e** Elektrophorese. **a** Normalbefund, **b** akute Entzündung (α_2-Globulin erhöht), **c** nephrotisches Syndrom (Albumin erniedrigt, α_2- und β-Globulin erhöht), **d** Leberzirrhose (γ-Globuline erhöht), **e** Plasmozytom (γ- und α_2-Globulin-Erhöhung)*

- Kreatinkinase (CK) bei Herzinfarkt;
- Alkalische Phosphatase (AP) bei Gallenstauung.

Welche Elektrolyte sind im Serum und was bedeuten Veränderungen des Elektrolytgehaltes im Serum?
K = Kalium, Na = Natrium, Ca = Kalzium, Mg = Magnesium.

Ein Zuviel oder Zuwenig, z.B. Hyper- oder Hypokaliämie, -kalzämie oder -natriämie können schwere Funktionsstörungen der Organe, Stoffwechselentgleisungen und Bewusstseinsstörungen verursachen.

Welche Veränderungen der Elektrolyte sind wichtig?
- Hypokaliämie, bei Kaliumverlust durch starke Diurese oder bei Leberzirrhose, auch bei Laxantienmissbrauch,
- Hypokalzämie bei Tetanie durch Hypoparathyreoidismus,
- Hyperkaliämie bei Niereninsuffizienz.

2.3 Krankheiten des Blutes

2.3.1 Anämien

Was bedeutet Anämie und welche Verlaufsformen werden unterschieden?
Bei einer Anämie (Blutarmut) besteht ein Mangel an Erythrozyten oder an Hämoglobin oder an beiden. Auch Veränderungen an Form, Größe und Färbung der Erythrozyten kommen vor. Es gibt akute und chronische Anämien.

Wie sind die Symptome einer akuten Anämie?
Blässe, Schwäche, Schwindel, Herzklopfen, Atemnot, kalter Schweiß, schlecht gefüllter, schneller Puls, Unruhe, Durst, evtl. Schwarzwerden vor den Augen und Kollaps, bis hin zum hypovolämischen Schock (s. Seite 71).

Welche Erscheinungen werden bei einer chronischen Anämie beobachtet?
Blässe, allgemeine Leistungsminderung, leichte Ermüdbarkeit, Neigung zu Schwindel, Kälteempfindlichkeit, schlechtes Gedächtnis, Herzklopfen (Tachykardie) und Atemnot, besonders bei Belastungen (Belastungsdyspnoe).

Wodurch kann es zu einer Anämie kommen?
Als ursächlich gelten:
- Blutungsanämien durch Blutverlust,
- Mangelanämien durch Mangel an lebenswichtigen Aufbaustoffen: Eisen, Vitamien B_{12}, Folsäure, Intrinsic factor, Eiweiß, z.B. durch erhöhten Bedarf (Schwangerschaft),
- Hämolytische Anämien durch vorzeitigen Erythrozytenabbau,

- Aplastische Anämien durch Störung der (= Erythrozytenproduktion) Erythropoese, und
- Symptomatische Anämien durch infektiöse oder andere toxische Einflüsse. Die Anämie ist dann nur ein Symptom eines akuten oder chronischen Krankheitsprozesses, z.B. Tuberkulose, Krebs, Bleivergiftung u.a.m.

Welche Laborbefunde sind bei der Anämie wichtig?

Rotes Blutbild: Zahl der Erythrozyten, Menge des Hämoglobins und Hämatokrit, MCH, MCV, MCHC.

Evtl. auch Retikulozyten, Eisen- und Ferritinspiegel, osmotische Resistenz der Erythrozyten, Coombs-Test, Knochenmarkpunktion.

Blutungsanämien

Wie können Blutungsanämien zustande kommen?

Durch Verletzungen mit Eröffnung von Blutgefäßen oder aufgrund innerer Blutungen, z.B. Magenblutung (bei Ulkus oder Krebs), Lungenblutung, Ösophagusvarizenblutung, Platzen eines Gefäßaneurysmas, Milz- oder Leberriss, Nieren- oder Blasenblutungen, Darmblutungen (durch Polypen, Krebs oder Hämorrhoiden), Genitalblutungen.

Welche Verlaufsarten der Blutungsanämien werden unterschieden?

Schwere akute Blutungen mit akuter Blutungsanämie und Sickerblutungen, die zur chronischen Blutungsanämie führen können.

Wie sind die Blutungsanämien zu behandeln?

Hier stehen folgende Möglichkeiten zur Verfügung:

- Blutungsquelle muss schnell gefunden und beseitigt werden,
- Auffüllung des Kreislaufs mit Blut oder Blutersatzmitteln zur Verhütung des Kollapses ist bei der akuten Blutungsanämie wichtig,
- Wenn eine Gerinnungsstörung vorliegt, muss diese bekämpft werden,
- Hämostyptika (blutgerinnungsfördernde Medikamente) werden meistens angewandt, um die Blutungen zum Stehen zu bringen und
- Wenn ein Eisenmangel durch z.B. chronische oder wiederholte Blutungen entstanden ist, z.B. durch starke Periodenblutungen muss Eisen zugeführt werden.

Mangelanämien

Welche Arten von Mangelanämien gibt es?

Eisenmangelanämien, perniziöse Anämie durch Mangel an Vitamin B_{12}, Folsäuremangelanämie und Eiweißmangelanämie.

Wie kann es zur Eisenmangelanämie kommen und wie erfolgt die Behandlung?

- In der Nahrung fehlt das Eisen (z.B. bei strengen Vegetariern),
- Resorption des Eisens im Magen-Darm-Trakt ist ungenügend (z.B. Zustand nach Entfernung eines großen Teils des Dünndarms),
- Verwertung des Eisens, d.h. der Einbau ins Hämoglobin, ist gestört oder
- Verlust an Eisen durch Blutungen ist größer als die Aufnahme, die Eisendepots des Körpers sind erschöpft. Die Behandlung erfolgt durch Ausschaltung der Ursache und durch Eisenzufuhr (in Tablettenform).

Was sind Symptome und Befunde einer Eisenmangelanämie?

Schmerzhafte glatte Zunge, trockene Haut, brüchige Nägel.
Das mittlere korpuskuläre Hämoglobin MCH liegt unter 24 pg und MCV unter 80 fl. Der Ferritingehalt des Serums ist vermindert (normal beim Mann 34–310 μg/l, bei Frauen 22–112 μg/l).

Wie kommt es zur perniziösen Anämie?

- Fehlendes Vitamin B_{12} in der Nahrung,
- Fehlen des Intrinsic-Faktors, z.B. nach operativer Magenentfernung oder atrophischer Gastritis,
- weitgehende Entfernung des Dünndarms oder Zerstörung der Dünndarmschleimhaut durch Entzündungen,
- bakterielle Fehlbesiedelung des Dünndarms,
- Parasitenbefall des Dünndarms, z.B. Fischbandwurm.

Welche Krankheitszeichen können bei perniziöser Anämie auftreten?

Die Patienten sind blassgelb und klagen über Zungenbrennen, neurologische Ausfälle wie Kribbeln und Ameisenlaufen (Parästhesien), seltener Lämungserscheinungen kommen vor (funikuläre Myelose). Die *Erythrozytenzahl* ist vermindert, das *MCH* jedoch höher als 36 pg. Die Erythrozyten sind überdurchschnittlich groß und kräftig gefärbt, sogenannte Megalozyten. Im Sternalmark findet man Megaloblasten (= übergroße Vorstufen der Erythrozyten). Die Leukozyten und Thrombozyten können vermindert sein. Durch Atrophie der Magenschleimhaut besteht ein Mangel an Magensäure (= Achlorhydrie).

Wie wird die perniziöse Anämie behandelt?

Vitamin B_{12} wird i.m. gegeben. Ein zusätzlicher Eisenmangel muss ausgeglichen werden.

Wie kann es zur Folsäuremangelanämie kommen?

Durch schwere Resorptionsstörungen im Darm z.B. bei Sprue oder Zöliakie, in der Schwangerschaft durch erhöhten Bedarf und durch Folsäureantagonisten, wie z.B. Zytostatika oder bestimmte Antibiotika.

Wie wird die Folsäuremangelanämie behandelt?

Das Folsäuredefizit muss durch Gaben per os oder i.m. substituiert werden.

Was wird als Schwangerschaftsanämien bezeichnet?

Bei Anämien in der Schwangerschaft handelt es sich meistens um Eisenmangelanämien. Bei makrozytärer Anämie ist auch ein Folsäuremangel anzunehmen.

Worauf beruht die Säuglingsanämie?

Da die Milch eisenarm ist, kann bei reiner Milchnahrung in den ersten Monaten eine Eisenmangelanämie, besonders leicht bei Frühgeburten, entstehen.

Hämolytische Anämien

Was bedeutet hämolytische Anämie?

Bei den hämolytischen Anämien ist die Lebensdauer der Erythrozyten verkürzt, sie werden rascher abgebaut. Man unterscheidet erbliche und erworbene hämolytische Anämien.

Welche Symptome können bei hämolytischen Anämien beobachtet werden?

Durch den gesteigerten Erythrozytenabbau wird vermehrt indirektes Bilirubin aus dem Hämoglobin gebildet, es kommt zum hämolytischen Ikterus. Als Kompensationsversuch des Körpers kommen vermehrt Retikulozyten ins Blut. In Leber und Milz können wieder wie im Embryonalleben Blutbildungsherde auftreten, wodurch beide Organe an Größe zunehmen.

Die Erythrozyten zeigen bei der Hämolyseprobe eine verminderte Resistenz, z.B. gegen bestimmte Salzkonzentrationen, die in einer Verdünnungsreihe von hypotonen Kochsalzlösungen geprüft werden kann: osmotische Resistenzprüfung. Normal Hämolysebeginn bei 0,46–0,40% NaCl, vollständige Hämolyse bei 0,32–0,30% NaCl.

Ein spezielles Untersuchungsverfahren zum Nachweis von erworbenen hämolytischen Anämien ist der Coombs-Test.

Was wird durch den Coombs-Test nachgewiesen?

Dient zum Nachweiß von Antikörpern, die sich gegen die eigenen Erythrozyten richten, an diese gebunden sind und sie hämolyseanfällig machen.

Wie entstehen die erworbenen hämolytischen Anämien?

Erythrozyten können durch *Autoantikörper* geschädigt werden, die im Verlauf von Infektionskrankheiten, z.B. durch Toxine wie bei Malaria, Sepsis oder Gasbrand, Verbrennungen oder karzinomatösen Prozessen entstehen können.

Auch chemische Intoxikationen können zur Hämolyse führen: z.B. Blei, Benzol, Sulfonamide, Schlangengifte u.a.m.

Was sind die Symptome bei einer hämolytischen Krise?

Plötzliche Verschlimmerungen einer hämolytischen Anämie mit allgemeinem Krankheitsgefühl, Schwäche, Bauchschmerzen, Fieber, Gelbsucht und Milzschwellung.

Welche Behandlungsmöglichkeiten gibt es bei hämolytischen Anämien?

Durch Prophylaxe: Die chemisch-toxischen Ursachen müssen vermieden werden. Bei Autoantikörperwirkung kommen Kortikosteroide und Zytostatika in Frage. In manchen Fällen kann die Milzentfernung helfen.

Was heißt Erythroblastose?

Erythroblastose ist eine hämolytische Anämie der Neugeborenen; dabei kommt es zu Gelbsucht (Icterus haemolyticus neonatorum).

Worauf beruht der hämolytische Ikterus der Neugeborenen?

Das Kind einer *rh-negativen Mutter* kann von seinem *Rh-positiven Vater* den Rh-Faktor erben. Während der Schwangerschaft bewirkt der Rh-Faktor des Kindes durch die Plazenta hindurch die Bildung von *Rh-Antikörpern* bei der Mutter.

Bei der ersten derartigen Schwangerschaft wirkt sich diese Antikörperbildung meist noch nicht schwer aus. Bei späteren Graviditäten kann es zu Hämolyse, Ikterus und Anämie mit verschieden starker Schädigung des Kindes bis zum Absterben im Uterus kommen.

Was kann gegen die Erythroblastose unternommen werden?

Vorbeugende Gaben von *Anti-D-Gammaglobulin* der rh-negativen Mutter (mit Rh-positivem Ehepartner und Kind) injizieren, um den Rh-Faktor zu neutralisieren, bevor es zu Rhesusantikörpern bei der Mutter kommt.

Nach der Geburt evtl. sofort *Austauschtransfusion* beim Kind mit rh-negativem Blut, um die Hirnschädigung durch Anämie und hämolytischen Ikterus zu vermeiden.

Begleitanämien

Was wird als Begleitanämie bezeichnet?

Eine Schädigung der Erythrozyten oder des Knochenmarks kann bei einigen Krankheitszuständen eine Anämie als Begleitsymptom der Hauptkrankheit bewirken, z.B. chronisches Nieren- und Leberleiden, chronischer Gelenkrheumatismus, akute oder chronische Infektionskrankheiten wie Typhus, Tbc oder chronische Vergiftungen, auch Medikamentenmissbrauch (Schlafmittel, Schmerzmittel, Alkohol), Parasitenbefall (z.B. Eingeweidewürmer), bösartige (maligne) Geschwülste (Karzinom, Sarkom, Leukämie).

Aplastische Anämien

Was wird als aplastische Anämie bezeichnet?
Bei den aplastischen Anämien liegt eine nachhaltige Beeinträchtigung der Erythrozytenproduktion im Knochenmark, der Erythropoese, vor. Meist sind auch die Leukozyten und Thrombozyten betroffen.

Welche Ursachen können zur aplastischen Anämie führen?
Als Ursache kommen chemische Stoffe in Frage, z.B. Medikamente (Butazolidin, Chloramphenicol, Goldsalze, Zytostatika u.a.m.), Toxine (Lentasepsis, Urämie, Leukämie, Knochenmarkmetastasen) und evtl. auch Strahlenexposition (Röntgenstrahlen, radioaktive Strahlung).

Wie wird die aplastische Anämie behandelt?
Schädigende Ursachen wie toxische Stoffe, chronischer Medikamentenmissbrauch, Strahlenexposition usw. sind abzustellen.

Kortikosteroide und Bluttransfusionen, auch eine Knochenmarktransplantation kommen als Behandlungsmöglichkeit in Betracht.

2.3.2 Polyzythämie und Polyglobulie

Welche Arten von krankhafter Vermehrung der Erythrozyten gibt es?
Bösartige (krebsartige) Vermehrung mit Erythrozytenzahlen über 7 Millionen/μl heißt *Polycythaemia vera*.

Kompensatorischen (ausgleichenden) Vermehrungen mit Erythrozytenzahlen zwischen 5 und 7 Millionen/μl bei Sauerstoffmangelzuständen wie Emphysem, Silikose, manchen Herzfehlern und besonders beim Aufenthalt in großen Höhen heißen *Polyglobulie*.

Welche Erscheinungen werden bei der Polycythaemia vera beobachtet?
Haut und Schleimhäute sind intensiv blaurot (zyanotisch) gefärbt, die Erythrozytenzahl ist über 7 Millionen pro μl erhöht, das Erythrozytenvolumen im Hämatokrit ist vergrößert, auch Leuko- und Thrombozyten sind meist vermehrt und der Blutdruck ist manchmal gesteigert.

Welche Komplikationen können bei der Polyzythämie auftreten und wie ist die Prognose?
Es besteht eine vermehrte Thrombosenbereitschaft (z.B. Apoplexieneigung). Durch vermehrte Herzbelastung kann es zur Herzinsuffizienz kommen. Außerdem können Durchblutungsstörungen an Fingern und Zehen bis zur Gangränbildung entstehen. Die Prognose ist infaust. Durchschnittliche Lebenserwartung ca. 3–5, selten 10 Jahre.

Wie wird die Polyzythämie behandelt?
Regelmäßige Aderlässe mit dem Therapieziel Hkt < 45% durch Gabe von
- alpha-Interferon,
- Zytostatika, z.B. Hydroxyurea (Litalir).

Radiophosphor wird wegen Leukämiegefahr nicht mehr eingesetzt.

2.3.3 Krankeiten der Leukozyten

Was ist der Unterschied zwischen Leukozytose und Leukämie?
Leukozytose ist eine gutartige Vermehrung der Leukozyten auf 10000–30000/μl, z.B. bei der Infektabwehr.

Leukämie ist eine bösartige, einem Krebs vergleichbare Entartung und Vermehrung einer bestimmten Leukozytenart mit oft bis zu mehreren 100000 Leukozyten/μl.

Wann wird eine Lymphozytose beobachtet?
Bei subakuten oder chronischen Infekten, wie Tuberkulose oder lymphotropen Infekten, wie bei manchen Virusarten.

Wann kommt es zur Monozytose?
Nach akuter Leukozytose und Linksverschiebung tritt machmal eine monozytäre Überwindungsphase und anschließend eine lymphozytäre Heilphase im Ablauf eines Infektes auf.

Eine spezifische Erkrankung mit Monozytose ist die infektiöse Monozytose (Mononukleose), das Pfeiffersche Drüsenfieber (s. infektiöse Mononukleose, S. 402).

Leukämien

Welche Arten von Leukämien (Leukosen) werden unterschieden?
Nach dem Verlauf unterscheidet man akute und chronische Leukämien. Die akuten Leukämien werden nach dem vorherrschenden Zelltyp bezeichnet.
- Myeloische Leukämien (ca. 80% der akuten Leukämien des Erwachsenenalters) sind durch eine Vermehrung von unreifen Zellen aus der myeloischen Zellreihe gekennzeichnet, z.B. Myeloblasten, Promyelozyten oder Myelomonozyten-Leukämien.
- Lymphatische Leukämien sind vor allem bei Kindern häufig und gehen mit einer starken Vermehrung unreifer Lymphozyten, Lymphknoten- und Milzvergrößerung einher.
- Bei undifferenzierten Formen kann der krankhaft vermehrte Zelltyp manchmal nicht klassifiziert werden.

Welche Formen der chronischen Leukämie gibt es?

Chronischen Leukämieformen werden ebenfalls nach dem krankhaft vermehrten Zelltyp bezeichnet, wobei Verbindungen und Übergänge zu den Non-Hodgkin-Lymphomen bestehen. Diese entwickeln sich primär im lymphatischen Gewebe (z.B. Lymphknoten), neigen aber zu leukämischer Ausbreitung im Blut.

- Bei der chronischen myeloischen Leukämie werden exzessiv viele Granulozyten und ihre Vorstufen im Knochenmark und gelegentlich auch in der Leber und Milz produziert. Diese Patienten weisen das Philadelphia-Chromosom auf,
- Bei der chronischen lymphatischen Leukämie sind die Lymphozyten im Blut massiv vermehrt, zusätzlich besteht meist eine generalisierte Lymphknotenschwellung und eine Vergrößerung von Leber und Milz. Die Prognose ist relativ günstig,
- Bei den myelodysplastischen Syndromen ist anfangs meist keine Klassifikation der vermehrten Zellen möglich, oft besteht auch nur eine Anämie unklarer Ursache. Der Verlauf ist langsam, nach Jahren gehen diese Erkrankungen manchmal in einen Blastenexess über. Oft erleben die meist älteren Patienten diesen aber nicht, sondern sterben vorher an anderen Krankheiten.

Wie ist die Krankheitsentwicklung einer chronischen myeloischen Leukämie?

Oft wochen- oder monatelang untypische Krankheitserscheinungen wie Mattigkeit und leichte Ermüdbarkeit.

Meist führen Hinfälligkeit und Anämie im Rahmen einer eingehenden Untersuchung zur Diagnose aus dem Blutbild, der Knochenmarkspunktion oder der histologischen Untersuchung von Leber, Milz oder Lymphknoten.

Welche Krankheitszeichen können bei einer akuten myeloischen Leukämie auftreten?

Fieber, oft Ulzerationen und Blutungen der Schleimhäute, später Blutungen ins Unterhautgewebe, Leber-, Milz- und Lymphknotenschwellungen, typisches Blutbild und Knochenmark mit starker Vermehrung unreifer Formen und Anämie und Thrombopenie.

Welche Befunde sind bei myeloischer Leukämie wichtig?

Leukozytenzahl ist meist stark erhöht, etwa bis 100 000/μl oder mehr. Aleukämische Formen mit Leukozytenwerten unter 4000/μl sind selten, bei diesen ist die Sternalpunktion besonders wichtig.

Unreife Leukozytenformen finden sich in verschiedener Zahl und Ausprägung. Anämie und Thrombopenie treten oft als Komplikationen auf. Der Knochenmarkbefund (Sternalpunktion oder Beckenkammbiopsie) gibt die besten Aufschlüsse. Milz-, Leber-und Lymphknotenschwellungen sind zu beachten.

Wie werden die verschiedenen Typen der myeloischen Leukämien genannt?

Man benennt sie nach dem pathologischen Zelltyp, z.B. Stammzellenleukose, Myeloblastenleukämie, Promyelozytenleukämie.

Welche Komplikationen kommen bei Leukämie vor?

Abwehrschwäche gegen Infektionen durch funktionstüchtige entartete Leukozyten: Pneumonie, Pyelitis, Sepsis u.a.m. Schutz vor Infektionen ist wichtig.

Bedrohliche *Blutungen* als Folge der Thrombopenie aus dem Nasen-Rachen-Raum, den Atemwegen, dem Verdauungstrakt, dem Uterus oder den Harnwegen.

Warum kommt es oft bei Leukämien zu Anämien und Thrombopenie?

Infolge der Überwucherung des Knochenmarks durch krankhafte Leukozyten wird die Bildung der Erythrozyten und Thrombozyten eingeschränkt.

Wie ist die Prognose einer myeloischen Leukämie?

Die Prognose ist infaust (zum Tode führend).

Die Lebenserwartung beträgt je nach Stärke der Entartung bei einer akuten Leukämie einige Wochen oder Monate, bei einer chronischen Leukämie mehrere Monate oder Jahre, durchschnittlich 3 Jahre, ausnahmsweise bis zu 10 Jahren.

Welche Behandlungsmaßnahmen kommen bei einer myeloischen Leukämie in Betracht?

- Zytostatika (Myleran, Leukeran, Endoxan, Purinethol, Vincristin) können die krankhafte Vermehrung unreifer Leukozyten hemmen,
- Röntgenbestrahlungen von Milz und Lymphknoten wirken ebenso,
- Kortikoide können die Ausreifung der Leukozyten fördern,
- Antibiotika beugen der Infektionsgefahr vor,
- Bluttransfusionen können die Anämie bessern,
- Thrombozytenaufschwemmungen (Thrombozytenkonserven) bei Thrombopenie haben nur einen geringen, vorübergehenden Effekt,
- Eine Knochenmarkstransplantation kann die Krankheit in bestimmten Fällen heilen, sofern die Patienten noch nicht zu alt sind (s. Transplantation, S. 39),
- Laufende Blutbildkontrollen und Thrombozytenzählungen sind als Grundlage der Behandlung unerlässlich.

Was bedeutet bei einer Leukämie Remission?

Übergang einer akuten Krankheitsphase in eine subakute oder chronische Verlaufsform. Es können dann, zumindest vorübergehend, im Blut keine krankhaften Zellen mehr entdeckt werden.

Was wird unter einer lymphatischen Leukämie verstanden?

Bei der lymphatischen Leukämie sind Zellen der lymphatischen Reihe bösartig vermehrt und entartet. Es gibt akute und chronische Verlaufsformen. Die akuten Formen bekommen hauptsächlich Kinder und Jugendliche, die chronische meist ältere Menschen. Eine chronische lymphatische Leukämie wird bei älteren Patienten oft als Zufallsbefund ohne Krankheitszeichen bei einer Blutuntersuchung entdeckt.

Welche Krankheitserscheinungen können bei einer lymphatischen Leukämie auftreten?
Lymphknotenschwellungen, besonders Milztumor, aber auch Lebervergrößerung. Bei akuten Formen auch Fieber. Im Blutbild Vermehrung der Gesamtzahl der Leukozyten auf 30 000–100 000/μl, besonders durch mehr oder weniger unreife Lymphozyten. Auch Anämie und Thrombopenie sind häufig.

Wie kann eine lymphatische Leukämie behandelt werden?
Akute Formen: Chemotherapeutisch (zytostatisch) oder durch Röntgenbestrahlung, eventuell in Verbindung mit einer Knochenmarkstransplantation.

Chronische Formen bedürfen oft anfangs gar keiner Therapie, sondern müssen nur beobachtet werden.

Wie ist die Prognose einer lymphatischen Leukämie?
Für die chronische lymphatische Leukämie ist die Prognose etwas besser als bei der chronischen Myelose.

Die akute Lymphoblastenleukämie der Kinder kann aber heute in einem großem Teil der Fälle geheilt werden.

2.3.4 Maligne Lymphome

Was sind maligne Lymphome?
Es handelt sich um bösartige Erkrankungen des lymphatischen Gewebes, die zwar von einem bestimmten Lymphknoten ihren Ausgang nehmen, sich aber rasch auf das gesamte Lymphsystem ausbreiten (Systemerkrankung). Entsprechend der histologischen Merkmale unterscheidet man Hodgkin- und Non-Hodgkin-Lymphome. Zum Teil können die Erkrankungen auch leukämieartige Symptome hervorrufen.

Was ist ein Hodgkin-Lymphom?
Das Hodgkin-Lymphom ist eine chronisch fortschreitende Erkrankung des lymphatischen Gewebes mit Merkmalen eines bösartigen Tumors *und* einer Entzündung. Ursache ist unbekannt. (Zwei Häufigkeitsgipfel des Krankheitsbeginns: 15–30 Jahre, über 50 Jahre.)

Welche Erscheinungen stehen häufig am Krankheitsbeginn der Lymphogranulomatose?

- Schwellungen der Halslymphknoten, in denen sich manchmal nach Alkoholgenuss ein Schmerz einstellt (Alkoholschmerz); röntgenologisch erkennbare

Lymphknotenschwellungen in den Lungenwurzeln (Hilustumor) oder im Mediastinum (Mediastialtumoren); Milz- und Leberschwellung; Juckreiz,
- Die Erkrankung der Lymphknoten im Bauchraum bleiben meistens klinisch unerkannt und können nur sonographisch, im Computertomogramm oder in der Kernspintomographie gesehen werden,
- Fieber, je nach Schwere des Falles reduziertes Allgemeinbefinden, was als B-Symptomatik bezeichnet wird,
- Nach dem Grad der Ausbreitung werden die Stadien I-IV unterschieden.

Wie ist der Verlauf einer Lymphogranulomatose?

Schubweise, mit Ausbreitung auf weitere Lymphknotenstationen, evtl. mit Fieber, dazwischen Remissionen, Ausbildung von Anämie und Leukopenie, Lymphopenie, eventuell auch Eosinophilie, hohe BSG.

Wie kann die Diagnose der Lymphogranulomatose gesichert werden?

Durch histologische Untersuchung eines Lymphknotens (durch Probeexzision), auch des Sternal-, oder Milzpunktates.

Bestimmung des Ausbreitungsstadiums durch CT oder MR.

Welche Behandlungsmöglichkeiten stehen bei Lymphogranulomatose zur Verfügung?

Befallene Lymphknoten (Hodgkin-Lymphome) sprechen sehr gut auf Bestrahlung (Megavolt-Technik) und kombinierte Zytostatikabehandlungen an, z.B. nach dem COPP-Schema (*C*yclophosphamic, *O*ncovin, *P*rocarbacin, *P*rednison). Frühzeitiger Beginn und konsequente Durchführung der 6–8 Behandlungszyklen ist von größter Bedeutung für die Prognose.

Wie ist die Prognose der Hodgkin-Erkrankung?

Die Prognose wird vom Stadium der Erkrankung bei Beginn der Behandlung und vom histologischen Typ bestimmt und ist sehr unterschiedlich. Bei intensiver und konsequenter Kombinationsbehandlung der Stadien I und II können heute Dauerheilungen in 65–70 % der Fälle erreicht werden. Überlebende 10 Jahre nach Beginn der Behandlung dürfen als geheilt gelten.

Welche Non-Hodgkin-Lymphome (NHL) gibt es?

Die Einteilung der NHL ist verwirrend und hat sich in den letzten Jahren mehrfach geändert. Zum Teil werden neuere und ältere Begriffe parallel gebraucht.

Nach histologischen und immunologischen Merkmalen unterscheidet man *T-Zell*-Lymphome, *B-Zell*-Lymphome und *gemischte* Lymphome. Zur ersten Gruppe gehören das immunoblastische Lymphom, zur zweiten das zentroblastische Lymphom und zur dritten Gruppe das lymphoplasmozytoide Immunozytom.

Prognostisch unterscheidet man Lymphome vom hohen und vom niedrigen Malignitätsgrad. In der Regel gilt: Je weniger differenziert, d.h. mit klassifizierbaren Zellen ausgestattet ein Lymphom ist, um so maligner ist es.

Welche Krankheitssymptome verursachen NHL?
Es können zunächst nur einzelne oder mehrere Lymphknoten vergrößert sein, jedoch ist auch der primäre Organbefall (Magen-Darm, Haut, Knochen) nicht selten. Allgemeinsymptome (B-Symptomatik) treten bei der NHL seltener auf als bei der Lymphogranulomatose, es besteht aber meistens eine Anämie.

Wie werden NHL behandelt?
Je nach Stadium und Alter des Patienten mit Bestrahlung und Polychemotherapie, bei sehr alten Patienten oft nur noch mit Steroiden. Bei jüngeren Patienten gelingt mittels Knochenmarkstransplantation in 30–50% eine Heilung.

Was ist ein Plasmozytom?
Beim Plasmozytom (auch multiples Myelom oder Morbus Kahler) kommt es zur bösartigen Vermehrung eines bestimmten Klons von Plasmazellen im Knochenmark mit Bildung eines Paraproteins, meistens aus der Klasse der Immunglobuline G. Dieses wird häufig in der Elektrophorese als sehr hoher oder zusätzlicher Gipfel im Gammaglobulinbereich erkennbar. Manchmal scheiden die Patienten auch ein krankhaftes niedermolekulares Eiweiß im Urin aus („Bence-Jones-Proteinurie"). Die Diagnose erfolgt mittels Knochenmarksbiopsie und Immunelektrophorese des Serums, evtl. auch des Urins.

Welche Krankheitssymptome macht ein Plasmozytom?
Es kann schmerzhafte, diffuse oder umschriebene Knochenzerstörungen verursachen, die im Röntgenbild als „Löcher" erscheinen.

Im weiteren Verlauf treten die Probleme der Verdrängung des gesunden Knochenmarks auf: Anämie, Leukopenie, Thrombopenie. Da das krankhafte Eiweiß die Nierenglomeruli verstopft, bekommen viele Patienten eine Niereninsuffizienz.

2.3.5 Knochenmarkschädigungen

Was bedeutet Agranulozytose?
Bei der Agranulozytose handelt es sich um eine akute schwere bedrohliche Störung der Granulozytenbildung im Knochenmark, so dass im Blutbild eine Leukopenie und fast keine oder gar keine Granulozyten (polymorphkernige Leukozyten) mehr gefunden werden.

Wodurch kann es zur Agranulozytose kommen?
Durch *Überempfindlichkeit* (Allergie) gegen bestimmte Medikamente, vor allem Schmerzmittel, Schlafmittel, Rheumamittel, Thyreostatika, Antibiotika. Aber auch

durch *Toxine* von Krankheitserregern kann es zur Schädigung des Knochenmarks mit Erliegen der Granulozytenproduktion kommen.

Welche Symptome und Befunde finden sich bei der Agranulozytose?

Die *Anfangserscheinungen* bei der Agranulozytose sind meist wie bei Grippe oder Mandelentzündungen. Es können sich unter Temperaturanstieg rasch fortschreitende Ulzerationen und schwere gangränöse Veränderungen an den Schleimhäuten des Mundes, des Rachens, besonders der Mandeln und in der Scheide mit Neigung zu Blutungen bilden.

Durch das Fehlen der Granulozyten in der Körperabwehr besteht eine bedrohliche Gefahr zur Ausbildung tödlicher *Entzündungen*: Phlegmone, Pneumonie, Sepsis. Es findet sich eine Leukopenie von 500–3000/μl. Granulozyten sind extrem vermindert: Granulozytopenie bis Agranulozytose (= Granulozyten $< 500/\mu l$).

Welche Maßnahmen müssen bei Agranulozytose oder Granulozytopenie ergriffen werden?

Alle potentiell auslösenden Medikamente müssen sofort abgesetzt werden und jeder darüber informiert werden.

Zur Vorbeugung gegen Infektionen des Kranken erfolgt Isolierung, Wischdesinfektion des Krankenzimmers, Mundschutz und Schutzkittel sowie gute Mund- und Körperpflege des Patienten.

Die eigentliche Behandlung wird mit Kortikosteroiden, Antibiotika und Granulozyten-Kolonie-stimulierendem Faktor (G-CSF), evtl. mit Bluttransfusionen auch als Granulozytentransfusion durchgeführt. Die Kontrolle des Blutbildes ist unerlässlich.

Wie ist die Prognose der Agranulozytose?

Wenn die Granulozytenbildung nicht rechtzeitig eintritt, können die septischen Komplikationen zum Tode führen. Sonst Ausheilung ohne erkennbare Folgen.

Der Patient muss aber nachdrücklich belehrt werden, welche Medikamente er strikt vermeiden muss, um nicht wieder in eine Agranulozytose zu geraten.

Was ist eine Panzytopenie und was ist die Ursache hierfür?

Bei einer Panzytopenie sind alle Blutkörperchen, Erythrozyten, Leukozyten und Thrombozyten vermindert. Die aplastische Anämie ist auch eine Knochenmarkschädigung, allerdings nicht so weitgehender Art. (s. aplastische Anämien, S. 26). Ursache sind Toxine, Medikamente, Röntgenstrahlen oder Osteomyelosklerose.

Was ist Osteomyelosklerose?

Bei der Ostemoyeloskerose (Osteomyelofibrose) sind die Knochenmarkräume durch fortschreitende bindegewebige Veränderungen und durch Verdickung der Knochenschicht eingeengt. Daher ist die Blutbildung entsprechend beeinträchtigt. Leber und Milz können vergrößert sein. Als Ersatz für das versagende Knochenmark können extramedulläre Blutbildungsherde in diesen Organen entstehen.

2.3.6 Hämorrhagische Diathesen

Was bedeutet hämorrhagische Diathese und was ist die Ursache hierfür?
Darunter wird eine Neigung zu Blutaustritten aus den Gefäßen verstanden. Ursache sind Störungen der Blutgerinnung (Koagulopathien) oder Schädigung der Gefäßwand (vaskuläre Purpura).

Worauf können Störungen der Blutgerinnung beruhen?
- Auf erheblichen Defekten, wie das Fehlen des Faktors VIII oder IX bei der Bluterkrankheit,
- auf erworbenen Defekten, z.B. Thrombopenie oder verbrauchte Gerinnungsfaktoren (Verbrauchskoagulopathie), oder Afibrinogenämie (Fibrinogenmangel), Mangel an Vitamin K oder
- auf Bildung von Hemmstoffen, wie bei den Immunkoagulopathien.

Welche Folgen hat ein Mangel von Thrombozyten und was ist die Ursache hierfür?
Bei einem Mangel an Thrombozyten (Thrombozytopenie) kann es zu Gerinnungsstörungen, evtl. zu bedrohlichen Blutungen kommen. Ursache hierfür ist eine Knochenmarkschädigung aufgrund infektiös-toxische, medikamentöse Schäden, Autoimmunvorgänge oder Strahlenwirkung (Röntgen, radioaktive Strahlung).

Welche Störung liegt der Hämophilie zugrunde?
Der Bluterkrankheit (Hämophilie) liegt ein erheblicher Defekt zugrunde. Dieser besteht bei der Hämophilie A in einer ungenügenden Bildung von antihämophilem Globulin (Faktor VIII) und bei der Hämophilie B im Mangel an Faktor IX. Die Bluterkrankheit tritt nur bei Männern in Erscheinung, während sie von den nicht manifest erkrankten weiblichen Mitgliedern der Bluterfamilie nur weitervererbt wird (sogenannter geschlechtsgebundener rezessiver Erbgang).

Wie ist der Verlauf der Bluterkrankheit?
Die Erscheinungen der Hämophilie sind um so schwerer, je weniger antihämophiles Globulin (Faktor VIII) gebildet werden kann. Schon in der Kindheit kann es durch relativ leichte Verletzungen oder durch Zahnextraktionen zu schweren Blutungen kommen. Häufig sind Blutungen in Gelenkhöhlen, wobei die Gelenke mit Versteifungen ausheilen.

Welche Verhaltensmaßnahmen gelten für Bluter?

Patienten mit Bluterkrankheit müssen sich vor Verletzungen, Prellungen, Quetschungen und Zerrungen hüten. Zahnextraktionen dürfen nur nach ärztlicher Vorbehandlung durchgeführt werden.

Welche Behandlungsmöglichkeiten gibt es bei Hämophilie?

Alle schweren Formen der Hämophilie müssen kontinuierlich mit Faktor-VIII- oder Faktor-IX-Konzentrat substituiert werden. Bei Blutungen müssen hohe Dosen von Faktorenkonzentrat intravenös verabreicht werden. Bei leichteren Formen der Hämophilie muss nur bei Blutungskomplikationen oder als Vorbereitung zu Operationen die Aktivität des Faktors VIII bzw. IX auf 70% der Norm abgehoben werden.

Gelenkblutungen sind chirurgisch-orthopädisch so zu behandeln, dass keine Versteifungen in ungünstiger Stellung zurückbleiben.

Welche erworbenen Störungen der Blutgerinnung gibt es?

Bei Leberschäden mit Prothrombinmangel, z.B. Leberzirrhose, durch Thrombopenie bei Knochenmarkschädigung (Leukämie, Urämie, Toxine, Medikamente u.a.), und der Verbrauchskoagulopathie, z.B. im septischen Schock bei der Immunkoagulopathie durch Bildung von Hemmkörpern gegen die Gerinnungsfaktoren.

Was heißt thrombozytopenische Purpura?

Die idiopathische thrombozyopenische Purpura (Morbus Werlhof) ist eine Krankheit unbekannter Ursache, bei der ein zahlenmäßiger Mangel der Thrombozyten mit hämorrhagischer Diathese in Form von punktförmigen Blutungen an Haut und Schleimhäuten und inneren Organen besteht. In den meisten Fällen werden Antikörper gegen körpereigene Thrombozyten gefunden.

Wie kann es zu einer Verbrauchskoagulopathie kommen und wie wird sie behandelt?

Wenn es in vielen kleinen Gefäßen zur Gerinnung (disseminierte intravasale Gerinnung = DIC) kommt, können die dabei zur Verfügung stehenden Gerinnungsfaktoren aufgebraucht sein, so dass keine weitere Gerinnung eintreten kann. Meistens passiert dies im Rahmen einer Sepsis. Paradoxerweise behandelt man mit Heparin, das weitere Gerinnselbildungen verhindert und dem Organismus Zeit gibt, neue Gerinnungsfaktoren zu bilden.

Was bedeutet vaskuläre Purpura?

Bei den Angiopathien liegt eine vermehrte Durchlässigkeit der Gefäßwände vor, es kommt zu stecknadelkopfgroßen oder kleinfleckigen Blutaustritten ins Gewebe, die man als Purpura bezeichnet. Die Blutungen sind etwas größer als Petechien.

Welche Symptome treten bei Schädigung der Gefäßwand auf?
Nasenbluten (Epistaxis), Lungenblutung (Hämoptoe oder Hämoptyse), Bluterbrechen (Hämatemesis), Blutabgänge aus dem Darm (schwarz): „Teerstühle" (Meläna), blutiger Urin (Hämaturie).

Wodurch kann es zur Gefäßwandschädigung mit vaskulärer Purpura kommen?
Im Rahmen von Infektionskrankheiten, z.B. Meningokokken-Meningitis, Masern, Scharlach oder Pocken, können Gefäßwände toxisch geschädigt werden. Es kommt zu einem hämorrhagischen Exanthem;

- medikamentöse Schädigungen durch Chinin, Sulfonamide, Goldsalze u.a.,
- allergisch bedingte Krankheiten, die mit Gelenkschmerzen, Schwellungen und Blutungen einhergehen, wie bei Kindern und Jugendlichen die Schönlein-Henoch-Purpura,
- Vitamin-C-Mangel mit Blutungen aus Schleimhäuten und in Gelenke,
- Purpura simplex; erbliche, aber harmlose Neigung zu Blutaustritten aus den Gefäßen,
- Purpura senilis; harmlose Erscheinung bei alten Leuten.

Was ist das Rumpel-Leede-Phänomen?
Wenn bei venöser Stauung am Arm nach 5 Minuten kleine Blutaustritte (Petechien) am Unterarm erkennbar sind, ist das Rumpel-Leede-Phänomen positiv. Es besteht eine Kapillarwandschwäche.

2.4 Spezielle Therapien

2.4.1 Transfusionen

Was geschieht, wenn ein rh-negativer Patient Rh-positives Blut transfudiert bekommt?
Er bildet gegen den ihm zugeführten körperfremden Rhesusfaktor Antikörper. Das macht sich vorerst nicht bemerkbar. Erhält er aber (fälschlich!) wieder Rh-positives Blut, so kommt es durch Antigen-Antikörpern-Reaktion zu einem eventuell tödlichen Transfusionszwischenfall.

Wenn einer rh-negativen Frau Rh-positives Blut transfundiert wird und sie dadurch Rhesusantikörper bildet, kann dies bei einer späteren Schwangerschaft mit Rh-positivem Kind zur Erythroblastose führen (s. Erythoblastose, S. 25). Eine solche Komplikation kann sich aber auch nach der vorherigen Austragung eines (vom Vater her) Rh-positiven Kindes einstellen.

Wie sollen sich die Blutgruppen von Spender und Empfänger verhalten?
Es soll grundsätzlich gruppengleiches Blut übertragen werden. Im Notfall kann Blut der Gruppe 0 rh-negativ als *Universalspender* genommen werden. Die Träger

der Blutgruppe AB Rh-positiv sind *Universalempfänger* und können notfalls Blut der Gruppe 0, A und B rh-negativ erhalten.

Welche Arten der Bluttransfusionen sind zu unterscheiden und was soll damit erreicht werden?

Transfusion von Frischblut direkt vom Spender zum Empfänger (selten) oder die Übertragung von Blutkonserven (überwiegende Methode). Eine Bluttransfusion ist als vollwertiger Blutersatz anzusehen. Sie hat als Frischbluttransfusion auch blutstillenden Effekt und wirkt auf das Knochenmark anregend. Außerdem bedeutet sie die Zufuhr von hochwertigem Eiweiß und von Eisen.

Welche Vorteile hat die Blutkonserve?

Zeitliche und örtliche Unabhängigkeit der Transfusion vom Blutspender, und die Möglichkeit der Bevorratung.

Welche Gefahren bestehen bei der Bluttransfusion?

- Transfusion von Blut mit ungeeigneter Blutgruppe kann durch Schock zum Tode führen,
- es kann eine Überempfindlichkeit gegen fremdes Serumeiweiß ausgelöst werden,
- es können Krankheitserreger übertragen werden, z.B. das Hepatitisvirus, das humane Immundefizienz-Virus (HIV), evtl. auch Lues oder Malaria,
- durch häufige Transfusionen kann eine zu starke Eisenmenge eingebracht werden und im Körper durch Speicherung zu Schäden führen (Hämosiderose).

Welche Untersuchungen müssen bei einem(r) Blutspender(in) vorgenommen werden und wie werden Spender bezeichnet?

Bestimmung von Hb, Blutsenkung, Transaminasen, Blutdruck, HB_sAg (Hepatitis-B-surface-Antigen), Antikörper gegen HIV und Hepatitis C sowie TPHA-Reaktion. Unterschieden wird zwischen Gelegenheitsspendern, die nicht öfter als zweimal im Jahr spenden, und Dauerspendern, die etwa alle 3 Monate spenden und in einer Spenderkartei geführt werden.

Welche Eigenschaften muss ein(e) Blutspender(in) haben?

Er/Sie muss beschwerdefrei und arbeitsfähig sein, zwischen 18 und 65 Jahren alt sein, sich in gutem Allgemeinzustand befinden, es darf keine Schwangerschaft bei der Spenderin bestehen, die letzte Geburt muss über sechs Monate zurückliegen, er darf an keiner chronischen Krankheit leiden und es darf keine vorübergehende akute Krankheit bestehen, auch die Rekonvaleszenz nach einer solchen muss abgeschlossen sein.

Menschen, die eine Hepatitis B oder C, Malaria, Tuberkulose oder Lues durchgemacht haben oder in den letzten 2 Jahren eine Brucellose hatten, dürfen kein Blut spenden. Dauerausscheider von Typhus-Paratyphus-Bakterien oder anderen Salmonellen kommen nicht in Betracht. Nach Impfung mit Lebendvakzinen (Pocken, Gelbfieber) oder Impfung mit Antitoxin müssen 6 Wochen abgewartet werden. Die letzte negative Seroreaktion auf Lues darf nicht älter als 6 Wochen sein, so dass die Luesreaktion vor jeder Blutspende kontrolliert werden muss.

Was ist bei einer Bluttransfussion unbedingt zu beachten?

- Blutgruppe und Verfallsdatum der Konserve müssen kontrolliert werden. Die Nummer des Teströhrchen und der Konserve müssen übereinstimmen,
- vom Empfänger werden 5 ml Blut abgenommen und die Kreuzprobe vom Arzt durchgeführt. Erst wenn schriftlich bestätigt worden ist, dass das Ergebnis der Kreuzprobe einwandfrei war, lässt man als Vorprobe 20 ml Konservenblut einlaufen und wartet 10 Minuten, ob Unverträglichkeitszeichen auftreten,
- der Arzt hat Kontrollpflicht,
- bei bewusstlosen Patienten muss ein Dauerkatheter eingeführt werden, um eine Hämolyse sofort erkennen zu können und
- wenn keine Unverträglichkeitszeichen aufgetreten sind, darf die Transfusion ganz langsam einlaufen.

Wie erfolgt die Kreuzprobe?

Es werden einerseits Empfängerserum und Spenderblutkörperchen, andererseits Spenderserum und Empfängerblutkörperchen miteinander vermischt. Dabei darf keine Agglutination oder Hämolyse eintreten. Dieser Test muss von einem Arzt durchgeführt werden (Abb. **2.5**).

Wie müssen Blutkonserven aufbewahrt werden?

Sie sind in einem vibrationsfreien Kühlschrank bei + 4° bis + 6° zu halten. Vor der Transfusion ist die Konserve rechtzeitig aus dem Kühlschrank zu holen, damit sie Zimmertemperatur annehmen kann. Blutkonserven nicht erwärmen und nicht schütteln.

Wie machen sich Transfusionszwischenfälle bemerkbar und was sind gefährliche Komplikationen?

Sie können einhergehen mit Unruhe, Angstgefühl, Schmerzen im Rücken, Beklemmungsgefühl in der Brust, Übelkeit, Blässe, Schweißausbruch, Schüttelfrost, Tachykardie und Kollaps. Als Komplikation kann es tödlichen Schock, akutem Nierenversagen mit Anurie, eventuell Übergang in Coma uraemicum (s. akutes Nierenversagen, S. 247) und zur Hämolyse kommen.

Was muss bei Transfusionszwischenfällen getan werden?

Transfusion sofort abbrechen, Schockbekämpfung mit Adrenalin und 250–1000 mg Prednisolon i.v., Plasmaersatzmittel, bei stärkerer Hämolyse Austauschtransfusion, verstärkte Diurese (Mannit, Lasix) wegen der Hyperkaliämie durch den Zerfall der kaliumreichen Erythrozyten und eventuell Natriumbikarbonat

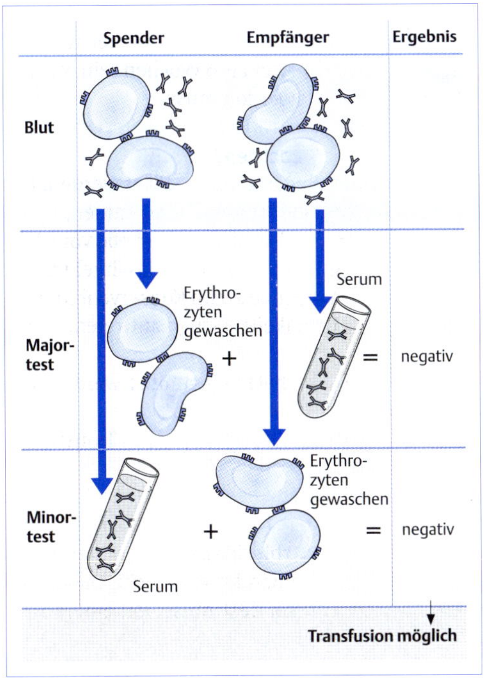

Abb. **2.5** *Im Majortest mischt man Spendererythrozyten und Empfängerserum, im Minortest Spenderserum und Empfänger-erythrozyten. Beide Tests müssen mit jeder einzelnen Blutkonserve durchgeführt werden und sicher negativ sein (nach Schwengler).*

gegen die Azidose. Die Blutkonserve muss im Kühlschrank zur späteren Untersuchung aufbewahrt werden.

Wer ist für die Transfusion verantwortlich?

Transfusionen dürfen nur durch Ärzte vorgenommen werden. Der durchführende Arzt ist für die Transfusion verantwortlich. Aber auch das ausführende Personal (Labor- und Pflegepersonal) kann zur Verantwortung herangezogen werden, z.B. bei Verwechslungen.

2.4.2 Transplantationen

Was geschieht bei einer Knochenmarkstransplantation?

Bei einer Knochenmarkstransplantation (KMT) wird Knochenmark eines HLA-kompatiblen (Histokompatibilitätsantigene) Spenders entnommen und einem Patienten infundiert, dessen eigenes krankes Knochenmark zuvor durch eine Chemotherapie und/oder Bestrahlung absichtlich zerstört wurde. Wenn keine Anstoßungsreaktion eintritt, vermehren sich die übertragenen Knochenmarkszellen so weit, dass im Verlauf von zwei bis drei Wochen wieder Granulozyten in zählbarer Menge im Blut des Empfängers auftauchen.

Bei welchen Krankheiten wird eine Knochenmarkstranplantation in Erwägung gezogen?

Bei Patienten mit aplastischer (mit Schwinden der Blutbildung einhergehender) Anämie, bei akuten und chronischen Leukämien und ausgewählten Arten von malignen Lymphomen. Die homologe (= von einem HLA-kompatiblen Spender stammende) KMT ist heute ein Routineverfahren, das aber gelegentlich am Problem der fehlenden kompatiblen Spender leidet.

Was bedeutet autologe KMT?

Bei der autologen KMT wird in der Phase einer kompletten Remission (Freiheit von Tumorzellen nach Chemotherapie) Knochenmark entnommen und eingefroren. Anschließend wird der Patient mit hochdosierter Chemotherapie oder Bestrahlung behandelt, die sein verbliebenes Knochenmark, aber auch versteckte Tumorzellnester zerstört. Mit der Übertragung seines eigenen, zuvor entnommenen Knochenmarks, soll der Patient dann geheilt werden. Dieses Verfahren wird angewandt, wenn kein geeigneter Spender zur Verfügung steht.

3 Lymphatisches System und Milz

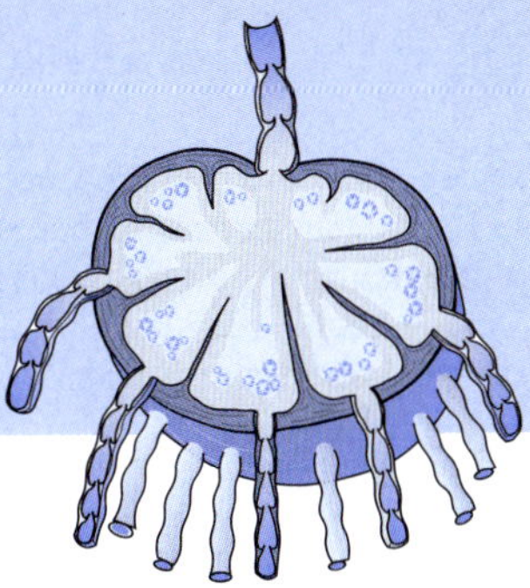

3.1 Anatomie und Physiologie

Wie fließt die Lymphe im Körper?

Lymphflüssigkeit umfließt alle Zellen und sammelt sich in den dünnen *Lymphkapillaren*, die zu größeren *Lymphgefäßen* zusammenfließen und von der Peripherie nach zentral führen. Sie münden in den Milchbrustgang, den *Ductus thoracicus*, der mit der Cisterna chyli vor dem ersten Lendenwirbelkörper beginnt und im Winkel der V. subclavia und V. jugularis links ins Blutgefäßsystem mündet. Die Lymphe der rechten oberen Körperhälfte wird durch den kleineren *Ductus lymphaticus dexter* in den rechten Venenwinkel geleitet. *Lymphknoten* sind in die Lymphbahnen als Zwischenstationen eingeschaltet.

Woraus besteht die Lymphflüssigkeit?

Lymphe bildet sich aus Gewebsflüssigkeit und enthält dieselben Eiweißstoffe wie das Blut (Albumin, Globuline und Fibrinogen) als so genanntes Lymphplasma. Im Gegensatz zur klaren Lymphe der Körperperipherie ist die Lymphe, die aus dem Verdauungstrakt durch den Milchbrustgang fließt, durch die Aufnahme von Fetttröpfchen milchig trüb.

Wie sind die Lymphknoten aufgebaut und wo befinden sie sich?

Sie sind als Filterstationen und Abwehrzentren gegen Infektionen in die Lymphbahnen eingelagert. Sie haben außen eine bindegewebige Kapsel. Im Innern befindet sich Retikulumgewebe, in dessen Zentren Lymphozyten gebildet werden.

Die Lymphknoten liegen oft in Gruppen beisammen, z.B. in den Gelenkbeugen, besonders in der Achsel- und Leistenbeuge, in den Lungenwurzeln und im Mesenterium, am Hals und im kleinen Becken.

In welchen Organen befindet sich lymphatisches Gewebe?

Lymphgewebe findet sich in den Lymphknoten, in der Milz, im Thymus, in den Tonsillen, in den kleinen schlecht abgrenzbaren Lymphfollikeln des Atmungs- und Verdauungstraktes, in den großen Peyerschen Plaques des Ileums und in der Appendix.

Welche Aufgaben hat das Lymphsystem?

Es ist ein Transportorgan, das Stoffwechselschlacken aus dem Gewebe und resorbierte Nahrungsstoffe, vor allem Fette aus dem Darm, abtransportiert.

Die Lymphknoten halten Bakterien, Fremdkörper und Entzündungsstoffe zurück, um ihre weitere Ausbreitung im Organismus zu verhindern.

Wo liegt die Milz?

Die Milz befindet sich im linken Oberbauch und überragt normalerweise den linken Rippenbogen nicht. Sie liegt unter der linken Zwerchfellkuppe zwischen linker Niere, dem Magen und der linken Flexur des Dickdarms.

Wie ist der Aufbau und die Blutversorgung der Milz?

Die Milz wird außen von einer bindegewebigen Kapsel, die mit glatter Muskulatur durchsetzt ist, umschlossen. Im Inneren der Milz finden sich lymphatisches und retikuloendotheliales Gewebe (RES). Die Milz erhält ihr arterielles Blut aus der Aorta und der Milzarterie. Der venöse Abfluss geht mit der Pfortader in die Leber.

Welche Aufgaben hat die Milz?

- Durch das reichlich vorhandene lymphatische Gewebe ist die Milz eine wichtige Bildungsstätte der Lymphozyten,
- im RES der Milz werden die überalterten Erythrozyten abgebaut, und das freiwerdende Eisen wird in der Milz gespeichert,
- durch den hohen Gehalt an RES-Gewebe und Lymphozyten spielt die Milz eine wichtige Rolle in der Infektionsabwehr, vor allem im Kindesalter,
- die Milz kann sich bis auf das Doppelte vergrößern und so als Blutspeicher dienen, der sich durch Kontraktion der glatten Muskulatur teilweise entleeren kann,
- die Milz kann eine hemmende Wirkung auf das Knochenmark ausüben.

Was heißt RES?

Das retikuloendotheliale System (auch histiozytäres System genannt) stellt eine Leistungsgemeinschaft mehrerer Zellarten dar, die in verschiedenen Organen wie Leber, Milz, Knochenmark, Lymphknoten u.a. vorkommen. Sie bilden ein Netzwerk oder Zellansammlungen, die mit dem Blutstrom oder mit den Lymphbahnen in Verbindung stehen.

Welche Aufgaben haben die Zellen der RES?

Die Kupfferschen Sternzellen in der Leber räumen untergegangene Leberzellen ab. Andere Endothelzellen nehmen körperfremde Substanzen auf, z.B. eingedrungene Krankheitserreger (Phagozytose), oder machen deren Gifte unschädlich (Neutralisation). Lymphozyten stehen im Zentrum der zellulären Immunität, Plasmazellen bilden Antikörper. Somit spielt das RES bei der Infektionsabwehr eine wichtige Rolle.

3.2 Untersuchungsmethoden

Was bedeutet Lymphographie?
Die röntgenologische Darstellung der Lymphbahnen und Lymphknoten eines bestimmten Gebiets mit einem Kontrastmittel zur Krankheitserkennung oder zum Ausschluss krankhafter Veränderungen (heute zumeist verdrängt durch die Computertomographie und Kernspintomographie).

Bei welchen Krankheiten wird die Lymphographie angewandt?
Zum Nachweis oder Ausschluss von Karzinommetastasen in den Lymphknoten oder einer Systemerkrankung des Lymphgewebes, wie z.B. Lymphogranulomatose (Morbus Hodgkin).

Wie kann die Milzgröße am einfachsten und zuverlässigsten bestimmt werden?
Mit der Sonographie.

3.3 Krankheiten des lymphatischen Systems und der Milz

3.3.1 Lymphatisches System

Welche Krankheiten gehen mit allgemeinen Lymphknotenschwellungen einher und was ist die Ursache hierfür?
Allgemeine Lymphknotenschwellungen (Lymphadenopathien) kommen vor bei der lymphatischen Leukämie (Lymphadenose), Lymphogranulomatose (Hodgkin-Krankheit und Non-Hodgkin-Lymphomen), Mononucleosis infectiosa (Pfeiffersches Drüsenfieber, Virusinfektion) und HIV-Infektion.

Sie entstehen bei lokaler Entzündung, z.B. Fingereiterung, Anschwellen der axillären Lymphknoten, Lymphknotentuberkulose am Hals, Hilustuberkulose, Mesenterialtuberkulose oder Karzinommetastasen in Lymphknoten.

Was ist ein Ödem?
Als Ödem bezeichnet man eine krankhafte Ansammlung von Gewebs- bzw. Lymphflüssigkeit im Raum zwischen den Gewebezellen (Interstitium), wodurch eine Schwellung entsteht.

Wodurch kann es zu einem Ödem kommen?
- Abflussbehinderung der Lymphflüssigkeit, z.B. bei Entfernung der Lymphknoten aus der Achsel mit Lymphödem des Armes,
- Behinderung des venösen Abflusses z.B. durch Thrombosen oder Herzinsuffizienz mit Ödemen an den abhängigen Körperpartien,

- vermehrte Kapillardurchlässigkeit, z.B. toxisch bei Insektenstich,
- Albuminmangel im Blut (Hypalbuminämie) mit Herabsetzung des onkotischen Druckes und des Wasserbindungsvermögens des Blutes, wie bei nephrotischen Ödemen oder bei Hungerödemen (Eiweißmangelschaden = „Dystrophie“),
- vermehrte Durchlässigkeit der Kapillaren, z.B. konstitutionell bedingt bei Frauen.

3.3.2 Milz

Was ist ein Milztumor?

Eine Milzvergrößerung wird als Milztumor bezeichnet. Dieser kann durch Stauungen im Pfortaderkreislauf (Leberzirrhose, Rechtsherzinsuffizienz) auftreten. Durch die Beteiligung der Milz an der Infektionsabwehr kann man bei vielen Infektionskrankheiten einen Milztumor finden. Auch bei hämolytischen Anämien ist die Milz durch vermehrte Verarbeitung zu Grunde gegangener Erythrozyten oft vergrößert.

Wodurch kann es zu Schmerzen in der Milzgegend kommen?

Durch Verschleppung eines Blutgerinnsels kann es zu einem Milzinfarkt mit Schmerzen beim Atmen in der Milzgegend kommen. Auch eine Perisplenitis mit Entzündung der Milzkapsel bzw. des peritonealen Überzuges der Milz führt zu atemabhängigen Schmerzen im linken Oberbauch.

Was ist eine Milzruptur?

Die Milzkapsel reißt bei Gewalteinwirkung von außen leicht ein. Eine solche Milzruptur kann zu einer gefährlichen Blutung in die Bauchhöhle führen.

Was bedeutet Splenektomie?

Splenektomie heißt Milzentfernung. Der Verlust der Milz hat im Allgemeinen keine wesentlichen Folgen, da ihre Aufgabe rasch von anderen Organen übernommen werden.

Was bedeutet Hypersplenismus?

Wörtlich: Überfunktion der Milz. Man versteht darunter hemmende Einflüsse der Milz auf das blutbildende Knochenmark, wahrscheinlich aufgrund von Blutabbau in der vergrößerten Milz. In manchen Fällen sind die Störungen durch die Milzentfernung zu bessern.

4 Immunsystem

4.1 Anatomie und Physiologie

Was leistet das Immunsystem?

Mit Hilfe des hoch spezialisierten Immunsystems kann der Organismus körperfremde oder fremdgewordene Substanzen (Bakterien, Viren, Zelltrümmer, chemische Schadstoffe) als so genannte Antigene erkennen und vernichten.

Welche zwei Teile wirken im Immunsystem zusammen?

Das *humorale* (flüssige) Abwehrsystem der B-Lymphozyten und Plasmazellen und das *zelluläre* Abwehrsystem der T-Lymphozyten und Makrophagen (Abb. **4.1**).

Wie werden Antigene erkannt und was bewirken Antigene?

Ein Teil der T-Lymphozyten genannten Zellen kann zwischen körpereigenen und körperfremden Stoffen unterscheiden und letztere als Antigene erkennen.

Durch Antigene werden ganz bestimmte (spezifische) immunologische Abwehrmechanismen in Gang gebracht und zwar die Bildung von spezifischen Abwehrstoffen (Antikörper), die sich im Blut als Immunglobuline finden und zelluläre Abwehrreaktionen z.B. der Granulozyten und Makrophagen („Fresszellen").

Was sind Antikörper?

Sie sind komplizierte Eiweißkörper, die sich als Immunglobuline unter den Gammaglobulinen im Serum befinden. Man kennt heute rund eine Million verschiedener Antikörper. Antikörper werden in den B-Lymphozyten und Plasmazellen gebildet. Nach ihrem Aufbau werden sie in verschiedene Gruppen zusammengefasst.

Welche Gruppen von Antikörpern werden unterschieden?

- *IgM-Antikörper* entstehen schon in der Embryonalzeit und werden als erste Reaktion auf ein Antigen mobilisiert,
- *IgG-Antikörper* dominieren im Serum. Sie folgen der Erstreaktion und sind für eine länger dauernde Immunität verantwortlich,
- *IgA-Antikörper* bilden eine Schutzbarriere in den Schleimhäuten und in deren Sekreten z.B. des Atmungs- und Verdauungstraktes gegen eindringende Antigene,
- *IgE-Antikörper* spielen z.B. bei Bronchialasthma und anderen allergischen Reaktionen eine Rolle.

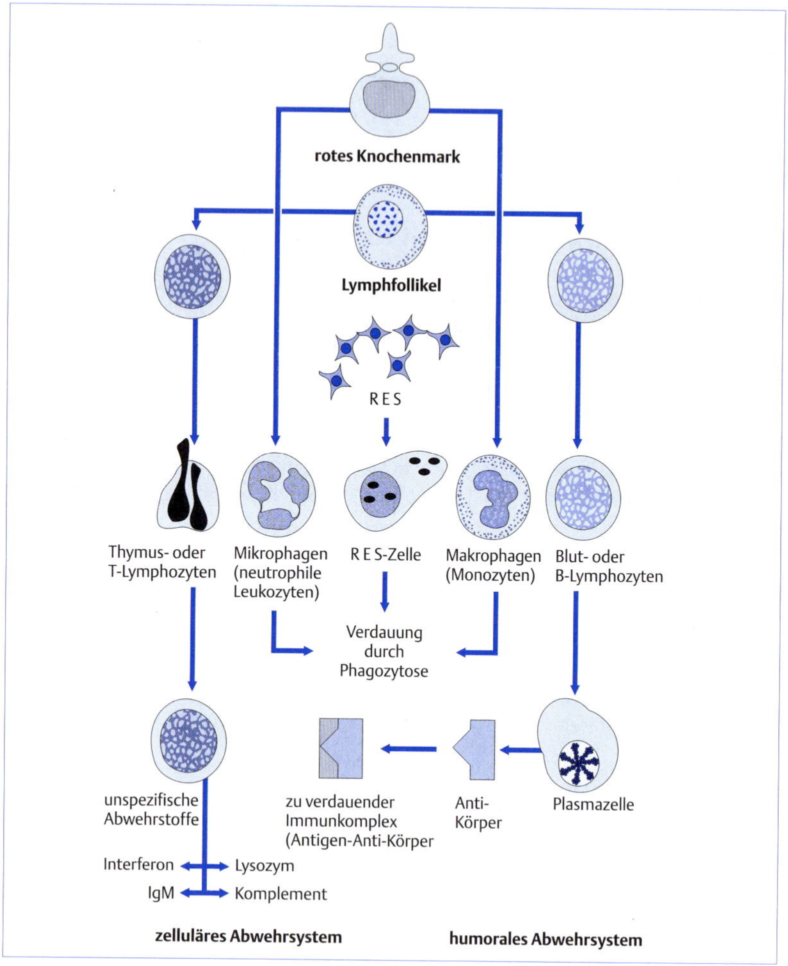

Abb. ***4.1*** *Das zelluläre und humorale Abwehrsystem (nach Faller).*

Wie wirken die Antikörper?

Antikörper wirken streng spezifisch gegen ein bestimmtes Antigen (z.B. Bakterium, Virus). Antikörper gegen Masernvirus wirken nur gegen Masernantigen, nicht gegen Rötelantigen. Die Antikörper überziehen die Oberflächenstrukturen der antigenen Fremdsubstanzen mit einer Schicht; dadurch werden Toxine, Viren und kleinere Bakterien unwirksam (inaktiviert). Diese Antigen-Antikörper-Komplexe setzen weitere Immunmechanismen in Gang. So phagozytieren Granulozyten und Makrophagen bevorzugt solche mit Immunglobulinen überzogene Partikel.

Was heißt Immunität?

Immunität bedeutet Unempfindlichkeit für eine Infektion durch den Schutz, den vorhandene Abwehrstoffe, die Antikörper, bieten.

Wann liegt eine aktive Immunität vor?

Wenn der Körper durch *Überstehen einer Infektion* oder durch *Impfung* mit abgeschwächten oder abgetöteten Erregern selbst in die Lage versetzt wurde, spezifische Antikörper zu bilden. Er hat dadurch einen Infektionsschutz, eine aktive Immunität. Sie kann verschieden lang, manchmal lebenslang anhalten.

Wann liegt eine passive Immunisierung vor?

Wenn nur die fertigen Antikörper, wie sie in einem tierischen oder menschlichen Serum enthalten sind, übertragen werden und keine aktive Eigenleistung des Organismus vorliegt. Sie hat nur vorübergehende Schutzwirkung, ist aber sofort wirksam.

Worauf beruht die unspezifische Abwehr des Organismus?

Durch Verdauungsenzyme der Schleimhäute, z.B. des Verdauungstraktes, durch die eiweißauflösenden Enzyme des Blutserums und durch die „Fresszellen" (Phagozyten = polymorphkernige Granulozyten und Makrophagen) besteht ein unspezifisches Abwehrsystem gegen alle Arten von Schadstoffen.

4.2 Krankheiten des Immunsystems

Was bedeutet Autoimmunkrankheit?

Wenn die normalen Kontrollmechanismen, z.B. die Suppressor-T-Lymphozyten, versagen, kann es vorkommen, dass körpereigene Gewebe nicht mehr als solche erkannt werden und das Immunsystem dagegen Antikörper bildet. Die entzündlichen oder wuchernden (proliferativen) Veränderungen stellen dann eine Autoimmunkrankheit (Autoaggressionskrankheit) dar.

Bei welchen Krankheiten wird Autoaggression als Ursache oder Teilursache angenommen?

Antikörper bestehen:

- beim jugendlichen Diabetes mellitus (Diabetes Typ 1) gegen die B-Zellen der Pankreasinseln,
- bei Hyperthyreose vom Typ Morbus Basedow gegen das Bindegewebe hinter den Augen,

- bei Nebenniereninsuffizienz (Morbus Addison) gegen die Cortisol-bildenden Zellen der Nebennierenrinde,
- bei chronisch atrophischer Gastritis mit perniziöser Anämie gegen Magenschleimhautzellen,
- bei chronischer Polyarthritis gegen Zellen der Gelenkinnenhaut,
- bei primär biliärer Zirrhose oder Lupus erythematodes gegen die Mitochondrien der Leberzellen bzw. Doppelstrang-DNS.

Was wird unter immunsuppressiver Therapie verstanden?

In manchen Fällen oder Phasen von Autoaggressionskrankheiten oder nach Organtransplantationen müssen die unerwünschten Immunreaktionen (z.B. Abstoßung des Transplantates) durch Medikamente (z.B. Steroide, Azathioprin, Cyclosporin A) unterdrückt werden (Immunsuppression). Nebenwirkungen wie Knochenmarkschädigung oder komplizierende Infektionen müssen möglichst frühzeitig erkannt werden.

Wann werden Immunglobuline dem Körper therapeutisch zugeführt?

Zur *Vorbeugung* gegen oder zur *Behandlung* einer schweren Infektion, z.B. antitoxisches Diphtherieserum oder Hyperimmunglobulin gegen Tetanus.

Bei *Mangel* oder *Fehlen* körpereigener Immunglobuline z.B. nach Verbrennungen, Traumen oder Synthesestörungen als Folge einer aggressiven immunsuppressiven oder zytostatischen Behandlung, wie sie nach Transplantationen oder im Rahmen der Krebstherapie nötig sein kann.

Die aus dem Serum gesunder Blutspender gewonnenen Immunglobuline enthalten ein breitgefächertes Spektrum von Antikörpern gegen vielerlei Antigene.

5 Blutkreislaufsystem

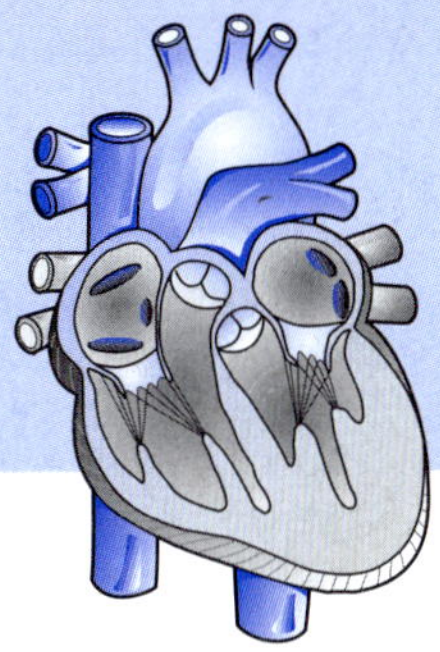

5.1 Anatomie und Physiologie

Aus welchen Teilen besteht das Herz-Kreislauf-System?

Aus dem zentralen Motor, dem Herzen, und den Schlagadern (Arterien), in denen das Blut vom Herzen zu den Geweben fließt, aus den Haargefäßen (Kapillaren), in denen der Stoffaustausch mit dem Gewebe stattfindet, und den Venen, in denen das Blut wieder zum Herzen zurück strömt.

Welche 3 Unterteilungen des Kreislaufs sind zu unterscheiden?

- Der *große* oder *Körperkreislauf*, der in der linken Herzkammer mit der Aorta beginnt und durch die untere und obere Hohlvene (V. cava inferior und superior) das Blut wieder an den rechten Vorhof des Herzens zurück führt, versorgt den größten Teil des Körpers.
- Der *kleine* oder *Lungenkreislauf*, der in der rechten Herzkammer mit der Lungenarterie (Truncus pulmonalis) beginnt, das Blut durch die Lungen leitet und mit den Lungenvenen wieder in den linken Vorhof mündet.
- Der *Pfortaderkreislauf* ist im Bereich der Verdauungsorgane in den großen Kreislauf eingeschaltet. Das venöse Blut, das von den Baucheingeweiden zurückfließt, wird in der Leber bis in Kapillaren aufgeteilt, die sich dann wieder zu den Lebervenen zusammenfinden und in die untere Hohlvene münden.

Welche Gefäße werden als Arterien, welche als Venen bezeichnet?

Alle Gefäße, die Blut vom Herzen *wegführen*, bezeichnet man als Arterien, sie haben dicke, aber elastische Wände. Alle Gefäße, die Blut zum Herzen *zurückführen*, sind Venen, sie haben dünne, wenig kontraktionsfähige Wandungen.

Welches Blut führen die Arterien und welches die Venen?

In den Arterien fließt hellrotes, sauerstoffreiches Blut, nur in den Lungenarterien befindet sich dunkelrotes, sauerstoffarmes Blut, das erst in der Lunge mit Sauerstoff beladen und dadurch hellrot wird.

In den Venen strömt dunkelrotes, sauerstoffarmes Blut aus der Peripherie zum Herzen zurück. Nur in den Lungenvenen fließt hellrotes, in der Lunge mit Sauerstoff aufgeladenes Blut.

Wie groß ist die Strömungsgeschwindigkeit des Blutes?

Sie ist in der Aorta mit 4–5 m/s am größten und nimmt mit der Verzweigung und Verbreiterung des Strombettes stark ab. Am langsamsten ist sie in den Kapillaren, deren gesamter Querschnitt 600–800mal größer ist als der der Aorta.

Wo liegt der größte Widerstand und Druckabfall im Kreislauf?

Gefäße vor der Verzweigung in die Kapillaren, die sogenannten Arteriolen, sind besonders kontraktionsfähig; an ihnen setzen das Gefäßnervensystem und die gefäßaktiven Substanzen (z.B. Kreislaufhormone und Medikamente) an und drosseln die Blutzufuhr, gleichzeitig steigern sie aber auch den Gefäßwiderstand und lassen den Blutdruck vor den Arteriolen ansteigen, nach den Arteriolen aber umso stärker absinken. In den großen Venen beträgt der Druck 0–5 mmHg.

Wie wird die Blutverteilung im Körper geregelt?

Je nach Bedarf werden bestimmte Gebiete des Körpers durch Erweiterung der Arteriolen besser durchblutet, andere durch Drosselung auf Spargang geschaltet. Bei körperlicher Arbeit fließt das Blut der Muskulatur, bei Kälte dem Unterhautgewebe, nach dem Essen den Verdauungsorganen vermehrt zu. Auch die Durchblutung des Gehirns zeigt Schwankungen („Ein voller Bauch studiert nicht gern“).

5.1.1 Arterien

Wie verläuft die Aorta?

Die Aorta geht aus der linken Herzkammer hervor, bildet einen aufsteigenden Teil, die Pars ascendens, dann den Aortenbogen, den Arcus aortae, und verläuft dann links von der Wirbelsäule abwärts als Aorta descendens. Von diesem Abschnitt unterscheidet man über dem Zwerchfell den Brustteil der Aorta, die Aorta thoracica, unter dem Zwerchfell den Bauchteil, die Aorta abdominalis.

Unmittelbar nach ihrem Beginn gibt die aufsteigende Aorta die beiden Herzkranzarterien (Koronararterien) zur Ernährung des Herzmuskels ab (s. Koronarsystem, S. 83).

Vom Brustteil der Aorta gehen die paarigen Zwischenrippenarterien (Aa. intercostales) ab.

Welche Verzweigungen entspringen aus dem Aortenbogen?

Aus ihm gehen rechts der gemeinsame Stamm der Unterschlüsselbeinarterie (A. subclavia) und der Halsschlagader (A. carotis) hervor, links gehen diese beiden Arterien getrennt aus dem Aortenbogen ab (Abb. **5.1**). Die Halsschlagader (A. carotis) teilt sich in die A. carotis externa, die sich im Gesicht (extrakraniell), und die A. carotis interna, die sich im Gehirn (intrakraniell) verzweigen.

Die A. subclavia setzt sich in die A. axillaris, diese in die A. brachialis des Ober-

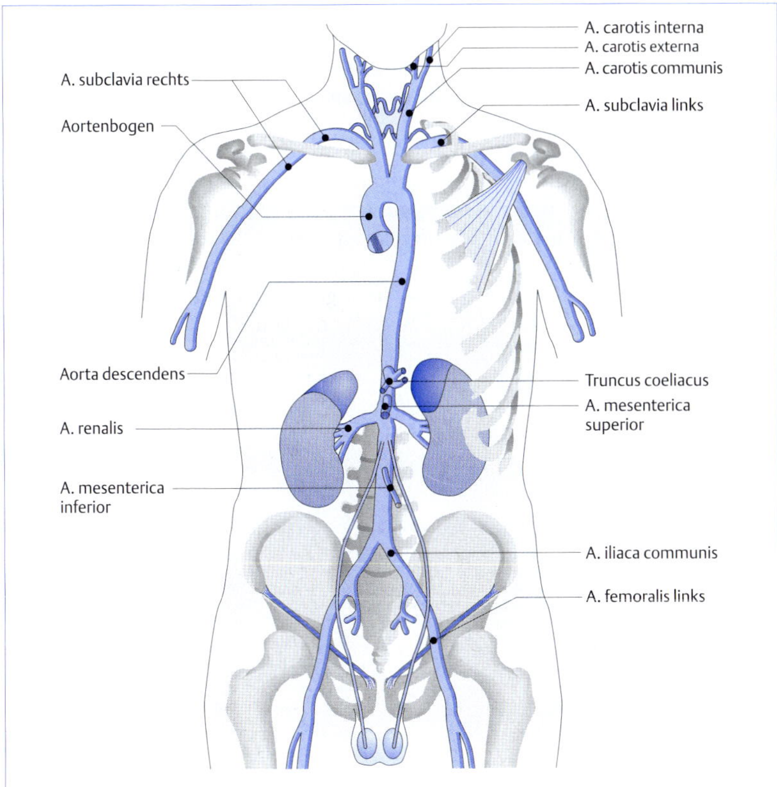

*Abb. **5.1** Die wichtigsten Arterien im Stammbereich (nach Faller).*

armes fort. Diese teilt sich in die Speichenschlagader (A. radialis), an der der Puls gefühlt wird und A. ulnaris des Unterarmes (Abb. **5.2**).

Welche wichtigen Äste gehen aus der Bauchaorta hervor?

Aus der Aorta unterhalb des Zwerchfells entspringt der Truncus coeliacus mit seinen Verzweigungen zu den Bauchorganen; etwas tiefer die obere und dann die untere Mesenterialarterie für die Durchblutung der Baucheingeweide; zwischen ihnen gehen die beiden Nierenarterien ab.

Wie verzweigt sich die Aorta abdominalis nach unten?

Sie setzt sich in die beiden gemeinsamen Beckenschlagadern (rechte und linke A. iliaca communis) fort. Diese teilen sich in je eine äußere Beckenschlagader

(A. iliaca externa) und in eine Oberschenkelschlagader (A. femoralis). Der Femoralispuls ist in der Schenkelbeuge tastbar. Die A. femoralis heißt in der Kniekehle A. poplitea und gabelt sich in die vordere und hintere Schienbeinarterie (A. tibialis anterior und posterior) und in die Wadenbeinschlagader (A. fibularis) (Abb. **5.3**).

Was wird als Endarterie bezeichnet?

Eine Arterie, deren Verzweigungen keine Verbindungen mit anderen Arterien (Kollateralen) haben und deren Versorgungsgebiet nicht durch Umgehungskreisläufe mitversorgt werden kann, nennt man Endarterie.

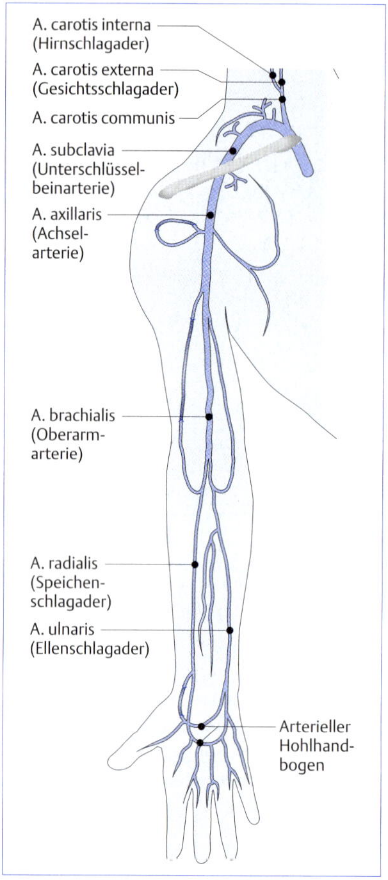

*Abb. **5.2** Die wichtigsten Arterien im Schulter- und Armbereich (nach Faller).*

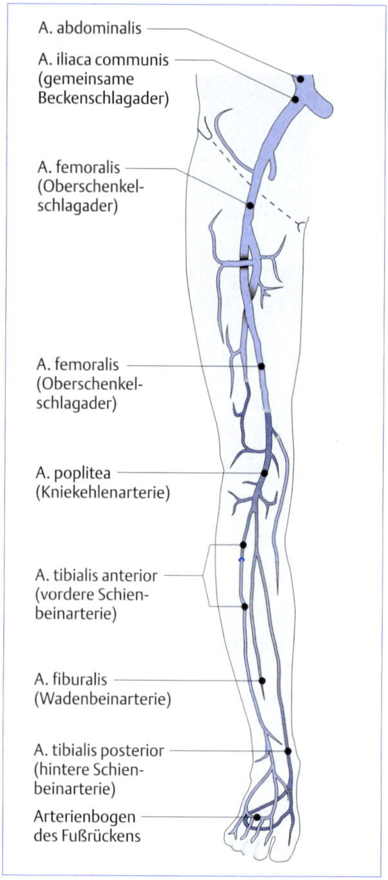

*Abb. **5.3** Die wichtigsten Arterien im Becken und Bein (nach Faller).*

Was geschieht, wenn eine Endarterie z. B. durch einen Thrombus verschlossen wird?

Wenn eine Endarterie verschlossen wird, stirbt das von ihr ernährte Gewebe ab, es entsteht eine Nekrose.

Was sind Kollateralen?

Kollateralen sind netzartige Verbindungen von kleinen Arterien innerhalb eines Verzweigungsgebietes. Sie ermöglichen bei einem Durchblutungshindernis, z. B. bei arterieller Embolie, die Ernährung des Versorgungsgebietes durch Umgehungskreisläufe (Kollateralkreisläufe) das Gewebe stirbt nicht ab.

Welchen Schichtaufbau zeigt die Arterienwand?

Sie zeigt 3 Schichten:

- Die *Intima*, die innere Schicht, besteht aus einem einschichtigen Endothel.
- Die *Media*, die mittlere Schicht, besteht bei den großen Arterien aus elastischen Fasern, die sich der Pulswelle elastisch anpassen, bei den kleineren Arterien vom muskulären Typ aus glatten Muskelfasern, durch deren Kontraktion die Arterien je nach Durchblutungsbedarf enger oder weiter gestellt werden können. Diese Anpassung wird durch das Gefäßnervensystem, einem Teil des vegetativen Nervensystems, reguliert.
- Die *Adventitia* als äußere Schicht besteht aus Bindegewebe.

Was bedeutet Windkesselwirkung der Aorta?

Durch ihre Elastizität gibt die Aortenwand dem Pulsdruck der Herzkontraktion nach und die Pulswelle verflacht etwas. Dieses Abfangen des Pulsdrucks und die Verteilung des Drucks auf einen längeren Zeitraum nennt man die Windkesselwirkung der Aorta. Auf diese Weise wird auch in der Phase der Erschlaffung des Herzmuskels (Diastole) der Blutdruck in den Arterien aufrechterhalten.

Wie wird der Blutdruck gesteuert?

Der arterielle Blutdruck wird durch Nervenendigungen, die Pressorezeptoren, an der Teilungsstelle der A. carotis communis, am Aortenbogen, im rechten Vorhof und in der linken Kammer registriert und über den Hirnstamm und das Gefäßnervensystem sowie über gefäßwirksame Hormone (z. B. Adrenalin und Noradrenalin) reguliert. Der Blutdruck ist abhängig von:

- Füllung der Blutgefäße: Blutdruckabfall bei Blutverlusten;
- Elastizität der Gefäße: hoher Blutdruck bei Arteriosklerose;
- Herzleistung: Blutdruckabfall bei Herzmuskelschwäche;
- Viskosität: Blutdruckanstieg bei Polyglobulie.

Weitere Faktoren sind: Alter, Konstitution, augenblickliche Disposition, Körperlage, Tageszeit, Atmung und psychische Einflüsse.

5.1.2 Kapillaren

Wie sind die Kapillaren aufgebaut?
Die Wand der Kapillaren besteht aus einem einschichtigen Epithel. Das Lumen, d.h. die innere Weite der Kapillaren, beträgt etwa 8 μm = 0,008 mm, so dass Erythrozyten und Leukozyten eben hindurch können. Die Leukozyten können sich durch die Spalten zwischen den Epithelzellen durch zwängen und ins Gewebe auswandern.

Welche wichtige Aufgabe haben die Kapillaren?
Durch die Wände der Kapillaren findet der Stoffaustausch zwischen Blut und Gewebe statt.

5.1.3 Venen

Welche Aufgaben haben die Venen?
Die Venen besorgen den Rückstrom des Blutes zum Herzen.

Welche Funktion hat die obere und untere Hohlvene (Vena cava superior und inferior)?
Die V. cava superior, die obere Hohlvene, nimmt das Blut von Kopf und Hals durch die Drosselvene (V. jugularis) und aus dem Arm durch die Unterschlüsselbeinvene (V. subclavia) und aus dem Brustkorb durch die V. azygos auf und mündet von oben in den rechten Vorhof.

Die V. cava inferior, die untere Hohlvene, sammelt das Blut aus den Beinen und dem Bauchbereich. Die Lebervenen als Endstrecken des Pfortaderkreislaufs fließen knapp unterhalb des Zwerchfells in die untere Hohlvene. Diese mündet von unten her in den rechten Vorhof.

Wovon hängt die Fortbewegung des Blutes in den Venen ab?
Sie hängt ab vom Kapillardruck, der eine Fortsetzung des Drucks in den Arterien ist, von den Muskelbewegungen, die durch ihre Kontraktionen die Venen auspressen, vom Druck der Eingeweide auf die Venen, vom Sog im Brustkorb bei der Ausatmung, der das Blut dem Herzen zufließen lässt und von der Schwerkraft, der einen besseren Rückstrom des Blutes im Liegen oder bei Hochlagerung der Extremitäten bewirkt.

In welche funktionell bedeutsamen Teile gliedert sich das Venensystem?
Man unterscheidet ein oberflächliches und ein tiefes Venensystem. Zu den *oberflächlichen Venen* am Bein gehört die vor allem bei Erweiterung sichtbare V. saphena magna. Sie entsteht am inneren Fußrand, verläuft an der Vorder- und Innenseite des Ober- und Unterschenkels und mündet kurz unter dem Leistenband

in die V. femoralis. Die neben den Arterien verlaufenden *tiefen Venen* liegen eingebettet in die Muskulatur und sind nicht sichtbar. Die sog. *Perforansvenen* stellen Verbindungen zwischen dem oberflächlichen und dem tiefen Venensystem dar.

5.2 Untersuchungsmethoden

Wo kann die Pulswelle getastet werden?

Der Puls ist tastbar an der Speichenschlagader (A. radialis), Halsschlagader (A. carotis), Schläfenschlagader (A. temporalis), Innenseite des Oberarmes (A. brachialis, Ellenbogen (A. cubitalis) z.B. bei Blutdruckmessung mit Stethoskop, Leistenbeuge (A. femoralis), Kniekehle (A. poplitea), Innenknöchel (A. tibialis posterior) und über dem Fußrücken (A. dorsalis pedis) (Abb. **5.4**).

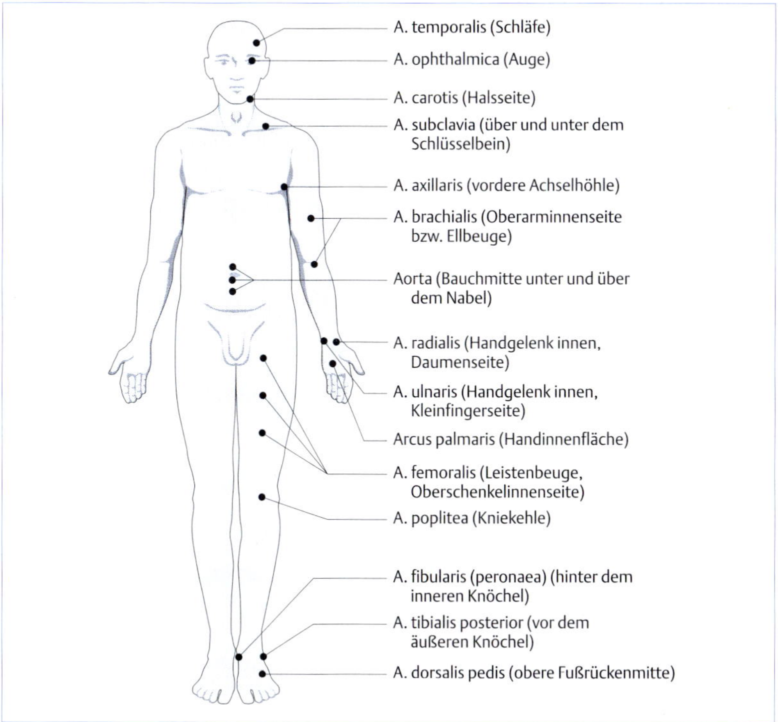

*Abb. **5.4** Palpations- und Auskultationsstellen (nach Beske).*

Bei Anomalien oder Krankheiten kann er seitenverschieden sein, z.B. bei der arteriellen Verschlusskrankheit der Beine.

Pulfrequenz über 100 nennt man Tachykardie, unter 50 Bradykardie.

Was wird beim Fühlen des Pulses beurteilt?

Frequenz, d.h. die Anzahl der Schläge pro Minute, Stärke, d.h. gut gefüllter, kräftiger Puls oder schwacher, schlecht gefüllter, fadenförmiger Puls, z.B. bei Kollaps, Herzschwäche oder Blutung und Rhythmus, regelmäßig, einzelne Unregelmäßigkeiten (Extrasystolen) oder dauernde Unregelmäßigkeit (absolute Arrhythmie).

Wie wird der Blutdruck definiert?

Blutdruck ist der Druck, den der Blutstrom auf die Gefäßwand ausübt.

Den Druck, der bei der maximalen Kontraktion der linken Herzkammer (Systole) in den Arterien herrscht, nennt man den systolischen Blutdruck, der Druck, der beim Wiedererschlaffen des linken Ventrikels gemessen wird, ist der diastolische Blutdruck. Letzterer wird durch die elastischen Arterien, vor allem die Aorta (Windkesselfunktion) aufrechterhalten. Man schreibt diese beiden Werte z.B. 120/70 mmHg (sprich „120 zu 70").

Wie wird der Blutdruck gemessen?

Der Blutdruck wird durch die unblutige Methode nach Riva-Rocci (ital. Internist, 1863–1937) gemessen.

Die A. brachialis am Oberarm wird komprimiert durch eine Gummimanschette, an die ein Manometer (Druckmesser) angeschlossen ist. Die Manschette wird mit Luft aufgepumpt, bis kein Blut mehr durchfließt, der Puls nicht mehr tastbar ist und die Gefäßtöne nicht mehr hörbar sind. Während des langsamen Ablassens des Drucks auf die Arterie durch Öffnen des Ventils wird mit dem Stethoskop (Hörrohr) über der A. cubitalis in der Ellenbeuge auskultiert.

Der erste hörbare Ton beim wieder einsetzenden Blutdurchfluss wird als systolischer Druck registriert und vom Manometer abgelesen. Durch weiteres Ablassen des Drucks in der Manschette stellt sich wieder ein kontinuierlicher Blutstrom ein und die klopfenden Töne werden leiser und verschwinden. Der diastolische Wert wird beim vollständigen Verschwinden der Töne abgelesen.

An welchen Stellen wird der Blutdruck gemessen?

Meist wird der Blutdruck nur an einem Arm des ruhenden Patienten gemessen. Es ist ein Unterschied, ob man liegend, sitzend, stehend, in Ruhe oder nach Belastung misst (s. Schellong-Funktionsprüfung, S. 88). Die erste Blutdruckmessung bei einem neuen Patienten sollte an beiden Armen erfolgen.

Bei bestimmten Fragestellungen (z.B. bei Aortenisthmusstenose, s. S. 128) wird der Blutdruck auch an den Beinen (mit extra breiten Manschetten) gemessen; dabei wird in der Kniekehle auskultiert. Besser ist es, den systolischen Druck am Bein mit Hilfe eines Doppler-Gerätes zu messen.

Wie hoch ist der normale Blutdruck?

Der Blutdruck des Gesunden hängt von *Alter* und *Konstitution* ab, es gibt daher keine allgemeine, sondern nur eine individuelle Norm.

Er liegt beim jungen Erwachsenen bei RR 120/70 mmHg und nimmt mit jedem Lebensjahrzehnt etwa um 5 mmHg systolisch zu. Er soll aber auch im hohen Alter nicht über 140 mmHg systolisch ansteigen. Ein diastolischer Blutdruck über 95 mmHg gilt als krankhaft, da er mit einem erhöhten Risiko für Herzinfarkt und Schlaganfall einhergeht, wenn er lange Zeit fortbesteht.

Was wird als Blutdruckamplitude bezeichnet?

Die Differenz zwischen systolischem und diastolischem Blutdruck wird Blutdruckamplitude genannt. Sie beträgt bei RR 120/70 mmHg 50 mmHg.

Welche Krankheit zeigt eine hohe Blutdruckamplitude?

Bei der Aortenklappeninsuffizienz kann der diastolische Wert sehr tief liegen, z.B. RR 150/50 mmHg. Bedingt durch das Nachlassen der Elastizität der Aorta im hohen Alter kann der systolische Wert deutlich erhöht sein.

Was bedeutet eine kleine Blutdruckamplitude?

Eine kleine Blutdruckamplitude, besonders mit Hypotonie und schnellem Puls, ist ein Hinweis auf einen schwachen Kreislauf, z.B. bei Kollaps, bei Blutverlust, bei Herzversagen. Sie kann auch bei einer Aortenklappenstenose vorkommen, z.B. RR 110/90 mmHg.

Worauf beruht die Lagerungsprobe nach Ratschow?

Auf der Veränderung der Hautfarbe und der Venenfüllung erst bei Hochlagerung, dann nach Absinkenlassen der Beine in bestimmten Zeitabständen.

Was wird mit der Duplex-Sonographie festgestellt?

Die Duplex-Sonographie ist ein Ultraschallverfahren, bei dem man gleichzeitig den Verlauf des Gefäßes aufsuchen (B-Bildverfahren) und die Strömungsgeschwindigkeit und -richtung im Gefäß bestimmen kann (Doppler-Verfahren, evtl. farbcodiert). Besonders häufig wird die Methode bei Stenosen der A. carotis und bei Verdacht auf venöse Thrombose (s. Venenthrombose, S. 65) angewendet.

Wie können tiefe Beinvenenthrombosen diagnostiziert werden?

Am besten und einfachsten gelingt das mit der Kompressionssonographie in Verbindung mit der Doppler- und Duplexsonographie. Normale Venen sind durch leichten Druck komprimierbar, thrombosierte Venen nicht. In normalen Venen bestehen atemabhängige Flussschwankungen, in thrombosierten kein Blutfluss oder schwacher Dauerfluss. Röntgenverfahren wie die Phlebographie sind heute kaum noch erforderlich.

Wozu wird die Angiographie angewandt?
Bei der röntgenologischen Gefäßdarstellung mit Kontrastmitteln können Wandveränderungen der Blutgefäße, Umgehungskreisläufe, oder ein Stop durch Thromboembolie erkannt werden.

Was kann mit der Hauttemperaturmessung erreicht werden?
Durch die vergleichende Hauttemperaturmessung, z. B. beider Beine, kann eine arterielle Durchblutungsstörung festgestellt werden.

Welche Befunde können bei Claudicatio intermittens festgestellt werden?
Die Fußpulse der A. dorsalis pedis und der A. tibialis posterior sind auf der kranken Seite schwach oder gar nicht tastbar. Möglicherweise sind bereits die Pulse an der Leiste oder an der A. poplitea nicht tastbar, sofern Engstellen oder Verschlüsse in den Becken- oder Oberschenkelarterien vorliegen,

- bei der Auskultation von Becken- und Beinarterien evtl. Stenosegeräusche,
- die Doppler-Drücke sind erniedrigt (s. Doppler-Effekt, S. 90), der Ratschowsche Versuch fällt krankhaft aus,
- das Arteriogramm zeigt die genaue Lokalisation und Ausdehnung der Verengung der Arterie.

Wie kann die Lage eines peripheren Embolus festgestellt werden?
Durch Kontrolle der Pulse in der Inguinal-, Poplitealgegend und der Fußpulse, Doppler-Sonographie (Ultraschall), Arteriographie und durch die Abgrenzung des geschädigten Gewebes.

5.3 Krankheiten des Blutkreislaufsystems

5.3.1 Arterien

Welche organischen Gefäßkrankheiten sind wichtig?

- Die Arteriosklerose ist die verbreitetste organische Gefäßkrankheit und eine der wichtigsten Krankheiten überhaupt. Ihre wichtigen Komplikationen: Herzinfarkt, Gehirnschlag, arterielle Verschlusskrankheit (AVK),
- die Thrombangiitis obliterans oder Endangiitis obliterans (Winiwarter-Buergersche Krankheit),
- die Raynaudsche Krankheit, die mit spastischen (funktionellen) Gefäßveränderungen beginnt und bis zur Gangrän führen kann,
- die Panarteriitis nodosa.

Wodurch entsteht die Arteriosklerose?
Die Arteriosklerose entsteht nicht durch eine einzige Ursache, vielmehr handelt es sich um ein multifaktorielles Geschehen. Trotz gleicher messbarer Risikofaktoren

gibt es aber große individuelle Unterschiede, d.h. wir kennen die genauen Ursachen im Einzelfall noch nicht.

Gesicherte Risikofaktoren für die Arteriosklerose sind: Rauchen, Fettstoffwechselstörungen, vor allem familiäre Hypercholesterinämie, arterielle Hypertonie, Diabetes mellitus, familiäre Belatung (genetisches Risiko), Alter, männliches Geschlecht und körperliche Inaktivität.

Als noch umstritten gelten: Infektionen (Chlamydien, Zytomegalie-Virus) (umstritten) und Hyperhomocysteinämie.

Wie entwickelt sich die Arteriosklerose in der Gefäßwand?

Durch degenerative Veränderungen des Intimaendothels kommt es zu umschriebenen Ablagerungen von Fettstoffen, die atheromatöse Plaques genannt werden. Dieser Prozess beginnt schon bei 20-jährigen Menschen. Solange diese Plaques geschlossen bleiben, können sie zwar das Gefäßvolumen etwas einengen, doch entstehen selbst bei Einengungen bis zu 70% keine Symptome einer Durchblutungsstörung. Wenn die Plaque aber das Endothel durchbricht, kommt es durch die Rauigkeit der Gefäßwand rasch zur Gerinnselbildung mit akuten Gefäßverschluss. Im Fall eines Herzkranzgefäßes entsteht ein Herzinfarkt.

Welche lokalen Komplikationen können bei der Atheromatose und Arteriosklerose entstehen?

Es kommt zur Koronarthrombose mit Myokardinfarkt, Herzinfarkt, Thrombose der Hirngefäße mit Hirninfarkt, Erweichungsherd, Apoplex mit Halbseitenlähmung oder Thrombose in einer Beinarterie mit Schmerzen beim Gehen (Claudicatio intermittens), Gangrän.

Wie wird die arterielle Verschlusskrankheit definiert?

Als arterielle Verschlusskrankheit (AVK) bezeichnet man alle durch Einengung oder Verstopfung der Arterien verursachten Zustände von Mangeldurchblutung. Sie betrifft meist das ganze Arteriensystem, aber oft mit Bevorzugung bestimmter Gefäßgebiete. Im allgemeinen Sprachgebrauch versteht man unter AVK die arteriellen Durchblutungsstörungen an den Beinarterien.

Wie sind die Beschwerden bei Claudicatio intermittens?

Beim intermittierenden Hinken kommt es nach einer kurzen Gehstrecke wegen der ungenügenden Blutversorgung der Muskulatur durch die verengten Gefäße zu heftigen Schmerzen im Bein, besonders in der Wade. Der Patient muss stehen bleiben. Nach kurzer Zeit schwinden die Schmerzen, weil die Durchblutung für den ruhenden Muskel noch ausreicht. Will der Patient wieder weiter gehen, so kommt es nach einer noch kürzeren Wegstrecke wieder zu den Schmerzen, die zum Stehenbleiben zwingen („Schaufensterkrankheit“).

Wie kann der Arteriosklerose vorgebeugt werden?

Durch Behandlung von Hypertonie und Diabetes, Medikamente zu Senkung des Blutfett- und Cholesterinspiegels, Vermeiden von Nikotin, Reduzieren der tierischen Fette und ihren Ersatz durch Pflanzenöl, z.B. Erdnussöl, Sonnenblumenöl, Maisöl, Genuss von Margarine statt Butter, Vermeiden von Fettsucht und Übergewicht durch körperliche Bewegung und Vermeiden von psychischem Stress durch gezielten Ausgleich, z.B. Entspannungsübungen.

Was bedeutet Ischämie?

Ungenügende Durchblutung eines Gewebebereichs mit mangelhafter Sauerstoffversorgung des Gewebes. Dies führt zu ischämischem Schmerz (z.B. bei Claudicatio intermittens), Stenokardie, Herzinfarkt. Chronische Ischämie kann zu fortschreitenden Gewebeschädigungen mit Nekrose und Gangrän führen.

Welche Arten von Gangrän sind zu unterscheiden?

Es wird die nicht infizierte Gangrän (trockene Gangrän) von der infizierten Gangrän (feuchte Gangrän) unterschieden.

Welche chirurgischen Eingriffe zur besseren Durchblutung werden durchgeführt?

Durch die *Endarteriektomie* (Ausschälen der einengenden Intimaveränderungen) wird der Durchfluss wieder gebessert (sog. „stripping").

Gefäßplastiken können durch Einsatz von Kunststoffprothesen oder eines Venenstücks anstelle des kranken Arterienteils oder als Umleitung neben der undurchgängigen Arterie (Bypass) die Durchblutung wieder herstellen.

Was bedeutet perkutane transluminale Angioplastie (PTA)?

Die drohende Beinamputation wegen einer arteriellen Verschlusskrankheit (AVK) kann vermieden werden, wenn durch eine mechanische Aufdehnung von Gefäßstenosen durch eine PTA eine Erweiterung des Gefäßlumens erreicht werden kann. Bei diesem Angioplastie genannten Verfahren wird ein doppellumiger Katheter in die Stenose eingeschoben und der Ballon an seiner Spitze unter Druck so aufgefüllt und erweitert, dass das arteriosklerotische Material zusammengepresst und die Verengung wieder erweitert wird. Gleichzeitig wird ein Fibrinolytikum wie Urokinase durch den Katheter eingespritzt und eine orale thrombozytenaggregationshemmende Begleitbehandlung mit Azetylsalizylsäure (Aspirin, Colfarit, Asasantin) durchgeführt (Abb. **5.5**).

Zur Vor- und Nachuntersuchung werden Serienangiogramme angefertigt, die Fußarteriendrücke dopplersonographisch gemessen sowie die Gehstrecke bei einer Geschwindigkeit von 3 km pro Stunde und 5% Steigung ermittelt.

Was ist ein Stent?

Ein Stent ist ein dünnes Röhrchen aus feinem Drahtgeflecht, das auf einen Ballonkatheter geschoben und unter Röntgenkontrolle bis an die Engstelle der Arterie

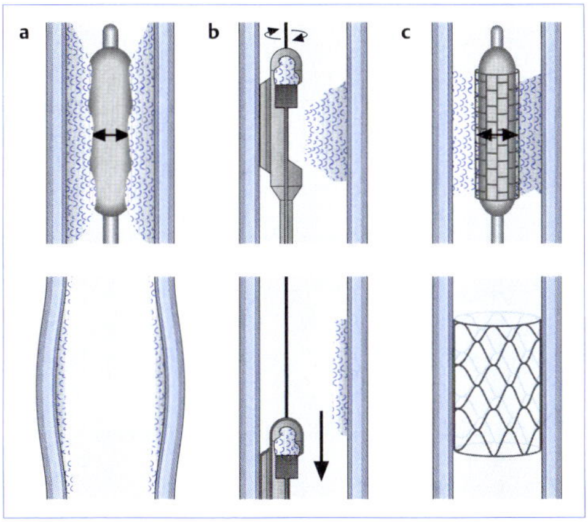

Abb. ***5.5a–c*** ***a*** *PTA (Ballondilation)* ***b*** *Auffräsen einer Verengung (Atherektomie)* ***c*** *Dilatation und innere Gefäßstütze (Stent-Implantation) (nach Paetz).*

vorgeschoben wird. Dort bläst man den Ballon auf, das Drahtgeflecht wird aufgeweitet und bleibt wegen der besonderen Materialeigenschaften in der gewünschten Lumenweite. Die vormalige Engstelle der Arterie ist somit dauerhaft beseitigt.

Welche arteriellen Erkrankungen außer der Arteriosklerose spielen eine Rolle?

Die Endangiitis oder Thrombangiitis obliterans (Buerger-Winiwartersche Krankheit), die Panarteriitis nodosa oder Panarteriitis, die Arteriitis temporalis, die Raynaudsche Krankheit und die luischen Gefäßveränderungen (heute selten).

Welche Veränderungen liegen der Buergerschen Krankheit zu Grunde?

Bei ihr kommt es zu entzündlichen Verquellungen der Gefäßintima mit Neigung zu Thrombose und Gefäßverschluss. Besonders Männer und starke Raucher werden befallen. Intermittierendes Hinken (Claudicatio intermittens), Fußgangrän („Raucherbein"), aber auch Gangrän der Finger sind nicht selten.

Welche Behandlungsmöglichkeiten bestehen bei der Endangiitis obliterans?

Da die eigentliche Ursache unbekannt ist, muss prophylaktisch und symptomatisch behandelt werden durch sofortiges dauerhaftes Rauchverbot, die schlecht durchbluteten Füße sind vor Kälte, Druck und Bagatellverletzungen (Achtung beim Nägelschneiden) zu schützen, da sie eine Gangrän auslösen können. Systematisches Gehtraining führt zur Durchblutungsförderung durch Öffnung der Kollateralgefäße, evtl. auf dem Laufband.

Häufig ist die Amputation nicht zu umgehen.

Welche Vorgänge liegen der Panarteriitis nodosa zugrunde?

Es handelt sich wahrscheinlich um eine Autoimmunkrankheit mit generalisierter Entzündung der kleineren Arterien.

Welche Krankheitszeichen können bei der Panarteriitis nodosa auftreten?

Krankheitsgefühl, Gewichtsabnahme, subfebrile Fieberschübe, Leukozytose und Eosinophilie. Je nach Lokalisation des Arterienbefalles treten abdominelle Beschwerden mit Gefäßverschlüssen, vaskuläre Schrumpfniere mit Hypertonie und Urämie, bei Koronariitis Angina pectoris und Rhythmusstörungen, im zentralen Nervensystem Enzephalomalazien, Blutungen, epileptische Anfälle und psychische Veränderungen auf.

Welche Erscheinungen treten bei der Arteriitis temporalis auf?

Durch entzündliche Veränderungen der Schläfenarterie können heftige Kopfschmerzen, bei Übergreifen auf die Gefäße des Auges auch Erblindung auftreten.

Welche Veränderungen spielen sich bei der Raynaud-Krankheit (Morbus Raynaud) ab?

Sie beruht auf meist symmetrischen funktionellen Durchblutungsstörungen im Bereich der Finger durch überschießende Reaktionen des Gefäßnervensystems. Es kann anfangs vor allem unter Kälteeinwirkungen oder psychischen Erregungen zu spastischen Verengungen der Arterien, besonders der Finger, mit Weißwerden, „Absterben" und Schmerzen („Leichenfinger", Digiti mortui) kommen, dem eine blaurote Verfärbung folgt. In den meisten Fällen ist das Leiden unangenehm, aber harmlos. Manchmal kann es aber auch zur Gangrän der Fingerendglieder kommen.

Was wird bei Raynaud-Krankheit empfohlen?

Schutz vor Abkühlung, besonders vor nasser Kälte, Nikotinverbot, Kalziumantagonisten (Adalat, Isoptin, Dilzem) und physikalische Therepie mit Kapillartraining: Kneippen usw., evtl. Sympathektomie (operative Entfernung der Ganglienknoten des Sympathicus im thorakalen Abschnitt, wodurch die gefäßverengende Funktion dieses Teils des Gefäßnervensystems ausgeschaltet wird).

Was ist ein Aneurysma?

Eine Ausbuchtung der Arterienwand. Sie kann durch Schwäche der Gefäßwand spindelförmig (z.B. Aortenaneurysma) oder nach Verletzung sackartig sein.

Was ist eine arteriovenöse Fistel?

Eine direkte Verbindung (Kurzschluss, Shunt) zwischen Arterie und Vene. Sie kann angeboren sein, durch Verletzung, Entzündung oder Tumor entstehen. Bei Patienten mit terminaler Niereninsuffizienz wird vom Arzt eine solche Fistel an den Unterarmgefäßen angelegt, um einen Zugang für die Dialyse zu haben.

Welche Folgen hat eine arteriovenöse Fistel?

Die Umgehung der Kapillaren durch diesen Kurzschluss bewirkt durch rasches Abströmen einen Volumenverlust in der Arterie, aber eine Volumenfülle in der

Vene und dadurch eine Mehrbelastung des rechten Herzens. Reflektorisch wird das Herzzeitvolumen erhöht. Es kommt zu Mehrarbeit des Herzens. Arterie und Vene im fistelnahen Gebiet erweitern und schlängeln sich; es entsteht ein pulsierender Tumor, über dem man mit dem Stethoskop ein Maschinengeräusch hört.

5.3.2 Venen

Welche allgemeine Bedeutung haben Venenleiden?

Venenkrankheiten sind sehr häufig. Ca. 30% der erwachsenen Bevölkerung haben mehr oder weniger ausgeprägte Krampfadern. Venenthrombosen sind mit die häufigsten Komplikationen nach operativen Eingriffen. Wenn sich thrombotisches Material löst und mit dem Blutstrom verschleppt wird, können nicht selten tödlich verlaufende Lungenembolien entstehen.

Wie werden Venenerweiterungen genannt?

Varizen oder Varikose. Am Bein, wo sie am häufigsten auftreten, spricht man von Krampfadern. Hämorrhoiden sind keine Venen.

Welche Symptome können Varizen machen?

Die Venen sind im Stehen erweitert, oft geschlängelt und verschwinden bei Hochlagerung. Sie können Druck- und Schweregefühl in den Beinen verursachen.

Wodurch entstehen Varizen?

Primäre Varizen sind wahrscheinlich Folge einer anlagebedingten Bindegewebsschwäche. Als fördernde Faktoren gelten langes Stehen, viele Schwangerschaften, Bewegungsmangel und Adipositas. Sekundäre Varizen entstehen bei Erkrankungen des tiefen Venenystems, häufig nach tiefen Phlebothrombosen. Dies wird als postthrombotisches Syndrom bezeichnet. Seltene Ursachen von sekundären Varizen sind venöse Abflussbehinderungen durch Tumoren im kleinen Becken.

Was ist die Ursache der chronisch venösen Insuffizienz?

Die Venenklappen schließen nicht mehr und das Blut verbleibt in der Peripherie. Die Folgen sind ödematöse Schwellungen, später auch eine Atrophie der Haut und bräunliche Pigmentierungen durch Hämosiderineinlagerungen. Schließlich kommt es zur Ulzeration, dem hartnäckigen Unterschenkelgeschwür (Ulcus cruris), meist an den Stellen, wo sich die Perforansvenen befinden. Da eine (häufig zunächst nicht erkannte) Thrombose der tiefen Beinvenen der Ausgangspunkt all dieser Symptome ist, wird das Krankheitsbild mit dem Sammelbegriff *postthrombotisches Syndrom* bezeichnet.

Wie ist die Therapie der chronisch venösen Insuffizienz?

Rechtzeitige *Vorbeugung* durch Vermeiden von längerem Stehen und Sitzen, Tätigkeiten wie Pressen und Heben (Berufswechsel), und Übergewicht. Stattdessen Bewegen zur Aktivierung der Muskelpumpe, z.B. Gehen, Schwimmen, häufiges Beinhochlagern, nachts erhöhtes Bettfußende, Massagen.

Angepasste *Spezialstrümpfe* aus festem Gewebe, die vor dem Aufstehen angezogen werden müssen.

Varizenverödungen werden nur bei noch offenem tiefen Venensystem durchgeführt.

Beim Ulcus cruris wird eine spezielle Wundtherapie und gleichzeitig Kompression der Venen durchgeführt.

Thrombophlebitis und Thrombose

Was wird bei der Thrombophlebitis beobachtet?

Entzündungserscheinungen an den oberflächlichen Venen wie Rötung, Schwellung und Druckschmerz sind zu beobachten.

Welche Erscheinungen machen oberflächliche Thrombophlebitiden?

Strichförmige Rötung, strangartige Schwellung und Schmerzen entlang dem Venenverlauf. Am häufigsten entstehen oberflächliche Thrombophlebitiden an der Eintrittsstelle von Venenkanülen bei längerer Infusionstherapie oder nach paravenöser Injektion. Komplikationen sind selten.

Wie entsteht eine Thrombose?

Thrombose ist ein an der Gefäßwand mehr oder weniger festsitzendes Blutgerinnsel in einem Blutgefäß. Die Entstehung einer Thrombose wird durch Veränderungen der Gefäßintima bei Atheromatose bzw. Arteriosklerose oder anderen Erkrankungen der Gefäße gefördert.

In den venösen Gefäßen sind (1) Veränderungen der Venenwand, (2) Zunahme der Blutviskosität und (3) Abnahme der Strömungsgeschwindigkeit wichtige Faktoren für die Entstehung von Thrombosen *(Virchow-Trias)*.

Wie kann es zur Venenthrombose kommen und welche Gefahr besteht dabei?

- Verlangsamung des Blutstromes bei Varikosis oder Herzkranken, bei längerer Bettruhe, nach Operationen, besonders Schenkelhalsoperationen, durch Tumoren und durch lokale Schäden wie Druck oder ein Trauma mit Verletzung der Venenwand,
- erhöhte Gerinnungsfähigkeit des Blutes, z.B. nach Operationen oder im Wochenbett, aber auch bei Einnahme von Ovulationshemmern,
- Übergewicht und höheres Lebensalter,
- örtliche oder verschleppte Entzündungen an der Gefäßwand,
- Frakturen und Lähmungen, z.B. nach Schlaganfall.

Eine gefürchtete Komplikation ist die Lungenembolie.

Welche Lokalisationen von Venenthrombosen sind zu unterscheiden?

90% der Venenthrombosen spielen sich an den Bein- und Beckenvenen ab. Am Arm können sich Thrombosen nach Anlage eines zentralen Venenkatheters entwickeln. Venenthrombosen an den inneren Organen, z.B. Leber, Milz, Niere sind selten.

Welche Symptome sprechen für eine tiefe Venenthrombose?

Beginn mit Spannungsgefühl, Ödembildung im Zuflussgebiet der Venen, Druckschmerzhaftigkeit der Vene und auch der Fußsohle, fortschreitende Zunahme von Ödem und Schmerz. Viele Venenthrombosen werden aber nicht bemerkt, weil sie keine oder nur geringe Symptome verursachen.

Wie können Venenthrombosen vermieden werden?

Durch eine entsprechende Prophylaxe in riskanten Situationen wie Operationen, Lähmungen und längere Bettruhe. Die wichtigsten prophylaktischen Maßnahmen sind: Tragen von Kompressionsstrümpfen, frühzeitige Mobilisierung nach der Operation durch Aufstehen oder Krankengymnastik, subkutane Gabe von Heparin, meist in niedermolekularer Form und reichlich Flüssigkeitszufuhr.

Wie können Venenthrombosen behandelt werden?

Oberflächliche Thrombophlebitiden werden lokal mit Salbenverbänden, evtl. mit nichtsteroidalen Antiphlogistika oral behandelt.

Tiefe Venenthrombosen erfordern anfangs eine Behandlung mit Heparin, entweder stationär mit unfraktioniertem Heparin im Perfusor oder auch ambulant mit niedermolekularem Heparin subkutan. Die Bedeutung der Bettruhe ist umstritten, wahrscheinlich bringt sie zumindest bei Thrombosen bis in den Bereich der Oberschenkelvene keine Vorteile. Lediglich bei Beckenvenenthrombosen ist wegen der großen Gefahr einer Lungenembolie Bettruhe erforderlich. Die fibrinolytische oder operative Behandlung von tiefen Venenthrombosen wurde weitgehend verlassen. Alle Patienten mit tiefen Beinvenenthrombosen müssen über längere Zeit (6–12 Monate), im Fall von Rezidiven sogar lebenslang mit Antikoagulantien (z.B. Marcumar) behandelt werden (s. Herzinfarkt, S. 108).

5.3.3 Embolie

Was wird als Embolie bezeichnet?

Wenn sich der ganze Thrombus oder Teile davon loslösen, mit dem Blutstrom weiter getragen werden und in einer Arterie stecken bleiben, nennt man das eine Embolie. Das verschleppte Gerinnsel heißt Embolus.

Welche Lokalisation von arteriellen Thrombosen sind gefährlich?

Die Thrombose einer *Hirnarterie* bewirkt Untergang von Gehirngewebe (Hirninfarkt), eine der Formen des Gehirnschlages (Apoplexie, s. S. 74).

Die *Koronarthrombose* verursacht den Ausfall eines Teils des Herzmuskels (Herzinfarkt, s. S. 104).

Vollständiger Verschluss einer *Beinarterie* durch Thrombose führt zum Absterben (Nekrose) des von ihr versorgten Gewebes. Es entsteht eine arteriosklerotische Gangrän. Wenn gleichzeitig ein Diabetes mellitus besteht, spricht man von einer diabetischen Gangrän.

Von wo nehmen die Embolien häufig ihren Ausgang?

Von einer *Venenthrombose* kann ein Gerinnsel durch die untere Hohlvene über den rechten Vorhof und die rechte Herzkammer in die Lungenschlagader, Truncus pulmonalis, verschleppt werden und zu einer evtl. tödlichen Lungenembolie führen. Kleine Lungenembolien nennt man Lungeninfarkt (s. Lungenembolie, S. 154).

Bei Mitralvitien mit Vorhofflimmern stammen die Gerinnsel *aus dem linken Herzen* als Vorhofthromben oder entstehen als wandständige Thromben an der Innenfläche des Herzens über einem Myokardinfarkt oder gehen von den Herzklappen selbst aus, z.B. bei bakterieller Endokarditis (Lentasepsis). Abgelöste kleine Thromben können kleine Haut-, Nieren-, Gehirn- und andere Embolien verursachen (s. bakterielle Endokarditis, S. 97).

Welche Folgen hat eine Embolie?

Wenn das betroffene arterielle Versorgungsgebiet nicht durch Kollateralen versorgt werden kann, kommt es zur Nekrose. Große Embolien, z.B. Lungenembolien, können durch Schock zum sofortigen Tod führen.

Eine Hirnembolie führt meist zu Halbseitenlähmung (Hemiplegie) (s. Apoplexie, S. 74). Eine Mesenterialembolie bewirkt eine Nekrose im betreffenden Gebiet mit Darmbluten, evtl. paralytischem Ileus und Peritonitis (s. Ileus, S. 206).

In den peripheren Beinarterien kommt es zur Gangrän wie bei arterieller Verschlusskrankheit, wenn keine anderen arteriellen Verbindungen (Kollateralen) die Blutversorgung aufrechterhalten können.

Die Folgen einer Embolie sind z.T. denen einer arteriellen Verschlusskrankheit sehr ähnlich, unterscheiden sich aber meist durch ihren plötzlichen Beginn und schweren Verlauf.

Wie sind die Krankheitszeichen einer arteriellen Embolie am Bein?

Sie sind gekennzeichnet durch die „4 englischen P": Schmerz (pain), Blässe (pallor), Störung der Sensibilität (Parästhesie) und der Bewegung (Parese). Betroffen ist das Versorgungsgebiet des Gefäßes. Dieses ist erst kalt und blass, später zyanotisch oft mit deutlicher Abgrenzung gegen das gesunde Gewebe. Bewegungen sind nicht mehr möglich. Der akute arterielle Verschluss ist ein chirurgischer Notfall.

Wenn der Fuß nekrotisch wird, verfärbt er sich dunkel, das Gewebe fault ab (Gangrän).

Welche Behandlungsmöglichkeiten kommen bei Arterien-Embolie in Frage?
Schmerz- und Schockbekämpfung, Tieflagerung des Beins, lockerer Watteverband, keine Wärme- oder Kälteanwendung, sie verschlimmert die Schmerzen!, sofortige Krankenhauseinweisung auf eine gefäßchirurgische Abteilung!

Bei einer frischen Embolie kommt das Auflösen des Thrombus durch Streptokinase in Betracht oder bei günstiger Lage kann durch die chirurgische Embolektomie das Gerinnsel aus der Arterie entfernt werden; besonders das Herausziehen mit dem Fogarty-Katheter ist of erfolgreich. Bei Gangrän muss rechtzeitig amputiert werden.

5.3.4 Hypotonie

Was wird als Hypotonie bezeichnet und welche Symptome treten auf?
Systolische Blutdruckwerte beim Mann unter 110, bei der Frau unter 100 mmHg und diastolische Werte unter 60 mmHg.

Hypotoniker klagen über Schlappheit, rasche Ermüdbarkeit, Neigung zu Kopfschmerzen und Schwindel, besonders morgens nach dem Aufstehen.

Wodurch kann es zu Hypotonie kommen?

- Die Hypotonie kann als konstitutionelle Eigenart, besonders bei Schlankwüchsigen (Asthenikern), oft ohne jegliche Beschwerden beobachtet werden,
- Hochleistungssportler und Schwerarbeiter zeigen oft Hypotonie und Bradykardie ohne Beschwerden und Krankheitsbedeutung (s. Sinusbradykardie, S. 117),
- bei vegetativ labilen Menschen mit orthostatischer Regulationsschwäche (Blutdruckabfall im Stehen); orthostatische Kreislaufdysregulation,
- als Folge von Erschöpfungszuständen,
- toxisch bedingt bei akuten oder chronischen Infektionskrankheiten (z.B. bei Diphtherie),
- als Folge großer Blutverluste,
- bei Nebennierenrindeninsuffienz, dem Morbus Addison, ist Hypotonie infolge von Verminderung des intravasalen Blutvolumens durch Mangel an Natrium und Cortisol ein Hauptsymptom (s. Addison-Krankheit, S. 276).

Welche Möglichkeiten bestehen, um die konstitutionelle Hypotonie zu behandeln?
Wenn eine konstitutionelle Hypotonie Beschwerden macht, helfen *Kreislaufmittel* nur symptomatisch. Effektiver ist ein entsprechendes *Kreislauftraining*: Bewegung an frischer Luft, körperliche Arbeit, Gymnastik, Sport, Hydrotherapie, besonders Kneippsche Maßnahmen, Bürstenmassagen. In extremen Fällen werden Mineralocorticoide zur Vermehrung des intravasalen Blutvolumens gegeben.

5.3.5 Hypertonie

Wie wird Hypertonie definiert?

Blutdruckwerte, die bei wiederholter Messung in Ruhe 160 mmHg systolisch und 95 mmHg diastolisch übersteigen. Man unterscheidet labile Hypertonie mit nicht immer erhöhten Blutdruckwerten und fixierten Blutdruck mit ständiger Blutdruckerhöhung. Als Grenzwert-Hypertonie werden systolische Blutdruckwerte ≥ 140 mmHg und diastolische Werte ≥ 90 mmHg angesehen.

Welche Rolle spielt der Hochdruck statistisch?

In den westlichen Industrieländern haben mindestens 25% aller Menschen über 45 Jahre erhöhten Blutdruck. Die Hypertonie ist eine der wichtigsten Ursachen für die Arteriosklerose mit den Folgen Herzinfarkt, Schlaganfall und Nierenversagen.

Welche Ursachen führen zu Hypertonie?

In den meisten Fällen (ca. 95% aller Patienten mit Hypertonie) ist eine Ursache nicht erkennbar, man spricht dann von

- Essentieller Hypertonie. Sie ist die häufigste Form des Bluthochdrucks und kommt familiär gehäuft vor. Emotioneller Stress, Überernährung, hoher Kochsalzkonsum, ebenso das Zigarettenrauchen spielen eine Rolle.
- Renale Hypertonie entsteht bei bestimmten Nierenkrankheiten, z.B. chronischer Nephritis oder Nierenarterienstenose durch krankhaft vermehrte gefäßaktive Substanzen im Blut (Renin-Angiotensin), die eine Engstellung der Arteriolen mit Blutdruckerhöhung bewirken,
- Hormonell bedingter Hochdruck kann bei Erkrankungen der Hypophyse (Akromegalie), der Nebennierenrinde (Morbus Cushing, Conn-Syndrom), des Nebennierenmarkes (Phäochromozytom) und der Schilddrüse (Morbus Basedow) vorkommen.

Wie ist der Verlauf der Hypertonie?

Es kann viele Jahre Beschwerdefreiheit bestehen. Meistens wird der Patient mit Hypertonie erst auf seinen hohen Blutdruck aufmerksam, wenn Folgeerkrankungen auftreten. Die wichtigsten Folgekrankheiten und Komplikation der Hypertonie sind Herzinfarkt, Apoplexie und Nierenversagen.

Welche Krankheitszeichen können auf eine Hypertonie hinweisen?

Bei den meisten Menschen mit Hypertonie liegen keine Krankheitszeichen vor. Es handelt sich „nur" um erhöhte Messwerte.

Kopfschmerzen, Schwindel und Nasenbluten werden von vielen Menschen mit Hypertonie in Verbindung gebracht, kommen aber bei Personen mit normalem Blutdruck wahrscheinlich ebenso oft vor, wie bei Menschen mit Hypertonie.

Durch zunehmende Arteriosklerose der Gefäße entstehen häufig akute Gefäßleiden, wie Angina pectoris, Herzinfarkt und eine Thrombose in den hirnversorgenden Arterien, z.B. als transitorische (vorübergehende), ischämische Attacken (TIA) als prolongiertes reversibles ischämisches neurologisches Defizit (PRIND) oder kompletten Apoplex (Schlaganfall).

Weitere Folgen des langjährig bestehenden hohen Blutdrucks sind chronisches Herzversagen (s. Linksherzinsuffizienz), chronisches Nierenversagen (s. Urämie) und periphere Durchblutungsstörungen (Claudicatio intermittens).

Welche bösartige Verlaufsform der Hypertonie gibt es?

Die maligne Hypertonie kann schon in jüngeren Jahren auftreten, sich rasch verschlimmern, mit sehr hohen diastolischen Werten einhergehen und unter starken Kopfschmerzen, Erbrechen, Krämpfen, Lähmungen, Schlaganfall, Herz- oder Nierenversagen (Urämie) zum Tode führen.

Welche Behandlungsmöglichkeiten bieten sich bei Hypertonie an?

Änderung der Lebensweise: Übergewicht, Nikotin und körperlichen sowie psychischen Stress vermeiden, salzarme Kost. Bohnenkaffee und Alkohol in vernünftigen Grenzen halten. Für ausreichende körperliche Bewegung (Ausdauer-Sportarten) und Schlaf sorgen. Evtl. autogenes Training.

Blutdrucksenkende Medikamente (Antihypertonika, Antihypertensiva).

Welche Antihypertensiva sind wichtig?

- Diuretika vom Typ der Thiazide (z.B. Esidrix). Sie fördern die Urinausscheidung und bewirken Blutdrucksenkung durch Kochsalzausscheidung. Beachte aber auch Kaliumverarmung. Auch Diabetes und Gicht können bei entsprechender Disposition gefördert werden. Nur Triamteren (Jatropur), Amilorid (Moduretik) und Aldosteronantagonisten (Aldactone) wirken kaliumsparend. Blutzucker und Harnsäure im Serum kontrollieren!
- *Betarezeptorenblocker* (z.B. Beloc, Concor, Tenormin) setzen die Spannung der Arterienwände herab und wirken dadurch blutdrucksenkend,
- *Kalziummantagonisten* (Isoptin, Dilzem, Adalat) bewirken eine Gefäßerweiterung und verringern den peripheren Widerstand und den Blutdruck,
- *ACE-Hemmer* (ACE = Angiotensin-Converting-Enzym) (z.B. Captopril, Pres, Cibacen, Delix) hemmen die Aktivierung des intaktiven Angiotensin I in das aktive Angiotensin II, die stärkste körpereigene Substanz, die den Blutdruck hoch hält,
- *Angiotensin II-Antagonisten* (AT1-Blocker) hemmen selektiv und spezifisch die Angiotensin II-Wirkungen am Rezeptor (Lorzaar, Diovan),
- Zentral (d.h. am Zentralnervensystem) wirkende *Alpha-Rezeptoragonisten* (Catapresan, Physiotens, Presinol) und peripher (d.h. am sympathischen Nervensystem der Gefäße) angreifende Alpha-Rezeptorantagonisten (Cardular, Minipress) beeinflussen den Katecholaminstoffwechsel (Adrenalin, Noradrenalin).

Weitere wichtige gefäßerweiternde Medikamente zur Behandlung des hohen Blutdrucks sind Hydralazin (Nepresol), Minoxidil (Lonolox) und Diazoxid (Hypertonalum).

Wird der Blutdruck mit einer der genannten Substanzen nicht ausreichend gesenkt, so muss der Patient u.U. drei oder vier verschiedene Medikamente gleichzeitig regelmäßig einnehmen. Es liegt im Ermessen des Arztes, wann er welche Medikamente in welcher Kombination einsetzt.

Was ist bei einer antihypertensiven Behandlung zu beachten?
Die Medikamente sollen nur langsam gesteigert werden. Der Blutdruck ist oft und in verschiedenen Situationen zu messen: liegend, sofort nach Aufstehen, nach längerem Stehen, vor und nach Belastung, evtl. vom Patienten selbst.

5.3.6 Schock

Was wird als „Schock" bezeichnet?
Der Ausdruck „Schock" wird für sehr verschiedene Zustandsbilder verwendet. Unter Schock im medizinischen Sinn ist vor allem ein akutes *Versagen der Blutzirkulation* mit einer schweren Störung der Organdurchblutung und nachfolgender Zellschädigung zu verstehen. Daneben wird der Ausdruck Schock auch für eine *schwere psychische Beeinträchtigung* als Folge eines durchgemachten seelischen Traumas verwendet.

Wie werden die Bezeichnungen Schock, Kollaps und Ohnmacht gebraucht?
Zwischen Schock (s. oben) und Kollaps oder Kollaps und Ohnmacht wird nicht immer streng unterschieden. Der Ausdruck *Schock* wird meist für eine schwere Schädigung der Zirkulation, *Kollaps* für leichtere Zustände des Kreislaufversagens durch verschiedene Ursachen mit Bewusstseinsverlust gebraucht. *Ohnmacht* ist ein leichter Kreislaufkollaps mit einer Blutverteilungsstörung, vor allem mit ungenügender Hirndurchblutung, nach längerem Stehen (orthostatisch) oder psychisch bedingtes Kreislaufversagen mit kraftlosem Zusammenfallen, Blässe und Bewusstseinsverlust. Der Puls ist im Gegensatz zum Schock oft verlangsamt.

Was ist eine Synkope?
Eine kurzdauernde, anfallsartig auftretende Bewusstlosigkeit infolge Minderdurchblutung des Gehirns. Man unterscheidet kardiale Synkopen, die durch Rhythmusstörungen oder Herzklappenfehler bedingt sind und vagovasale oder neurovegetative Synkopen, die durch eine zentrale Vaguswirkung ausgelöst werden. Kardiale Synkopen treten meist im höheren Lebensalter, neurovegetative Synkopen vor allem bei jüngeren Menschen auf.

Wie kann ein Kollaps bei Erschöpfung oder vegetativ Labilen behandelt werden?
Flachlagerung von Kopf und Körper, Lockerung der Kleider, Hochlagerung der Beine (nicht bei Kopf- und Thoraxverletzten), um einen besseren Blutrückstrom zum Herzen zu bewirken.

Oft genügen schon externe *Kreislaufreize* wie frische Luft, nasses Tuch auf die Stirn, Klopfen mit der flachen Hand. Evtl. Kreislaufmittel i.v.

Welche Schockarten sind nach ihren Ursachen zu unterscheiden?

- Blutmangelschock (hypovolämischer Schock) durch mangelhafte Füllung des Kreislaufsystems,
- kardiogener Schock durch Versagen des zentralen Motors,
- septischer Schock durch infektiös-toxisches Kreislaufversagen,
- anaphylaktischr (allergischer Schock) durch Überempfindlichkeit gegen Medikamente oder Fremdeiweiß,
- traumatischer Schock, reflektorisch durch Gewalteinwirkung,
- hypoglykämischer Schock, der eigentlich kein Schock im engeren Sinne ist, durch Unterzuckerung bzw. Insulinüberdosierung.

Wodurch kann es zum hypovolämischen Schock kommen?

Der hypovolämische Schock kann z.B. durch eine große Blutung oder durch den Flüssigkeitseiweiß- und Elektrolytverlust bei Verbrennung oder durch gehäuftes Erbrechen und Durchfälle eintreten. Es kommt zu einem ungenügenden venösen Rückfluss mit schlechter Füllung der Halsvenen, Absinken des zentralen Venendrucks (ZVD), gemessen mittels Kavakatheter.

Was kann einen kardiogenen Schock auslösen?

Der kardiogene Schock kann bei Herzinfarkt, Rhythmusstörungen, schwerer kardialer Insuffizienz oder Herzbeuteltamponade auftreten. Aber auch bei Lungenembolie bricht die Blutzirkulation durch Versagen des zentralen Motors zusammen. Der kardiogene Schock ist erkennbar an den gestauten Halsvenen und hohem zentralvenösen Druck (ZVD).

Wie kann es zu einem septischen Schock kommen?

Der septische Schock bei Infektionen entsteht durch toxische Lähmung des Gefäßnervensystems (Vasomotoren); meist ist aber auch eine toxische Herzinsuffizienz damit verbunden.

Was ist die Ursache des anaphylaktischen Schocks?

Er wird durch Überempfindlichkeit gegen Fremdeiweiß, z.B. bei Gabe von Immunglobulinen, Fehltransfusionen, Insektenstichen oder Nahrunsmittelallergie ausgelöst. Besonders häufig wird er durch Überempfindlichkeit gegen Medikamente, z.B. jodhaltige Kontrastmittel, verursacht. Es kommt zu vermehrter Durchlässigkeit der Kapillarwandungen, Erschlaffen der Blutgefäße (Hypovolämie), auch bis zur Verkrampfung der glatten Muskulatur, z.B. in den Bronchiolen mit akutem Asthmaanfall oder Kehlkopfödem.

Wie kann es zu einem traumatischen Schock kommen?

Der traumatische Schock wird durch Gewalteinwirkung, wie z. B. durch Kopf- oder Thoraxprellung, durch Bauchtrauma, Quetschung, Fraktur oder Operation über eine reflektorische Vaguswirkung mit Kreislaufversagen ausgelöst.

Was bedeutet hypoglykämischer Schock?

Der hypoglykämische Schock durch Unterzuckerung in Blut und Gewebe führt zu Bewusstlosigkeit, aber ohne Kreislaufbeeinträchtigung (s. Insulinwirkung, S. 282).

Welche Folgen hat das Kreislaufversagen im Schock?

Das Gewebe erhält zu wenig Sauerstoff (Hypoxie), dadurch entstehen vermehrt saure Stoffwechselprodukte wie z. B. Milchsäure (Azidose).

Der Blutstrom verlangsamt sich; in den kleinen Gefäßen ballen sich Thrombo- und Erythrozyten zusammen (Sludge-Phänomen, sprich: sladsch) und es kommt zu disseminierter intravasaler Gerinnung (DIC). Durch die Störung der Durchblutung und des Stoffwechsels treten irreparable Zellschädigungen von Herz, Lunge, Leber, Niere, Nebenniere und Nervensystem auf, die zum Tode führen können.

Welche 3 Phasen oder Schweregrade des Schocks können unterschieden werden?

Die Frühphase mit selten verlangsamtem, meist beschleunigtem Puls, etwas erhöhtem oder normalem Blutdruck und blasser Haut.

Beim kompensierten Schock sinkt der Blutdruck ab, ist aber noch messbar. Der Puls ist beschleunigt und schlecht gefüllt. Die Haut ist blass oder grauzyanotisch, kalt und feucht.

Beim dekompensierten Schock ist der Blutdruck kaum oder nicht mehr messbar, der Puls sehr schnell und kaum tastbar, die Atmung beschleunigt. Der Patient ist unruhig und fühlt sich elend. Er ist bewusstseinsgetrübt bis bewusstlos. Die Mikrozirkulation in den Kapillaren ist schwer gestört; es kommt zu Sludge und Mikrothromben, in den Organen treten irreversible (nicht mehr behebbare) Gewebsschädigungen auf.

Wie wird der Schockindex definiert?

Der Quotient aus Puls und systolischem Blutdruck als orientierender Parameter für den Schweregrad des Schocks.

	Puls S/min	Blutdruck mmHg	Schockindex
normal	60	120	0,5
kompensierter Schock	100	100	1,0
dekompensierter Schock	120	60	1,5

Welche Rolle spielen die Nieren im Schock?

Bei einem längeren und schwereren Schock kommt es durch den Blutdruckabfall zu einem ungenügenden Filtrationsdruck in den Glomeruli mit Oligurie oder Anurie. Auch Hypoxie und Azidose können eine entscheidende Nierenschädigung bewirken, die zum Tode führt.

Wie ist die Prognose bei einem Schock?

Der Schock stellt eine vitale Bedrohung dar. Vom rechtzeitigen Erkennen und von der richtigen Behandlung hängt das Überleben ab.

Die Frühphase und der noch kompensierte Schock lassen sich noch erfolgreich beeinflussen, wenn die Ursache beseitigt und die Mikrozirkulation in den Geweben wieder normalisiert werden kann. Ein Patient in der dekompensierten Phase lässt sich nur sehr selten retten.

Welche Sofortmaßnahmen müssen bei einem Schock durchgeführt werden?

Flach lagern, eventuell Beine hoch (nicht bei Kopf- oder Brustverletzten!), Freihalten der Atemwege, Kopf zur Seite, bei Bewusstlosen stabile Seitenlage, Arzt rufen, eventuell Notarztwagen oder Krankenwagen, für Beruhigung sorgen, Schutz vor Unterkühlung oder Überwärmung, Sauerstoffzufuhr (Dosierung beachten!), eventuelle Transportfähigkeit beurteilen (Puls möglichst unter 100/min, RR systolisch möglichst über 100 mmHg, möglichst rosige Hautdurchblutung und warme Körperenden) und eine Vene offenhalten.

Welche Laborbefunde müssen bei einem Schock sofort erhoben werden?

Hb, Erythrozyten, Hämotokrit, Blutgruppe, Harnstoff und Kreatinin, Blutgasanalyse und Elektrolytstatus.

Welche Behandlungsmaßnahmen kommen bei einem Schock in Frage?

Sie richten sich nach Art und Schwere des Schocks. Die Ursache muss möglichst ausgeschaltet werden (Blutung usw.).

Bei Schock mit Hypovolämie steht die Auffüllung des Kreislaufs (Infusionen, Blutersatzmittel, Albumin, Plasma, Transfusion) im Vordergrund, aber nicht beim kardiogenen Schock.

Bei jeder Art von Schock sind Glukokortikoide 1–2 g i.v. angezeigt, besonders beim anaphylaktischen Schock. Bei Versagen der Gefäßnervenregulation wie beim traumatischen oder infektiös-toxischen Schock Blutdruck anheben: Adrenalin, Dopamin u.a.m.

Beim kardiogenen Schock kardipulmonale Reanimation mit Sauerstoff und Adrenalin; bei Kammerflimmern Defibrillation.

Nicht zu viel Flüssigkeit geben wegen der Gefahr des Lungenödems.

Welche ärztlichen Maßnahmen sind bei einem schweren Schock durchzuführen?
Schaffung eines dauerhaften venösen Zugangs, am besten als Kavakatheter mit der Möglichkeit, den zentralen Venendruck (ZVD) zu messen. Evtl. Tracheotomie, vorsichtige Schmerzbekämpfung (Dolantin 25–50 mg), Magensonde bei Rückstau von Magensaft und Dauerkatheter zur Kontrolle der Urinausscheidung.

Welche Beobachtungsschwerpunkte müssen vom Pflegepersonal bei einem Patienten im Schock durchgeführt werden?

- Allgemeinzustand beachten: Unruhe, Angst,
- Bewusstseinsgrad: Somnolenz, leichte oder tiefe Bewusstlosigkeit, Koma,
- Hautdurchblutung: Lippenfarbe, Haut und Körperenden (Akren) warm und rosig oder blass, zyanotisch und kühl,
- Puls und Blutdruck: alle 5–15 Minuten kontrollieren,
- Körpertemperatur: stündlich rektal messen,
- Urinausscheidung (Blasenkatheter): anfangs stündlich messen,
- EKG-Überwachung.

Je nach Schweregrad wird der Patient intensivmedizinisch betreut.

5.3.7 Apoplexie

Wie wird die Apoplexie definiert?
Als Apoplexie, Schlaganfall oder Gehirnschlag bezeichnet man plötzlich eintretende, meist halbseitig ausgeprägte Lähmungen durch Gefäßverschluss oder Blutung.

Wo im Gehirn ist ein Gefäßverschluss oder eine Blutung am häufigsten lokalisiert?
Häufigste Stelle einer Gefäßveränderung, die zur Apoplexie führt, ist in dem kleinen Seitenast der A. cerebri media (mittlere Hirnarterie), der in der Capsula interna (innere Kapsel) verläuft und dort die gebündelten Pyramidenbahnen einer Hirnseite versorgt. Diese Lokalisationsstelle wird als Mediainfarkt bezeichnet.

Welche Gefäßveränderungen können in der Capsula interna zur Apoplexie führen?
Dafür kommen 3 Ursachen in Frage:

- *Thrombose* der Arterie bei Arteriosklerose ist die weitaus häufigste Ursache der Apoplexie (ischämischer Insult). Sie kann sich allmählich oder schubweise entwickeln.
- *Hirnblutung*, meist als Massenblutung, kommt bei Gefäßwandschwäche und Hypertonie vor. Dies führt zum Platzen einer Arterie mit Ausbreitung des Blutes in das Gehirn und Zerstörung von Nervenfasern in diesem Gebiet. Die Prognose ist schlecht.

- *Hirnembolie* kann durch Verschleppung von Thromben aus dem linken Vorhof bei Mitralklappenfehler mit Vorhofflimmern, bei frischem Herzinfarkt mit Herzwandthromben und bei bakterieller Endokarditis vorkommen.

Hirnblutung und Hirnembolie treten schlagartig auf. Unterschieden wird ein ischämischer Insult von einer Hirnblutung mittels kranialer Computertomographie (CCT).

Welche Folgen haben Thrombose oder Embolie einer Hirnarterie?

Verstopfung einer Hirnarterie durch Thrombose oder Embolie bewirkt eine Ischämie des von der Arterie mit Blut versorgten Hirnbezirkes mit raschem Absterben des Nervengewebes. An seiner Stelle entsteht ein Gewebsverlust, den man als Erweichungsherd (Enzephalomalazie) bezeichnet. Je nach Lage des Hirninfarktes stellen sich verschiedene Lähmungen, Sensibilitätsstörungen oder andere neurologische Ausfallserscheinungen ein.

Welche Schweregrade werden bei Apoplexie in den ersten Tagen beobachtet?

- Bei *leichten Fällen* (meist durch Thrombose hervorgerufen) kann nur eine flüchtige Lähmung des Gesichtsnervs (Fazialisparese) oder eine Parese des N. facialis und des Armes der gleichen Seite mit Herabsetzung der groben Kraft auftreten. Auch flüchtige Seh- oder Sprachstörungen treten auf. Die Veränderungen bilden sich spätestens nach 24 Stunden zurück. So ein vorübergehendes Ereignis wird transitorische ischämische Attacke (TIA) genannt. Bleibt die neurologische Symptomatik länger als 24 Stunden bestehen, bildet sich aber in wenigen Tagen vollständig zurück, so spricht man von einem PRIND (prolongiertes reversibles ischämisches neurologisches Defizit),
- häufig kommt es zur Schwäche oder Lähmung einer Körperhälfte, zur Halbseitenlähmung (Hemiparese bis Hemiplegie), wobei die rechtsseitige Hemiplegie meist mit einer motorischen Sprachstörung (Aphasie) verbunden ist. Seltener kommt es auf der gelähmten Seite auch zu einer Sensibilitätsstörung und zu einem Gesichtsfeldausfall,
- in allen *schweren Fällen* tritt plötzlich oder manchmal auch allmählich ein Bewusstseinsverlust, das apoplektische Koma, ein. Bleibt es über 2–3 Tage bestehen, ist die Prognose sehr schlecht,
- bei großer Hirnblutung mit Durchbruch der Blutung in das Ventrikelsystem beobachtet man beidseitige Streckkrämpfe der Arme und Beine. Bei der Lumbalpunktion wird blutiger Liquor gewonnen. Die Prognose ist infaust.

Wie ist die Symptomatik eines Patienten mit Hemiplegie im apoplektischen Koma bei Krankheitseintritt?

Patient liegt bewusstlos auf dem Rücken, Atmung ist vertieft, oft schnarchend, Pupillen sind weit, Mund der gelähmten Seite hängt herab, Wange der gelähmten Seite wölbt sich bei der Atmung vor (sogenanntes „Tabakblasen“), gelähmter Arm liegt dem Körper an, Hand ist eingerollt, Bein ist nach außen rotiert und der Fuß fällt nach außen unten ab.

Nach Anheben des gelähmten Armes oder Beines fällt die Extremität auf das Bett zurück.

Welche Lähmungsarten treten bei Hemiplegie durch Apoplexie auf?

Bei typischer Hemiplegie durch Apoplexie in der Capsula interna besteht erst eine *schlaffe Hemiparese*. Später kommt es durch Fortfall der Hemmung der zerstörten Pyramidenbahnen zum Überwiegen des extrapyramidalen Systems mit Eintritt der *Spastik*. Die schlaffe Muskulatur wird wieder innerviert, die Reflexe sind gesteigert, die Pyramidenzeichen (z.B. der Babinski-Reflex) sind positiv. Die Bewegungen sind allerdings nicht mehr so koordiniert wie vor der Apoplexie, weil die regulierende Einwirkung der Pyramidenbahnen weggefallen ist.

Wie ist der weitere Verlauf einer Apoplexie in der ersten Phase?

Für den weiteren Verlauf sind das Ausmaß des Schadens, aber auch die pflegerische Behandlung in der Anfangsphase von großer Bedeutung. Vor allem der frühzeitigen Mobilisierung durch Krankengymnastik kommt große Bedeutung zu. Aufgrund der Bedeutung des Faktors Zeit in der Frühphase der Behandlung des Schlaganfalls und des besonderen pflegerischen Aufwandes wurden an vielen Krankenhäusern spezielle Behandlungsabteilungen, sog. „Stroke-units" gegründet.

Inwieweit können sich Lähmungen und Aphasie zurückbilden?

Die Rückbildung der Lähmung beginnt meist am Bein und ist dort auch am Besten, so dass viele Halbseitengelähmte wieder gehfähig werden. Am Arm ist die Rückbildung meist schlechter, so dass nur wenige Hemiplegiker die volle Handgeschicklichkeit wieder erlangen.

Bei einer Aphasie bildet sich die sensorische Komponente für das Wortverständnis rascher zurück als die motorische Aphasie. D.h., der Patient versteht bald wieder alles, es dauert aber länger, bis er wieder selbst sprechen kann. Die Wortfindung ist erschwert, der Wortschatz bleibt oft klein.

Welche Komplikationen sind bei Apoplexie zu fürchten?

Der *Tod* kann durch die ausgedehnte Gewebszerstörung im Gehirn, durch gesteigerten Hirndruck oder durch Ventrikeldurchbruch bei großer Massenblutung eintreten.

Seitens der Atmungsorgane können aus einer Bronchitis durch Sekretstauungen *Bronchopneumonien* entstehen, ebenso durch Aspiration von Speichel, da der komatöse Patient nicht schlucken kann.

Da nicht selten bei einem Apoplektiker auch ein Diabetes mellitus oder eine Niereninsuffizienz vorliegt, können sich bedrohliche *Stoffwechselstörungen* entwickeln.

Durch Blasenentleerungsstörungen und die Notwendigkeit des Katheterisierens bzw. eines Dauerkatheters können sich *Harnwegsinfektionen*, evtl. auch eine Pyelonephritis, entwickeln.

Durch langes, unbewegliches Liegen besteht die Gefahr von Dekubitalgeschwüren.

Wie sollte die Ernährung bei schwerer Schluckstörung erfolgen?

Eine Magensonde zur Nährstoffzufuhr sollte gelegt werden. Bildet sich die Schluckstörung nicht zurück, so sollte eine perkutane endoskopische Gastrostomie (PEG) angelegt werden, über die der Patient dauerhaft mit Sondenkost enteral ernährt werden kann. Die spätere Entfernung der PEG ist möglich.

Welche pflegerischen Anforderungen an die Betreuung von Apoplexie-Betroffenen sind erforderlich?

Die Pflege des Betroffenen muss nach dem Bobath-Konzept erfolgen (ab 1943 entwickelt von der Krankengymnastin Berta Bobath und dem Arzt Karl Bobath). Durch systematische Übungen sollen verlorene Funktionen verbessert werden. Der Erfolg ist abhängig vom Zeitpunkt der einsetzenden Rehabilitationspflege: je früher, desto besser! Besondere Beachtung gilt hierbei der spastischen und schlaffen Lähmung, die mit gezielten Bewegungsübungen und einer entsprechenden Lagerung therapiert werden können. Dieses dient gleichzeitig als Kontrakturen- und Dekubitusprophylaxe. Aufgrund der Wahrnehmungsstörung sollte die bevorzugte Lagerung die 90°-Lagerung auf der betroffenen Seite sein. Eine Weichlagerung ist abzulehnen, da hiermit die Körperwahrnehmung verloren geht und eine Spastik begünstigt wird. Der Bettaufrichter ist absolut kontraindiziert (erhöht die Spastik). Da die meisten Patienten eine subluxierte und schmerzhafte Schulter haben, muss das Rehateam hier besonders sorgfältig bei der Lagerung und Mobilisation sein. Es darf niemals unter die Achsel gegriffen und der Patient dann hochgezogen werden. Jegliche mögliche Komplikation sollte ausgeschlossen werden, z.B. Aspirations- oder Bronchopneumonie durch unsachgemäßes Absaugen oder Flüssigkeitsgabe. In neuester Zeit wurde das Aktivitäts-Konzept (von Marlies Beckmann) entwickelt, ein auf Aktivierung ausgerichtetes Pflege-Konzept, das individuelle, erhaltene Fähigkeiten unterstützen und erweitern möchten, sowie Fähigkeiten neu initiiert.

Welche Störungen der Blasentätigkeit können bei Apoplexie vorkommen?

Häufig liegt eine *Inkontinenz* der Blase vor, so dass diese sich dauernd entleert. Es kann auch eine *Urinretention* (Harnverhaltung) entstehen, so dass sich die Blase enorm ausdehnen muss. Bei Urinretention kann es oft zu Harnträufeln, zur so genannten *Überlaufblase*, kommen, die gefüllt bleibt, wobei nur eine kleine Harnmenge entleert wird. Eine Katheterisierung der Harnblase (unter sterilen Bedingungen) kann hier notwendig sein. Die Dauerkatheterisierung bedarf allerdings einer sehr strengen Indikation. Wenn möglich, sollte man eine suprapubische Harnableitung bevorzugen. Die Urinausscheidung im apoplektischen Koma ist genau zu kontrollieren.

Inwieweit wirken sich die Folgen des Krankheitsbildes auf den Betroffenen aus?

Oft bleibt eine mehr oder minder stark ausgeprägte allgemeine *Hirnleistungsstörung* bestehen mit Konzentrationsschwäche, schlechtem Gedächtnis, Verlangsamung des Denkens, herabgesetzter Kombinationsfähigkeit, Antriebsmangel (Verlust der Initiative), Neigung zu Reizbarkeit und depressiver Verstimmung, Kopfschmerzen, Schwindel und Schlafstörungen. Da dem Patienten oft die Initiative und Konzentration zu eigenem Handeln fehlen, muss er zu den notwendigen Übungen immer wieder motiviert werden.

Bei einem Patienten mit Aphasie ist immer daran zu denken, dass er vielleicht über ein ausreichendes Wortverständnis verfügt, aber sich selbst nicht ausdrücken kann. Das Nicht-sprechen-Können macht den Patienten oft ungeduldig und hilflos. Kommunikationshilfen müssen gezielt ausgesucht und eingesetzt werden.

Logopädische Hilfe sollte ermöglicht werden.

Was ist eine „Stroke-unit"?

Es wurde erkannt, wie wichtig für den weiteren Krankheitsverlauf von Apoplexie der möglichst frühzeitige Einsatz einer Reihe von verschiedenen Maßnahmen aus mehreren Fachgebieten ist und ist bestrebt, diese Maßnahmen auf speziellen Stationen optimal zu koordinieren. In einer Stroke-unit arbeiten neben Neurologen oder Internisten auch Ärzte für physikalische Medizin, speziell geschultes Pflegepersonal, Krankengymnasten, Ergo- und Logotherapeuten sowie Psychotherapeuten kooperativ zusammen.

6 Herz

6.1 Anatomie und Physiologie

Wo liegt das Herz?

Es liegt im Mediastinum (Mittelfeldraum) zwischen den Lungen, hinter dem Brustbein, vor der Speiseröhre und über dem Zwerchfell. Ein Drittel des Herzens liegt rechts, zwei Drittel liegen links vor der Mittellinie. Die Herzspitze ist nach vorn und links unten gerichtet.

Wo liegt die Herzspitze?

Im 5. Interkostalraum (Zwischenrippenraum) und innerhalb der linken Medioklavikularlinie (Mittelschlüsselbeinlinie). Der Herzspitzenstoß kann als Pulsation gesehen (nur bei schlanken Menschen) oder gefühlt werden.

Was kann bei einer Beobachtung der Herzgegend auffallen?

Der Herzspitzenstoß kann verlagert sein. Er kann auch vermehrt hebend und stärker pulsierend sein. Außerdem können sich abnorme Pulsationen in der Herzgegend erkennbar machen. Verstärkte Pulsationen im epigastrischen Winkel beobachtet man bei Hypertrophie der rechten Kammer.

Wie groß ist das Herz?

Es ist etwa so groß wie eine Faust. Herzgröße und -form können je nach Konstitution ziemlich stark schwanken.

Aus welchen Schichten baut sich das Herz auf?

Es besteht aus einem Hohlmuskel, dem Herzmuskel (*Myokard*), der durch rhythmische Kontraktionen das Blut im Kreislauf weiterpumpt. Innen ist der Herzmuskel vom Herzinnenhaut (*Endokard*) ausgekleidet, das auch die Herzklappen bildet bzw. überzieht. Nach außen wird der Herzmuskel vom Herzbeutel (*Perikard*) umschlossen.

Wie ist der Herzbeutel aufgebaut?

Das Perikard bildet einen doppelten Sack, dessen innere Schicht, Epikard genannt, dem Myokard anliegt und dessen äußere Wandungen den Herzraum nach außen begrenzt. Zwischen beiden Hüllen ist nur ein sehr schmaler Spielraum, ein Gleitspalt für die Bewegungen des Herzmuskels. Das Epikard ist eine Art Serosaüberzug und sondert etwas Flüssigkeit in den Herzbeutel ab, wodurch die Bewegung des Herzens erleichtert wird.

Aus welchen Abschnitten besteht das Herz?

Es wird durch eine längs verlaufende Trennwand (*Septum*) in eine rechte und eine linke Hälfte geteilt. Beide Herzhälften werden durch die quer liegende *Ventilebene*, die durch die Atrioventrikularklappen (rechts Trikuspidalis, links Mitralis) gebildet wird, in je einen *Vorhof* (Atrium) und eine *Kammer* (Ventrikel) unterteilt. Das Herz besteht als aus 2 Vorhöfen (Atrien) und 2 Kammern (Ventrikeln).

Wo befinden sich die Herzklappen und wie heißen sie?

Es gibt 4 Herzklappen (Abb. **6.1**). Je eine Klappe liegt zwischen Vorhof und Kammer (Atrioventrikularklappen) und je eine am Austritt der großen Arterien aus den Kammern: in der Aorta und Pulmonalarterie.

- Die zweizipfelige Klappe zwischen linkem Vorhof und der linken Kammer heißt Mitralklappe,
- die dreizipfelige Klappe liegt zwischen rechtem Vorhof und rechter Kammer wird Trikuspidalklappe genannt,
- die Klappe, die im Abgang der Aorta aus dem linken Ventrikel liegt, heißt Aortenklappe,
- die Klappe, die am Austritt der Lungenschlagader (Pulmonalarterie) aus der rechten Herzkammer liegt, heißt Pulmonalklappe.

Die rechte Kammer wird gegen den rechten Vorhof durch die Trikuspidalklappe, gegen den Truncus pulmonalis durch die Pulmonalklappe verschlossen. Die linke Kammer wird durch die Mitralklappe und Aortenklappe begrenzt.

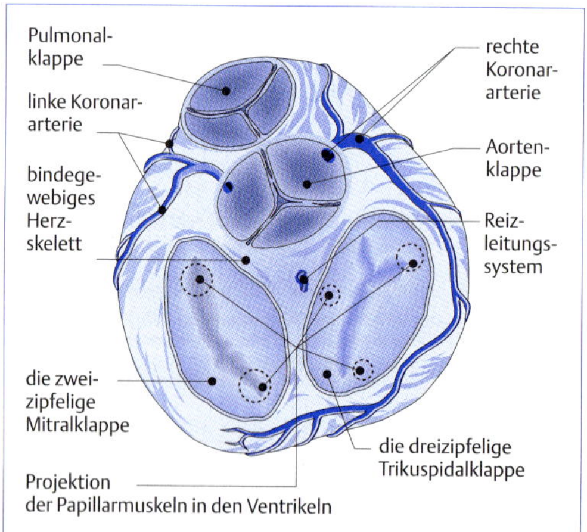

*Abb. **6.1** Darstellung der Klappenebene des Herzens nach Entfernung der Vorhöfe und der großen Gefäße (nach Faller).*

Wie sind die Herzklappen ausgebildet?

Die zweizipfelige *Mitralklappe* und die dreizipfelige *Trikuspidalklappe* werden durch segelförmige Platten der Herzinnenhaut, des Endokards gebildet, die bei ihrem Schluss genau aneinander passen. An ihrer Unterseite ziehen sehnenartige Stränge zu den Papillarmuskeln genannten Teilen des Myokards. Von diesen aus können die beiden Atrioventrikularklappen durch Muskelkontraktion geöffnet oder bei ihrem Erschlaffen durch den Blutstrohm wieder geschlossen werden. Die Sehnenfäden verhindern auch das Zurückschlagen der Segelklappen in die Vorhöfe hinein.

Die *Aorten- und Pulmonalklappen* sind taschenförmig oder halbmondartig ausgebildet. Sie werden durch den von unten aus den Ventrikeln kommenden Blutstrom in der Systole geöffnet. Wenn dieser in der Diastole aufhört, fallen sie durch den Druck des über ihnen liegenden Blutes zurück und schließen dicht, so dass kein Blut mehr aus den großen Gefäßen ins Herz zurückfließen kann.

Mit welcher technischen Einrichtung kann man das Herz selbst und die Funktion der Herzklappen vergleichen?

Das Herz selbst lässt sich mit einer Pumpe und die Klappen mit Ventilen vergleichen. Die Klappenventile sorgen dafür, dass das Blut immer nur in einer Richtung fließen kann.

Wie heißt die Zusammenziehung und die Erschlaffung des Herzmuskels?

Die Kontraktion ist die *Systole*, die Arbeitsphase des Herzens, durch die das Blut in den Kreislauf getrieben wird. Die *Diastole* ist die Erschlaffungsphase oder Erweiterung des Herzens, in der es wieder mit Blut aufgefüllt wird (Abb. **6.2**).

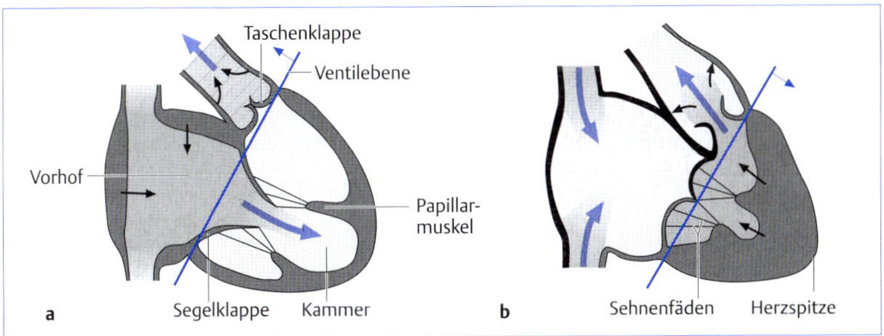

*Abb. **6.2a** u. **b** Vereinfachte Darstellung der einzelnen Herzaktionen*
***a** Füllungsphase der Kammer (Diastole),*
***b** Austreibungsphase der Kammer (Systole). In der Füllungsphase sind die Segelklappen geöffnet und die Taschenklappen geschlossen; in der Austreibungsphase sind die Segelklappen geschlossen (die Papillarmuskeln verhindern ein Zurückschlagen der Klappen) und die Taschenklappen geöffnet. Die Ventilebene bewegt sich bei der Systole in Richtung Herzspitze, bei der Diastole in Richtung Herzbasis (nach Leonhardt).*

Wie fließt das Blut durch Herz und Lunge?

Das Blut kommt aus dem Körper durch die obere und untere Hohlvene (V. cava superior und inferior) an das Herz heran. Diese Venen münden in den rechten Vorhof. Vom *rechten Vorhof* fließt das Blut in der Diastole durch die geöffnete Trikuspidalklappe in die rechte Kammer (*rechten Ventrikel*). In der Systole wird das Blut bei geschlossener Trikuspidalklappe durch die geöffnete Pulmonalklappe in die Lungenschlagader (*Pulmonalarterie*) ausgepresst.

Das Blut verteilt sich im *Lungenkreislauf* bis in die Lungenkapillaren, die die Lungenbläschen (Alveolen) umspinnen. Dort findet der Gasaustausch statt, indem Kohlendioxid vom Blut durch die Alveolenwand ausgeschieden und Sauerstoff aus der Einatmungsluft ins Blut aufgenommen werden. Das sauerstoffreiche Blut sammelt sich dann aus den Lungenkapillaren in den *Lungenvenen*, die in den *linken Vorhof* münden.

Während der Diastole wird das Blut zum Teil passiv, zum Teil infolge der Kontraktion des linken Vorhofes durch die geöffnete Mitralklappe in die linke Kammer (*linken Ventrikel*) gedrückt. Der linke Ventrikel wirft es dann in der Systrole bei geschlossener Mitralklappe durch die geöffnete Aortenklappe in den *großen Kreislauf* aus, von wo es nach Durchströmen sämtlicher Organe und Extremitäten durch die Venen wieder im rechten Vorhof und der rechten Herzkammer ankommt (Abb. **6.3**).

Was wird als Kreislauf bezeichnet?

Als kleinen Pulmonal- oder Lungenkreislauf bezeichnet man den Weg des Blutes vom rechten Ventrikel durch die Pulmonal- oder Lungenarterien, durch die Lungenkapillaren und durch die Pulmonal- oder Lungenvenen zum linken Vorhof.

Wie unterscheidet sich das Blut in den Pulmonalarterien und Lungenvenen?

Die Lungenarterien führen das sauerstoffarme, kohlendioxidreiche, dunkelrote Blut zu den Lungenalveolen. Die Lungenvenen bringen nach dem Gasaustausch das sauerstoffreiche, hellrote und kohlendioxidarme Blut an das Herz zurück. Im Gegensatz zu den Schlagadern und Venen im großen Körperkreislauf fließt im pulmonalen Kreislauf in den Lungenarterien dunkles und in den Lungenvenen hellrotes Blut.

Welchen Aufbau zeigt das Myokard?

Die Herzmuskulatur zeigt Eigenschaften der glatten, unwillkürlichen und der quergestreiften (Skelett-)Muskulatur. Die Fasern zeigen Querstreifen, sind aber, anders als der Skelettmuskel, geflechtartig miteinander verbunden. Die Kontraktion ist unwillkürlich, rhythmisch und autonom (autorhythmisch) wie bei der glatten Muskulatur, aber im Gegensatz zu dieser viel schneller.

Die Tätigkeit des Herzmuskels wird vom vegetativen Nervensystem und den Kreislaufhormonen (vor allem Adrenalin und Noradrenalin) beeinflusst.

Im linken Ventrikel ist der Herzmuskel weitaus am kräftigsten und etwa 1,0 cm dick, da er zur Versorgung des großen Kreislaufs auch die schwerste Arbeit leisten

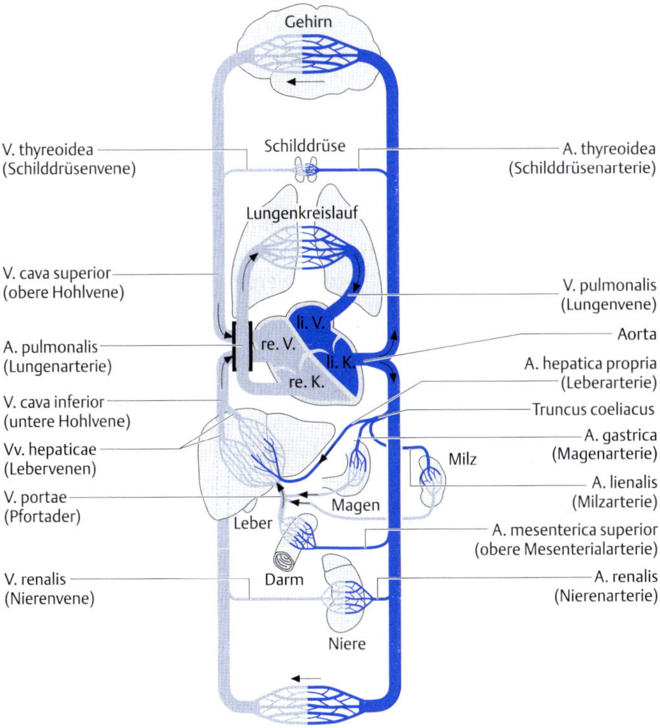

*Abb. **6.3** Schema des großen und kleinen Kreislaufs (Körper- und Lungenkreislauf)*
li. V. linker Vorhof, li. K. linke Kammer (Ventrikel), re. V. rechter Vorhof, re. K. rechte Kammer (Ventrikel)
Die Pfeile geben die Stromrichtung des Blutes an.

muss. Der rechte Ventrikel für den kleinen Kreislauf ist deutlich dünner, seine Wanddicke beträgt unter 0,5 cm. Am schwächsten ist die Herzmuskulatur im Vorhofbereich entwickelt.

Was sind die Papillarmuskeln?

Sie sind besondere Teile, des Myokards, die nach innen in die Ventrikel zapfenförmig vorspringen. An ihnen beginnen die Sehnenfäden, die die Segelklappen fixieren.

Was nennen wir das Koronarsystem?

Die zwei Herzkranzarterien oder Koronararterien entspringen aus der Aorta unmittelbar nach der Aortenklappe.

Die *linke Koronararterie* versorgt den linken Ventrikel durch einen zwischen rechtem und linkem Ventrikel abwärts ziehenden Ast (Ramus interventricularis anterior) und einen nach hinten führenden Ast (Ramus circumflexus) mit arteriellem Blut.

Die *rechte Kranzarterie* verläuft in einer Furche zwischen rechtem Ventrikel und rechtem Herzrohr und versorgt die untere und hintere Wand des Herzens mit Nährstoffen, vor allem Sauerstoff und Glukose.

Wie ist der Abfluss des Blutes aus dem Koronarsystem?

Aus den Kapillaren des Myokards sammelt sich das venöse Blut in den Koronarvenen, deren größere Gefäße mit den Koronararterien in den Kranzfurchen des Herzens verlaufen und im rechten Vorhof münden.

Welche Bedeutung haben die Herzkranzgefäße?

Das Koronarsystem ist für die Ernährung und den Stoffwechsel und damit für die Funktion des Herzmuskels entscheidend. Störungen der koronaren Durchblutung bedeuten Beeinträchtigung der Herzleistung. Umschriebene Durchblutungsausfälle verursachen lokale Gewebszerstörung (Nekrosen) des Myokards (s. Angina pectoris und Herzinfarkt, S. 102 u. S. 104).

Welche Wirkung hat der Sympathikus und Parasympathikus auf das Herz?

Die autorhythmische Herzaktion kann durch den sympathischen Teil des vegetativen Nervensystems gefördert werden: Erregbarkeit, Erregungsleitung und Schlagfrequenz nehmen durch den Sympathikusreiz mit Ausschüttung von Adrenalin und Noradrenalin zu.

Parasympathischen Fasern des N. vagus (X. Hirnnerv) setzen Erregbarkeit, Erregungsleitung und Schlagfrequenz durch Azetylcholin, den Vaguswirkstoff, herab. Es bremst das Herz oder schaltet einen Schongang ein.

Wie kommt die rhythmische Herzaktion zustande?

Das Herz verfügt über eine selbstständiges Reizbildungszentrum im rechten Vorhof, den Sinusknoten. Von diesem gehen 60–70 rhythmische Reize pro Minute aus, die über ein besonderes Reizleitungssystem zur Kontraktion des Herzens (zur Systole) führen.

Wie baut sich das Reizleitungssystem des Herzens auf?

Es besteht aus dem Sinusknoten, der zwischen den Einmündungsstellen der oberen und unteren Hohlvene im rechten Vorhof liegt. Er wird als Schrittmacher bezeichnet. Der dort entstehende Reiz wird durch die Vorhofmuskulatur zum Atrioventrikularknoten (AV-Knoten oder Aschoff-Tawara-Knoten) geleitet. Vom AV-Knoten wird ein Reiz durch das His-Bündel geleitet, das sich in 3 Tawara-Schenkel, einen für den rechten und zwei für den linken Ventrikel, teilt. Die Tawara-Schenkel verzweigen sich als Purkinje-Fasern, die den Erregungsreiz auf die

Kammermuskulatur übertragen, wodurch die Kontraktion des Herzmuskels, die Systole, ausgelöst wird (Abb. **6.4**).

Wie ist die Vorhof- und Kammertätigkeit aufeinander abgestimmt?

Wenn die Kammern in der Diastole erschlaffen, müssen sich schon die Vorhöfe zusammenziehen, um mit ihrem Blut die Kammern zu füllen. Die Vorhöfe müssen sich daher vor den Kammern zusammenziehen. Dies geschieht, weil der Reiz vom Sinusknoten zuerst die Vorhofsmuskulatur erreicht. Der Reiz wird dann mit Verzögerung vom AV-Knoten aufgenommen und an die Kammermuskulatur weitergeleitet. Diese *„Überleitungszeit"* von den Vorhöfen auf die Kammern beträgt 0,12–0,20 Sekunden.

6.2 Untersuchungsmethoden

Wie können Herzgröße und -form untersucht werden?

Herzform und -größe können durch Abklopfen (Perkussion) gegen das umgebende Lungengewebe bestimmt werden.

Besser lässt sich das Herz röntgenologisch bei der Thoraxdurchleuchtung durch eine Übersichtsaufnahme und ergänzend durch eine seitliche Aufnahme oder durch Schrägaufnahmen des Vorder- und Hinterherzraumes oder durch andere Spezialaufnahmen z.B. Computertomographie (CT) oder *Kernspintomographie* (MRT: Magnetresonanztomographie) in seiner Lage und in all seinen Abschnitten erkennen. Auch Stauungszeichen im kleinen Kreislauf und Perikardergüsse können röntgenologisch erfasst werden. Die empfindlichste Nachweismethode von Perikardergüssen ist die *Echokardiographie*.

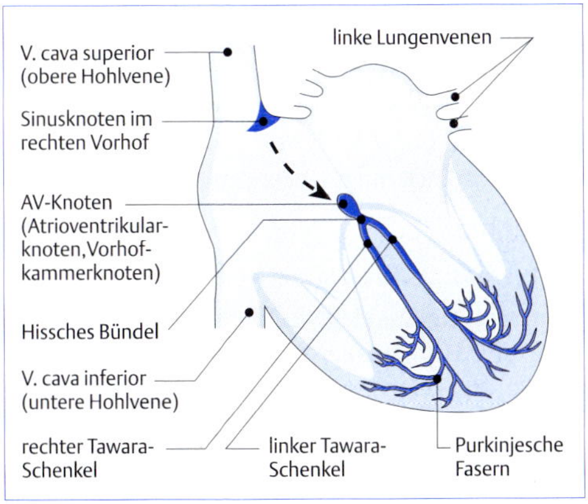

*Abb. **6.4** Das Reizleitungssystem des Herzens (nach Faller).*

Was kann durch Auskultation am Herzen festgestellt werden?

Durch Abhören (Auskultation), evtl. durch elektrische Aufzeichnung der Herztöne (Phonokardiographie), lässt sich die *Funktion der Herzklappen* beurteilen. Bei besonderer Belastung bestimmter Herzabschnitte kann man eine Verstärkung einzelner Herztöne hören. Bei Herzbeutelentzündung kann sog. Perikardreiben auftreten.

Welche Blutuntersuchungen können bei Herzkrankheiten wichtig sein?

Blutbild, BSG, Elektrophorese, Antistreptolysintiter (AST), Transaminasen (SGOT, SGPT) und die Kreatinphosphokinase (CK). Das herzspezifische Enzym CK-MB gibt Aufschluss über entzündliche oder mit Gewebszerstörung einhergehende (nekrotisierende) Prozesse am Herzen.

Welche allgemeinen Kontrollen sind bei Herzkranken wichtig?

Kontrolle von Puls, evtl. Rhythmusstörungen, Blutdruck und Atmung, Durchblutung der Haut (Zyanose, Blässe, Gesichtsröte), Flüssigkeitsausscheidung (Ein- und Ausfuhr sowie spezifisches Gewicht des Urins), Kontrolle von Ergüssen (Pleura, Perikard, Aszites), Einflussstauung der Halsvenen, Zeichen von Lungenstauung, Leberschwellung und Ödemneigung an den Beinen oder in der Kreuzgegend (Anasarka) sind wichtige Grundlagen der Beurteilung und Behandlung von Herzkrankheiten.

Wie kommen die Herztöne zustande?

Der erste Herzton ist dumpf und entsteht durch die Anpassung der Kammermuskulatur am Beginn der Systole als *Anspannungston*.

Der zweite Herzton ist heller und kürzer. Er wird durch den Schluss der Aorten- und Pulmonalklappen gebildet und ist demnach ein *Klappenton*.

Wodurch entstehen krankhafte Herzgeräusche?

Durch Erkrankungen der Herzklappen kommt es zu Veränderungen des Blutstromes. Dadurch können krankhafte systolische oder diastolische Herzgeräusche entstehen. Diese sind oft nicht am Ort ihrer Entstehung, sondern fortgeleitet mit dem Blutstrom an anderer Stelle am besten hörbar. Durch besondere Belastungen einzelner Herzteile können besondere Änderungen bestimmter Herztöne entstehen.

Was geschieht beim EKG?

Bei jeder Aktion einer Zelle entstehen minimale elektrische Ströme, so auch bei der Anspannung und Erschlaffung des Herzmuskels, die sogenannten Herzaktionsströme. Die ganz schwachen Herzaktionsströme werden durch Elektroden aufgenommen und im EKG-Apparat so verstärkt, dass sie registriert werden können.

Welche EKG-Ableitungen sind allgemein üblich und wie werden sie bezeichnet?

Herzaktionsströme, die sich über den ganzen Körper ausbreiten, werden nicht vom Herzen, sondern von bestimmten Stellen als *Extremitäten-* oder *Brustwandableitungen* und andere Spezialableitungen wie das Nehb-Dreieck oder durch besondere Schaltungen wie die Goldberger-Ableitungen abgeleitet.

Durch einen Einschwemmkatheter mit Elektrode, der durch eine Vene ins rechte Herz eingeführt, können direkt Aktionsströme getrennt aus den Vorhöfen und Kammern abgeleitet werden.

- Die drei Extremitäten- oder Standardableitungen werden als I, II, III beschrieben.
- Den Brustabwandlungen wird ein V vorgesetzt, die werden nach links hin als V_1, V_2, V_3, V_4, V_5, V_6, evtl. auch V_7 und V_8, nach rechts als Vr_1, Vr_2 usw. abgeleitet.
- Die 3 Goldberger-Ableitungen werden als aVR, aVL und aVF und manchmal nur als R, L und F bezeichnet.
- Beim Nehb-Dreieck werden die Ableitungen D, A, J unterschieden (D = dorsalis, A = anterior, I = inferior).
- Beim Routine 12-Kanal-EKG werden nur I, II, III, aVR, aVL, aVF und V_1–V_6 abgeleitet.

Welche Einzelheiten sind an der EKG-Kurve zu unterscheiden?

Die einzelnen Phasen der Herzaktion sind beim EKG (Abb. **6.5**) als Zacken und Linien erkennbar und werden mit Buchstaben bezeichnet:

- *P-Welle* entspricht der Vorhofaktivität. Die Zeit vom Beginn der Vorhofaktivität bis zum Ende der Kammeraktion entspricht der Reizleitung vom Sinusknoten bis zum AV-Knoten und damit zur Kammermuskulatur. Sie heißt Überleitungszeit und soll 0,2 Sekunden nicht überschreiten.
- *QRS-Gruppe* Kammeranfangsschwankung entspricht der Erregungsausbreitung in den Kammern und soll nicht über 0,11 Sekunden liegen.
- ST-Strecke wird als Zwischenstück bezeichnet und T die Endschwankung genannt. Beide entsprechen der abklingenden Kammererregung, Erregungsrückbildung oder Repolarisation.

In der Zeit vom Ende des T bis zum Beginn des nächsten P ruht der Herzmuskel in der Diastole; es fließt kein Strom.

Was kann durch das EKG erkannt werden?

Das Elektrokardiogramm (EKG) lässt ein Urteil über die Reizbildung und Reizleitung im Herzen und über die Schädigungen des Herzmuskels und seines Stoffwechsels zu. Es hat eine besondere Bedeutung zur Feststellung eines Herzinfarktes. Auch besondere Belastungen einzelner Herzteile können im EKG erkennbar werden.

Mittels Langzeit-EKGs können z.B. Herzrhythmusstörungen nach Art und Häufigkeit erfasst werden.

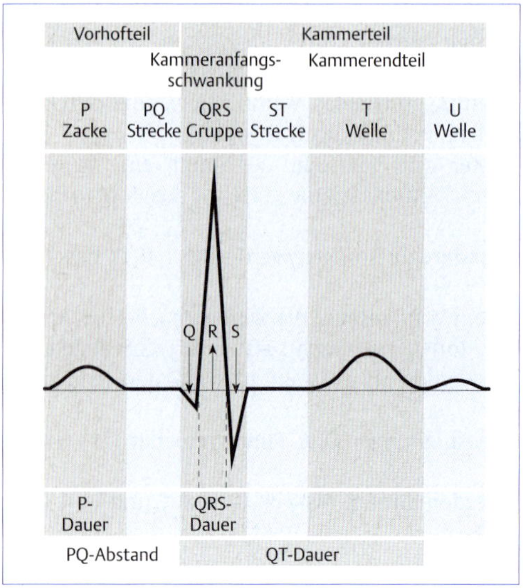

Abb. ***6.5*** *Bezeichnung der Abschnitte und Ausschläge des EKG (nach Müller-Seiffert).*

Was wird als Schlagvolumen und was als Minutenvolumen bezeichnet?

Die Menge von Blut, die durch einen Herzschlag (Systole) von der linken Kammer in die Aorta und in den großen Kreislauf befördert wird, heißt Schlagvolumen. Es beträgt etwa 70–100 ml Blut.

Schlagvolumen mal Anzahl der Schläge pro Minute (Pulsfrequenz) ist das Minutenvolumen, auch Herzzeitvolumen genannt. Dieses beträgt in Ruhe 5–7 l pro Minute. Das Schlagvolumen kann z.B. bei körperlicher Arbeit durch bessere Füllung der Kammer, die stärker erschlafft und sich kräftiger zusammenzieht, und durch Vermehrung der Herzschläge pro Minute (Pulsfrequenz) ansteigen.

Was ist der Schellong-Test?

Der Test nach Schellong stellt eine Funktionsprüfung des Herz-Kreislauf-Systems dar. Er dient zur Prüfung der orthostatischen Kreislaufregulation.

Wie wird der Schellong-Test durchgeführt?

Nach 10 Minuten *Liegen* werden dreimal Puls und Blutdruck im Abschnitt von 1 Minute gemessen. Dasselbe erfolgt nach *Aufstehen*, nach 5 Minuten Stehen (orthostatische Kreislaufregulationsprüfung). Danach im *Liegen* erneute Messungen bis zur Rückkehr zu den Ausgangswerten.

Als nächstes werden eine dosierte Belastung wie eine bestimmte Anzahl von Kniebeugen in einer genauen Zeit oder Treppenlaufen ausgeführt und nach Wiederhinlegen 5 oder 10 Minuten lang Puls und Blutdruck registriert (Herzfunktionsprüfung).

Was bedeutet Ergometrie?

Ergometrie, wörtlich Arbeitsmessung, bedeutet die Untersuchung bei einer genau dosierten körperlichen Belastung, womit die Leistungsfähigkeit, z.B. des Herzens, anhand des EKG (Belastungs-EKG) untersucht wird. Sie wird meist mit dem Fahrradergometer durchgeführt, wobei die menschliche Arbeitsleitung nach Zeitdauer in Minuten und nach Schwere in Watt geprüft wird: z.B. Fahrradtreten für 5 Minuten bei 60 Watt.

Was bedeutet ZVD?

Als ZVD (zentraler Venendruck) wird der Druck in der V. cava superior bezeichnet. Er wird durch Einführen eines Kunststoffkatheters in die V. cava superior gemessen; Normalwert 4–8 cm H_2O (Wassersäule) (s. Abb. **6.6**). Der ZVD gibt Aufschluss über das venöse Angebot und die Leistungsfähigkeit des rechten Herzens, d.h., er ist z.B. bei Herzinsuffizienz und Hypervolämie erhöht, bei Hypovolämie (Schock) erniedrigt.

Was kann mit der Echokardiographie des Herzens erfasst werden?

Ultraschallwellen können Gewebe durchdringen. Sie werden an den verschiedenen Grenzflächen aber verschieden zurückgeworfen (Echoeffekt). Die Aufzeichnung der reflektierten Wellen durch einen Empfänger ermöglicht eine *bildliche Darstellung* innerer Organe.

Durch die zweidimensionale Schnittbild-Eckokardiographie des Herzens können Aussagen über die Dicke von Kammer- und Vorhofwänden bzw. über das Septum,

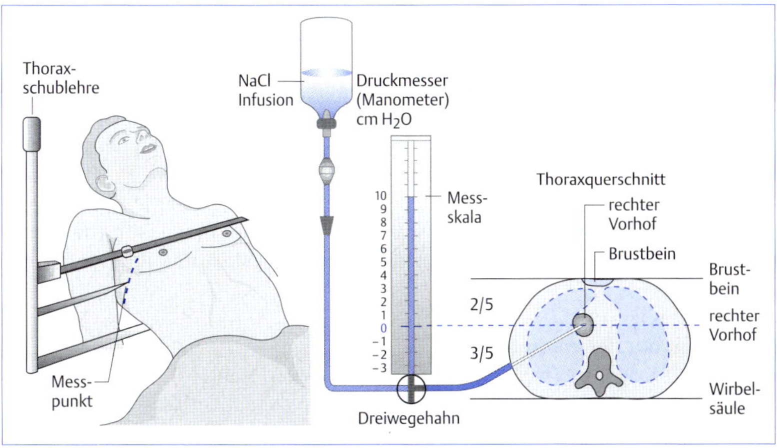

*Abb. **6.6** Schematische Darstellung des zentralen Venendrucks. Links: Einrichten der Messskala, rechts: I = Infusion mit isotoner Kochsalzlösung, M = Manometer, 0 = Nullpunkt in Höhe des rechten Vorhofs, K = Klemme (nach Gerlach).*

ferner über die Größe der Herzhöhlen und über das Perikard gemacht werden. Mit Hilfe der Farb-Doppler-Echokardiographie kann auch die Klappenfunktion gut beurteilt werden. Sie lässt bei einem vergrößerten Herzen erkennen, welche Anteile besonders betroffen sind, z.B. zeigt es früher als mit der Röntgenmethode eine Vergrößerung des Vorhofes. Wandständige Thromben und Tumoren werden erkannt und ein Perikarderguss erfasst. Auch Aussagen über entzündliche Auflagerungen auf den Herzklappen bei Endokarditis sowie über das Kontraktionsverhalten des Herzmuskels und über die Auswurfleistung sind möglich.

Worauf beruht der Doppler-Effekt?

Wenn sich eine Lokomotive uns nähert, klingt der Ton ihrer Pfeife höher, wenn sie sich von uns entfernt, klingt er deutlich tiefer. Im ersten Fall verkürzt sich die Wellenlänge durch die Bewegung der Schallquelle, im zweiten Fall verlängert sie sich, was in beiden Fällen die Tonhöhe bestimmt.

Bei der Doppler-Sonographie des Herzens oder der peripheren Gefäße *reflektieren die Erythrozyen den Ultraschall.* Bewegen sie sich auf den Schallkopf zu, verkürzt sich die Wellenlänge, bewegen sie sich weg, verlängert sie sich. Wellenlänge und Frequenz sind umgekehrt proportional. Aus der Frequenzverschiebung lassen sich Schlüsse auf die Strömungsrichtung und -geschwindigkeit des Blutes ziehen.

Worauf beruht die Doppler-Echokardiographie?

Sie beruht auf der Kombination zweier Untersuchungsmethoden:

Der Echokardiographie, die im zweidimensionalen Schnittbildverfahren angeborene und erworbene Herzfehler aufklären hilft und auf der Doppler-Sonographie, wie sie in der peripheren Gefäßdiagnostik angewandt wird.

Was leistet die Farb-Doppler-Echokardiographie?

Die Kombination der beiden Verfahren und die Farbcodierung des Blutstroms (z.B. zur Sonde = blau; von der Sonde weg = rot) erlaubt die exakte Darstellung der *Strömungsverhältnisse im Herzen* durch eine nichtinvasive Methode.

Ihre besondere Bedeutung gewinnt sie in der Beurteilung von Klappenstenosen und -insuffizienzen und als zuverlässige Methode bei der Diagnostik von Shuntvitien mit ihren besonderen Problemen der Strömungsrichtung und -geschwindigkeit.

Wozu dient der Herzkatheterismus?

Zur Durchmessung im Herzen und in den Lungenarterien, Messung des Sauerstoffgehalts in den verschiedenen Teilen des Herzens und der Gefäße und zur Erkennung von Septumdefekten und Gefäßanomalien, auch zum Nachweis von Klappenfehlern.

Wie wird eine Herzkatheterisierung durchgeführt und welche Arten werden unterschieden?

Halbsteife Kunststoffkatheter werden nach Desinfektion und Lokalanästhesie aseptisch durch eine Kanüle in die Leisten- oder Ellenbeugenarterie eingeführt. Ihre Lage wird röntgenologisch (Bildverstärker-Fernsehanlage) ständig kontrolliert.

Unterschieden wird:

- der *Rechtsherzkatheter* (Einschwemm- oder Flowkatheter) wird von der linken Armvene durch die obere Hohlvene und den rechten Vorhof in die rechte Kammer und von da noch in den Truncus pulmonalis bzw. A. pulmonalis vorgeschoben,
- der *Linksherzkatheter* wird gegen den Blutstrom durch die A. femoralis und durch die Aorta in den linken Ventrikel eingeführt (Abb. **6.7**).

Welche Kontrastmitteluntersuchungen des Herzens gibt es?

Bei der *Angiokardiographie* wird ein hochkonzentriertes Kontrastmittel durch einen Katheter zur Darstellung des Herzens und der großen Gefäße eingespritzt.

Erkennbar sind die Größe von Vorhöfen und Kammern, Shuntverbindungen, Klappenstenosen oder Insuffizienzen und die Strömung innerhalb des Herzens, z.B. Septumdefekte, Abgang und Verlauf der großen Gefäße, z.B. angeborene Anomalien, Pulmonalstenose, offener Ductus arteriosus (s. angeborene Herzfehler, S. 128).

Durch die *Koronarographie* mittels Herzkatheter können Anomalien, Wandveränderungen oder Gefäßverschlüsse der Herzkranzarterien erkannt werden.

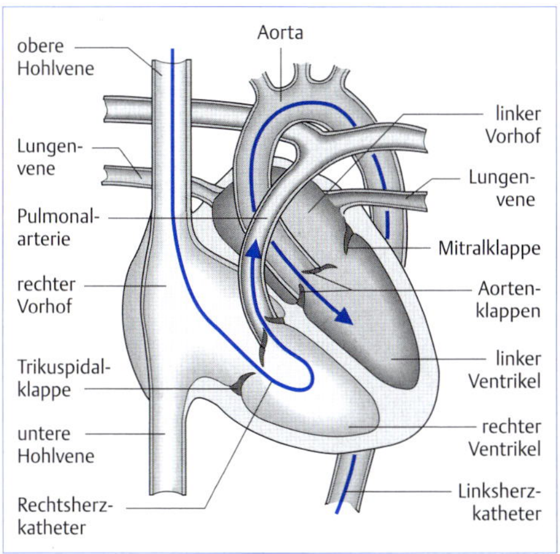

*Abb. **6.7** Verschiedene Wege beim Links- und Rechtsherzkatheter (nach Gerlach).*

Was ist bei der Nachbehandlung nach Linksherzkatheterismus zu beachten?

Bettruhe für 24 Stunden nach arterieller Katheterisierung, Kompression der arteriellen Punktionsstelle mit Sandsack für 12 Stunden, Kontrolle der Fußpulse, Überwachung von Puls und Blutdruck und Nahrungs- und Flüssigkeitsaufnahme nach kliniküblicher, ärztlicher Anweisung. Eine Nachblutung könnte durch Pressen (z.B. Erbrechen) ausgelöst werden.

Wie können Klappenveränderungen diagnostiziert werden?

Beim Abhören können krankhafte Geräusche, die durch die Beeinträchtigung des Blutstromes entstehen, mit dem Stethoskop gehört und auch phonokardiographisch aufgezeichnet werden.

Durch Mehrbelastung der Herzteile vor dem Klappenfehler kommt es zur Änderung der Herzform, die am besten röntgenologisch oder sonographisch (durch Ultraschall) erkennbar ist. Die veränderten Strömungsverhältnisse sind mit der Doppler-Echokardiographie zu erfassen.

Welche Laborbefunde sind bei bakterieller Endokarditis wichtig?

Wichtig ist die Blutabnahme aus der Vene, manchmal auch aus einer Arterie, möglichst während eines Fieberschubes, am besten bei Schüttelfrost zur bakteriellen Züchtung der Erreger (Blutkultur). Eine häufige Blutentnahme erhöht die Wahrscheinlichkeit des Erregernachweises und damit die Diagnosestellung. Die BSG ist stark beschleunigt und im Blutbild ist eine Leukozytose und Anämie sichtbar. In der Elektrophorese α-Globulinvermehrung, später Verminderung des Gesamteiweißes und des Albumins mit Vermehrung der γ-Globuline.

Welche wichtigen Untersuchungen müssen bei Herzinfarkt sofort eingeleitet werden?

- EKG am Krankenbett,
- Untersuchung von Herzmuskelenzymen, die durch das Absterben von Herzmuskelgewebe frei werden und im Blut nachweisbar sind: CK, besser noch CK-MB, Kardiales Troponin T (cTnT), GOT und LDH,
- weißes Blutbild (Leukozytose und Linksverschiebung), flüchtiger Blutzucker- und Temperaturanstieg, bei Schock auch Kontrolle von Harnstoff und Kreatinin und der Urinausscheidung,
- Feststellung von Vorschädigung des Herzens durch Diabetes, Hochdruck, Hyperlipidämie, Hypercholesterinämie und Gicht.

Wann fallen die Herzmuskelenzyme am höchsten aus?

- Ein Myoglobinanstieg tritt bereits 2–3 Stunden nach dem Infarkt ein,
- CK (Kreatin-Phosphokinase) beginnt bereits nach 4 Stunden anzusteigen und ist in den ersten Stunden am höchsten; normal Frauen 10–70 U/l, Männer 10–80 U/l,
- CK-MB: Das herzmuskelspezifische Isoenzym der Kreatinphosphokinase ist nach 4 Stunden erhöht. Normal unter 6% der CK-Aktivität,

- cTnT: Kardiales Troponin T ist herzmuskelspezifisch und kann bereits 2 Stunden nach dem Infarktereignis positiv sein,
- GOT (Glutamat-Oxalazetat-Transaminase) maximal am 3. Tag; normal 5–20 U/l,
- LDH (Laktat-Dehydrogenase) fällt am 4.–5. Tag am höchsten aus; normal bis 180 U/l.

Was ist Troponin T?

Troponin T ist ein herzmuskelspezifisches Strukturprotein, das beim Untergang von Herzmuskelgewebe rasch nach dem Ereignis im Blut gemessen werden kann. Es reagiert noch früher als die CK. Für die Infarktdiagnostik eignet sich vor allem ein Bedside-Test, der auf einer Karte mit einem Tropfen Blut des Patienten durchgeführt werden kann.

Was ist bei der Blutentnahme zur Enzymbestimmung zu beachten?

Jede Hämolyse muss vermieden werden, da zerfallene Erythrozyten auch Enzyme freisetzen und das Resultat verfälschen. D.h. wenig stauen, Blut tropfen lassen (nicht saugen!), absolut saubere Röhrchen benutzen, Blut sofort ins Labor bringen oder in den Kühlschrank stellen.

Wie kann bereits vor Auftreten von Stauungszeichen eine Herzinsuffizienz diagnostiziert werden?

Die empfindlichste und gleichzeitig einfachste Untersuchungsmethode zur Feststellung einer leichten bis mittelgradigen Herzinsuffizienz ist die Echokardiographie. Man kann über Messungen der Größe des linken Ventrikels in der Systole und der Diastole einen Quotienten bilden, aus dem hervorgeht, wie viel des im Vertrikel befindlichen Blutvolumens ausgeworfen wird und wie viel zurückbleibt (Ejektionsfraktion).

Welche Untersuchungsmethoden sind zur Aufklärung von angeborenen Herzfehlern von besonderer Bedeutung?

Abgesehen von Zyanose, Dyspnoe, krankhaften Herzgeräuschen, pathologischen Röntgen-, Echokardiographie- und EKG-Befunden und Trommelschlegelfingern (Verdickung der Fingerendglieder) bei Säuglingen und Kleinkindern (blue babies), die auf einen angeborenen Herzfehler hinweisen, sind wichtige Untersuchungen:

Mittels *Herzkatheter* wird der Druck in den Herzhöhlen gemessen und durch die Entnahme von Blutproben der Sauerstoffgehalt in den einzelnen Abschnitten bestimmt. So können z.B. erhöhter Druck und vermehrter Sauerstoffgehalt im rechten Ventrikel für einen Kammerseptumdefekt mit Links-Rechts-Shunt sprechen, durch den der kräftige linke Ventrikel arterielles Blut in die rechte Kammer hinüberpresst.

Bei der *Angiokardiographie* wird die röntgenologische Darstellung der Herzhöhlen und großen Gefäße mittels eines Herzkatheters durch die Ausbreitung eines Kontrastmittels angewendet, um abnorme Verbindungen darzustellen und beurteilen zu können.

Moderne *Computer- und Kernspintomographiegeräte* mit sehr kurzer Aufnahmezeit können heute auch die Detailstrukturen des sich ständig bewegenden Herzens nicht-invasiv abbilden.

6.3 Krankheiten des Herzens

Wodurch kann die Herzfrequenz (Pulsfrequenz) erhöht werden?

- Erhöhter Bedarf bei körperlicher Arbeit, psychischer Erregung (Aufregung, Angst, Wut), erhöhter Grundumsatz bei Überfunktion der Schilddrüse, erhöhter Stoffwechsel bei Fieber,
- ungenügender Sauerstofftransport: bei Anämie, um das Gewebe durch beschleunigten Blutumlauf doch noch möglichst gut mit Sauerstoff zu versorgen, ebenso bei einer Blutung oder bei Bronchialasthma, wenn die Sauerstoffaufnahme in der Lunge erschwert ist, oder bei Schock durch Absinken des Blutdrucks mit dem Versuch, durch Frequenzanstieg das Minutenvolumen zu erhalten und die Durchblutung der lebenswichtigen Zentren zu gewährleisten,
- ungenügende Herzleistung mit dem Versuch, diese durch schnellere Herzaktion auszugleichen,
- als Folge von Medikamenten oder Genussmitteln, Sympathikomimetika, Parasympathikolytika (Atropin), Kaffee.

Wodurch kann es zur Bradykardie kommen?

- Eine Herzaktion unter 60/Minute kann konstitutionell bedingt sein, z.B. bei Hochleistungssportlern und Schwerarbeitern,
- kann Folge einer Störung im Reizbildungs- und Reizleitungssystem sein, die man als Block bezeichnet,
- kann durch Medikamente, besonders durch Digitalis oder Betablocker, bewirkt werden,
- kann Folge von gesteigertem Hirndruck, z.B. bei einem Hirntumor, sein,
- selten entsteht Bradykardie durch infektiös-toxische Schäden wie bei Typhus oder schwerer Herzschädigung durch Diphtherie.

Durch welche Ursachen können Herzkrankheiten hervorgerufen werden?

Durch angeborene Herzmissbildungen, Autoimmun-Erkrankungen des Endo-, Myo- oder Perikards, infektiöse Entzündungen am Endo-, Myo- oder Perikard (z.B. Sepsis), toxische Myokardschädigung (z.B. Infektionskrankheiten, Alkoholkardiomyopathie), Erkrankungen der Herzkranzgefäße (Arteriosklerose, Thrombose mit Herzinfarkt, Koronariitis), Überlastung des linken Ventrikels bei Blutdruck und Arteriosklerose, Überlastung des rechten Ventrikels durch Lungenkrankheit (Cor pulmonale), degenerative Myokardschädigung oft kombiniert (arteriosklerotisch-infektiös-toxisch und stoffwechselbedingt), Rhythmusstörungen und Perikarderkrankungen (Verwachsungen, Verkalkungen).

6.3.1 Endokarditis

Welche Arten von Endokarditis werden unterschieden?

Entzündung der Herzinnenhaut, die Endokarditis, spielt sich vor allem an den Herzklappen ab und heilt meistens mit Herzklappenfehlern aus. Sie manifestiert sich in der Regel an bereits durch frühere Entzündungen oder einen Herzfehler vorgeschädigten Herzklappen.

Unterschieden werden abakterielle und infektiöse Formen der Endokarditis. Abakterielle Formen der Endokarditis sind bedingt durch Antigen-Antikörper-Reaktionen, die sich an den Herzklappen abspielen, z.B. die rheumatische Endokarditis oder die Endokarditis bei Lupus erythematodes. Bei den infektiösen Endokarditiden erfolgt eine Erregerabsiedlung an den (oft vorgeschädigten) Herzklappen durch Streptokokken, Staphylokokken, Pneumokokken, Gonokokken und gramnegative Bakterien.

Wie verändern sich die Herzklappen durch Endokarditis?

Herzklappen können bei der Abheilung der Entzündung miteinander verwachsen. Die Verengung ihrer Öffnung durch Verwachsung nennt man *Stenose*, z.B. Mitralstenose, Aortenstenose. Das Blut staut sich vor der verengten Klappe.

Wenn eine Herzklappe durch teilweise Zerstörung ihrer Ränder oder durch Überdehnung ihrer Ansatzstellen nicht mehr vollständig schließt, nennt man das eine *Klappeninsuffizienz*, z.B. Mitralinsuffizienz, Aorteninsuffizienz. Bei Schlussunfähigkeit einer Herzklappe, der Insuffizienz, fließt ein Teil des Blutstromes wieder zurück, so dass sich das Blut vor der insuffizienten Klappe vermehrt, also auch anstaut. Dies bedeutet Mehrarbeit für die Herzkammer.

Rheumatische Endokarditis

Wie kann es zu einer rheumatischen Herzerkrankung kommen?

Die rheumatischen Herzerkrankungen sind Teilerscheinungen des rheumatischen Fiebers, des akuten Gelenkrheumatismus, dessen Ursache zwar nicht genau bekannt ist, die aber 1–3 Wochen nach einer akuten Streptokokkeninfektion, z.B. an den Mandeln (eitrige Angina, Tonsillitis [s. Angina tonsillaris, S. 364]), auftreten kann. Meist werden Kinder und Jugendliche betroffen: je jünger, umso häufiger ist die Herzbeteiligung am rheumatischen Prozess. Bei Kindern ist oft nur das Herz und nicht die Gelenke befallen.

Wo spielen sich die rheumatischen Herzerkrankungen ab?

Im akuten rheumatischen Schub sind oft alle drei Hauptschichten des Herzens also Endo-, Myo- und Perikarditis befallen, man spricht dann von rheumatischer Karditis oder Pankarditis. In 30–40% verbleiben rheumatische Klappenfehler, durch die häufigen rheumatischen Rückfälle erhöht sich diese Zahl später noch.

Wie verläuft eine rheumatische Endokarditis?

Bei einer rheumatischen Endokarditis entwickeln sich an den befallenen Herzklappen warzenähnliche Wucherungen mit kleinen Thromben. Diese bestehen aus Fibrin, Thrombozyten und Erythrozyten. Sie lösen sich nicht so leicht ab wie bei Endocarditis lenta (s. bakterielle Endokarditis, S. 97), daher sind Mikroembolien bei rheumatischer Endokarditis selten. Die anfangs verdickten Klappen heilen narbig aus. Dabei können durch narbige Verziehungen und Schrumpfung Klappeninsuffizienz oder durch narbige Verwachsungen der Klappenränder miteinander Stenosen entstehen.

Wie wird ein Patient mit rheumatischer Karditis behandelt?

- Strenge Bettruhe im akuten Stadium, die Körperpflege wird von den Pflegenden durchgeführt, evtl. wird die Nahrung dargereicht,
- leichte Kost, kleine Mahlzeiten,
- als Medikamente kommen die Gruppe der Antirheumatika und Antiphlogistika (entzündungshemmende Medikamente) in Betracht: Salizylsäurepräparate, Kortikosteroide,
- möglichst früh einsetzende Penizillinbehandlung, um die Streptokokken zu vernichten und erneute Krankheitsschübe zu verhindern,
- bei Kindern ist nach Polyarthritis eine bis zu 5 Jahre fortgeführte Dauerprophylaxe mit oralem Penizillin durchzuführen, um Rezidive mit Verschlimmerung des Herzleidens zu vermeiden.

Welche Dauerfolgen können nach einer rheumatischen Herzerkrankung verbleiben?

Es können rheumatische Klappenfehler (Vitien) zurückbleiben:

Am häufigsten wird die Mitralklappe befallen, meist als Mitralstenose, etwas seltener als Mitralinsuffizienz, oft als kombiniertes Vitium (Mitralinsuffizienz und -stenose) mit überwiegendem Insuffizienzanteil. Am zweithäufigsten erkrankt die Aortenklappe an Insuffizienz, Stenose oder kombiniertem Vitium. Auch die Kombination von Mitral- und Aortenfehler kommen vor.

Ist die rheumatische Endokarditis heute noch ein großes Problem?

Nein, da die Erkrankung zumindest in Mitteleuropa fast völlig verschwunden ist. Grund dafür ist wahrscheinlich der Umstand, dass heute Kinder mit fieberhaften Streptokokkeninfektionen meist frühzeitig antibiotisch behandelt werden und es daher nicht zu der gefürchteten immunologischen Reaktion auf die Erreger kommt. Durch die Öffnung der Ostgrenzen könnte sich die epidemiologische Situation aber möglicherweise in den nächsten Jahren wieder ändern.

Bakterielle Endokarditis

Wodurch kann eine bakterielle Endokarditis entstehen?

Ausgangspunkt sind oft Tonsillen- oder Zahnwurzeleiterungen, die z.B. nach Eingriffen wie Tonsillektomie oder Zahnextraktion bakteriell streuen. Die Erreger setzen sich dann an den Herzklappen fest.

Meist werden Mitral- oder Aortenklappen oder beide befallen.

Welche Erreger sind für die bakterielle Endokarditis verantwortlich?

In 2/3 der Fälle Streptococcus viridans. Außerdem kommen andere Kokken wie Enterokokken, Staphylokokken, A-Streptokokken, Pneumokokken, Meningokokken, schließlich auch Kolibakterien in Betracht.

In den meisten Fällen besteht bereits ein angeborener oder erworbener Klappenfehler. Ausnahmen bilden immungeschwächte Patienten, z.B. Alkoholkranke oder i.v.-Drogenabhängige. Letztere haben ein erhöhtes Risiko für eine sog. Rechtsherzendokarditis, da sie infektiöses Material direkt in die Vene injizieren, das sich dann an der Trikuspidal- oder Pulmonalklappe festsetzt.

Wie ist der Verlauf der bakteriellen Endokarditis?

Sie *kann* unter dem Bild einer hochfieberhaften Sepsis verlaufen: „Lentasepsis". Häufig ist aber ein schleichendes Krankheitsbild, daher die Bezeichnung „subakute bakterielle Endokarditis".

Welche Krankheitszeichen treten bei bakterieller Endokarditis auf?

Es besteht leichte Ermüdbarkeit, allgemeines Krankheitsgefühl, subfebrile Temperaturen. Später treten Anämie, Mikroembolien in die Haut als schmerzhafte rote Knötchen und in den Nieren mit mikroskopisch erkennbarer Hämaturie bzw. Mikrohämaturie auf, wobei nur im Urinsediment Erythrozyten nachweisbar sind. Auch Hirnembolien mit Halbseitenlähmung kommen vor.

Eine infektiös-toxische Myokardschädigung (EKG) und ein septischer Milztumor sind nachweisbar. Wichtig ist die Beobachtung eines neu auftretenden oder sich ändernden Herzgeräusches.

Welche Behandlung kommt bei der bakteriellen Endokarditis in Betracht?

Strenge Bettruhe, eventuell chirurgische Beseitigung des Ausgangsherdes der Sepsis und ein Antibiotikum, möglichst nach Empfindlichkeitstest der Erreger, meist hochdosiertes Penizillin, durch Infusion oft über Monate. Je eher und intensiver die Behandlung wirkt, umso geringer sind die bleibenden Klappenfehler, umso besser die Prognose.

Der Herzchirurg sollte in Bereitschaft stehen, da manchmal relativ akut ein Klappenersatz notwendig wird.

Als *Prophylaxe* bei Tonsillektomie und Zahnextraktion mit Wurzelvereiterung ist ein antibiotischer Schutz, meist Penizillin, empfehlenswert.

6.3.2 Myokarditis

Wodurch kann es zu Myokarditis kommen?

Eine Herzmuskelentzündung kann entstehen als rheumatische Myokarditis im Rahmen eines rheumatischen Fiebers oder als infektiös-toxische Myokarditis bei vielen bakteriellen Infektionen (z.B. Diphtherie) und besonders bei Sepsis.

Virusbedingte Myokarditiden sind als leichte Fälle bei Virusinfekten häufig und meist ohne Folgen. Es gibt aber auch vereinzelt schwere, lang hingezogene Verlaufsformen mit bleibendem Herzmuskelschaden, z.B. durch Coxsackie-B-Virus oder bei Virusgrippe.

Auch Pilze und Parasiten können eine Myokarditis verursachen.

Welche Symptome macht eine Myokarditis?

Subjektive Symptome sind Herzdruck, unangenehmes Herzklopfen, Herzstolpern, Mattigkeit, in schweren Fällen Atemnot und Unruhe. Als *objektive* Befunde werden Tachykardie, Rhythmusstörungen bis zum totalen Block und Kammerflimmern mit Todesfolge diagnostiziert.

Wichtig sind die EKG-Veränderungen, Puls- und RR-Verhalten. Häufig besteht gleichzeitig eine infektiös-toxische Kreislaufschwäche (s. Hypotonie, S. 67).

Welche Therapie empfiehlt sich bei Myokarditis?

Behandlung des Grundleidens und Bettruhe, evtl. Sedativa, Antirheumatika, Antibiotika, evtl. Antiarrhythmika.

Woran ist eine akute rheumatische Myokarditis zu erkennen?

Tachykardie, manchmal auch Rhythmusstörungen, EKG-Veränderungen; die Herzfigur ist schlaff und erweitert und meist liegen noch hinweisende Laborbefunde vor (BSG beschleunigt, AST [Anti-Streptolysintiter] positiv).

6.3.3 Perikarditis

Welche Erkrankungen des Herzbeutels können vorkommen?

Es gibt akut-entzündliche Erkrankungen des Perikards (Perikarditis), chronisch-persistierende Entzündungen und narbig ausgeheilte, zum Teil verkalkte Perikarditiden.

Welche Veränderungen können bei der Perikarditis am Herzbeutel entstehen?

Bei der trockenen Form, der *Pericarditis sicca*, bilden sich fibrinöse Auflagerungen an der entzündeten Stelle, die Schmerzen verursachen können (wie bei Pleuritis sicca). Mit einem Stethoskop kann oft ein Reibegeräusch gehört werden.

Bei einem *Perikarderguss* setzt sich Flüssigkeit (Exsudat) im Herzbeutel ab. Dabei entstehen keine Schmerzen. Am besten erkennt man einen Perikarderguss bei der Echokardiographie.

Der Herzschatten kann röntgenologisch vergrößert sein, die Herztöne werden leiser, das Herz kann sich nicht gut entfalten und nicht entsprechend füllen. Dadurch kann es zur Venenstauung am Hals und zur Leberschwellung kommen, der Blutdruck und die Förderleistung des Herzens sinken bedrohlich ab (Herztamponade).

Wodurch kann es zu einer Perikarditis kommen?

- *Rheumatische* Perikarditis, meist ein Zeichen einer schweren rheumatischen Karditis, bei rheumatischem Fieber, sowohl als Pericarditis sicca als auch exsudativa,
- bei einem *Myokardinfarkt*, der bis an die äußere Herzoberfläche reicht, kann eine Perikarditis durch das perikarditische Reibegeräusch als Begleitsymptom des Grundleidens erkannt werden,
- *tuberkulöse* Perikarditis als Teilerscheinung einer Tuberkulose verläuft meist als exsudative Form im subakuten-subchronischen Verlauf,
- *eitrige* Perikarditis entsteht manchmal fortgeleitet von einer Pneumonie des linken Unterlappens,
- *unspezifische* Perikarditis ohne nachweisbare Erreger ist meist durch Virusinfektion bedingt,
- *urämische* Perikarditis in fortgeschrittenen Stadien des Nierenversagens (Urämie).

Welche Behandlungsmöglichkeiten kommen bei Perikarditis in Frage?

Bei drohender Herztamponade durch Erguss eine Entlastungspunktion und medikamentöse Behandlung des Grundleidens. Bei allergisch-rheumatischer Perikarditis werden Antirheumatika, z.B. Kortikosteroide gegeben, bei Tuberkulose gibt man Tuberkulostatika und bei eitriger Perikarditis wird mit Penizillin oder anderen Antibiotika behandelt.

Welche Folgen können nach Perikarditis verbleiben?

Es können narbige Schrumpfungen des Herzbeutels oder Verwachsungen des äußeren und inneren Perikards entstehen, die die Herzbewegungen behindern (Pericarditis constrictiva). Wenn eine Perikardschwiele verkalkt, nennt man das ein Panzerherz. Diese Veränderungen können die Herzarbeit selbst oder das Einfließen des Blutstromes in das Herz beeinträchtigen, so dass operiert werden muss.

6.3.4 Erkrankungen der Herzklappen

Was sind kombinierte Klappenfehler?

An ein und derselben Klappe, z.B. Mitral- oder Aortenklappe, können durch teilweise Verwachsung und teilweise Schrumpfung kombinierte Klappenfehler, z.B. Mitralinsuffizienz und -stenose, entstehen, wobei der Stenosen- oder Insuffizienzanteil überwiegen kann. Es können auch zwei Klappen befallen sein, z.B. bei einem kombinierten Aorten- und Mitralvitium (vitium = Herzfehler).

Wie wird das Herz bei Mitralvitien umgebaut?

Bei Mitralfehlern staut sich das Blut vor der Mitralklappe im linken Vorhof. Dieser vergrößert sich durch die Mehrarbeit, während der linke Ventrikel zu wenig Blut bekommt und klein bleibt.

Im vergrößerten linken Vorhof können sich Thromben bilden, mit der Gefahr einer embolischen Verschleppung in den großen Kreislauf (z.B. Hirnembolie).

Bei der Mitralinsuffizienz ist der linke Ventrikel dagegen groß, weil er Pendelblut bewegen muss, das immer wieder in ihn zurückfließt.

Welche Folgen hat ein Mitralvitium?

Durch weitere Rückstauung des Blutes kommt es zur Lungenstauung, evtl. mit blutig tingiertem Auswurf und der Gefahr des Lungenödems (Linksinsuffizienz). Wenn auch der rechte Ventrikel unter der Rückstauung im kleinen Kreislauf versagt, kommt es zur Links-Rechts-Insuffizienz mit Nachlassen der Lungenstauung, aber Dekompensationszeichen im großen Kreislauf: Leberschwellung, Beinödeme usw. (s. Herzinsuffizienz, S. 109).

Wie wird das Herz durch Aortenfehler umgebaut?

Hier muss der linke Ventrikel mehr Arbeit leisten: bei der Aortenstenose gegen den erhöhten Widerstand der verengten Klappe und bei Aorteninsuffizienz, weil immer ein Teil des ausgeworfenen Blutes durch die schlussunfähige Aortenklappe in den Ventrikel zurückfließt. In beiden Fällen hypertrophiert der linke Ventrikel, später dilatiert (erschlafft) er, so dass sich das Herz nach links vergrößert. Die Herzspitze ist vermehrt gerundet, die Herztaille darüber erscheint vertieft (Aortenform des Herzens).

Was bedeutet relative Mitralinsuffizienz?

Bei der Erweiterung des linken Ventrikels z.B. durch Bluthochdruck oder Aortenvitium kann es zur Dehnung des Mitralklappenrings kommen, so dass die Klappe nicht mehr dicht schließt.

Wann liegt ein Mitralklappenprolapssyndrom vor?

Durch Veränderungen am Halteapparat der Mitralklappe, den Papillarmuskeln (z.B. nach Herzinfarkt, aber auch als harmlose Anomalie), kann es bei der Systole zur Verwölbung der Mitralsegel in den linken Vorhof kommen. Es fließt ein Teil des Blutes in den Vorhof zurück: Mitralinsuffizienz durch Mitralklappenprolapssyndrom. Diagnostiziert wird dieses mittels Echokardiographie.

Welche operativen Möglichkeiten der Behandlung gibt es bei erworbenen Herzklappenfehlern?
Mitralstenosen können durch *Sprengung der Verwachsungen* („Kommissurotomie“) erfolgreich operiert werden. In fortgeschrittenen Fällen von Mitral- oder Aorteninsuffizienz und auch von Aortenklappenstenosen wird ein künstlicher *Klappenersatz* vorgenommen. Als letzte Möglichkeit kommt eine *Herztransplantation* in Betracht.

6.3.5 Erkrankungen der Koronararterien

Welche Wandveränderungen der Koronararterien gibt es und was sind deren Folgen?
Spasmen der Koronargefäße als funktionelle Störung und koronares Intimaödem als Übergang von funktionellen zu organischen Veränderungen.

Die *Arteriosklerose* der Herzkranzarterien (Koronarsklerose) ist die häufigste Ursache der koronaren Herzkrankheit (Koronarinsuffizienz). Hierbei kommt es zur ungenügenden Druchblutung der Herzkranzgefäße. Sie beginnt schon in jungen Jahren und führt in der zweiten Lebenshälfte häufig zu stenokardischen Anfällen (Angina pectoris). Sie kann die Grundlage für die Entstehung einer Koronarthrombose (Herzinfarkt) bilden.

Was bedeutet Ein-, Zwei- oder Dreigefäßerkrankung?
Je nachdem, ob nur die rechte oder die linke Koronararterie oder der Ramus circumflexus eine arterielle Stenose aufweist, spricht man von Eingefäßerkrankung. Sind zwei oder alle drei Gefäße betroffen, liegt eine Zwei- oder Dreigefäßerkrankung vor.

Welche Beschwerden können bei akuter Koronarinsuffizienz auftreten?
Die Mangeldurchblutung des Herzmuskels durch Koronarinsuffizienz bewirkt anfallsweise auftretende beklemmende bis krampfartige Schmerzen hinter dem Brustbein („retrosternal“), die oft mit Angst verbunden sind und sich bis zum Vernichtungsgefühl steigern können. Sie können in die linke Schulter, den linken Arm, meist in die Kleinfingerseite, selten auch nach rechts oder in den Hals, manchmal auch nach links hinten in den Rücken, selten in den Bauchraum ausstrahlen. Es besteht das Gefühl eines Ringes um die Brust oder das Zusammenschnüren des Halses, verbunden mit Atemnot.

Wie sind stenokardische oder pektanginöse Beschwerden zu bewerten?
Stenokardien (wörtlich Herzenge) oder Angina pectoris (Enge der Brust).

Bei jüngeren, oft vegetativ labilen Menschen sind Schmerzen in der Brust häufig nicht Ausdruck einer koronaren Herzkrankheit, sondern haben sog. funktionellen Charakter. Sie treten typischerweise eher in Ruhe auf und bessern sich sogar bei körperlichen Belastungen. Man bezeichnet diese Zustände von starkem Herzklopfen und Angstgefühlen, die oft stundenlang anhalten können, auch als Herzphobie oder Herzneurose.

Bei älteren Menschen (Männer häufiger betroffen als Frauen) beruhen Thoraxschmerzen dagegen viel wahrscheinlicher auf organischen Gefäßwandveränderungen im Rahmen einer Koronarsklerose. Das Engegefühl tritt in der Regel bei körperlichen oder psychischen Belastungen (z.B. Sport, Hetze, Geschlechtsverkehr), nach reichlichen Mahlzeiten und bei kaltem Wetter auf. Die Dauer der Beschwerden beträgt nur 10–15 Minuten.

Welche Bedeutung haben Angina-pectoris-Anfälle?

Angina-pectoris-Anfälle in Ruhe sind ein schwerwiegendes Krankheitssymptom, das eingehende Untersuchungen durch EKG usw. erfordert; sie können Vorboten eines Herzinfarkts sein, vor allem wenn sich Häufigkeiten und Schmerzgrad in kurzer Zeit (Tage bis Wochen) steigern (instabile Angina pectoris).

Wie kann der akute Angina-pectoris-Anfall behandelt werden?

Bei Patienten mit Verdacht auf Angina pectoris sollte ein Versuch mit Nitroglyzerin-Kapseln oder -Spray gemacht werden. Eine Kapsel Nitrolingual aufbeißen und den Inhalt im Mund lassen, nicht schlucken. Den Patienten mit organisch, d.h. arteriosklerotisch bedingten Beschwerden, geht es mit Nitroglyzerin-Kapseln meist innerhalb von Minuten besser; Patienten mit sog. funktionellen Beschwerden sprechend auf Nitroglyzerin nicht an. Insofern hat diese Therapie gleichzeitig diagnostischen Wert.

Welche Medikamente eignen sich zur Dauerbehandlung der Angina pectoris?

Nitrate mit verzögerter Wirkung, z.B. Isosorbitdinitrate (Isoket retard), Isosorbitmononitrat (Ismo, Elantan), Betarezeptorenblocker (Beloc, Concor, Tenormin), setzen Herzfrequenz, Kontraktionsgeschwindigkeit und den Druck in den Arterien herab, wodurch auch der O_2-Verbrauch im Herzmuskel vermindert wird. Kalziumantagonisten (Isoptin, Adalat, Dilzem) senken den Sauerstoffverbrauch des Herzens. Bei Langzeittherapie sollte Acetylsalicylsäure zur Thrombozytenaggregationshemmung gegeben werden.

Wie kann der Koronarsklerose vorgebeugt werden?

Behandlung bzw. Vermeidung der Risikofaktoren wie Nikotin, Überernährung, Bewegungsmangel, Hochdruck, Diabetes, Gicht, Hyperlipidämie und Vermeidung von Überlastungen, Konfliktsituationen, übertriebenem Ehrgeiz in der beruflichen und privaten Sphäre.

Wie kann die Hyperlipidämie bekämpft werden?

Die Erhöhung des Fett- und Cholesterinspiegels im Blut kann durch fettarme Diät, besonders Reduzierung der tierischen Fette, ferner durch Medikamente wie

Clofibrat (Regelan), Nikotinsäurepräparate, Cholestyramin und Hemmstoffe des Schrittmacherenzyms der Cholesterinsynthese (HMG-CoA-Reduktase, z.B. Zocor, Mevinacor) als Dauerbehandlung erfolgreich bekämpft werden.

Wie geht die Ballondilatation einer Koronararterienstenose vor sich?

Bei der perkutanen transluminalen Koronararterienangioplastie (PTCA) wird über einen Führungskatheter der eigentliche Ballonkatheter in die betroffene Koronararterie und bis in die Stenose hinein vorgeschoben. Eine günstig gelegene Stenose kann durch Druckfüllung des Ballons an der Katheterspitze (bis zu 13 Atmosphären) erweitert werden. Das arteriosklerotische Material wird verschoben und komprimiert (Abb. **6.8**). Medikamentöse Unterstützung durch Heparin und Thrombozytenaggregationshemmer (Aspirin, Iscover). Evtl. Stent (s. S. 60).

Wie erfolgt ein aortokoronarer Bypass?

Eine Koronararterienstenose wird durch ein körpereigenes Venenstück (zumeist V. saphena magna), das in die Aorta und die Koronararterie jenseits der Stenose eingepflanzt wird, überbrückt. Der Patient muss lebenslang Thrombozytenaggregationshemmer einnehmen.

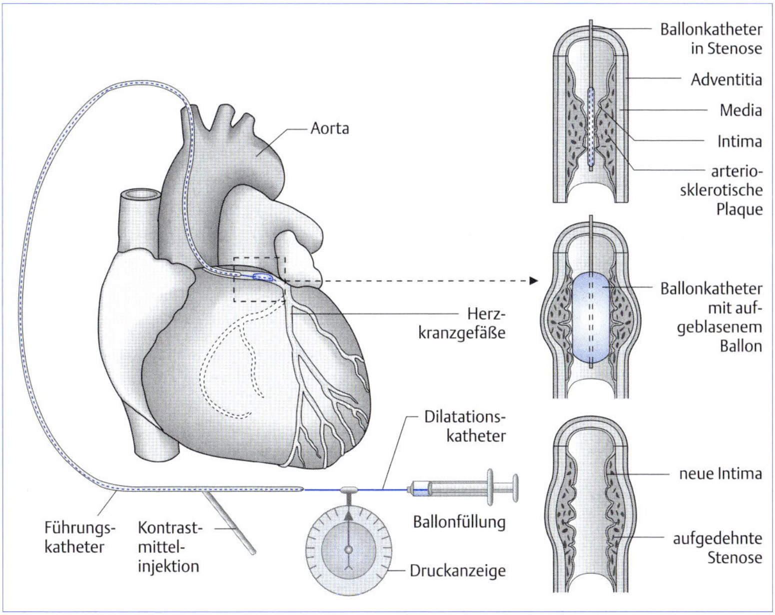

*Abb. **6.8** Schematische Darstellung der perkutanen, transluminalen koronaren Angioplastie (PTCA) zur Aufweitung arteriosklerotisch verengter Koronararterien (Ballondilatation) (nach Gerlach).*

Herzinfarkt

Wie wird der Herzinfarkt definiert?

Ein Myokardinfarkt ist ein umschriebener Untergang, eine Nekrose, von Herzmuskelgewebe durch Durchblutungsmangel (Ischämie). Die Nekrose kann mit einer bindegewebigen Narbe abheilen.

Wie kommt es zu einem Herzinfarkt?

Meistens bricht eine in der Arterienwand befindliche Plaque auf. An der aufgerauten Gefäßinnenwand bildet sich eine Thrombose, die bei einer bestimmten Größe zum vollständigen Verschluss des Gefäßes führt.

Welche Umstände erhöhen das Herzinfarktrisiko?

Herzinfarkte sind bei Hypercholesterinämie, Zigarettenrauchen, Bluthochdruck, Übergewicht, Diabetes mellitus und Gicht besonders häufig. Wenn zwei oder mehr dieser Risikofaktoren zusammentreffen, steigt die Gefahr eines Herzinfarktes erheblich an.

Was sind die Ursachen für die starke Zunahme von Herzinfarkten in den letzten Jahrzehnten?

Sie wird erklärt mit unserer Lebensweise und den Bedingungen der modernen Arbeitswelt. Neben Mangel an körperlicher Bewegung, Nikotinkonsum und verbreiteter Überernährung spielen wahrscheinlich Stress aller Art, Arbeit unter Zeitdruck, hohe berufliche Anforderungen bei gleichzeitig geringem persönlichem Handlungsspielraum am Arbeitsplatz eine wichtige Rolle. Menschen mit der Unfähigkeit zu entspannen gelten als Infarktpersönlichkeiten. Frauen von der Menopause sind seltener betroffen als Männer, was für einen gewissen Schutz durch die weiblichen Hormone spricht. Am häufigsten treten Herzinfarkte bei Männern zwischen dem 50. und 60. Lebensjahr, bei Frauen zwischen dem 60. und 70. Lebensjahr auf.

Wie wird ein Angina-pectoris-Anfall von einem Herzinfarkt unterschieden?

Eine schwere und länger als 20 Minuten anhaltende Stenokardie, verbunden mit Todesangst und Vernichtungsgefühl, die sich z.B. auf Nitropräparate nicht bessern, ist infarktverdächtig. Die endgültige Diagnose bringen EKG und Herzmuskelenzyme.

Wie ist das Krankheitsbild des akuten Myokardinfarktes?

Die Schwere der Erscheinungen ist von der Größe des befallenen Herzmuskels abhängig: Neben den typischen Infarkten gibt es Mikro- und Rieseninfarkte. Auch eine Vorschädigung oder Begleitkrankheiten spielen prognostisch eine ungünstige Rolle.

Wichtig sind die Schocksymptome: Blässe, kalter Schweiß, schneller, schwacher Puls, Blutdruckabfall mit kleiner Amplitude (kardiogener Schock), Atemnot und

Zyanose sind Ausdruck einer Herzinsuffizienz. Rhythmusstörungen verschlechtern die Prognose. Manchmal kommt es auch zu Erbrechen. Untypische Infarkte können in den Bauchraum ausstrahlen und eine Magenperforation oder eine Gallenkolik vortäuschen.

Etwa 20% aller Herzinfarkte verlaufen ohne typische Beschwerden als so genannte „stumme Infarkte", vor allem bei älteren Personen.

Wo sind Herzinfarkte lokalisiert?

Sie treten fast nur im linken Ventrikel auf.

Je nach Lokalisation der Myokardnekrose spricht man von *Vorder-* oder *Hinterwandinfarkt*, bei seitlichem Übergreifen von *Lateralinfarkt*. Wenn nur ein verhältnismäßig kleines Gebiet an der Vorderfläche über der Herzspitze betroffen ist, handelt es sich um einen supraapikalen Vorderwandinfarkt.

Beim Innenschichtinfarkt ist nur subendokardial eine geringere Schichttiefe des Herzmuskels, beim transmuralen Infarkt die gesamte Dicke der Herzmuskelwand betroffen.

Wenn das Kammerseptum in den Infarkt mit einbezogen ist, wird das Reizleitungssystem oft beeinträchtigt, so dass Blockbilder im EKG entstehen.

Welche laufenden Kontrollen sind durch das Pflegepersonal bei Herzinfarkt auszuführen?

Frage nach Brustschmerzen, auf Schocksymptome wie Blässe, kalter Schweiß, Dyspnoe und Unruhe achten, Kontrolle von Puls und Blutdruck, Rhythmusstörungen beachten, Urinausscheidung kontrollieren und evtl. Kontrolle des Patienten durch Überwachungsgerät (Monitor mit Alarmeinrichtung) in Kombination mit Defibrillator und Schrittmacher.

Die Behandlung erfolgt auf der Intensivpflegestation.

Welche Komplikationen können beim Herzinfarkt auftreten?

- Rhythmusstörungen können vor allem zum lebensbedrohlichen Kammerflimmern mit „Sekundenherztod" führen. Auch heute noch versterben ca. 30% der Patienten mit Myokardinfarkt akut. Kontrolle durch Monitor, Behandlung: Defibrillation;
- bei totalem AV-Block mit bedrohlichem Absinken der Herzfrequenz: Kontrolle durch Monitor, Behandlung durch Schrittmacher;
- akute Linksinsuffizienz durch das geschwächte Herz; lebensbedrohliches Lungenödem;
- Herzwandruptur (Todesursache bei 10% der Infarktpatienten) in der Frühphase der Behandlung;
- Herzwandaneurysma durch Ausbuchtung der geschädigten Herzwand;
- eine bleibende Herzinsuffizienz als Links-Rechts-Insuffizienz durch das geschwächte Myokard, von dem ein Teil ausgefallen ist. Die Infarktnarbe hat keine Kontraktionsfähigkeit;

- Perikarditis mit Reibegeräusch;
- Bronchopneumonien, vor allem als Stauungspneumonie;
- Venenthrombosen durch Verlangsamung des Blutstromes;
- Ablösung eines Herzwandthrombus, der sich am Endokard über der Infarktstelle bilden und dann zur Embolie, z.B. Hirnembolie mit Halbseitenlähmung, führen kann.

Welche Richtlinien sind für die Behandlung eines Patienten mit Herzinfarkt einzuhalten?

- Strengste Bettruhe, anfangs flach liegen, aber bei Atemnot halb sitzend, evtl. Sedierung oder angstlösende (anxiolytische) Behandlung durch Sedativa,
- sofort für einen venösen Zugang sorgen;
- evtl. Schockbekämpfung mit Dopamin, Dobutamin oder Noradrenalin. Bei Infusion Gefahr des Lungenödems!;
- Sauerstoff bei Zyanose und Dyspnoe (O_2-Dosierung beachten!);
- Schmerzbekämpfung: Fortral, Dolantin, evtl. Opiate, aber ohne Beeinträchtigung von Atem- und Kreislaufzentrum;
- bei Kammerflimmern: Defibrillation, bei Bradykardie Alupent, Atropin, evtl. Legen eines Herzschrittmacher-Katheters;
- Antikoagulanzien (gerinnungshemmende Mittel), die das Weiterwachsen der Thrombose verhüten sollen. Erst Heparin, das sofort, aber nur kurz wirkt, dann Übergang auf Marcumar, genaue Dosierung und Kontrolle der Wirkung erforderlich;
- Fibrinolyse, falls Infarktereignis nicht länger als 6 Stunden zurückliegt und keine Kontraindikation für eine Lysebehandlung besteht;
- Gabe von Betablockern und Aspirin;
- falls möglich, frühzeitige perkutane transluminale koronare Angioplastie (PTCA s. Seite 103);
- Pneumonieprophylaxe durch Antibiotikaschutz, Inhalieren. Wenn es der Zustand erlaubt, vorsichtige Atemübungen, Lagewechsel;
- Diät, leicht verdaulich, nicht blähend, sehr kleine Portionen, evtl. Reduktionsdiät;
- Stuhlgangregelung sofort und individuell angepasst;
- bei Herzinsuffizienz Gabe von ACE-Hemmern;
- absolutes Nikotinverbot, ausschalten aller Stressoren, Besuchseinschränkung.

Wie kann ein Koronarverschluss wieder durchgängig gemacht werden?

Dem akuten Myokardinfarkt liegt meist eine mehr als 80%ige Stenose zugrunde. Das entsprechende Gefäß ist fast immer durch einen Thrombus total verschlossen.

Zur *intrakoronaren Thrombolyse* wird wie bei der Koronarangiographie ein Katheter in den Anfang der Koronararterie platziert und dann Streptokinase oder Urokinase eingespritzt. Bei rechtzeitiger Wiedereröffnung der Herzkranzarterie durch Thrombolytika können die Herzbeklemmungen und Rhythmusstörungen verschwinden und die Myokardkontraktilität sich bessern, das ischämisch geschädigte Myokard z.T. noch gerettet werden.

Welche bildgebenden Verfahren können nach einem Infarkt durchgeführt werden?

Die *Röntgenaufnahme* des Thorax kann die Herzgröße, Stauungszeichen der Lunge und mit Einschränkungen auch ein Herzwandaneurysma erkennbar machen.

In der *Echokardiographie* können die Bewegungen der Herzwände studiert, hypo- oder akinetische Areale der Herzwände dargestellt und evtl. vorhandene Thromben in den Vorhöfen oder Kammern frühzeitig erkannt werden. Sie sind die empfindlichste Methode zum Nachweis eines Perikardergusses.

Die *Szintigraphie* vermag eine Infarktnarbe vom übrigen, noch gut durchbluteten Herzmuskel gut abzugrenzen.

In der *Koronarangiographie* kann der Zustand der Koronararterien am besten beurteilt werden. Gleichzeitig lässt sich möglicherweise eine Therapie durch die Ballondilatation (PTCA) durchführen.

Wie ist die Nachbehandlung eines Myokardinfarktes?

Die meisten Patienten absolvieren nach einem durchgemachten Infarkt eine Anschlussheilbehandlung, bei der sie lernen sollen, ihre Lebensweise zu ändern und verursachende Faktoren (Übergewicht, Rauchen, Bewegungsmangel) auszuschalten. Medikamentös wird mit Aspirin und Betablockern behandelt, sofern keine Kontraindikationen vorliegen. Besteht eine Herzinsuffizienz, so sollten die Patienten ACE-Hemmer erhalten. Weitere, häufig verordnete Medikamente nach einem Infarkt sind Digitalis, Antikoagulanzien (Marcumar) und Cholesterinsynthesehemmer. Erhöhter Blutdruck und Diabetes mellitus sind wirksam zu behandeln.

Was ist bei der Behandlung mit Heparin zu beachten?

Heparin ist ein sehr wirksames Medikament zur Gerinnungshemmung. Es wirkt sofort, aber nur einige Stunden nach der i.v. Gabe. Die Kontrolle der Heparintherapie erfolgt durch Bestimmung der partiellen Thromboplastinzeit (soll 1,5- bis 2fach verlängert sein).

Wann wird Heparin angewendet?

Bei der Vollheparinisierung wird zunächst ein Bolus von 10000 IE Heparin i.v. gegeben und dann die Heparingabe über den Perfusor entsprechend den Werten von PTT dosiert. Zur Thromboseprophylaxe bei bettlägerigen Patienten oder Patienten in der postoperativen Phase gibt man eine niedrige Heparindosis subkutan, z.B. 2-mal 7500 IE s.c. oder 3-mal 5000 IE s.c. Wird niedermolekulares Herparin verwendet, so genügt eine einzige s.c.-Injektion pro Tag.

Was ist als Antidot gegen zu starke Heparinwirkung anzuwenden?

Das Gegenmittel ist ein 1%iges Protaminsulfat i.v. oder i.m. Es hebt die Heparinwirkung sofort auf.

Wie wirken die Kumarine (Dikumarol) als Antikoagulanzien?

Kumarine wie Marcumar, Sintrom u.a. sind Antagonisten des für die Blutgerinnung nötigen Vitamin K und setzen mit ihrer Wirkung erst nach 24–36 Stunden ein. Daher meist gleichzeitiger Beginn der Antikoagulanzientherapie mit Heparin und Kumarin, bei Einsetzen der Kumarinwirkung dann Weglassen des Heparins.

Wie werden Kumarinpräparate verordnet?

Kumarine werden oral als Tabletten gegeben. Dabei ist zu beachten, dass die Patienten zunächst eine Sättigungsdosis von 3–4 Tabletten an 2–3 Tagen bekommen müssen, um sie in den therapeutischen Bereich zu bringen. Danach ist der Quick-Wert bzw. die INR laufend zu kontrollieren in die Marcumar-Dosis entsprechend zu modifizieren. Eine Unterdosierung bedeutet Unwirksamkeit und Gefahr einer Thrombose oder Embolie, eine Überdosierung bedeutet Blutungsgefahr.

Die Patienten sind über die Wirkung, die Gefahr und die Gegenmaßnahmen eingehend zu belehren, sie erhalten eine Kontrollkarte, auf der ihre Blutgruppe eingetragen ist, die Quick-Werte laufend registriert werden und die Verordnung der Antikoagulanzien aufgeführt wird. Gleichzeitig wird ihnen ein Antidot (Konakion) mitgegeben.

Wie wird die Kumarinwirkung kontrolliert?

Die Kumarinwirkung muß durch Bestimmung der Prothrombinkonzentration (Quick-Test) regelmäßig nach ärztlicher Verordnung kontrolliert werden: anfangs oft täglich, später meist zweimal wöchentlich, bei Dauerbehandlung evtl. in größeren Abständen, wenn der Quick-Test nicht zu große Schwankungen zeigt. Sein Ergebnis soll zwischen 15 und 20% liegen. In den letzten Jahren wird zur Überwachung der Antikoagulation auch die INR (*I*nternationale *N*ormalisierte *R*atio) verwendet (s. Prothrombin-Messung, S. 17). Der therapeutische Bereich der INR liegt zwischen 2,5 und 4,5.

Welche Gefahr besteht bei Kumarinbehandlung?

Hauptgefahr sind Blutungen, besonders Hämaturie, aber auch Schleimhautblutungen im Rachen, Magen, Uterus. Besonders gefürchtet sind Blutungen im Gehirn und im Auge.

Wann sind Antikoagulanzien kontraindiziert?

Bei Apoplexie mit Hirnblutung, bei Blutungsneigung und offenen Wunden, bei Magen-Darm-Ulzera, bei schweren Leber- und Pankreaserkrankungen, bei schwerer Hypertonie und vor chirurgischen Eingriffen, Punktionen, Zahnextraktionen.

Wodurch wird die Kumarinwirkung evtl. verstärkt oder abgeschwächt?
Vor allem gleichzeitige Einnahme von Allopurinol, Chinidin und einigen Antibiotika verstärkt die Kumarinwirkung und ist zu vermeiden. Der reichliche Genuss von Kohlgemüse kann die Wirkung abschwächen.

6.3.6 Herzinsuffizienz

Wie wird die Herzinsuffizienz definiert?
Herzinsuffizienz bedeutet unzureichende und ungenügende Pumpleistung des Herzens.

Unterschieden wird zwischen *Belastungsinsuffizienz* mit Einschränkung der Herzleistung für mehr oder minder starke körperliche Tätigkeit und *Ruheinsuffizienz*, wobei die Herzleistung auch nicht mehr für die geringen Anforderungen des Organismus in Ruhe genügt.

Bei kardialer Insuffizienz kann das Herz das Blutangebot nicht mehr bewältigen. Es kommt zur Stauung vor dem Herzen, d.h. in der Lungenstrombahn und im Venensystem. Lungenstauung, Leberschwellung und Beinödeme sind die Folge (Dekompensation).

Welche Teile des Herzens können Insuffizienz verursachen?
Beim Versagen der linken Kammer spricht man von Linksherzinsuffizienz, bei der rechten Kammer von Rechtsherzinsuffizienz, bei Überlastung beider Ventrikel von globaler Herzinsuffizienz. Dementsprechend entwickeln sich verschiedene Symptome.

Welche sichtbaren Symptome können bei Herzinsuffizienz oft beobachtet werden?
Atemnot als Belastungs- und Ruhedyspnoe, Zyanose, besonders der Lippen, Stauungsödeme, besonders als Knöchelödem, oder prätibiale Ödeme und Tachykardie, eventuell als Tachyarrhythmia absoluta.

Welche Arten der Dyspnoe kommen bei Herzinsuffizienz vor?
Die Kurzatmigkeit ist das erste und führende Symptom bei Herzinsuffizienz; sie entsteht durch Sauerstoffmangel.

In leichteren Fällen nur Anstrengungsdyspnoe (Belastungs- oder Arbeitsdyspnoe); bei schwerer Insuffizienz bereits Ruhedyspnoe.

Bei starker Atemnot kann der Patient nur sitzend und mit aufgestützten Armen einigermaßen Luft bekommen; man spricht von Orthopnoe.

Wodurch kommt es zur Zyanose?
In den gestauten Lungen wird zu wenig Sauerstoff aufgenommen und durch den zu langsamen Blutstrom in den Kapillaren mehr Sauerstoff aus dem Oxyhämoglo-

bin an das Gewebe abgegeben. Durch das stark reduzierte (sauerstoffarme) dunkle Blut entsteht eine bläuliche Verfärbung: erst Lippenzyanose, später allgemein flächige Zyanose, besonders des Gesichts, oder auch Akrozyanose (Ohrläppchen, Nasenspitze, Finger).

Wo treten bei Herzinsuffizienz häufig schon früh Stauungserscheinungen auf?

Weil die gestauten Venen die Gewebsflüssigkeit nicht ableiten können, sammelt sich diese in den Beinen an, zuerst als abendliche *Knöchelödeme*, später als prätibiale (vor dem Schienbein) oder auf den Oberschenkel übergreifende Beinödeme.

Wenn das kranke Herz das Blutangebot nicht bewältigen kann, kommt es vor dem Herzen in der Leber, die viel Blut aufnehmen kann, zu den ersten Rückstauerscheinungen; sie vergrößert sich: *Stauungsleber.*

Liegt der Patient nachts flach im Bett, so sinkt der hydrostatische Druck in den Beinen. Die Gewebsflüssigkeit (Ödem) fließt zurück in das Venensystem und wird über die Nieren ausgeschieden. Der Patient muss nachts 2- bis 3mal reichlich Wasser lassen (*Nykturie*).

Wo bilden sich Ödeme beim bettlägerigen Patienten mit Herzinsuffizienz?

Die nicht abtransportierte Gewebsflüssigkeit sammelt sich der Schwerkraft entsprechend an den tiefliegenden Körperteilen an, beim liegenden Patienten in der Kreuz- und Steißbeinregion als Sakralödem, auch *Anasarka* genannt. Auf Daumendruck wird im teigig geschwollenen Gewebe eine Delle erkennbar.

Wie ist die Symptomatik eines venösen Rückstaus in der oberen Körperhälfte?

Typisch für diesen Zustand sind gestaute Halsvenen. Im Normalzustand sind die Halsvenen nur bei einem liegenden Menschen oder beim Husten, Niesen oder Pressen deutlich sichtbar. Liegt eine Herzinsuffizienz vor, so sind die Halsvenen auch bei leicht abgehobenem Oberkörper oder, im Extremfall, sogar beim sitzenden Patienten gestaut. Zur Prüfung hebt man langsam das Kopfteil des Krankenbettes an, wobei der Patient nur passiv bewegt wird und nicht seine Bauchmuskeln anspannen darf. Registriert wird der Winkelgrad des Kopfteiles, bei dem die Halsvenen nicht mehr sichtbar sind als Anhalt für den Schweregrad der Herzinsuffizienz. Je steiler, umso schlimmer.

Welche Stauungserscheinungen können bei Herzinsuffizienz im Bauchraum auftreten?

- Leber- und Milzschwellung, Stauungsleber (s.o.), evtl. mit Stauungsikterus und Milztumor;
- so genannte „Stauungsgastritis“ (obwohl es keine Gastritis im Sinne einer Entzündung ist) und vermehrte Blutfülle im Darm; dadurch Appetitlosigkeit, Übelkeit, Blähungen;
- durch Austritt von Gewebeflüssigkeit in den Bauchraum: Aszites (Bauchwassersucht). Bei der Flüssigkeit handelt es sich um ein Transsudat.

Wo können sich Stauungsergüsse bilden?

Bei kardialer Insuffizienz können sich Transsudate absetzen als Aszites, Pleuraerguss oder Perikarderguss.

Warum kommt es bei Herzinsuffizienz zu Tachykardie?

Die Tachykardie bei Herzinsuffizienz, oft in Form der Tachyarrhythmia absoluta (s. S. 122), kann als Versuch angesehen werden, das Blut schneller weiterzupumpen. Steigt die Herzfrequenz aber über einen bestimmten Wert, so werden die Ventrikel ungenügend gefüllt und trotz vermehrter Herzarbeit weniger Blut gefördert, so dass sich die Insuffizienz verstärkt.

Linksherzinsuffizienz

Welche Ursachen können zur Linksherzinsuffizienz führen?

Koronare Herzkrankheit oder Herzinfarkt, Bluthochdruck, Myokarditis oder infektiös-toxische Myokardschädigung, Kardiomyopathien, dekompensierte Mitralklappenfehler, dekompensierte Aortenklappenfehler, Rhythmusstörungen oder Hypervolämie, z.B. bei zu rascher und zu starker Flüssigkeitszufuhr (Infusionen, Plasma).

Welche Folgen kann die Hypertonie am Herzen haben?

Bei Hypertonie muss das Herz das Blut gegen den erhöhten Gefäßwiderstand in die Peripherie pumpen und dabei vermehrt Arbeit aufwenden. Die linke Herzkammer hypertrophiert, d.h., ihre Muskelschicht wird dicker und größer. Das Herz nimmt (wie beim Aortenklappenfehler) durch Linksvergrößerung „aortale Form" an.

Der verdickte Muskel der linken Kammer braucht für seine vermehrte Arbeit eine stärkere koronare Durchblutung, die im Laufe der Zeit nicht mehr durch die Koronararterien gewährleistet werden kann. Es kommt über die Koronarinsuffizienz zu Herzmuskelschädigung mit Erschlaffung und Erweiterung der linken Kammer (Dilatation).

Was geschieht, wenn der überlastete linke Ventrikel in seiner Leistung plötzlich unzureichend wird?

Bei Linksherzinsuffizienz kann es durch akute Stauung in der Lunge zu Lungenödem („Asthma cardiale") kommen.

Wie sind die Krankheitserscheinungen eines Lungenödems?

Rasch zunehmende Atemnot mit brodelndem Atemgeräusch („Rasseln") und Zyanose, Tachykardie, Schweißausbruch und Todesangst. Meist wird eine leicht rötliche (hämorrhagische) schaumige Ödemflüssigkeit ausgehustet. Es ist ein lebensbedrohlicher Zustand!

Wie kann das Lungenödem behandelt werden?

- Vorbeugen durch Flüssigkeitsbeschränkung, besonders abends;
- den Patienten aufsetzen, Beine aus dem Bett hängen lassen, „Herzbett“ (Abb. **6.9**), für frische, kühle Luft sorgen, zum Aushusten anhalten, nicht allein lassen (s. Pflege bei Herzkrankheiten, S. 113);
- durch ein rasch und stark wirkendes Diuretikum (Lasix), evtl. Aderlass oder sog. unblutiger Aderlass durch Anbringen von venösen Staubinden an den Beinen, kann als Sofortmaßnahme die Blutmenge und damit die Lungenstauung vermindert werden;
- Nitrolingual;
- andere Medikamente kommen je nach Ursache des Lungenödems in Betracht, evtl. Digitalis, ACE-Hemmer, Sauerstoffbeatmung und sedierende Maßnahmen.

Cor pulmonale

Was bedeutet Cor pulmonale?

Eine vermehrte Belastung des rechten Ventrikels durch einen erhöhten Widerstand im Lungen-(Pulmonal-)Kreislauf.

Unterschieden wird ein *akutes* Cor pulmonale, z.B. bei Lungenembolie und ein *chronisches* Cor pulmonale bei chronischen Lungenkrankheiten.

Wie sind die Krankheitszeichen eines akuten Cor pulmonale?

Neben den Symptomen der Lungenembolie wie Schmerz, Schock und blutiger Auswurf (s. Lungeninfarkt, S. 154) treten Luftnot, Todesangst und Zyanose auf, sofern nicht durch den Schock Blässe und kalter Schweiß bestehen. Im EKG Tachykardie und typische Veränderungen der vermehrten Belastung des rechten Herzens.

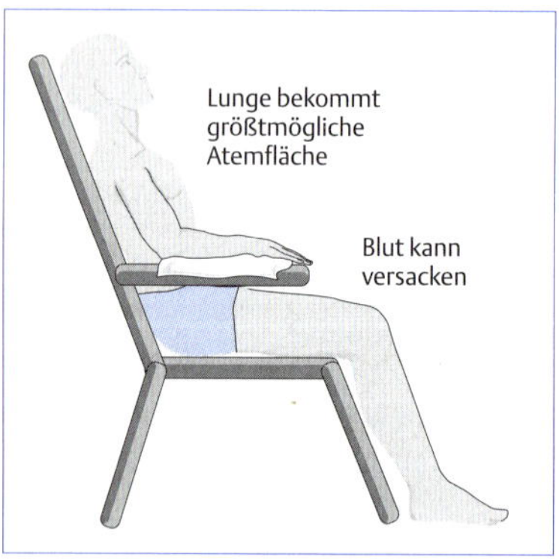

*Abb. **6.9** Lagerung bei Lungenödem. Zusätzliche Erleichterung der Atmung wird durch das Hochbetten der Arme, z.B. auf Kissen erreicht.*

Wodurch kann das chronische Cor pulmonale entstehen und wie ist der Verlauf?

Es entsteht bei Asthma, chronischer Bronchitis, Bronchiektasen, Lungenemphysem, Staublungenerkrankung; das gleiche Bild aber auch bei Druckerhöhung im kleinen Kreislauf durch Mitralstenose oder durch erschwerte Entleerung der rechten Kammer bei Stenose der Pulmonalklappe.

Es entwickelt sich allmählich über eine lange Zeit der Anpassung an den gesteigerten Druck (Hypertonie) im kleinen Kreislauf. Die Muskelwand der rechten Kammer hypertrophiert, später dilatiert sie auch. Wenn die rechte Kammer die erforderliche Leistung nicht mehr aufbringen kann, kommt es zur Rechtsherzinsuffizienz: stark ausgeprägte Zyanose, Polyglobulie, erweiterte Halsvenen, Leberschwellung, evtl. auch Stauungsikterus mit leichter Gelbfärbung in den Skleren, Ödeme. Eventuell treten Uhrglasnägel und Trommelschlegelfinger auf.

Wie wird das chronische Cor pulmonale behandelt?

Sofern das ursächliche Lungenleiden besserungsfähig ist, muss dieses behandelt werden. Bettruhe mit aufrechtem Oberkörper, am besten im Herzbett, Sauerstoff nach Verordnung, Besserung der Herzökonomie durch Digitalisierung und Entwässerung der Stauungsödeme durch Diuretika sind die Hauptprinzipien der Behandlung.

Welche besondere Gefahr besteht bei Cor pulmonale?

Es kommt oft zu unvorhersehbarem, sehr plötzlichem Versagen und schlagartigem Eintritt des Todes. Deshalb müssen Befinden und Vitalzeichen engmaschig kontrolliert werden.

Welche allgemeinen Gesichtspunkte gelten für die Unterbringung und Pflege von Herzkranken?

- Das Krankenzimmer muss gut gelüftet sein (eher kühl), hell und ruhig sein;
- Bettruhe zur Reduzierung der Herzarbeit auf ein Minimum, Körperpflege im Bett;
- Dekubitus-, Thrombose- und Pneumonieprophylaxe durch Lagewechsel, eventuell vorsichtige Bewegungs- und Atemübungen;
- die Lagerung muss so sein, dass der Patient gut Luft bekommt; je nach Bedarf mehr oder weniger Hochlagerung mit Fußstütze zum Abstemmen, eventuell im „Herzbett“ mit aufrechtem Oberkörper, herabhängenden Unterschenkeln und seitlichem Aufstützen der Arme, manchmal ist Lehnstuhlbehandlung ausreichend;
- Vitalzeichen überwachen: Puls, Blutdruck, Atmung, EKG, eventuell Überwachung am Monitor;
- Herzschmerzen, Unruhe, Angst beachten;
- als Diät leichte, nicht blähende, kochsalzarme, aber kaliumreiche Kost, even-

tuell Reduktionsdiät (Obst- und Reistage). Kaffee, Tee und Alkohol in kleinen Mengen;
- Stuhlregelung, Vermeidung von Obstipation (kein Pressen!) und Meteorismus. Der Nachtstuhl ist oft weniger anstrengend als das Steckbecken;
- Flüssigkeitsbeschränkung auf maximal 2 Liter täglich, Urinausscheidung kontrollieren, tägliche Ein- und Ausfuhr messen, Gewichtskontrolle!;
- für Ruhe, Entspannung, Vertrauen und Geborgenheit sorgen, weil Herzpatienten besonders unter ängstlicher Spannung und Unruhe leiden.

Was kann bei starker Dyspnoe oder Zyanose verordnet werden?

Dyspnoe und Zyanose sind Zeichen des O_2-Mangels. Sauerstoffgabe kann den Zustand bessern, am einfachsten durch die sogenannte Sauerstoffbrille, bei der kleine Schläuche in die Nasenlöcher hineinreichen und die Schläuche durch brillenartige Bügel an den Ohren fixiert sind. Zeitdauer und Dosis der O_2-Gabe müssen genau beachtet werden!

Welche Standardtherapie der chronischen Herzinsuffizienz wird heute empfohlen?

- *ACE-Hemmer* (z.B. Lopirin, Delix, Pres etc.): Nachlastsenkung;
- *Diuretika* (Esidrix, Moduretik, Lasix etc.): Ausschwemmung retinierter Flüssigkeit;
- *Betablocker* (Beloc, Concor, Tenormin etc.): Frequenzsenkung, Verringerung des Sympathikotonus;
- *Aldosteronantagonisten* (Aldactone, Osyrol): Nachlastsenkung, Erhöhung des Kaliumbestandes;
- *Digitalis:* Frequenzsenkung bei tachykardem Vorhofflimmern.

Zusätzliche Nitrate und Calcium-Analogisten bei Angina pectoris. Antiarrhythmika sind selten indiziert.

Was ist ein Diuretikum und wie wirken Diuretika?

Diuretika sind harntreibende Mittel zum Ausschwemmen von Ödemen und Ergüssen.

Die *Saluretika* verhindern die tubuläre Rückresorption von Natrium, Chloriden (Kochsalz) und Wasser, die dadurch vermehrt ausgeschieden werden. Aber auch Kalium geht dabei verloren. Gefahr der Hypokaliämie! Manchmal kommt es auch zur Verschlechterung eines Diabetes mellitus oder Anstieg der Serum-Harnsäure: Lasix, Esidrix, u.a.

Kaliumsparende Diuretika: Jatropur, Moduretik.

Aldosteron-Antagonisten (z.B. Aldactone) hemmen die Wasserretention und Kaliumrückresorption in der Niere. Sie halten Kalium zurück und schwemmen Wasser und Natrium aus.

Woran kann ein Kaliummangel erkannt werden?

Die Patienten sind apathisch, klagen über Schlappheit und Muskelschwäche, z.B. beim Treppensteigen. Auch Darmträgheit tritt häufig auf. In schweren Fällen kann es zur Darmlähmung (paralytischer Ileus) durch Hypokaliämie kommen. Das Kalium im Serum ist herabgesetzt (normal etwa 4–5 mval/l). Im EKG treten typische Veränderungen bei Hypokaliämie auf.

Nennen Sie kaliumreiche Nahrungsmittel!

Trockenobst, z.B. bes. Aprikosen, Trauben, Feigen, Datteln, Rosinen, Frischobst, z.B. Bananen, Trauben, Zitronen, Gemüse, z.B. bes. Spinat, Tomaten, Pilze, Kohl, Rhabarber, Hülsenfrüchte, Kartoffel, Fleisch, z.B. geräucherter Schinken, Geflügel, Kalbfleisch, Hammel, Fisch, z.B. Thunfisch, Forelle, Kabeljau, Schellfisch und Getränke, z.B. Tee, Kakao, Tomatensaft, Fruchtsäfte.

Wie wirken die Digitalispräparate auf das Herz?

Sie setzen die Erregbarkeit im Sinusknoten herab, die *Herzfrequenz sinkt* (negativ chronotrop) und *verlangsamen* die *Reizausbreitung*, die Diastole wird länger, die Herzkammern füllen sich besser (negativ dromotrop). Die *Kontraktion* in der Systole wird beschleunigt und *verstärkt*, Schlagvolumen und Minutenvolumen nehmen zu (positiv inotrop).

Welche Nebenwirkungen hat Digitalis bei Überdosierung?

Appetitlosigkeit, Übelkeit, Erbrechen, evtl. auch Farbensehen, Benommenheit und Verwirrtheit.

Am Herzen Bradykardie, Extrasystolen, verlängerte Zeit der Überleitung vom Vorhof auf die Kammern (PQ über 0,20 s = AV-Block 1. Grades). Evtl. kommt es zum totalen Block.

Welche Arten von Herzglykosiden werden verwendet?

Digitoxin: Beginn der Wirkung nach 2 Stunden, Vollwirkung ab 6 Stunden. Sehr langsame Ausscheidung, daher Gefahr der Kumulation (Anhäufung) von Digitalis im Herzmuskel mit Überdosierungserscheinungen. (Präparat: Digimerck.)

Digoxin: mit raschem Wirkungseintritt und raschem Abbau, dadurch leichter steuerbar als Digitoxin. Präparate wie Lanicor (Digoxin), Novodigal (β-Azetyldigoxin) und Lanitop (β-Methyldigoxin).

Welches Herzglykosid wird gewählt?

Die Wahl der Herzglykoside richtet sich im Wesentlichen nach der Nierenfunktion. Bei normaler Nierenfunktion Digoxin, bei eingeschränkter Nierenfunktion Digitxoin, da es vorwiegend von der Leber ausgeschieden wird.

Wie wird überprüft, ob ein Patient zu wenig oder zu viel Digitalis bekommt?

Durch die Bestimmung des Digitalisspiegels im Blut des Patienten. Der sog. therapeutische Bereich für Digoxin beträgt 0,8–2,0 μg/l, für Digitoxin 13–25 μg/l. Die Blutabnahme für diese Spiegelbestimmung sollte unmittelbar vor der nächsten einzunehmenden Dosis erfolgen.

Was bedeutet ACE-Hemmer?

ACE ist die Abkürzung von *A*ngiotensin *C*onverting *E*nzyme. Dieses Medikament hemmt die Umwandlung des Angiotensin I in Angiotensin II, der stärksten physiologischen blutdrucksteigernden Substanz. Es kommt zu einer Verminderung des peripheren arteriellen Widerstandes und damit zur Blutdrucksenkung und Senkung der Nachlast für das Herz. ACE-Hemmer gehören heute zur Standardtherapie der Hypertonie und der chronischen Herzinsuffizienz.

Was ist bei der ersten Gabe von ACE-Hemmern zu beachten?

Es kann bei der ersten Dosis eines ACE-Hemmers zu einem starken Blutdruckabfall kommen. Daher beginnt man in der Regel mit kleinen Dosen und steigert dann die Dosis. Die Nierenfunktion kann sich zu Therapiebeginn verschlechtern (Anstieg des Serum-Kreatinins). Bei fortgeschrittener Niereninsuffizienz ist die Dosis um 50% zu halbieren.

Welche Nebenwirkungen können bei Gabe von ACE-Hemmern auftreten?

Etwa 5–8% der behandelten Patienten bekommen Husten, da die ACE-Hemmer auch den Abbau von Bradykinin hemmen. Weitere zu beachtende Nebenwirkungen sind ein meist vorübergehender Anstieg des Kreatinins, eine Hyperkaliämie und leichte Proteinurie.

Bei Husten sollte man auf die AT_1-Antagonisten ausweichen (z.B. Lorzaar), die nicht das ACE, sondern den Rezeptor blockieren.

6.3.7 Herzrhythmusstörungen

Änderungen des Sinusrhythmus

Welches ist der normale Herzrhythmus und welche Variationen gibt es?

Der Sinusrhythmus, er geht vom Sinusknoten aus. Es gibt die Sinustachykardie, Sinusbradykardie und Sinusarrhythmie.

Was heißt Sinustachykardie und was -bradykardie?

Eine Herzschlagfolge über 100/min wird als Sinustachykardie, eine Frequenz unter 50 als Sinusbradykardie bezeichnet, wenn sie vom Sinusknoten ausgehen.

Was kann beim Gesunden zur Sinustachykardie führen?
Bei körperlicher Belastung, Schwangerschaft oder psychischer Erregung wird das Herz über den Sympathikusteil des vegetativen Nervensystems angetrieben, um den Blutumlauf an die Erfordernisse des Körpers anzupassen. Bei schwersten körperlichen Anstrengungen kann die Sinusfrequenz des Herzens ihr Maximum von 180/min erreichen.

Wann kann es pathologisch zur Sinustachykardie kommen?
Viele Krankheitsprozesse sind mit Tachykardie verbunden, z.B.:
- Fieber oder Überfunktion der Schilddrüse (Hyperthyreose), weil der Stoffwechsel gesteigert ist;
- manche Medikamente, z.B. Adrenalin oder andere Sympathikomimetika genannte Medikamente, oder Genussmittel wie Koffein bewirken Tachykardien.

Als kompensarorische Tachykardie bei:
- Blutarmut (Anämie) oder Einschränkung der Lungenfunktion, um die Sauerstoffversorgung des Organismus zu gewährleisten;
- Herzkrankheiten, z.B. Myokarditis, Herzinsuffizienz.

Wann finden wir beim Gesunden eine Sinusbradykardie?
Bei Männern viel häufiger als bei Frauen. Vor allem bei Sportlern und Schwerarbeitern kann eine Sinusbradykardie von 40–60 Schlägen pro Minute der konstitutionellen Norm entsprechen.

Welche Krankheitszustände können zu Sinusbradykardie führen?
- Bei Hypothyreose;
- im Rahmen eines akuten Herzinfarktes;
- bei Hirndrucksteigerung, z.B. durch Hirntumor oder -blutung;
- unter bestimmten Medikamenten, z.B. Digitalisüberdosierung, Betablocker;
- nach Einnahme von Drogen, z.B. Opiaten;
- bei Typhus und Paratyphus.

Was wird beim so genannten Sinusknotensyndrom beobachtet?
Durch Schädigung des Sinusknotens, z.B. durch Myokarditis oder bei Koronarsklerose, können anfallsweise Rhythmusstörungen auftreten, und zwar sowohl bradykarde als auch tachykarde Frequenzen, Extrasystolen und Überleitungsstörungen (sinuatriale Blockierung). Am aufschlussreichsten ist die Ableitung eines Langzeit-EKGs.

Durch das Elektrokariogramm (EKG) können Änderungen des Rhythmus diagnostiziert werden.

Wie kommt es zur periodischen Sinusarrhythmie?
Die Einatmung beschleunigt, die Ausatmung verlangsamt den Herzschlag (respiratorische Arrhythmie). Dieses Phänomen wird bei Kindern oder Jugendlichen und bei Sportlern beobachtet. Es hat keine Krankheitsbedeutung.

Extrasystolen

Welche Arten von krankhaften Rhythmusstörungen des Herzens sind zu unterscheiden?

Es gibt Störungen der *Reizbildung*, meist tachykarde Rhythmusstörungen und Störungen der *Erregungsleitung*, meist bradykarde Rhythmusstörungen.

Welche Störungen der Reizbildung gibt es?

Außer der normalen Reizbildung im Sinusknoten (Sinusrhythmus) kann es auch in anderen Herzabschnitten zur Reizbildung und von dort zur Reizausbreitung kommen.

- Wenn das Erregungszentrum in der Kammermuskulatur liegt, kommt es zu ventrikulären Extrasystolen;
- wenn es im Vorhofbereich oder auch im Aschoff-Tawara-Knoten liegt, spricht man von supraventrikulären Extrasystolen;
- außerdem gibt es Vorhofflattern und Vorhofflimmern mit kreisenden Erregungen in den Vorhöfen, die in unregelmäßigen Abständen auf die Kammern übergeleitet werden. Es besteht dann eine absolute Arrhythmie (s. Seite 122).

Wieso können sich Extraschläge bilden und wie empfindet der Patient diese?

Jede Herzmuskelzelle hat die Fähigkeit der Reizbildung und Reizleitung. Am empfindlichsten ist jedoch der Sinusknoten, dem sich als dem Schrittmacher der Herzaktion die Herzmuskelzellen unterordnen. Wenn der Sinusknoten aber geschädigt ist oder zusätzliche Reize auf den Herzmuskel einwirken, können Extraschläge, so genannte Extrasystolen, entstehen.

Viele Patienten bemerken die Extrasystolen gar nicht, andere verspüren ein Aussetzen oder Stolpern des Herzschlages, z.T. als unangenehm, manchmal auch als beängstigend.

Wodurch können Extrasystolen entstehen?

- Bei leicht erregbaren Menschen können sie durch das neurovegetative System ausgelöst werden;
- durch herdförmige Entzündungen des Herzmuskels (Myokarditis);
- durch Mangeldurchblutung des Myokards (z.B. koronare Herzkrankheit, Herzinfarkt);
- Stoffwechselstörungen, z.B. Hypokaliämie, Hyperthyreose;
- durch toxische Einwirkungen, z.B. Digitalisüberdosierung.

Welche Arten von Extrasystolen werden unterschieden?

Supraventrikuläre Extrasystolen entstehen im Vorhofgebiet, der Reiz geht über den AV-Knoten auf die Kammermuskulatur über.

Ventrikuläre Extrasystolen (Abb. **6.10**) entstehen im Kammerbereich, breiten sich aber über die ganze Kammermuskulatur aus.

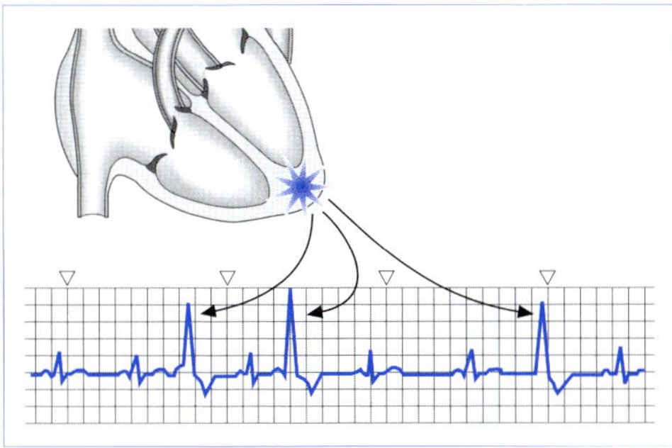

Abb. **6.10** Kammersystolen. Mehr als 6 Kammerextrasystolen in der Minute sind pathologisch (nach Lindner)

Wenn sie an wechselnden Stellen entstehen und im EKG verschieden aussehen, nennt man sie polytope oder polymorphe Extrasystolen.

Was nennt man Bigeminus oder Trigeminus?

Extrasystolen können regelmäßig zwischen die Normalschläge eingestreut sein.
Bigeminus: auf jeden Normalschlag folgt eine Extrasystole.
Trigeminus: auf jeden Normalschlag folgen zwei Extrasystolen.

Welche Bedeutung haben Extrasystolen?

Sie können harmlose Nebenbefunde sein, die auch bei herzgesunden Menschen auftreten. Wenn sie gehäuft sind, bedingen sie eine unökonomische Herzleistung. Bei Digitalisbehandlung sind sie evtl. Zeichen der Überdosierung. Bei schweren Myokardschädigungen (infektiös-toxisch, z.B. bei Diphtherie oder Myokarditis oder bei Herzinfarkt) zeigen sie ein bedrohliches Stadium an.

Was bedeutet das R-auf-T-Phänomen?

Der vorzeitige Einfall einer Extrasystole, wobei die R-Zacke des EKG auf die vorausgehende Endschwankung, das T, fällt. Dieser EKG-Befund ist gefährlich, da er als Vorbote einer bedrohlichen Rhythmusstörung (z.B. Kammerflattern, Kammerflimmern) gilt (Abb. **6.11**).

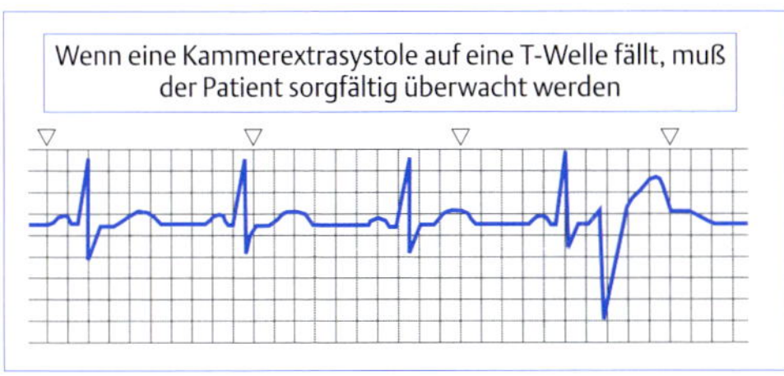

Abb. **6.11** Fällt eine Kammerextrasystole mit einer vorausgehenden T-Welle zusammen, so kann es in dieser sog. verletzlichen (vulnerablen) Phase zu sehr bedrohlichen Rhythmusstörungen kommen (nach Lindner)

Wie können Extrasystolen behandelt werden?

Gelegentlich auftretende, asymptomatische Extrasystolen bedürfen keiner Behandlung. Sonst Behandlung der organischen Ursache: der koronaren Herzkrankheit, Myokarditis, der infektiös-toxischen Ursache, der Hyperthyreose, usw. Überprüfung der Medikamente: Achten auf Kumulierung von Digitalis und auf Hypokaliämie. Evtl. Medikamente (Antiarrhythmika) zur Unterdrückung der Extrasystolen verabreichen wie Ajmalin, Propafenon, Betarezeptorenblocker oder Amiodaron.

Paroxysmale Tachykardien

Wie wird die paroxysmale Tachykardie definiert?

Eine plötzlich einsetzende und über Minuten bis Stunden anhaltende Tachykardie. Sie kann ohne sonstige Herzkrankheit auftreten. Der Herzrhythmus ist dabei regelmäßig. Die paroxysmale Tachykardie kann ohne Behandlung ebenso plötzlich aufhören, wie sie begonnen hat.

Welche Arten von paroxysmalen Tachykardien werden unterschieden?

Durch das EKG können unterschieden werden:

die *supraventrikuläre* paroxysmale Tachykardie (Abb. **6.12**) und die *ventrikuläre* paroxysmale Tachykardie (Abb. **6.13**) mit Frequenzen von 160–250/min. Sie ist ein lebensbedrohlicher Zustand, besonders in Form des Kammerflatterns (Haarnadelkurven im EKG).

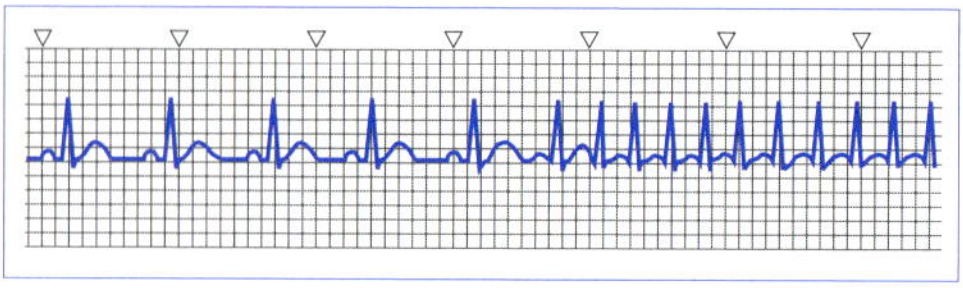

*Abb. **6.12** Paroxysmalen Tachykardie mit Frequenzen über 160 Schlägen/Min. (nach Lindner)*

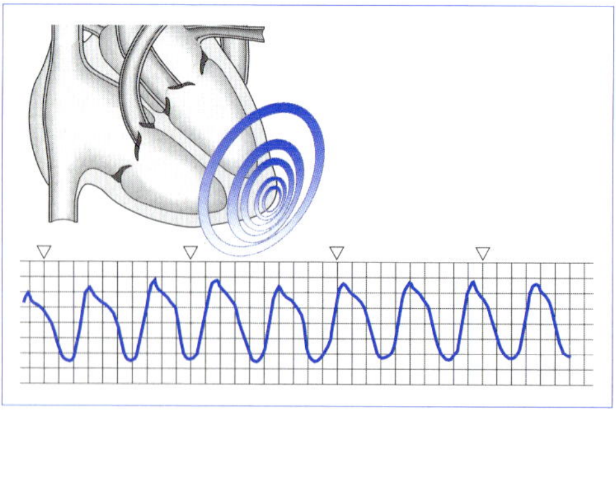

*Abb. **6.13** Paroxysmale Kammertachykardie mit einem charakteristischen Bild im EKG (nach Lindner)*

Welche Erscheinungen können bei paroxysmaler Tachykardie beobachtet werden?

Anfangs können Schwindel, unangenehmes Herzklopfen oder Herzbeklemmung auftreten. In schweren Fällen kann eine Dekompensation entstehen, d.h. Einflussstauung der Halsvenen, Leberschwellung, Lungenstauung, auch Blutdruckabfall. Nach Abklingen der paroxysmalen Tachykardie wird oft viel wasserheller Urin entleert, sogenannte Harnflut.

Wodurch kann es zu einer paroxysmalen Tachykardie kommen?

Die supraventrikuläre Form kann manchmal nur durch psychovegetative Fehlsteuerung ausgelöst werden. Als organische Ursachen sind Myokardschädigung, Vorhofüberdehnung bei Klappenfehlern, Myokarditis, Koronarsklerose und Herzinfarkt auslösend.

Wie wird die paroxysmale Tachykardie behandelt?

Bei der supraventrikulären Form genügt manchmal ein Vagusreiz, z.B. Druck beiderseits auf die Halsschlagader (Karotisdruckversuch) oder Schlucken von eiskaltem Wasser.

Als Medikamente kommen besonders bei der supraventrikulären Form die i.v. Gabe von Verapamil (Isoptin), Ajmalin (Gilurytmal), Propafenon oder Adrekar in Betracht.

Die elektrische Defibrillation mit dem Defibrillator ist besonders bei der ventrikulären paroxysmalen Tachykardie angezeigt.

Was bedeutet Kammerflimmern?

Eine völlig ungeordnete rasche Tätigkeit der Herzmuskelfasern. Das Herz kann dabei kaum mehr Blut in den Kreislauf befördern. Der Effekt ist daher praktisch der gleiche wie bei einem Herzstillstand. Nachweis des Kammerflimmerns durch das EKG (Abb. **6.14**).

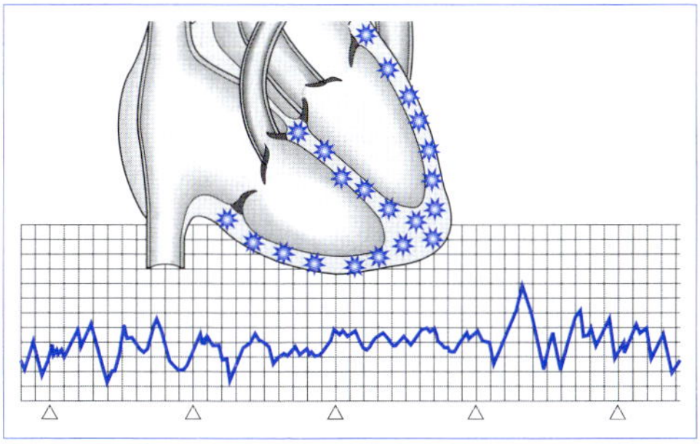

Abb. **6.14** Kammerflimmern *ohne geordnete rhythmische Aktionen oder QRS-Komplexe. Die Herzkammern kontrahieren sich nicht mehr, sondern zucken nur noch chaotisch. Die Frequenz beträgt > 400/min (nach Lindner)*

Was sind Ursachen und Befunde bei Kammerflimmern?

Ursache sind schwerste Schädigungen des Herzmuskels oder Entgleisungen des Stoffwechsels.

Fehlen von Puls und Herztönen, Schnappatmung, Bewusstlosigkeit, weite Pupillen, evtl. hirnorganische Krämpfe und Tod werden beobachtet.

Was wird bei Kammerflimmern getan?

Reanimation mit Beatmung, Herzdruckmassage, (evtl. wiederholte) Defibrillation, Gabe von Adrenalin (s. Kardiopulmonale Reanimation, S. 127).

Absolute Arrhythmien

Was wird unter Vorhofflimmern und -flattern verstanden?

Durch Schädigung der Vorhöfe kann es zu kreisenden elektrischen Erregungen im Vorhofmyokard mit sehr rasch aufeinanderfolgenden schwachen Kontraktionen kommen. Bei einer Frequenz von 250–400/min spricht man von Vorhofflattern (Abb. **6.15**), über 400/min von Vorhofflimmern (Abb. **6.16**). Eine regelmäßige Überleitung dieser hohen Flimmerfrequenzen auf die Kammer ist nicht möglich, es tritt eine absolute Arrhythmie auf. Beträgt die Frequenz eines Vorhofflatterns aber nur um 250/min, so kann es zu einer regelmäßigen Überleitung auf die Herzkammern kommen, wodurch sehr rasch eine bedrohliche Situation entsteht.

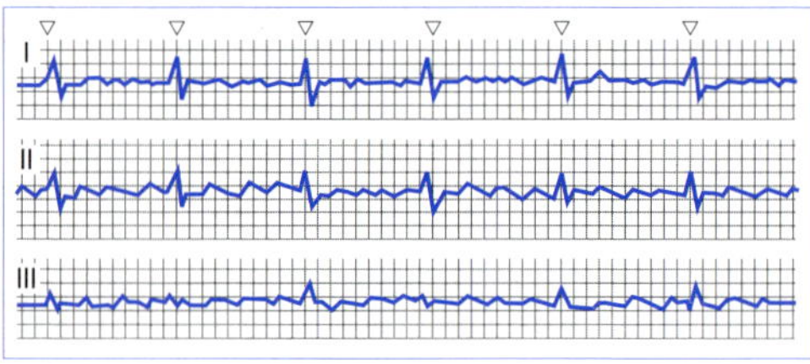

Abb. **6.15** *Vorhofflattern mit Frequenzen bis zu 400 Schlägen/Min. Die Nullinie ist sehr unruhig.*

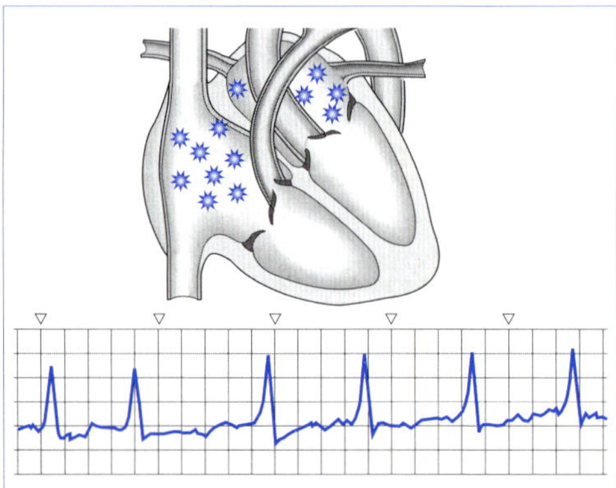

Abb. **6.16** Vorhofflimmern *mit Frequenzen über 400 Schlägen/Min. und einem chaotischen, völlig unregelmäßigen Vorhofrhythmus (nach Lindner)*

Was ist die Ursache von Vorhofflattern oder -flimmern?

Bei Patienten unter 50 Jahren ohne koronare Herzkrankheit ist die häufigste Ursache ein sehr hoher chronischer Alkoholgenuss, eine Hyperthyreose oder ein Mitralklappenfehler. Bei älteren Patienten liegt meist eine koronare Herzkrankheit vor. Vorhofflimmern ist eine der häufigsten Rhythmusstörungen und tritt bei etwa 10% der über 70-jährigen auf.

Welche Gefahren bestehen bei Vorhofflattern oder -flimmern?

Da die Vorhöfe ihr Blut nicht regelrecht entleeren und praktisch still stehen, können sich durch Verlangsamung des Blutstromes besonders in den Herzohren Thromben bilden, die gelegentlich mit dem Blutstrom verschleppt werden: Emboliegefahr, besonders Hirnembolie mit Apoplex. Daher sollten Patienten mit Vorhofflimmern mit Antikoagulanzien behandelt werden.

Welche Herzfrequenzen sind mit Vorhofflimmern oder -flattern verbunden?

Je nach Frequenz der Kammerarrhythmie spricht man von Tachyarrhythmia absoluta (120–150/min) oder Bradyarrhythmia absoluta (40–60/min).

Wie kann die Vorhof- und Kammerarrhythmie behandelt werden?

Wenn ein beeinflussbares Grundleiden vorhanden ist, so z.B. eine Hyperthyreose, muss dieses therapiert werden.

Wenn das Vorhofflimmern noch nicht lange besteht, gelingt manchmal eine Rhythmisierung mit Chinidin, Sotalol, Verapamil, Disopyramid oder Propafenon. Bei jüngeren Patienten sollte man eine sog. elektrische Kardioversion anstreben, wodurch oft wieder ein Sinusrhythmus zu erreichen ist. Bei älteren Patienten mit lange bestehendem Vorhofflimmern ist das meistens nicht mehr möglich; in diesen Fällen begnügt man sich mit einer medikamentösen Verlangsamung der Herzfrequenz, vor allem, wenn ein tachykardes Vorhofflimmern vorliegt. In Fällen von bradykardem Vorhofflimmern wird rechtzeitig ein Herzschrittmacher eingesetzt.

Was ist eine elektrische Kardioversion?

In Kurznarkose wird über eine auf der Brustwand angebrachte großflächige Spezialelektrode ein kurzer Gleichstromstoß auf das Herz abgegeben, wodurch die kreisenden Erregungen im Vorhof unterbrochen werden sollen.

Was ist ein Pulsdefizit und wie wird es festgestellt?

Ein Pulsdefizit entsteht durch frustrane Kontraktionen. Die Ventrikel kontrahieren sich zwar, aber in Ermangelung eines entsprechenden Schlagvolumens kommt es bei diesem Herzschlag nicht zu einer Pulswelle in der Peripherie. Das Missverhältnis von Herzschlägen, z.B. 140/min, und Pulsfrequenz, z.B. von 80/min, bedeutet ein Pulsdefizit von 60/min.

Zur Feststellung werden während einer Minute gleichzeitig die Herzschläge und die Pulsfrequenz gezählt. Meistens sind dazu zwei Personen erforderlich. Im Kardex wird die Herzfrequenz, zentraler Puls, durch Herzsymbol über dem peripheren Puls registriert.

Was bedeutet ein Pulsdefizit?

Es stellt eine höchst unökonomische Herztätigkeit dar, die rasch, meist durch Vollsättigung mit Digitalis ausgeglichen werden muss, um die damit verbundene kardiale Insuffizienz zu beheben.

Herzblock

Welche Störungen der Erregungsausbreitung im Herzen kommen vor?

Unterschieden werden Störungen der Erregungsüberleitung von den Vorhöfen auf die Kammern und Störungen der Erregungsausbreitung innerhalb der Kammern.

Die *Erregungsüberleitung* ist gestört bei den AV-Blöcken. Es können auftreten:

- ein AV-Block 1. Grades: Störung der Reizleitung vom Sinusknoten zum AV-Knoten = verlängerte Überleitungszeit = AV-Block 1. Grades. Es handelt sich um eine EKG-Diagnose, der Patient spürt davon nichts;
- ein AV-Block 2. Grades: die Überleitungszeit ist so lang, dass regelmäßig nur jede zweite oder dritte Sinuserregung auf die Vorhöfe übergeleitet wird oder sie wird immer länger, bis schließlich eine Erregung gar nicht mehr übergeleitet wird und die Periode von Neuem beginnt (Wenckebach-Periodik);
- ein AV-Block 3. Grades: es findet überhaupt keine Überleitung von den Vorhöfen zu den Kammern mehr statt. Vorhöfe und Kammern schlagen unabhängig voneinander und damit unkoordiniert (totaler AV-Block).

Die *Erregungsausbreitung* kann gestört sein durch vollständige oder teilweise Unterbrechung der spezifischen Leitbahnen im Herzen für den elektrischen Reiz (rechter und linker Tawara-Schenkel). Entsprechend unterscheidet man einen Rechtsschenkelblock und einen Linksschenkelblock im Herzen. Diese Diagnose wird mit dem EKG gestellt, der Patient muss davon keine Beschwerden haben. Allerdings weisen diese EKG-Befunde immer auf ein krankes Herz hin.

Wodurch kann es zum Herzblock kommen?

Durch Konorarsklerose, Herzinfarkt, Myokarditis, rheumatisch oder infektiös oder Digitalisüberdosierung, Chinidin.

Wie können die Überleitungsstörungen behandelt werden?

Kein Digitalis, keine Antiarrhythmika!, Behandlung der Grundkrankheit, evtl. Schrittmacher.

Was ist bei Asystolie zu machen?

Bei Herzstillstand sofort Herzmassage (s. Seite 127) und Beatmung, Alupent 0,5–1,0 mg oder Adrenalin intrakardial und elektrischer Schrittmacher (s. Seite 125).

Was ist ein Adams-Stokes-Anfall?

Durch vorübergehenden Ausfall der Systolen (Asystolie) treten plötzlich Blässe, dann Zyanose mit Bewusstlosigkeit, manchmal auch mit Krämpfen für einige Sekunden bis zu 3 Minuten auf, weil das Gehirn nicht durchblutet wird (Synkope). Die Anfälle können sich in Abständen wiederholen. Ein schwerer Anfall kann tödlich verlaufen.

Was ist bei einem Adams-Stokes-Anfall zu tun?

Möglichst feststellen, welcher Rhythmus bei dem Patienten vorliegt. Sofort Puls tasten und Herz abhören. Sofern man keine Auffälligkeiten feststellt und der Patient wieder zu sich kommt, muss versucht werden, mittels Langzeit-EKG festzustellen, welche Rhythmusstörung dem Anfall voraus ging. Allerdings führt dieses Verfahren nicht immer zu einer Diagnose. In vielen Fällen erhält der Patient mit Adams-Stokes-Anfall auch ohne genaue EKG-Diagnose einen Herzschrittmacher, da jeder weitere Anfall potentiell tödlich sein kann.

Zunächst wird notfallmäßig ein temporärer Schrittmacher angebracht. Später kann dann, falls nötig, ein permanenter Schrittmacher implantiert werden.

Womit kann ein künstlicher Herzrhythmus hergestellt werden?

Externer temporärer Schrittmacher: Durch Aufsetzen von Elektroden an den EKG-Ableitungspunkten V_1 und V_2 wird ein Stromstoß erzeugt, der das Herz zu einer Kontraktion bringt. Die rhythmische Wiederholung erzwingt einen künstlichen Herzrhythmus. Nachteil: Es kommt gleichzeitig zu schmerzhaften Mitkontraktionen der Körpermuskulatur, dadurch sind externe Schrittmacher nur kurzfristig oder in Narkose anwendbar.

Durch einen *flexiblen Elektrodenkatheter*, der durch Punktion einer peripheren Vene unter Röntgen- und EKG-Kontrolle in den rechten Ventrikel eingeschoben wird.

Einpflanzung eines batteriebetriebenen *Schrittmachers*, z.B. in die Brust- oder Bauchhaut, der durch schwache Stromstöße über Elektroden das Herz regelmäßig stimuliert (Abb. **6.17**).

Welche Schrittmachertypen gibt es?

Praktisch alle heute verwendeten Herzschrittmacher sind bedarfsgesteuert, d.h. sie geben ihre Impulse nur ab, wenn die natürliche Herzfrequenz unter einen bestimmten, einstellbaren Wert absinkt. Abhängig von der Art der Impulsauslösung unterscheidet man kammergesteuerte, durch die P-Welle oder vorhofgesteuerte und sequentielle oder bifokale Schrittmacher. Für die verschiedenen Schrittmachertypen gibt es Codes, an denen man erkennen kann, um welches Modell es sich handelt. Am häufigsten werden VVI- und DDD-Schrittmacher verwendet. Die bifokalen Schrittmacher haben den Vorteil, dass sie den physiologischen Erregungsablauf Vorhof-Kammer zeitgerecht nachahmen und zu einer ökonomischeren Herzarbeit führen (Abb. **6.18**).

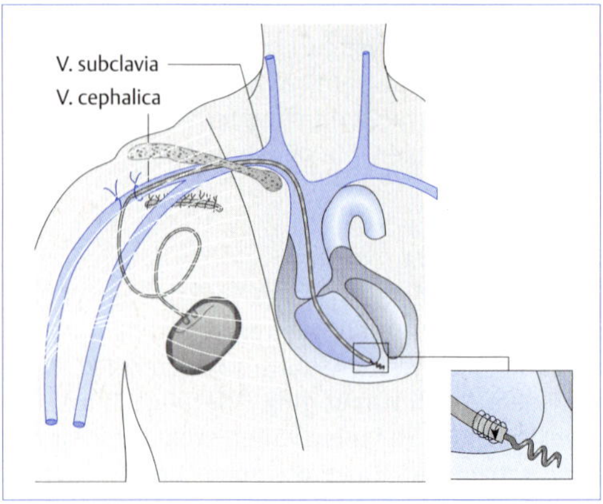

*Abb. **6.17** Von einem Schnitt unterhalb des Schlüsselbeines wird die Batterie (B) im Unterhautfettgewebe positioniert. Das Elektrodenkabel führt man über die V. cephalica unter Röntgendurchleuchtung bis zum rechten Herz. Dort wird die Elektrodenspitze durch Drehen am Kabel im Endokard fixiert (nach Paetz)*

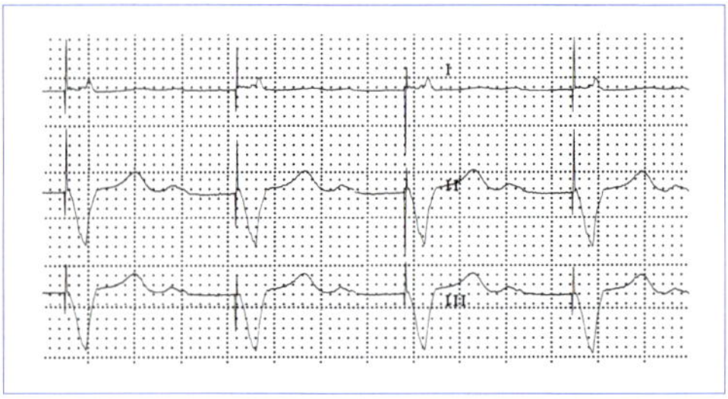

*Abb. **6.18** EKG-Bild eines VVI-Einkammerschrittmachers*

Wann ist eine Schrittmacherbehandlung angezeigt?

Bei Adams-Stokes-Anfällen, Herzinsuffizienz durch bradykarde Rhythmusstörungen, insbesondere totalem AV-Block, Carotis-Sinus-Syndrom oder bei Intoxikationen (Digitalis, Chinidin, Betablocker).

Welche Störungen können bei einem Schrittmacher auftreten?

Dislokation der Elektrodenspitze mit mangelndem Kontakt zum Myokard, Bruch des Kabels, Batterieermüdung, Herzwandperforation, zu geringe Signalwahrnehmung („undersensing") oder Reagieren auf nicht vorgesehene Signale („oversensing").

Durch welche Einflüsse von außen kann ein Schrittmacher gestört werden?

Durch elektrische und magnetische Felder, wobei die Elektrode als Antenne wirken kann, Röntgenbestrahlung, Diathermiebestrahlung (Kurzwellen), Elektrochirurgie (Elektrokauter), Radar-, Funk- und Fernsehstationen oder durch Mobiltelefone.

Wie lange liefert die Batterie eines Schrittmachers Strom?

Meist Jahre. Sie kann aber auch schon nach 24 Monaten erschöpft sein, so dass ein Batteriewechsel erforderlich wird. Das Versagen der Batterie macht sich durch Rhythmusstörungen bemerkbar.

Was geschieht mit einem Schrittmacher nach dem Tode des Patienten?

Er kann entfernt werden. Verbleibt das Gerät im Körper eines Verstorbenen, so besteht bei der Feuerbestattung die Gefahr einer Explosion der Lithiumbatterie im Verbrennungsofen. Angehörige und Leichenbestatter sind darüber zu informieren.

Was ist eine Defibrillation und wie wird sie durchgeführt?

Zur Durchbrechung tachykarder Extrareizbildungen, besonders des lebensbedrohlichen Kammerflimmerns, aber auch der paroxysmalen ventrikulären und supraventrikulären Tachykardien und bei Vorhofflattern und -flimmern wird ein Stromstoß angewendet, der wieder einen normalen Sinusrhythmus in Gang bringen soll. Beim Kammerflimmern bezeichnet man dies als Defibrillation, beim Vorhofflimmern als Kardioversion (s. Seite 123).

Handtellergroße Elektroden werden an den EKG-Ableitungspunkt von V_1 und V_6 angesetzt und ein Stromstoß durch Kondensatorenladung von ca. 50–300 Ws ausgeübt.

Was wird als kardiopulmonale Reanimation bezeichnet?

Die Gesamtheit der Maßnahmen, die bei einem pulslosen, nicht atmenden Patienten vorgenommen werden. Dazu gehört als wichtigste Maßnahme die möglichst frühzeitige Defibrillation, die Freihaltung der Atemwege und Beatmung, die Herzdruckmassage und die Kreislaufstabilisierung durch Gabe von Adrenalin, möglichst über einen zentralvenösen Zugang.

Wie wird die Herzdruckmassage zur Wiederbelebung vorgenommen?

Der Patient liegt auf dem Rücken auf harter Unterlage. Mit den Handballen werden rhythmische Kompressionsstöße auf das Brustbein (Sternum) ausgeübt, dadurch wird das Herz gegen die Wirbelsäule gedrückt und ausgepresst. Anfangs soll eine Frequenz der Kompression von 100/min, später von 60/min ausgeübt werden.

Zur effektiven Beatmung von Mund zu Mund ist ein zweiter Helfer erforderlich.

Wie wird die Mund-zu-Mund-Beatmung vorgenommen?

Der Kopf des Patienten wird durch die eine Hand des Beatmers nach hinten geneigt und die Nase des Patienten mit Daumen und Zeigefinger zugehalten. Die andere Hand liegt unter dem Kinn, um den Kopf zu fixieren. Nach tiefer Einatmung des Beatmers wird Mund auf Mund gesetzt und die Luft kräftig in die Lungen des Patienten geblasen. Dies wird 12–15mal pro Minute durchgeführt.

6.3.8 Angeborene Herzfehler

Welche Teile des Herzens oder der großen Blutgefäße können bei angeborenen Herzfehlbildungen betroffen sein?
Es können die Herzklappen, das Septum zwischen den Vorhöfen oder den Herzkammern und die Anfangsteile der großen Gefäße betroffen sein.

Wie kann das Septum verändert werden?
Die Herzscheidewand, das Septum zwischen den Vorhöfen oder zwischen den Kammern, kann unvollständig geschlossen sein, so dass das Blut von einer Herzseite in die andere fließt: Vorhofseptumdefekt bzw. Kammerseptumdefekt.

Welche Fehlbildung kommt an der Pulmonalarterie vor?
Bei der angeborenen Pulmonalstenose sind die Pulmonalklappen miteinander verwachsen und eingeengt (Stenose), der rechte Ventrikel wird überlastet und hypertrophiert. Die Lunge bekommt zu wenig Blut, es entsteht eine Blaufärbung der Haut, Zyanose.

Was liegt bei der Fallot-Tetralogie vor?
Häufig sind gleichzeitig mit der Pulmonalstenose andere Missbildungen vorhanden, z.B. ein Kammerseptumdefekt mit „reitender" Aorta, die über dem linken und rechten Ventrikel liegt und aus beiden Blut bekommt, die sogenannte Fallotsche Tetralogie.

Welche Missbildung kann am Aortenbogen auftreten?
Bei der Aortenisthmusstenose liegt eine Verengung im Aortenbogen vor, so dass durch die Aorta descendens zu wenig Blut in die Bauchorgane und unteren Extremitäten fließen kann. Es bildet sich deshalb ein Umwegkreislauf über die Interkostalarterien, die sich stark erweitern. In der oberen Körperhälfte findet sich ein Bluthochdruck (Blutdruck an beiden Armen erhöht) und ein deutlich geringerer Blutdruck in der unteren Körperhälfte (Blutdruckmessung an den Beinen!).

Was wird als offener Ductus Botalli bezeichnet?
Beim offenen Ductus arteriosus Botalli bleibt eine embryonale Gefäßverbindung zwischen Aorta und Truncus pulmonalis, die sich sonst nach der Geburt selbst schließt, offen. Dadurch fließt Blut aus der Aorta direkt in die Pulmonalarterie und wird damit dem großen Kreislauf entzogen.

Was ist ein Shunt?
Shunt bedeutet Kurzschluss. Man versteht darunter den verkürzten falschen Weg, den das Blut bei angeborenem Herzfehler nimmt, z.B. durch das offene Vorhof- oder Kammerseptum vom linken ins rechte Herz oder umgekehrt. Dieses wird Links-rechts-Shunt oder Rechts-links-Shunt genannt.

Welche Komplikationen kommen bei angeborenen Herzfehlern vor?

Angeborene Herzfehler neigen besonders zu bakterieller Endokarditis (s. Seite 97). Wenn Herzvitien zu spät operiert werden, treten irreversible strukturelle Veränderungen des Myokards auf. In diesen Fällen kann dem Patienten nur noch durch eine Herztransplantation geholfen werden.

Welche Behandlungsmöglichkeiten stehen bei konnatalen Vitien zur Verfügung?

Es kommen Herzoperationen in Frage:

- Beim offenen Ductus arteriosus Botalli wird dieser unterbunden und evtl. durchgetrennt. Die Resultate sind sehr gut.
- Die Verengung bei der Aortenisthmusstenose wird entfernt und die Gefäßenden durch Naht miteinander verbunden.
- Operationen am offenen Herzen, z.B. Septumdefekte, erfordern einen großen Aufwand mit der Herz-Lungen-Maschine. Dabei wird das Blut über Plastikschläuche aus den Hohlvenen durch einen Apparat (Oxygenator) gepumpt, wo es mit Sauerstoff angereichert und anschließend wieder in die Arterie zurückgeführt wird.

Nicht alle Fehlbildungen sind operabel. In extremen Fällen ist eine gleichzeitige Transplantation von Herz und Lungen erforderlich.

7 Atmungssystem

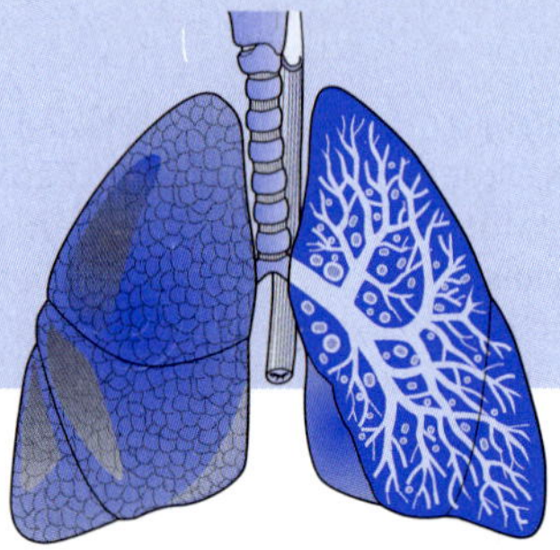

7.1 Anatomie und Physiologie

Wodurch werden die beiden Nasenhöhlen gebildet?

Das *Siebbein* bildet das Dach der beiden Nasenhöhlen und lässt die Fasern der Riechnerven (Nn. olfactorii) aus der Riechregion der Nasenschleimhaut ins Gehirn durchtreten. Die *Nasenscheidewand* wird zum Teil knöchern, z.T. durch Knorpel gebildet. Der harte und weiche *Gaumen* stellen den Boden der Nasenhöhlen dar. Innen an den Seitenwänden finden sich die obere, mittlere und untere *Nasenmuschel*.

Welche Öffnungen und Verbindungen haben die Nasenhöhlen?

Die Verbindung nach außen stellen die Nasenlöcher her, die Verbindungen nach hinten zum Rachen heißen Choanen. Unter der mittleren Nasenmuschel finden sich die Öffnungen zur Stirn- und Oberkieferhöhle. Der Tränennasengang mündet in den unteren Nasengang.

Wie ist die Schleimhaut der Nase aufgebaut?

- In der Schleimhaut liegen zahlreiche *Becherzellen* und andere Drüsenzellen, die Schleim absondern. Diese und die Tränenflüssigkeit feuchten die Atemluft an;
- an der Oberfläche der Nasenschleimhaut findet sich ein *Flimmerepithel*, dessen Härchen Schleim und Staub gegen die Nasenöffnungen hin bewegen;
- im Bindegewebe der Nasenschleimhaut liegen ausgedehnte *Venengeflechte*, die die Atemluft anwärmen, aber bei Entzündung auch stark anschwellen und die Nase verstopfen können;
- das *Riechfeld* mit den Nervenzellen des ersten Hirnnervs (Nn. olfactorii) liegt im oberen Nasengang und ermöglicht eine gewisse Beurteilung der Atemluft.

Welche Aufgabe haben die Nasennebenhöhlen?

Die Kiefer-, Stirn- und Keilbeinhöhle sowie die Siebbeinzellen stellen eine Erweiterung des Nasenraumes dar und verstärken durch ihre Schleimhäute die Anfeuchtung, Anwärmung und Säuberung der Atemluft. Außerdem verstärken sie durch die in ihnen mitschwingende Luft die Resonanz beim Sprechen und tragen zur Klangfarbe der Stimme bei.

Welche Bedeutung hat der Rachen?

Im Rachen überkreuzen sich Atem- und Speisewege. Im Rachendach findet sich die Rachenmandel, eine Anhäufung lymphatischen Gewebes in der Schleimhaut.

Im oberen Teil des Pharynx münden die Ohrtrompeten (Tubae auditivae; Eustachische Röhren), die den Rachen und das Mittelohr verbinden. Sie vermitteln den Druckausgleich im Mittelohr, indem sie sich beim Schlucken öffnen.

Wie werden die Atemwege beim Schluckakt vor dem Eindringen von Speisen geschützt?

Beim Schluckakt wird das Gaumensegel (der weiche, bewegliche, hinten gelegene Teil des Gaumens) nach oben bewegt und verschließt den Rachen gegen den Nasenraum. Bei Gaumensegellähmung treten während des Schluckens Speisen und Getränke durch die Nase aus. Der Kehldeckel legt sich beim Schlucken über den Kehlkopfeingang und schützt vor Eindringen der Speisen in die Luftröhre.

Wie ist der Kehlkopf aufgebaut?

Mit dem Kehlkopf beginnen die unteren Luftwege. Er baut sich aus Knorpeln auf, die einen Hohlraum bilden, in dem die Stimmbänder von vorne nach hinten verlaufen. Der enge Spalt dazwischen heißt Stimmritze. Je stärker die Spannung der Stimmbänder, um so höher der Ton.

Wo liegt die Trachea und die Hauptbronchien?

Die Trachea verläuft vor der Speiseröhre und hinter der Schilddrüse und dem Brustbein. Sie befindet sich z.T. im Hals, z.T. im Brustkorb. Die Stelle der Teilung der Trachea in die beiden Stammbronchien (Bifurkation) liegt vor dem 4. Brustwirbel. Der rechte Stammbronchus ist kürzer und zieht steiler abwärts. Über dem linken Stammbronchus verlaufen der Aortenbogen und die linke Lungenschlagader (Pulmonalarterie). Die Stammbronchien enden im Lungenhilus (Lungenwurzeln).

Wie verzweigen sich die Bronchien vom Hilus bis zur Lunge?

Aus dem rechten Hilus gehen 3 Lappenbronchien für den rechten Ober-, Mittel- und Unterlappen, links 2 Lappenbronchien für den linken Ober- und Unterlappen ab. Die Lappenbronchien verzweigen sich in die Segmentbronchien für die 2–5 Lungensegmente, aus denen ein Lungenlappen besteht. Die Segmentbronchien verzweigen sich immer weiter bis in ihre kleinsten Äste, die Bronchiolen, die in die Alveolengänge übergehen, an denen die Lungenbläschen (Alveolen) hängen (Abb. **7.1**).

Wie ist der Schichtaufbau der Trachea und der Bronchien?

Trachea und Bronchien sind innen mit einem Flimmerepithel und Becherzellen und gemischten Drüsen ausgekleidet. Die Flimmerhaare befördern Schleim- und Staubteilchen nach oben. In den Wandungen sind hufeisenförmige Knorpelspangen, durch die die Atemwege offengehalten werden. Zwischen diesen finden sich

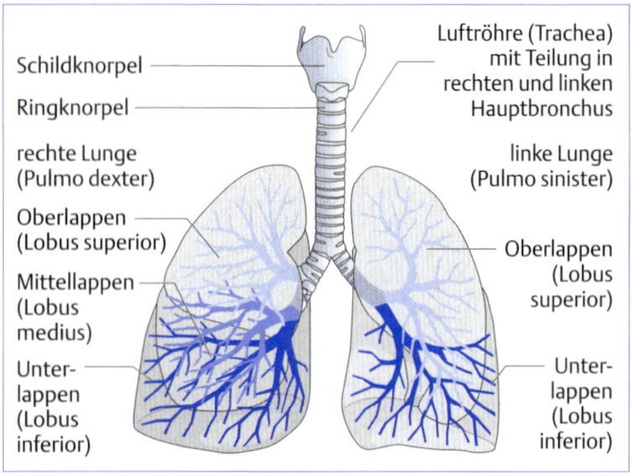

*Abb. **7.1** Kehlkopf, Luftröhre und Lage des Bronchialbaumes in den Lungenflügeln (nach Faller)*

bindegewebige Membranen und in den Bronchien glatte Muskulatur, wodurch die Bronchien verengt werden können (z.B. bei Asthma). Die Bronchiolenwandung besitzt viel glatte Muskulatur und keine Knorpelspangen.

Wie sind die Lungen aufgebaut?

Die rechte Lunge besteht aus Ober-, Mittel- und Unterlappen, die linke Lunge nur aus Ober- und Unterlappen. Der horizontale Lappenspalt trennt den rechten Ober- und Mittellappen, der große schräge Lappenspalt verläuft auf beiden Seiten zwischen den Unterlappen und den darüber liegenden Lungenteilen.

Die Lungenlappen sind in je 2–5 Segmente unterteilt, es finden sich rechts 10, links 9 Segmente. Diese setzen sich aus zahlreichen Lungenläppchen zusammen, die etwa 1–1,5 cm Durchmesser haben. Die kleinsten Bausteine sind die Lungenbläschen (Lungenalveolen), die das eigentliche Lungengewebe darstellen. Sie liegen um einen Bronchiolus und einen Ast der Lungenschlagader. Diese werden von einem Kapillarnetz umsponnen, das durch einen Ast der Lungenvene abgeleitet wird.

Wie sehen die Lungenalveolen aus und welche Aufgabe haben sie?

Eine Lungenalveole hat einen Durchmesser von etwa 0,2 mm. Insgesamt finden sich etwa 500 Millionen Lungenbläschen in beiden Lungen, die zusammen eine atmende Oberfläche von 200 m^2 haben. Am Alveoleneingang finden sich glatte Muskelfasern, in der Alveolenwand vor allem elastische Fasern.

In den Alveolen findet der Gasaustausch zwischen Luft und Kapillaren statt. Maßgeblich für den Austausch von Sauerstoff und Kohlendioxid ist der jeweilige Teildruck (Partialdruck) dieser Gase und das daraus resultierende Konzentrationsgefälle diesseits und jenseits der Alveolarwand.

Was ist die Pleura und welche Aufgaben hat sie?

Die Pleura ist der seröse Überzug der Lunge (Pleura visceralis: Lungenfell) und der inneren Thoraxwand (Pleura parietalis: Rippenfell) und des Zwerchfells (Pleura diaphragmatica). An der Lungenwurzel gehen Pleura visceralis und parietalis ineinander über.

Zwischen dem Lungen- und dem Rippenfell befindet sich ein kapillärer Gleitspalt mit etwas seröser Flüssigkeit, der das Gleiten der beiden serösen Häute bei der Atmung ermöglicht.

Was wird als Lungenhilus bezeichnet?

Die Verzweigung der Stammbronchien und der Lungengefäße an der Innenseite der Lungen wird Lungenstiel, Lungenwurzel oder Hilus genannt. Dort treten auch die Nerven des vegetativen Systems (N. vagus) in die Lunge ein und die Lymphbahnen aus der Lunge fließen durch die im Hilus befindlichen Lymphknoten („Hilusdrüsen") ab.

Welchen Weg nimmt die Atemluft?

Sie zieht durch die *oberen Luftwege* mit Nase, Nebenhöhlen und dem Rachen (Pharynx) in die *unteren Luftwege* bestehend aus dem Kehlkopf (Larynx), der Luftröhre (Trachea), den beiden Haupt- oder Stammbronchien. Diese verzweigen sich weiter in die Segmentbronchien, Bronchiolen und Lungenbläschen (Alveolen).

Welche Aufgaben haben die Atmungsorgane?

Die lebensnotwendige Aufnahme von Sauerstoff (O_2) und die Abgabe von Kohlendioxid (CO_2) und damit auch die Regulation des Säure-Basen-Gleichgewichts. Die Lunge ist auch ein wichtiges Blutdepot.

Welche Bedeutung haben Sauerstoff und Kohlendioxid?

Die Luft besteht aus ca. 20 % Sauerstoff, fast 80 % Stickstoff, 1 % Edelgasen und 0,03 % Kohlendioxid.

Sauerstoff ist für die langsame stufenweise Verbrennung von kohlenstoff- und wasserstoffhaltigen Substanzen im Körper unentbehrlich. Durch diese Verbrennung entstehen Energie und Wärme (gleichbleibende Körpertemperatur zwischen 36,5° und 37°). Endprodukte der Verbrennung sind Kohlendioxid und Wasser.

Wie setzt sich die Ausatmungsluft zusammen?

In den Lungenbläschen werden etwa 4 % des Sauerstoffgehaltes der Luft aufgenommen. Daher finden sich in der Ausatmungsluft noch 16 % Sauerstoff, daneben auch 4 % Kohlendioxid. Stickstoff und Edelgase werden unverändert ein- und ausgeatmet.

Welche zwei Orte der Atmung sind zu unterscheiden?

Die *äußere* Atmung ist der Gasaustausch in den Alveolen zwischen Luft und Blut mit O_2-Aufnahme und CO_2-Abgabe. Die *innere* Atmung ist der Gasaustausch des Blutes mit den Geweben durch die Kapillarwände mit Abgabe von O_2 und Aufnahme von CO_2 ins Blut.

Von welchen drei Vorgängen ist die äußere Atmung abhängig?

Die *Ventilation* ist die Luftbewegung bei Ein- und Ausatmung, die *Diffusion* ist der Gasaustausch durch die Alveolenwand hindurch, und die *Perfusion* ist die Durchblutung des Kapillarnetzes um die Alveolen.

Wie werden Sauerstoff und Kohlensäure im Blut transportiert?

Sauerstoff wird im Blut locker an das Hämoglobin der Erythrozyten gebunden,wodurch Oxyhämoglobin entsteht und das Blut hellrot wird. Das Kohlendioxid aus den Geweben wird im Blutplasma gelöst transportiert.

Wodurch wird die Atemluft bewegt?

Bei der Erweiterung des Brustkorbes durch die Atemmuskulatur (Zwerchfell, Interkostalmuskeln) folgen die elastischen Lungen, die der inneren Brustwand luftdicht anliegen, dieser Bewegung und saugen Atemluft ein: Inspiration.

Durch die Erschlaffung der Atemmuskulatur verkleinert sich der Brustraum und ein großer Teil der Luft wird wieder aus den Lungen hinaus befördert: Exspiration.

Wie erfolgt die Ein- und Ausatmung?

Bei der Inspiration heben die Zwischenrippenmuskeln (Interkostalmuskeln) die Rippen, der Thorax hebt sich und wölbt sich stärker nach vorne und nach den Seiten. Das nach oben gewölbte Zwerchfell (Diaphragma) kontrahiert sich, wird dadurch flach und abwärts bewegt, so dass sich der Thoraxraum auch nach unten vergrößert.

Die Ausatmung mit Verkleinerung des Brustkorbraumes geschieht durch Erschlaffung der Einatmungsmuskulatur, die Rippen sinken durch die Schwerkraft herab, die Lungen ziehen sich gleichzeitig durch ihre Elastizität zusammen. Das Zwerchfell erschlafft und wölbt sich bei seinem Erschlaffen durch den Druck der Eingeweide aus dem Bauchraum in zwei Kuppeln unter den Lungen nach oben.

Wie können die Atmung und die Ventilation verstärkt werden?

Bei verstärkter Atmung werden Hals- und Schultermuskeln betätigt, die die Hebung und Erweiterung des Thorax bei der Inspiration unterstützen. Bei der Ausatmung können die Bauchmuskeln durch Kontraktion den Brustkorb stärker herabziehen.

Es kommt zu vestärkter Ventilation bei starken körperlichen Anstrengungen, aber auch bei Dyspnoezuständen wie Asthma, Bronchitis, Herzinsuffizienz. Die Atmung kann auch willkürlich beschleunigt werden: Hyperventilation.

Wieso macht die Lunge die Bewegungen der Thoraxwand mit?

Die Pleura überzieht die Lunge (Lungenfell) und die innere Thoraxwand (Rippenfell). Beide serösen Häute liegen unmittelbar aneinander, dazwischen findet sich etwas seröse Flüssigkeit. Sie ermöglicht auch die gleitende Verschiebung. Im Pleuraraum herrscht Unterdruck gegenüber dem atmosphärischen Druck. Dadurch kann sich die Lunge nicht von der Thoraxwand entfernen.

Welche Organe umschließt das Mittelfell?

Das Mediastinum (Mittelfellraum) wird beiderseits von der Pleura mediastinalis, von der Brustwirbelsäule und dem Brustbein umschlossen. In ihm liegen das Herz, die großen Blutgefäße, Lymphgefäße und Lymphknoten, die Luft- und Speiseröhre und der Thymus bzw. das retrosternale Fettgewebe.

Wie wird die Atembewegung gesteuert?

Die rhythmischen Atembewegungen werden vom Atemzentrum im verlängerten Mark (Medulla oblongata) gesteuert. Dieses erhält auf dreierlei Wegen Impulse:

- die Verzweigungen des vegetativen Nervengeflechtes (N. vagus) geben Reize an die Dehnungsrezeptoren der Lungen,
- Chemorezeptoren in der Aorta und Halsschlagader (A. carotis) melden das Absinken des Sauerstoffgehaltes im Blut und
- durch den Kohlendioxidgehalt bzw. den pH-Wert des Blutes im Atemzentrum selbst.

Muskelarbeit mit Sauerstoffverbrauch und Anstieg des Kohlendioxids reizt das Atemzentrum, wodurch die Atmung beschleunigt und vertieft wird.

Manche Medikamente, wie Schlafmittel, oder Opiate wie Morphium, dämpfen das Atemzentrum und können dadurch gefährlich werden (z.B. bei Suizidversuch).

Durch Koffein, Strychnin und andere Analeptika kann das Atemzentrum angeregt werden.

Wieviel Atemzüge sind normal?

Die Atemfrequenz hängt von Alter und Konstitution ab. Beim Erwachsenen in Ruhe sind etwa 16 Atemzüge/Minute normal, während Neugeborene etwa 40 Atemzüge/Minute zeigen.

Was bedeutet Atemzugvolumen und inspiratorische und exspiratorische Reservevolumen?

Das Luftvolumen eines Atemzuges nennt man Atemzugvolumen. Es beträgt in Ruhe etwa 500 ml.

Die Luftmenge, die man über das Atemzugvolumen maximal einatmen kann, ist das inspiratorische Reservevolumen.

Die Luftmenge, die man nach der gewöhnlichen Ausatmung noch weiter ausatmen kann, ist das exspiratorische Reservevolumen (Abb. **7.2**).

Was wird als Vitalkapazität, Residualluft und Totalkapazität bezeichnet?

Vitalkapazität (VK) ist die Luftmenge, die nach tiefster Einatmung bis zur vollständigen Ausatmung abgegeben wird. Sie entspricht der Summe von Atemzugvolumen, inspiratorischem und exspiratorischem Reservevolumen. Die Vitalkapazität hängt vom Alter, Geschlecht und von der Körpergröße ab. Sie ist bei Männern größer als bei Frauen, bei größeren Menschen höher als bei kleinen und nimmt im Alter ab.

Residualluft oder Reserveluft bleibt auch bei maximaler Ausatmung noch in der

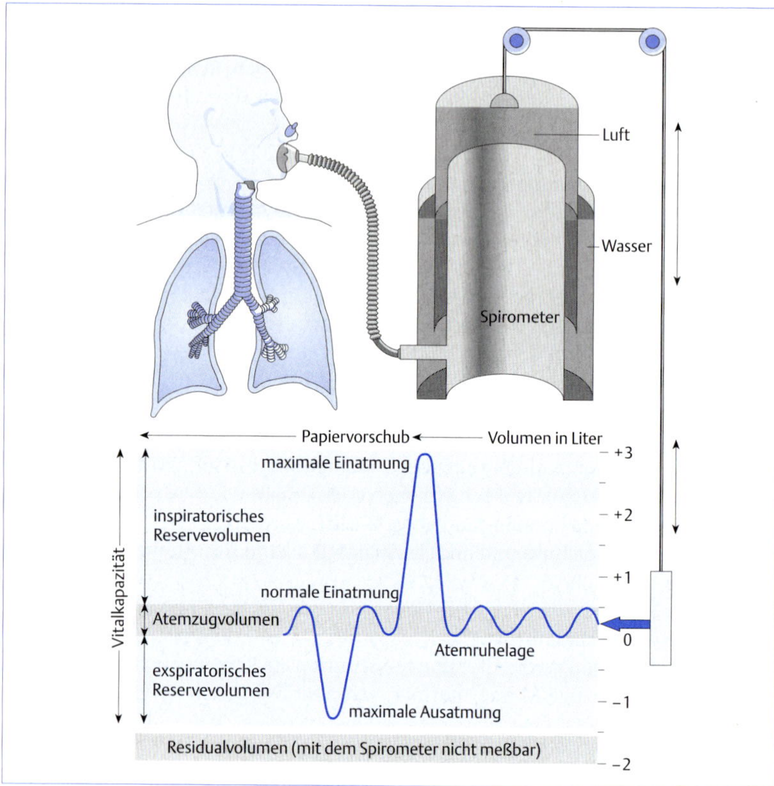

Abb. 7.2 Messung der Lungenvolumina. Das Spirometer besteht aus einem Topf, über den, durch Wasser abgedichtet, eine Glocke gestülpt ist. Über einen Auslass ist der abgeschlossene Gasraum mit dem Atemwegen der Versuchsperson verbunden. Der Gasinhalt des Spirometers wird durch die Glockenstellung angezeigt, die in Volumeneinheiten (Litern) geeicht ist. Veränderungen beim Ein- und Ausatmen werden über einen Schreiber aufgezeichnet (nach Silbernagel u. Despopoulos)

Lunge zurück. Sie macht biem Gesunden ca. 35% der Totalkapazität aus und ist (irreversibel) beim Lungenemphysem und (reversibel) beim akuten Asthma bronchiale vermehrt.

Totalkapazität ist die Gesamtmenge der Luft in den Lungen, also Vitalkapazität und Residualluft zusammen.

Wie verändern sich die Ventilationsleistungen im Alter?

Die Ventilationsleistung der Lunge nimmt dadurch ab, dass das exspiratorische, später auch das inspiratorische Reservevolumen fortschreitend kleiner werden;

damit sinkt die Vitalkapazität ab, die Residualluft nimmt zu. Durch Rückgang der Lungenelastizität und der Thoraxbeweglichkeit verringern sich FEV_1 und Atemgrenzwert (s. S. 139).

7.2 Untersuchungsmethoden

Welche besonderen Untersuchungsmethoden sind bei Erkrankung der Atmungsorgane wichtig?

Neben der Inspektion durch direkte Betrachtung:

- Abklopfen (Perkussion) und Abhören (Auskultation) sind als orientierende Untersuchungen unentberlich und in einzelnen Fällen anderen Untersuchungen überlegen;
- Sputumuntersuchung;
- Röntgenuntersuchungen aller Abschnitte der Atmungsorgane, besonders der Lungen, evtl. Schichtaufnahmen (CT bzw. MRT);
- Spiegeluntersuchungen durch den HNO-Arzt (z.B. Kehlkopf);
- Bronchoskopie: direkte Betrachtung der Bronchialschleimhaut, Möglichkeit der Biopsie für die histologische Untersuchung, Fremdkörperentfernung (vor allem bei Kindern), bronchoalveoläre Lavage (Zytologie, Erregernachweis);
- Bronchografie: über das Bronchoskop wird röntgendichtes Kontrastmittel in interessierende Bronchialabschnitte eingespritzt und anschließend ein Röntgenbild angefertigt; die Methode wird heute nicht mehr oft angewandt, die wichtigste Fragestellung sind Bronchiektasen;
- Thorakoskopie: in örtlicher Betäubung wird ein starres Röhrchen mit Optik in die seitliche Thoraxwand eingebracht und evtl. gezielt Gewebenproben entnommen;
- Lungenszintigrafie: beim Perfusions-Inhalations-Szintigramm werden radioaktiv markierte Partikel i.v. injiziert und inhaliert und die Aktivität über den Lungen mit einer Gammakamera gemessen. Indikation vor allem Lungenembolie und Bronchialkarzinom.

Wie werden die Nasennebenhöhlen untersucht?

- Sekret und Eiter können durch Spülung gewonnen und bakteriologisch auf Erreger geprüft werden;
- Kiefer-, Stirn- und Keilbeinhöhle röntgenologisch und sonographisch (Ultraschall);
- bei der vorderen Rhinoskopie wird durch die Nasenlöcher, bei der hinteren Rhinoskopie vom Rachen aus durch die Choanen die Nase inspiziert;
- mittels Endoskopie der Nebenhöhlen kann auch direkter Einblick in diese und durch Biopsie Gewebe zur histologischen Untersuchung gewonnen werden.

Was ist eine bronchoalveoläre Lavage (BAL)?

Hierbei wird durch das Bronchoskop angewärmte physiologische Kochsalzlösung in Abschnitte des Bronchialsystems gespritzt und anschließend z.T. wieder abgesaugt. Die abgesaugte Spülflüssigkeit wird dann auf pathologische Zellen oder Erreger untersucht.

Welche äußere Beschaffenheit ist am Sputum zu beachten?

- *Menge*: Messung im Spitzglas durch 24 Stunden;
- *Farbe*: z.B. rot durch Blutbeimengungen (Hämoptoe, Bluthusten) bei Lungenembolie, bei Tuberkulose, Karzinom und bei Lungenstauung durch Herzfehler (bei Lungenödem rötlich schaumig), auch bei hämorrhagischer Diathese;
- *Konsistenz*: schleimig eitriges Sputum bei eitriger Bronchitis oder Bronchiektasen, glasig zäher Sputum bei Asthma;
- *Geruch* des Auswurfes: z.B. faulig fötider Geruch wie Aas bei Lungengangrän.

Welche bakteriologischen Untersuchungen des Auswurfs sind wichtig und müssen beachtet werden?

Wichtige Erreger lassen sich durch bestimmte Färbungen der *Sputumausstriche* im Mikroskop erkennen, z.B. Tuberkelbakterien nach Ziehl-Neelson-Färbung. Manche Krankheitskeime lassen sich durch *bakteriologische Züchtung* auf bestimmten Nährböden erkennen. Dabei lässt sich auch ihre Empfindlichkeit gegen die wirksamsten Medikamente herausfinden (Resistenzprüfung, Antibiogramm).

Der Patient muss tatsächlich Sputum aus den tieferen Bronchialabschnitten produzieren (häufig wird nur Speichel aus der Mundhöhle untersucht, der bezüglich seiner mikrobiellen Besiedelung nicht aussagekräftig für die Diagnostik einer Infektion ist). Der Patient wird angehalten, nach einem kräftigen Hustenstoß expektoriertes Material abzugeben. Man kann den Patienten konzentrierte Kochsalzlösung inhalieren lassen, worauf er einen Hustenreiz bekommt und Sputum abhustet (induziertes Sputum). Bei beatmeten Patienten wird Sputum über den Tubus abgesaugt.

Was wird bei einer Mediastinoskopie gemacht?

In Intubationsnarkose werden nach einem Hautschnitt über dem Brustbein durch Einführen des Mediastinoskops die Lymphknoten um die Trachea und an ihrer Teilung (Bifurkation) gespiegelt und Biopsieproben entnommen. Die Mediastinoskopie wird bei Verdacht auf Bronchialkarzinom oder bei Mediastinaltumoren durchgeführt.

Wie wird das Atemminutenvolumen errechnet?

Das Volumen eines Atemzugs (Atemzugvolumen), z.B. 500 ml, wird mit der Zahl der Atemzüge in der Minute, z.B. 16, mutipliziert: 0,5 x 16 = 8,0 l werden in einer Minute ein- und ausgeatmet (Atemminutenvolumen).

Was bedeutet FEV_1?

Es ist die *f*orcierte *e*xspiratorische Einsekundenkapazität (*V*olumen/*1* sec), d.h. das Luftvolumen, das in einer Sekunde ausgeatmet werden kann. Der Patient wird aufgefordert, so schnell wie möglich die gesamte Luft, die er zuvor eingeatmet hat, wieder auszuatmen. Andere (ältere) Bezeichnungen sind Atemstoßtest oder Tiffeneau-Test. Die FEV_1 beträgt normalerweise 70–80% der Vitalkapazität. Sie ist ein gutes Maß für die Exspirationsleistung und ist vor allem beim Asthmatiker vermindert.

Womit wird die Lungenleistung gemessen?

Mit einem Spirometer. Einfache Parameter wie die Vitalkapazität, die FEV_1 und die Flussgrößen werden bestimmt, Zeit-Volumen-Kurven erstellt. Nach Eingabe von Alter, Größe und Gewicht des Patienten errechnt die Elektronik des Gerätes die Ergebnisse in Bezug zu einem Normalkollektiv gesunder Patienten und gibt sie in Prozent der Norm an. Erforderlich ist auch die Angabe von Temperatur und Luftdruck (Barometerstand) im Untersuchungszimmer.

Was ist ein Peak-Flow-Meter?

Ein einfaches Gerät mit einer Art von Windrad, durch das der Patient forciert ausatmet. Anhand der Drehgeschwindigkeit des Windrades lässt sich der Spitzenfluss der Atmungsluft in Litern/Minute jederzeit vom Patienten selbst bestimmen. Das Gerät eignet sich vor allem für Asthmatiker zur laufenden Selbstkontrolle ihrer Atemfunktion und Feststellung des Behandlungserfolges unter Medikamenten. Laufende Verschlechterungen des Wertes sollten zu einem Arztbesuch Anlass geben (Abb. **7.3**).

Was ist ein Ganzkörper-Plethysmograph?

Der Ganzkörper- oder Bodyplethysmograph ist eine Einrichtung, die es gestattet, unabhängig von der Bereitschaft des Untersuchten zur Mitarbeit (Gutachten!) die verschiedenen Lungenvolumina, die Atemwegswiderstände (Resistance) und die Lungendehnbarkeit (Compliance) zu messen.

Wie erfolgt eine Blutgasanalyse (BGA) und was sagt sie aus?

Die Messung der Partialdrücke von Sauerstoff (pO_2) und Kohlendioxid (pCO_2) im arteriellen oder Kapillarblut, die Bestimmung des pH-Werts und die Bestimmung der Bikarbonatkonzentration des Plasmas. Man nimmt entweder Blut aus einer Arterie ab oder gewinnt mit einer Lanzette Kapillarblut aus dem hyperämisierten Ohrläppchen. Die BGA gehört zu den wichtigsten diagnostischen Maßnahmen insbesondere bei beatmeten Patienten auf der Intensivstation. Sie dient auch zur Feststellung einer vitalen Bedrohung, z.B. eines Patienten im Status asthmaticus und ist entscheidend zur Indikationsstellung oder künstlichen Beatmung.

Normalwerte im arteriellen Blut: pO_2: 70–100 mm Hg, pCO_2: 32–46 mm Hg, pH-Wert: 7,36–7,44, Bikarbonat: 20–26 mmol/l.

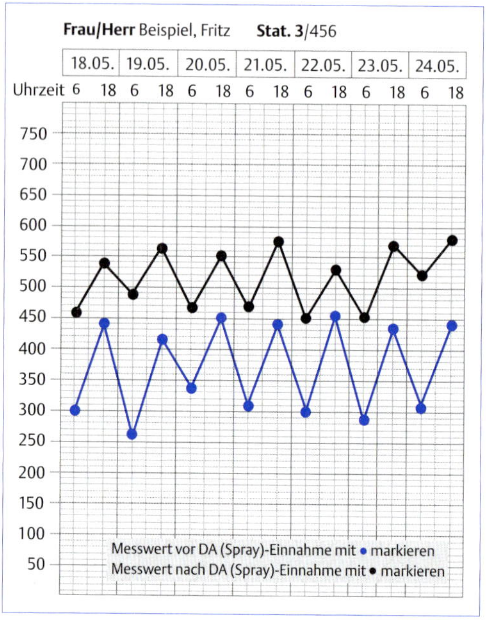

*Abb. **7.3** Peak-Flow-Tabelle mit typischen Änderungen vor (blaue Punkte) und nach (schwarze Punkte) Anwendung eines β_2-Mimetikums (z. B. Berotec) bei einem Patienten mit Asthma bronchiale; Abszisse: Tageszeit; Ordinate: l/min*

Man erkennt, ob eine Azidose (pH-Wert zu niedrig) oder ein Alkalose (pH-Wert zu hoch) vorliegt.

Wie wird die Pleurapunktion vorbereitet?

Der Patient sitzt auf dem Bettrand oder auf einem Stuhl und wird gestützt. Bettlägerige Patienten lagert man seitlich. Zur Entfaltung der Rippenzwischenräume wird der Arm der kranken Seite gehoben.

Auf einem Tablett werden gerichtet: Hautdesinfektionsmittel und sterile Tupfer, Lokalanästhetikum: 10 ml Novocain aufgezogen, mit nicht zu kurzer Nadel, 20-ml-Spritze zur Probepunktion, verschiedene Punktionskanülen zur Auswahl, Dreiwegehahn und 50-ml-Spritze zum Ansaugen des Ergusses oder eine Rotandaspritze, ein großes Messgefäß oder Beutel zum Auffangen des Punktates, kleine, evtl. sterile Röhrchen für Laborproben, Objektträger für die zytologische Untersuchung und einem Schnellverband (Abb. **7.4**).

Wie ist die Leistungsfähigkeit bei einer Lungenfibrose zu beurteilen?

Der Röntgenbefund und die pulmonalen Funktionsprüfungen (Spirometrie, Ergospirometrie) und der Herzbefund (EKG, evtl. Herzkatheter mit Messung von Druck und O_2-Sättigung) lassen die Leistungsfähigkeit beurteilen.

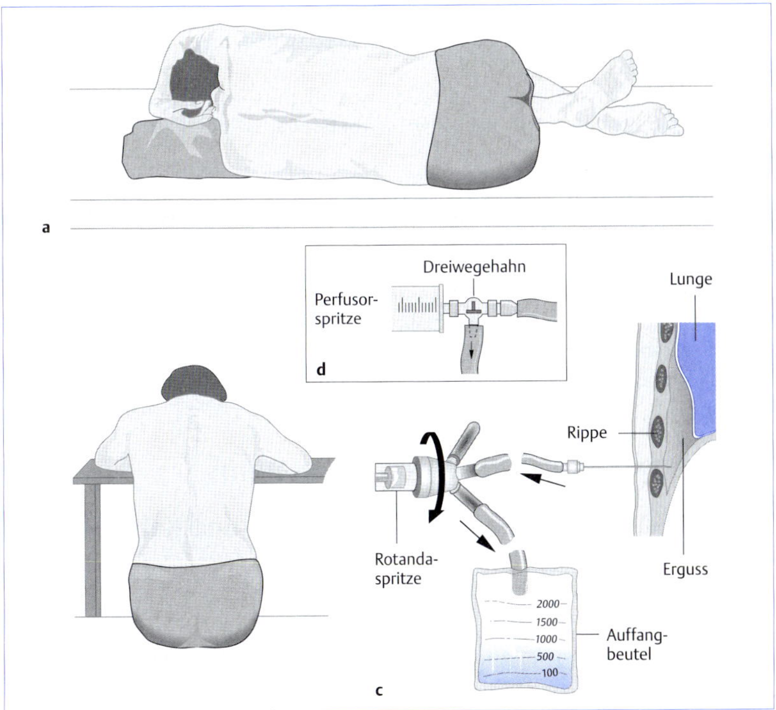

Abb. ***7.4a–d*** *Pleurapunktion.* ***a*** *Position liegend (Thorax gedehnt), seitlich am Bettrand,* ***b*** *Position sitzend, leicht nach vorn gebeugt,* ***c*** *Prinzip der Punktion mittels Rotandaspritze,* ***d*** *Pleurafixset mit Spezialnadel und Zubehör (nach Kellnhauser u. a.)*

Welche Untersuchungen sind für die Diagnose des Bronchialkrebses wichtig?

- Röntgenuntersuchung des Thorax; wenn möglich, Vergleich mit älteren Aufnahmen;
- Bronchoskopie bei hilusnahen, Computertomografie bei hilusfernen Tumoren;
- Sputumuntersuchung auf Krebszellen;
- Feinnadelbiopsie (CT-gesteuert) von Rundherden;
- evtl. Thorakotomie mit Schnellschnittdiagnose.

Lungenmetastasen können als verschieden große, gut abgegrenzte, mitteldichte Rundherde im Röntgenbild erscheinen, wie verschieden große Münzen.

Wie kann ein entzündlicher Erguss bei Pleuritis exsudativa von einem Stauungserguss, z. B. bei Herzinsuffizienz, unterschieden werden?
Transsudat ist klar, Exsudat ist trüb.

Durch den höheren Eiweißgehalt ist das spezifische Gewicht beim Exsudat über 1016 und die Rivalta-Probe positiv. Beim Transsudat ist das spezifische Gewicht unter 1016, Rivalta-Probe negativ.

Das spezifische Gewicht wird bei Zimmertemperatur (nicht körperwarm) bestimmt. Rivalta-Probe: ein Tropfen des Punktates wird in verdünnte Essigsäure gebracht; Transsudat: Essigsäure bleibt klar; Exsudat: Trübung.

Wie können Bronchiektasen nachgewiesen werden?
Bei der Bronchographie sind die bronchiektatischen Erweiterungen durch Kontrastmittel radiologisch darzustellen. Weniger invasiv können Bronchieltasen auch mittels Computertomographie oder Kernspintomographie diagnostiziert werden.

7.3 Krankheiten des Atmungssystems

7.3.1 Erkrankungen von Nase, Rachen und Kehlkopf

Rhinitis und Sinusitis

Wodurch kann Schnupfen hervorgerufen werden?
Die häufigste Ursache einer Rhinitis sind Virusinfektionen. Mischinfektionen mit Bakterien können zum „eitrigen Schnupfen" führen. Die Übertragung erfolgt durch Tröpfcheninfektion. Wegen der vielen Erregertypen kann man mehrmals im Jahr an Schnupfen erkranken.

Der Heuschnupfen ist eine allergische Reaktion der Nasenschleimhaut auf Pflanzenpollen, z. B. während der Gräserblüte.

Auch viele andere Reize können zum Bild des Schnupfens mit Vermehrung des Nasensekretes führen (Rauch, Staub, Dämpfe).

Was bedeutet Sinusitis?
Eine Sinusitis oder Nasennebenhöhlenentzündung ist häufig am Schnupfen beteiligt. Sie kann sich durch Zuschwellen der Nebenhöhlenausführungsgänge in der Nase zum Empyem entwickeln, oftmals in den Kieferhöhlen, seltener in den Stirnhöhlen und der Keilbeinhöhle.

Welche Komplikationen können von einer Sinusitis ausgehen?
Die Entzündung kann auf die Hirnhäute übergreifen (eitrige Menigitis) oder auf die Augenhöhle als Ophthalmitis übergehen. Nebenhöhlenentzündungen stehen sehr oft im Zusammenhang mit einer chronischen Bronchitis und sollen mit dieser gleichzeitig behandelt werden.

Wie kann eine Sinusitis behandelt werden?

Es muss für guten Abfluss der Nebenhöhlen in der Nase durch schleimhautabschwellende Mittel, evtl. durch Punktion mit Spülung oder Operation gesorgt werden. Bei eitriger Entzündung medikamentöse Behandlung mit Antibiotika. Bei mangelhafter Luftdurchlässigkeit der Nase durch Verkrümmung der Nasenscheidewand oder Schleimhautwucherung kommen operative Eingriffe in Frage.

Tonsillitis

Was ist der lymphatische (Waldeyer-) Rachenring?

Er besteht aus einer Ansammlung von lymphatischem Gewebe im Rachen. Dazu gehören die *Rachenmandel* oben an der Decke des Nasenrachens, die beiden *Gaumenmandeln* (Tonsillen) und lymphatischen *Seitenstränge* beiderseits im unteren Rachengebiet.

Weche Formen der Tonsillitis sind zu unterscheiden?

- Angina catarrhalis: Rötung und Schwellung;
- Angina follicularis: kleine gelbe Stippchen auf den geröteten und geschwollenen Tonsillen;
- Angina lacunaris: Tonsillitis mit größeren Belägen;
- Angina membranacea: festhaftende Beläge über den ganzen Mandeln (Diphtherieverdacht!);
- Angina necroticans: Entzündung mit geschwürigem Zerfall von Mandelgewebe, z.B. Angina Plaut-Vincent (s. Angina tonsillaris, S. 364).

Wann ist eine Tonsillektomie angezeigt?

Wenn durch die akute Entzündung unmittelbare Gefahren entstehen (z.B. Abzessbildung), bei rezidivierenden Entzündungen und wenn die Mandeln zu groß sind (Hypertrophie) und ein mechanisches Hindernis für die Atmung darstellen.

Was ist eine Seitenstrang-Angina?

Auch nach der Mandelentfernung kann es zur „Halsentzündung" durch Infektion mit Rötung und Schwellung des lymphatischen Gewebes in den Seitensträngen des Rachens durch Viren oder Streptokokken kommen.

Pharyngitis und Laryngitis

Wie wird eine allgemeine Entzündung des Rachens genannt?

Rachenkatarrh oder Pharyngitis.

Was bedeutet Laryngitis?

Laryngitis bedeutet Kehlkopfentzündung mit Heiserkeit, evtl. bis zur Stimmlosigkeit (Aphonie). Die Laryngoskopie zeigt Rötung und Schwellung der Stimmbänder, evtl. wulstige Schwellung und Fibrinbeläge.

Sie kann akut im Rahmen einer Virusinfektion der Atemwege mit Heiserkeit, bellendem Husten und hörbar erschwerter Atmung (inspiratorischem Stridor) als sogenannter Pseudo-Krupp (echter Krupp nur durch Kehlkopfdiphtherie) auftreten.

Als stenosierende Laryngitis oder Epiglottitis ist sie besonders bei Kleinkindern mit Atemnot, Tachykardie, Unruhe, Blässe, Zyanose, Stridorgeräusch und akuter Erstickungsgefahr ein lebensbedrohlicher Zustand. Behandlung mit Prednisolon, Antihistaminika, Sauerstoffatmung, eventuell Nottracheotomie (Koniotomie: Luftröhenschnitt unterhalb des Kehlkopfs mit Einlegen einer Atmungskanüle).

Welche Formen der Laryngitis kennen Sie?

- akute Entzündungen (Laryngitis acuta) durch Infekte, viel Sprechen, Raucheinwirkung;
- chronische Entzündung (Laryngitis chronica) durch ständiges Einwirken äußerer Reize;
- Laryngitis auch bei Grippe, Masern, Diphtherie;
- Kehlkopftuberkulose (tuberkulöse Laryngitis) bei Lungentuberkulose;
- bei chronischer Heiserkeit muss immer auch an Kehlkopfkrebs gedacht werden.

Wie ist eine Laryngitis zu behandeln?

Bei Laryngitis im Rahmen einer Infektionskrankheit ist diese zu behandeln. Im übrigen Vermeidung aller Reize wie Rauchen und Sprechen, Inhalieren mit Salzlösungen (z.B. Emser Salz) oder Aerosolinhalationen, Halswickel als durchblutungsfördernde Maßnahme.

Worum handelt es sich bei der Erkältung der Luftwege?

Durch Unterkühlung können oft schon länger vorhandene Erreger oder durch Ansteckung infolge Tröpfcheninfektion eingeschleppte Krankheitskeime ein geändertes, für sie günstiges lokales Milieu finden und Entzündungen der Schleimhäute in den Luftwegen auslösen. Meist handelt es sich primär um *Virusinfekte*, die sekundär durch eine *bakterielle Superinfektion* kompliziert werden. Die Ausdehnung der Entzündung kann verschiedene Abschnitte des Atmungstraktes befallen, z.B. als Pharyngitis, Laryngitis, Tracheobronchitis, oder alle Abschnitte von einer Sinusitis bis zur Bronchitis und Bronchopneumonie.

Welche Beschwerden machen Infekte der Luftwege und wie werden sie behandelt?

Allgemeine Mattigkeit und Krankheitsgefühl, Schnupfen, Heiserkeit, Husten, wundes Gefühl hinter dem Brustbein (Tracheitis), Temperatursteigung, manchmal Auswurf.

Sie werden behandelt mit Bettruhe, feuchtwarmen Brustwickeln, Inhalation mit Kamille oder Salzlösung; Acetylcystein zur Schleimlösung; bei bakterieller Mischinfektion Antibiotika.

7.3.2 Erkrankungen der Lungen

Akute und chronische Bronchitis

Welche Bedeutung haben Bronchitis, Asthma und Emphysem?
Bronchitis ist die häufigste Ursache der Arbeitsunfähigkeit. Sie ist in hohem Maße für vorzeitig eintretende Berufs- oder Erwerbsunfähigkeit verantwortlich. Renten, Krankenhausbehandlungen und Kuren wegen Bronchitis stellen eine hohe finanzielle Belastung der Allgemeinheit dar. Bei Operationen stellen die Folgen der chronischen Bronchitis an der Lunge eine starke Gefährdung vor allem für ältere Patienten dar.

Wodurch kann es zur akuten Bronchitis kommen?
Durch „Erkältung" kommt es zu einer örtlichen Abwehrschwäche in der Bronchialschleimhaut. Der Beginn der Entzündung wird durch Viren ausgelöst, denen bakterielle Mischinfektionen mit Pneumokokken, Streptokokken, Staphylokokken und Influenzabakterien folgen können. Bei Grippe, Masern, Keuchhusten stellt die Bronchitis eine Begleitkrankheit des Grundleidens dar.

Welche Beschwerden treten bei akuter Bronchitis auf?
Wundes Gefühl unter dem Brustbein, Husten, anfangs wenig zähglasiger, schlecht löslicher Auswurf, der später schleimig-eitrig werden kann.

Welche Behandlungsmöglichkeiten bestehen bei einer akuten Bronchitis oder einem akuten Schub einer rezidivierenden Bronchitis?
- Inhalieren und Expektorantien (Hustensaft) zur Verflüssigung und besseren Lösung des Auswurfs;
- kurzfristig Kodein, um den häufigen Hustenreiz, besonders nachts, zu unterdrücken;
- Brustwickel, Schwitzen mit Tee und Aspirin;
- bei eitriger Bronchitis Antibiotika, evtl. Erregernachweis und Empfindlichkeitstest;
- bei spastischer Komponente Asthmamittel.

Welche Komplikationen können bei einer Bronchitis auftreten?
- Bronchiolitis, als besonders bei Kleinkindern und Säuglingen schweres Krankheitsbild: Unruhe, Zyanose und Dyspnoe;
- Peribronchitis durch Eindringen der Bronchitis in tiefe Gewebsschichten;
- Bronchopneumonie, besonders bei Kindern und alten Leuten;
- Übergang in eine chronische Bronchitis, eventuell mit Bronchospastik (asthmoide Bronchitis);
- Emphysem und Cor pulmonale.

Wie ist die chronische Bronchitis definiert?

Nach Definition der WHO liegt eine chronische Bronchitis vor, wenn ein Patient mehr als drei Monate im Jahr an zwei aufeinanderfolgenden Jahren hustet.

Was kann zu einer chronischen Bronchitis führen?

Voraussetzung scheint eine erbliche Krankheitsanlage zu sein, mit Neigung zu allergischen Reaktionen. Chronische Reize wie Rauchen und Staubinhalation wirken verschlimmernd. Mehrere akut ablaufende bronchitische Schübe führen zu einer vermehrten Bronchialsekretion und Schädigung des Flimmerepithels. Diese Veränderungen ermöglichen eine chronische Infektion der Bronchien mit Neigung zu Verschlimmerungsschüben durch Erkältung, besonders im Herbst und Winter.

Wodurch entsteht die Atemnot bei Bronchitis und Asthma?

Hauptursachen sind Bronchospastik und die entzündliche Schwellung der Bronchialschleimhaut. Die Bronchospastik entsteht durch Kontraktion der Ringmuskeln in den Bronchien als Folge der allergischen Reaktion, bei Asthma gegen inhalierte Antigene, bei der Bronchitis gegen die Infektionserreger und ihre Stoffwechselprodukte. Durch den Entzündungsprozess schwillt die Bronchialschleimhaut an und verengt die Bronchien noch mehr. Eine weiter Ursache der Bronchialverengung ist die verstärkte Schleimschicht durch vermehrte Sekretabsonderung in den Bronchien.

Alle genannten Vorgänge sind Teil der überschießenden Reaktionen der Bronchien und verengen das Lumen der Atemwege. Die fortschreitende Ausbildung eines Lungenemphysems als Folgen der Bronchialerkrankung verstärkt die Kurzatmigkeit.

Welche Krankheitserscheinungen kommen bei chronischer Bronchitis vor?

Husten und Auswurf, besonders morgens, Atemnot bei Anstrengungen, evtl. auch schon in Ruhe, beim Abhören der Lungen: Giemen, Pfeifen und Brummen (trockene Rasselgeräusche – RG). Röntgenologisch können peribronchitische Veränderungen erkennbar sein, vor allem müssen Bronchialkarzinom und Tuberkulose ausgeschlossen weden.

Welche allgemeinen und medikamentösen Maßnahmen sind bei Bronchitis wichtig?

Rauchverbot, Vermeidung von Stäuben und Dämpfen, von Unterkühlungen und Durchnässungen, aber auch von zu trockener Luft, Behandlung von Nasennebenhöhlenerkrankungen; im nichtakuten Stadium Atemgymnastik.

Zur Schleimverflüssigung reichlich trinken und Expektorantien, bei trockenem Reizhusten Kodein, vor allem, wenn der Husten den Schlaf stört; inhalative Kortikosteroide und bei akuten Verschlimmerungen mit eitrigem Sputum Antibiotika.

Asthma bronchiale

Was wird als Asthma bronchiale bezeichnet?

Asthma bronchiale weist folgende 3 Charakteristika auf:

- Reversible Atemwegsobstruktion durch spastische Kontraktion der Bronchialmuskulatur;
- Entzündung der Atemwege mit Produktion zähen Schleims und
- gesteigerte Empfindlichkeit gegenüber einer Vielzahl von Reizen.

Was ist eine obstruktive und was eine restriktive Ventilationsstörung?

Bei der obstruktiven Ventilationsstörung wird die Atemstörung in der Exspiration durch Verengung der Bronchiallumina, wie bei Asthma oder Bronchitis, behindert. Eine restriktive Ventilationsstörung entsteht durch Elastizitätsverlust der Lungen, der Pleura oder des Thorax, z.B. durch bindegewebige Schrumpfung bei Steinstaublunge (Silikose), bei Pleuraschwarten oder Verknöcherung der Rippen-Wirbel-Gelenke (Bechterew-Krankheit). Dadurch wird sowohl die Ein- wie die Ausatmung eingeengt. Beide Ventilationsstörungen können sich kombinieren, wie z.B. bei fortgeschrittener Emphysembronchitis.

Wodurch kommt es zum Bronchialasthma?

Voraussetzung für die Entwicklung eines Asthma bronchiale ist die *Überempfindlichkeit* des Bronchialsystems, das mit einer verstärkten Bronchokonstriktion auf viele verschiedene Reize reagiert.

Man unterscheidet *extrinsisches* Asthma, bei dem die Bronchokonstriktion und Entzündung durch inhalierte Allergene (Pflanzenpollen, Tierhaar, Hausstaub, Federn, Medikamente u.v.a.) ausgelöst werden. Diese Form des Asthma manifestiert sich vor allem bei jüngeren Patienten mit Atopie (erblicher Überempfindlichkeit). Beim *instrinsischen* Asthma kommt es auf den Boden einer erblich-konstitutionellen Grundlage durch chemisch-toxische, mikrobiell-infektiöse und psychische Faktoren zur Entwicklung einer Bronchialobstruktion.

Bei langjährigem Bestehen sind extrinsisches und intrinsisches Asthma manchmal nicht sicher auseinander zu halten. Beide Formen verschlechtern sich in der Regel in der Kälte und bei feuchtem Wetter und sind auch von psychischen Faktoren abhängig.

Welche Symptome können bei Asthma bronchiale beobachtet werden?

Meist (wegen des erhöhten Vagotonus) nachts plötzlich einsetzende Atemnot im Sinne einer exspiratorischen Dyspnoe mit verlängerter und erschwerter Ausatmung; exspiratorischer Stridor (pfeifendes Atemgeräusch), evtl. Zyanose und (gegen Ende des Anfalls) Aushusten eines zähen glasigen Schleims. Die Patienten müssen meist sitzen (Orthopnoe), sie stützen ihre Arme auf, um die Schultermuskulatur als Atemhilfsmuskulatur einsetzen zu können. Es besteht eine erhebliche innere Unruhe, manchmal auch Angst vor Ersticken.

Wie kann ein Status asthmaticus behandelt werden?

- Bronchospasmolyse: 2–4 Stöße eines β_2-Mimetikums (Berotec, Sultanol, möglichst mit einer Applikationshilfe (Spacer) bzw. als mikronisierte Teilchen; Theophyllin i.v.; Bricanyl s.c.;
- Steriode: 100–250 mg Prednisolon i.v.;
- Sedierung: Vorsicht wegen möglicher atemdepressiver Wirkungen (Valium, Atosil);
- Sauerstoff: je nach Ausmaß der Dyspnoe und der Zyanose über Nasensonde verabreicht;
- Beatmung: abhängig vom Schweregrad des Anfalls und von der Blutgasanalyse.

Bronchiektasen

Was sind Bronchiektasen?

Bronchiektasen sind längliche oder sackförmige Erweiterungen der Bronchien, selten angeboren, meist erworben durch Wandveränderungen bei chronischer Bronchitis mit Peribronchitis oder Lungenentzündung. Sie sind nicht rückbildungsfähig.

Welche Erscheinungen weisen auf Bronchiektasen hin?

Reichlicher Auswurf, besonders morgens „maulvolle Expektorationen" und Dreischichtung des Sputums im Spitzglas: oben schaumiger Schleim, darunter trübes Sekret, ganz unten krümeliger eitriger Bodensatz; fad süßlicher Geruch des Sputums.

In Knie-Ellbogen-Hängelage Entleerung von viel Sputum, das in den Bronchiektasen angesammelt war. Diese Art der Entleerung in der sog. Quincke-Hängelage, soll nur nach ärztlicher Verordnung durchgeführt werden.

Uhrglasnägel, Trommelschlegelfinger, als Spätkomplikation evtl. Amyloidose.

Welche Therapiemöglichkeiten kommen bei Bronchiektasen in Frage?

Konservativ: wie bei chronischer Bronchitis oder *chirurgisch:* bei Bronchiektasen nur in einem umschriebenen Gebiet und bei guter Funktion der übrigen Lungenabschnitte evtl. Segmentresektion oder Lobektomie.

Welche Komplikationen können bei Asthma, Bronchitis oder Bronchiektasen auftreten?

Ein Entzündungsprozess auf der Schleimhaut kann tief in die Bronchialwand eindringen und als Peribronchitis oder Bronchopneumonie auf das umgebene Gewebe übergreifen. Die Bronchialwand kann dauernd geschädigt bleiben, wodurch bindegewebige Narben oder Bronchiektasen entstehen können. Die häufigste Folge ist das obstruktive *Lungenemphysem*. Später durch die vermehrte Belastung der rechten Herzkammer: chronisches *Cor pulmonale*.

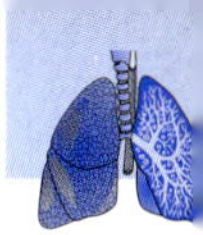

Lungenemphysem

Was versteht man unter einem obstruktiven Lungenemphysem?
Durch die erschwerte Ausatmung und den Hustendruck bei Asthma oder Bronchitis wird das Lungengewebe überdehnt, es kommt zu Erweiterung der Alveolen, Schwund von Alveolarepithel und Verlust an Gewebeelastizität („Lungenblähung").

Welche Folgen hat ein Emphysem?
Die Ventilation der Ein- und Ausatmungsluft wird verringert, die Lungendurchblutung wird erschwert, es entsteht ein erhöhter Druck im kleinen Kreislauf (pulmonale Hypertonie) mit Belastung der rechten Herzkammer. Schließlich kommt es zur Ausbildung eines Cor pulmonale, evtl. Rechtsherzinsuffizienz (s. Cor pulmonale, S. 112).

Was bedeutet Altersemphysem?
Durch die allgemeine Alterung des Gewebes mit Verlust von Elastizität und Untergang von Alveolarepithel kommt es zwar zu einer Erweiterung des Lungenvolumens, „Lungenblähung", mit fassförmigem Thorax, aber zu immer stärkerer Verminderung der Ventilation des Ein- und Ausatmungsvolumens und zu geringerer Aufnahmefähigkeit für Sauerstoff.

Welche Beschwerden macht ein Emphysem?
Kurzatmigkeit, erst als Belastungsdyspnoe, später auch in Ruhe; bei respiratorischer Insuffizienz auch Zyanose. Husten oft beim Übergang von warmen in kalte Räume und nach tiefen Atemzügen. Evtl. Kopfschmerzen, Schwindel und allgemeine Leistungseinschränkung.

Welche Befunde zeigen sich beim Emphysem?
- Tiefer, fassförmiger Thorax in Inspirationsstellung mit eingeschränkten Atemexkursion; bläuliche Verfärbung von Nasenspitze und Finger (Akrozyanose);
- die Atembreite bei tiefer In- und Exspiration in Höhe der Brustwarzen, mit dem Zentimetermaß gemessen, ist klein; das Zwerchfell steht tief, ist flach und nur wenig verschieblich; die Schlüsselbeingruben sind verstrichen oder vorgewölbt;
- röntgenologisch sind die Lungen vermehrt strahlendurchgängig; die Leistungen bei den Lungenfunktionsprüfungen sind eingeschränkt; so ist z.B. die Vitalkapazität herabgesetzt;
- durch die ungenügende Abatmung von CO_2 reichert sich das Kohlendioxid im Blut an (Hyperkapnie) und führt zur Übersäuerung des Blutes (respiratorische Azidose).

Welche Behandlungsmöglichkeiten gibt es bei Lungenemphysem?

An der Spitze steht die *Vorbeugung* durch Bekämpfung von bronchospastischen Zuständen bei Asthma, Bronchitis oder Bronchiektasen und Atemgymnastik.

In schweren Fällen mit respiratorischer Azidose und Hyperkapnie kann Sauerstoffgabe in kleinen Mengen verordnet werden (Nasenkatheter). Sie ist aber nur mit größter Vorsicht durchzuführen, da zu viel Sauerstoff das Atemzentrum erlahmen lässt. Auch Schlafmittel und Opiate sind gefährlich.

Die operative Entfernung der am stärksten überblähten Lungenbereiche kann zur Entlastung der übrigen führen.

Was ist eine Atelektase?

Bei Verlegung eines Bronchus durch Fremdkörper, Tumor oder Flüssigkeit (Sekret, Erbrochenes) wird der von diesem Bronchus versorgte Lungenteil nicht mehr belüftet, die dort vorhandene Luft resorbiert. Dieser Lungenanteil, die Atelektase, kann schrumpfen, wenn die Belüftung nicht wieder zustande kommt. Im Atelektasegebiet können sich sekundäre Entzündungen entwickeln (Bronchopneumonie).

Pneumonien

Welche Arten von Lungenentzündungen sind zu unterscheiden?

- Pathologisch-anatomisch: alveoläre Pneumonien (Beteiligung der Lungenbläschen) und interstitielle Pneumonien (Beteiligung des Zwischengewebes und der Gefäße);
- nach der Ausdehnung: lobäre (Lappen-) und Broncho- (Herd-) Pneumonien;
- nach der Ursache: Infektionen (Viren, Bakterien, Pilze, Parasiten), physikalische Schäden (Hitze, Strahlen), chemische Schädigung (Reizgase, Magensaft), Kreislaufstörungen (Infarkt, Lungenembolie);
- nach dem Verlauf: akute und chronische Pneumonien;
- nach der Entstehung: primär in einer bisher gesunden Lunge, sekundär auf dem Boden einer Vorschädigung (Infarkt, Stauung, Atelektase, Bronchitis und Peribronchitis);
- nach der Vorgeschichte: ambulant erworbene und nosokomiale (d.h. im Krankenhaus erworbene), Pneumonien.

Welche Erreger spielen bei den Pneumonien eine wichtige Rolle?

Bei zu Hause erworbenen Pneumonien: Pneumokokken (50–70%), Haemophilus influenzae, Staphylokokken, Mykoplasmen, Chlamydien, Klebsiellen und Legionellen. Bei im Krankenhaus (nosokomial) erworbenen Pneumonien: gramnegative Keime, Pseudomonas, Staphylococcus aureus, Pneumokokken und zusätzlich viele Vierusarten und Pilze; letztere vor allem bei immunsupprimierten Patienten (Alter, Tumorkranke, Chemotherapie, HIV-Infektionen).

Worum handelt es sich bei einer Bronchopneumonie?
Es kommt zu herdförmigen entzündlichen Infiltrationen an einer oder mehreren Stellen, evtl. in mehreren Lungenlappen, wobei der Prozess von den Endverzweigungen der Bronchien ausgeht und auf die Peribronchialalveolen übergreift.

Was kann die Entstehung einer Bronchopneumonie auslösen oder fördern?
- Kälteschäden: Unterkühlung, Durchnässung, Erkältung, Zugluft kann bereits vorhandene Erreger durch lokale Resistenzschwäche krankheitserzeugend werden lassen;
- Bronchusveränderungen: akute und chronische Bronchitis mit Peribronchitis, z.B. auch bei Masern und Keuchhusten. Bronchiektasen, Bronchusverengung, Atelektase, Bronchialkarzinom;
- Zirkulationsstörungen: Lungenstauung, Lungenödem, Lungeninfarkt;
- Aspirationspneumonie: Wenn Speisen und Getränke erbrochen werden und Mageninhalt, Blut oder Fremdkörper in das Bronchialsystem gelangen;
- hypostatische Pneumonie: durch mangelhafte Belüftung und Sekretstau in den nach hinten und unten gelegenen Lungenpartien bei alten bettlägerigen Menschen oder frisch Operierten;
- toxische Schäden: bei Urämie, durch Gase oder Staub;
- physikalische Schäden: z.B. nach Bestrahlung.

Welche Krankheitserscheinungen können bei einer Bronchopneumonie auftreten?
Allmählicher, anfangs unbemerkter Beginn ohne Schmerzen, allmählich ansteigende, oft nicht sehr hohe Temperaturen, die bei älteren oder erschöpften Kranken auch völlig fehlen können; manchmal fällt eine Tachykardie oder beschleunigte Atmung auf.

Welche Bedeutung haben die Bronchopneumonien?
Sie sind häufige Komplikationen anderer Krankheitszustände. Sie verlaufen je nach Grundleiden und Abwehrlage verschieden. Nicht selten kommt es zu immer weiterer Ausbreitung und zum Zusammenfließen der bronchopneumonischen Herdbildung, besonders in den Unterlappen, mit tödlichem Ausgang durch toxisches Herz- und Kreislaufversagen.

Wie werden Bronchopneumonien nachgewiesen?
Tachykardie, beschleunigte Atmung, Temperaturerhöhung sind zu beachten. Besonders der Perkussions- und Auskultationsbefund und – wenn möglich – eine Röntgenaufnahme sind beweisend. Bronchialkarzinom und Tuberkulose müssen ausgeschlossen werden.

Wie kann eine Bronchopneumonie behandelt werden?

- Beseitigung evtl. fördernder Ursachen wie Lungenstauung (intensive Therapie einer Herzinsuffizienz) oder mangelhafte Belüftung (Atemgymnastik);
- Antibiotika, möglichst gezielt durch Erregernachweis und Empfindlichkeitstest;
- Inhalieren und Expektorantien zur Sekretolyse, eventuell Absaugen;
- bei Atemnot und Zyanose: Sauerstoff;
- kompetente, fachgerechte Pflege.

Was wird als Lobärpneumonie bezeichnet?

Die Lobärpneumonie stellt ein schweres, akutes Krankheitsbild dar, meist mit Befall eines ganzen Lungenlappens.

Welche Symptome können bei einer Lobärpneumonie auftreten?

- Fieber: plötzlicher Beginn aus vollem Wohlbefinden mit Schüttelfrost und hochbleibender Temperatur, eventuell Fieberdelirium;
- Aussehen: gerötetes Gesicht, in schweren Fällen Zyanose, häufig Herpes febrilis (Fieberbläschen an den Lippen);
- Atmung: oberflächlich, kurz, mit stechenden Schmerzen auf der erkrankten Seite, Nasenflügelatmen;
- Husten: meist schmerzhaft und deshalb nicht ergiebig;
- Auswurf: rostbraun (pflaumenkompottartig);
- Laborbefunde: Leukozytose, Linksverschiebung, hohe BSG, erhöhter CRP, Oligurie mit hohem spezifischem Gewicht, Albuminurie.

Welche Erreger können eine Lobärpneumonie auslösen?

Vor allem Pneumokokken, seltener Streptokokken und Staphylokokken, Haemophilus influenzae oder Klebsiella pneumoniae.

Meist sind die Krankheitserreger bereits in den Atemwegen vorhanden. Erst durch auflösende Faktoren wie Unterkühlung werden sie krankheitserregend. Die Kontagiosität durch Tröpfcheninfektion ist gering, daher keine Isolierungspflicht.

Welche Komplikationen können bei der Lobärpneumonie auftreten?

- Tödlicher Kreislaufkollaps durch Toxinwirkung;
- Herzversagen durch infektiös-toxische Myokardschädigung bzw. Begleitmyokarditis und vermehrte Rechtsherzbelastung;
- Lungenabszess durch eitrige Einschmelzung im Lungenlappen;
- Pleuraempyem durch Übergreifen der Entzündung vom befallenden Lungenlappen auf die Pleura;
- Sepsis mit Abszessen in Gelenken, Meningen, Endokard, Perikard, Peritoneum.

Wenn sich die *Temperatur* auf die Behandlung hin nicht vollständig normalisiert; wenn sich der *Röntgenbefund* über lange Zeit nicht bessert, muss an eine Spätkomplikation gedacht werden.

Was ist bei der Pflege eines Patienten mit Lobärpneumonie wichtig?

- Bettruhe mit aufgerichtetem Oberkörper, Stütze durch Kissen und „Rutschbremse“ unter dem Gesäß (Abb. **7.5**);
- das Krankenzimmer muss gut gelüftet und etwas kühl sein. Luft anfeuchten, evtl. inhalieren lassen;
- intensive Haut- und Mundpflege wegen Dekubitus- und Soorgefahr. Abreiben, leichte, nicht anstrengende Atemübungen, Brustwickel, Wadenwickel;
- regelmäßige Wäschewechsel, leichte, nicht beengende Wäsche;
- Diät: genügend Flüssigkeitszufuhr, Fruchtsäfte, Milchmixgetränke, leicht verdauliche eiweiß-, vitamin- und kalorienreiche Kost in kleinen Mahlzeiten;
- intensive Kontrolle des Allgemeinzustandes; auf Unruhe, Benommenheit, Zyanose achten; Puls, Blutdruck, Atmung, Temperaturverhalten und Urinausscheidung kontrollieren.

Welche medikamentöse Behandlung ist bei Lobärpneumonie meist erforderlich?

- Möglichst früh beginnende intensive antibiotische Behandlung, um den Verlauf zu verkürzen und Komplikationen zu vermeiden; zuvor Empfindlichkeitstest;
- evtl. Behandlung einer Herzinsuffizienz mit ACC-Hemmern, Diuretika und Digitalis;
- Expektoranzien zur Verflüssigung des zähen Auswurfs;
- Sauerstoffgabe bei Zyanose;
- bei Unruhe, die Atmung und Herz belastet, Sedativa, die aber das Atem- und Kreislaufzentrum nicht dämpfen dürfen;
- Schmerzen durch Begleitpleuritis sprechen auf Kodein, Paracetamol oder ähnliche Medikamente an.

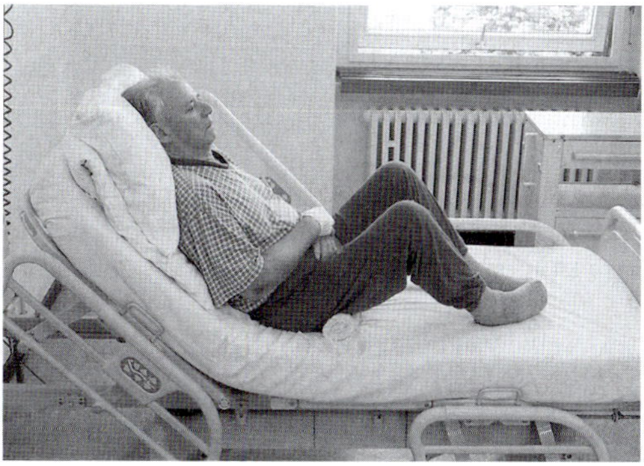

*Abb. **7.5** Oberkörperhochlagerung mit „Rutschbremse“ (aus Kellnhauser u. a.: Thiemes Pflege. Thieme, Stuttgart 2000)*

Was wissen Sie von Viruspneumonien?

Viruspneumonien verlaufen als sog. atypische Pneumonien, d.h. ihr klinisches Bild weicht von den bakteriell bedingten (typischen) Pneumonien ab. Die Symptome beginnen oft mit langsam schleichenden Kopf- und Gliederschmerzen, leichtem Fieber ohne Schüttelfrost und trockenem Reizhusten ohne Auswurf. Es besteht ein Missverhältnis zwischen geringem bis fehlendem Auskultationsbefund und massivem Röntgenbefund und beobachtet wird oft eine schwere Ateminsuffizienz, d.h. schwereres Krankheitsgefühl als bei bakteriellen Pneumonien.

Erreger sind sog. „große Viren“ wie Mykoplasmen und Chlamydien, aber auch Grippeviren.

Was ist eine Lungenmykose?

Bei einer Lungenmykose, auch Pilzpneumonie genannt, handelt es sich um einen Pilzbefall der Lungen. Am häufigsten sind Candida-Pilze, die auch die Soor-Krankheit im Mund verursachen. In der Lunge lassen sich röntgenologisch meist kleinfleckige, auch zusammenfließende Herde erkennen.

Welche Patienten erkranken leicht an einer Pilzpneumonie?

Es sind vor allem Patienten mit herabgesetzter Abwehrkraft, besonders auch Patienten, die mit Kortikoiden, Antibiotika und Zytostatika behandelt wurden, also z.B. Tumorkranke.

Wie muss dem Pilzbefall der Atemwege vorgebeugt werden?

Sorgfältige Mundpflege bei Schwerkranken mit Entfernung aller Speisereste und Mundspülungen nach dem Essen. Ein Soor-Belag im Mund muss durch Pinselungen, Spülungen und antimykotische Lutschtabletten behandelt werden, da von dort die Candidainfektion leicht in die Lunge vordringen kann.

Lungenembolie

Wie entsteht ein Lungeninfarkt?

Der Lungeninfarkt entsteht durch die embolische Verschleppung von thrombotischem Material aus einer Vene, z.B. Loslösung eines Thrombus aus einer tiefen Beinvene, die durch das rechte Herz in das Verzweigungsnetz der Lunge gerät und dort stecken bleibt (Lungenembolie). Wenn sich im Anschluss an eine Lungenembolie eine *blutige Nekrose* bildet, nennt man dies einen Lungeninfarkt (Abb. **7.6**).

Wie macht sich ein Lungeninfarkt bemerkbar?

Er macht sich durch plötzlich auftretenden Husten und blutigen Auswurf bemerkbar. Wenn der Infarkt bis an die Pleura reicht, treten Schmerzen beim Atmen auf. Das Bild kann einem Herzinfarkt ähnlich sein.

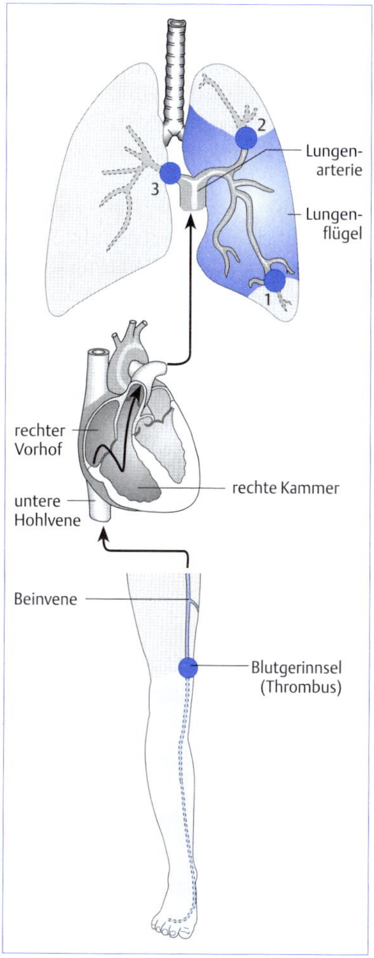

Abb. ***7.6*** *Weg des Thrombus in die Lungen. 1 Embolie in einem kleinen Gefäß, evtl. stummer Verlauf. 2 Embolie in einem größeren Gefäß mit schweren Krankheitszeichen. 3 Embolus im Gebiet des Hilus mit sofortigem reflektorischen Herztod (nach Kellnhauser u. a.)*

Wie sieht ein Lungeninfarkt im Röntgenbild aus und welche Komplikationen können entstehen?

Das nicht mehr durchblutete Lungengewebe stellt sich im Röntgenbild als keilförmige Verschattung dar. Die Spitze liegt an der Infarzierungsstelle, die Basis des Keils in der Lungenperipherie an der Pleura visceralis. Bei großen Embolien kann ein ganzer Lappen oder eine ganze Lungenseite betroffen sein.

Infarktpneumonie, Bronchopneumonie oder ein Lungenabszess durch Einschmelzung können als Komplikationen auftreten.

Welche Krankheitszeichen können bei einer Lungenembolie auftreten?

Schock, mit flachem schnellen Puls, Blutdruckabfall, Angst und Unruhe, Zyanose, Dyspnoe und Schmerz in der Brust, Bluthusten. Eine massive Lungenembolie kann in Minuten oder Stunden durch ein akutes Cor pulmonale zum Tode führen. Eine kleine Embolie macht einen atemabhängigen stechenden Pleuraschmerz, evtl. blutigen Auswurf. Sie kann aber auch völlig unbemerkt verlaufen.

Wie kann einer Lungenembolie vorgebeugt werden?

Durch frühe Mobilisierung nach Operationen, reichlich Flüssigkeitszufuhr, Beine wickeln, Kompressionsstrümpfe tragen und niedrig dosierte Heparinisierung (2 x 7500 IE, 3 x 5000 IE unfraktioniertes Heparin s.c., 1 x/Tag niedermolekulares Heparin s.c.). Bei vorliegender Thrombose: Heparin im Perfusor mit 2–3facher PTT-Verlängerung, anschließend Antikoagulazion mit Marcumar.

Welche Behandlungsmaßnahmen kommen bei einer Lungenembolie in Betracht?

Schocktherapie (Dopamin-Perfusor), Intubation, Beatmung, Reanimation, Sauerstoffgabe, Sedierung, evtl. Analgetika, Antikoagulazion mit Heparin, evtl. Lysebehandlung mit Streptokinase. In seltenen Fällen chirurgische Embolektomie.

Lungenfibrosen und Sarkoidose (Morbus Boeck)

Was versteht man unter einer Lungenfibrose?

Eine herdförmige oder diffuse Bindegewebsvermehrung des Lungengerüsts, die zu einer Verhärtung des Lungengewebes mit restriktiver Ventilationsstörung und zur Behinderung des Gasaustausches führt. Ursache sind chronische Reize wie Entzündungen in der Lunge und vor allem Staubeinwirkungen.

Was ist eine Pneumokoniose?

Veränderungen des Lungengewebes mit oder ohne Funktionseinschränkung durch die Ablagerung von festen, meist anorganischen Teilchen („Staublunge"). Die wichtigsten Formen mit einer Gewebereaktion durch die eingeatmeten Stoffe sind Silikose, Asbestose und Talkose, harmlos ist die Anthrakose.

Was sind die Folgen einer fortgeschrittenen Lungenfibrose?

Die Folgen sind eine Herabsetzung der Atmungsleistung und eine Überlastung des rechten Herzens (Cor pulmonale) bis zur pulmonalen und kardialen Insuffizienz.

Da das Leiden – allerdings in unterschiedlichem Tempo – immer weiter fortschreitet und keine Behandlung diesen Prozess aufhalten kann, ist die Prognose nicht günstig.

Wie ist den Lungenfibrosen vorzubeugen?

Bei beruflicher Staubexposition sind regelmäßige Röntgenuntersuchungen der Gefährdeten durchzuführen und evtl. ein Arbeitswechsel zu veranlassen.

Was bedeutet Wabenlunge?

Es kann sich um angeborene zystische Hohlräume oder auch um das Endstadium einer zystischen Lungenfibrose bei chronischen Lungenkrankheiten handeln.

Was wissen Sie über die Ursache der Sarkoidose?

Die Ursache der Sarkoidose, auch Morbus Boeck (sprich: buck) genannt, ist unbekannt. Unter anderem wird vermutet, dass sie eine besondere Verlaufsform der Tuberkulose darstellt, da die Tuberkulinempfindlichkeit wie bei Anergien stark herabgesetzt ist. Sie verläuft als eine epitheloidzellige Granulomatose, d.h. eine besondere Gewebsreaktion des retikuloendothelialen Systems (RES), die sich in verschiedenen Organen abspielen kann.

Wie tritt die Sarkoidose auf?

Häufig ist die Lunge befallen. Wenn nur die Hiluslymphknoten befallen sind (Stadium I), kommt es in 80% ohne besondere Behandlung zur Ausheilung. Netzförmige fibröse oder kleinknotige Lungenveränderungen (Stadium II) können mit bindegewebigen Schrumpfungen, Raffungen und Verziehungen einhergehen, die die Atmung beeinträchtigen (restriktive Ventilationsstörung) und zum Cor pulmonale führen. Auch Befall von Leber und Milz, Augen (Iridozyklitis), Haut und Knochen (mit Zystenbildung) können hinzutreten.

Wie wird die Sarkoidose behandelt?

Wenn Veränderungen über die Hiluslymphknoten hinaus vorliegen, wird über Monate bis Jahre unter Kontrolle des Befundes mit Kortikosteroiden behandelt.

Lungenabszess

Wodurch kann ein Lungenabszess entstehen?

Durch eitrige Gewebseinschmelzung bei Pneumonie, Lungensteckschuss, Lungeninfarkt und bei Sepsis. Durch Fremdkörper in einem Bronchus oder Aspiration von Eiter.

Was lässt an einen Lungenabszess denken?

Plötzliche Entleerung größerer Mengen stark eitrigen Sputums; hohes Fieber, Leukozytose. Röntgenologisch Nachweis eines Rundschattens mit Spiegelbildung (Abszesshöhle).

Was bedeutet Lungengangrän?

Entzündliche Einschmelzung von Lungengewebe durch Fäulnisbakterien. Der eitrige Auswurf riecht fötidfaulig wie Aas.

Lungentumoren

Welche Arten von Lungentumoren gibt es?

Die *gutartigen* (benigne) Tumoren, Adenome, Fibrome usw., spielen nur eine geringe Rolle.

Bei den *bösartigen* (malignen) Geschwülsten ist zwischen Lungenmetastasen, deren Primärtumor außerhalb der Lungen liegt, und primär in der Lunge entstandenen Tumoren zu unterscheiden. 95% der letzteren gehen allerdings vom Bronchialgewebe aus (Bronchialkarzinom), nur 5% vom eigentlichen Lungengewebe der Alveolen.

Was ist über die Häufigkeit des Bronchialkarzinoms zu sagen?

Das Bronchialkarzinom tritt im mittleren und höheren Lebensalter auf. Bei Männern ist es der häufigste Krebs (Männer zu Frauen = 4:1). Bei Zigarettenrauchern ist es etwa 30-mal häufiger als bei Nichtrauchern. Mit der Zunahme des Rauchens bei Frauen steigt auch beim weiblichen Geschlecht die Häufigkeit des Bronchialkarzinoms an.

Welche Krankheitserscheinungen können auf ein Bronchialkarzinom hinweisen?

Lange bestehen keine besonderen Hinweise. Oft bieten Metastasen die ersten Krankheitszeichen. Als häufige Symptome treten auf: Krankheitsgefühl, Brustschmerzen, blutiger Auswurf, Reizhusten, Appetitabnahme und Gewichtsverlust, Atemnot, Bronchopneumonie, Atelektasen, evtl. Heiserkeit.

Welche Therapiemöglichkeiten kommen bei Bronchialkrebs in Frage?

Die Therapie richtet sich nach der Tumorhistologie. Kleinzellige Bronchialkarzinome werden primär mit Chemotherapie behandelt. Patienten mit Plattenepithel- oder Adenokarzinom werden je nach Ausbreitungsstadtium operiert und/oder bestrahlt. Die Prognose ist ungünstig, da die meisten Patienten zu spät zur Behandlung kommen.

Was wird als Lymphangiosis carcinomatosa bezeichnet?

Sind die Lymphbahnen der Lunge mit Krebszellen gefüllt, so entsteht röntgenologisch eine streifig-netzförmige Strukturvermehrung.

7.3.3 Erkrankungen von Pleura und Mediastinum

Welche Erkrankungen der Pleura gibt es?

- Nichtentzündliche Erkrankungen: Stauungserguss (Transsudat);
- entzündliche Erkrankungen: Rippenfellentzündung (Pleuritis, Exsudat);
- Eiteransammlung im Pleuraraum (Empyem);
- Verklebungen und Verwachsungen (Adhärenz, Pleuraschwarten);
- Luftansammlungen im Pleuraraum (Pneumothorax);
- Blut im Pleuraraum (Hämatothorax);
- Lymphflüssigkeit im Pleuraraum (Chylothorax);
- Krebsausbreitung über die Pleura (Pleurakarzinose).

Wie kann es zu einer Pleuritis kommen?

Die Pleura kann selbständig, z.B. im Rahmen einer chronischen Polyarthritis, oder durch Übergreifen einer benachbarten Entzündung, z.B. bei Pneumonie oder Lungeninfarkt, oder metastatisch fortgeleitet auf dem Blut- oder Lymphwege (Sepsis, Tuberkulose oder Karzinose), z.B. auch als Durchwanderungspleuritis aus dem Bauchraum wie bei Pankreatitis oder subphrenischem Abszess, erkranken.

Pleuritis sicca und exsudativa

Welche zwei Formen von entzündlicher Pleuritis sind zu unterscheiden?

Pleuritis sicca: trockene Rippenfellentzündung und Pleuritis exsudativa: feuchte oder nasse Rippenfellentzündung mit Erguss (Exsudat).

Welche Erscheinungen macht eine Pleuritis sicca?

Heftige, stechende Schmerzen bei jedem Atemzug an einer bestimmten Stelle, Hustenreiz. Der Patient schaltet die kranke Seite möglichst aus und atmet mit der gesunden. Beim Abhören findet man über der kranken Stelle das Reiben der Pleura, manchmal Knarren. Wenn die Schmerzen verschwinden, ist die Pleuritis sicca ausgeheilt oder in eine Pleuritis exsudativa übergegangen.

Welche Krankheitserscheinungen werden bei Pleuritis exsudativa beobachtet?

Anfangs kann es zu hohem Fieber kommen. Durch Ansteigen des Pleuraexsudates tritt Atemnot auf. Verdrängungserscheinungen des Mediastinums können eine Pleurapunktion notwendig machen. Beim Perkutieren zeigt sich eine Dämpfung, beim Auskultieren ist das Atemgeräusch dort aufgehoben. Bei der Röntgenaufnahme kommt eine charakteristische Verschattung zur Darstellung. Empfindlicher für die Diagnose von Flüssigkeit im Pleuraraum ist die Sonografie.

Mit der Abheilung bilden sich häufig Verwachsungen des Lungen- und Rippenfells aus (Pleuraschwarten), die die Atembewegungen beeinträchtigen, evtl. auch zur Deformierung des Thorax führen können.

Wie können entzündliche Pleuritiden behandelt werden?

Abhängig von der Ursache: die tuberkulöse Pleuritis wird tuberkulostatisch, die fortgeleitete je nach dem Grundleiden, z.B. antibiotisch, behandelt. Bei Pleurakarzinose, Zytostatika, Röntgenbestrahlung oder Verkleben der Pleurablätter durch Instillation von Talkum oder Tetrazyklin.

Pleuraempyem

Wie kann es zum Pleuraempyem kommen?

Der Pleuraraum ist ein idealer Nährboden für Eitererreger. Die Infektion kann durch Verletzung der Brustwand von außen oder durch eine Verbindung mit den Bronchien (Spontanpneumothorax) oder vom Lungengewebe fortgeleitet (Pneumonie, Abszess, Gangrän) oder durch septische Verschleppung entstehen.

Was kann auf eine Empyembildung hinweisen?

Vor allem hohes, remittierendes Fieber, oft auch Schüttelfröste und Leukozytose. Durch Probepunktion kann eitriges Exsudat nachgewiesen werden.

Welche Behandlungsmaßnahmen kommen bei einem Pleuraempyem in Betracht?

Evtl. wiederholte Punktionen an der tiefsten Stelle mit weiter Kanüle, Ablassen des Eiters, evtl. Spülung, Einspritzen eines Antibiotikums in den Pleuraraum, intensive antibiotische Therapie, möglichst nach Empfindlichkeitstest. Manchmal sind Drainagen oder eine Operation nötig.

Welche Folgen können nach Pleuraempyem verbleiben?

Es können ausgedehnte schrumpfende Pleuraschwarten mit Thoraxdeformierung zurückbleiben. Durch rechtzeitige Atemgymnastik kann der Schrumpfungstendenz der Pleuraschwarten entgegen gewirkt werden.

Pneumothorax

Wie kann es zum Pneumothorax kommen?

Der Pneumothorax kann durch Eindringen von Luft infolge einer *Verletzung* der Brustwand von außen entstehen.

Beim *Spontanpneumothorax* wird infolge Husten, Niesen, Pressen, Heben durch einen kleinen Lungenriss eine Verbindung der Bronchien mit dem Pleuraraum hergestellt, wenn durch Entzündung oder durch eine Emphysemblase ein Punkt geringerer Festigkeit entstanden war. Dabei kollabiert die Lunge total, sie ist dann etwa faustgroß um den Hilus.

Man kann einen *künstlichen Pneumothorax* anlegen, um einen Lungenflügel ruhigzustellen. Diese Maßnahme wurde früher bei der Tuberkulosebehandlung durchgeführt.

Was ist bei einem Spontapneumothorax zu machen?

Bei leichten Fällen mit kleinen Pneumothorax kann man die spontane Resorption der Luft abwarten. Bei schweren Fällen muss die Luft aus dem Pleuraraum abgesaugt und eine Drainage mit Unterdruck angelegt werden.

Bei Spannungspneumothorax (Ventilpneumothorax) ist dies lebensrettend. Wenn sich die innere Fistel schließt, wird der Pneumothorax allmählich spontan aufgesaugt und bildet sich zurück. Eventuell kommt chirurgische Behandlung in Frage (Thorakotomie). Medikamentös kommen Sedierung, Gaben von Sauerstoff, Kreislaufmittel, Kodein, antibiotischer Schutz in Betracht.

Was bedeutet ein Ventilpneumothorax?

Wenn sich bei einer Lungenruptur an der Verbindung von Bronchien zum Pleuraraum ein Ventil bildet, das die Luft bei der Atmung immer nur in den Pleuraraum ein-, aber nicht mehr wieder in den Bronchus zurückströmen lässt, spricht man von einem Ventilpneumothorax oder Spannungspneumothorax. Durch den entstehenden Überdruck auf der einen Lungenseite kann es zu einer lebensbedrohlichen Verdrängung des Mediastinums mit Abknickung der großen Gefäße kommen.

Welche Krankheiten können sich im Mediastinum abspielen?

- *Mediastinitis* oder Mediastinalphlegmone, fortgeleitet z.B. aus einem Retrotonsillarabszess oder aus tuberkulösen Lymphknoten; von einer Osteomyelitis eines Wirbels oder von einer Ösophagusperforation ausgehend oder septisch entstanden;
- *Mediastinaltumoren*, ausgehend von den mediastinalen Lymphknoten, z.B. bei Lymphogranulomatose, Non-Hodgkin-Lymphom oder Lymphosarkom oder von den Organen im Mediastinum;
- *Mediastinalemphysem* durch Fistelbildung von Trachea oder Bronchien, durch Verletzungen;
- *Mediastinalflattern:* durch ungleichen Druck in den beiden Lungenseiten kann es zu starker Verschiebung des Mediastinums kommen (s. Spontanpneumothorax).

Welche Erscheinungen können Mediastinaltumoren verursachen?

- Röntgenologisches Symptom: Mediastinalverbreiterung in der Röntgen-Thoraxaufnahme;
- bei Kompression der V. cava superior kann es zum Bild der oberen Einflussstauung kommen: dicke Halsvenen, Gesichtsödem;
- bei Druck auf den N. laryngeus recurrens kommt es zur Rekurrensparese: Heiserkeit;
- bei Quetschung des N. phrenicus: Zwerchfelllähmung.

7.3.4 Pathologische Atemtypen

Welche krankhaften Atemtypen werden unterschieden?

- Dyspnoe: Atemnot, verstärkte Atmung. Unterschieden wird Atemnot bereits in Ruhe: Ruhedyspnoe; bei Belastung: Belastungsdyspnoe; bei schwerer Dyspnoe können bis zu 40 Atemzüge beobachtet werden;
- Orthopnoe: Der Patient kann nur bei aufrechtem Oberkörper, z.B. im Sitzen mit aufgestützten Armen, noch einigermaßen ausreichend Luft bekommen;
- Apnoe: Atemstillstand, vorübergehend oder endgültig;
- Asphyxie: Erstickung durch O_2-Mangel oder Lähmung des Atemzentrums;
- Kussmaul-Atmung: Im Vergleich zur normalen Atmung große Atmung mit verlangsamten und vertieften Atemzügen, z.B. im Koma diabeticum (Abb. **7.7a, b**);
- Cheyne-Stokes-Atmung: Eine periodisch an- und abschwellende, bei Aufzeichnung spindelförmige Atmung mit vorübergehender Apnoe (Abb. **7.7c**);
- Biot-Atmung: Vertiefte Atemzüge gleicher Höhe mit vorübergehendem Atemstillstand (Abb. **7.7d**).

Was bedeutet die Cheyne-Stokes-Atmung?

Sie stellt eine bedrohliche Atemstörung dar, z.B. bei schwerster Herzinsuffizienz, Gehirnkrankheiten, schweren Stoffwechselstörungen (Urämie) oder Vergiftungen, die rechtzeitig erkannt werden muss. Sie zeigt, dass das Atemzentrum nur noch auf verstärkte Reize anspricht. Erst durch das Ansteigen des CO_2 im Blut während eines kurzen Atemstillstands (apnoische Phase) wird es gereizt und löst die vertieften Atemzüge aus. Wenn durch diese der vermehrte CO_2-Gehalt des Blutes wieder abgeatmet wurde, verflacht die Atmung und setzt wieder kurz aus, bis das Atemzentrum wieder durch den Anstieg des Kohlendioxids im Blut angeregt wird.

Unter welchen Umständen kommt es zur Biot-Atmung?

Die Biot-Atmung kann z.B. bei gesteigertem Hirndruck (Hirnödem, -blutung, -tumor oder Meningitis) auftreten.

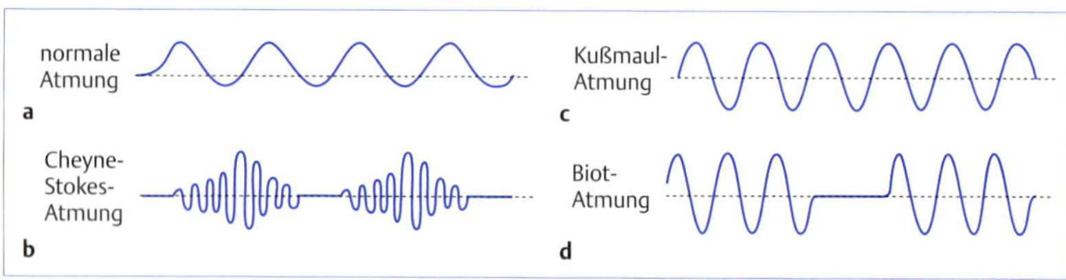

Abb. 7.7 Schematische Darstellung verschiedener pathologischer Atemtypen im Vergleich zur normalen Atmung (nach Kellnhauser u. a.)

Bei welchen Zuständen kommt es zu Azidose und Alkalose?

Die Veränderungen können durch eine Störung der Atemfunktion mit erniedrigter oder erhöhter Sauerstoffbeladung des Blutes oder durch eine Stoffwechselstörung mit erhöhtem Anfall von sauren oder basischen Stoffwechselprodukten bedingt sein. Entsprechend unterscheidet man eine respiratorische Azidose/Alkalose und eine metabolische Azidose/Alkalose.

Welche Beispiele für respiratorische und metabolische Azidose/Alkalose kennen Sie?

- Respiratorische Azidose: Lungenemphysem, Lungenembolie;
- Metabolische Azidose: diabetisches Koma, Laktatazidose;
- Respiratorische Alkalose: Hyperventilation (absichtlich) oder bei Asthma;
- Metabolische Alkalose: Säureverlust durch anhaltendes Erbrechen, Hyperaldosteronismus.

Künstliche Beatmung

Wann muss ein Patient maschinell beatmet werden?

Wenn die ausreichende Sauerstoffversorgung des Organismus, vor allem des Gehirns, nicht mehr auf physiologische Weise möglich ist und der Patient bei schlechten Blutgasen (niedriger pO_2, erhöhter pCO_2) komatös wird. Dafür gibt es pulmonale Ursachen (z.B. Asthma, Pneumonie) und extrapulmonale Ursachen (z.B. Vergiftungen, Lähmungen).

Wie wird eine künstliche, apparative Beatmung durchgeführt?

Wenn vermutlich nur kurz beatmet werden muss, wird meist nur eine Intubation vorgenommen. Wenn der Patient voraussichtlich länger an das Gerät angeschlossen werden soll, wird eine Tracheotomie vorgezogen.

Während der künstlichen Beatmung muss die Trachealkanüle häufig von Schleim gereinigt und eine Bronchialtoilette durch Absaugen durchgeführt werden. Die Atemluft wird durch Zusatzgeräte am Beatmungsgerät angefeuchtet und angewärmt. Es sind Puls, Blutdruck, Blutgase und Elektrolyte zu kontrollieren, das Verhalten des Patienten ist zu beobachten, evtl. muss er sediert werden. Manchmal sind schleimlösende Medikamente (Mukolytika) erforderlich.

Welche Probleme können bei einem tracheotomierten Patienten auftreten?

Durch die Umgehung des Nasen-Rachen-Raumes wird die Atemluft zu wenig aufgewärmt, angefeuchtet und nicht von Staub und Bakterien gereinigt. Dadurch entsteht eine erhöhte Infektionsgefahr der Atemwege (Pneumonie!). In der Trachea können durch den Tubus bzw. durch zu hohe Luftdrücke Druckulzera entstehen und Spätschäden (Tracheomalazie) verbleiben.

8 Verdauung

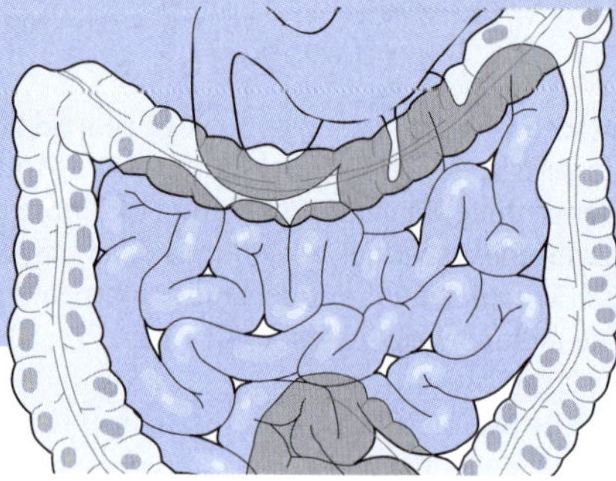

8.1 Anatomie und Physiologie

Aus welchen Abschnitten besteht das Verdauungssystem?

Es besteht aus der Mundhöhle, der Speiseröhre (Ösophagus), dem Magen (Gaster), dem Dünndarm mit Zwölffingerdarm (Duodenum), Leerdarm (Jejunum), Krummdarm (Ileum) und dem Dickdarm (Kolon).

Die Ohr- und Mundspeicheldrüsen, die Leber (Hepar) und das Gallenwegssystem sowie die Bauchspeicheldrüse (Pankreas) sind Anhangsorgane des Verdauungsapparates.

Welche Aufgaben hat der Verdauungsapparat?

Durch die Nahrungs- und Flüssigkeitsaufnahme werden dem Körper die nötigen Bau- und Betriebsstoffe zugeführt. Sie werden im Verdauungsapparat zerkleinert, mechanisch und chemisch aufgespalten, in resorbierbare Anteile zerlegt *(Digestion)* und aufgenommen *(Resorption)*. Außerdem sind Leber und Galle sowie der Darm selbst wichtige *Ausscheidungsorgane.*

Wie führt der Verdauungsapparat seine Aufgaben durch?

Zahlreiche Drüsen produzieren Verdauungsenzyme (etwa 8 Liter in 24 Stunden) zur Aufspaltung der Nahrungsstoffe.

Die glatte Muskulatur des Verdauungsrohres wird durch das vegetative Nervensystem zu rhythmischen Bewegungen, zur Peristaltik, veranlasst, die den Speisebrei weiter befördern.

Die Resorption erfolgt hauptsächlich durch die Darmwand in das Pfortadersystem, z.T. in die Darmlymphgefäße, die in den Ductus thoracicus (Brustmilchgang) fließen. Die Leber baut viele der Abbauprodukte zu neuen Verbindungen (z.B. Albium, Enzyme, Gerinnungsfaktoren) auf.

Welches sind die wichtigsten Organe der Mundhöhle und ihre Aufgabe?

Zähne, Speicheldrüsen, Zunge und weicher Gaumen. Die Zunge schiebt die Speisen zwischen die Mahlzähne, diese zerkleinern sie. Die mit Speichel durchsetzten und gekauten Bissen werden von der Zunge nach hinten geschoben und vom Schluckakt erfasst. Unter Einwirkung der Speichelenzyme beginnt die Verdauung der Stärke bereits in der Mundhöhle.

Welche Speicheldrüsen münden in die Mundhöhle?

Ohrspeicheldrüsen (Glandulae parotis), seitlich des aufsteigenden Unterkieferastes und vor dem Ohr gelegen, mit ihrer Mündung neben dem zweiten oberen Mahlzahn.

Unterkieferspeicheldrüsen (Glandulae submandibulares) liegen knapp unterhalb des Unterkiefers mit ihrer Mündung unter der Zungenspitze.

Unterzungenspeicheldrüsen (Glandulae sublinguales) befinden sich vorne neben der Zunge mit mehreren kleinen Ausführungsgängen unter dem Zungenrand.

Wodurch wird die Speichelsekretion gefördert?

Durch das vegetative Nervensystem. Der muzinreiche, fadenziehende Speichel durch Sympathikusreizung („trockener Mund") und die dünnflüssige Speichelsekretion durch den Parasympathikus („Wasser im Mund"). Auch die Berührung der Mundschleimhaut und stimulierende Geruchs- und Geschmacksempfindungen, sogar die intensive Vorstellung von Speisen bringen die Sekretion in Gang.

Krankhaft vermehrter Speichelfluss kann z.B. bei der Parkinson-Krankheit (Schüttellähmung) auftreten.

Der Schluck- und Würgereflex kann durch Berühren der hinteren Rachenwand ausgelöst werden.

Wie sind Lage und Bau des Ösophagus?

Er ist etwa 35–40 cm lang und liegt im hinteren Mediastinum vor der Wirbelsäule und hinter der Luftröhre (Trachea). Er tritt durch einen Schlitz (Hiatus) des Zwerchfells in den Bauchraum und geht mit dem Ringmuskel der Kardia in den Magen über. Der Ösophagus ist innen mit Schleimhaut ausgekleidet, seine Muskelwand besteht aus Längs- und Ringmuskelfasern.

Wo liegt der Magen?

Der Mageneingang schließt in der *Kardia* an den Ösophagus und mit dem Pförtner, Magenausgang *(Pylorus)* an das Duodenum an (Abb. **8.1**). Der *Magenfundus* liegt unter der linken Zwerchfellkuppe; der Magenkörper *(Corpus ventriculi)* liegt vor der linken Niere und dem Schwanz des Pankreas und das *Antrum* vor dem Körper des Pankreas. Die Milz liegt links seitlich des Fundus und Korpus, die Leber rechts und vor dem Magen.

Wie heißen die seitlichen Begrenzungen des Magens?

Die kleine Kurvatur liegt nach rechts innen, der Magenwinkel zwischen Korpus und Antrum an der kleinen Kurvatur. Durch die große Kurvatur wird der Magen nach außen und unten begrenzt. Ferner unterscheidet man die Vorder- und Hinterwand des Magens.

Aus welchen Schichten baut sich die Magenwand auf?

Innen liegt die Magenschleimhaut *(Mukosa)* in Längsfalten. Darunter findet sich eine Bindegewebsschicht *(Submukosa)*. Die darauf folgende *Muskelschicht* besteht

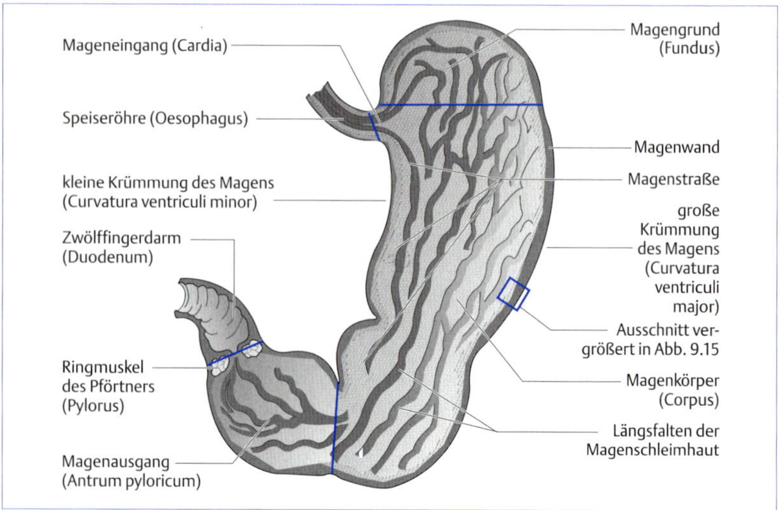

Abb. ***8.1*** *Topographie und innere Oberfläche eines aufgeschnittenen Magens (Linien: gedachte Grenzen zwischen den einzelnen Mgenabschnitten) (nach Faller)*

aus Längs-, Ring- und Schrägfasern glatter Muskulatur, die sich im Pylorus des Magenausgangs zu einem kräftigen Ringmuskel (Sphinkter) verstärken. Außen wird der Magen von *Serosa*, einem Teil des Bauchfells *(Peritoneum)* überzogen.

Welche Aufgaben hat der Magen?

Der Magen ist eine Ausweitung des Verdauungsrohres mit einer Speicherfunktion der aufgenommenen Nahrung, die portionsweise der weiteren Verdauung zugeführt wird. Gleichzeitig wird die Nahrung der Körpertemperatur angepasst und die Eiweißverdauung eingeleitet.

Wie geht die Entleerung des Magens vor sich?

Der Magen umschließt den Speisebrei und kann sich entsprechend ausdehnen. Die Nervengeflechte in der Magenwand steuern auf den Füllungsreiz hin die Magenbewegungen, die *Magenperistaltik*. Diese wird vom Parasympathikus (Vagus) gesteigert, vom Sympathikus gehemmt. Sie läuft mit konzentrischen Einziehungen rhythmisch und schubweise ab. Die Verweildauer von festen Speisen im Magen beträgt ein bis fünf Stunden, bei Kohlenhydraten am kürzesten, bei eiweißreicher Kost länger, am längsten bei fetten Speisen.

Wie sehen die Magendrüsen aus?

Sie ziehen von den Magengrübchen an der Oberfläche der Schleimhaut schlauchförmig verzweigt in die Tiefe. Die Nebenzellen bilden Schleim (Muzin), die Belegzellen eine Vorstufe der Salzsäure und die Hauptzellen das Pepsinogen und Kathepsin. Das Labenzym ist nur in der Magenschleimhaut des Neugeborenen vorhanden, es bewirkt die Milchgerinnung.

Wonach richtet sich die Produktion des Magensaftes?

Qualität und Quantität hängen von der Zusammensetzung der Nahrung ab. Die Antrumschleimhaut bildet Gastrin, welches die Sekretion des Magensaftes auslöst.

Säurelocker in der Nahrung sind: Röstprodukte, Würzstoffe, Fleischbrühe, Koffein, Alkohol u.a.; starke Säurestimulanzien sind: Histamin, Gastrin und Pentagastrin. Die Säureproduktion ist bei Männern höher als bei Frauen. Sie nimmt im Alter ab.

Welche Aufgabe hat die Salzsäure im Magensaft?

Sie aktiviert das Pepsinogen zu Pepsin und fällt die Eiweißkörper aus, die der weiteren Verdauung zugänglich werden. Bakterien werden durch Salzsäure zerstört und sie wirkt auf den Pylorusschluss.

Pepsin und Kathepsin spalten Eiweiß zu höheren Polypeptiden und leiten die Eiweißverdauung ein.

Was bewirkt der Intrinsic factor?

Er ist ein in der Magenschleimhaut (vor allem Korpus und Fundus) gebildetes Mucoprotein, das für die Resorption von Vitamin B_{12} aus dem terminalen Ileum notwendig ist (s. Maldigestion und Malabsorption, S. 204).

Wie ist die Lage des Duodenums?

Der Zwölffingerdarm ist etwa 25–30 cm lang („zwölf Fingerbreiten“). Das Duodenum hat hufeisenförmige Gestalt und ist an der Hinterwand der Bauchhöhle festgewachsen. Es schließt mit dem zwiebelförmig erweiterten Anfangsteil, dem Bulbus duodeni, an den Pylorus an und geht an der Flexura duodenojejunalis in den übrigen Dünndarm über. In den absteigenden Teil münden der Gallengang und der Ausführungsgang des Pankreas meist gemeinsam an der Vater-Papille, manchmal auch getrennt ins Duodenum. Wenn ein zusätzlicher Pankreasgang vorhanden ist, mündet dieser oberhalb der Vater-Papille (Abb. **8.2**).

Wie ist der Wandaufbau des Duodenums?

Innen wird das Duodenum von Schleimhaut *(Mukosa)* mit dem darunterliegenden submukösen Bindegewebe ausgekleidet, in dem die Brunner-Drüsen liegen. Danach folgt nach außen eine Ringmuskelschicht und noch weiter außen eine Längsschicht glatter Muskelfasern. Der Serosaüberzug außen ist ein Teil des Bauchfells *(Peritoneum)*.

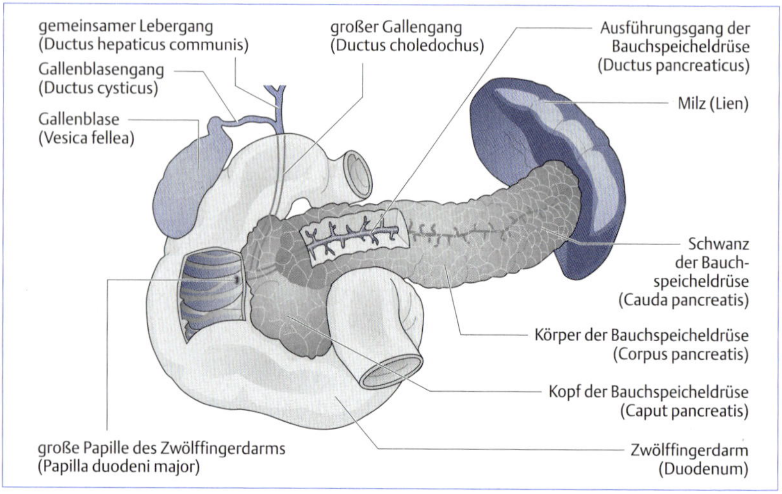

Abb. ***8.2*** *Zwölffingerdarm, Bauchspeicheldrüse, Gallenwege und Milz (nach Faller)*

Wie sind Jejunum und Ileum gebaut?

Jejunum und Ileum sind durch eine Doppelplatte des Peritoneums (Mesenterium), in der Arterien, Venen, Lymphgefäße und Nerven verlaufen, mit der Hinterwand der Bauchhhöhle verbunden und dadurch verschieblich und beweglich. Der Schichtaufbau der Wandung ist wie beim Duodenum von außen nach innen: Serosa (Peritoneum), Längs-, Ringmuskelfasern, submuköses Bindegewebe, Mukosa. Letztere bildet in den oberen Dünndarmabschnitten ringförmige Querfalten, die die Oberfläche vergrößern. Der Dünndarm ist etwa 5 m lang und 4 cm weit.

Wie ist die Dünndarmschleimhaut beschaffen?

Die Oberfläche der Dünndarmschleimhaut besteht aus einer großen Zahl feiner Zotten, so dass sie wie Samt wirkt. Im Epithel der Zotten finden sich schleimbildende Becherzellen und die wichtigen Saumzellen (Enterozyten), die die zerlegten Nahrungsstoffe aus dem Darminhalt resorbieren. Im Zentrum der Zotte verläuft eine zentrale Arterie, die sich in ein Kapillarnetz unter die Saumzellen verteilt, das die resorbierten Monosaccharide und Aminosäuren aufnimmt und über die Pfortader an die Leber leitet. Die Fette werden in das zentrale Darmlymphgefäß *(Chylusgefäß)* aufgenommen und über die Cisterna chyli und den Ductus thoracicus in den venösen Teil des Blutkreislaufs gebracht (s. Lymphgefäße, S. 41).

Lymphgewebe findet sich besonders reichlich im unteren Ileum, dort in den sogenannten Peyer-Plaques angehäuft.

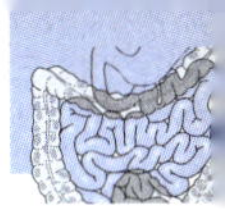

Wie wird der Darmsaft gebildet und welche Enzyme enthält er?

Von den Lieberkühn-Drüsen in der Darmschleimhaut werden Wasser, Salze und Enzyme als alkalischer Darmsaft produziert. Als Enzyme wirken die Darmlipase zur Fettspaltung, Peptidasen für den Peptidabbau und Saccharase, Laktase und Maltase für die Kohlenhydratzerlegung.

Welche Bewegungen führt der Dünndarm aus?

Die *Segmentation* entsteht durch die abwechselnde Kontraktion und Erschlaffung der glatten Muskulatur und dient zur Durchmischung des Speisebreies. Die *Peristaltik* ist eine wellenförmig ablaufende Kontraktion der glatten Muskulatur zur Weiterbeförderung des Speisebreies. Die Bewegung wird gesteuert durch den Füllungsreiz, durch Hormone und das vegetative Nervensystem.

Wie sind die Lage und der Verlauf des Dickdarms?

Der Dickdarm liegt wie ein Rahmen um den Dünndarm unter der Leber, vor dem Magen und der Milz.

Aus welchen Abschnitten besteht der Dickdarm und wie ist er befestigt?

Er beginnt mit dem *Zäkum* (Blinddarm) im rechten Unterbauch, an dem die Appendix (Wurmfortsatz) hängt. An das Zäkum schließt das *Colon ascendens*, der aufsteigende Teil im rechten Mittelbauch, an. Dieses geht an der Flexura coli dextra in das *Colon transversum*, den Querdarm, über, an den in der Flexura coli sinistra das *Colon descendens*, der absteigende Teil im linken Mittelbauch, anschließt. Im linken Unterbauch folgt dann das *Sigma*, der S-förmige Abschnitt, der in Unterbauchmitte in das *Rektum*, den gerade verlaufenden Enddarm oder Mastdarm übergeht.

Aszendens und Deszendens sind an der Hinterwand der Bauchhöhle angewachsen (retroperitoneale Lage). Transversum und Sigma sind an einer Mesenterium genannten Doppelung des Peritoneums befestigt und dadurch verschieblich.

Wie ist der Übergang vom Dünn- in den Dickdarm beschaffen?

Der Dünndarm mündet mit der letzten Ileumschlinge an der inneren (medialen) Seite in das Zäkum. Der Übergang ist durch die Ileozäkalklappe (Bauhin-Klappe) ventilartig beschaffen, so dass der Rückfluss des Speisebreies in das Ileum verhindert wird.

Wie sieht der Dickdarm äußerlich aus?

Das Kaliber des Dickdarms ist weiter als das des Dünndarms. Die Fasern der Längsmuskulatur sind in 3 Bändern angeordnet, die Längsfurchen (Tänien) erzeugen. Die Ringmuskeln bilden durch Kontraktion Einziehungen, zwischen denen sich die Wand als so genannte Haustren vorwölbt. An den Längsfalten finden sich Fettanhängsel.

Wie sieht die Schleimhaut des Dickdarms aus und welche Aufgabe hat er?

Sie hat keine Zotten, nur Einsenkungen und zahlreiche schleimbildende Becherzellen.

Seine Hauptaufgabe ist die Rückresorption von Wasser und die Eindickung des Darminhaltes zur Kotbildung.

Woraus besteht der Stuhl?

Die Fäzes bestehen aus unverdaulichen Nahrungsresten, Schleim, Wasser und Bakterien, vor allem Kolibakterien. Durch Sterkobilin, ein Abbauprodukt der Gallenfarbstoffe, wird der Stuhl braun gefärbt.

Welche Rolle spielen die Kolibakterien?

Sie kommen im Kolon in physiologischer Weise vor, wirken aber z.B. in der Gallenblase oder in den ableitenden Harnwegen z.T. als gefährliche Entzündungserreger.

Welchen Aufbau hat die Appendix?

Sie ist reich an lymphatischem Gewebe, daher wird sie auch als die Tonsille des Darmes bezeichnet. Bei Kindern und Jugendlichen kann sie dementsprechend auch leicht entzündlich erkranken (Appendizitis).

Was ist das Peritoneum?

Das Bauchfell ist die seröse Haut, die den Bauchraum auskleidet und die Organe in der Bauchhöhle überzieht. Es bildet Duplikaturen, die Mesenterien (Gekröse), an denen die Bauchorgane z.T. befestigt sind. Auch das große Netz (Omentum majus) ist eine Doppelfalte des Bauchfells, die vom Magen über die Bauchorgane herabhängt.

Wo liegt das Pankreas?

Das Pankreas, die Bauchspeicheldrüse, liegt retroperitoneal hinter dem Magen, mit seinem Kopf rechts in der hufeisenförmigen Duodenalschlinge, mit seinem Körper vor dem 1. und 2. Lendenwirbel und reicht mit seinem dünnen Schwanz bis über die linke Niere zur Milz.

Wie wird der Pankreassaft entleert?

Meist ist nur ein Ausführungsgang des Pankreas vorhanden (Ductus pancreaticus), der zusammen mit dem Gallengang (Ductus choledochus) auf der Papilla duodeni major (Vater-Papille) ins Duodenum mündet (s. Abb. **8.2**, S. 168). Manchmal gibt es neben dem großen Hauptausführungsgang noch einen zweiten kleinen Ausführungsgang, der nicht weit vom Hauptausführungsgang im Duodenum endet.

Welche Aufgaben hat das Pankreas?

Die Hauptmasse des Pankreas besteht aus Drüsengewebe, das die wichtigsten Verdauungsenzyme bildet und in den Zwölffingerdarm entleert. Zwischen diesen exokrinen Zellen finden sich die Langerhans-Inseln, etwa 3% des Gewebes, endokrine Zellhaufen, die die lebenswichtigen Hormone, das Insulin und das Glukagon, ins Blut abgeben (s. Insulinwirkung, S. 282).

In den B-Zellen wird das Insulin gebildet, das den Blutzuckerspiegel senkt und die Glykogenbildung in Leber und Muskeln fördert. In den A-Zellen entsteht das Glukagon, das dem Insulin entgegenwirkt.

Welche Enzyme bildet das Pankreas?

Es bildet Lipase für die Fettverdauung, α-Amylase für die Kohlenhydratverdauung und Trysinogen, Chymotrypsin u.a. eiweißspaltende Enzyme für den Abbau der Polypeptide zu Aminosäuren. Diese Enzyme werden erst durch die Enterokinase der Darmschleimhaut aktiviert. In 24 Stunden werden 0,5–1,5 l Pankreassaft produziert.

Außerdem gibt das Pankreas Bikarbonat und Wasser ab, wodurch die Magensäure im Zwölffingerdarm neutralisiert wird.

Wo liegt die Leber?

Sie liegt vorne im rechten Oberbauch und reicht mit ihrem linken Lappen bis vor den Magen. Nach oben ist sie teilweise mit dem Zwerchfell verwachsen, nach unten liegt sie auf den Baucheingeweiden.

Was wird als Leberpforte bezeichnet und wie ist die Blutversorgung?

Etwa in der Mitte an der Unterfläche der Leber findet sich die Eintrittspforte der Leberarterie (A. hepatica), der Pfortader (V. portae) der Lebervenen und der vegetativen Nerven sowie die Austrittsstelle der Gallenwege (Ductus hepaticus) und der Lymphbahnen.

Die Leberarterie bringt sauerstoffreiches Blut von der Aorta in die Leber. Das Pfortadersystem sammelt den venösen Blutabfluss aus Darm und Magen mit den dort aufgenommenen Stoffen (z.B. Monosaccharide und Aminosäuren, auch Medikamente) und führt dieses Blut durch die Pfortader in die Leber, wo es sich wieder in einem Kapillarnetz verteilt, mit dem Blut der Leberarterie in den Lebersinusoiden mischt und mit den Leberzellen Kontakt aufnimmt. Danach fließt es wieder zu den Lebervenen zusammen. Diese Lebervenen führen das Leberblut in die untere Hohlvene ab.

Was wird Pfortaderkreislauf genannt?

Die Ausbildung eines zweiten Kapillarsystems, das auf dem venösen Rückfluss von Darm und Magen in der Leber zwischen Pfortader und Lebervenen liegt.

Aus welchen Bauelementen besteht die Leber?

Die Funktionseinheit des Lebergewebes ist das Leberläppchen:

Es ist sechseckig, im Durchmesser etwa 1–2 mm groß. An seinen Kanten verlaufen Äste der Pfortader, der Leberarterie und der Gallengänge. Im Leberläppchen liegen die weiten Leberkapillaren, die Leberinusoide, in denen sich das arterielle und das venöse Blut der Pfortader mischt und die sich in die Zentralvene, in der Mitte des Leberläppchens, entleeren. Die Zentralvenen sammeln sich zu den Lebervenen.

Welche Zellarten sind in der Leber zu unterscheiden?

Die eigentlichen Leberzellen, die das Leberläppchen aufbauen und die Kupffer-Sternzellen, die in den Leberkapillaren liegen und zum retikuloendothelialen System (RES) gehören. Sie haben phagozytierende und Abwehreigenschaften, sie bauen überalterte Erythrozyten ab und bilden aus Hämoglobin das Bilirubin. Das freiwerdende Eisen wird gespeichert.

Welche Rolle spielt die Leber im Blutkreislauf?

Die etwa 1500 g schwere Leber nimmt bis zu 20% der Gesamtblutmenge auf. Dieses Depot kann bei Blutverlusten dem Kreislauf zur Verfügung gestellt werden. Die Leber kann aber auch bei Stauung vor dem rechten Herzen (Rechtsinsuffizienz) noch viel mehr Blut aufnehmen („Stauungsleber").

Welche Speicheraufgaben hat die Leber?

Unter Insulinwirkung speichert die Leber Glukose in Form von Glykogen, das unter Adrenalinwirkung wieder in Glukose (Blutzucker) zurückverwandelt werden kann. Daneben speichert die Leber Fett und zahlreiche Vitamine.

Welche Rolle spielt die Leber im Eiweiß- und Fettstoffwechsel?

Sie bildet Albumin, Prothrombin und Fibrinogen; daher verursachen Leberschäden, z.B. Zirrhose, Hypoalbuminämie und Gerinnungsstörungen.

Durch die Produktion der Gallenflüssigkeit wird die Emulgierung der Fette im Darm ermöglicht. Erst dadurch werden die Fette und die fettlöslichen Vitamine A, D, E, K der Verdauung und Resorption zugänglich. Auch für die Regulation des Fettstoffwechsels und der Plasmalipide (Triglyceride und Cholesterin) spielt die Leber eine wichtige Rolle.

Wie kann die Leber entgiften und ausscheiden?

Die Leber ist als das *zentrale Stoffwechselorgan* („die chemische Fabrik des Körpers") durch viele spezielle Enzymsysteme zum Aufbau, Abbau, Umbau (z.B. Bilirubin aus Hb) und zur Verbindung von verschiedenen Substanzen befähigt. Ein Teil der Substanzen wird durch die Galle in den Darm befördert, der nierengängige Teil über das Blut in die Harnorgane geleitet.

Das giftige Ammoniak z.B., Endprodukt des Eiweißstoffwechsels, wird zu Harnstoff, der dann durch die Nieren ausgeschieden werden kann. Auch viele Hormone, Medikamente und Farbstoffe sowie exogene Giftstoffe werden in der Leber ausscheidungsgerecht gemacht.

Welchen Weg nimmt die Gallenflüssigkeit?

Sie wird in die zwischen den Leberzellen liegenden *Gallenkapillaren* ausgeschieden. Diese sammeln sich zu *Gallengefäßen*, die an den Kanten der Leberläppchen entlangfließen und sich zu größeren *Gallengängen* vereinigen. Aus dem rechten und linken Leberlappen fließt je ein großer Gallengang zum *Ductus hepaticus*, dem Leber-Gallen-Gang, zusammen. Von diesem zweigt sich der *Ductus cysticus*, der Gallenblasengang, ab, der in die *Gallenblase* mündet.

Die Fortsetzung des Ductus hepaticus nach dem Abgang des Ductus cysticus ist der *Ductus choledochus*, der galleführende Gang, der hinter dem absteigenden Teil des Zwölffingerdarmes verläuft und an der *Papilla duodeni major* (Vater-Papille) meist zusammen mit dem Ductus pancreaticus in den Zwölffingerdarm mündet (s. Abb. **8.2**, S. 168).

Wie sind Lage, Form und Funktion der Gallenblase?

Sie zeigt etwa birnenförmige Gestalt und liegt an der Unterseite der Leber seitlich (lateral) der Leberpforte. Mit ihrem Fundus ist sie nach unten und mit dem Gallenblasenhals, der sich in den Ausführungsgang, in den Ductus cysticus, fortsetzt, nach oben innen gerichtet.

Sie entleert sich durch Kontraktion der glatten Muskulatur ihrer Wandung unter Einfluss des Cholezystokinins, das aus der Duodenalschleimhaut bei Kontakt mit Fett freigesetzt wird.

Welche Funktion hat die Gallenblase?

Die Gallenblase ist ein Reservoir, in dem bis zu 100 ml Gallenflüssigkeit gespeichert und bis auf das Zehnfache konzentriert werden können. Dadurch steht dem Organismus bei Bedarf durch Entleerung der Gallenblase eine große Menge Galle sofort zur Verfügung.

Wie ist die Mündung des Ductus choledochus im Duodenum beschaffen?

Meist münden Ductus choledochus und Ductus pancreaticus gemeinsam in eine kleine Erweiterung, die gegen das Duodenum durch einen kleinen Schließmuskel, den M. sphincter ampullae hepatopancreaticae (Sphincter Oddi), in der Papilla duodeni major kontrolliert wird.

Woraus besteht die Galle?

Aus Wasser, Schleim, Salzen der Gallensäuren, Bilirubin, Cholesterin und Lezithin. Sie enthält keine Enzyme.

Das Bilirubin stammt aus dem Abbau der Erythrozyten; Gallensalze, Cholesterin und Lezithin sind aktive Syntheseleistungen der Leberzellen.

Etwa ein Liter Galle wird in 24 Stunden produziert, besonders nachts.

Welche Aufgabe hat die Galle?

Durch Herabsetzung der Oberflächenspannung emulgieren die Gallensäuren die Fette im Darm, d.h. die Fette werden in feinste Tröpfchen zerteilt, wodurch sie für die Pankreaslipase eine viel größere Oberfläche bieten und zur Spaltung leichter angreifbar werden. Die Galle aktiviert die Pankreaslipase und fördert die Proteinaseaktivität.

Sie fördert auch die Resorption der Fette im Darm. Ohne Gallenflüssigkeit ist keine Fettverdauung möglich. Die Galle ist auch für die Resorption von Kalzium und der fettlöslichen Vitamine A, D, E und K wichtig.

Welchen Weg nimmt das Bilirubin?

Es entsteht aus dem Hämoglobin, gelangt in die Galle und in den Darm. Der Hauptteil wird als Urobilinogen aus dem Darm rückresorbiert und in der Leber in Bilirubin zurückverwandelt, so dass ein Bilirubinkreislauf besteht. Ein kleiner Teil wird als Sterkobilin mit dem Kot ausgeschieden, der dadurch seine braune Farbe erhält (bei Verschlussikterus kommt kein Bilirubin in den Darm, kein Sterkobilin in den Kot, der deshalb entfärbt (acholisch) ist. Spuren von Urobilinogen werden im Harn ausgeschieden.

8.2 Untersuchungsmethoden

Welche Untersuchungsmöglichkeiten der Speiseröhre gibt es?

- Die wichtigste Untersuchung der Speiseröhre ist die *Ösophagoskopie*, da hierbei die Schleimhaut direkt betrachtet werden kann und die Möglichkeit der Gewebeentnahme *(Biopsie)* besteht,
- röntgenologisch können beim *Ösophagusbreischluck* vor allem der Bewegungsablauf des Schuckaktes und eine Hernienbildung am Zwerchfell untersucht werden,
- mit der *Szintigrafie* kann die Entleerungsgeschwindigkeit studiert werden,
- bei der *pH-Metrie* misst man den pH-Wert in der unteren Speiseröhre bei Verdacht auf Refluxkrankheit,
- mittels *Manometrie* werden die Druckverhältnisse untersucht, welche die Muskulatur der Speiseröhre beim Schluckakt erzeugt.

Welche Untersuchungen sind bei Verdacht auf Speiseröhrenkrebs wichtig?

Ösophagoskopie und Biopsie mit gezielter Gewebsentnahme.

Wie wird ein Ulkus nachgewiesen?

Durch die Gastroskopie kann ein Ulkus direkt gesehen und durch Biopsie entschieden werden, ob es sich um ein peptisches Ulkus oder um ein zentral zerfallendes Karzinom (Magenkrebs) handelt. Man erkennt, ob das Ulkus blutet oder vor kurzem geblutet hat.

Eine röntgenologische Untersuchung sollte heute bei Verdacht auf Ulkus nur noch in Ausnahmefällen durchgeführt werden, da sie wesentlich ungenauer ist und nicht die Möglichkeit der Biopsie bietet.

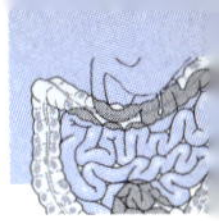

Welche Voraussetzungen gelten für Magenuntersuchungen?

Der Patient muss zu den Magenuntersuchungen vollständig nüchtern sein, vor der Untersuchung nicht rauchen und sollte nicht unter Medikamentenwirkung stehen.

Was ist durch die Röntgenuntersuchung des Magens zu erkennen?

Die Röntgendarstellung des Magens mit Kontrastbrei zeigt Lage, Größe, Form, Wandrelief und Bewegungsablauf der Peristaltik.

Was wird bei einer Gastroskopie gemacht und welche Möglichkeiten der Bilddokumentation gibt es?

Durch das flexible Gastroskop wird Licht durch ein Bündel sehr dünner biegsamer Glasfasern (Fiberskop) in den Magen eingestrahlt und die beleuchtete Magenwand durch ein zweites Glasfaserbündel betrachtet. Mittels aufgesetzter Kleinbild- oder Polaroidkamera kann ein Foto gemacht werden, ebenso ist mit dem Videoprinter eine Bilddokumentation möglich. Meistens wird heute die sog. Videoendoskopie eingesetzt, bei der das optische Bild über eine Elektronik auf einen Monitor gebracht wird und damit von mehreren Personen gleichzeitig betrachtet werden kann. Mit dieser Technik kann das Bild wie ein Fernsehbild über beliebig weite Strecken übertragen werden.

Die Spitze des Gastroskops im Magen kann vom Okular aus verschieden stark gekrümmt werden, so dass alle Teile des Magens beobachtet werden können. Außerdem findet sich ein Kanal für die Lufteinblasung zum Entfalten und zum Freispülen der Optik des Gastroskops im Magen, wenn diese z.B. durch Schleim verschmiert ist. Ein zweiter Kanal ermöglicht die Einführung einer Biopsiezange, mit der gezielt Gewebe aus der Magenschleimhaut zur Karzinom- oder Gastritisdiagnose entnommen werden kann.

Die digitale Dokumentation erfolgt im PC.

Welche Behandlungsmaßnahmen können mit Gastroskopen durchgeführt werden?

- Fremdkörper können entfernt werden;
- Polypen können abgetragen werden;
- Blutungsquellen können verschorft, unterspritzt und mittels Gummibandligatur oder Clips gestillt werden;
- Engstellen der Speiseröhre können mittels sog. Bougies aufgeweitet oder durch Einbringen von Stents dauerhaft weit gehalten werden;
- eine perkutane endoskopische Gastrostomie (PEG) kann angelegt werden.

Wie ist zur Gastroskopie vorzubereiten?

Patient nüchtern lassen, Zahnprothesen entfernen, Nierenschale und Zellstoff bereithalten. Als Prämedikation werden eventuell 2,5–5 mg Dormicum i.v. gegeben. Zur Anästhesie der Rachenschleimhaut wird Xylocain-Spray angewandt. Das Gastroskop (mit aufgeschobenem Beißring) wird durch Wasser oder ein anästhesierendes Gleitmittel (z.B. Sterigel) gleitfähig gemacht. Es wird mit Blas-, Spül- und Absaugevorrichtungen an die Lichtquelle angeschlossen.

Eine Biopsiezange wird bereitgehalten. Schälchen mit physiologischer Kochsalzlösung zur Aufnahme des Biopsiematerials und für den Schnelltest auf das Vorliegen von Heliocobacter pylori (CLO-Test) werden bereitgestellt. Fotoapparat mit Film, Papier für den Videoprinter oder ein Videoband werden vorbereitet.

Nach der Gastroskopie mit Prämedikation und Rachenanästhesie darf der Patient nicht essen und nicht trinken und muss liegen, bis die Medikamentenwirkung abgeklungen ist. Wenn der Patient sediert wurde, darf er an diesem Tag kein Auto mehr lenken.

Wie kann Helicobacter pylori nachgewiesen werden?

- Mittels Schnelltest (CLO-Test), der auf dem Nachweis von Ammoniak beruht, in der Biopsie aus der Magenschleimhaut unmittelbar bei der Gastroskopie;
- mikroskopisch bei der histologischen Untersuchung der Magenschleimhautbiopsie;
- durch den C13-Atemtest; dabei wird Harnstoff, der mit dem stabilen Isotop des Kohlenstoffs C13 markiert wurde, oral aufgenommen und markiertes CO_2 abgeatmet, das massenspektrografisch bestimmt werden kann;
- mit serologischen Methoden im Blut;
- durch kulturelle Anzüchtung aus der Magenbiopsie.

Was ist eine Magensekretionsanalyse?

Mittels eingeführter Sonden im Magen bzw. Duodenum wird der Säuregehalt des Magensaftes nativ und nach verschiedenen Stimulationstests, z.B. mit Histamin bestimmt. Dieses Verfahren wird heute nur noch sehr selten durchgeführt, da die Säure zwar eine Grundvoraussetzung für die Entstehung von Geschwüren ist, aber auf Grund einer hohen oder niedrigen Säuresekretion nicht auf eine besondere Neigung zum Geschwürsleiden geschlossen werden kann.

Was ist zu einer Magenspülung zu richten?

Gummischürze für Patient, Pflegeperson und Arzt, Handschuhe, Zellstoff, Nierenschale, großlumiger Magenschlauch mit großem Glastrichter mit durchsichtigem Gleitgel/-spray, Plastikschlauch und Glaszwischenstück, Schlauchklemme (Peán), Beißring, zwei 10-l-Eimer körperwarmer Spülflüssigkeit, 2 Laborgefäße zum Auffangen von Untersuchungsmaterial, Messzylinder, evtl. Medikamente wie Magnesiumsulfat oder Kohle, die nach der Magenspülung in den Magen eingebracht werden.

Wann kommt eine Magenspülung in Frage?

Bei Vergiftungen per os (z.B. bei Nahrungsmittelvergiftung oder Medikamentenintoxikazion, unabsichtlich (akzidentell) oder in suizidaler Absicht), bei Magenentleerungsstörungen (Pylorusstenose). Bewusstlose müssen vor der Magenspülung intubiert werden, um eine Aspiration zu vermeiden.

Wie wird ein Magenkarzinom nachgewiesen?

Endoskopisch durch die Gastroskopie, histologisch durch Biopsie bei Gastroskopie und chirurgisch bei Probelaparotomie.

Welche Untersuchungsverfahren lassen Rückschlüsse auf die Darmfunktion zu?

- *Röntgenologische Untersuchungen:* Magen-Darm-Passage und der Kolonkontrasteinlauf (KE) lassen Passagehindernisse, Tumoren, Divertikel und Entzündungen erkennen;
- *Endoskopische Untersuchungen:* Jejunoskopie, von oral ausgeführt, und Prokto-, Rekto-, Sigmoido-, Koloskopie, von anal vorgenommen, lassen die Wandverhältnisse des Darmes direkt einsehen und Biopsiematerial feingeweblichen Untersuchung gewinnen;
- *Resorptionstests* prüfen die Aufnahmefähigkeit der Darmschleimhaut (Resorption);
- *Stuhluntersuchungen.*

Wie kann der Stuhl untersucht werden?

- Makroskopisch: auf Konsistenz, Form, Farbe und Beimengung von Blut, Schleim und Eiter;
- mikroskopisch: auf unverdaute Nahrungsreste (Fett und Muskelfasern), Parasiten (Wurmeier u.a.m.);
- chemisch: okkultes Blut; Untersuchung der Nahrungsausnützung mit Bestimmung des Fettgehaltes und des Gehaltes an Chymotrypsin oder Elastase (Pankreas-Funktionstest); Stuhl-pH;
- physikalisch: Bestimmung der Stuhl-Osmolalität;
- auf Krankheitserreger durch bakteriologische und virologische Verfahren.

Wie wird auf okkultes Blut im Stuhl untersucht?

An drei verschiedenen Tagen wird eine Stuhlprobe auf einen Teststreifen gegeben (Hämoccult-Test), der nach Aufbringen von Entwicklerlösung ausgewertet wird. Der Patient soll sich ballaststoffreich ernähren und Vitamin-C-haltige Früchte oder Getränke meiden.

Welche Änderungen der Stuhlkonsistenz kommen vor?

Wässrig bei Diarrhö mit Ursache im Dickdarm; breiig bei Diarrhö mit Ursache im Dünndarm; kleinknollig, hart (Skybala) bei spastischer Obstipation; band- oder bleistiftförmig bei Darmstenose (z.B. Mastdarmkrebs).

Welche Änderungen der Stuhlfarbe können beobachtet werden?

- Rote Beimengungen (Blut) bei Mastdarmblutungen, bei Hämorrhoiden, Colitis ulcerosa, Polypen oder Rektumkarzinom;
- tiefschwarze Färbung, „Teerstuhl“, bei Blutung, z.B. durch Ösophagusvarizen, Ulkus, Schleimhauterosionen oder Magenkarzinom, aber auch nach Blutwurst oder Kohletabletten, Eisen- oder Lakritzpräparaten;

- lehmfarben (acholisch) bei fehlender Gallenflüssigkeit, z.B. bei Hepatitis oder Verschlussikterus;
- grau und salbenartig bei gestörter Fettverdauung;
- weiß durch Bariumkontrastbrei;
- hell gelb nach Milchnahrung;
- gelb nach Karotten;
- grün nach Spinat.

Welche besonderen Beimengungen können im Stuhl erscheinen?

Schleimauflagerungen, bemerkbar durch den Glanz, z.B. bei Colon irritabile; Blutauflagerungen, z.B. bei Hämorrhoidenblutung; Eiterauflagerungen (trüb-schleimig), z.B. bei Ruhr; Speisereste bei Durchfall oder Pankreasinsuffizienz; Würmer: Oxyuren, Askariden, Bandwurmglieder.

Wozu dient der Xylosetest und wie wird er durchgeführt?

Er ermöglicht die Feststellung einer Resorptionsstörung im Dünndarm (Malabsorption), sagt aber nichts über die Art der Dünndarmerkrankung aus.

Xylose (ein Monosaccharidzucker) wird im oberen Dünndarm gut resorbiert und rasch durch die Nieren ausgeschieden. Vor dem Versuch muss der Patient nüchtern sein und die Blase entleeren. 25 g Xylose werden in 250 ml Wasser aufgelöst und vom Patienten getrunken. Danach trinkt er möglichst bald noch 2 x 250 ml Wasser und hält Bettruhe ein. In den nächsten 5 Stunden wird der Urin gesammelt. Normalerweise werden mehr als 5 g Xylose im Urin ausgeschieden. Bei Malabsorption (z.B. bei Sprue) werden weniger als 4 g im Urin gefunden.

Wozu dient der Laktosetoleranztest und wie wird er durchgeführt?

Bei Unverträglichkeit für Milch und Milchprodukte, die mit dem Laktosetoleranztest geprüft wird, kommt es zu mehr oder weniger starkem Durchfall. Diese Form der Malabsorption kommt bei bis zu 5% der Bevölkerung z.T. angeboren, z.T. erworben (z.B. Sprue) oder bei Morbus Crohn (s. Seite 205) vor.

Beim nüchternen Patient wird der Blutzucker bestimmt. 50 g Laktose, gut aufgelöst in gut 500 ml Wasser, werden innerhalb von 10 Minuten getrunken. Blutzuckerbestimmung nach 30, 60 und 120 Minuten: normal Anstieg über 20 mg/dl. Stuhlkontrolle, ob Durchfälle auftreten und Untersuchung des pH-Werts im Stuhl.

Was ist der Wasserstoff-Atemtest?

Normalerweise entsteht beim Stoffwechsel kein Wasserstoff. Liegt eine Verdauungsstörung, z.B. durch Enzymmangel im Dünndarm vor, so gelangen verdauliche Kohlenhydrate in den Dickdarm. Die dort vorhandenen Bakterien verstoffwechseln diese Kohlenhydrate, wobei Wasserstoff frei wird, der in der Ausatmungsluft des Patienten nachgewiesen werden kann. Das Verfahren ist völlig harmlos und eignet sich daher vor allem für die Diagnostik bei Kindern.

Welche besonderen Untersuchungen des Dickdarms sind wichtig?

- Digitale *Austastung* des Rektums, besonders im Hinblick auf Mastdarmkrebs;
- *Proktoskopie* und *Rektosigmoidoskopie* mit gezielter Gewebsentnahme (Biopsie);
- *Koloskopie* mit dem flexiblen Glasfaserkoloskop zur Endoskopie, Biopsie, Bilddokumentation, evtl. auch zur Polypektomie. Optimales diagnostisches Verfahren, allerdings technisch aufwendig und für den Patienten belastender als der Kolonkontrasteinlauf;
- *Kolonkontrasteinlauf* nach ensprechender Vorbereitung, Darstellung des Dickdarms durch Kontrastmittel und nach Entleerung mit Lufteinblasung. Dabei besteht keine Möglichkeit der Gewebeentnahme. Der Patient wird einer erheblichen Strahlenbelastung ausgesetzt.

In jüngster Zeit wurde die *virtuelle Koloskopie* oder *Kolografie* entwickelt. Durch die Kombination eines schnellen Sprial-CT und einer speziellen Software gelingt es, in einer dreidimensionalen Darstellung gleichsam durch den Darm zu „fliegen" und polypöse Strukturen darzustellen. Die Untersuchungszeit für den Patienten beträgt dabei nur wenige Minuten. Ob sich das Verfahren in der Praxis bewähren wird, ist noch nicht absehbar.

Wie ist der Patient zum Kontrasteinlauf oder zur Rektoskopie/Koloskopie vorzubereiten?

Patienten mit Obstipation müssen 2 Tage vor der Untersuchung Abführmittel nehmen. Am Vorabend bekommen sie nur leichte Kost und einen oder mehrere Einläufe, je nach Verordnung. Am Morgen der Untersuchung ein oder mehrere Reinigungseinläufe, je nach Verordnung. Vor der Koloskopie trinken die Patienten 2–3 Liter einer Salzlösung, bis sich aus dem Darm kamillenteeartige Flüssigkeit entleert. Vor der Rektoskopie bekommen die Patienten nur ein Klistier (Mikroklist, Prakto-Clyss).

Was ist zur Rektokopie bzw. Proktoskopie zu richten?

Schlitztuch zum Abdecken, Handschuhe und Anästhesinsalbe, Rektoskop (bzw. Proktoskop), Lichtquelle (Beleuchtung überprüfen), Gebläse zur Entfaltung des Darms, Watteträger entsprechend der Rektoskoplänge, Biopsiezange, Adrenalinampullen (Betupfen der Biopsiestelle), Schälchen zur Aufnahme von Biopsiematerial, Versandgläschen, Eimer und Zellstoff.

Wie kann Aszites festgestellt werden?

Der Bauch ist aufgetrieben, der Nabel verstrichen, das Zwerchfell steht hoch.

Das Undulationsphänomen ist positiv: Man stößt mit den Fingerspitzen auf eine Bauchseite und hält die andere Hand flach auf die gegenüberliegende Bauchseite. Bei Aszites spürt man die Wellenbewegungen der Flüssigkeit im Bauch wie bei einem Wasserkissen.

Die empfindlichste Methode zum Nachweis auch kleinster Mengen von Aszites ist die Sonografie.

Was wird für eine Aszitespunktion vorbereitet?

- Der Patient muss Wasser lassen;
- die optimale Punktionsstelle wird meist sonografisch festgelegt;
- Körpergewicht feststellen, Bauchumfang messen;
- Bettschutz (Moltex) unterlegen, Patient in Rückenlage;
- Tablett mit Hautdesinfektionsmittel und sterilen Tupfern;
- Lokalanästhetikum mit 10-ml-Spritze und Kanülen;
- Skalpell für einen kleinen Hautschnitt;
- Trokar mit passendem Schlauch zur Ablassung des Aszites;
- große Auffanggefäße;
- Messzylinder, Urometer, Sterilröhrchen für die mikrobiologische und Serumröhrchen für die klinisch-chemische Untersuchung;
- Klammern zum Wundverschluss;
- evtl. Laparotomiebinde, besonders bei schlaffen Bauchdecken und viel Aszites;
- Kreislaufmittel für den Notfall.

Nach der Punktion: Bauchumfang messen, Gewichtskontrolle.

Was wird unter Aszitesretransfusion verstanden?

Aszites enthält für den Organismus wertvolle Bestandteile, vor allem Eiweiß. Bei fortgeschrittener Leberzirrhose besteht meist eine Hypoproteinämie und ein intravasaler Volumenmangel. Daher führt man in diesen Fällen die aus dem Bauchraum entnommene Flüssigkeit über eine Pumpe und einen zentralen Venenkatheter wieder intravenös zu. Diese Methode verbietet sich allerdings bei infiziertem oder malignem Aszites.

Wie kann die Aszitesflüssigkeit untersucht werden?

Menge messen, Farbe und Durchsichtigkeit beschreiben; spezifisches Gewicht nach Abkühlung auf Zimmertemperatur messen; Versand von Aszites-Proben an verschiedene Labors (Röhrchen und Antragsformulare vorbereiten: Eiweiß, LDH, Laktat, Leukozyten (klinisch-chemisches Labor), Tumormarker (Speziallabor), Plasminogen (Gerinnungslabor), Bakteriologie (mikrobiologisches Labor) und evtl. Zytologie (pathologisches Institut).

Welche einfache Enzymbestimmung wird zur Pankreasdiagnostik häufig angeordnet?

Die α-Amylase-Bestimmung im Blut und im Urin. Bei Enzymentgleisung rascher Anstieg in wenigen Stunden über die Normalwerte im Serum von bis 120 U/l und im Urin von bis 560 U/l. Sehr hohe Werte, z.B. bis 5000 U/l, bei Pankreasnekrose.

Die α-Amylase kommt allerdings nicht nur im Pankreas, sondern auch in den Speicheldrüsen vor. Daher ist diese Bestimmung nicht für eine Pankreaserkrankung spezifisch. Spezifischer sind die Erhöhung der Lipase und der pankreatischen Elastase im Serum.

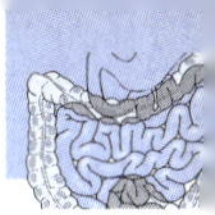

Wie können Lage, Größe, Form und Drüsenfunktion des Pankreas erkennbar gemacht werden?

Durch die *Sonografie* (Ultraschall) und die *Computertomografie* lassen sich Lage, Größe, Form und Veränderungen wie Tumoren (Krebs) oder Zystenbildungen, auch eventuell entzündliche Schwellungen und Schrumpfungen darstellen. Eine *Röntgenleeraufnahme* kann Verkalkungen nach Pankreatitis, verkalkte Gefäße oder auch Pankreassteine erkennen lassen.

Wie kann das Pankreasgangsystem untersucht werden?

Durch die *e*ndoskopische, *r*etrograde *C*holangio-*P*ankreatikographie: ERCP. Ein Duodenoskop (ähnlich dem Gastroskop, jedoch mit Seitblickoptik) wird bis vor die Papilla duodeni major eingeführt. Durch den Biopsiekanal wird ein Katheder eingeschoben und mit diesem die Papille sondiert. Unter Röntgendurchleuchtungskontrolle wird Kontrastmittel durch den Katheter eingespritzt, das Pankreas- und Gallenwegssystem gefüllt und durch Zielaufnahmen dargestellt (Choledochopankreatikographie).

Welche Stuhluntersuchungen lassen die Pankreasfunktion beurteilen?

Salbenartige glänzende Fettstühle sprechen für Pankreasinsuffizienz, ebenso der mikroskopische Nachweis von unverdauten Muskelfasern (Eiweiß), Stärkekörnern (Kohlenhydrate) und Fetten als Kalkseifen, Fettsäurenadeln oder flüssiges Neutralfett.

Die Bestimmung des Chymotrypsins und der pankreatischen Elestase im Stuhl. Die im Stuhl nachgewiesene Menge dieser Enzyme entspricht der Pankreasfunktionsleistung.

Welche Pankreasfunktionsprüfungen kennen Sie?

PABA-Test: Das PFT-Peptid wird nach oraler Einnahme durch das Chymotrypsin des Pankreas in PABA (Paraaminobenzoeacid) verwandelt und im Urin ausgeschieden. Die im 6-stündigen Sammelurin nachgewiesene PABA-Menge entspricht der Pankreasleistung.

Fluoreszein-Dilaurat-Test (FDL-Test, Pankreolauryltest): Die Testsubstanz wird gleichzeitig mit einem Probefrühstück zur Pankreasstimulation eingenommen. Der Fluoreszeinanteil wird durch die Niere ausgeschieden. Die Fluoreszeinmenge im 10-Stunden-Sammelurin erlaubt eine Beurteilung der Pankreasleistung.

Der Sekretin-Test ist ein sehr aufwändiges Verfahren, bei dem der Patient doppelläufige Sonden in den Magen und das Duodenum gelegt bekommt. Der Magensaft muss laufend abgesaugt werden, damit nichts davon ins Duodenum gelangt. Dann regt man das Pankreas durch eine i.v. Injektion von Sekretin, evtl. auch zusätzlich Pankreozymin zur Sekretion von Bikarbonat und Lipase an, die sofort in Duodenalsaft bestimmt werden. Der invasive Test ist zwar sehr aussagekräftig, wird heute aber kaum noch durchgeführt.

Welche Laborbefunde sind bei Pankreatitis wichtig?

Erhöhung der α-Amylase im Serum und Urin, sogenannte Enzymentgleisung, Erhöhung der Lipase und Elastase im Serum. Leukozytose und beschleunigte Blutsenkung, auch Blutzuckeranstieg sowie Bestimmung der LDH (Laktatdehydrogenase).

Welche körperlichen Befunde deuten auf Leberkrankheiten hin?

Vergrößerung, Verhärtung und unregelmäßige Oberfläche der Leber können durch Betasten (Palpation) festgestellt werden. Lackzunge, feine dünne Haut und Bauchglatze bei Männern, rote Handflächen und feinste Gefäßerweiterungen vor allem an Brust und Schultern (Spinnennävi) deuten auf eine Leberzirrhose hin. Bei Bauchwassersucht (Aszites) kommt es zur Ausbildung eines „Froschbauches".

Welche Laborbefunde sind bei Lebererkrankungen wichtig?

- Leberenzyme im Serum: SGOT, SGPT, LDH, als Zeichen des Leberzelluntergangs;
- Bilirubinspiegel im Serum, alkalische Phosphatase, γ-GT und LAP als Zeichen für Gallestau;
- Serumalbumin, Quick-Wert, Cholinesterase und Fibrinogen als Hinweise für die Syntheseleistung der Leber;
- Bilirubinausscheidung im Urin;
- Eiweißelektrophorese (vor allem Gammaglobulinerhöhung), evtl. Immunglobuline;
- Eisen- und Kupferspiegel.

Welche bildgebenden Verfahren zur Untersuchung der Leber gibt es?

Sonografie (Ultraschall), Computertomografie mit Kontrastmittel, nuklearmedizinische Methoden wie hepatobiliäre Funktionsszintigrafie, Kernspintomografie und Laparoskopie (direkte Betrachtung der Leberoberfläche).

Durch welche Methode wird bei Lebererkrankungen meist die endgültige Diagnose gestellt?

Durch die Leberblindpunktion mit Gewebeentnahme zur feingeweblichen (histologischen Untersuchung. Gezieltere Punktionen sind sonografisch gesteuert bzw. bei der Laparoskopie möglich.

Wie werden die Gallenfarbstoffe untersucht?

Die Gallenfarbstoffe können als Bilirubinspiegel im Serum frei oder gebunden als so genanntes direktes oder indirektes Bilirubin untersucht werden. Bei erhöhtem Bilirubin (normal unter 1 mg/dl) findet sich auch Bilirubin im Urin, der bierbraun erscheint und einen gelben Schüttelschaum zeigt. Die Urobilinogenausscheidung im Urin kann vermehrt sein. Fehlen von Urobilinogen im Urin zeigt einen Gallenwegsverschluss (Verschlussikterus) an.

Welche Bedeutung haben Serumenzyme bei Leberkrankheiten?

Wenn Leberzellen, z. B. bei einer Hepatitis zu Grunde gehen, treten die intrazellulären Enzyme in erhöhter Konzentration ins Blut über. Praktisch wichtig sind vor allem die Aminotransferasen (auch Transaminasen genannt) Alanin-Aminotransferase (ALT, früher GPT) und Aspartat-Aminotransferase (AST, früher GOT). Die Höhe der Aminotransferasen ist ein Maß für das Ausmaß des Leberzelluntergangs und damit für den Schwergrad der Lebererkrankung. Referenzbereich (je nach Methode) bis 19 bzw. bis 50 (U/l = Unit (Einheit) pro Liter für die AST und bis 23 bzw. bis 50 U/l für die ALT.

Die *alkalische Phosphatase* wird durch die Gallenwege ausgeschieden (Normalwert unter 200 U/l). Steigt sie im Serum an, so spricht das für eine Störung des Gallenabflusses, z. B. für einen Verschlussikterus oder Cholestase. Die alkalische Phosphatase kommt aber auch im Knochen vor.

Wie verhalten sich die Serumeiweißkörper und Antikörper bei Leberkrankheiten?

Bei länger dauernder Leberschädigung nimmt das Serumalbumin (normal ca. 60% des Gesamteiweißes) ab, die Gammaglobuline (normal 11–20%) steigen an. Dies lässt sich am besten in der Serumelektrophoresekurve (s. Abb. **2.4**, S. 20) erkennen. Bei akut entzündlichen Prozessen Vermehrung von α_2-Globulin auf ca. 8%, β-Globulin auf ca. 12%).

Antimitochondriale Antikörper werden bei primär biliärer Zirrhose nachgewiesen.

Welche Bedeutung hat der Prothrombinwert als Lebertest?

Prothrombin wird in der Leber gebildet. Bei zunehmender Leberzellschädigung wird weniger Prothrombin produziert, es ist dann im Serum vermindert. Bestimmung durch den Quick-Test bzw. die INR (s. Blutgerinnung, S. 13). Normal 80–100% bzw. 1,0.

Wann kommt die Leberblindpunktion in Frage und wann ist sie kontraindiziert?

Sie kommt bei diffusen, die ganze Leber gleichmäßig betreffenden Krankheiten in Frage, wie Fettleber, chronische Hepatitis, beginnende Zirrhose.

Kontraindikationen sind Blutgerinnungsstörungen, Cholangitis, Stauungsikterus, kardiale Leberstauung, Metastasenleber.

Wie muss ein Patient für die Leberblindpunktion oder die Laparoskopie voruntersucht werden?

Da Blutungen aus der Punktionsstelle die häufigste Komplikation sind, muss die Blutgerinnungsfähigkeit genau untersucht werden: Thrombozytenzahl, Prothrombinbestimmung. Evtl. prophylaktische Vitamin-K-Gaben.

Was ist zur Leberblindpunktion zu richten?

Hautdesinfektionsmittel und sterile Tupfer, Lokalanästhetikum in 10-ml-Spritze mit Injektionsnadeln, Lanzette zur Hautinzision, die Leberpunktionsnadel (meist Menghini-Nadel) mit Mandrin zur Gewebeentnahme (Biopsie), 20-ml-Spritze, Uhrglasschälchen mit 4%iger Formaldehydlösung zur Fixierung des Punktates, Versandröhrchen mit 4%iger Formaldehydlösung zur Aufnahme des Punktionsmaterials, Schnellverband und Sandsack.

Wie wird die Leberblindpunktion durchgeführt?

- Der Patient liegt auf einem nicht stark federnden Bett (am besten Untersuchungsbett, Laparoskopietisch oder Operationstisch) auf dem Rücken mit einem kleinen Kissen in der linken Flanke;
- Desinfektion der Punktionsstelle;
- Perkussion der Leber bzw. Festlegung der Punktionsstelle durch sonografische Untersuchung;
- Lokalanästhesie und kleiner Hautschnitt;
- Einstich der Punktionskanüle, an der sich die 20-ml-Spritze mit einigen Millilitern physiologischer Kochsalzlösung befindet, bis zur Leberkapsel;
- etwas physiologische Kochsalzlösung wird durch die Kanüle gespritzt, um eventuelle Gewebeteile der Bauchdecke zu entfernen;
- Patient muss tief einatmen, dann ausatmen und die Luft anhalten. Durch Anziehen an der Spritze wird in dieser ein Sog erzeugt, die Punktionsnadel in die Leber eingestochen, ein Gewebezylinder aspiriert und die Kanüle wieder ganz herausgezogen;
- das Punktat wird in ein Uhrglasschälchen ausgespritzt.

Welche Komplikationen können durch eine Leberblindpunktion eventuell eintreten?

Nachblutungen aus dem Punktionskanal, Pneumothorax durch zu hohe Punktion oder Punktion in Inspiration oder peritonitische Reizung durch Austritt von Gallenflüssigkeit.

Welche Nachkontrolle ist nach Leberblindpunktion oder Laparoskopie erforderlich?

Bettruhe für 24 Stunden, nach Laparoskopie Bettfußende hochstellen, damit die Pneumoperitoneumluft nicht in das Mediastinum aufsteigt, Lagerung auf die rechte Seite, Kompression des Punktionskanals durch Kompressionskissen, Nahrungskarenz bis auf kleine Mengen Flüssigkeit für 6 Stunden, Allgemeinbefinden, Puls, Blutdruck und Atmung kontrollieren.

Wie wird der Patient für eine Laparoskopie vorbereitet?

- Patient über den Eingriff aufklären;
- Gerinnungsstatus, Blutgruppe bestimmen, EKG-, Puls-, Blutdruckkontrolle;

- 12 Stunden nüchtern bleiben, Zahnprothesen entfernen;
- Darm durch Reinigungseinlauf entleeren, Wasser lassen, evtl. Bauchdecke rasieren;
- Röntgenbilder und Patientendokumentationsmappe mitgeben;
- Prämedikation nach Verordnung.

Was wird bei einer Laparoskopie gemacht und wann ist sie kontraindiziert?

Die Bauchhöhle wird durch Lachgas (N_2O) oder CO_2 aufgeblasen (Pneumoperitoneum). Das Laparoskop wird durch die anästhesierte Bauchdecke eingeführt. Durch seine Optik können Größe, Farbe, Oberfläche, Tumoren der Leber, die Gallenblase und Milz beobachtet werden. Die gezielte Gewebeentnahme zur histologischen Untersuchung erhöht den Wert der Untersuchung (gezielte Biopsie).

Bei Blutungsneigung, Störungen des Herz-Kreislauf-Systems, Verwachsungen (z. B. nach Magenoperation), auch bei Zwerchfellhernien und bei Peritonitis ist die Laparoskopie kontraindiziert.

Wie können Lebertumoren, Metastasen, Abszesse oder Zysten diagnostiziert werden?

Die *Sonografie* ist heute die erste Untersuchung bei allen umschriebenen Leberprozessen. Sie kann vor allem flüssigkeitsgefüllte Hohlräume hervorragend darstellen, also Zysten und Abszesse. Aber auch Tumoren und Metastasen werden meist gut erkannt. Ohne großen Aufwand kann die genaue Größenausdehnung der Herde gemessen und ihre Lokalisation in der Tiefe des Organs festgelegt werden. Die sonografisch gezielte Punktion klärt mit einer hohen Trefferquote die Dignität der Befunde.

Ergänzend zur Ultraschalluntersuchung ist die *Computertomografie* zu sehen. Sie ist ebenfalls ein Schnittbildverfahren, hat aber den Vorteil, durch die Gabe von Kontrastmittel Strukturen näher zu charakterisieren. Außerdem ist das CT im Vergleich zur Sonografie weniger abhängig vom Können des Untersuchers.

In der *Angiografie* werden die Gefäßverhältnisse am genauesten dargestellt. Dies ist erforderlich zur weiteren Beurteilung von Raumforderungen und zur Information für den Chirurgen vor einer geplanten Lebersegmentresektion.

Die *Leberszintigrafie* zur Lokalisation und Größenbestimmung des Organs wurde weitgehend durch die anderen Verfahren verdrängt. Lediglich die hepatobiliäre Funktionsszintigrafie vermag bei speziellen Fragestellungen noch eine zusätzliche Information zu bringen.

Oberflächliche Veränderungen der Leber können bei der *Laparoskopie* direkt gesehen und durch gezielte Biopsie weiter abgeklärt werden.

Wie kann eine Fettleber festgestellt werden?

Die Leber ist vergrößert und etwas fest. Die Ultraschalluntersuchung zeigt eine echoreiche Leber. Die Biopsie durch Blindpunktion oder Laparoskopie stellt die Diagnose histologisch.

Welche Laborbefunde können sich bei Leberzirrhose finden?

- Hypergammaglobulinämie, Hypoprothrombinämie, Hypoalbuminämie;
- Transaminasenerhöhung und Gallenfarbstoffvermehrung;
- Anämie, Leukopenie, Thrombopenie, beschleunigte BSG.

Wie können Lebertumoren nachgewiesen werden?

Durch Palpation, Sonografie, Computertomografie, Kernspintomografie, Szintigrafie, Angiografie, Laparotomie.

Wie kann das Gallenwegsystem untersucht werden?

Durch Sonografie, Röntgenmethoden und endoskopische Methoden.

Welche Bedingungen sind bei der Sonografie der Gallenblase und Gallenwege notwendig und welche Vorteile hat sie?

Der Patient muss nüchtern sein. Bei Untersuchung nach dem Essen ist die Gallenblase kontrahiert und schlecht beurteilbar. Vorteile der Sonografie sind keine Strahlenbelastung, nur geringe Belästigung des Patienten, die Untersuchung ist beliebig oft wiederholbar, keine Vorbereitung des Patienten notwendig außer Nüchternzustand und die hohe Treffsicherheit der Gallenblasensteindiagnostik.

Auf welche Weise können die Gallenwege dargestellt werden?

Durch eine Röntgen-*Leeraufnahme* können verkalkte Gallensteine erkannt werden. Empfindlicher für den Kalknachweis ist die *Computertomografie*.

Durch orale oder intravenöse *Kontrastmittelgabe* können die Gallenwege angefärbt und Steine in der Gallenblase oder den Gallenwegen erkannt werden.

Bei der *endoskopisch-retrograden Cholangiopankreatikografie* (ERCP) wird die Papilla Vateri durch ein Duodenoskop mit einem Katheter sondiert und der Gallen- und Pankreasgang mit einem Kontrastmittel gefüllt.

Die *Magnetresonanz-Cholangio-Pankreatikografie* ist nichtinvasiv und hat keine Strahlenbelastung. Sie ist als rein diagnostisches Verfahren der ERCP fast ebenbürtig, therapeutische Eingriffe sind aber dabei nicht möglich.

Durch die *perkutane transhepatische Cholangiografie* (PTC) können die Gallenwege bei Unmöglichkeit der ERCP und bei Verschlussikterus dargestellt werden. Dabei wird mit einer langen dünnen Nadel (Chiba-Nadel) durch die Haut (perkutan) und die Leber (transhepatisch) Kontrastmittel in das Gallengangssystem gespritzt.

Was ist bei der Anwendung von Röntgenkontrastmitteln zu beachten?

Es kann zu schwerwiegenden Komplikationen vor allem bei der intravenösen Anwendung von jodhaltigen Röntgenkontrastmitteln kommen.

Es kann eine allergische Reaktion bis hin zum tödlichen anaphylaktischen Schock auftreten. Vorboten und Warnsymptome sind:

Hautjucken, Gesichtsröte, Hitzegefühl, Urtikaria, Übelkeit, Brechreiz, Luftnot, Niesen, Hustenreiz, Brady- oder Tachykardie und Kollaps.

Eine latente Schilddrüsenüberfunktion, z.B. infolge eines Adenoms, kann durch die massive Jodbelastung in kurzer Zeit in eine schwerwiegende Hyperthyreose überführt werden.

Beim Auftreten einer der Symptome muss die Injektion sofort abgebrochen werden. Intravenös werden Adrenalin (1 ml 1:1000) und Kortikosteroide bis zu 200 mg oder mehr gegeben. Vitalzeichen sind engmaschig zu kontrollieren.

Wie werden Gallensteine nachgewiesen?

Durch Sonografie, unabhängig von der chemischen Zusammensetzung. Verkalkte Gallensteine können schon auf einer Abdomenübersichtsaufnahme oder Gallenleeraufnahme erkannt werden. Nichtverkalkte Konkremente sind durch das Cholezystogramm in der kontrastgefüllten Gallenblase als Aussparungen erkennbar, auch durch ERCP (s. Abb. **8.8**, S. 222).

Was bedeutet ein negatives Cholezystogramm?

Wenn die Gallenblase sich mit dem Kontrastmittel nicht füllt (negatives Cholezystogramm), weil sie ihre Speicherfunktion verloren hat, sind die Gallensteine oft röntgenologisch nicht nachweisbar.

8.3 Krankheiten des Verdauungssystems

Welche Arten von Krankheiten der Verdauungsorgane gibt es?

- Fehlbildungen (Fisteln, fehlende Teile, Lageanomalien);
- akute Entzündungen (Enteritis, Pankreatitis, Hepatitis): infektiös, parasitär, autoimmun, allergisch;
- toxische Schädigungen der Drüsenzellen, der Schleimhäute, der Leber und des Pankreas;
- chronische Verdauungs- und Resorptionsstörungen mit Mangelzuständen;
- Geschwüre und Divertikel mit Blutungen und Perforation in die Bauchhöhle;
- Bruchbildungen (Hernien);
- gut- und bösartige Tumoren: Myome, Adenome und Karzinome (vor allem Kolon und Magen).

8.3.1 Erkrankungen des Mundes

Was sind Aphthen und was sind Rhagaden?

Mundaphthen sind kleine, rundliche, schmerzhafte Schleimhautdefekte (Erosionen), die einzeln oder an mehreren Stellen der Schleimhaut von Wangen, Zahnfleisch, Gaumen, Lippen und Zunge auftreten können. Sie haben meist einen weißlichen Belag.

Rhagaden sind kleine schmerzhafte Schrunden in den Mundwinkeln, manchmal bei Eisen- oder Vitaminmangel.

Welche Erkrankungen des Zahnfleisches kommen vor?

- Gingivitis: Zahnfleischentzündung, z.B. bei kranken Zähnen, Diabetes mellitus, Mononukleose;
- Gingivahyperplasie: in der Schwangerschaft, bei Hydantoin-Einnahme (gegen Epilepsie) und bei Leukämien;
- Zahnfleischblutungen: bei Paradontose (Zahnfleischschwund), Blutkrankheiten, Vitamin-C-Mangel (Skorbut);
- Zahnfleischverfärbungen: schwärzlich bei Bleivergiftung, blaugrau bei Silber- oder Wismutvergiftung.

Welche Veränderungen der Zunge sind zu beobachten?

Eine *belegte* Zunge ist normal. Die alte Weisheit von der Zunge als dem Spiegel des Magens trifft nicht zu, da viele Menschen dauernd eine belegte Zunge haben, ohne je magenkrank zu sein.

Eine *glatte rote* Zunge deutet auf einen Mangel an Vitamin B_{12}, Eisen oder Niazin (z.B. bei Leberzirrhose oder chronischem Alkoholismus) hin.

Eine *höckrige* Zungenoberfläche ist meist eine Normvariante ohne krankhafte Bedeutung.

Eine *trockene* Zunge zeigt einen Flüssigkeitsmangel (Exsikkose) an, z.B. bei Fieber, Urämie, Ileus.

Umschriebene *weißliche Verdickungen* der Zungenoberfläche oder des Zungenrandes deutet auf eine Leukoplakie hin (eine Präkanzerose).

Welche Erkrankungen der Speicheldrüsen kommen vor?

- Epidemische Parotitis (Mumps), eine Virusinfektion (s. epidemische Parotitis, S. 387);
- eitrige Parotitis durch mangelhafte Mundpflege bei schweren Krankheiten, meist ein Zeichen schlechter Abwehr;
- Speichelsteine in den Ausführungsgängen mit Schmerzen, besonders beim Essen (selten);
- unspezifische Parotitis bei chronischem Alkoholabusus („Hamsterbäckchen");
- Infiltration der Speicheldrüsen, z.B. bei Leukämie.

Stomatitis

Wie entsteht eine Stomatitis und welche Symptome macht sie?

Eine Entzündung der Mundschleimhaut (Stomatitis) entsteht durch

- *Trockenheit des Mundes* (Mundatmung) und herabgesetzte Kautätigkeit bei Schwerkranken, alten Leuten und Säuglingen;
- *Soor* ist eine Pilzinfektion durch Candida albicans, die besonders bei längerer Antibiotikabehandlung und Immundefekten auftreten kann;

- *Vergiftungen* mit Blei und Quecksilber;
- bei einigen *Autoimmunkrankheiten.*

Beobachtet wird eine Rötung und Schwellung der Mundschleimhaut, Schmerzen beim Essen, evtl. Geschwür- und Schorfbildung, auch Blutung; bei Soor weiße Flecken wie geronnene Milch.

Wie kann der Stomatitis vorgebeugt werden?
Frühzeitige Mundpflege, regelmäßige Zahnpflege, Anregen der Kautätigkeit, z.B. durch Kaugummi, Dörrobst und genügende Trinkmenge, besonders Fruchtsäfte, die den Speichelfluss anregen oder intravenöse Flüssigkeitszufuhr.

Welche Behandlungsmöglichkeiten gibt es bei Stomatitis?
Pinselungen mit Borglyzerin, Wasserstoffsuperoxid, Tinctura Myrrhae, Tinctura Ratanhiae; Spülungen mit Salbeitee, Kamillosan, Kaliumpermanganat; kortisolhaltige Salben, z.B. Volon-A-Haftsalbe; Lokalanästhestika (1%ige Procainlösung) bei schmerzhaften Geschwüren (Aphten). Bei Pilzinfektionen Antimykotika (Ampho-Moronal) lokal oder systemisch.

8.3.2 Erkrankungen der Speiseröhre

Welche Ösophaguskrankheiten kommen vor?
Refluxkrankheit: Sodbrennen und Schluckbeschwerden mit und ohne Ösophagitis; entzündliche Veränderungen der Schleimhaut bis hin zum Ulkus am unteren Ösophagus; Differenzierung nur endoskopisch möglich.

Zwerchfellbruch *(Hiatushernie)*: der obere Anteil des Magens gleitet durch das (erweiterte) Loch im Zwerchfell in den Brustraum, er kann sich neben dem unteren Ösophagus befinden (Abb. **8.3a–c**); häufig bei alten Menschen; nicht unbedingt mit Beschwerden verbunden.

Kardiospasmus (Achalasie): Erweiterung des Ösophagus durch Hypertrophie oder Spasmus des unteren Ösophagussphinkters; Entleerung der Nahrung in den Magen nur sehr verzögert möglich, Verbleiben der Nahrung im erweiterten Rohr.

Ösophagusdivertikel: Aussackungen aufgrund von Wandschwäche oder Narbenzug von außen; Schluckbeschwerden, Erbrechen, Entzündungen.

Ösophagusvarizen: Erweiterungen der Venen am unteren Ösophagus im Rahmen eines portokavalen Umgehungskreislaufs bei Leberzirrhose mit portaler Hypertension; Gefahr der Ruptur mit Verbluten (s. Leberzirrhose: Oesophagusvarizenblutung, S. 219).

Fremdkörper: Fischgräten, Knochensplitter, Gebissteile, Spielzeugkleinteile.

Verätzungen: durch Lauge oder Säure; aus Versehen bei Kindern, wenn giftige Flüssigkeiten in Lebensmittelflaschen aufbewahrt werden; in suizidaler Absicht.

Verletzungen: Perforation beim Magenspülen (vor allem wenn Divertikel vorhanden sind) oder bei der Endoskopie.

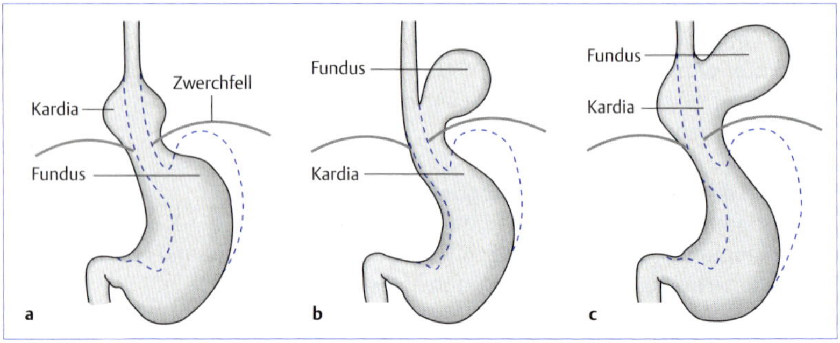

Abb. ***8.3a–c*** *Schematische Darstellung der anatomischen Verhältnisse bei einer* ***a*** *axialen Gleithernie,* ***b*** *paraösophagealen Hernie und* ***c*** *gemischten Hernie. Die gestrichelte Linie zeigt die normale Anatomie (nach Hahn u. Riemann)*

Ösophaguskarzinom: jede Schluckstörung bei älteren Menschen ist verdächtig auf ein Karzinom; vor allem Menschen mit reichlich Alkohol- und Tabakkonsum sind betroffen.

Stenosen: Verengungen, die bis zur Unfähigkeit zu schlucken gehen können. Ursachen: Karzinome, Bestrahlungen, abgeheilte Ulzera.

Was ist bei Fremdkörpern in der Speiseröhre zu tun?

Sie müssen mit dem flexiblen oder starren Ösophagoskop oder, falls das nicht möglich ist, operativ entfernt werden.

Welche Symptome macht die Achalasie?

Durch Spasmen im unteren Ösophagusabschnitt (Kardiospasmus) stauen sich die Speisen im darüber liegenden, sich erweiternden Teil der Speiseröhre. Es kann zu einem Druckgefühl hinter dem Brustbein und zum Erbrechen unverdauter Nahrung kommen, dabei Gefahr der Aspirationspneumonie.

Wie kann der Kardiospasmus behandelt werden?

Versuch mit häufigen kleinen Mahlzeiten, breiiger Nahrung und mit Sedativa. Durch spezielle Sonden kann die Kardia gedehnt werden.

Wie können Schleimhautläsionen im Ösophagus entstehen?

Durch sauren Reflux, Verätzungen, Infektionen (Candida-Pilz, Zytomegalie, Herpes simplex) oder durch Liegenbleiben und langsamen Zerfall von Tabletten. Feste Arzneimittel sollen daher möglichst im Sitzen und mit ausreichend viel Flüssigkeit eingenommen werden.

Was bedeutet Dysphagie?

Unter Dysphagie versteht man jede Störung des Schluckaktes, unabhängig von der Ursache. Vorkommen als psychosomatische Störung („Globusgefühl"), bei Refluxkrankheit (Sodbrennen), Karzinom oder Achalasie. Wichtiges abklärungsbedürftiges Symptom.

Was ist die Ursache der Refluxösophagitis?

Wenn saurer Mageninhalt (pH-Wert ca. 1) zu häufig in den Bereich der für diesen pH-Wert nicht ausgestatteten Schleimhaut des unteren Ösophagus gerät, so kann eine Schleimhautläsion von der Entzündung bis hin zum Ulkus und zur Stenose auftreten. Typisches Symptom ist Sodbrennen; die Diagnose kann nur endoskopisch gesichert werden.

Verätzungen

Woran wird eine Säure- oder Laugenverätzung erkannt?

Vorgeschichte, entweder durch den Patienten selbst oder durch die Eltern oder Angehörige, leere Flaschen oder Behälter; heftige Schmerzen retrosternal mit Würgereiz, kaffesatzartiges Erbrechen, Ätzspuren am Mundwinkel oder am Gaumen.

Was ist als erste Hilfe bei Verätzungen zu machen?

Versuch der Neutralisation (bei Lauge Essigwasser, bei Säure Magnesiumoxid). Falls Substanz unbekannt, Wasser oder Milch zur Verdünnung geben. Sofort Schmerzmittel und Schockbekämpfung einleiten, Legen eines Magenschlauchs, umgehende Krankenhauseinweisung wegen der Schock-, Perforations- und Vergiftungsgefahr.

Welche Folgen können Verätzungen des Ösophagus haben?

Im Extremfall kann es zur Durchätzung der Ösophaguswand mit nachfolgender Mediastinitis oder schwerer Blutung kommen. Bei weniger tiefen Verätzungen kann eine narbige Abheilung mit Verengungen *(Strikturen)* eintreten, denen durch vorsichtiges Einführen eines Schlauches vorgebeugt werden kann oder die mit besonderen Instrumenten wieder gedehnt werden müssen („Bougieren").

Hiatushernie

Welche Symptome kann eine Hiatushernie zeigen?

Sodbrennen, Aufstoßen, Druckgefühl hinter dem Brustbein mit Verstärkung der Beschwerden im Liegen, beim Bücken oder Pressen; Blutung, okkult oder manifest; retrosternale Schmerzen (Verwechslung mit Angina pectoris möglich) und charakteristischer Röntgenbefund, besonders in Kopf-Tieflage.

Welche Maßnahmen kommen bei Hiatushernie in Frage?

Häufige kleine Mahlzeiten, leichte Speisen, besonders Milchprodukte; letzte Mahlzeit zwei Stunden vor dem Zubettgehen; Schlafen mit erhöhtem Oberkörper und in Rechtslage. Medikamentös: Antazida, H_2-Blocker: z.B. Ranitidin (Zantic); Protonenpumpen-Inhibitoren: Omeprazol (Antra), Gastroprokinetika: Metoclopramid (Paspertin); bei Anämie Eisenpräparate, evtl. Transfusion. In schweren Fällen Operation (Fundoplicatio).

Ösophaguskarzinom

Welche Beschwerden können auf ein Ösophaguskarzinom hinweisen?

Beschwerden beim Schlucken von festen Speisen, später auch von flüssigen Speisen (Dysphagie), Druckgefühl hinter dem Brustbein, „als ob etwas steckenbliebe", Abmagerung und Anämie durch Unterernährung und Erbrechen unverdauter Speisen (Regurgitation).

Welche Personengruppe erkrankt sehr häufig am Ösophaguskarzinom?

Raucher, Patienten mit hohem Alkoholkonsum, bei Zustand nach Laugenverätzungen, Achalasie oder Sklerodermie, Patienten mit Endobrachyösophagus (Barrett-Ösophagus).

Wie kann das Ösophaguskarzinom behandelt werden?

Im mittleren und unteren Drittel nach Möglichkeit radikale Operation, unter Umständen mit Colon-Interposition, d.h. die Verwendung eines Stücks Dickdarm als Ersatz für den entfernten Ösophagus; im oberen Drittel meist Strahlentherapie.

Bei inoperablen stenosierenden Tumoren werden Tuben endoskopisch implantiert (Celestin-Tubus) oder die Engstelle mit Bougierung oder Laserkoagulation aufgeweitet. Letzte Möglichkeit ist die Anlage einer künstlichen Fistel im Magen: perkutane endoskopische Gastrostomie (PEG) oder chirurgisch als Witzel-Fistel, durch die flüssige Nahrung direkt in den Magen gespritzt werden kann.

PEG

Was ist eine PEG?

Bei der perkutanen endoskopischen Gastrostomie wird während einer Gastroskopie der luftgefüllte Magen mit einer dicken Kanüle angestochen, durch diese Kanüle ein Faden geführt, der Faden mit der Biopsiezange gefasst und aus dem Mund herausgeführt. An den Faden bindet man einen ca. 20 cm langen Schlauch, dessen eines Ende mit einer Halteplatte versehen ist. Der Schlauch wird am Faden durch die Bauchdecke gezogen, so dass die Halteplatte innen an der Magenwand anliegt. Über diese Sonde kann der Patient dann langfristig enteral ernährt werden (Abb. **8.4a–e**).

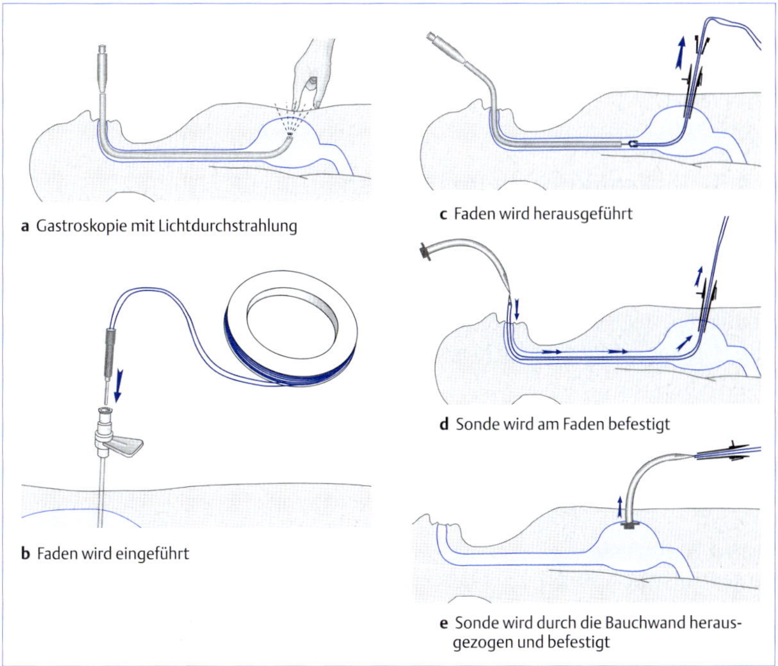

a Gastroskopie mit Lichtdurchstrahlung

b Faden wird eingeführt

c Faden wird herausgeführt

d Sonde wird am Faden befestigt

e Sonde wird durch die Bauchwand herausgezogen und befestigt

Abb. ***8.4a–e*** *Perkutane endoskopische Gastrostomie (PEG) (nach Kellhauser u. a.)*

Man legt die PEG bei Patienten mit vorübergehenden oder bleibenden Schluckstörungen wegen Schlaganfall, Karzinom oder Rachentumoren und bei dementen Patienten an.

Was ist bei der Pflege und enteralen Ernährung einer PEG zu beachten?

In den ersten zwei Wochen muss die Eintrittsstelle der Sonde täglich gereinigt und der Verband gewechselt werden, der Gastrostomieschlauch ist wieder gut zu fixieren; in den ersten 24 Stunden nach Anlage der Sonde darf nur Tee verabreicht werden, auch nach jeder Sondenmahlzeit ist die Sonde mit Tee (kein Früchtetee, Sondenkost kann ausflocken) zu durchspülen. Bei der Nährstoffzufuhr ist industriell zubereitete, eiweiß-, vitamin- und kalorienreiche Sondennahrung zu verwenden, die in der Regel über eine Pumpe zugeführt wird. Der Kalorienbedarf des Patienten ist zu beachten und die entsprechende Menge an Sondennahrung zuzuführen, meist 1,5–2 Liter täglich.

Welche Probleme können bei der enteralen Ernährung über die PEG auftreten?
Durchfälle, die aber in der Regel nach einiger Zeit verschwinden; Erbrechen der Sondennahrung, mit der Gefahr der Aspiration und Infektion der Eintrittsstelle der Sonde, im Extremfall Peritonitis.

8.3.3 Erkrankungen des Magens

Welche Erkrankungen des Magens sind wichtig?
Die akute Magenschleimhautentzündung *(Gastritis)*, chronische Gastritis, entweder als Oberflächengastritis oder als atrophische Gastritis mit Verlust der Säureproduktion, Ulkuskrankheit *(Ulcus ventriculi bzw. duodeni)* und ihre Komplikationen, *Motilitätsstörungen* nach Magenoperation, das *Magenkarzinom*.

Welche Bedeutung haben Divertikel?
Divertikel des Ösophagus, des Magens (selten), des Duodenums, des Dünn- und Dickdarms haben keine Bedeutung, solange keine sekundären Entzündungen durch Stagnation des Speisebreies auftreten.

Was ist Sodbrennen?
Ein sehr aussagekräftiges und typisches Symptom für den Reflux von saurem Mageninhalt in die untere Speiseröhre.

Der Patient spürt ein hinter dem Brustbein aufsteigendes, brennendes Gefühl, vor allem im Liegen. Sehr häufiges Leiden, das auf eine Refluxösophagitis hinweisen kann, die aber sicher nur endoskopisch nachzuweisen ist. Risikofaktoren sind Rauchen und Genuss von hochprozentigen Alkoholika oder Rotwein, Schwangerschaft und eine Hiatushernie (s. Abb. **8.3a–c**, S. 190).

Was ist Aerophagie?
Luftschlucken, meist unbewusste, selten neurotische Gewohnheit, mit nachfolgendem Luftaufstoßen.

Wie kann es zum Erbrechen kommen?
Der Brechreflex aus dem verlängerten Mark (Medulla oblongata) kann durch Überfüllung des Magens bei Pylorusstenose oder Diätfehlern, bei Gallenleiden, reflektorisch mit Schwindel, z.B. bei der Seekrankheit oder psychogen durch Ekel oder Aufregung ausgelöst werden. Toxisches Erbrechen kann durch Medikamente (Digitalis, Brechwurzel) oder durch Drogen (Alkohol) hervorgerufen werden.

Er kommt durch eine Kontraktion des Magenantrums, der Bauchdecken und des Zwerchfells bei Erschlaffung der Kardia des Ösophagus zustande.

Wie wird der Singultus ausgelöst?

Durch rhythmische Zwerchfellkontraktionen infolge von Reizung durch den N. phrenicus (Schluckauf).

Was sind Erosionen?

Oberflächliche Läsionen der Magen- oder Zwölffingerdarmschleimhaut, die oft multipel auftreten und zu Blutungen (s. Magenblutung, S. 199) führen können. Sie sind gastrokopisch zu erkennen.

Was wird als Stauungsgastritis bezeichnet?

Es handelt sich dabei nicht um eine Entzündung, sondern um eine Stauung des venösen Blutabflusses, wie dies bei Herzleiden in allen Teilen des Pfortadergebietes, z.B. auch der Leber (Stauungsleber), und im großen Kreislauf, z.B. mit Beinödemen, vorkommen kann. Bei Stauungsgastritis besteht Appetitlosigkeit sowie Übelkeit, Medikamente werden evtl. schlechter resorbiert.

Was bedeutet Atonie des Magens?

Erschlaffung und Bewegungslosigkeit des Magens.

Funktionelle Dyspepsie

Was wird unter funktioneller Dyspepsie verstanden?

Unter funktioneller Dyspepsie werden auf den Oberbauch bezogene, meist wechselnde und durch äußere Umstände auslösbare Symptome, wie zum Beispiel Schmerz, Völlegefühl, Aufstoßen, Blähungen oder Sodbrennen zusammengefasst. Synonyma sind Reizmagen, nervöser Magen, nichtulzeröse Dyspepsie oder funktionelle Magenbeschwerden. Ca. 25–30% der Bevölkerung leiden an solchen Beschwerden, ohne dass sie aber den Arzt aufsuchen. Auch bei einer gründlichen Untersuchung bleibt jedoch in vielen Fällen die Ursache unklar. Nur bei 10–20% der Patienten wird endoskopisch ein Ulkus oder eine andere organische Erkrankung entdeckt.

Was ist die Ursache der funktionellen Dyspepsie?

Es wird angenommen, dass es sich bei der funktionellen Dyspepsie um Änderungen der Magenmotilität, des Tonus oder der Sekretion handelt. Der gesamte Magen-Darm-Trakt ist von einem dichten Nervengeflecht versorgt („Gehirn des Bauches“), das von der Psyche beeinflusst wird. Seelische Konflikte können sich auf das geregelte Zusammenwirken von Sekretion und Magenmuskulatur ungünstig auswirken. Spasmen führen zu Schmerzen, Entleerungsverzögerung zu Völlegefühl oder Gasbildung.

Was ist bei funktioneller Dyspepsie zu tun?

Zunächst muss eine Diagnose gestellt werden. Bei jüngeren Patienten kann man sich zunächst mit einer gründlichen Anamnese und einer probatorischen Behandlung, z.B. mit Antazida oder Prokinetika begnügen. Bestehen die Beschwerden länger als zwei Wochen und ist der Patient über 50 Jahre alt, so sollte eine Gastroskopie zum Ausschluss einer Refluxösophagitis, eines Ulkus oder eines Karzinoms durchgeführt werden. Diese diagnostische Maßnahme dient auch der Beruhigung der meist ängstlichen Patienten.

Besteht ein Zusammenhang zwischen funktioneller Dyspepsie und Helicobacter pylori?

Wahrscheinlich nicht, doch sind die Untersuchungen zu dieser Frage noch nicht abgeschlossen. Bei hartnäckigen Beschwerden ohne Besserung durch übliche Maßnahmen sollte auch ein Versuch der Keimeradikation erwogen werden.

Welche Bedeutung hat Helicobacter pylori?

Helicobacter pylori ist ein begeißeltes Bakterium, das bei 10–40% der Menschen in Mitteleuropa (je nach Altersgruppe) im Magenschleim lebt. Es muss nicht unbedingt Krankheitserscheinungen hervorrufen. Bei prädisponierten Personen trägt Helicobacter pylori aber zur Entstehung der chronischen Gastritis und des Magen- bzw. Duodenalgeschwürs bei. Durch die Beseitigung des Keims mittels antibiotischer Behandlung gelingt es heute, Patienten mit rezidivierenden Magen- oder Zwölffingerdarmgeschwüren dauerhaft zu heilen.

Warum kann Helicobacter pylori im sauren Milieu des Magens überleben?

Normalerweise werden Bakterien durch die Magensäure abgetötet. Helicobacter pylori erzeugt aber durch eine besondere Enzymausstattung mit Urease aus dem ubiquitär vorhandenen Harnstoff ein neutrales Ammoniumwölkchen um sich herum und entgeht so dem Zugriff der Magensäure.

Akute und chronische Gastritis

Was kann eine akute Gastritis auslösen?

Exzesse und Fehlverhalten der Ernährung: Alkohol, Nikotin, kalte Speisen und Getränke, verdorbene Speisen, viele Medikamente, vor allem Aspirin und Rheumamittel, Antibiotika, Steroide und Zytostatika oder Stress, z.B. auf Intensivstation, bei Verbrennungen, Schock oder Sepsis.

Wie sind die Beschwerden bei akuter Magenschleimhautentzündung und wie können sie gelindert werden?

Druck- und Völlegefühl, Übelkeit, Erbrechen, Widerwillen gegen Essen, selten Temperatursteigerungen.

Ausschaltung der Ursachen: Nahrungskarenz, z.B. 24 Stunden Fasten, dann Diät: Tee, Zwieback, Haferschleim.

Welche Ursachen spielen für die Entstehung der chronischen Gastritis eine Rolle?

Man unterscheidet drei Ursachengruppen der chronischen Gastritis, die nach A, B und C zu merken sind:

A: Autoimmungastritis: sie wird durch Autoantikörper gegen Belegzellen der Magenschleimhaut verursacht, spielt sich vor allem im Corpus des Magens ab und führt bei längerem Bestehen zu einer Atrophie der Magenschleimhaut (chronisch atrophische Gastritis). Gelegentlich kommt es zu einer Vitamin B_{12}-Mangelanämie, da der für die Resorption von Vitamin B_{12} notwendige Intrinsic factor fehlt.

B: bakterielle Gastritis: bedingt durch Helicobacter pylori.

C: chemische Gastritis: darunter fallen alle Schäden der Magenschleimhaut durch chemische Substanzen; z.B. nichtsteroidale Antirheumatika, Alkohol, Nikotin, Galle bei duodenogastralem Reflux usw.

Daneben gibt es noch eine Fülle anderer Ursachen, z.B. spezifische Infektionen, Lymphome, Sarkoidose, Morbus Crohn, Amyloidose, die aber alle sehr selten sind.

Welche Krankheitszeichen treten bei chronischer Gastritis auf?

Druck- und Völlegefühl, Unverträglichkeit für bestimmte Speisen, Appetitlosigkeit, Aufstoßen, Blähsucht, Sodbrennen, morgendliches Erbrechen. Häufig bestehen aber subjektiv keine Beschwerden.

Eine chronische Gastritis kann nur histologisch, d.h. durch Untersuchung einer Magenschleimhautbiopsie, sicher diagnostiziert werden.

Wie kann die chronische Gastritis behandelt werden?

In vielen Fällen ist keine Behandlung möglich, z.B. bei der Autoimmungastritis. Hier können nur die Folgen behandelt werden, z.B. eine Vitamin B_{12}-Mangelanämie durch Substitution von Vitamin B_{12}.

Beim Nachweis von Heliocobacter pylori wird versucht, den Keim zu eliminieren, jedoch nur dann, wenn gleichzeitig Geschwüre vorliegen oder vorgelegen haben oder eine ausgeprägte Familienanamnese für Magenkrebs bekannt ist. Den Patienten wird geraten, möglichst auf schädigende Gewohnheiten, vor allem Alkohol und Nikotin zu verzichten und, falls vertretbar, keine schleimhautschädigenden Medikamente einzunehmen.

Ulcus ventriculi und duodeni

Was sind peptische Geschwüre?

Es sind Geschwürsbildungen, die durch Andauung der Schleimhaut entstehen und einen Substanzdefekt darstellen. Unterschieden wird

- Ulcus ventriculi im Magen (Abb. **8.5a**, **b**);
- Ulcus duodeni, vor allem im Bulbus duodeni;
- Ulcus pepticum jejuni nach Magenoperation (Anastomosenulkus);
- Ulkus im Ösophagus bei Refluxösophagitis.

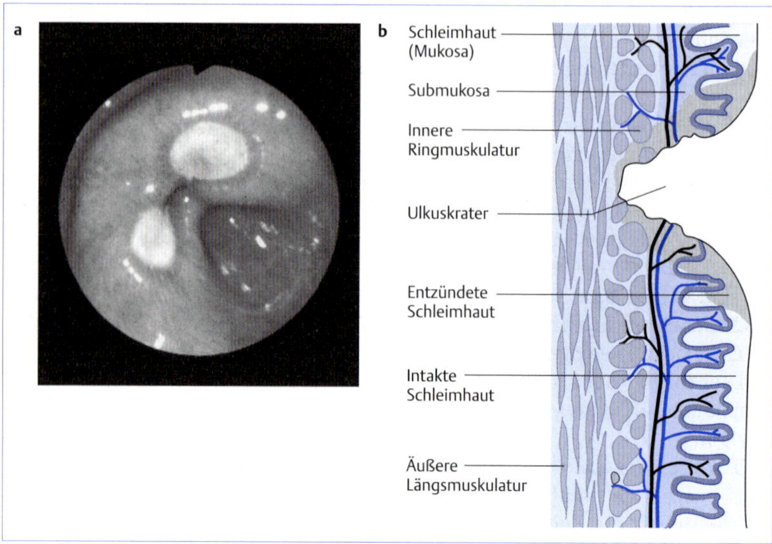

Abb. ***8.5a, b*** *Ulcus ventriculi:* ***a*** *Gastroskopische Aufnahme zweier Ulcera im Antrum (aus Andreae u. a.: Krankheitslehre für Altenpflegeberufe. Thieme, Stuttgart 2001);* ***b*** *schematische Darstellung eines Ulkus (aus Gerlach u. a.: Innere Medizin für Pflegeberufe, 5. Aufl. Thieme, Stuttgart 2000)*

Wodurch entsteht das Magen- oder Zwölffingerdarmgeschwür?

Als entscheidend für die Entstehung von Magen- und Duodenalulzera wird heute der Keim Helicobacter pylori angesehen, der als Verursacher der chronisch aktiven Gastritis gilt. Begünstigend wirken zusätzlich eine überschießende Säureproduktion, eine genetisch bedingte Veranlagung, psychische Spannungs- und Konfliktsituationen, Nikotin, Kaffee, Medikamente (Antirheumatika, Steroide). Das Ulkusleiden wird als Missverhältnis zwischen aggressiven (Helicobacter pylori, Säure, Pepsin) und protektiven (Schleim, intakte Durchblutung) Faktoren angesehen. Mit Beseitigung von Helicobacter pylori durch eine antibiotische Behandlung gelingt erstmals eine Heilung der rezidivierenden Ulkuskrankheit.

Welche Beschwerden können auf ein Ulkus hinweisen?

Schmerzen im Oberbauch, meist am Rippenbogen, rechts häufiger als links, die periodisch mit der Nahrungsaufnahme schwinden, danach aber wieder auftreten, beim Ulcus ventriculi bald nach dem Essen, beim Ulcus duodeni oft 2–3 Stunden nach der Mahlzeit; Nüchternschmerz, auch als Nachtschmerz. Saures Aufstoßen und Sodbrennen, auch Blähungen, selten Erbrechen; Appetit und Gewicht sind meist nicht beeinträchtigt. Schubweiser Verlauf mit Verschlimmerungsperioden (Rezidiven) ist typisch.

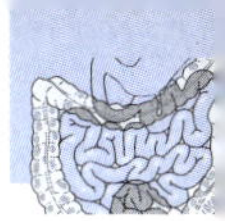

Bei *Ulkusblutung* kann es zum sog. kaffeesatzartigen Erbrechen oder zum sog. Teerstuhl kommen. Beide Phänomene entstehen dadurch, dass sich Blut bei Kontakt mit der Salzsäure des Magens schwarz färbt.

Wie kann ein Ulcus ventriculi oder duodeni behandelt werden?

Mit Protonenpumpenhemmern (Omeprazol, Pantoprazol, Lansoprazol) kann heute praktisch jedes gutartige Ulkus zur Abheilung gebracht werden. Zweitbeste Möglichkeit ist die Gabe von H_2-Blockern (Ranitidin, Famotidin). Antazida (Aluminium- oder Magnesiumsalze) zur Neutralisation der Magensäure spielen keine große Rolle mehr. Auch die früher für wichtig gehaltenen diätetischen Vorschriften sind überflüssig: der Patient soll essen, was ihm bekommt. Allerdings sollte das Rauchen eingestellt werden.

Beim Nachweis von Heliobacter pylori, der bei praktisch jedem Ulcus duodeni und bei ca. 70% der Ulcera ventriculi vorhanden ist, sollte zusätzlich zur säurehemmenden Behandlung mit zwei verschiedenen Antibiotika versucht werden, den Keim zu „entwurzeln" (eradizieren). Das gelingt bei entsprechender Mitarbeit des Patienten (Compliance) in ca. 90% der Fälle.

Welche Ulkuskomplikationen kommen vor?

- Blutung: Erbrechen (Hämatemesis), Meläna (Teerstuhl), Sickerblutung mit okkultem Blut im Stuhl; Nachweis durch Teststreifen. Blutungen können auch durch oberflächliche Schleimhautdefekte (Erosionen) entstehen;
- Perforation in die freie Bauchhöhle mit Peritonitis oder durch ein Bauchorgan gedeckt und abgekapselt;
- Pylorusstenose durch Spasmus oder Schrumpfung oder beides;
- maligne Entartung eines chronischen kallösen (d.h., mit großem Randwall versehenen) Ulcus ventriculi (Ulkuskarzinom).

Wie macht sich eine Ulkusblutung bemerkbar?

Große Magenblutung, wenn ein größeres Blutgefäß angedaut wird;

Bluterbrechen von dunkelroten bis kaffesatzartigen Massen, besonders beim Ulcus ventriculi, oder schwarze „Teerstühle", besonders beim Ulcus duodeni;

Anämie und Kollapssymptome: kalter Schweiß, Unruhe, Blässe, Tachykardie und Blutdruckabfall, evtl. Bewusstseinsverlust, Hämatokrit und Hb-Abfall;

Sickerblutung, allmählich auftretende Anämie mit Blässe, Hämatokrit und Hb-Abfall und okkultem Blut im Stuhl (Nachweis durch Teststreifen).

Was ist bei einer Magenblutung sofort zu machen?

Arzt rufen, bis dahin Patienten flach legen, beruhigen und für Bettruhe sorgen, Infusionen bereitstellen, Hb, Hämatokrit und Blutgruppe bestimmen, Blutkonserve besorgen, halbstündliche Puls- und Blutdruckkontrolle, Nahrungskarenz, nur Eisstückchen lutschen lassen, Eisblase auf den Oberbauch, später aber auch eisgekühlte Milch, Notfallgastroskopie vorbereiten! Evtl. Operation vorbereiten.

Wie ist die weitere Behandlung der Magenblutung?

Die meisten Magenblutungen stehen spontan, doch besteht eine beträchtliche Rezidivgefahr. Mehrfache Gastroskopien im Verlauf sind zur Beurteilung der Situation unerlässlich! Häufig gelingt es, die Blutung durch endoskopische Maßnahmen wie Unterspritzen, Fibrinklebung, Elektro- oder Laserkoagulation zum Stehen zu bringen. Falls das nicht geht, muss notfallmäßig operiert werden. Medikamentös wird parenteral Protonenpumpenblocker oder Sucralfat über die Magensonde gegeben. Zur Überwachung ist eine Magensonde erforderlich. Die Sterblichkeit der Patienten mit Ulkusblutung ist beträchtlich, wobei vor allem ältere Patienten gefährdet sind.

Wie kann die Penetration eines Ulkus verlaufen?

Die Penetration ist ein allmähliches Durchdringen einer Ulzeration durch die Magen- oder Darmwand, die erhebliche Beschwerden (Dauerschmerz!) verursacht und in die Perforation, den Durchbruch, übergehen kann.

Wie macht sich die Ulkusperforation in die freie Bauchhöhle bemerkbar?

- Bild des akuten Abdomens: akuter Schmerz, der sich mehr und mehr steigert;
- Facies abdominalis: verfallenes Gesicht, spitze Nase, halonierte Augen, ängstlich-unruhiger Gesichtsausdruck, Blässe;
- die Bauchdeckenspannung setzt rasch ein, die Beine werden angezogen;
- trockene Zunge;
- Schocksymptome: Tachykardie, Blutdruckabfall;
- röntgenologisch: Luftsicheln unter dem Zwerchfell durch Austreten der Magenluft in die freie Bauchhöhle.

Was bedeutet gedeckte Perforation?

Einen Durchbruch, der durch Netz oder andere Bauchorgane, z.B. Gallenblase, Leber, Pankreas, gedeckt wird und dessen Perforationsöffnung dadurch verklebt und geschlossen wird. Es besteht die Gefahr des Todes im Schock oder der Peritonitis.

Magenoperationen

Was ist bei einer Ulkusperforation zu machen?

Sofortige Operation mit Übernähung der Perforationsstelle oder gleich Magenresektion (Teilentfernung des Magens).

Wodurch macht sich eine Pylorusstenose bemerkbar?

Erbrechen der gegessenen Speisen im Schwall – rasche Gewichtsabnahme, Exsikkose, Elektrolytverlust und Kräfteverfall – Überdehnung des Magens (Magenektasie).

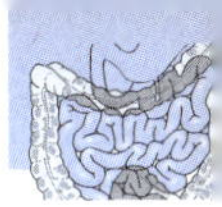

Wodurch kann es zur Magenentleerungsstörung kommen?

Bei *angeborener Stenose* der Säuglinge durch Hypertrophie der Ringmuskulatur im Pylorus oder durch Pylorospasmus.

Bei *pylorischem Ulkus* durch Narbenschrumpfung oder durch Magenkarzinom im präpylorischen Bereich.

Welche Behandlungsmöglichkeiten kommen bei Pylorusstenose in Frage?

- Magenspülungen zur Entfernung alter Speisereste und zur Beseitigung der Überdehnung des Magens, evtl. laufendes Absaugen des Mageninhaltes;
- Ausgleich des Wasser- und Elektrolytverlusts, evtl. parenterale Ernährung;
- Versuch konservativer Behandlung mit Sekretionshemmern;
- Diät: kleine Portionen leicht verdaulicher Speisen;
- bei unbefriedigendem Erfolg Operation, z.B. als 2/3-Resektion (nach Billroth II), in Notfällen nur Anlegen eines neuen Magenausgangs durch Verbindung mit dem Dünndarm (Gastroenteroanastomose, GE).

Wann ist eine Magenoperation angezeigt?

Bei chronisch-rezidivierendem Ulkus oder wenn ein Ulkus nach 8 Wochen trotz optimaler medikamentöser Behandlung nicht abgeheilt ist. Wegen der guten therapeutischen Möglichkeiten kommt das heute aber nur noch selten vor. Ebenfalls wird operiert bei Pylorusstenose durch Narbenraffung oder durch Magenkrebs, bedrohlicher großer Blutung oder wenn die Blutung in 48 Stunden nicht steht, bei Ulkusperforation oder Penetration und bei Magenkrebs.

Welche wichtigen Magenoperationen gibt es?

Übernähung eines perforierten Ulcus ventriculi oder duodeni;

Gastroenteroanastomose (GE): dabei wird eine Dünndarmschlinge mit dem tiefsten Punkt des Magens verbunden, so dass dieser sich gleich in den Darm entleeren kann (Notoperation);

Operation nach *Billroth I*: Magenteilentfernung; der Restmagen wird mit dem Duodenalstumpf verbunden;

Vagotomie und *Pyloroplastik*: die Vagusäste werden an der Kardia durchtrennt, um die Säuresektion zu reduzieren und der Pylorus wird erweitert, weil er nach Durchtrennung der Vagusfasern von diesen nicht mehr geöffnet werden kann;

Magenresektion: meist als 2/3-Resektion nach Billroth II, wobei vom Magen nur der Fundus erhalten bleibt und dieser mit einer der oberen Jejunumschlingen verbunden wird;

Gastrektomie: Totalresektion des Magens, z.B. wegen Karzinoms, mit Verbindung des Ösophagus mit dem Jejunum.

Welche Funktionsstörungen können nach Magenresektion auftreten?

- Beschwerden des kleinen Magens, besonders bei hoher Resektion oder enger Anastomose, auch durch Verschwellung der Anastomose bei Stumpfgastritis, mit Völlegefühl nach dem Essen, Neigung zum Erbrechen der Speisen;

- Dumping-Syndrom nach Resektion: nach dem Essen Blässe, Schwindel, Kollapsneigung, Durchfälle, Mattigkeit mit Schweißausbruch durch überstürzte Auffüllung des Dünndarms und rasche Resorption der Kohlenhydrate, aber auch evtl. durch Milchallergie;
- Rezidivulkus an oder unterhalb der Anastomose im Jejunum (Ulcus pepticum jejuni). Das sollte bei optimaler Operationstechnik an sich nicht vorkommen.

Wie werden Funktionsstörungen nach Magenresektion behandelt?
Häufig kleine Essensportionen, entsprechende eiweißreiche Diät, Vermeiden von Zucker und Milch, sehr heißen oder eisgekühlten Getränken, evtl. Liegen nach den Mahlzeiten, Atropin, Wärme; selten ist erneute Operation, z.B. bei Rezidivulkus erforderlich.

Welche Tumorbildungen kommen im Magen vor?
Gutartige Tumoren sind selten und meist bedeutungslos, z.B. Neurinome. *Schleimhautpolypen* können in seltenen Fällen maligne entarten. Sind mehrer Polypen vorhanden, so spricht man von Polypose.

Das *Magenkarzinom*, besonders bei Männer zwischen dem 40. und 60. Lebensjahr häufig; nach dem Bronchial-, Prostata- und Kolonkarzinom der vierthäufigste Krebs der Männer. Die Häufigkeit ging in den letzten 30 Jahren aber laufend zurück.

Was kann auf einen Magenkrebs hinweisen?
Appetitverlust, Abneigung gegen Fleisch und Wurst, Gewichtsabnahme, Anämie, evtl. Magenblutung als Hämatemesis oder latente Sickerblutung mit okkultem Blut im Stuhl. Nachweis durch Teststreifen. Schließlich Magenausgangsstenose oder Übergreifen des Karzinoms auf die Nachbarorgane, z.B. Pankreas und Fernmetastasen.

Welche Behandlungsmethoden kommen bei Magenkarzinom in Betracht?
Nur die Frühoperation des Magenkrebses hat manchmal Erfolg. Bestrahlung und zytostatische Behandlung können zusätzlich angewandt werden, haben aber nur geringe Wirkung.

8.3.4 Erkrankungen des Dünn- und Dickdarms

Was ist eine Diarrhö?
Häufige (mehr als 5–6-mal täglich) Entleerung von dünnen Stühlen infolge beschleunigter Darmpassage (Durchfall), oft mit krampfartigen Bauchschmerzen (Tenesmen) einhergehend.

Was kann zur Diarrhö führen?

- Infektion mit Bakterien (z.B. Typhus, Ruhr, Cholera), Viren, Pilzen;
- Toxine, z.B. bei Nahrungsmittelvergiftung;
- Colitis ulcerosa, Enteritis regionalis (Morbus Crohn);
- Reizzustände durch Störungen der Verdauungsfunktion (Maldigestion, Malabsorption, Sprue);
- Darmparasiten, z.B. Amöben, Askariden;
- Intoxikationen, z.B. durch Alkohol oder mit Schwermetallen, Blei, Quecksilber;
- Medikamente wie Abführmittel, auch Digitalis, Antibiotika;
- Reizung durch Röntgen- und Radiumstrahlen;
- Allergien, z.B. gegen Milch oder Fischeiweiß;
- gesteigerte nervöse Erregbarkeit (Colon irritabile; bei Examen; nervöser Durchfall);
- Hyperthyreose (Morbus Basedow);
- Rektumkarzinom.

Was wird als Obstipation bezeichnet?

Darmträgheit mit verzögerter Passage oder Stuhlverhalt durch gestörte Darmentleerung (gestörter Defäkationsmechanismus).

Wodurch kann Obstipation bedingt sein?

Schlackenarme Kost; fehlende Bewegung; schwache Bauchdecken; schlaffes, ausgeweitetes Kolon; gestörter Defäkationsreflex; Allgemeinkrankheiten, besonders mit Fieber und Bettruhe; Tumoren, dabei auch wechselnd Durchfall; Verwachsungen nach Operationen oder abgelaufenen Entzündungen; schmerzhafte Veränderungen am After wie Hämorrhoiden und Fissuren und psychische Probleme.

Wie ist eine Obstipation zu behandeln?

Nach ihren *Ursachen:*

Organische Veränderungen, wie Hämorrhoiden oder Fissuren, müssen beseitigt werden. Änderungen der Lebensgewohnheiten mit mehr Bewegung und schlackenreicher Kost kann den Entleerungsreflex wieder einspielen. Abführmittel und Einläufe nur als vorübergehende Hilfe anwenden.

Wie ist die normale Stuhlgangsfrequenz?

Viele Patienten haben falsche Vorstellungen von der normalen Häufigkeit des Stuhlgangs. Normal ist eine Frequenz zwischen dreimal täglich und dreimal pro Woche.

Was bedeutet Laxanzienabusus?

Durch häufiges oder ständiges Einnehmen von Abführmitteln (Laxanzien) spricht der Darm immer weniger auf den natürlichen Füllungsreiz zur Entleerung an, sondern nur noch auf den starken Reiz des Mittels. Dadurch Verschlimmerung der

Obstipationsneigung. Laxanzien reizen die Darmschleimhaut: Durch Flüssigkeitsentzug aus der Darmwand mit gleichzeitigem Kaliumverlust kann es zur Hypokaliämie kommen.

Welche Abführmittel sind zu unterscheiden?

- Quellmittel: Leinsamen, Weizenkleie, Agar-Agar, Guar, Methylzellulose;
- Gleitmittel: Paraffinöl, Glyzerin-Suppositorien;
- Osmotische (salinische) Abführmittel: Karlsbader Salz, Bittersalz, Glaubersalz, Polyethylenglykol (PEG);
- Peristaltikfördernde Mittel: Sennablätter, Phenolphthalein, Rizinusöl;
- Einläufe: warmes Wasser, evtl. mit Seifenzusatz;
- Klistiere: 100–250 ml Öl, Mikroklist.

Was sind Meteorismus und Flatulenz?

Meteorismus: Blähbauch, entsteht durch vermehrte Gasbildung im Darm, wodurch der Bauch aufgetrieben und das Zwerchfell hochgedrängt wird;

Flatulenz: Blähsucht mit Abgang von Darmgasen (Flatus: Wind).

Was ist ein Maldigestionssyndrom?

Durch eine unzureichende oder gestörte Funktion der Verdauungsorgane, insbesondere Leber, Gallenblase und Pankreas stehen nicht ausreichende Verdauungsenzyme zur Verfügung. Dadurch kommt es zu einer *ungenügenden Aufspaltung* der Nährstoffe, die vom Dünndarm nicht entsprechend aufgenommen werden können und dünnen Stuhl hervorrufen. Bei längerem Bestehen kommt es zu einer Fehl- bzw. Mangelernährung.

Was bedeutet Malabsorptionssyndrom?

Durch Störung in der Darmwand kommt es zur *ungenügenden Resorption* wichtiger Nahrungsbestandteile, wodurch ebenfalls Durchfälle und langfristig Mangelzustände entstehen können.

Welche Krankheitserscheinungen können sich bei Maldigestion und Malabsorption entwickeln?

- Diarrhö von voluminösen, hellen, fettreichen Stühlen (Steatorrhö), Bauchschmerzen, Meteorismus, Gewichtsabnahme;
- Eiweiß, Fett, Vitamine und Mineralien werden nicht aufgenommen, dadurch Eiweißmangelzustand (Dystrophie);
- Anämie durch mangelhafte Aufnahme von Eiweiß, Eisen, Vitamin B_{12} und Folsäure;
- Rachitis, Osteomalazie, Osteoporose durch fehlende Resorption von Vitamin D;
- Tetanie und Osteomalazie durch Mangel an Kalzium.

Welche besonderen Krankheiten gehen mit Maldigestion und Malabsorption einher?

- Chronische Pankreatitis, Pankreaskarzinom, Gallenwegsverschluss;
- die Zöliakie der Kinder (einheimische Sprue), die auf Unverträglichkeit gegen Kleberproteine des Getreides (Gluten) beruht;
- die tropische Sprue, eine Krankheit unbekannter Ursache;
- Darmamyloidose mit Amyloidablagerungen in der Darmschleimhaut s. S. 296;
- Sklerodermie, wenn die Darmschleimhaut von dieser Krankheit betroffen wird.

Was versteht man unter exsudativer Enteropathie?

Den Eiweißverlust durch die Darmschleimhaut, besonders von Albumin infolge entzündlicher Veränderungen.

Was bedeutet Enteritis und welche Krankheitserscheinungen können dabei auftreten?

Die Enteritis ist ein oft unspezifischer, d.h. nicht durch einen bestimmten Krankheitserreger verursachter Reizzustand des Darmes durch Diätfehler oder verdorbene Nahrungsmittel. Auch Darmentzündungen aufgrund spezifischer Erreger, z.B. Salmonellen, werden als Enteritis bezeichnet.

Symptome sind Durchfall, dünnbreiig-wässrig-schleimige Stühle, manchmal Erbrechen und krampfartige Bauchschmerzen (Tenesmen) und allgemeine Schwäche.

Welche Behandlungsmaßnahmen kommen bei Enteritis in Betracht?

Bettruhe, Nahrungskarenz oder nur Gaben von Tee und Zwieback, Infusion zum Ausgleich des Wasser- und Elektrolytverlustes (NaCl, KCl); evtl. Aktivkohle (Carbo medicinalis); bei starken Tenesmen Spasmolytika (Buscopan).

Was ist der Morbus Crohn und welche Veränderungen können dabei auftreten?

Eine wahrscheinlich autoimmunologisch vermittelte, chronisch-schubweise verlaufende Entzündung vor allem der unteren Ileumsegmente, die aber prinzipiell in allen Darmabschnitten auftreten kann. Es kommt zu Blähungen, Schmerzen, Durchfall, evtl. zur Darmperforation und Peritonitis. Besonders charakteristisch ist die Neigung zu Fistelbildung und zu narbigen Stenosen. Häufig sind zusätzlich Begleitsymptome außerhalb des Darms und allgemeines Krankheitsgefühl vorhanden.

Welche Krankheiten des Dickdarms sind wichtig?

Divertikulose und Divertikulitis, Colon irritabile, Colitis ulcerosa, Morbus Crohn, Polyposis und Kolonkarzinom.

Welche Folgen kann eine Divertikulose des Dickdarms haben?

Kolondivertikel sind Ausstülpungen der Darmwand, am häufigsten im Sigma. Die in höherem Alter häufig auftretenden Kolondivertikel können sich durch Stagnation ihres Inhalts entzünden: Divertikulitis mit Peridivertikulitis, Abszessbildung, Perforation, Peritonitis oder Fistelbildung; Stenose durch Narbenbildung nach Entzündung; Blutung aus einem Divertikel.

Was heißt Colon irritabile?

Einen Reizzustand des Dickdarms mit spastischen Bewegungsstörungen (Tenesmen) und vermehrten Schleimabgängen, wobei endoskopisch die Schleimhaut des Dickdarms meist normal aussieht. Typischerweise wechseln dünner Stuhl und Verstopfung einander ab. Es handelt sich um eine funktionelle Störung der Motorik des Dickdarms und eine abnorme Empfindlichkeit gegenüber den normalen motorischen Vorgängen. Die Störung ist vor allem bei Frauen enorm häufig.

Ileus

Wie entsteht ein Ileus?

Mechanischer Ileus: Darmverschluss als akute und lebensbedrohliche, chirurgisch zu behandelnde Krankheit mit anfangs sehr starken, kolikartigen Bauchschmerzen und Erbrechen von Magen- und Darminhalt.

Paralytischer Ileus: Darmlähmung durch entzündlich-toxische (Peritonitis, Pneumonie, Urämie), stoffwechselbedingte (Hypokaliämie) oder reflektorische Ursachen (z.B. bei Nierenkolik) oder Mesenterialembolie.

Welche Krankheitserscheinungen können bei paralytischem Ileus auftreten?

Oft stehen die Symptome der auslösenden Krankheit im Vordergrund: Perforation, Peritonitis, Pankreatitis, Nierenkolik.

Wichtige Hinweise sind: Stuhl- und Windverhaltung mit meteoristisch geblähtem Abdomen. Beim Auskultieren mit dem Stethoskop fehlen die Darmgeräusche („Grabesstille im Abdomen"). Die Röntgenaufnahme im Stehen oder in Seitenlage zeigt die erweiterten, luftgefüllten Darmschlingen mit horizontalen Spiegelbildungen (Abb. **8.6**).

Was muss bei mechanischem und paralytischem Ileus geschehen?

Ein mechanischer Ileus muss sofort (innerhalb 24 Stunden) chirurgisch behoben werden.

Wenn der paralytische Ileus Folge einer Peritonitis durch Perforation (Ulkus, Appendix, Gallenblase) ist, muss ebenfalls operiert werden.

Im übrigen gilt: Weder Essen noch Trinken; Normalisierung des Wasser- und Elektrolythaushaltes; Entlastung des Darmes durch Absaugen von Darminhalt und Gas mit Magen- oder Dünndarmsonde bzw. Darmrohr; medikamentös: keine Abführmittel! Prostigmin, Mestinon subkutan, intramuskulär oder Infusion, Bepanthen-Einläufe; Kontrolle der Darmtätigkeit durch Abhören der Darmgeräusche, Registrierung des Abgangs von Winden und von Stuhlgang.

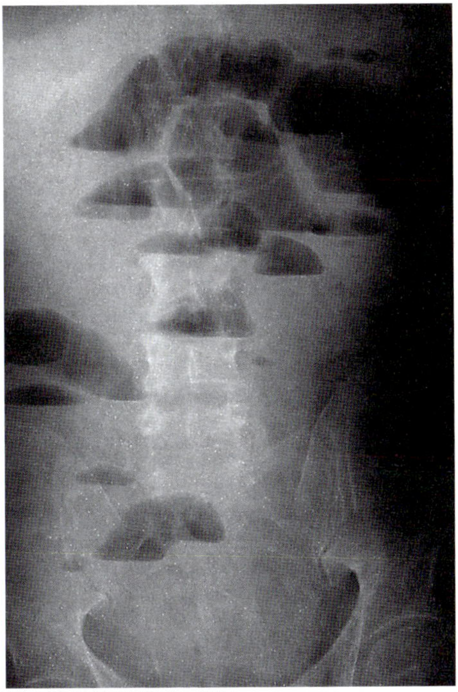

*Abb. **8.6** Ileus: Typisches Röntgenbild (Leeraufnahme im Stehen) mit horizontalen Spiegelbildungen und stehenden (luftgefüllten) Darmschlingen (nach Paetz u. Benzinger-König)*

Warum wird beim paralytischen Ileus abgesaugt?

Durch das Absaugen des Magen- oder Darminhalts wird die Resorption toxischer Stoffe aus dem Darm in die Blutbahn und damit die für Ileus typische schwere Intoxikation verhindert. Der erweiterte Darm wird mechanisch entlastet.

Colitis ulcerosa

Welche Krankheitserscheinungen treten bei Colitis ulcerosa auf?

Blutig-schleimige Durchfälle mit Tenesmen, Druckempfindlichkeit des Darmes, Appetitlosigkeit, Gewichtsabnahme und Anämie. Der Verlauf ist meist chronisch mit Remissionen. Perforation, Übergang in Karzinom oder Amyloidose kommen bei chronischem Verlauf vor. Schwere Verläufe mit septischem Fieber haben eine schlechte Prognose („toxisches Megakolon").

Wie wirt die Diagnose bei Colitis ulcerosa gestellt?

Endoskopisch: geschwollene, vermehrt gerötete Schleimhaut mit Ulzerationen, starke Neigung zu Blutung; typische *histologische* Befunde. *Röntgenologisch:* Zerstörung der Schleimhaut in den befallenen Bezirken, auch narbige Schrumpfung mit Verlust der Haustren.

Welche Ursachen hat die Colitis ulcerosa?

Die Ursache ist unbekannt. Diskutiert werden eine abnorme immunologische Reaktion auf verschiedene Noxen wie Bakterien, Viren, Chlamydien, Mykobakterien und bestimmte Nahrungsbestandteile. Wegen des Zusammenhangs mit äußeren Ereignissen und psychischen Belastungen zählt die Colitis ulcerosa zu den klassischen psychosomatischen Erkrankungen.

Welche Behandlungsmaßnahmen kommen bei Colitis in Frage?

- Schlackenarme Diät, kalorienreiche Kost, Ausschaltung von Unverträglichkeiten;
- Salazosulfapyridin (Azulfidine; Kombination von Salizylsäure und Sulfonamid sowie Antibiotika);
- kortikosteroidhaltige Klysmen oder Schäume, die rektal eingeführt werden; lokal im Kolon wirksame, kaum resorbierbare Steroide in oraler Anwendung, z.B. Budesonid-Tabletten;
- Spasmolytika und Sedativa sowie Psychopharmaka;
- Wasser- und Elektrolytausgleich;
- Bluttransfusionen;
- Kolektomie, chirurgische Teil- oder totale Entfernung des Kolons in schweren Fällen mit Anus praternaturalis (Ileostomie).

Sind Colitis ulcerosa und Morbus Crohn heilbar?

Die Colitis ulcerosa kann durch eine totale Kolektomie geheilt werden, da die Erkrankung nur im Kolon auftritt. Dagegen ist der Morbus Crohn durch Medikamente und Operationen nicht zu heilen, vielmehr kann die Erkrankung nur in einer sog. Remission gehalten und die Komplikationen operativ behandelt werden.

Ein Morbus Crohn kann prinzipiell in allen Abschnitten des Magen-Darm-Traktes von den Lippen bis zum Anus auftreten und neigt zum Rezidiv.

Kolonkarzinom

Welche Tumoren kommen im Darm vor?

Gutartige Tumoren: Schleimhautpolypen mit der evtl. Gefahr maligner Entartung. Sie können meist endoskopisch entfernt werden.

Darmkrebs *(Kolonkarzinom)*, am häufigsten im Rektum (Mastdarmkrebs), meist zwischen dem 50. und 70. Lebensjahr. Es entsteht in der Regel aus einem gutartigen Vorläuferstadium in Form kleiner Polypen. Trägt man diese endoskopisch mit der Schlinge ab, so kann man damit Karzinome verhindern.

Bei welchen Beschwerden müssen wir an einen Darmkrebs denken?

Oft schleichender Beginn der Beschwerden, Obstipation und Durchfall wechseln sich ab und Blutbeimengungen im Stuhl.

Bei Rektumkarzinomen oft plötzlicher Stuhldrang mit blutig-schleimigem Abgang oder bleistiftdünnen Stühlen. Wenn der Tumor das Darmlumen verlegt, kommt es zum mechanischen Ileus. Leider ist die Krebserkrankung oft weit fortgeschritten, wenn ein kolorektales Karzinom Symptome macht.

Wodurch wird Darmkrebs oft verkannt?

Die Darmbeschwerden und Blutabgänge werden oft nicht beachtet oder irrtümlich mit Hämorrhoiden erklärt, wodurch wertvolle Zeit bis zur Diagnosestellung verstreicht.

Welche Untersuchungen sind bei Verdacht auf Kolonkarzinom wichtig?

Die digitale Rektumaustastung, Suche nach okkultem Blut im Stuhl (Hämoccult-test), die Endoskopie (Rektoskopie, Rektosigmiodoskopie, Koloskopie) mit gezielter Gewebeentnahme (Biopsie) und Röntgenuntersuchung mit Kolonkontrasteinlauf.

Welche Behandlung ist beim Kolonkarzinom angezeigt?

Möglichst frühzeitige chirurgische Entfernung. Wenn das nicht mehr möglich ist, Anlegen eines Anus praeternaturalis zur Entlastung. In fortgeschrittenen Stadien Chemotherapie, immunologische Therapie oder Bestrahlung.

Wie kann dem Kolonkarzinom vorgebeugt werden?

Den Fleischkonsum verringern; vor allem bei familiärer Vorbelastung durch ein Kolonkarzinom ab dem 40. Lebensjahr jährlich einmal einen Hämoccult-Test durchführen. Empfehlenswert: ab dem 50. Lebensjahr alle 5 Jahre einmal eine Koloskopie, zumindest aber eine Sigmoidoskopie mit eventueller endoskopischer Abtragung von Polypen.

8.3.5 Erkrankungen des Peritoneums

Welche wichtigen Erkrankungen des Peritoneums gibt es?

Akute Peritonitis: nach Durchbruch eines der Bauchorgane, z.B. bei Appendizitis, Ulkusperforation, Gallenblasenempyem, oder bei allgemeiner Sepsis, z.B. Pneumokokkensepsis, nach Verletzung und Infektion von außen oder spontan bei Aszites.

Chronische Peritonitis, meist tuberkulös oder z.B. als Pelviperitonitis von den Organen des kleinen Beckens ausgehend, z.B. Eileiterentzündung.

Peritonealkarzinose durch metastierende Ausbreitung eines Karzinoms im Bauchraum.

Peritonitis

Welche Symptome weisen auf eine akute Peritonitis hin?

- Plötzlich oder zunehmend heftige Schmerzen im Bauch;
- meteoristisch aufgeblähter Leib;
- Abwehrspannung bei Betastung, später bretthharte Bauchdecken; blasszyanotische Haut;
- Übelkeit, Singultus (Schluckauf), Erbrechen;
- Leukozytose und Linksverschiebung;
- trockene Zunge durch Exsikkose;
- Fieber: Differenz zwischen rektaler und axillarer Messung über 1 °C;
- Schocksymptome durch Toxine: Tachykardie, Blutdruckabfall, kalter Schweiß;
- paralytischer Ileus: Verschwinden der Darmgeräusche, Stuhl und Winde gehen nicht mehr ab;
- Spiegelbildungen im Röntgenbild bei der Abdomenübersichtsaufnahme (s. Abb. **8.6**, S. 207).

Wann kommt es zu einem peritonitischen Abszess?

Wenn eine Perforation durch Verklebung des Peritoneums auf einen lokalen Prozess im Bauchraum beschränkt bleibt, z.B. perityphlitischer Abszess um die perforierte Appendix.

Wie ist eine akute Peritonitis zu behandeln?

Der Chirurg muss sofort zugezogen werden. Bis zu einer Entscheidung Nahrungskarenz; Schocktherapie: Infusionen, Kreislaufmittel, Antibiotika, evtl. Eisblase. Kontrolle von Puls, Blutdruck, Darmgeräuschen, Winden, Stuhlgang, Wasserausscheidung, Elektrolytverhältnissen und der Leukozyten sind von großer Wichtigkeit.

Aszites

Was heißt Aszites und welche Arten müssen unterschieden werden?

Aszites oder Bauchwassersucht ist eine Ansammlung von freier Flüssigkeit im Bauchraum (Peritonealhöhle).

Nichtentzündliche Formen: Stauungsaszites bei Leberzirrhose mit Pfortaderstauung oder bei Herz- oder Niereninsuffizienz oder bei allgemeiner Ödemneigung wie bei Eiweißmangelschäden (Hungerödeme), dann auch gleichzeitig Ödeme an den Beinen und in der Kreuzbeingegend. Bei der Punktion wird klares hell gelbliches Transsudat mit einem spezifischen Gewicht von 1008–1015 gewonnen.

Entzündliches Exsudat: spezifisches Gewicht über 1015, Rivalta-Probe positiv; bei peritonitischen Prozessen, z.B. bei akuter Pankreatitis oder Bauchfelltuberkulose.

Hämorrhagischer Aszites, z.B. bei Peritonealkarzinose.

Chylöser Aszites bei Kompression des Ductus thoracicus durch einen Tumor: milchig trübe Lymphflüssigkeit.

Wie kann Aszites beseitigt werden?
Diätetisch durch Flüssigkeitsbeschränkung und salzarme Kost. Medikamentös durch Diuretika (z.B. Lasix) und Aldactone (Spironolakton, ein Aldosteronantagonist), die die Ausscheidung forcieren.

Bei akuter Atemnot kann ein Ablassen des Aszites durch Punktion notwendig werden. Die Punktion hat den Nachteil, dass dem Körper Eiweiß, vor allem Albumin, verloren geht und die Neubildung von Aszites angeregt wird.

8.3.6 Erkrankungen des Pankreas

Welche Pankreaserkrankungen sind wichtig?
Die akute Pankreatitis, chronische Pankreatitis, Pankreaskarzinom, Pankreaszysten und Pankreassteine.

Akute und chronische Pankreatitis

Welcher Vorgang und Ursachen liegen der akuten Pankreatitis zu Grunde?
Eine *Selbstandauung* (Autolyse, Nekrose) des Pankreas durch Rückstauung der aktivierten Verdauungsenzyme infolge eines Pankreasgangverschlusses, z.B. durch einen Gallenstein, eine entzündliche Striktur oder einen Tumor. Selten liegt eine Entzündung im Rahmen von Infektionskrankheiten wie z.B. Mumps vor.

Die häufigsten Ursachen sind *alkoholtoxische* Schädigungen des Pankreas durch Alkoholismus und Gallenwegserkrankungen.

Welche Krankheitserscheinungen können auf eine akute Pankreatitis hinweisen?
Die 3 S: Schmerz, Schock, Stoffwechselstörung.

Oft nach einem überreichlichen Essen mit Alkoholgenuss plötzlich heftige *Oberbauchschmerzen* mit Rückenausstrahlung, Brechreiz, Erbrechen, Meteorismus, paralytischem Ileus und *Schocksymptomen*: Tachykardie, Blutdruckabfall, Oligurie-Anurie, Anstieg des Kreatinins im Serum.

Die Schweregrade der akuten Pankreatitis sind sehr variabel. Sie reichen von einer leichten Form mit nur veränderten Laborbefunden, aber ohne Beschwerden über kurz dauernde, geringe Oberbauchschmerzen bis hin zur lebensbedrohlichen nekrotisierenden Pankreatitis.

Welche Prinzipien gelten bei Behandlung der akuten Pankreatitis und wie ist die Prognose?

- Sofortige Entlastung des Organs: Nahrungs- und Flüssigkeitskarenz, strenge Bettruhe, parenterale Ernährung;
- Schmerzbekämpfung: stark wirksame Analgetika, Opioide, z.B. Buprenorphin (Temgesic) sublingual oder i.v.; Procainhydrochlorid über Perfusor;

- Infusionstherapie zum Flüssigkeitsersatz (Schockbekämpfung);
- Absaugen des Magensaftes durch nasogastrale Verweilsonde bei Magenatonie, Sekretionshemmung durch Protonenpumpenblocker über Perfusor;
- Kalzitonin oder Somatostatin zur Hemmung der Pankreassekretion sind umstritten;
- Breitbandantibiotika bei septischen Komplikationen.

Bei Verdacht auf Gangverschluss durch Stein (biliäre Pankreatitis) so früh wie möglich ERCP und endoskopische Papillotomie.

Nach Abklingen der akuten Phase langsamer Diätaufbau, erst Tee und Zwieback, dann Reis, Haferschleim, später Eiweiß, zuletzt Fett, immer unter Kontrolle der Amylase und Lipase.

Jede akute Pankreatitis stellt eine lebensbedrohliche Krankheit dar. Leichte Fälle haben eine gute Prognose, die schweren Fälle eine Letalität bis 50%.

Wie kann es zur chronischen Pankreatitis kommen?

Im Anschluss an eine akute Pankreatitis oder als primär chronisch rezidivierende Pankreatitis, durch Abflussbehinderung im Zusammenhang mit Gallenstörungen oder durch fortgeführten Alkoholmissbrauch.

Welche Beschwerden macht eine chronische Pankreatitis?

- Rezidivierende Schmerzen im Oberbauch, anfallsweise oder anhaltend, mit Ausstrahlung nach beiden Seiten gegen den Rücken;
- Übelkeit, Erbrechen, Völlegefühl, Obstipation und Durchfall, Diätempfindlichkeit gegen Fette, Milch, Alkohol;
- Diätfehler oder psychische Belastungen können Verschlimmerungen auslösen;
- in fortgeschrittenen Fällen Fettstühle (exokrine Insuffizienz);
- selten kann es dadurch zu Diabetes kommen (endokrine Insuffizienz).

Welche Folgen hat eine Pankreasinsuffienz?

Erst wenn etwa 80% des Pankreas entzündlich-bindegewebig umgewandelt und zerstört sind, treten auf: Maldigestion mit Fettstühlen, Gewichtsverlust, Eiweißmangelschaden, Hypovitaminose, Osteoporose. Manchmal sind Verkalkungen des Pankreas röntgenologisch erkennbar.

Wie kann die chronische Pankreatitis behandelt werden?

- Bei Abflussbehinderung endoskopisch-operative oder chirurgische Behandlung;
- Schonung des kranken Pankreas durch fettarme Diät, weniger als 50 g Fett täglich, kleine Mahlzeiten;
- Verbot von Alkohol;
- Pankreasenzyme zur Substitution (Kreon, Panzynorm);
- Spasmoanalgetika (krampflösende und schmerzlindernde Mittel) bei Schmerzen, z.B. Buscopan.

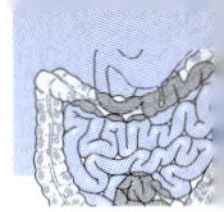

Wie können Pankreaszysten entstehen?

Pankreaszysten sind flüssigkeitsgefüllte Hohlräume und können entstehen als angeborene Missbildung, durch Gewebezerstörung bei Pankreatitis (= Pseudozysten) oder durch narbige Strikturen oder Pankreassteine (= Retentionszysten).

Wodurch kann es zu Pankreassteinen kommen und welche Folgen haben sie?

Durch das Zusammenwirken von Entzündung und Stauung bei chronischer Pankreatitis kommt es zu Pankreaskoliken, Schübe von Pankreatitiden und Zysten- und Abszessbildungen mit Untergang von Drüsengewebe.

Welche Behandlungsmaßnahmen kommen bei Pankreassteinen in Frage?

Evtl. chirurgische Behandlung, endoskopische Steinentfernung oder Lithotripsie mit Stoßwellen, bei Koliken Spasmoanalgetika.

Ansonsten Behandlung wie bei akuter bzw. chronischer Pankreatitis.

Pankreaskarzinom

Welche Beschwerden kann ein Pankreaskarzinom machen?

Oberbauchbeschwerden, Appetitlosigkeit, Übelkeit, Erbrechen, Meteorismus, Obstipation und besonders Gewichtsabnahme. Leider liegt häufig bereits ein sehr fortgeschrittenes Karzinom vor, wenn ein Pankreaskarzinom anfängt, Beschwerden zu machen.

Wie kann ein Pankreaskarzinom erkannt werden?

Der Nachweis ist oft nicht einfach und gelingt meist erst spät.

Der Tumor sitzt meist im Pankreaskopf und kann durch sein Wachstum den Gallengang (Ductus choledochus) komprimieren und einen Verschlussikterus verursachen.

Raumforderungen im Pankreas können sonografisch, computertomografisch und in der Kernspintomografie entdeckt werden.

Welche Behandlungsmöglichkeiten gibt es bei Pankreaskarzinom?

Wenn möglich, frühzeitige chirurgische Entfernung. Auch nach totaler Pankreatektomie ist Arbeitsfähigkeit möglich mit täglich 20–40 IE Insulin und ausreichend dosierter Substitution von Pankreasenzymen.

8.3.7 Erkrankungen der Leber

Welche Beschwerden können bei Leberkrankheiten auftreten?

Allgemeinbeschwerden wie Appetitlosigkeit, Völlegefühl, Übelkeit, Leistungsabfall, Fettunverträglichkeit, Blähsucht. Gelbfärbung von Haut und Skleren, bierbrauner Urin, lehmfarbener (acholischer) Stuhl und Juckreiz durch Gallensäuren im Blut.

Auf welche äußerlich erkennbaren Veränderungen ist bei Leberkranken zu achten?

- Das Hautkolorit kann gelblich oder bei chronischen Leberkranken auch graugelblich sein;
- Lebersternchen (Spider naevi) durch Blutgefäßerweiterungen finden sich besonders im Gesicht und am Oberkörper;
- Palmarerythem ist die vermehrte Rötung der Handinnenflächen;
- glatte rote Zunge durch Vitamin-B-Mangel wird als Lackzunge bezeichnet;
- Aszites mit aufgetriebenem Bauch, verstrichenem Nabel, evtl. Striae und positivem Undulationsphänomen bei der Stoßpalpation;
- Medusenhaupt (Caput medusae) durch Venenerweiterung um den Nabel als Umgehungskreislauf bei Pfortaderstauung;
- bei Männern Teilverlust der Stammbehaarung („Bauchglatze“);
- Gynäkomastie (derbe Brustschwellung) und Hypogonadismus bei Männern;
- Lebergeruch, z.B. im Koma hepaticum.

Welche Leberkrankheiten sind wichtig?

- Akute Hepatitis durch Virus A, B oder C (s. Akute Virushepatitis, S. 395);
- Hepatitis bei anderen Infektionskrankheiten;
- chronische Hepatitis als persistierende gleich bleibende Veränderung oder als aggressive, fortschreitende Erkrankung;
- Leberzellinsuffizienz mit entsprechenden Stoffwechselstörungen;
- Koma hepaticum: Versagen der Entgiftungsaufgabe der Leber;
- toxische Leberschäden durch endogene oder exogene Toxine, auch Medikamente;
- Fettleber: bei Diabetes, Alkoholismus, chronischen Infekten und Stoffwechselstörungen;
- Leberzirrhosen: posthepatitisch, alkoholisch, kardial, biliär oder durch Dystrophie bedingt;
- Lebertumoren: meistens Lebermetastasen, selten primäres Leberkarzinom;
- Leberabszesse: bei Cholangitis, Appendizitis, Pankreatitis, Amöbenruhr, Sepsis.

Wie kann es zu Ikterus kommen?

Durch *Schädigung der Leberzellen*, z.B. durch Entzündung bei Hepatitis oder von den Gallenwegen (Cholangitis) übergreifend; durch Gifte oder Stoffwechselstörungen.

Durch *Störung des Gallenabflusses* mit Übertritt von Galle ins Blut: mechanisch, durch Steine oder Tumoren als Verschlussikterus oder durch Cholestase infolge von Medikamentenwirkung oder infolge kardialer Stauung als Stauungsikterus.

Durch vermehrte Hämolyse *(hämolytischer Ikterus)*, nicht leberbedingt (s. Hämolytische Anämien, S. 24).

Wie kann die Haut auch ohne Ikterus ein gelbes Aussehen erhalten?

Durch hohe Zufuhr von Karotin, z.B. indem große Mengen von Karottensaft getrunken oder Orangen gegessen werden und durch Farbstoffe, z.B. nach der Fluoreszenzangiographie der Retinagefäße.

Von welcher Höhe des Bilirubinspiegels an ist ein Ikterus klinisch erkennbar?

Bei Bilirubin im Serum über 2,0 mg/dl kann eine Gelbfärbung der Konjunktiven erkannt werden.

Wie reagiert die Leber auf Schädigungen?

Es können entzündliche oder degenerative Veränderungen plötzlich, langsam oder rezidivierend bis chronisch-fortschreitend entstehen.

Die Leberzellschädigung bzw. der Zelluntergang kann in fast jedem Stadium zum Stillstand kommen. Das Leberzellgewebe kann sich durch Zellneubildung regnerieren, was bei den meisten anderen Geweben nicht möglich ist. Stärkere oder chronische Schäden lösen Bindegewebswucherungen zwischen den Leberläppchen mit fortschreitendem Untergang von Lebergewebe (Nekrose) aus. Diese Bindegewebswucherung ist nicht rückgängig zu machen, sie verhärtet die Leber und behindert den Blut- und Gallendurchfluss mit Pfortaderstauung und dadurch ansteigendem Druck in der Pfortader (s. Leberzirrhose, S. 218).

Wodurch kommt es zur Leberzellschädigung mit Leberinsuffizienz?

Leichte, schwere, vorübergehende, dauernde, fortschreitende Leberzellinsuffizienz kann durch vielerlei Ursachen entstehen, z.B. akute und chronische Hepatitis, Leberzirrhose, Verschlussikterus, toxisch: Knollenblätterpilz, Tetrachlorkohlenstoff, Chloroform, Schwermetalle, Alkoholintoxikation, Pflanzenschutzmittel, manche Medikamente wie Tuberkulostatika, Antidiabetika, Malariamittel, Antiepileptika, Zytostatika oder durch einen schweren Kreislaufschock und schwere Anämien.

Welche Lebertumoren sind zu unterscheiden?

Am häufigsten sind Metastasen. Der echte Leberkrebs (primäres Leberkarzinom) ist in den westlichen Ländern selten und entsteht meist auf dem Boden einer Leberzirrhose oder einer chronischen Hepatitis.

Wie kann es zu Leberabszessen kommen?

Von Cholangitis ausgehend, von Appendizitis oder Pankreatitis durch die Pfortader fortgeleitet. Bei Amöbenruhr auf dem Blutwege aus dem Dickdarm und bei allgemeiner Sepsis durch die A. hepatica hämatogen eingeschleppt.

Wie können Leberabszesse behandelt werden?

Sonografisch gezielte Punktionen und Drainage, chirurgische Drainage der Abszesshöhle, Behandlung des Grundleidens und Antibiotika.

Was bedeutet Cholestase und was muss gemacht werden?

Durch manche Medikamente (Phenothiazine, Thiourazile, Antibiotika, Sulfonamide, Tuberkulostatika, Psychopharmaka, orale Kontrazeptiva) kann es zur intrahepatischen Cholestase kommen, d.h., der Gallenabfluss in der Leber ist gestört, er stagniert.

Die alkalische Phosphatase und die LAP sind meist erhöht. Beschwerden bestehen in der Regel nicht.

Die auslösenden Medikamente müssen identifiziert und vermieden werden; die Prognose ist im allgemeinen gut.

Wodurch bildet sich eine Fettleber?

Vermehrte Fettablagerungen in den Leberzellen wird beobachtet bei chronischem Alkoholismus (sehr häufig), Diabetes mellitus, Übergewicht, chronischen Intoxikationen wie bei Medikamentenmissbrauch und chronischen Kreislauf- und Stoffwechselstörungen.

Wie sind Prognose und Behandlung einer Fettleber?

Die Prognose ist gut bei Beseitigung der Ursachen. Hierzu gehört strenge Alkoholabstinenz, evtl. Gewichtsreduzierung, da meist Übergewicht besteht, fettarme, eiweiß- und vitaminreiche Diät und bei Diabetes korrekte Blutzucker-Einstellung.

Gelingt die Ausschaltung der Ursachen nicht, kann es zur Fettzirrhose kommen.

Hepatitis

Wodurch kann eine Hepatitis entstehen?

Die häufigsten Ursachen sind Infektionen mit dem Hepatitisvirus A oder B sowie mit dem Ende der achtziger Jahre identifizierten Virus C (s. Hepatitisformen, S. 390). Letzteres wurde vor allem durch Bluttransfusionen übertragen.

Ferner kommen in Frage:

- Andere Viren, z.B. Virus der infektiösen Mononukleose, Gelbfieber, Poliomyelitis, Coxsackie, Herpes simplex;
- Leptospirosen, z.B. Morbus Weil (s. Seite 381);
- Bakterielle Erkrankungen, z.B. Brucellosen (Bangsche Krankheit, Maltafieber), Tuberkulose, Typhus abdominalis;
- Parasiten, z.B. Amöben, Malaria- und andere tropische Parasiten.

Welche besonderen Verlaufsformen der Hepatitis gibt es?

Anikterische Hepatitis: leichter Verlauf ohne Gelbfärbung.

Rezidivierende Hepatitis, etwa 10% aller Verläufe.

Chronische Hepatitis in 2 Formen als:

- chronisch-persistierende Hepatitis mit jahrelangen Hepatitissymptomen, aber ohne Verschlimmerung und schließlich guter Ausheilungstendenz und die

- chronisch-aggressive Hepatitis mit fortschreitender, oft schubweiser Verschlimmerung und Zirrhosebildung: bei akuten Schüben Transaminasenerhöhung, sonst Gammaglobulinvermehrung.

Nekrotisierende Hepatitis (früher „gelbe Leberdystrophie") und *posthepatitische Zirrhose*.

Was wird als fulminante oder nekrotisierende Hepatitis bezeichnet?

In 0,2 bis 0,4% der Hepatitisfälle entwickelt sich plötzlich, meist rasch bis zum Tod im Koma hepaticum fortschreitend, die so genannte nekrotisierende Hepatitis oder Leberdystrophie. Ausheilung mit Narbenbildung möglich, dann aber auch später Übergang in Zirrhose. Auch exogene Gifte wie Tetrachlorkohlenstoff und andere gewerbliche Gifte, z.B. Pflanzenschutzmittel, ebenso Knollenblätterpilze können zum tödlichen Zusammenbruch des Leberstoffwechsels führen.

Leberkoma

Wann kommt es zum Koma hepaticum und durch welche Substanzen?

Wenn die Leber ihre Entgiftungsfunktion nicht mehr erfüllen kann, kommt es zu Vergiftungserscheinungen mit Bewusstlosigkeit, dem Leberkoma.

Ammoniak und andere toxische stickstoffhaltige Substanzen (Indol, Skatol, Phenole) gelangen bei dem Versagen der Entgiftungsfunktion der Leber aus dem Darm in den großen Kreislauf und an das Zentralnervensystem. Auch Hypokaliämie kann eine wichtige Rolle spielen.

Welche Ursachen können zum Leberkoma führen?

- Die nekrotisierenden Schübe bei schwerer Hepatitis oder Zirrhose als Leberzerfalls- oder Ausfallskoma;
- Vergiftungen durch Pilze, Tetrachlorkohlenstoff, Pflanzenschutzmittel;
- Ösophagusvarizenblutung durch vermehrten Eiweißabbau (Blut) im Darm mit Zunahme der stickstoffhaltigen Substanzen im Blut;
- Infektionen, Operationen, Aszitespunktion, lebertoxische Medikamente können bei entsprechender Leberschädigung ein Koma auslösen.

Welche Symptome können auf ein Leberkoma hinweisen?

Im Präkoma Verstimmung, Verwirrung, Apathie und Dämmerzustände, Ikterus, Foetor hepaticus (ein Mundgeruch wie bei frisch geschnittener Leber) und grobschlägiges Muskelzittern (Schriftprobe).

Welche Erscheinungen sind im Leberkoma zu beobachten?

Nach deliranter Erregung verstärken sich unter Tachykardie und Blutdruckabfall Apathie, Schlafneigung, schließlich tritt unter Bewusstlosigkeit und Reflexverlust der Tod ein.

Wie kann das Leberkoma behandelt werden?

Die Bildung und Resorption stickstoffhaltiger toxischer Substanzen im Darm muss verhindert werden:

- Eiweißzufuhr strikt unterbinden; Kalorienbedarf wird durch Kohlenhydrate (1500 Kalorien täglich) gedeckt;
- Ammoniak bildende Darmbakterien werden durch nicht resorbierbare Antibiotika (Neomycin) von 2–6 g per os (evtl. durch eine Sonde) beseitigt;
- Darmentleerung, z.B. mit 50–100 ml 10%iger Magnesiumsulfatlösung durch Sonde ins Duodenum, Beschleunigung der Darmpassage durch Laktulose;
- Infusionen mit Leberkoma-Cocktail (Lävulose oder Glukose, Kaliumzufuhr, verzweigtkettige Aminosäuren u.a.).

Leberzirrhose

Welche Veränderungen liegen bei Leberzirrhose vor?

Bei Leberzirrhose geht das Leberzellgewebe durch Nekrose zu Grunde. Die Läppchenstruktur wird zerstört. Gleichzeitig tritt aber eine Bindegewebswucherung ein. Dadurch verarmt die Leber an Parenchym und verhärtet durch das schrumpfende Bindegewebe. Dieses behindert die Durchblutung und führt zu Stauung und Drucksteigerung im Pfortadersystem *(portale Hypertension)*.

Welche Ursachen können zu Leberzirrhose führen?

Chronischer Alkoholismus (häufigste Ursache); nach Hepatitis: posthepatitische Zirrhose; chronische Stauung vor dem rechten Herzen: Stauungszirrhose (Cirrhose cardiaque); autoimmune Gallenwegserkrankung; biliäre Zirrhose; Eiweißmangelschaden („Dystrophie“): postdystrophische Leberzirrhose.

Nicht selten bleibt die Ursache der Zirrhose unbekannt.

Besonders seltene Formen der Leberzirrhose entstehen durch Stoffwechselstörungen wie die Eisenspeicherkrankheit (Hämochromatose) oder die Kupferspeicherkrankheit, den Morbus Wilson (hepatolentikuläre Degeneration) oder die Galaktosämie.

Welche Leberschäden entstehen durch Alkoholismus?

Das erste Stadium ist die *alkoholische Fettleber*. Sie heilt folgenlos ab, wenn der Alkoholkonsum vollständig eingestellt wird.

Auch im Stadium der *alkoholischen Hepatitis* heilt der Krankheitsprozess bei vollständiger Abstinenz in seiner jeweiligen Ausdehnung mit Narbenbildung aus.

Eine *alkoholische Leberzirrhose* dürfte bei Männern schon nach chronischem Alkoholkonsum von täglich 60 g absolutem Alkohol (1 Flasche Wein), bei Frauen sogar schon nach 20–40 g (1/4–1/2 l Wein) täglich entstehen. Höhere tägliche Alkoholmengen steigern die Zirrhose-Entwicklung dramatisch.

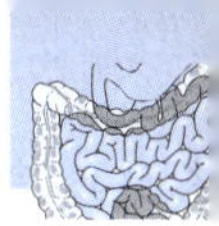

Welche Behandlungsmöglichkeiten bieten sich bei den chronischen Leberkrankheiten (chronische Hepatitis und Leberzirrhose)?

- Alkoholverbot und Ausschaltung aller weiteren schädigenden Einflüsse;
- Diät: Eiweiß- (besonders milcheiweiß-) und vitaminreiche Kost, Vermeidung aller schwerverdaulichen Speisen und Fette (Eiweiß nur solange nicht eine Leberinsuffizienz mit der Gefahr des Koma hepaticum besteht);
- geregelte, schonende Lebensweise, häufige Ruhepausen;
- bei Verschlimmerungsschub: Bettruhe, Infusionsbehandlung als so genannte Leberschutztherapie mit Glukose ode Lävulose, Vitamin B-Komplexe, B_{12}, C und K, Kortikosteroiden und anabolen Substanzen. Evtl. Eiweiß einschränken.

Welche Komplikationen können bei Leberzirrhose entstehen?

Leberzellinsuffizienz: Bluteiweißveränderungen, Gerinnungsstörung, Pfortaderhochdruck mit Aszites und Ösophagusvarizen, evtl. Blutung, Elektrolytverschiebung, Nierenversagen, Koma hepaticum oder Leberkarzinom.

Welche Folgen und Gefahren kann eine portale Hypertension haben?

Als Folge der Pfortaderstauung bildet sich ein Umgehungskreislauf, meist als *Ösophagusvarizen*, selten durch Erweiterung der oberflächlichen Bauchvenen als sogenanntes Medusenhaupt. Es entsteht ein *Aszites*. Durch die Umgehung der Leber über die Ösophagusvarizen kommt mehr Ammoniak in den großen Kreislauf und ins Gehirn.

30–50% der Zirrhosekranken sterben an Ösophagusvarizenblutung, ausgelöst durch z.B. scharfkantige Speisen (Brotrinde), Refluxösophagitis, Bauchpresse.

Welche Gefahren bestehen bei Ösophagusvarizen und was ist bei einer Blutung zu tun?

Die plötzlich auftretende, oft tödliche Ösophagusvarizenblutung mit Bluterbrechen und Kollaps, evtl. auch mit Teerstühlen. Die Behandlung erfolgt mittels

- Notfall-Endoskopie mit Feststellung der Blutungsquelle, evtl. sofortige Varizensklerosierung mit Äthoxysklerol 1% oder Anbringen von sog. Clips;
- Schockbehandlung;
- Blutstillung mit der Sengstaken-Blakemore-Sonde (s. Abb. **8.7**), Eiswasserspülung. Durch die aufblasbare Gummimanschette wird die Blutungsstelle komprimiert. Bei Blutansammlung im Magen kann das Blut von dort zur Verhütung eines Leberkomas abgesaugt werden. Medikamente können durch die Sonde zugeführt werden.
- Blutersatz mit Frischblut oder Blutersatzmittel; gerinnungsfördernde Mittel, z.B. Vitamin K geben;
- Drucksenkung im Portalkreislauf (Vasopressin-Infusionen 20 E in 200 ml Glukose 5%; alternativ Glycylpressin 1 mg i.v.);
- Komaprophylaxe (Darmsterilisation mit Neomycin, Gabe von Laktulose).

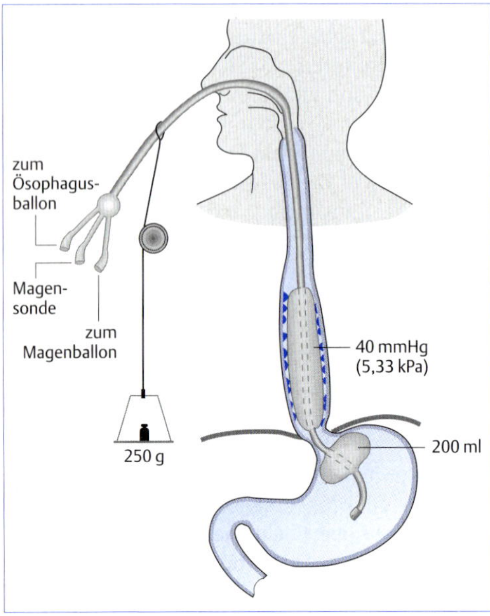

Abb. ***8.7*** *Sengstaken-Blakemore-Sonde: Der Ballon in der Speiseröhre komprimiert die blutenden Varizen, der Magenballon dient zur Fixierung der Sonde und komprimiert vorhandene Fundusvarizen. Das angehängte Gewicht von 250 g bildet einen Gegenzug und verhindert ein Abrutschen der Sonde nach unten (nach Gerlach u. a.)*

Wie wird die Sengstaken-Blakemore-Sonde angewandt?

- Aufblasbare Ballons auf Dichtigkeit prüfen;
- Sonde mit Paraffinöl gleitend machen;
- Nase und Rachen mit Spray anästhesieren;
- Sonde einführen, bis der Magenballon durch die Kardia hindurch ist;
- Magenballon aufblasen;
- langsam zurückziehen, bis der aufgeblasene Magenballon an der Kardia einen Widerstand findet;
- Sonde in dieser Höhe durch Pflasterstreifen vor der Nase fixieren;
- jetzt Ösophagusballon vorsichtig aufblasen und den ärztlich verordneten Druck am Quecksilbermanometer eines Blutdruckapparats alle 15 Minuten kontrollieren;
- mit Eiswasser spülen;
- Speichel absaugen.

Welche Ursache kann es haben, dass die Blutung trotz Sonde nicht steht?

Nicht selten geht die Blutung nicht von Ösophagusvarizen, sondern von Erosionen (kleinen Defekten der Magenschleimhaut) aus, die mit der Sonde nicht komprimiert werden können.

Wie kann weiteren Blutungen aus den Ösophagusvarizen vorgebeugt werden?
Mittels *endoskopische Sklerosierung* der Ösophagusvarizen. Dabei wird durch Umspritzen der erweiterten Venen eine Thrombosierung angestrebt. Ein alternatives Verfahren ist, mit Hilfe des Endoskops sog. *Clips* anzubringen, welche die Varizen abklemmen.

Durch die Gabe von *Betablockern*.

Drucksenkung im Pfortaderkreislauf kann durch einen künstlichen Umgehungskreislauf zwischen V. portae und V. cava inferior z.B. durch die *portokavale Anastomose* erreicht werden. Dies gelingt heute auch ohne Operation mit Hilfe eines per Katheter auf venösem Weg vorgeschobenen Röhrchens (TIPSS = transjugulärer intrahepatischer portosystemischer Shunt).

8.3.8 Erkrankungen der Gallenwege

Gallensteine

Welche Faktoren disponieren zu Gallenleiden?
Vor allem die 4 „F“:

Frau (jede 5. Frau, aber nur jeder 10. Mann hat Gallensteine), *Fettsucht* (Übergewicht, vermehrte Blutfette), *Fruchtbarkeit* (mehrere Schwangerschaften), über *fünfzig* Jahre alt, auch schon über vierzig. Aber auch bei Diabetikern sind Gallensteine häufiger als im Durchschnitt.

Wie kommt es zur Gallensteinbildung?
Bei der Eindickung der Gallenflüssigkeit in der Gallenblase können schlecht lösliche Bestandteile wie Cholesterin und Gallenfarbstoffe ausfallen und den Kern zu weiteren Ablagerungen, schließlich auch zur Verkalkung bilden. Die Ablagerungen können entzündliche Reizungen der Gallenblasenwand und Bewegungsstörungen verursachen, die wiederum das Milieu zur weiteren Steinbildung verstärken (Abb. **8.8**).

Welche Arten von Gallensteinen gibt es?
Die oft großen Einzelsteine *(Solitärsteine)*, die häufig keine Beschwerden machen.

So genannter *Gallengrieß* aus kleinen Pigmentsteinen, die evtl. durch die Gallengänge in den Darm entleert werden können.

Maulbeerartige oder *facettierte Steine* (Pigmentsteine; vor allem bei Hämolyse), diese machen die meisten Beschwerden und Einklemmungen.

Welche Beschwerden können Gallensteine verursachen?
Viele Steinträger haben keine Beschwerden und wissen von ihren Steinen nichts.

Häufig wird über Druck im rechten Oberbauch, Völlegefühl, Übelkeit, besonders 1/2 bis 3 Stunden nach fettreichen Mahlzeiten oder scharf gebratenen Speisen, geklagt.

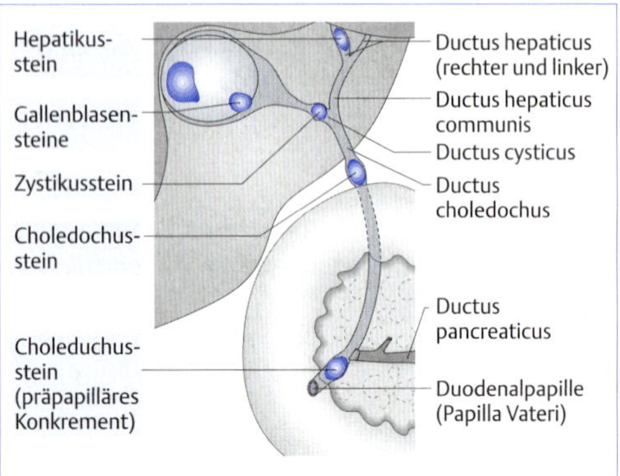

*Abb. **8.8** Typische Lokalisationen von Gallensteinen (nach Paetz u. Benzinger-König)*

Eine Gallenkolik durch Steineinklemmung geht mit heftigsten Schmerzen im rechten Oberbauch einher, zieht den rechten Rippenbogen entlang in den Rücken, manchmal bis in die rechte Schulter ausstrahlend. Dabei besteht Unruhe, Übelkeit und Erbrechen. Unbehandelt kann eine Kolik mehrere Stunden anhalten.

Welche Komplikationen können bei Gallensteinkolik entstehen?

Bei bleibender Einklemmung des Konkrements im Ductus cysticus bildet sich der *Gallenblasenhydrops*, eine mit klarer Flüssigkeit prall gefüllte Gallenblase, die als birnenförmiger Tumor durch die Bauchdecken getastet werden kann.

Verschließt der Stein den Ductus choledochus, so kommt es zum *Verschlussikterus* durch Gallenstauung mit entfärbtem Stuhl und braunem Urin, hoher alkalischer Phosphatase und LAP (Leuzin-Aminopeptidase) im Serum: Operation oder endoskopische Entfernung erforderlich.

Fieber, evtl. Schüttelfrost, Leukozytose, Linksverschiebung, Bauchdeckenspannung sprechen für *Cholezystitis* und/oder *Cholangitis*, dabei auch Gefahr der Gangrän der Gallenblasenwand mit Durchbruch und *Peritonitis*.

Wozu wird eine perkutane, transhepatische Gallengangsdrainage angelegt?

Die PTD stellt einen relativ kleinen, kaum belastenden Eingriff zur *Entlastung der Gallenwege bei Stauung* durch Abflussbehinderung (z.B. durch Karzinom oder Stein) mit biliärer Sepsis und quälendem Juckreiz dar.

Unter Durchleuchtung wird ein Polyäthylenkatheter mit Mandrin in die Leber eingestochen. Nach Entfernung des Mandrins zieht man den Katheter so lange zurück, bis Galle abtropft. Anschließend kann das Gallengangssystem mit Kontrastmittel gefüllt werden (perkutane Cholangiografie) und der Katheter als vorübergehende Entlastung der gestauten Galle belassen werden.

Was ist bei einer Gallenkolik zu machen?

- Spasmoanalgetika: Im akuten Anfall 1 Kapsel Nitrolingual zerbeißen; Buscopan, Pentazocin (Fortral), Pethidin (Dolantin); kein Morphin, wegen Erhöhung des Tonus des Sphinkter Oddi;
- erst Nahrungskarenz, dann Tee und Zwieback, später Gallendiätaufbau;
- Wärme als heiße Kompressen, aber nicht bei Cholezystitis, dann evtl. Eisblase;
- Infusion mit Glukose, Vitaminen und Elektrolyten;
- Stuhlregelung.

Später evtl. Operation: Cholezystektomie, um weiteren Komplikationen vorzubeugen; in bestimmten Fällen Lithotripsie (Steinzertrümmerung mit Stoßwellen) oder medikamentöse Steinauflösung möglich.

Was bedeutet Papillotomie?

Bei der Papillotomie wird durch ein Duodenoskop die Mündung des Gallenganges in den Zwölffingerdarm, die Papilla Vateri, durch Schlitzung erweitert. Dadurch können Stenosen und Konkremente beseitigt werden.

Cholezystitis

Wie entsteht eine Cholezystitis?

Meist liegt der Gallenblasenentzündung ein Gallensteinleiden mit sekundärer Keimbesiedlung aus dem Darm, hämatogen oder lymphogen, zu Grunde. Selten geht sie von einer aufsteigenden Cholangitis aus.

Welche Krankheitserscheinungen können bei Cholezystitis auftreten?

Im akuten Zustand bestehen Kolikschmerzen, Übelkeit, Erbrechen, starke Druckempfindlichkeit bis zur Abwehrspannung der Gallengegend, Temperaturerhöhungen bis zu septischem Fieber und Schüttelfrost, beschleunigte BSG, Leukozytose, Linksverschiebung, manchmal Ikterus.

Linksausstrahlung der Schmerzen, erhöhte Amylase und Lipase sprechen für Pankreasbeteiligung.

Was ist ein Gallenblasenempyem?

Die schwerste Form der akuten Cholezystitis mit phlegmonöser oder gangränöser Gallenblasenwand, septischen Temperaturen und starker Abwehrspannung: Gefahr der Perforation mit galliger Peritonitis, die meist tödlich ausgeht.

Welche Behandlungsmaßnahmen kommen bei Cholezystitis in Betracht?

- Bettruhe, am besten stationäre Krankenhausbehandlung;
- Diät: Teefasten (Pfefferminztee mit Traubenzucker), später vorsichtiger Diätaufbau, strenge Gallendiät, Stuhlregelung;
- Infusionstherapie zum Flüssigkeits- und Elektrolytersatz;
- intensive antibiotische Behandlung mit Breitspektrumantibiotika;

- Schmerz- und Entzündungsbekämpfung mit Analgetika und Spasmolytika, z.B. Buscopan, Fortral, evtl. Dolantin nach ärztlicher Verordnung. Evtl. Eisblase (keine Wärme!);
- Cholezystektomie im akuten Stadium nur bei Perforationsgefahr, sonst einige Wochen nach Abklingen der Entzündung.

Welche Erscheinungen macht eine chronische Cholezystitis?

Oft nur uncharakteristiche Beschwerden im rechten Oberbauch. Besonders bei fettreichen großen Mahlzeiten, körperlicher Belastung und seelischem Stress können gelegentlich kolikartige Beschwerden, vorübergehend leichte Gelbfärbung und Temperaturerhöhung vorkommen. Der rechte Oberbauch ist druckempfindlich, die BSG mäßig beschleunigt. Die Ultraschalluntersuchung zeigt eine verdickte Gallenblasenwand, das Cholezystogramm Konkremente, häufig ist es negativ, d.h., die Speicherfunktion der Gallenblase ist aufgehoben, oft ist ihre Wand fibrös geschrumpft.

Wie soll die Behandlung bei chronischer Cholezystitis gestaltet werden?

- Gallendiät, kleine Mahlzeiten mit Einschränkung der Fette und Eier, Verbot von Gebackenem, Gebratenem und Bohnenkaffee;
- bei Entzündungsschüben: Bettruhe, Antibiotika;
- Cholezystektomie: Rechtzeitige Operation im beschwerdefreien Intervall ist anzustreben, da fortschreitende Veränderungen durch Übergreifen auf die Gallengänge und die Nachbarorgane zu befürchten sind (Pericholezystitis, Periduodenitis, Pankreatitis, Leberzellschaden).

Cholangitis

Wodurch kann es zur Cholangitis kommen?

Die Infektion der Gallengänge kann, durch Konkremente, Stauung und Bewegungsstörungen begünstigt, aufsteigend vom Darm, oft mit Kolibakterien, erfolgen.

Welche Krankheitserscheinungen kann eine Cholangitis verursachen?

Akut: Schmerzen, Fieber und Ikterus, große druckschmerzhafte Leber, evtl. Leberabszesse, stark beschleunigte BSG, Leukozytose, Erhöhung der alkalischen Phosphatase.

Chronisch: rezidivierende Temperaturerhöhung, ikterische Schübe mit Juckreiz, beschleunigte BSG. Im Alter aber oft symptomarmer Verlauf. Allmähliches Übergreifen auf die Leber bis zur biliären Zirrhose mit Vermehrung der Gammaglobuline und erhöhter alkalischer Phosphatase.

Wie kann die Cholangitis behandelt werden?

Langzeittherapie mit Antibiotika und Diät. Verbesserung des Gallenflusses medikamentös, evtl. chirurgische Maßnahmen.

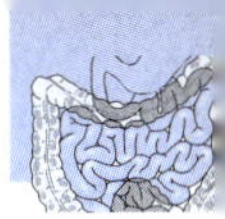

Was bedeuten Dyskinesien der Gallenwege?

Bewegungsstörungen im Gallenwegssystem sind bei vegetativ Labilen nicht selten, z.B. die nicht rechtzeitige Öffnung des Oddi-Sphinkters in der Vater-Papille bei Entleerungskontraktion der Gallenblase. Dies bewirkt eine Rückstauung des Gallenstromes.

Auch entzündliche Veränderungen der Nachbarorgane Leber, Magen, Darm, Pankreas können Rückwirkungen mit Bewegungsstörungen der Gallenwege verursachen.

Was wird unter Postcholezystektomiesyndrom verstanden?

Beschwerden, die in bis zu 30% der Fälle nach Cholezystektomie auftreten. Sie können durch einen Choledochusstein, eine chronisch-rezidivierende Cholangitis, neurovegetativ durch Bewegungsstörungen an der Papilla duodeni major, aber auch bei zu spät durchgeführten Cholezystektomie Folge der Veränderungen in der Umgebung der Gallenblase sein.

In vielen Fällen des Postcholezystektomiesyndroms sind die Gallensteine gar nicht Ursache, sondern es handelt sich um so genannte funktionelle Beschwerden im Bereich des Magen-Darm-Trakts, z.B. Colon irritabile (s. Seite 206), die durch die Cholezystektomie natürlich nicht gebessert werden.

Welche Tumorbildungen spielen im Gallenwegbereich eine Rolle?

Das Karzinom der Gallenblase mit Beschwerden wie bei Cholelithiasis und Cholezystitis. Es infiltriert meist frühzeitig die Leber.

Das Papillenkarzinom an der Einmündung ins Duodenum; es verursacht das Syndrom des Verschlussikterus ohne Schmerzen.

9 Harnsystem

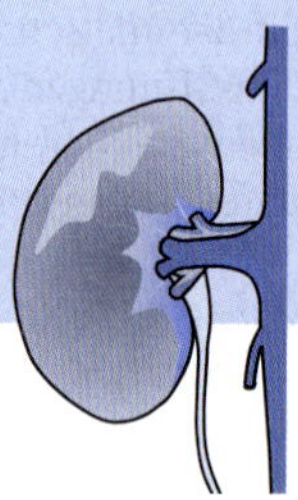

9.1 Anatomie und Physiologie

Aus welchen Abschnitten besteht der Harnapparat?

Die Nieren (lat. ren, griech. nephros), Nierenkelche, Nierenbecken (Pyelon), Harnleiter (Ureteren), Harnblase und die Harnröhre (Urethra) bilden das Harnsystem.

Wo liegen die Nieren?

Die Nieren liegen beiderseits der Lendenwirbelsäule unterhalb des Zwerchfells und hinter dem Bauchfell (retroperitoneal), also außerhalb der Bauchhöhle. Die linke Niere steht etwas höher als die rechte. Die Nieren sollen nach unten nicht unter den Beckenkamm absinken.

Die rechte Niere liegt hinter der Leber, die linke hinter dem Pankreas und der Milz. Über den Nieren finden sich die Nebennieren.

Die Nieren sind von einer Fettkapsel umgeben (Stützfett), wodurch die Nieren in ihrer Lage gehalten werden.

Was bedeutet der Verlust des Nierenstützfettes?

Durch Abmagerung und Aufbrauchung des Fettpolsters um die Nieren kann sich eine abnorme Verschieblichkeit der Nieren, vor allem ein Absinken mit Behinderung des Harnabflusses, einstellen: Nephroptose, Ren mobilis (Senkniere, Wanderniere).

Wie ist die äußere Form der Nieren?

Die Nieren sind bohnenförmig. An ihrer inneren (medialen), eingebogenen Seite befindet sich der Nierenstiel (Nierenhilus), in dem die Nierenarterien und -venen, das Nierenbecken mit dem Ureter und das vegetative Nervengeflecht liegen.

Was zeigt ein Längsschnitt durch die Nieren?

Der Längsschnitt zeigt den schichtenweisen Aufbau der Nieren:

Ganz außen ist die bindegewebige (fibröse) *Nierenkapsel.* Dann folgt als dunkle äußere Zone die *Nierenrinde.* Sie enthält die Nierenkörperchen (Glomeruli) und die gewundenen Abschnitte der Harnkanälchen (Tubuli contorti).

Die innere hellere Schicht wird vom *Nierenmark* mit den in das Nierenbecken vorragenden Markpyramiden gebildet. In diesen liegen die Henle-Schleifen und die Sammelrohre. An er Spitze der Pyramide befinden sich die Nierenpapillen mit den Öffnungen der Sammelrohre. Die Pyramidenspitzen liegen in den Nierenkelchen, die Nierenkelche vereinigen sich zum Nierenbecken. Dieses geht nach innen unten in den Ureter über.

Wie ist die Blutversorgung der Nieren?

Die Nieren erhalten ihr Blut aus der Aorta durch die rechte und linke Nierenarterie. Den Nieren wird ungefähr 1/3–1/4 der Gesamtblutmenge des großen Kreislaufs zugeführt. Das sind in 24 Stunden etwa 1500–2000 l Blut.

Nach Aufzweigung der Arterien wird das Blut durch eine Arteriole *(Vas afferens)* dem Glomerulus zu geleitet. Nach dem Durchfließen des Kapillarknäuels im Glomerulus wird es durch eine andere Arterie *(Vas efferens)* weitergeleitet. Dann verzweigt sich das Blut in ein Kapillarnetz, das die Nierenkanälchen umfließt. Danach sammelt es sich in den Venen, die zur rechten und linken Nierenvene zusammenfließen und in die untere Hohlvene einmünden.

Das Nierenblut wird also durch 2 Kapillarnetze geführt, das erste, rein arterielle, ist im Glomerulus, das zweite, zwischen Arterie und Vene, um die Kanälchen (Tubuli) gelegen.

Wie ist der Feinbau der Niere beschaffen?

Die kleinste Funktionseinheit ist das Nephron (Abb. **9.1**). Dieses besteht aus dem Glomerulus (Malpighi-Nierenkörperchen) und den Nierenkanälchen (Nierentubuli). Jede Niere enthält etwa 1 Mill. Nephren mit 10 km Harnkanälchen.

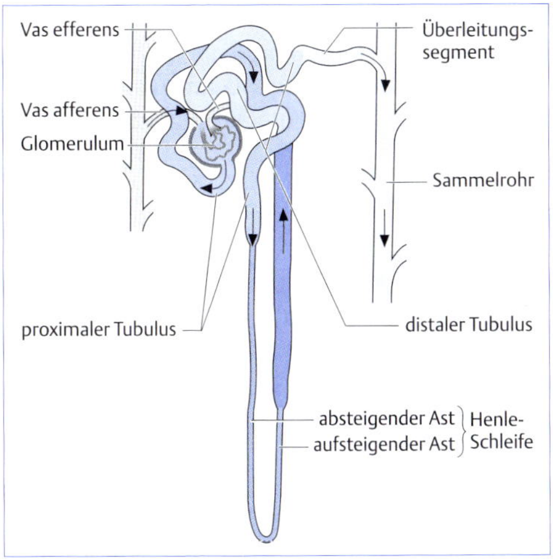

*Abb. **9.1** Schema eines Nephrons. Jedes Nephron besteht aus dem Nierenkörperchen mit zu- und abführendem Blutgefäß, dem nahen (proximalen) Tubulus, der dünnen und langen Henle-Schleife, dem fernen (distalen) Tubulus und dem Sammelrohr. Die Henle-Schleife dient zusammen mit dem parallel verlaufenden Sammelrohr der Harnkonzentrierung (aus Schwegler, J.: Der Mensch – Anatomie und Physiologie, 2. Aufl. Thieme, Stuttgart 1998)*

Wie sieht ein Glomerulus (Nierenkörperchen) aus?

Der Glomerulus besteht aus Kapillarschlingen, die von der Bowman-Kapsel umschlossen werden. Man unterscheidet den Gefäßpol mit dem zuführenden und ableitenden Blutgefäß (Vas afferens und efferens) und den Harnpol, an dem die Harnkanälchen aus der Bowman-Kapsel entspringen.

Wie arbeitet der Glomerulus?

Das Blut fließt durch die zuführende Arteriole (Vas afferens) am Gefäßpol des Glomerulus in die Kapillarschlingen, wird durch die feinen Poren der Kapillarwand *filtriert*, wobei die großmolekularen Eiweißstoffe des Blutes in den Blutgefäßen zurückbleiben, aber Wasser, Salze und kleinmolekulare Stoffe (Harnstoff, Harnsäure, Kreatinin, Zucker, Aminosäuren, Vitamine, Hormone usw.) durch die Kapillarwand hindurch in den spaltförmigen Innenraum der Bowman-Kapsel übertreten.

Durch die Ultrafiltration in die Bowman-Kapsel wird der Primärharn gebildet. Der Primärharn ist Blutflüssigkeit ohne Eiweiß. Es werden in 24 Stunden aus 1500 l Blut etwa 150 l Primärharn produziert.

Aus welchen Abschnitten bestehen die Harnkanälchen?

Die Harnkanälchen bestehen aus Hauptstück, Henle-Schleife, Zwischenstück und Schaltstück zum Sammelrohr. An die Bowman-Kapsel schließt sich der gewundene Teil des Hauptstücks (Tubulus contortus) an. Auf dieses folgt der gerade Teil des Hauptstücks, dann die Henle-Schleife, der gerade, dann der gewundene Teil des Zwischenstücks und schließlich das Schaltstück zum Sammelrohr, das auf der Nierenpapille der Nierenmarkpyramide in die Nierenkelche mündet.

Welche Aufgabe haben die Harnkanälchen?

Sie verwandeln den dünnen Primärharn durch *Rückresorption* von Wasser, Zucker und Salzen usw. zum konzentrierten Sekundärharn oder Blasenharn. Außer durch Rückresorption wird der Endharn auch durch aktive Ausscheidung *(Sekretion)* von Stoffen aus den Zellen der Nierenkanälchen, z.B. Kalium und Kreatinin in die Nierenkanälchen, noch verändert.

Wie wird die Nierentätigkeit gesteuert?

Die Durchblutung wird durch das vegetative Nervensystem reguliert. Die Rückresorption von Wasser steht vor allem unter dem Einfluss des antidiuretischen Hormons (Adiuretin) des Hypophysenhinterlappens. Dieses wirkt diuresehemmend, sein Fehlen führt zu Diabetes insipidus (s. Seite 269).

Welche Aufgaben haben die Nieren?

Die Harnorgane haben 3 lebenswichtige Aufgaben:

Ausscheidung (Exkretion), Regulation (Aufrechterhaltung von Stoff- und Konzentrationsgleichgewichten), aber auch endokrine Funktionen (Renin-, Erythropoetin-, Vitamin-D-Bildung).

Welche Ausscheidungsfunktion haben die Nieren?

Die Nieren sind neben Lunge, Leber, Darm und Haut die wichtigsten Ausscheidungsorgane. Die Niere scheidet die *Endprodukte des Eiweißstoffwechsels*, Harnstoff, Harnsäure, Kreatinin, aber auch Salze wie Phosphate, Sulfate u.a. aus.

Gifte und Medikamente, die in der Leber ausscheidungsbereit („nierengängig") gemacht wurden, werden durch die Nieren aus dem Körper entfernt.

Welche regulatorischen Aufgaben erfüllen die Nieren?

Die Niere trägt entscheidenden Anteil an der Aufrechterhaltung der inneren Gleichgewichtszustände:

- Regulation des Wasserhaushaltes;
- Aufrechterhaltung des Gleichgewichts von Natrium- und Kaliumsalzen im Körper;
- Regelung des osmotischen Drucks der Körperflüssigkeiten;
- Aufrechterhaltung des Säure-Basen-Gleichgewichts;
- Regulation des Blutdrucks.

Welche wichtigen Stoffe werden in den Nieren gebildet?

Renin, das mit dem Renin-Angiotensin-Aldosteron-System wichtig für die Blutdruckregulation ist.

Aktivierung des *Erythropoetins*, das die Bildung der Erythrozyten fördert (Anämie bei chronischer Niereninsuffizienz).

Ausbildung des *Vitamin D* aus seiner Vorstufe (Osteomalazie bei chronischer Niereninsuffizienz).

Welche Aufgaben haben Nierenbecken und Ureteren?

Der Harn aus den Nierenpapillen wird von den Nierenkelchen und dem Nierenbecken (Pyelon) aufgefangen und durch die Harnleiter (Ureteren) in die Harnblase befördert. Dies erfolgt durch peristaltische Bewegungen der glatten Muskulatur dieser Organe.

Wie sind Lage, Verlauf und Aufbau der Harnleiter?

Die Ureteren sind etwa 25 cm lang. Sie verlaufen vom Nierenbecken vor den Querfortsätzen der Lendenwirbelkörper abwärts und münden seitlich von hinten in die Harnblase ein. Sie treten schräg durch die Blasenmuskulatur, womit eine Art Ventilverschluss gebildet wird. Die schlitzförmige Mündung des Harnleiters in der Blase (Ostium) öffnet und schließt sich, um den Urin zwar in die Blase einströmen, aber nicht zurückfließen zu lassen. Krankhaftes Zurückfließen heißt vesikoureteraler Reflux.

Der Harnleiter besteht aus Längs- und Ringfasern von glatter Muskulatur, die vom vegetativen Nervensystem versorgt wird und wie am Darm eine peristaltische Bewegung zur Beförderung des Urins in die Blase ermöglicht. Innen ist der Ureter mit einem Übergangsepithel ausgekleidet.

Wo liegt die Harnblase?

Die Blase (Vesica urinaria) liegt hinter der Schambeinfuge (Symphyse) im kleinen Becken unter dem Bauchraum (Peritoneum). Beim Mann liegt sie vor dem Mastdarm und über der Prostata, bei der Frau vor der Scheide und der Gebärmutter. Die stark gefüllte und nach oben ausgedehnte Harnblase kann über der Symphyse extraperitoneal punktiert oder operativ eröffnet werden.

Wie ist der Wandaufbau der Harnblase?

Die Blase ist innen von einer Schleimhaut ausgekleidet. Die Hauptschicht wird durch glatte Muskulatur gebildet, die durch ihre Zusammenziehung (Kontraktion) die Blase entleert. Im oberen Anteil wird die Blase auch vom Bauchfell überzogen. Die Ureterenostien liegen als schlitzförmige Öffnungen auf wulstförmigen Verdickungen der Blasenwand hinten unten.

Wie wird die Harnblase entleert?

Der obere innere unwillkürliche, aus glatter Muskulatur gebildete Schließmuskel am Blasenhals (Sphincter internus) kann sich bei entsprechender Blasenfüllung *reflektorisch* öffnen. Der untere äußere, aus quergestreifter Muskulatur bestehende Schließmuskel (Sphincter externus) ist ein besonderer Teil des muskulären Beckenbodens und kann zum Wasserlassen *willkürlich* entspannt werden. Gleichzeitig mit der Öffnung der Sphinkteren kontrahiert sich die glatte Muskulatur der Blase und entleert den Urin.

Das Wasserlassen wird als Miktion bezeichnet.

Was wird unter Blasenkapazität verstanden?

Das Fassungsvermögen der Blase schwankt zwischen 150 und 500 ml. Die Blasenkapazität kann aber krankhaft auf über einen Liter gesteigert werden.

Wie sind Aufbau und Verlauf der Harnröhre?

Die Harnröhre (Urethra) ist mit einer Schleimhaut, die kleine Schleimdrüsen enthält, ausgekleidet. Beim Mann ist sie etwa 15 cm lang und bildet gleichzeitig die Samenröhre. Sie geht durch die Vorsteherdrüse (Prostata) hindurch, deren Sekret sie ebenso wie die Samenflüssigkeit aus den Samenbläschen in die Harn-Samen-Röhre aufnimmt.

Die Harnröhre der Frau ist ca. 5 cm lang und gerade. Dadurch ist aber auch das Eindringen von Krankheitserregern durch die Harnröhre bei der Frau leichter als beim Mann (aufsteigende Infektion, häufig verursacht durch das Katheterisieren).

Welche Rolle spielt der Blutdruck für die Nierentätigkeit?

Zum Abpressen des Primärharns aus dem Gefäßknäuel des Glomerulus in die Bowman-Kapsel ist eine bestimmte Blutdruckhöhe unerlässlich. Bei Absinken des Blutdrucks im Schock oder Kollaps fehlt dieser Druck und es kommt zum Versagen der Harnproduktion (Oligurie oder Anurie). Bei länger anhaltendem Kollaps mit Anurie (s. Seite 248) kommt es zu fortschreitendem Anstieg der harnpflichtigen Substanzen, z.B. von Kreatinin, Harnstoff und Harnsäure.

9.2 Untersuchungsmethoden

Welche einfachen Untersuchungen der Nierenfunktion werden durchgeführt?

Urinuntersuchung mit Teststreifen, spezifisches Gewicht mit dem Urometer, Bestimmung der harnpflichtigen Substanzen im Blut (Harnstoff, Serumkreatinin, Harnsäure) geben Aufschluss über die Ausscheidungsleistung dieser Stoffe durch die Nieren. Die Höhe des Blutdrucks sowie die Untersuchung der Blutgefäße am Augenhintergrund sind bei Nierenerkrankungen sehr wichtig.

Wie kann die Blase untersucht werden?

An der Spitze steht die mehrfach wiederholte *Urinuntersuchung*.

Mit dem *Zystoskop*, das wie ein Katheter durch die Harnröhre eingeführt wird, können die Blasenschleimhaut und die Ureterostien beobachtet werden.

Die *bakteriologische* Untersuchung des Urins ist bei allen Arten der Entzündung wichtig.

Welche Färbungen des Urins kommen vor?

Der normale Urin ist je nach Konzentration hell- bis dunkelgelb.

Roter Urin enthält Blut oder Farbstoffbeimengungen; letztere können aus Medikamenten stammen.

Brauner Urin mit gelbem und braunem Schüttelschaum spricht für Bilirubinbeimengungen.

Trüber Urin kann harmlos, aber auch krankhaft sein und muss weiter untersucht werden.

Welche Parameter können mit Urinteststreifen untersucht werden?

Eiweißausscheidung (Albuminurie), Zuckerausscheidung (Glukosurie), Azetonausscheidung (Ketonurie), vermehrte Urobilinogenurie, Bilirubinurie (der Urin zeigt auch gelben Schüttelschaum), Blut (Erythrozyten und Hämoglobin) im Urin, pH-Wert, spezifisches Gewicht, Leukozyten (grob quantitativ) und Nitrit (Hinweis auf bakterielle Infektion).

Was kann im normalen Urinsediment gesehen werden?

Im Urin des Gesunden sind nur vereinzelt Leukozyten, einzelne abgestoßene Epithelien (Detritus) und nur kleine Mengen von Salzen in Form von Kristallen erkennbar.

Welche pathologischen Befunde beobachtet man im Urinsediment?

- Erythrozyten sind immer pathologisch (Blutung, Nephritis, Nieren- oder Blasensteine usw.; Achtung bei Menses);
- vermehrte Leukozyten bei entzündlichen Prozessen, aber nur im Einmalkatheter-Urin oder Mittelstrahlurin sicher verwertbar;
- Zylinder (längliche Ausgüsse der Harnkanälchen), die aus Leukozyten, Erythrozyten, Eiweiß, evtl. mit Körnchen besetzt (granulierte Zylinder), bestehen können;
- vermehrte Epithelien (Deckzellen) der Nieren und Harnwege;
- Harnkristalle (Urate, Oxalate, Phosphate);
- selten sind Aminosäuren wie Leuzin und Tyrosin in Kristallform (bei schweren Lebererkrankungen) erkennbar.

Wie wird Urin zur bakteriologischen Untersuchung gewonnen?

Wenn Urin zur bakteriologischen Untersuchung auf Krankheitserreger der Harnwege gewonnen werden soll, muss dieser frei von bakteriologischen Verunreinigungen aus der Harnröhrenöffnung und deren Umgebung sein. Solcher Urin kann durch Katheterisieren, als Mittelstrahlurin oder durch Blasenpunktion gewonnen werden.

Was heißt Mittelstrahlurin?

Mittelstrahlurin ist eine Portion Urin, die während des Wasserlassens steril aus der Mitte des Harnstrahls aufgefangen wird, nachdem die erste Portion Urin abgelaufen ist.

Wie wird ein/e Patient/-in zur Gewinnung von Mittelstrahlurin instruiert?

Die Vorhaut (Präputium) muss zurückgezogen, die Harnröhrenmündung mit Wasser und Seife gewaschen werden. Harnröhrenmündung mit sterilen, in Desinfektionslösung getauchten Tupfern abwischen (mit jedem Tupfer nur einmal drüberstreichen).

Gründliche Intimtoilette mit Wasser und Seife mit gespreizten Labien; Harnröhrenöffnung über der Toilette mit sterilen, in Desinfektionslösung getauchten Tupfern von vorne nach hinten abwischen (mit jedem Tupfer nur einmal).

Abfließen lassen der ersten Urinportion. Auffangen der mittleren Urinportion in ein steriles Gefäß, steril verschließen und sofort im Kühlschrank aufheben bzw. ins Labor bringen.

Wann kann oder muss katheterisiert werden?

Gewinnung von nicht verunreinigtem Urin zur Untersuchung, bei Blasenentleerungsstörungen (Prostataadenom, Blasenstein, Sphinkterstörung) und vor bestimmten Eingriffen.

Wie ist der Vorgang beim Katheterisieren?

Die Indikation zum einmaligen Katheterisieren oder zum Legen eines transurethralen Dauerkatheters ist streng zu stellen, bedarf der ärztlichen Anordnung und muss steril erfolgen. Sterile Einmalhandschuhe anziehen und Desinfektion von Schamlippen, Harnröhrenöffnung wie bei Mittelstrahluringewinnung (s. Seite 232). Schamlippen bei der Frau gespreizt halten und Katheter mit der anderen Hand oder Einmalpinzette einführen.

Beim Mann steriles Gleitmittel mit Anästhetikum in die Harnröhre einspritzen (z.B. Instillagel), Harnröhrenöffnung mit Penisklemme oder Fingerdruck kurze Zeit verschließen und Gleitmittel wirken lassen. Den Penis mit Daumen und Zeigefinger der einen Hand seitlich an der Kranzfurche fassen, kopfwärts langziehen und mit der anderen Hand und evtl. einer Pinzette den Katheter ca. 12 cm einführen. Wenn der Katheter vor der Prostataregion steht (leichter Widerstand), Penis nach unten absenken und bis in die Blase vorschieben (Abb. **9.2a–d**). Bei Widerstand Katheter etwas zurückziehen, drehen und nochmals probieren. Urin in steriles, beschriftetes Gefäß auffangen, dieses verschließen und zur Untersuchung geben. Bei Dauerkatheterismus sterilen Auffangbeutel anschließen. Evtl. urologische Untersuchung bei Nicht-Erfolg.

Die Katheterisierung sollte von einer Person gleichen Geschlechts vorgenommen werden.

Welche Gefahren bestehen beim Katheterismus?

Einschleppen von Krankheitserregern in die Blase, Verletzung der Harnröhre durch unsachgemäßes Vorgehen und Blutung aus der Blase bei Ablassen von mehr als 500 ml Urin bei Patienten mit einer Harnsperre und maximaler Füllung der Blase. Transurethrale Dauerkatheter sind regelmäßig zu wechseln (ca. alle 7 Tage). Katheter aus Silikon können länger belassen werden, wobei bei einer langfristigen Urinableitung eine suprapubische Harnableitung zu bevorzugen ist.

Welche Nachteile hat das Katheterisieren und welche Vorteile hat die Gewinnung des Mittelstrahlurins?

Das Katheterisieren ist besonders beim Mann oft schwierig (Prostatavergrößerung) und schmerzhaft (empfindliche Harnröhre). Ferner können durch die Manipulation trotz aller Vorsichtsmaßnahmen Keime von außen in die Blase eingeschleppt werden, die bei Disponierten zu einer chronischen Entzündung führen können.

Bei der Gewinnung des Mittelstrahlurins bestehen diese Schwierigkeiten und Gefahren nicht.

Was bedeutet Blasenpunktion?

Um auf sterile Weise nicht verunreinigten Harn zu gewinnen, kann die uringefüllte Blase über der Symphyse in ihrem extraperitonealen Bereich anpunktiert werden.

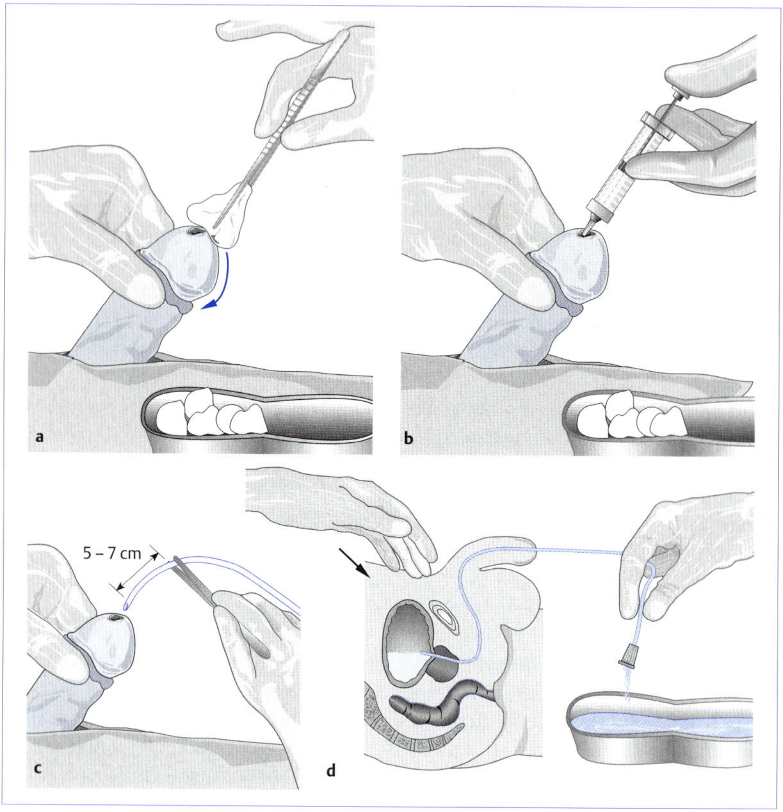

Abb. ***9.2a–d*** *Katheterisieren beim Mann.* ***a*** *Desinfektion der Eichel,* ***b*** *Einbringen von Gleitmittel in die Harnröhre,* ***c*** *Einführen des Katheters,* ***d*** *Druck auf die Blase zur vollständigen Entleerung und Abfließen des Urin in die Auffangschale (aus Kellnhauser, E. u. a.: THIEMES Pflege, Thieme, Stuttgart 2000)*

Der Keimbefund in gewisser Größenordnung im so durch Blasenpunktion gewonnenen Urin ist absolut beweisend für eine Infektion der ableitenden Harnwege.

Wie wird beim Urinsammeln und beim Aufstellen einer Flüssigkeitsbilanz (Ein- und Ausfuhrkontrolle) vorgegangen?

Der Patient muss evtl. mehrmals auf die Wichtigkeit des Urinsammelns als Behandlungsgrundlage aufgeklärt und auf die Notwendigkeit seiner Mithilfe hingewiesen werden. Er wird darüber informiert, dass er vor dem Stuhlgang Wasser lassen muss, damit keine Urinportion mit der Defäkation verlorengeht. Zur Flüssigkeitsbilanz gehört die genaue Messung aller Trinkmengen, der Suppen und eine möglichst genaue Schätzung des Flüssigkeitsgehaltes der Nahrungsmittel. Nicht getrunkene Flüssigkeitsmengen müssen rückverrechnet werden.

Wie wird 24-Stunden-Sammelurin korrekt entnommen?

Der Patient entleert am Morgen die Blase in die Toilette. Der gesamte Urin des ganzen Tages (auch beim Stuhlgang), der Nacht und des nachfolgenden Morgens wird in ein Sammelgefäß mit Mensur gelassen, die Menge dokumentiert und eine kleine Probe in einem Röhrchen in das Labor geschickt. Bei bestimmten Untersuchungen ist Ansäuerung des Urins oder Sammeln in einem lichtgeschützten Gefäß erforderlich.

Was bedeutet Zweigläserprobe?

Einfaches diagnostisches Verfahren zur Lokalisation einer Blutungsquelle im Bereich der ableitenden Harnwege. Man fängt Urin einer Miktion in zwei Gläsern auf. Ist nur der Urin im ersten Glas blutig, so liegt die Blutungsquelle im Bereich der Harnröhre. Enthalten beide Gläser gleichmäßig blutig gefärbten Urin, so liegt die Blutungsquelle im Bereich von Niere oder Blase.

Wie werden Krankheitserreger der Harnwege nachgewiesen?

Sie werden durch bakeriologische Züchtungs- und Unterscheidungsversuche aus steril gewonnenem Urin (Kulturen und Differenzierung) erkannt. Eine einfache Methode stellt der Uriculttest dar.

Wie wird der Uriculttest durchgeführt?

Der mit zwei speziellen Nährböden beschichtete Objektträger wird bis zur Marke in den frisch gewonnenen Mittelstrahlurin oder Katheterurin eingetaucht. Überschüssigen Urin rasch abtropfen lassen, dann Objektträger wieder ins Uricultröhrchen einbringen und dieses verschließen. Bei 37 °C aufbewahren und nach 24 Stunden ablesen.

Wozu wird ein Antibiogramm gemacht?

Man versucht die Empfindlichkeit der Krankheitserreger des Harnsystems gegen Antibiotika festzustellen. Diese *Resistenzbestimmung* ist vor allem bei der chronischen Nierenbeckenentzündung und anderen Harnwegsinfekten wichtig.

Wieviel Schlackenstoffe werden etwa pro Tag durch die Nieren ausgeschieden und wie wird die Ausscheidungsfunktion grob geprüft?

Es werden ungefähr 30 g Harnstoff, 0,5–1,0 g Harnsäure und 2–3 g Kreatinin in 24 Stunden ausgeschieden.

Eine Erhöhung des Serumkreatinins über 1,2 mg/dl beim Mann und über 0,9 mg/dl bei der Frau, eine Erhöhung des Serumharnstoffs über 50 mg/dl oder ein mangelndes Konzentrationsvermögen nach 12 Stunden Dursten mit einem spezifischen Gewicht des Urins unter 1028 sprechen für eine Niereninsuffizienz.

Wie wird das spezifische Gewicht gemessen und wie ist die normale Schwankungsbreite?

Wenn der Harn auf Zimmertemperatur abgekühlt ist (nicht im frisch gelassenen Urin!), wird er in einen nicht zu engen Messzylinder gegossen und das Urometer eingetaucht, so dass es frei schwimmt und nicht an der Zylinderwand haftet. Dann liest man das spezifische Gewicht an der Skala des Urometers in der Höhe des Flüssigkeitsspiegels ab. Mit modernen Urin-Teststreifen (z.B. Combur10-Test) kann das spezifische Gewicht über eine Farbreaktion ebenfalls bestimmt werden.

Das spezifische Gewicht kann bei Gesunden zwischen 1000 und 1030, höchstens bis 1035 schwanken.

Wann wird ein hohes spezifisches Gewicht beobachtet?

- Bei Eindickung des Harns durch Dursten oder Flüssigkeitsverlust durch Schwitzen, Erbrechen, Durchfälle;
- unzureichender Flüssigkeitsausscheidung durch Herzinsuffizienz;
- durch vermehrte gelöste Substanzen im Urin wie bei Zuckerausscheidung (Glukosurie) der Diabetiker oder durch Eiweißausscheidung (z.B. bei Nephrose).

Was heißt Isosthenurie und wie erfolgt die Behandlung?

Wenn die Verdünnungs- und Konzentrationsfähigkeit der Nieren stark eingeschränkt ist, schwankt das spezifische Gewicht nur wenig oder gar nicht um 1010.

Der Patient muss entsprechend große Flüssigkeitsmengen zu sich nehmen, um seine harnpflichtigen Substanzen auszuschwemmen.

Was wird unter Clearance-Methoden verstanden?

Clearance bedeutet Klärung, hier Ausscheidung gewisser Substanzen aus dem Blut. Die Clearance-Methoden stellen eine genauere Prüfung der Ausscheidungsfähigkeit der Nieren dar. Die Inulin-Clearance lässt einen Rückschluss auf die Glomerulusfunktion (Filtratmenge) zu, die PAH-(para-Aminohippursäure-)Clearance gilt als Maß für die Nierendurchblutung.

Was ist die endogene Kreatinin-Clearance?

Sie stellt einen empfindlichen Hinweis auf eine gestörte Nierenfunktion mit Hilfe einer körpereigenen (endogenen) Substanz dar. Das Kreatinin fließt nach Filtration in den Glomeruli unbeeinflusst durch die Tubuli.

Die Urinmenge wird während 12 oder 24 Stunden genau gesammelt und das Kreatinin darin bestimmt. Gleichzeitig wird im Blut der Kreatininspiegel gemessen. Die Clearance wird nach der Formel errechnet:

$$\text{Clearance} = \frac{\text{Urinvolumen} \cdot \text{Urinkonzentration}}{\text{Plasmakonzentration}} \left[\frac{\text{ml}}{\text{min}}\right]$$

Die Kreatinin-Clearance ist einfach und ohne Infusion von Testsubstanzen und ohne Katheterismus durchzuführen. Normal sind 120 ml/min. Bei Niereninsuffizienz nur noch 30 ml/min.

Welche bildgebenden Verfahren werden zur Diagnose von Erkrankungen der Harnorgane eingesetzt?
Durch Sonografie, Röntgenuntersuchungen oder ein Radioisotopennephrogramm lassen sich Prozesse an den Harnwegen erkennen und lokalisieren.

Welche Befunde können durch die Ultraschalluntersuchung erhoben werden?
Niere vorhanden oder nicht; Niere normal groß und normal geformt; narbige Einziehungen, Dicke des Nierenparenchyms, Zysten, Harnstau und Tumoren können sonografisch gut erkannt werden. Über die Nierenfunktion kann allerdings keine sichere Aussage gemacht werden.

Was sind die Vorteile der sonografischen Nierenuntersuchung?
Keine Vorbereitung des Patienten erforderlich, kann beliebig oft wiederholt werden, keine Strahlenbelastung des Patienten und keine Gefährdung des Patienten durch Kontrastmittel.

Welche Röntgenuntersuchungen der Harnwege gibt es und welche wichtigen Befunde können damit erhoben werden?

- Nierenleeraufnahme: Nierenform und -größe, Nachweis verkalkter Steine;
- i.v. Pyelogramm: Kelchsystem, Ureterverlauf, Harnblase; Nierenfunktion; Zysten, Tumoren;
- Renovasogramm: Nierenarterienstenose, Gefäßdarstellung von Tumoren;
- retrogrades Pyelogramm: Harnleiterstenosen und Kelchsystem bei fehlender Nierenfunktion oder Abflussbehinderung;
- Zysturethogramm: genaue Darstellung von Harnblase und Harnröhre; vesikoureteraler Reflux;
- Computertomogramm: Tumordiagnostik;
- Kernspintomogramm: Tumordiagnostik ohne Kontrastmittel.

Wie wird ein i.v. Urogramm durchgeführt?
Der nüchterne Patient bekommt ein Kontrastmittel intravenös injiziert, das in wenigen Minuten durch die Nieren in die ableitenden Harnwege ausgeschieden wird und diese röntgenologisch erkennbar macht.

Was versteht man unter einem Infusionsurogramm?
Der entsprechend vorbereitete Patient bekommt ein Kontrastmittel als Infusion intravenös zugeführt. Dadurch kommen größere Kontrastmittelmengen durch die Niere zur Ausscheidung, so dass die ableitenden Harnwege besser dargestellt werden können als durch das i.v. Urogramm.

Wie wird eine retrograde Pyelographie durchgeführt?

Beim retrograden Pyelogramm werden mit Hilfe eines Zystoskops Katheter in die Ureteren eingeführt und dann Kontrastmittel injiziert. Damit ist eine genauere Beurteilung des Nierenbeckens und der Harnleiter möglich, da im Vergleich zum i.v. Pyelogramm höhere Kontrastmittelkonzentrationen erreicht werden.

Was wird bei einem Zysturethrogramm gemacht?

Beim Zysturethrogramm werden Kontrastmittel und Luft durch die Harnröhre in die Harnblase injiziert. Dabei können die Feinstrukturen der Blasenschleimhaut und der Harnröhre erkannt werden (Tumorfrühdiagnostik). Außerdem können ein vesikoureteraler Reflux und der Abfluss der Miktion untersucht werden.

Welche Gefahren bestehen bei Anwendung von Kontrastmitteln, wie sie zu Nieren-, Gallen- oder Gefäßdarstellungen benützt werden und wie wird vorgebeugt?

Es kann durch Überempfindlichkeit zu allergischen Reaktionen bis zum tödlichen Schock kommen.

Der Patient ist nach bekannten Kontrastmittelallergien zu fragen.

Bei jeder Kontrastmittelanwendung müssen zur Allergie- und Schockbekämpfung Adrenalin, Kortikosteroide, Kalzium, Infusionsmöglichkeit, Intubationsbesteck und Sauerstoffbeatmung zur sofortigen Verfügung bereit stehen.

Was kann mit der Zystoskopie erkannt werden?

Bei der Zystoskopie wird ein starres oder flexibles Endoskop durch die Harnröhre in die Harnblase eingeführt. Mit diesem Instrument kann man die Blasenschleimhaut direkt ansehen, Gewebeproben entnehmen und auch verschiedene operative Eingriffe vornehmen.

Wie kann das Gefäßsystem der Nieren dargestellt werden?

Das Gefäßsystem der Nieren lässt sich in seiner Ausbildung und Verteilung durch eine *Nierenangiografie* darstellen. Dazu wird durch einen von der A. femoralis aus in die Aorta bis zum Abgang der Nierenarterien hochgeschobenen Katheter Kontrastmittel eingespritzt. Dieses verteilt sich in den Nierenarterien. Man erkennt dabei Einengungen der Nierenarterie, arteriosklerotische Veränderungen der intrarenalen Arteriolen und pathologische Gefäße in Tumoren.

Mit Hilfe der Technik der *digitalen Subtraktionsangiografie* gelingt eine noch genauere Gefäßdarstellung mit geringerer Kontrastmittelmenge.

Mit welchen Fragestellungen wird eine Angiografie der Nieren durchgeführt?

Hypertonieabklärung, Ausschluss oder Nachweis einer Nierenarterienstenose, Nachweis eines Niereninfarktes oder Darstellung pathologischer Gefäße in der Tumordiagnostik.

Was sind die Vorteile der digitalen Subtraktionsangiografie?
Genauere Darstellung feinster Gefäße, weniger Kontrastmittel erforderlich und kürzere Untersuchungszeiten bei weniger Strahlenbelastung.

Wie wird Nierengewebe mittels Punktion gewonnen?
Wenn Nierengewebe zur Nierenbiopsie gewonnen werden soll, muss vor der Punktion die Blutgerinnung und Blutgruppe bestimmt werden und eine Ultraschalluntersuchung der Nieren durchgeführt werden. Die Indikation für die Untersuchung muss klar sein.

Der Patient liegt bei der Punktion auf dem Bauch. Man untersucht zunächst die Nieren sonografisch und legt die Punktionsstelle durch Anzeichnen mit einem Fettstift auf der Haut fest. Nach Desinfektion und Lokalanästhesie wird die Punktionsnadel entweder frei oder in durch den Punktionsschallkopf festgelegter Stichrichtung punktiert. Das Eindringen der Nadel in das Nierengewebe kann dabei auf dem Monitor des Ultraschallgerätes verfolgt werden.

Sollen immunologische Untersuchungen am Gewebe vorgenommen werden, so wird der gewonnene Gewebezylinder in physiologische Kochsalzlösung eingelegt. Für die rein histologische Untersuchung wird er in 4%ige Formalinlösung gebracht.

Welche Maßnahmen sind nach der Nierenpunktion erforderlich und welche Komplikationen können auftreten?
Nach der Punktion wird die betreffende Niere mit Sandsäcken durch 12 Stunden komprimiert, ebenso lange ist Bettruhe einzuhalten. Der erste Urin nach der Punktion wird untersucht.

Als Komplikationen können Blutungen in die Harnwege, aber auch in das Nierengewebe auftreten. Außerdem kann es zu Entzündungen in den Harnwegen, im Nierengewebe oder perirenal kommen.

9.3 Krankheiten des Harnwegssystems

9.3.1 Erkrankungen der Nieren

Welche Abschnitte des Nierensystems können erkranken?
Es können die Blutgefäße, die Glomeruli, die Tubuli einzeln oder mehrere Abschnitte gleichzeitig erkranken.

Welche Symptome treten bei Gefäßerkrankungen der Nieren auf?
Hierbei sind besonders Blutdruckveränderungen häufig.

Welche Zeichen werden bei Glomeruluserkrankungen beobachtet?
Bei Erkrankungen der Nierenkörperchen (Glomeruli) sind Eiweißausscheidungen und Erythrozyten im Sediment führend.

Welche Symptome sprechen für eine Tubuluserkrankung?

Bei Störungen an den Harnkanälchen (Tubuli) sind Konzentration und Rückresorption des Urins beeinträchtigt.

Welche Missbildungen der Harnorgane treten verhältnismäßig häufig auf?

Wegen der komplizierten embryonalen Ausbildung der Harnorgane sind Missbildungen nicht selten:

- Hufeisenniere: Beide Nieren bilden ein zusammenhängendes bogiges Organ. Dabei oft Anomalien der ableitenden Harnwege;
- Doppelniere auf einer Seite, Fehlen der Niere auf der anderen;
- Beckenniere: abnorm tiefe Lage einer Niere im kleinen Becken;
- Doppel- oder Gabelureter: ganz oder teilweise Verdoppelung eines oder beider Ureteren;
- Zystennieren: erbliche Ausbildung von sich allmählich immer mehr erweiternden zystischen Hohlräumen, die das Nierengewebe durch Druckatrophie immer mehr schädigen und zu Niereninsuffizienz führen. Nachweis durch Sonografie und Röntgen (Abb. **9.3**);
- „Wanderniere" (Nephroptose): Im Stehen sinkt eine Niere ins kleine Becken ab, dabei evtl. Abknicken des Ureters.

Welche Folgen hat eine Stenose der Nierenarterie und wie wird sie behandelt?

Durch eine arteriosklerotische Verengung einer Nierenarterie kann eine renovaskuläre Hypertonie entstehen, mit allen möglichen Folgen eines hohen Blutdruckes.

Bei der perkutanen transluminalen Angioplastie (PTA) wird ein Katheter mit Ballon an der Spitze in die Arterie eingeführt und der Ballon in der Stenosestelle platziert. Der Ballon wird dann unter Druck aufgedehnt und die Arterie wieder aufgeweitet (bougiert). Wenn die Niere dann wieder normal durchblutet wird, normalisiert sich oft auch der Blutdruck wieder oder man braucht zumindest weniger Medikamente. Auch die Nierenfunktion bleibt so erhalten. Manchmal muss auch operiert werden.

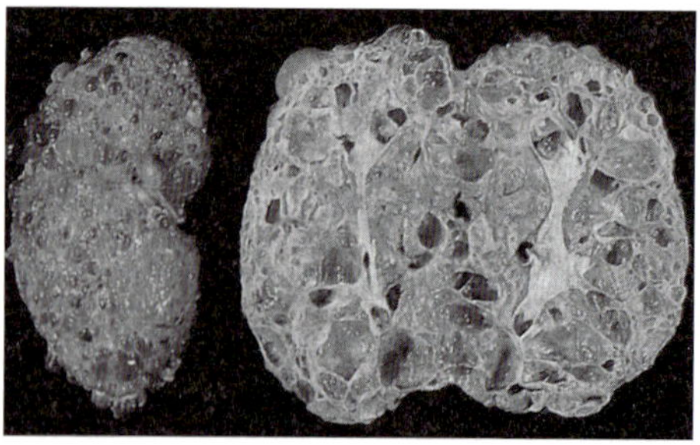

*Abb. **9.3** Zystenniere. Links ganzes, rechts aufgeschnittenes Operationspräparat. Das Nierengewebe ist durch die zahlreichen Zysten komplett zerstört (aus Paetz, B., B. Benzinger-König: Chirugie für Pflegeberufe, 15. Aufl. Thieme, Stuttgart, 2000)*

Welche Nierentumoren spielen klinisch eine Rolle?

Gutartige Tumoren der Niere wie Adenome, Lipome und Hämangiome der Nieren spielen keine große Rolle.

Von den bösartigen Geschwülsten ist das hypernephroide Nierenkarzinom *(Hypernephrom)* am häufigsten. Da es keine Frühsymtome macht, wird es meist zufällig, z.B. bei einer sonografischen Untersuchung aus anderen Gründen, oder aber zu spät entdeckt. Es neigt aber zum Einbruch in das Nierenbecken und verursacht deshalb eine Hämaturie. Das Hypernephrom metastasiert schnell in die regionären Lymphknoten, die Knochen und die Lunge.

Therapie des Hypernephroms: Operation, evtl. Bestrahlung. Keine wirksame Chemotherapie bekannt. 5-Jahres-Überlebensrate: 50% aller Fälle.

Auch *Nierenbecken-Karzinome* und *Sarkome* des Nierengewebes kommen vor und sind wie das Hypernephrom besonders bösartig mit Metastasen in Knochen, Lunge und Leber.

Therapie: operative Nierenentfernung und Bestrahlung.

Welche Medikamente beeinflussen die Nierentätigkeit?

Diuretika sind harntreibende Stoffe. Sie wirken durch Gefäßerweiterung mit vermehrter Nierendurchblutung harnfördernd, diuretisch. Andere Diuretika verhindern einen Teil der Rückresorption in den Harnkanälchen (Tubuli). Diese Stoffe leiten sich von Sulfonamiden ab. Beispiele sind Hydrochlorothiazid (Esidrix), Furosemid (Lasix) und Triamteren (Jatropur).

Glomerulonephritis

Welche Arten von Glomerulonephritis werden unterschieden?

Akute Formen: akute Glomerulonephritis, rasch progrediente Glomerulonephritis und *chronische* Formen: chronische Glomerulonephritis, nephrotisches Syndrom.

Wie kommt es zur Glomerulonephritis?

Bei der Glomerulonephritis (GN) handelt es sich meist um eine Antigen-Antikörper-Reaktion mit dem Auftreten von Immunkomplexen an der Basalmembran der Glomeruli. Die Ursachen der akuten GN können vielfältig sein:

- Infektionskrankheiten: Folgeerkrankungen einer Streptokokkeninfektion (z.B. nach Scharlach); Virusinfekte (Hepatitis, Mumps, Windpocken); Parasiten (Malaria, Toxoplasmen);
- Systemerkrankungen: Autoimmunerkrankungen wie Lupus erythematodes, Vaskulitis, Goodpasture-Syndrom;
- primäre Glomerulonephritis: IgA-Nephritis, mesangial-proliferative GN (Ursache unbekannt).

Was bemerkt ein Patient beim Auftreten einer akuten Glomerulonephritis?

Häufig sind die Krankheitssymptome diskret und unspezifisch wie z.B. allgemeine Müdigkeit und Leistungsschwäche, Kopfschmerzen und Blässe. Am meisten fallen Gesichtsödeme auf, besonders am Morgen. Der Urin kann durch Eiweißausscheidung schaumig, durch Erythrozyten rötlich gefärbt sein, die Urinmenge geht zurück.

Wie ist die Prognose der akuten Glomerulonephritis und der rasch progressiven Glomerulonephritis?

Die akute GN nach Streptokokkeninfekt hat eine günstige Prognose, sie heilt bei Kindern in über 90% der Fälle folgenlos aus, auch bei Erwachsenen heilen mehr als 50% völlig aus.

Bei der rasch progressiven GN kommt es ohne Behandlung innerhalb von wenigen Wochen bis Monaten zum oligurischen Nierenversagen. Diese Patienten kommen meist zur chronischen Dialyse.

Welche Symptome werden bei der Untersuchung eines Nephritiskranken beobachtet?

Die Urinfarbe ist dunkel, oft fleischwasserfarben bis braun. Der Urin ist konzentriert, die Urinmenge gering. Sie muss genau gemessen werden. Die Eiweißprobe ist mehr oder weniger stark positiv. Im Sediment finden sich Erythrozyten und granulierte Zylinder. Das gedunsene Gesicht und die Lidödeme sind meist morgens stärker ausgeprägt. Der Blutdruck ist systolisch und diastolisch erhöht. Harnstoff und Kreatinin sind im Blut vermehrt.

Welche bedrohlichen Symptome können bei der akuten Nephritis auftreten?

Sehr *hohe Blutdruckwerte* mit starken Kopfschmerzen, Erbrechen, Sehstörungen und Krampfanfälle mit Bewusstlosigkeit sind lebensbedrohliche Symptome und können durch Hirnödem und Hirnblutung zum Tode führen.

Zunehmende *Kurzatmigkeit* deutet auf Herzschwäche mit der Gefahr des plötzlichen Herzversagens hin und zunehmende *Schläfrigkeit* bis Bewusstlosigkeit kann den Übergang ins Nierenkoma durch Urämie anzeigen.

Wie ist die Behandlung und Pflege bei akuter Nephritis durchzuführen?

- Bettruhe zur Schonung des Herzens, besonders bei Hypertonie;
- Kochsalz-, Flüssigkeits- und Eiweißeinschränkung bei Patienten mit Ödemen, Hypertonie und Kreatininvermehrung im Blut (z.B. Obstdiät, Reis);
- Hämodialyse („künstliche Niere") bei Nierenversagen;
- die medikamentöse Behandlung richtet sich nach der Grunderkrankung. Bei nachgewiesenem Streptokokkeninfekt (Antistreptolysintiter, AST) Antibiotika (Penizillin, Erythromycin); bei den Autoimmunerkrankungen Steroide und Immunsuppressiva, evtl. Plasmapherese.

Welcher Personenkreis erkrankt besonders häufig an akuter Poststreptokokken-Glomerulonephritis?

Vor allem Kinder und Jugendliche: 70% der Erkrankten sind unter 21 Jahren, 2/3 davon männlichen Geschlechts.

Wann spricht man von einer chronischen Nephritis und welche Verlaufsformen gibt es?

Chronische Glomerulonephritis: Dabei handelt es sich um das chronische Stadium verschiedener Glomerulopathien, denen meist keine akute GN vorausging. Der Krankheitsbeginn ist schleichend.

Nephrotisches Syndrom: End- und Dauerzustand nach verschiedenen Glomerulonephritiden und Nierenbeteiligung bei Systemerkrankungen, gekennzeichnet durch Ödeme, Proteinurie, Hypoproteinämie und Hypercholesterinämie.

Die Diagnosesicherung erfolgt mittels Nierenbiopsie mit histologischer und immunhistologischer Untersuchung. Hinweise ergeben sich auch aus einer genauen Analyse der im Urin ausgeschiedenen Proteine.

Welche Behandlungsmöglichkeiten bestehen bei der chronischen Nephritis?

Bei der chronischen Nephritis sind Blutdrucksenkung, Herzbehandlung und salzarme Kost erforderlich (s. Niereninsuffizienz, S. 249). Bei der nephrotischen Form muss der Eiweißverlust durch die Nieren mit eiweißreicher Kost ersetzt werden. Durch Nebennierenrindenhormone (Kortikosteroide) kann der Eiweißverlust vermindert werden. Ödemausschwemmung durch Kochsalzeinschränkung und Diuretika, evtl. Humanalbumin i.v. Die fortgeschrittenen oder komplizierten Fälle der chronischen Nephritis müssen wie die Niereninsuffizienz behandelt werden.

Nephrotisches Syndrom

Wodurch ist das nephrotische Syndrom gekennzeichnet?

Durch vermehrte Durchlässigkeit der Glomeruli kommt es zum Verlust von großen Eiweißmengen aus dem Blut in den Urin, daher auch der Name: Eiweißverlustniere.

Die Hauptsymptome sind:

- Hypoproteinämie (Gesamtbluteiweiß weniger als 6 g/dl);
- Dysproteinämie, besonders Mangel an Albumin und Gammaglobulinen durch Elektrophorese erkennbar (s. Abb. **2.4c**, S. 20);
- Ödeme, teigig, weich, besonders an Augen, Genitale und Beinen, auch Anasarka der Bauchhaut, Pleuraerguss und Aszites kommen vor;
- Hyperlipoproteinämie mit Vermehrung von Triglyzeriden und Cholesterin: milchige Trübung des Serums;
- starke Proteinurie (Urin schäumt!);
- Hypertonie.

Welche Ursachen können zum nephrotischen Syndrom führen?

- Autoimmunkrankheiten: Folge einer akuten oder chronischen Glomerulonephritis, Lupus erythematodes, Vaskulitis;
- Diabetes mellitus: Kimmelstiel-Wilson-Nephropathie;
- Amyloidose: bei chronischen Entzündungen;
- toxische Ursachen: Goldpräparate (bei chronischer Polyarthritis), Penicillamin, Antiepileptika, Quecksilber, Blei;
- Tumoren: Lymphome, Morbus Hodgkin, Leukämien;
- Verschiedenes: Eklampsie (s. EPH-Gestase, Eklampsie, S. 251).

Pyelonephritis

Was bedeutet Pyelonephritis und was ist die Ursache?

Bei der Pyelonephritis handelt es sich um eine bakterielle Entzündung von Nierengewebe und Nierenbecken.

Die Krankheitserreger können von der Harnblase durch die Ureteren aufsteigend ins Nierenbecken gelangen oder auf dem Blut- oder Lymphwege in die Nieren verschleppt werden.

Welche Patienten neigen zu Pyelonephritis?

Frauen neigen infolge der leichteren Infektionsausbreitung durch die kürzere Harnröhre besonders zur Zystitis und Pyelonephritis. Im Übrigen fördern schlechte Abflussbedingungen mit Stagnieren des Urins wie z.B. bei Ureterstein oder bei Schwangeren durch Kompression der Ureteren infolge des vergrößerten Uterus und bei älteren Männern durch Prostatahypertrophie die Infektionsmöglichkeit. Auch Blasenentleerungsstörungen durch psychische Ursachen wirken begünstigend. Ferner kann durch unsachgemäßes Katheterisieren und Blasenspülen eine Zystopyelonephritis (Blasen- und Nierenbeckenentzündung) entstehen. Besonders häufig erkranken Diabetiker an Pyelonephritis.

Welche Erreger spielen bei der Pyelonephritis eine Rolle?

Als Erreger der Pyelonephritis kommen vor allem Kolibakterien vor, dann auch Proteus- und Pseudomonas-Bakterien, selten Enterokokken, Staphylokokken (Staphylococcus aureus haemolyticus) und die Klebsiella-Enterobacter-Gruppe. Auch Tuberkelbakterien können eine Pyelonephritis hervorrufen.

Wie sind die Symptome und Befunde bei einer akuten Pyelonephritis?

Meist beginnt die Pyelonephritis plötzlich mit hohem Fieber, oft auch mit Schüttelfrost und mit Schmerzen in der Nierengegend.

Regelmäßig kontrolliert werden müssen Temperatur, Herz- und Kreislaufverhalten. Im Urin finden sich viele bis massenhafte Leukozyten, auch Leukozytenzylinder. Steril entnommener Urin muss zum kulturellen Nachweis der Erreger eingeschickt werden. Im Blutbild findet sich eine Leukozytose, die Blutsenkung ist meist stark beschleunigt. Die Nierengegend ist klopfempfindlich. Als schwere Komplikation kann eine allgemeine Sepsis (Urosepsis) entstehen.

Wie wird eine Pyelonephritis behandelt?

Die Patienten müssen Bettruhe einhalten, durch Unterkühlung können Rückfälle ausgelöst werden. Wenn ein Abflusshindernis vorliegt, z.B. ein Konkrement, muss es beseitigt werden. Es soll viel Flüssigkeit zugeführt werden. Als Medikamente werden Antibiotika verordnet.

Wie sind die Heilungsaussichten (Prognose) der Pyelonephritis?

Die Prognose der Pyelonephritis ist in der Regel günstig. Allerdings kann es zu einer chronischen Pyelonephritis kommen, wenn die akute Nierenbeckenentzündung nicht intensiv behandelt wird. Sie ist die häufigste Nierenerkrankung überhaupt. Ca. 15% aller Dialysepatienten haben als Grundleiden eine chronische Pyelonephritis.

Wo entwickelt sich die chronische Pyelonephritis hauptsächlich?

Die chronische Pyelonephritis spielt sich vor allem im Nierenzwischengewebe (Interstitium) als interstitielle Nephritis ab und führt mehr oder weniger stark zu Schädigung der Harnkanälchen (Tubuli) und Nierenkörperchen (Glomeruli). Dadurch kann es im weiteren Verlauf zur pyelonephritischen Schrumpfniere mit Niereninsuffizienz kommen.

Wie sind die Erscheinungen einer chronischen Pyelonephritis?

Die Beschwerden können oft lange uncharakteristisch sein, z.B. leichte Ermüdbarkeit, Kopfschmerzen, leichte Fieberschübe, Leukozytose, leichte Anämie, beschleunigte Blutsenkung, Blutdruckerhöhung.

Bei Verschlimmerungsschüben werden vermehrt Leukozyten und Bakterien im Urin gefunden. Fortgeschrittene Fälle zeigen Zeichen der Niereninsuffizienz.

Wie ist bei der Behandlung einer chronischen Harnwegsinfektion (chronische Pyelonephritis) vorzugehen?

Es muss die Art der Krankheitserreger, z.B. Escherichia coli usw., durch Bakterienkultur festgestellt werden. Ferner muss geprüft werden, gegen welche Antibiotika die Erreger empfindlich sind. Nach dem Antibiogramm wählt man ein geeignetes Antibiotikum aus.

Reinfektionen des Harnwegssystems durch mangelhafte Körperhygiene sind zu verhüten. Begünstigende Faktoren wie Diabetes mellitus, Nierensteine oder Ureterabgangsstenosen sind zu behandeln.

Manche verschleppte Fälle können nicht ausgeheilt werden. Es muss dann jeder Verschlimmerungsschub gezielt bekämpft werden. Narbig geschrumpfte Nieren (pyelonephritische Schrumpfnieren) führen zur Niereninsuffizienz bis zum Tod durch Urämie oder Komplikationen durch den Bluthochdruck.

Nephrolithiasis

Wodurch kann die Harnsteinbildung gefördert werden?

- Erhöhte Urinkonzentration bei Durst, z.B. durch Hitzearbeit, Tropenklima;
- Stoffwechselstörungen, z.B. Gicht mit Hyperurikämie und vermehrter Harnsäureausscheidung;
- Hyperparathyreoidismus mit Hyperkalziurie; durch Cystinurie, durch Oxalose mit Hyperoxalurie;
- Harnabflussbehinderung (Ureterstenose), z.B. bei längerer Bettlägerigkeit und Immobilisation nach Unfällen;
- chronische Harnwegsinfekte.

Welche Symptome können durch Nierensteine (Nephrolithiasis) hervorgerufen werden?

Bei Steineinklemmung Nierenkolik: Heftige krampfartige Schmerzen, die von der Nierengegend den Ureter entlang gegen die Blase und in das Skrotum bzw. die Labien ausstrahlen; dabei auch Übelkeit und Erbrechen.

Ohne Steineinklemmung oft nur Druck oder ziehende Schmerzen von der Niere in die Leiste; Nierengegend klopfempfindlich.

Im Urin Erythrozyten, meist als Mikrohämaturie.

Woraus bestehen Nierensteine?

90% sind röntgenologisch gut sichtbare Kalziumsalze, z.B. der Oxalsäure oder Phosphorsäure oder als Tripelphosphat aus Magnesium-Ammonium-Phosphat.

5–10% sind Uratsteine (Salze der Harnsäure, z.B. bei Hyperurikämie und Gicht). Diese geben röntgenologisch keine direkten Schatten, sie müssen als Füllungsaussparungen im i.v. Pyelogramm oder durch Ultraschall erkannt werden.

Wo können in den Harnwegen Steinbildungen auftreten?

Je nach ihrer Lage unterscheidet man Nierenkelch- oder Nierenbeckensteine, Uretersteine im Harnleiter und Blasensteine in der Harnblase (Abb. **9.4**).

Welche Behandlungsmöglichkeiten kommen bei Nierensteinen in Frage?

- Bei Harnstauung und Infektion: sofortige Operation bzw. Anlage einer Nierenfistel. Auch bei Steinen, die wegen ihrer Größe nicht abgehen können, muss operiert werden;
- bei abgangsfähigen Steinen mit Kolik wird lokal Wärme und eine erhöhte Trinkmenge verordnet. Auch Treppabwärtsgehen und Hüpfen kann den Steinabgang fördern;
- Spasmoanalgetika gegen die Kolikschmerzen;
- abgegangene Steine müssen durch ein Sieb aufgefangen und chemisch untersucht werden,

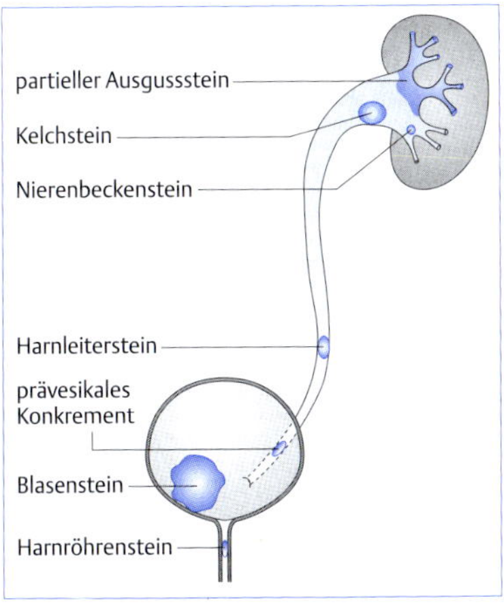

Abb. ***9.4*** *Häufige Lokalilsationen von Harnsteinen (aus Paetz, P., B. Benzinger-König: Chirugie für Pflegeberufe, 15. Aufl. Thieme, Stuttgart 2000)*

- bei Harnsäure- und Zystinsteinen: Auflösung (Chemolitholyse);
- Steinzertrümmerung durch extrakoporale, ultraschallgesteuerte Stoßwellenlithotripsie und Absaugen der sandkorngroßen Zerfallsprodukte.

Wie kann der Nierensteinbildung vorgebeugt werden?

Vermehrte Flüssigkeitszufuhr, Behandlung von Stoffwechselkrankheiten und Harnwegsentzündungen. Abflusshindernisse müssen beseitigt und der Urin, je nach Steinart, alkalisiert oder angesäuert werden.

Was ist eine Hydronephrose?

Als Hydronephrose wird eine Erweiterung des Nierenbeckenkelchsystems durch Harnrückstau bezeichnet. Bei chronischer Abflussbehinderung kann es zu Gewebeschwund (Druckatrophie) der Niere und zur hydronephrotischen Schrumpfniere kommen.

Akutes Nierenversagen

Welche Ursachen können zum akuten Nierenversagen führen?

Eine der wichtigsten Ursachen ist der Kreislaufschock. Dabei kommt es durch den Blutdruckabfall zur Verminderung der Nierendurchblutung mit mangelhaftem Filtrationsdruck in den Glomeruli und ungenügender Sauerstoffversorgung des Nierengewebes (Ischämie).

Ferner können Vergiftungen, schwere allergische Reaktionen, Transfusionszwischenfälle, ausgedehnte Gewebsquetschungen (Crush-Niere) oder eine Blockierung der Harnwege (Nierensteine, Prostatahyperplasie usw.) zum akuten Nierenversagen führen.

Welche Symptome können beim akuten Nierenversagen beobachtet werden?

Die Harnmenge nimmt ab, es kommt zur Oligurie bzw. Anurie. Die harnpflichtigen Substanzen (Kreatinin, Harnstoff) und bestimmte Elektrolyte (Kalium, Phosphor) nehmen zu. Die Folge ist eine Urämie.

Durch Wasserretention kommt es zur Überwässerung (Lungenödem, Hirnödem, periphere Ödeme). Es können Atemnot, Erbrechen, Bewusstseinstrübung (Somnolenz) und Magen-Darm-Blutungen auftreten. Durch die Hyperkaliämie kann es zu Herzrhythmusstörungen kommen.

Wie ist dem akuten Nierenversagen zu begegnen?

Um die Ursache des akuten Nierenversagens zu beseitigen, werden z.B. beim Schock der Kreislauf aufgefüllt und Kreislaufmittel gegeben. Die Ein- und Ausfuhr muss genau kontrolliert werden, die harnpflichtigen Substanzen und die Elektrolyte im Blut müssen fortlaufend bestimmt werden.

Die Diät soll relativ eiweißarm sein, damit nicht die harnpflichtigen Substanzen im Blut ansteigen. Sie muss salzarm und wegen der ungenügenden Kaliumausscheidung kaliumarm sein (also keine Obstsäfte). Bei allen Medikamenten sind die Ausscheidungsverhältnisse durch die Nieren zu beachten (Kumulationsgefahr!), d.h. in der Regel Dosisreduktion von Medikamenten.

Evtl. muss eine Dialysebehandlung vorgenommen werden.

Wie ist die Behandlung bei Wiedereinsetzen der Diurese nach akutem Nierenversagen?

Bei der überschießenden Ausscheidung nach dem Wiederbeginn der Diurese müssen viel Flüssigkeit, Kalium und Natriumsalze angeboten werden. Bei Kaliumverlust (Hypokaliämie) können Herzrhythmusstörungen auftreten, bei Kochsalzmangel leidet die Nierenfunktion.

Chronische Niereninsuffizienz

Was bedeutet Niereninsuffizienz?

Unter chronischer Niereninsuffizienz wird eine unzureichende Nierenleistung verstanden, wodurch die Ausscheidungs- und Regulierungsfunktion der Niere nicht mehr den Erfordernissen des Körpers entsprechen.

Wenn 80% der Nephren funktionsunfähig sind, ist die Zerstörung der Nieren so weit fortgeschritten, dass von einer klinisch manifesten Niereninsuffizienz gesprochen wird.

Welche Symptome kommen bei Niereninsuffizienz vor?

- Allgemeine Leistungsminderung, Müdigkeit, Appetitlosigkeit;
- Rückgang der Tagesharnmenge (Oligurie, Anurie); Zunahme der harnpflichtigen Substanzen im Blut (Kreatinin- und Harnstoffanstieg usw.);
- Blutdruckanstieg;

- Abnahme des Natriums und Anstieg des Kaliums im Blut; Störung des Säure-Basen-Gleichgewichts mit Zunahme der sauren Reaktion (metabolische Azidose);
- Anämie durch Mangel des in der Niere gebildeten Erythropoetins.

Wo kann die Ursache für eine Niereninsuffizienz liegen?

Im Kreislaufsystem vor den Nieren (prärenal), in den Nieren (renal) oder in den ableitenden Harnwegen (postrenal).

Was kann zur chronischen Niereninsuffizienz führen?

Nicht nur die eigentlichen Nierenkrankheiten wie z.B. die chronische Glomerulonephritis und die chronische pyelonephritische Schrumpfniere, sondern auch Infektionen wie die beiderseitige Nierentuberkulose oder auch Blutgefäßerkrankungen wie die Arteriosklerose der Nierenarterien (Nephrosklerose, vaskuläre Schrumpfniere) oder die diabetische Nephrosklerose (Kimmelstiel-Wilson) oder auch Nierenanomalien wie die Zystenniere führen zu chronischer Niereninsuffizienz.

Welche Stadien werden bei chronischen Niereninsuffizienzen unterschieden?

Drei Stadien werden bei der chronischen Niereninsuffizienz unterschieden:

Latente (verborgene) Niereninsuffizienz: Die Retentionsparameter (Harnstoff, Harnsäure und Kreatinin) im Blut sind noch normal, aber die Clearance-Untersuchung lässt eine Einschränkung der Nierenleistung erkennen.

Kompensierbare Niereninsuffizienz (noch ausgleichbare Niereninsuffizienz): Durch Einhaltung einer eiweißarmen Diät und vermehrter Flüssigkeitszufuhr können die harnpflichtigen Substanzen weitgehend ausgeschieden werden. Harnstoff und Kreatinin sind im Serum nur gering erhöht. Die Clearance-Leistung ist auf weniger als 1/3 der Normalwerte herabgesetzt.

Dekompensierte Niereninsuffizienz: Die Nieren sind auch unter Diät und Flüssigkeitsvermehrung nicht mehr in der Lage, die harnpflichtigen Stoffe auszuscheiden. Diese steigen im Blut mehr und mehr an, es kommt zur Urämie.

Was bedeutet Urämie und welche Symptome treten auf?

Mit Urämie (Azotämie) wird eine bedrohliche Zunahme der harnpflichtigen Substanzen im Blut bezeichnet. Die typischen Symptome sind hoher Harnstoff- und Kreatininspiegel, durch die mangelhafte Ausscheidung entstehen Ödeme. Auch die Elektrolyte im Blut können Abweichungen von der Norm zeigen, z.B. Hyperkaliämie. Anämie und Blutungsneigung, Juckreiz, allgemeine Schwäche und Mattigkeit, aber eine Steigerung der Reflexe, Neigung zu Muskelzuckungen und Krampfanfällen können auftreten. Ferner kann es zur urämischen Gastritis mit Übelkeit und Erbrechen, durch Reizung des Darmes zu Durchfällen und zu blutenden und schlecht heilenden Ulzerationen im Mund und Rachen, auch zu Magen- und Duodenalulzera mit Blutungen kommen. Selten tritt auch eine urämische Perikarditis oder Pleuritis auf. Die Urämie kann im Coma uraemicum enden.

Woran lässt sich das Coma uraemicum erkennen?

- Der Patient ist im Coma uraemicum benommen bis bewusstlos;
- Ausatmungsluft riecht urinös;
- Atmung ist verstärkt. Anfangs ist sie gleichmäßig vertieft (Kussmaul-Atmung), später kann es zur periodischen Zu- und Abnahme der Atmung kommen (Cheyne-Stokes-Atmung s. Seite 162);
- im Blut sind Kreatinin, Harnstoff und Kalium erhöht, Natrium und Chlorid vermindert;
- ferner bestehen eine Anämie, muskuläre Zuckungen, Steigerung der Reflexe, evtl. auch Krämpfe, Bluthochdruck mit Gefahr des Lungenödems und Herzversagen.

Wie ist die kompensierte chronische Niereninsuffizienz zu behandeln?

In leichten Fällen genügt eiweißarme Diät, um einen Anstieg der harnpflichtigen Substanzen im Blut zu vermeiden. Außerdem muss die gut verteilte Flüssigkeitszufuhr vermehrt werden auf 2–3 l in 24 Stunden, sofern keine Gegengründe wie Herzinsuffizienz oder Gefahr des Lungen- oder Hirnödems bestehen. Durch die Flüssigkeitsvermehrung will man die Schlackenstoffe (Rest-N usw.) ausschwemmen.

Welche Behandlungsmöglichkeiten stehen für die dekompensierte Niereninsuffizienz und die Urämie zur Verfügung?

Im fortgeschrittenen Stadtium können die harnpflichtigen Substanzen und die Elektrolytverschiebungen nur noch durch die Dialyse (s. Seite 253) ausgeglichen werden.

Nierenerkrankungen in der Schwangerschaft

Welche Nierenerkrankungen können in der Schwangerschaft auftreten?

Nicht selten kommt es zu einer akuten Pyelitis durch Abflussbehinderung eines Ureters infolge des Druckes durch den stark vergrößerten Uterus.

Auch eine chronische Nierenbeckenentzündung oder eine chronische Nephritis können sich während einer Schwangerschaft verschlimmern.

Besondere Probleme stellen die eigentliche Schwangerschaftsnephropathie (EPH-Gestose), die Präeklampsie und Eklampsie dar.

Was wird unter einer EPH-Gestose verstanden?

Sie stellt eine bedrohliche Spätkomplikation in der Schwangerschaft dar. E: edema *(Ödem)*, P: *Proteinurie*, H: *Hypertonie* kennzeichnen die Hauptsymptome, die nach der 20. Schwangerschaftswoche auftreten können. Da das Krankheitsbild durch die Hypertonie geprägt ist, wird heute von einer hypertensiven Schwangerschaftserkrankung (HES) gesprochen.

Eine Gewichtszunahme von mehr als 500 g pro Woche muss an eine Flüssigkeitsretention (Ödembildung) denken lassen. Blutdruck und Urin müssen durch

Vorsorge regelmäßig kontrolliert werden. Die Behandlung besteht in Bettruhe, Sedierung und blutdrucksenkenden Mitteln. Häufig muss eine frühzeitige Entbindung durch Sectio eingeleitet werden.

Was wird als Eklampsie bezeichnet?
Wenn zu den Erscheinungen der EPH-Gestose bzw. HES noch Kopfschmerzen, Schwindel, Benommenheit, Brechreiz und Sehstörungen auftreten, spricht man von Präeklampsie. Wenn es dann noch zu generalisierten Krampfanfällen, evtl. mit Blindheit und Lähmungen kommt, liegt ein akut lebensbedrohlicher Zustand, eine Eklampsie, vor. In diesen Fällen muss sofort eine Notsectio durchgeführt werden, da sowohl das Leben der Mutter als auch des Kindes massiv bedroht ist.

9.3.2 Erkrankungen der Blase

Welche Beschwerden kann ein Blasenstein machen?
Kolikartige Schmerzen hinter der Symphyse, Harnverhaltung oder blutiger Urin.

Welche Geschwülste gibt es in der Blase?
Gutartige Schleimhautpolypen, die zu Blutungen neigen, und eine bösartige Schleimhautumwandlung: Blasenkrebs (Karzinom).

Was wird unter einer Überlaufblase verstanden?
Bei chronischem Harnverhalt, meist infolge eines Prostataadenoms, kann die mit Restharn randvolle Harnblase den aus den Nieren nachströmenden Urin nicht mehr fassen, so dass sich der Blasenhals öffnet und sich bei geringem zusätzlichem Druck, z.B. Bauchpresse, Urin entleert.

Zystitis

Welche Symptome verursacht eine Zystitis?
Eine akute Zystitis verursacht starken Harndrang, häufiges Wasserlassen von kleinen Urinportionen (Pollakisurie), Schmerzen und Brennen beim Wasserlassen (Dysurie), evtl. auch Fieber. Im Urin befinden sich Eiweiß (Proteinurie), im Sediment reichlich Leukozyten und Bakterien.

Bei chronischer Zystitis sind die Beschwerden geringer, die Befunde ähnlich.

Wodurch kann es zur Zystitis kommen?
Zumeist entsteht sie durch Infektionen, die durch die Harnröhre aufsteigen, bei Frauen häufiger als bei Männern. Häufigster Erreger ist Escherichia coli. Erhöhtes Risiko bei Sitzen auf kalter Unterlage, häufigem Geschlechtsverkehr („honeymoon-Zystitis"), Harninkontinenz und Prostataadenom.

Zusätzlich gefördert wird sie durch folgende Ursachen: Lokale Resistenzminderung durch Unterkühlung, Abflusshindernisse durch Blasenstein, Tumor, Prostataadenom (sog. Prostatahyperplasie), Blasenentleerungsstörung bei Nervenlähmung, häufiges Katheterisieren und schlecht eingestellter Diabetes mellitus.

Wie wird eine Zystitis behandelt?

Bei akuter Zystitis Wärmeapplikation, viel trinken („Je mehr es brennt, desto mehr muss man löschen"), Analgetika und Spasmolytika, evtl. Antibiotika.

Bei chronischer Zystitis Feststellung des Erregers und resistenzgerechte antibiotische Behandlung, genaue Untersuchung der ableitenden Harnwege auf anatomische Veränderungen, evtl. Missbildungen, reichlich trinken, Einmalgabe eines Antibiotikums nach dem Geschlechtsverkehr, langfristige Antibiotikabehandlung, Ansäuerung des Urins, Steigerung der natürlichen Immunabwehr der Blasenschleimhaut durch Immunstimulantien.

9.3.3 Veränderungen der Urinausscheidung

Was heißt Enuresis nocturna?

Unter Enuresis nocturna versteht man unwillkürliches nächtliches Wasserlassen, d.h. Bettnässen.

Was bedeutet Nykturie?

Unter Nykturie versteht man nächtlich stärkere Harnabsonderung als am Tag, wie sie z.B. bei Herzkranken, Diabetes mellitus und Schrumpfnieren beobachtet wird.

Was wird unter Harnflut verstanden?

Nach manchen anfallsartigen Zuständen wie Epilepsie, Asthmaanfällen, anfallsartiger Vorhoftachykardie und Migräne usw. kommt es plötzlich in kurzer Zeit zur Ausscheidung großer Mengen von wasserhellem Urin mit niedrigem spezifischem Gewicht.

Was bedeutet Oligurie, Anurie und Polyurie?

Oligurie: ungenügende Urinausscheidung, d.h. in 24 Stunden unter 500 ml.

Anurie: weniger als 100 ml Urin werden in 24 Stunden produziert.

Polyurie: mehr als 2000 ml Harn werden in 24 Stunden ausgeschieden, z.B. beim entgleisten Diabetes mellitus oder Diabetes insipidus.

Was bedeutet Pollakisurie und was Dysurie?

Pollakisurie: Häufiges Wasserlassen in kleinen Portionen, z.B. bei Zystitits.

Dysurie: Schmerzen beim Wasserlassen, z.B. Brennen wie bei Zystitis oder Harnröhrenentzündung (Urethritis).

Welche Arten von Harninkontinenz gibt es?

Unwillkürlicher Harnabgang bei Überlaufblase, Urinabgang durch Nervenlähmung und Stressinkontinenz mit Harnabgang bei schwerem Heben, Husten, Lachen, besonders bei Frauen nach Schwächung des Beckenbodens durch Geburten.

9.4 Spezielle Therapien

9.4.1 Dialyse

Worauf beruht die Peritonealdialyse?

Bei der Peritonealdialyse lässt man sterile und entsprechend temperierte Spülflüssigkeit durch einen Katheter in die Bauchhöhle einfließen. Die große Fläche des Bauchfells wirkt als Kontaktfläche zwischen dem Blut, das in den Peritonealgefäßen fließt und der Spülflüssigkeit im Peritonealraum. Durch diese Membran hindurch werden dem Konzentrationsgefälle entsprechend Harnstoff, Harnsäure, Kreatinin, aber auch ein Überschuss an Kalium bei Hyperkaliämie aus dem Blut in die Spülflüssigkeit abwandern. Diese wird dann aus der Bauchhöhle wieder abgelassen (Abb. **9.5**).

Wie wird die Peritonealdialyse durchgeführt?

Nach Lokalanästhesie wird in der Mittellinie des Unterbauchs ca. 2 cm unterhalb des Nabels ein Katheter eingeführt und fixiert. Dann lässt man halbstündlich 1 1/2 bis 2 l einer sterilen Spülflüssigkeit in die Bauchhöhle einfließen, die dann wieder abgelassen wird. Auf die Temperatur der Spülflüssigkeit und auf das Herz-Kreislauf-Verhalten des Patienten ist besonders zu achten.

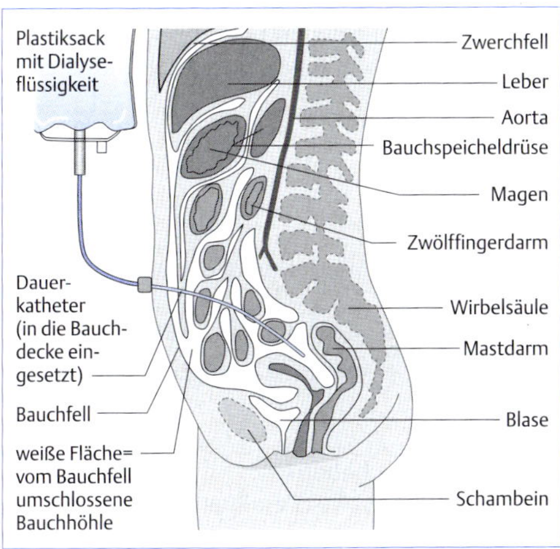

*Abb. **9.5** Peritonealdialyse. Die Dialyseflüssigkeit wird über einen Dauerkatheter in die Bauchhöhle infundiert. Über das von zahlreichen Blutgefäßen durchsetzte Peritoneum treten harnpflichtige Substanzen in die Reinigungsflüssigkeit über. Nach 6–8 Stunden wird das Dialysat aus dem Körper abgelassen (aus Gerlach, U. u. a.: Innere Medizin für Pflegeberufe, 5. Aufl. Thieme, Stuttgart 2000)*

Die Peritonealdialyse eignet sich für akute Fälle, sie wird aber auch als *k*ontinuierliche *a*mbulante *P*eritoneal*d*ialyse (CAPD) von entsprechend motivierten und informierten Patienten daheim selbst durchgeführt.

Wie arbeitet die künstliche Niere?

Bei der extrakorporalen Dialyse (Hämodialyse) wird am Unterarm ein Kurzschluss zwischen Arterie und Vene chirurgisch hergestellt, wobei beide Gefäße durch einen Schlauch (Scribner-Shunt oder Cimino-Fistel) verbunden werden. Beim Anschluss an die künstliche Niere wird das Blut aus der Arterie der Apparatur zugeführt und nach Reinigung von den harnpflichtigen Substanzen wieder durch die Vene dem Körper zugeleitet. Nach Abschluss der extrakorporalen Dialyse wird der Kurzschluss zwischen Arterie und Vene wieder durch den Schlauch geschlossen. Die Anschlussstellen an Arterie und Vene können über längere Zeit für immer neue Dialysebehandlungen benützt werden. Viele Patienten können durch 3-mal wöchentlich erfolgende 5–8-stündige Dialysen jahrelang weiterleben.

Die Dialyse kann in speziellen Zentren oder als Heimdialyse durchgeführt werden. Meist wird sie nachts vorgenommen, so dass die Patienten arbeitsfähig bleiben. Besondere Beachtung verdient die Erhaltung des Zugangs zum Gefäßsystem.

Welche Zweiterkrankungen können bei Dialysepatienten auftreten?

Wenn die Niere ausfällt, ist auch die Blutbildung auf Grund eines Mangels an Erythropoietin gestört, es kommt zu Anämie. Patienten an der Dialyse erhielten daher bis vor einigen Jahren häufig Bluttransfusionen, früher mit dem Risiko, eine Hepatitis C durch kontaminierte Blutkonserven zu bekommen. Ältere Dialyse-Patienten sind daher fast durchweg HCV-positiv (s. Seite 395). Heute kommt das seltener vor, da ein Test zum Ausschluss von HCV-positivem Blut zur Verfügung steht.

Weiterhin können Elektrolytentgleisungen, Knochenerkrankungen (Osteomalazie), Immundefekte, Magen-Darm-Erkrankungen und neurologische Krankheiten auftreten.

9.4.2 Nierentransplantation

Welche Vor- und Nachteile hat eine Nierentransplantation gegenüber der Hämodialyse durch die künstliche Niere?

Der Nierentransplantierte kann weitgehend wie ein Gesunder leben. Er muss nur täglich Medikamente (Immunsuppressiva: Cyclosporin, Azathioprin, Prednisolon) gegen eine evtl. Abstoßreaktion einnehmen.

Welche Eigenschaften muss der Nierenspender haben?

Die Gewebsverträglichkeit (Histokompatibilität) zwischen Spender und Empfänger muss durch Übereinstimmung im Blutgruppensystem und in den so genannten

HLA-Antigenen gewährleistet sein. Es werden überwiegend Nieren von Hirntoten, selten die Niere eines lebenden Verwandten transplantiert.

Wohin wird die Spenderniere eingepflanzt?

Sie wird seitlich innen im Beckenraum (Fossa iliaca) eingepflanzt und an die Arteria und Vena iliaca angeschlossen. Der Ureter wird in die Blase eingepflanzt.

Wie macht sich die Abstoßungskrise einer Spenderniere bemerkbar?

Fieber, Oligurie, Proteinurie (Eiweiß im Urin), Anstieg von Blutdruck und der harnpflichtigen Substanzen weisen auf eine Abstoßungsreaktion hin.

10 Endokrines System

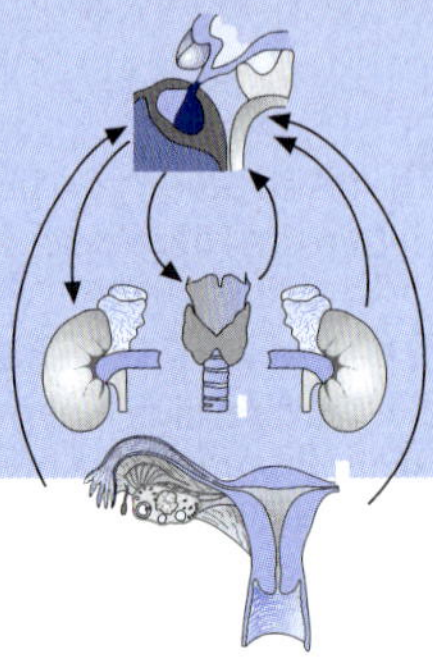

10.1 Anatomie und Physiologie

Was wird unter innerer Sekretion verstanden?

Die Lehre von den Hormondrüsen heißt Endokrinologie.

Eine Drüse mit innerer Sekretion gibt ihre Produkte, die Hormone, *direkt ins Blut* ab (Drüsen mit äußerer Sekretion entleeren ihre Sekrete durch Ausführungsgänge auf die Oberflächen von Haut oder Schleimhäuten).

Die Lehre von den Hormondrüsen wird als Endokrinologie bezeichnet.

Welche endokrinen Drüsen gibt es?

Zu den Drüsen mit innerer Sekretion gehören: Hypothalamus im Zwischenhirn, Hypophysenvorderlappen und Hypophysenhinterlappen (Hirnanhangdrüse), Epiphyse (Zirbeldrüse oder Corpus pineale) in Schädelmitte, Schilddrüse (Thyreoidea), Nebenschilddrüsen (Parathyreoideae oder Epithelkörperchen), Thymusdrüse, Nebennierenrinde, Nebennierenmark, Inselapparat (A- und B-Zellen) und die Keimdrüsen oder Gonaden (Eierstöcke: Ovarien, Testes: Hoden).

Eine besondere Rolle spielt die Plazenta, die ein Hormonorgan während der Schwangerschaft darstellt.

Welche Aufgaben haben die Hormondrüsen und was ist ein Hormon?

Die endokrinen Drüsen wirken auf Wachstum, Stoffwechsel, Kreislauffunktion, Fortpflanzung und auf die Psyche.

Ein Hormon ist das Produkt einer endokrinen Drüse, das direkt in das Blut ausgeschieden, durch dieses transportiert wird und auf andere Gewebe oder Organe in bestimmter Weise einwirkt.

Zu welchen Stoffklassen gehören die Hormone?

Ein Hormon ist ein spezifischer, z.T. artspezifischer, chemischer Stoff. Es handelt sich dabei um sehr verschiedene Substanzen und zwar um Abkömmlinge von Aminosäuren, Steroide, Polypeptide und komplizierte Eiweißkörper.

Wie sind die endokrinen Drüsen gebaut und aus welchem Gewebe stammen sie?

Die endokrinen Organe sind meist kleine gefäßreiche Drüsen ohne Ausführungsgang.

Die Hormondrüsen bilden sich z.T. aus dem *Verdauungstrakt*, wie der Hypophysenvorderlappen, die Schilddrüse, die Nebenschilddrüsen, der Thymus und der Inselapparat. Ein weiterer Teil entsteht aus dem *Nervensystem*, wie der Hypophysenhinterlappen, die Epiphyse und das Nebennierenmark und sie werden aus dem *Bauchfell* gebildet, wie die Gonaden und die Nebennierenrinden.

In welchen Lebensabschnitten arbeiten die einzelnen Hormondrüsen?

Manche endokrinen Drüsen arbeiten durch das ganze Leben. Andere wie die Epiphyse und die Thymusdrüse nur bis zur Pubertät. Die Gonaden entfalten ihre Aktivität nur in der Zeit der Fortpflanzungsfähigkeit.

Welche endokrinen Drüsen sind lebensnotwendig?

Lebensnotwendig sind z.B. der Inselapparat des Pankreas, die Nebenschilddrüsen, die Nebennieren, aber nicht die Keimdrüsen, die ohnehin nur im fortpflanzungsfähigen Alter tätig sind.

Was wird als hormonaler Regelkreis bezeichnet?

Manche Hormondrüsen werden durch einen Regelkreis, in den 2 oder 3 Hormondrüsen eingeschaltet sind, gesteuert. Sinkt z.B. die Produktion der Nebennierenrindenhormone ab, so wird das Absinken des Hormonspiegels durch Rezeptoren festgestellt und als Antwort darauf im Hypothalamus der CRF (Corticotropin releasing factor) produziert und ins Blut abgegeben. Durch diesen CRF wird der Hypophysenvorderlappen zu vermehrter Produktion von ACTH angeregt, das wiederum die Hormonbildung in der Nebennierenrinde stimuliert.

Wenn die Nebennierenrindenhormone im Blut zu stark ansteigen, gehen die CRF-Produktion im Hypothalamus und die von diesem ausgelöste ACTH-Ausscheidung im Hypophysenvorderlappen zurück, die Nebennierenrinde lässt in ihrer Hormonproduktion wieder nach, und der Hormonspiegel sinkt ab.

Die *wechselseitige Beeinflussung* und *Steuerung* der Hormondrüsen untereinander nennt man einen Regelkreis und vergleicht ihn mit einem Thermostat.

Hypothalamus

Welche Stellung hat der Hypothalamus im Endokrinium?

Der Hypothalamus stellt eine der Verbindungen des Zentralnervensystems zum Hormonsystem dar.

Welche endokrinen Funktionen übt der Hypothalamus aus?

Er gibt eine Gruppe von Stoffen ab, die die Hormonproduktion im Hypophysenvorderlappen anregen, die sog. Releasing-Faktoren oder Hormone, und andere Stoffe, die hemmend wirken, die Inhibiting-Hormone.

Nennen Sie einige wichtige Hormone des Hypothalamus!

Das Thyreotropin releasing hormone (TRH) bewirkt im Hypophysenvorderlappen die Ausschüttung von Thyreoidea stimulierendem Hormon (Thyreotropin, TSH), das die Schilddrüse zur Hormonproduktion anregt.

Das Luteinizing hormone releasing hormone (LHRH) aus dem Hypothalamus bewirkt die Ausschüttung des luteinisierenden Hormons (LH) und des follikelstimulierenden Hormons (FSH) aus den Hypophysenvorderlappen, die die Keimdrüsen beeinflussen.

Das TRH und das LHRH werden zu Funktionstesten des endokrinen Systems verwendet.

Der Corticoid-releasing-factor (CRF) löst die Ausschüttung von ACTH (adrenokortikotropes Hormon des Hypophysenvorderlappens) aus, das auf die Nebennierenrinde wirkt.

Ferner produziert der Hypothalamus zwei Hormone, die im Hypophysenhinterlappen gespeichert werden, das Oxytozin und das antidiuretische Hormon (ADH).

Was bedeutet Neurokrinie?

Die Produktion von Hormonen durch Nervenzellen, z.B. der Releasing-Faktoren und der Hypophysenhinterlappen-Hormone im Hypothalamus oder des Melatonins in der Epiphyse, wird als Neurokrinie bezeichnet.

Hypophyse

Wie sind die Lage, Größe und Form der Hypophyse?

Die Hypophyse ist etwa bohnengroß, liegt im Türkensattel der Schädelbasis (Keilbein) und wiegt etwa 0,5 g.

Der Hypophysenhinterlappen steht durch den Hypophysenstiel mit dem Hypothalamus in direkter Verbindung. Durch diesen werden Oxytozin und ADH vom Hypothalamus in den Hypophysenhinterlappen geleitet und dort gespeichert.

Der Hypophysenvorderlappen steht durch ein kleines verästeltes Gefäßsystem (Pfortadersystem der Hypophyse) mit dem Hypothalamus in indirektem Kontakt. Durch die Blutgefäße dieses Pfortadersystems werden die Releasing-Faktoren und die Inhibiting-Hormone aus dem Hypothalamus an den Hypophysenvorderlappen gebracht.

Wie werden der Hypophysenvorderlappen und der Hypophysenhinterlappen noch genannt?

Nach dem drüsigen Aufbau wird der Hypophysenvorderlappen als *Adeno*hypophyse, nach seiner Entstehung aus Nervengewebe wird der Hypophysenhinterlappen als *Neuro*hypophyse bezeichnet.

Welche Zellarten finden wir im Hypophysenvorderlappen?

Wir finden im Hypophysenvorderlappen 3 Zelltypen: Eosinophile oder azidophile Zellen, basophile Zellen und chromophobe Zellen.

Welche wichtigen Hormone produziert der Hypophysenvorderlappen?

Aus den *eosinophilen* Zellen:

- Wachstumshormon (Somatrotropin (STH), auch Growth hormone (GH) genannt). Es fördert das Wachstum allgemein, besonders das Längenwachstum der Knochen, beeinflusst aber auch den Stoffwechsel;
- Prolaktin (Prl), früher auch als luteotropes Hormon (LTH) bezeichnet; es fördert die Tätigkeit der Milchdrüsen, nimmt aber auch Einfluss auf den Stoffwechsel und die Keimdrüsen;
- thyreoideastimulierendes Hormon (TSH) auch Thyreotropin genannt, das die Schilddrüse anregt.

Aus den *basophilen* Zellen:

- adrenokortikotropes Hormon (ACTH), das auf die Nebennierenrinde wirkt;
- melanozytenstimulierendes Hormon (MSH), das die Pigmentierung (Bräunung) der Haut fördert;
- die zwei Gonadotropine: darunter versteht man das follikelstimulierende Hormon (FSH), das die Follikelreifung im Eierstock veranlasst, und das luteinisierende Hormon (LH, beim Mann genannt **I**nterstitial **C**ell **S**timulating **H**ormone = ICSH), das die Corpus-luteum-Bildung im Eierstock bzw. die Testosteronbildung bewirkt. Beide Gonadotropine lösen die Hormonproduktion in den Keimdrüsen aus: die Östrogen-,Gestagen- und Testosteronproduktion.

Welche Hormone werden im Hypophysenhinterlappen gespeichert?

Oxytozin; wirkt auf den Uterus kontrahierend und ist wichtig bei der Einleitung der Geburt;

Antidiuretisches Hormon (ADH) (synthetisch: Vasopressin), das die Wasserrückresorption in den Nierentubuli fördert.

Epiphyse (Zirbeldrüse, Corpus pineale)

Wo liegt die Epiphyse und welche Bedeutung hat sie?

Sie liegt etwa in Schädelmitte an der hinteren Fläche des Hirnstamms zwischen den oberen Hügeln der Vierhügelplatte und ist ein Teil des Zwischenhirns.

Bis vor kurzem war die Funktion der Epiphyse (Zirbeldrüse, Corpus pineale) nicht bekannt. In jüngster Zeit wurde entdeckt, dass sie unter dem Einfluss des Hell-Dunkel-Eindrucks der Augen ein Gewebshormon bildet, das Melatonin. Melatonin hat wahrscheinlich eine große Bedeutung für den Tag-Nacht-Rhythmus des Menschen.

Thyreoidea (Schilddrüse)

Wo liegt die Schilddrüse und wie ist ihr Feinbau?

Die Schilddrüse (Thyreoidea) liegt vorne im unteren Halsbereich beiderseits und vor der Luftröhre, sie besteht aus 2 Seitenlappen, die durch eine Brücke verbunden sind.

Zwischen den Drüsen-(Epithel-)Zellen finden sich in Hohlräumen Sekretansammlungen, das Kolloid. Dieses stellt ein Depot der Schilddrüsenhormone dar.

Welche Hormone bildet die Schilddrüse und wie wirken diese?

Die Schilddrüse bildet zwei nah verwandte Hormone, das Thyroxin (T_4) und das Trijodthyronin (T_3). Außerdem ein Hormon, das auf den Kalziumstoffwechsel Einfluss hat, das Kalzitonin.

Thyroxin und Trijodthyronin enthalten Jod, das für die Schilddrüsenfunktion unerlässlich ist (Jodmangel verursacht Schilddrüsenkrankheiten (s. Seite 270). Beide Schilddrüsenhormone steigern den Stoffwechsel, d.h. sie verstärken die Verbrennungsvorgänge im Körper, beschleunigen die Herztätigkeit und erhöhen die Reaktionsfähigkeit des Nerven- und Muskelgewebes.

Wie arbeitet die Schilddrüse?

Durch das thyreotrope Hormon (TSH) aus dem Hypophysenvorderlappen wird die Hormonbildung in der Schilddrüse angeregt. Die Epithelzellen werden höher, das Kolloid wird verflüssigt, und die in ihm gestapelten Hormone werden durch die Zellen hindurch ins Blut geschleust.

Dieser Hormonanstieg im Blut kann dann wieder durch Gegenregulation die Thyreotropinbildung des HVL hemmen (s. Hormonaler Regelkreis, S. 261).

Zeichnen Sie den Regelkreis der Schilddrüsenfunktion auf!

Regelkreis der Schilddrüse mit Rückkoppelung (Abb. **10.1**).

Parathyreoideae (Nebenschilddrüsen)

Wie sind Aussehen und Lage der Parathyreoideae und welches Hormon produzieren sie?

Die 4 linsengroßen Nebenschilddrüsen (Parathyreoideae, alter Name: Epithelkörperchen) liegen meist an den oberen und unteren Polen der Schilddrüse.

Die Parathyreoideae bilden Parathormon.

Wie wirkt das Parathormon?

Das Parathormon (PTH) hebt den Kalziumspiegel im Blut, es ist der Gegenspieler des Kalzitonins (TCT), das in den C-Zellen der Schilddrüse gebildet wird.

Wie wird die Parathormonproduktion reguliert?

Die Nebenschilddrüsen unterstehen nicht dem Hypophysenvorderlappen. Ihre Hormonproduktion wird autonom, d.h. selbsttätig durch das Ansteigen oder Abfallen des Kalziumspiegels im Blut gesteuert.

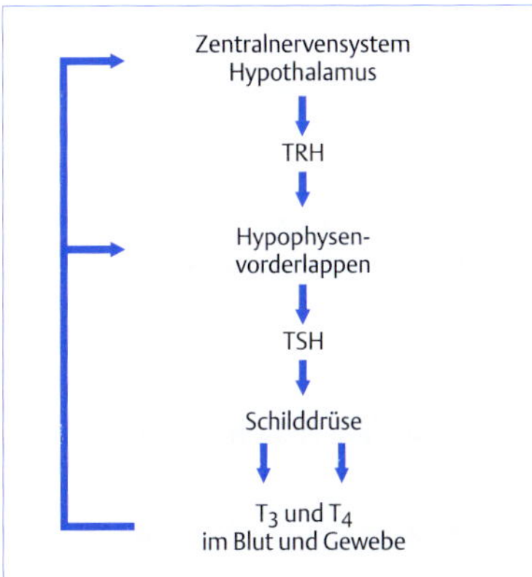

*Abb. **10.1** Regelkreis der Schilddrüse*

Wovon hängt der normale Kalziumstoffwechsel ab?

Der Kalziumstoffwechsel wird durch Parathormon, Kalzitonin und Vitamin D beeinflusst. Das Vitamin D fördert die Kalziumaufnahme im Darm. Das Parathormon hebt den Kalziumspiegel durch Kalkabbau der Knochen. Das Kalzitonin senkt den Kalziumspiegel im Blut und führt zum Kalkaufbau der Knochen.

Nebennieren (Glandulae suprarenales)

Wie sind Lage und Gestalt der Nebennieren und welche Bedeutung haben sie?

Die Nebennieren (Glandulae supraenales) befinden sich über den oberen Nierenpolen. Es handelt sich um kleine Gewebeläppchen mit einer Größe von jeweils ca. 3 x 2 x 0,5 cm.

Sie bilden lebensnotwendige Hormone für den Kreislauf und den Stoffwechsel. Die Zerstörung oder Entfernung der Nebennieren führt zum Tode, wenn ihre Hormone nicht als Medikamente gegeben werden.

Aus welchen Anteilen bestehen die Nebennieren?

Das dunkle Nebennierenmark und die helle Nebennierenrinde sind zwei völlig verschiedene Hormondrüsen, die sich auch aus verschiedenen Geweben entwickeln. Das Mark entsteht aus Nervengewebe, die Rinde entwickelt sich aus dem Bauchfell.

Welche Aufgaben hat das Nebennierenmark und was bewirken seine Hormone?

Im Nebennierenmark werden die Hormone Adrenalin und Noradrenalin, die sog. Katecholamine, gebildet.

Noradrenalin bewirkt eine Kontraktion der glatten Muskulatur in den Arterien (besonders in den kleinen Arterien, den Arteriolen). Durch die Kontraktion und die Verengung der Blutgefäße steigt der Blutdruck.

Adrenalin beschleunigt den Herzschlag, es verengt die peripheren Arterien und führt zum Blutdruckanstieg und es verwandelt Glykogen in Glukose und bewirkt einen Blutzuckeranstieg (Antagonist des Insulins). Adrenalin wirkt rascher, aber kürzer als Noradrenalin, es ist ein Notfallhormon.

Wie heißen die Hormone der Nebennierenrinde?

Die Nebennierenrinde bildet sog. Steroidhormone, die drei wichtigsten Gruppen sind:

- Mineralokortikoide, z.B. Aldosteron, werden in der Außenschicht,
- Glukokortikoide, wie z.B. das Kortisol, werden in der Mittelschicht und
- Androgene in der Innenschicht der Nebennierenrinde gebildet.

Welche Aufgaben haben die Mineralokortikoide?

Sie wirken auf den Mineralstoffwechsel: Sie hemmen die Natriumausscheidung und helfen damit, das lebensnotwendige Natrium-Kalium-Gleichgewicht im Organismus aufrechtzuerhalten.

Wie wirken die Glukokortikoide?

Die Glukokortikoide bewirken:

- einen Anstieg des Blutzuckers (Antagonisten des Insulins); sie fördern den Umbau von Eiweiß in Zucker;
- haben eine entzündungshemmende und antiallergische Wirkung;
- fördern die Sekretion von Magensäure und Pepsin;
- können den Blutdruck erhöhen;
- fördern den Knochenabbau und können bei langdauernder Einnahme zur Osteoporose führen.

Welche Wirkung haben die Androgene?

Die Androgene der Nebennierenrinde wirken wie die Androgene der Keimdrüsen und tragen zur Ausprägung der sekundären männlichen Geschlechtsmerkmale bei (Körperbauproportionen, Stimme, Behaarung usw.).

Wie wird die Glukokortikoidproduktion gesteuert?

Der Hypophysenvorderlappen und die Nebennierenrinde bilden einen Regelkreis (Abb. **10.2**).

Der Corticotropin releasing factor (CRF) aus dem Hypothalamus steuert die Produktion des adrenokortikotropen Hormons (ACTH).

Durch das ACTH wird die Nebennierenrinde zur Glukokortikoidproduktion angeregt. Wenn die Glukokortikoide im Blut ansteigen, vermindert der Hypophysenvorderlappen die ACTH-Ausschüttung.

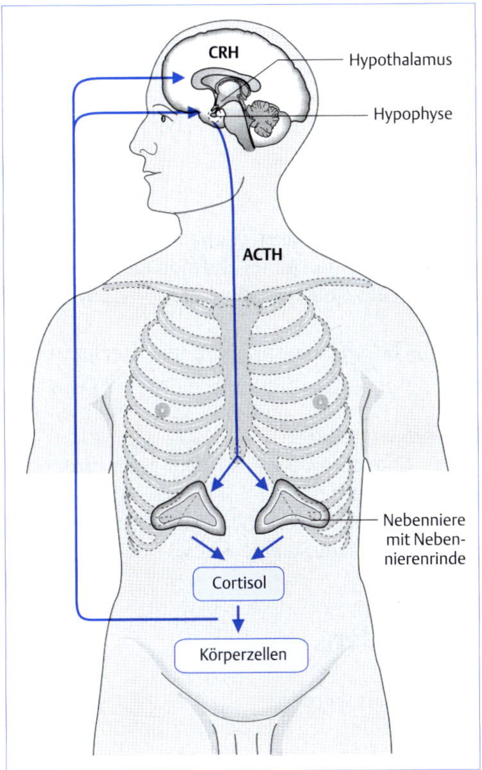

*Abb. **10.2** Regelkreis Hypothalamus-Hypophyse. Das im Hypothalamus gebildete CRH stimuliert die ACTH-Produktion im Hypophysenvorderlappen, die ihrerseits wiederum die Kortisolproduktion der Nebennierenrinde fördert. Kortisol hat einen hemmenden Einfluss sowohl auf die ACTH-produzierenden Zellen des Hypophysenvorderlappens wie auch auf den Hypothalamus (aus Gerlach, U. u. a.: Innere Medizin für Pflegeberufe, 5. Aufl. Thieme, Stuttgart 2000)*

Inselapparat des Pankreas

Was versteht man unter dem Inselapparat des Pankreas?

Der Inselapparat stellt die endokrinen Teile des Pankreas dar. Er besteht aus den Langerhans-Inseln, die verstreut in der Bauchspeicheldrüse liegen.

Die Langerhans-Inseln bestehen aus den A- und B-Zellen und sind sehr gefäßreich.

Die B-Zellen produzieren das *Insulin*, ein eiweißartiges Hormon. In den A-Zellen wird ein Gegenspieler des Insulins, das *Glukagon*, gebildet.

Thymus

Wo liegt die Thymusdrüse und welche Bedeutung hat sie?

Die Thymusdrüse liegt hinter dem Brustbein und vor dem Herzbeutel im retrosternalen Bereich.

Die Thymusdrüse ist nur bis zur Pubertät aktiv, danach zeigt sie eine völlige Rückbildung und Umwandlung in Fettgewebe.

Ihre endokrinologische Bedeutung ist noch unklar. Ein Thymushormon ist noch nicht aufgefunden worden. Sie spielt aber eine wichtige Rolle bei der Antikörperbildung, den Immunreaktionen und der Ausreifung der sog. T-Lymphozyten.

Gonaden (Keimdrüsen)

Welches Hormon wird in den männlichen Keimdrüsen (Gonaden) gebildet?
Die Leydig-Zellen im Hoden produzieren als androgenes Hormon das Testosteron und auch etwas Östrogen unter Einfluss der Gonadotropine des Hypophysenvorderlappens.

Das Testosteron bewirkt die männliche Sexualausprägung und die Spermienbildung.

Welche Hormone werden in den Ovarien gebildet?
Die Ovarien bilden unter Einfluss der Gonadotropine des Hypophysenvorderlappens die östrogenen und gestagenen Hormone.

Die Östrogene und Gestagene bewirken die weibliche Sexualausprägung, die Steuerung des Zyklus und spielen bei der Gravidität eine wichtige Rolle.

10.2 Untersuchungsmethoden

Wie kann die Schilddrüsenfunktion geprüft werden?
Die wichtigsten Parameter für die Beurteilung der Schilddrüsenfunktion sind die drei Hormone: thyreoideastimulierendes Hormon (TSH), Thyroxin (T_4) und Trijodthyronin (T_3).

Wie ist die TSH-Sekretion geregelt?
Die TSH-Sekretion des Hypophysenvorderlappens (HVL) ist bei hohen T_4- und T_3-Werten (Hyperthyreose) im Blut unterdrückt. Bei niedrigen peripheren Schilddrüsenhormonen (Hypothyreose) ist dagegen das TSH hoch. Diesen Mechanismus nennt man eine negative Rückkopplung oder einen Regelkreis.

Warum ist die TSH-Bestimmung ein zuverlässigerer Test als die Bestimmung der Schilddrüsenhormone im Blut?
Die Schilddrüsenhormone im Blut unterliegen einigen Fehlermöglichkeiten, z.B. können sie durch Veränderungen der Transportproteine im Blut scheinbar erhöht oder erniedrigt sein. Die TSH-Bestimmung ist kaum von anderen Faktoren beeinflusst.

Was bedeutet TBG?

TBG bedeutet throxinbindende Globuline. Das sind Bluteiweißkörper, welche die Schilddrüsenhormone T_3 und T_4 binden und transportieren. Sie sind z.B. in der Schwangerschaft oder bei Einnahme von hormonellen Antikonzeptiva erhöht.

Wie geht der TRH-Test vor sich?

Man injiziert TRH und bestimmt vor der Injektion und 30 Minuten danach TSH im Blut. Es steht auch ein oral einzunehmendes Präparat zur Verfügung.

Im Normalfall lässt sich durch die Gabe von TRH (Thyreotropin releasing hormone des Hypothalamus) die TSH-Sekretion des Hypophysenvorderlappens steigern. Bei Hyperthyreose gelingt das nicht, weil der Hypophysenvorderlappen durch die hohen Konzentrationen von T_4 und T_3 blockiert ist, es fehlt der physiologische Anstieg des TSH im Blut. Bei der Hypothyreose dagegen kommt es zu einem überschießenden Anstieg.

Wann ist ein TRH-Test erforderlich?

In den grenzwertig supprimierten Konzentrationsbereichen des TSH, bei denen nicht entschieden werden kann, ob eine Hyperthyreose vorliegt oder nicht. Mit den neuen, sehr sensitiven Bestimmungsmethoden des TSH erübrigt sich in den meisten Fällen der TRH-Test vollständig.

Was kann mit dem Schilddrüsensonogramm festgestellt werden?

Mit der Ultraschallmethode kann man genau die Größe bzw. das Volumen der beiden Schilddrüsenlappen messen. Dies ist wichtig für die Beurteilung des Erfolgs einer Strumabehandlung. Bei tastbaren Knoten lässt sich unterscheiden, ob es sich um Zysten oder um gewebedichte Schilddrüsenanteile handelt.

Wie geht ein Schilddrüsenszintigramm vor sich?

Der Patient bekommt eine radioaktiv markierte Substanz (meistens Technetium) in die Vene injiziert, die von der Schilddrüse aus dem Blut aufgenommen und angereichert wird. Die Strahlung wird mit Hilfe eines Kollimators aufgefangen. Über eine elektronische Aufzeichnung entsteht ein Bild von der Schilddrüse, das auf Papier oder Röntgenfilm abgebildet wird.

Was lässt sich durch das Schilddrüsenszintigramm feststellen?

Das Szintigramm zeigt die Größe der Schilddrüse und das Speichermuster des injizierten Radionuklids in der Schilddrüse. Reichert die Schilddrüse an einer Stelle umschrieben nicht an, so nennt man das einen „kalten Knoten". Reichert sie umschrieben überstark an, so bezeichnet man dieses Areal als „heißen Knoten". Reichert die Schilddrüse diffus vermehrt das Radionuklid an, so spricht das für eine diffuse Hyperthyreose, z.B. bei Morbus Basedow.

Welche Bedeutung können kalte und heiße Knoten im Szintigramm haben?

Kalte Knoten können regressiv verändertes (zu Grunde gegangenes) Strumagewebe oder Schilddrüsenkarzinomgewebe sein. Heiße Knoten sind autonome oder toxische Adenome.

Wie kann Schilddrüsengewebe zur Untersuchung gewonnen werden?

Durch die Feinnadelpunktion, die auch ambulant vorgenommen werden kann. Sie ist besonders bei szintigrafisch „kalten Knoten“ zur Karzinomfrühdiagnose angezeigt.

Wie kann ein Tumor der Nebenschilddrüsen nachgewiesen werden?

Die Auffindung von Adenomen oder Karzinomen kann sonografisch (durch Ultraschall), szintigrafisch oder mittels Computertomografie gelingen. Wichtig ist die Kalziumbestimmung im Serum und die radioimmunologische Bestimmung des Parathormons (PTH).

Wie wird die Hormonproduktion der Nebennierenrinde untersucht?

Kortisol kann im Plasma bzw. Urin, ACTH im Plasma zuverlässig bestimmt werden. Das Kortisol unterliegt einer ausgeprägten Tagesschwankung mit hohen Werten am frühen Morgen und niedriger Konzentration am Nachmittag. Wichtiger noch als die Nativwerte von Kortisol sind die Stimulations- und Suppressionstests. Beim ACTH-Test zum Ausschluss bzw. Nachweis einer Nebenniereninsuffizienz erfolgt die Kortisolbestimmung nach Gabe von ACTH. Beim Dexamethason-Hemmtest wird ein Glukokortikoid um 23 Uhr verabreicht und am nächsten Morgen Kortisol bestimmt. Bei Gesunden sind die Plasmakortisolwerte sehr niedrig (intakter Regelkreis). Liegt dagegen eine erhöhte endogene Kortisolproduktion, z.B. durch einen Nebennierentumor vor, so kann diese nicht supprimiert werden.

Wie geht man bei einem Insulinomverdacht diagnostisch vor?

Entscheidend ist das Ergebnis eines 72stündigen Hungerversuches, der unter stationärer Kontrolle durchgeführt werden muss. Abfallende Blutzuckerwerte bei gleichzeitig ansteigenden Insulinkonzentrationen im Serum sprechen für ein Insulinom. Die manchmal schwierige Lokalisationsdiagnostik erfolgt mit bildgebenden Verfahren (CT, MR).

Wie kann ein Phäochromozytom klinisch nachgewiesen werden?

Durch Nachweis einer erhöhten Ausscheidung der Katecholamine (Adrenalin und Noradrenalin) und deren Metaboliten im Harn: Vanillinmandelsäure und Metanephrine.

Darstellung durch bildgebende Verfahren: *Ultraschall, Computertomografie* (CT), Kernspintomografie (MRT).

Beweisend ist die *Adrenalinbestimmung* im seitengetrennt für jede Nebenniere gesammelten Nebennierenvenenblut. Dies ist mit einem von der V. femoralis aus eingeführten Katheter möglich.

Worauf ist bei der Vanillinmandelsäurebestimmung zu achten?
Drei Tage vor dem Test sind vanillehaltige Nahrungsmittel, aber auch Bohnenkaffee, Tee, Früchte, Vitamintabletten, Kreislaufmittel, Tetrazykline und Barbiturate verboten. Der 24-Stunden-Urin wird in einer dunklen Flasche unter Säurezusatz gesammelt. Die meisten Fehler entstehen durch unsachgemäßes Sammeln des 24-Stunden-Urins.

10.3 Krankheiten des endokrinen Systems

Worin bestehen die meisten endokrinen Krankheiten?
Bei den endokrinen Krankheiten werden die hormonellen Gleichgewichte gestört, meist handelt es sich um eine Über- oder Unterfunktion von endokrinen Drüsen.

10.3.1 Erkrankungen der Hypophyse

Welche Erkrankungen des Hypophysenvorderlappens gibt es?

- Die Simmonds-Krankheit oder das Sheehan-Syndrom durch teilweise Zerstörung des Hypophysenvorderlappens (Hypophysenvorderlappen-Insuffizienz);
- Riesenwuchs (Gigantismus) oder Akromegalie bei Überfunktion der eosinophilen Zellen;
- hypophysärer Zwergwuchs bei Unterfunktion der eosinophilen Zellen bzw. des ganzen Hypophysenvorderlappen während der Wachstumsperiode; es handelt sich um einen sog. proportionierten Zwergwuchs;
- das Prolaktinom, eine oft sehr kleine Tumorbildung mit vermehrter Prolaktinbildung und Laktation (Milchabsonderung), kann Ursache einer Unfruchtbarkeit (Infertilität) sein.

Wie kann es zur Zerstörung des Hypophysenvorderlappens kommen?
Der Hypophysenvorderlappen kann durch den Druck eines wachsenden Tumors, durch Nekrose nach Blutung oder Thrombose (Sheehan-Syndrom), evtl. auch durch Entzündung zerstört werden.

Welche Symptome treten bei der Simmonds-Krankheit bzw. beim Sheehan-Syndrom auf und wie wird behandelt?
Durch Zerstörung des Hypophysenvorderlappens fallen das Wachstumshormon, TSH, ACTH und die Gonadotropine aus. Dementsprechend kommt es zum Rückgang der Tätigkeit der Schilddrüse, der Nebennierenrinde und der Keimdrüsen. Es tritt ein Absinken der körperlichen und geistigen Aktivität ein, Blutdruck und Grundumsatz sinken, Blässe, Müdigkeit und Kälteempfindlichkeit treten ein, die Periode hört auf, Achsel- und Schamhaare fallen aus.

Die Ausfallerscheinungen lassen sich zum Teil durch ständige Hormongaben (Thyroxin, Kortison usw.) ausgleichen.

Was kann zu einem Riesenwuchs oder zur Akromegalie führen?

Eine Tumorbildung der eosinophilen Zellen im Hypophysenvorderlappen führt zu einer Vermehrung der Produktion von Wachstumshormon (STH).

Wenn eine Überfunktion der eosinophilen Zellen des Hypophysenvorderlappens vor Abschluss der Wachstumsperiode eintritt, kommt es zum Riesenwuchs.

Tritt die übermäßige Produktion von somatotropem Hormon (STH) erst nach Abschluss des Wachstums ein, dann kommt es nicht zu einem vermehrten Längenwachstum, sondern zur Akromegalie.

Wie sind die Erscheinungen der Akromegalie?

Bei der Akromegalie vergrößern sich die vorspringenden Körperteile (Akren): Unterkiefer, Nase, Hände und Füße, aber auch die Zunge und die Haut verdicken sich (Abb. **10.3a u. b**).

Durch Tumordruck der vergrößerten Hypophyse auf die Sehnerven kann es auch zur Einschränkung des Gesichtsfeldes von außen her kommen.

Welche Symptome macht ein Prolaktinom?

Durch die vermehrte Prolaktinbildung kommt es zur Milchabsonderung ohne vorausgegangene Schwangerschaft (Galaktorrhoe) und zum Ausbleiben der Regelblutung (Amenorrhö). Das Prolaktinom ist eine wichtige Ursache für Infertilität.

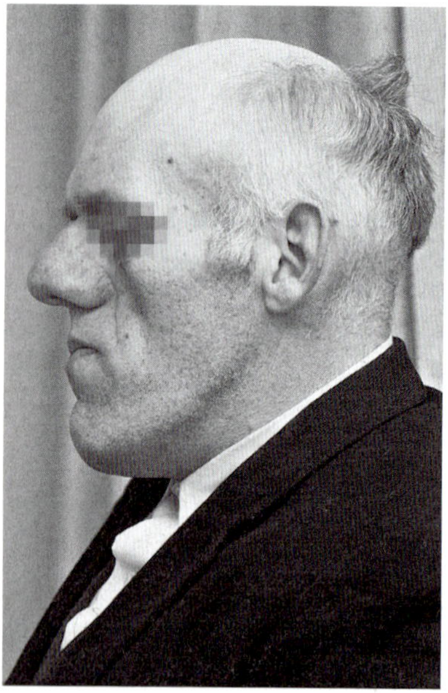

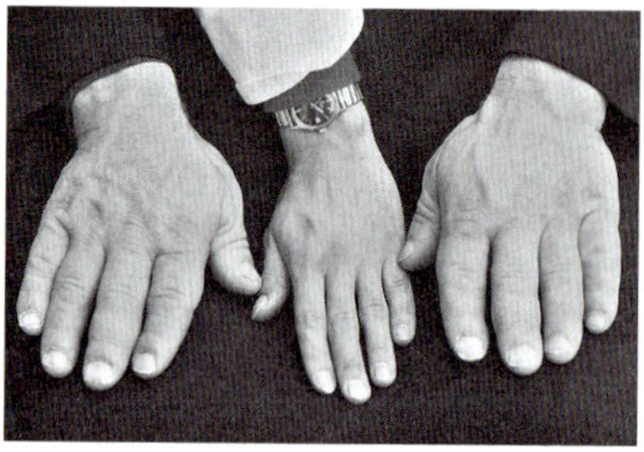

*Abb. **10.3** Akromegalie. **a** Neben vergröberten Gesichtszügen besteht eine Vergrößerung des Unterkiefers, Verdickung der Unterlippe, Vergrößerung der Nase, **b** „bärentatzenartige" Hände im Vergleich mit normaler Hand (Mitte) (aus Gerlach, U. u. a.: Innere Medizin für Pflegeberufe, 5. Aufl. Thieme, Stuttgart 2000)*

Diabetes insipidus

Wie entsteht der Diabetes insipidus?
Durch Zerstörung des Hypophysenhinterlappens infolge von Tumordruck, Entzündung oder Verletzung kann es zur ungenügenden Sekretion von ADH kommen. Durch die mangelnde Rückresorption von Wasser in den Nierentubuli kommt es zu einer vermehrten Wasserausscheidung (Diurese): Diabetes insipidus.

Wie sind die Erscheinungen des Diabetes insipidus und wie wird er behandelt?
Es werden bis zu 20 l wasserheller Urin in 24 Stunden ausgeschieden. Gleichzeitig besteht ständiger Durst.

Durch Hormonsubstitution, z.B. als Nasenspray.

10.3.2 Erkrankungen der Schilddrüse

Welche Schilddrüsenkrankheiten gibt es?
- Euthyreote Struma, Kropf durch Jodmangel: die häufigste Schilddrüsenerkrankung überhaupt;
- Überfunktion (Hyperthyreose): entweder als diffuse Überfunktion oder lokalisiert und umschrieben als autonomes (oder toxisches) Adenom;
- Unterfunktion (Hypothyreose, Myxödem): entweder erworben durch Schilddrüsenkrankheiten oder nach Operationen oder angeboren als Kretinismus;
- Schilddrüsenentzündungen (Thyreoiditis): durch Autoimmunprozesse, Viren oder Bakterien;
- Schilddrüsenkrebs (Struma maligna).

Struma

Welche Arten von Strumen sind zu unterscheiden?
Struma bedeutet lediglich Schilddrüsenvergrößerung, unabhängig von der zu Grunde liegenden Ursache. Schilddrüsenvergrößerungen gibt es bei Über-, bei Unterfunktion, bei normalem Schilddrüsenstoffwechsel als Jodmangelstrumen und durch Entzündung und Krebs.

Welche örtlichen Folgen kann ein Kropfleiden haben?
Durch eine Struma kann die Trachea eingeengt oder flach gedrückt (Säbelscheidentrachea) und verdrängt werden.

Es kann durch Druck zur Erweichung der Knorpelspangen (Tracheomalazie) kommen, so dass die Luftröhre nach Entfernung des Kropfes zusammenfällt und Erstickung eintritt.

Auch der Venenabfluss aus dem Kropf- und Halsbereich kann behindert werden (Stauung der V. jugularis).

Wie wird eine retrosternale Struma erkannt?

Eine Struma kann sich ganz oder teilweise im Brustkorb entwickeln (retrosternale Struma): Diese kann beim Schlucken oder röntgenologisch erkannt oder durch Szintigrafie dargestellt werden.

Was wird als euthyreote Struma bezeichnet?

Bei einer euthyreoten Struma sind die Hormonproduktion und der Stoffwechsel zwar ausgeglichen, aber nur durch Vergrößerung der Schilddrüse, die dann im Stande ist, aus dem wenigen Jod doch ausreichende Mengen Schilddrüsenhormone zu bilden. Die euthyreote Struma findet sich deshalb vor allem in Jodmangelgebieten. Sie stellt die häufigste Schilddrüsenvergrößerung dar.

Wo gibt es Jodmangelgebiete?

Mit Ausnahme der Küstenregion ist fast ganz Deutschland ein Jodmangelgebiet. Besonders ausgeprägt ist der Jodmangel in Gebirgsgegenden (Alpen, Schwarzwald), wo das Trinkwasser nur sehr wenig Jod enthält. Daher ist in diesen Landesteilen der Kropf auch besonders häufig.

Wie hoch ist der tägliche Jodbedarf?

Der tägliche Jodbedarf beträgt beim Erwachsenen ca. 200 μg, bei Jugendlichen noch mehr. Die Jodierung des Speisesalzes reicht nicht aus, um die endemische Häufung der Struma in Deutschland zu beseitigen. Auf eine generelle Jodierung des Trinkwassers, wie sie in der Schweiz mit gutem Erfolg seit Jahrzehnten durchgeführt wird, hat man sich in Deutschland noch nicht einigen können.

Wie kann dem Jodmangel vorgebeugt werden?

In Ländern mit hoher Prävalenz von Jodmangelstrumen und verbreitetem Kretinismus wird das Speisesalz mit Jod angereichert. Vor allem in der Kindheit und Jugend reicht diese Maßnahme zur Verhinderung einer Schilddrüsenvergrößerung aber nicht aus, da der Salzkonsum nicht hoch genug ist. Daher sollte man vor allem bei familiärer Struma-Vorbelastung eine medikamentöse Jodprophylaxe durchführen. Die tägliche Ernährung sollte diesen Mangel berücksichtigen, z.B. sind Seefische stark jodhaltig.

Hyperthyreose

Wie sind die klinischen Symptome der Hyperthyreose?

- Meistens, aber nicht in jedem Falle, besteht eine Schilddrüsenvergrößerung;
- Zeichen der gesteigerten nervösen Erregbarkeit wie Unruhe, Reizbarkeit, Zittern (Fingertremor), Hitzegefühl, Neigung zum Schwitzen;

- Augensymptome kommen in einem Teil der Fälle vor: Glanzauge, weite Lidspalte, Hervortreten der Augäpfel (Exophthalmus) (Abb. **10.4a u. b**);
- Kreislaufsymptome: Tachykardie, auch Arrhythmie (z.B. Vorhofflimmern), Erhöhung des systolischen Blutdrucks und Vergrößerung der Blutdruckamplitude;
- Stoffwechselstörungen mit Gewichtsabnahme trotz Heißhungers und beschleunigte Magen-Darm-Passage;
- lebhafte Reflexe, z.B. ASR (Achillessehnenreflex), weiche, warme Haut und Neigung zu Haarausfall.

Wann liegt ein Morbus Basedow vor?

Eine Basedow-Krankheit liegt dann vor, wenn außer den Zeichen der Hyperthyreose auch noch ein Exophthalmus (vorquellende Augäpfel mit weiter Lidspalte), evtl. Augenmuskellähmungen und bestimmte Autoantikörper auftreten.

Was bedeutet eine thyreotoxische Krise oder ein hyperthyreotes Koma?

Eine besonders starke bedrohliche Thyreotoxikose wird als thyreotoxische Krise bezeichnet. Sie kann in ein hyperthyreotes Koma übergehen und stellt in jedem Falle eine schwere lebensbedrohliche Erkrankung dar.

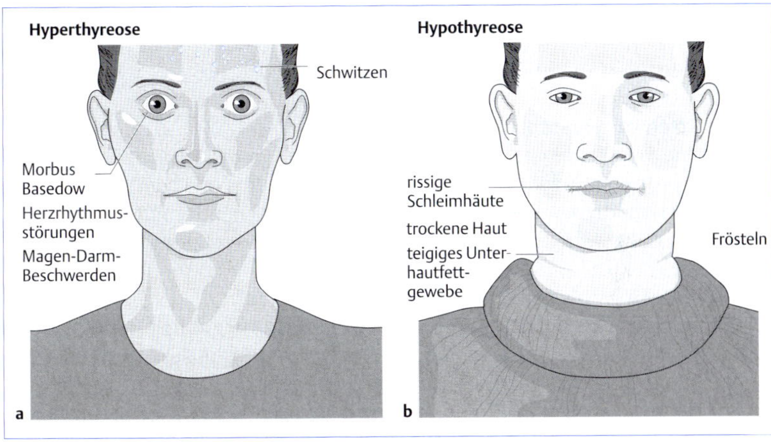

*Abb. **10.4a u. b** Schilddrüsenfunktionen. **a** Eine Überfunktion der Schilddrüse (Hperthyreose) äußert sich durch einen allgemein beschleunigten Stoffwechsel mit Gewichtabnahme und Nervosität. Nicht selten treten die Augäpfel im Sinne eines Morbus Basedow nach vorne. **b** Eine Unterfunktion der Schilddrüse (Hypothyreose) äußert sich durch teigig wirkende, trockene Haut. Die Patienten klagen über Müdigkeit und Frösteln wegen ihres allgemein verlangsamten Stoffwechsels (aus Schwegler, J.: Der Mensch – Anatomie und Physiologie, 2. Aufl. Tieme, Stuttgart 1998)*

Welche Behandlungsmöglichkeiten gibt es bei der Hyperthyreose?

Man kann durch *Thyreostatika* die Schilddrüsenfunktion hemmen (Irenat, Favistan, Thiourazile). Wegen der Gefahr der Agranulozytose (s. Seite 32) sind Leukozytenkontrollen unerlässlich.

Bei der *Radiojodtherapie* wird radioaktives Jod-131 intravenös oder oral gegeben, das sich selektiv in der Schilddrüse anreichert und dort die überschießend hormonprodu-zierenden Anteile zerstört. Dieses elegante Verfahren lässt sich bei autonomen Adenomen und diffuser Hyperthyreose, aber auch bei großen Kropfbildungen und bei Schilddrüsenkarzinomen anwenden, wenn eine Operation aus irgendwelchen Gründen nicht in Frage kommt, z.B. bei sehr alten Menschen. Die früher wegen der Strahlenbelastung angegebene Altersgrenze von 40 Jahren hat heute keine Gültigkeit mehr. Auch jüngere Patienten können trotz der Strahlenbelastung so behandelt werden, da sich das Radionuklid sehr selektiv nur in der Schilddrüse anreichert. Allerdings kann diese Behandlung nur in speziellen nuklearmedizinischen Abteilungen vorgenommen werden.

Operation mit Reduzierung von Schilddrüsengewebe, vor allem bei toxischem Adenom und bei Symptomen von Druck, z.B. auf die Trachea, bei der großen hyperthyreoten Knotenstruma oder bei Schilddrüsenkrebs. Zur Vorbereitung auf die Operation erhalten die Patienten Thyreostatika bis zum Erreichen einer euthyreoten Stoffwechsellage; evtl. Gabe von Jodid in den letzten Tagen vor der Operation.

Hypothyreose

Welche Arten von Hypothyreose gibt es?

Angeborene Hypothyreose, z.B. als Kretinismus, erworbene Hypothyreose, z.B. nach Zerstörung von Schilddrüsengewebe bei Thyreoiditis und vom Arzt erzeugte (iatrogene) Hypothyreose bei Zustand nach Schilddrüsenentfernung (Strumektomie), wenn keine genügende Substitution mit Schilddrüsenhormon erfolgt.

Was bedeutet Kretinismus und wie sind die Symptome?

Der Kretinismus ist eine angeborene Entwicklungsstörung durch Hypothyreose, die meist auf Jodmangel vor der Geburt, Jodfehlverwertung in der Jugend oder selten auf unzureichender Anlage der Schilddrüse beruht.

Als Symptome werden beobachtet Kleinwüchsigkeit, Sattelnase, Intelligenzdefekte, trockene derbe Haut (s. Abb. **10.4a u. b**, S. 271), struppiges Haar, erniedrigter Grundumsatz, herabgesetzter Jodstoffwechsel und Struma.

Was heißt Myxödem?

Myxödem ist eine ausgeprägte erworbene Hypothyreose. Vor allem im Gesicht der Patienten besteht eine teigige Schwellung der Haut (s. Abb. **10.4b**, S. 271).

Wie kann es zur Hypothyreose kommen?

- Durch zu weitgehende Resektion der Schilddrüse;
- zu starke Jod-131-Wirkung;
- zu starke Behandlung mit thyreostatischen Medikamenten;
- Zerstörung von Schilddrüsengewebe durch Thyreoiditis;
- Mangel an TSH (thyreotropes Hormon des Hypophysenvorderlappens), z.B. bei der Hypophysenvorderlappeninsuffizienz (zentrale Hypothyreose).

Wie sind die Symptome eines Myxödems und wie erfolgt die Behandlung?

- Herabsetzung der körperlichen, geistigen und seelischen Aktivität; Verlust der Initiative und der Interessen;
- Müdigkeit, Gewichtszunahme, teigige, gedunsene, trockene, kühle Haut („Myxödem"), Lidödeme;
- Haarausfall, Darmträgheit;
- niedriger Blutdruck, kleine Amplitude, Bradykardie;
- verlangsamter Jodstoffwechsel.

Durch ständige Verabreichung von Schilddrüsenhormon können die Mangelerscheinungen des Myxödems ausgeglichen werden.

10.3.3 Erkrankungen der Nebenschilddrüsen

Welche Erkrankungen der Nebenschilddrüsen gibt es?

Es gibt als *Überfunktion* durch Tumorbildung oder vermehrte Aktivität der Nebenschilddrüsen den Hyperparathyreoidismus; durch Atrophie oder operative Schädigung der Nebenschilddrüsen kommt es zur *Unterfunktion*, zum Hypoparathyreoidismus.

Welche Krankheitserscheinungen treten bei Hyperparathyreoidismus auf?

Durch Vermehrung des Parathormons kommt es zu verstärktem *Knochenabbau* entweder von diffuser oder umschriebener, zystenförmiger Ausprägung (Morbus Recklinghausen). Die Knochenentkalkung kann leicht zu Knochenbrüchen führen.

Durch den vermehrten Kalkentzug aus dem Knochen wird der Serumkalziumspiegel erhöht. Das vermehrte Kalzium aus dem Blut wird durch die Nieren ausgeschieden. Dabei können sich Kalkablagerungen im Nierengewebe oder *Nierensteine* bilden. Durch das erhöhte Serumkalzium wird die Erregbarkeit der Nerven und Muskeln herabgesetzt, es besteht Müdigkeit und *Leistungsminderung*.

Welche Symptome können bei Verlust einer Nebenschilddrüse auftreten?

Es wird zu wenig Parathormon gebildet, dadurch sinkt der Blutkalziumspiegel ab. Die Verringerung des Kalziums im Blut (Hypokalzämie) steigert aber die neuromuskuläre Erregbarkeit, wodurch tetanische Zustände auftreten können.

Unterschieden wird zwischen einer latenten Tetanie und dem tetanischen Anfall.

Wie sind die Symptome des tetanischen Anfalls?

Zuerst kommt es zu Prickeln (Parästhesien) um den Mund, an den Fingern und Zehen. Dann kann es zu schmerzhaften Krämpfen der Hände, bei Kindern oft auch der Füße (Karpopedalspasmen) kommen. Dabei werden die gestreckten Finger in den Grundgelenken gebeugt.

Auch Kehlkopfkrämpfe (Stimmritzenkrämpfe) der Kinder können vorkommen und Erstickungserscheinungen verursachen.

Welche Symptome können bei latenter Tetanie beobachtet werden?

In Folge der gesteigerten Erregbarkeit kann durch Beklopfen des Gesichtsnervs (N. facialis) vor dem Ohr ein Zucken der Mundmuskulatur ausgelöst werden (Chvostek-Zeichen). Durch Kompression am Oberarm können Krämpfe der Hand provoziert werden (Trousseau-Phänomen).

Wie kann es zum Auslösen eines tetanischen Anfalls kommen?

Tetanische Zustände durch Hypoparathyreoidismus sind selten. Häufiger ist die Hyperventilationstetanie: Durch gesteigerte Atmung (Hyperventilation) oder durch anhaltendes Erbrechen kann der Organismus zu viel Säure (Kohlensäure, Magensäure) verlieren. Dadurch kommt es zu einer Alkalose im Blut. Dabei sinkt der ionisierte Anteil des Kalziums im Blut, und es tritt eine Überregbarkeit des Nerven- und Muskelgewebes ein, die bis zum tetanischen Anfall führen kann.

Was ist bei einem tetanischen Anfall zu machen?

Die Patienten sind anzuhalten, nicht so stark zu atmen. Durch Rückatmung der in einem Plastikbeutel aufgefangenen Ausatmungsluft des Patienten kommt es rascher zu einer Ansäuerung des Blutes. Sollte das allein nicht genügen, gibt man Kalzium intravenös.

10.3.4 Erkrankungen der Nebennieren

Welche Krankheit des Nebennierenmarks kommt vor?

Ein Tumor des Nebennierenmarks mit Überproduktion von Adrenalin und Noradrenalin wird Phäochromozytom genannt.

Welche Symptome treten beim Phäochromozytom auf und wie erfolgt die Behandlung?

Durch die vermehrte Abgabe von Adrenalin und Noradrenalin kann es zu anfallsweisem (krisenhaften) oder auch anhaltendem Bluthochdruck mit Kopfschmerzen und auch Herzrasen, Erbrechen und Schweißausbrüchen kommen.

Ein Phäochromozytom muss operativ beseitigt werden.

Welchen therapeutischen Nutzen bieten die Nebennierenrindenhormone?

Das Mineralkortikoid Aldosteron hält Natrium und Wasser zurück.

Als Antagonist des Aldosterons fand man Medikamente, die eine starke Wasser- und Kochsalzausscheidung bewirken und zur Ödemausschwemmung oder bei Aszites verwendet werden (Spironolacton).

Durch Veränderungen des Kortisols zu Cortison und ähnlichen Substanzen (Kortikosteroide, Steroide oder Kortikoide genannt) wurden sehr wirksame Medikamente geschaffen, die stark hemmend auf die entzündlichen oder allergischen Reaktionen des Gewebes wirken. Sie sind wichtige Medikamente bei akuten Stresswirkungen und unterdrücken die Antigen-Antikörper-Reaktion bei den meisten Autoimmunkrankheiten.

Welche wichtigen Nebenwirkungen haben die kortisonartigen Medikamente?

- Durch Hemmung des Lymphgewebes wird die Abwehrfähigkeit des Organismus gegen Infektionserreger (Immunreaktion) herabgesetzt, so dass es zum Auftreten von Infektionen, insbesondere Tuberkulose und Pilzerkrankungen, kommen kann;
- durch Steigerung der Magensaftbildung und Verschlechterung der Qualität des Magenschleims können Magen- oder Zwölffingerdarmgeschwüre entstehen (Steroidulkus);
- durch Förderung der Zuckerbildung aus Glykogen und Eiweiß kann ein Diabetes mellitus verschlimmert werden oder auch neu auftreten (Steroiddiabetes);
- durch den hohen Plasmakortisolspiegel kann ein klinisches Bild wie bei einem Morbus Cushing entstehen (s. Cushing-Syndrom, S. 276);
- bei lang dauernder Einnahme von Steroiden kann es vor allem bei älteren Menschen zu einer Osteoporose kommen, die mit Knochenschmerzen und einer erhöhten Gefahr von Frakturen einhergeht;
- es kann sich eine Hypertonie ausbilden.

Welche Erkrankungen der Nebennierenrinde gibt es?

Es gibt eine Form der Unterfunktion und den drei Gruppen der Hormone entsprechend drei Formen der Überproduktion.

- Die Addisonsche Krankheit entsteht bei Unterfunktion der Nebennierenrinde;
- das Cushing-Syndrom entsteht bei Überproduktion von Glukokortikoiden;
- das Conn-Syndrom tritt bei vermehrter Aldosteronproduktion auf;
- das adrenogenitale Syndrom entsteht bei Vermehrung der androgenen Hormone.

Addison-Krankheit

Wie kommt es zur Addison-Krankheit?

Durch angeborene Fehlbildung der Nebennierenrinde, am häufigsten durch eine autoimmunologisch vermittelte Entzündung oder durch Zerstörung der Nebennierenrinde, z.B. durch Tuberkulose. Eine weitere Ursache ist eine Hypophysenvorderlappen-Insuffizienz mit ungenügender ACTH-Stimulierung.

Wie sind die Symptome der Addison-Krankheit?

Die Patienten mit Addison-Krankheit zeigen eine Zunahme der Pigmentierung an Haut und Schleimhäuten. Weiterhin sind sie abgemagert, antriebslos, leiden unter Schwäche, niedrigem Blutdruck, Kollapsneigung, Erbrechen und Durchfall.

Was bedeutet Addison-Krise?

Unter Belastung kann es bei Patienten mit Nebennierenrindeninsuffizienz (Addison-Krankheit) zu einer akuten Verschlechterung (Addison-Krise) kommen. Dabei verschlimmern sich Schwäche und Blutdruckabfall lebensbedrohlich. Es müssen sofort Nebennierenrindenhormone gegeben werden.

Wie muss die Addison-Krankheit behandelt werden?

Die Insuffizienz der Nebennierenrinde muss durch dauernde Hormongaben in Tablettenform ausgeglichen werden. Man substituiert Glukokortikoide analog zur Kortisol-Tagesrhythmik und Mineralokortikoide. Bei außergewöhnlichen Belastungen (z.B. Fieber, Operationen) muss die zugeführte Hydrokortisondosis auf das 2–10-fache erhöht werden. Für den Fall einer Addison-Krise sollten die Patienten einen Notfallausweis bei sich tragen, damit der behandelnde Arzt gleich an diese Möglichkeit denkt.

Morbus Cushing

Wie kann es zum Cushing-Syndrom kommen?

Das Krankheitsbild des Cushing-Syndroms kann verursacht werden durch gut- oder bösartige Geschwülste der Nebennierenrinde mit vermehrter Produktion von Glukokortikoiden (Adenome und Karzinome). Auch ein Tumor der basophilen Zellen im Hypophysenvorderlappen mit vermehrter ACTH-Produktion kann zu einer Überfunktion der Nebennierenrinden führen. Am häufigsten ist das sog. iatrogene Cushing-Syndrom, d.h., die Nebenwirkungen ärztlich verordneter Glukokortikoide.

Welche Symptome zeigt das Cushing-Syndrom?

Beim Cushing-Syndrom finden sich Vollmondgesicht, Büffelnacken, Stammfettsucht mit dünnen Extremitäten infolge Muskelatrophie, Dehnungsstreifen der Bauchhaut (Striae), Knochenentkalkung (Osteoporose) und erhöhter Blutdruck.

Bei Frauen evtl. auch Aussetzen der letzten Periode und Bartwuchs (Letzteres durch gleichzeitige Vermehrung der androgenen Hormone).

Welche Behandlungsmöglichkeiten gibt es beim Cushing-Syndrom?
Ein Tumor als Ursache muss operativ entfernt werden. Bei nicht-tumoröser Zunahme des Nebennierenrindengewebes (Hyperplasie) wird die Nebennierenrinde durch Operation verkleinert.

Was liegt dem Conn-Syndrom zu Grunde?
Im Gegensatz zum Cushing-Syndrom, bei dem es sich vor allem um vermehrte Glukokortikoidproduktion handelt, liegt dem seltenen Conn-Syndrom eine vermehrte Aldosteronbildung zu Grunde (Hyperaldosteronismus). Es kommt zu Kaliumverlust mit Muskelschwäche und Obstipation, zu Natriumerhöhung im Körper mit Bluthochdruck, großen Trink- und Urinmengen.

Wodurch ist das adrenogenitale Syndrom gekennzeichnet?
Beim adrenogenitalen Syndrom (AGS) werden von der Nebennierenrinde vermehrt androgene Hormone produziert. Dadurch kommt es bei Jungen zu einer vorzeitigen Geschlechtsentwicklung, bei Mädchen zu Zwitterbildung oder zur Vermännlichung.

10.3.5 Erkrankungen des Inselapparats des Pankreas

Insulinome

Was sind Insulinome?
Es handelt sich um meist gutartige Wucherungen der B-Zellen der Langerhans-Inseln des Pankreas, die vermehrt Insulin produzieren. Wegen des hohen Insulinspiegels kommt es zu spontanen Hypoglykämien.

Welche Symptome machen Insulinome?
Da die Patienten oft Zustände wie Verwirrtheit und Krampfanfälle aufweisen, werden sie nicht selten zunächst in psychiatrischen und neurologischen Kliniken untersucht. Allerdings sind meist auch andere Symptome wie Schwitzen, Zittern oder Heißhunger vorhanden.

Welche Wirkungen hat Insulin?
Insulin senkt den Blutzuckerspiegel im Wesentlichen durch Förderung des Glukosetransports aus dem Blut in die Zellen und der Glukoseoxidation, vor allem in der Muskulatur und im Fettgewebe und fördert den Aufbau des Glykogens in der Leber und im Muskel.

Daneben hat Insulin noch zahlreiche andere Stoffwechselwirkungen, vor allem auf den Fett- und den Eiweißstoffwechsel.

11 Stoffwechsel

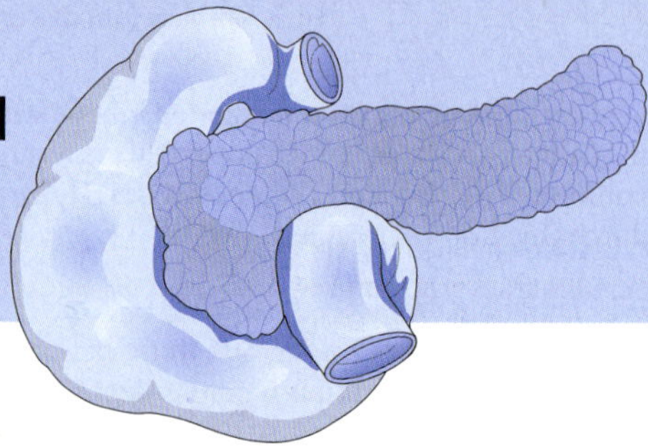

11.1 Untersuchungsmethoden

Wie kann festgestellt werden, ob ein Diabetes mellitus vorliegt?

Streifentest im Urin, der anzeigt, ob Glukose im Urin ausgeschieden wird. Ist er positiv, so liegt (oder lag vor kurzem) der Blutzucker über 180 mg/dl („Nierenschwelle"). Ausnahme: renale Glukosurie (seltene Anomalie der tubulären Rückresorption von Glukose in der Niere) und Schwangerschaft.

Kapilläre Blutentnahme und Glukosebestimmung. Als Grenzwerte gelten dabei ein Nüchternblutzucker von 110 mg/dl und 200 mg/dl nach einer Mahlzeit.

In Grenzfällen kann man einen oralen Glukosetoleranztest (oGTT) durchführen.

Besteht ein Unterschied der Glukosekonzentration zwischen Kapillarblut, venösem Vollblut und Plasma?

Ja. Die normalen Nüchternwerte im Kapillarblut (70–100 mg/dl) und im venösen Vollblut (60–100 mg/dl) sind um etwa 10% niedriger als im venösen Plasma (70–100 mg/dl).

Wie sind die Grenzwerte für das Vorliegen eines Diabetes mellitus definiert?

	Vollblut (venös)	Vollblut (kapillar)	Plasma
nüchtern	110 mg/dl 6,1 mmol/l	110 mg/dl 6,1 mmol/l	126 mg/dl 7,0 mmol/l
2 Std nach Glukosebelastung	180 mg/dl 10,0 mmol/l	200 mg/dl 11,1 mmol/l	200 mg/dl 11,1 mmol/l

Wie können die Glukose-Konzentrationen von mg/dl in mmol/l umgerechnet werden?

mg/dl = mmol/l x 18
mmol/l = mg/dl : 18
18 = Molekulargewicht von Glukose

Was ist eine postprandiale Blutzuckerbestimmung?

Eine postprandiale Blutzuckerbestimmung wird eine Stunde nach einem Frühstück mit 2 Brötchen vorgenommen und ist ein einfacher und physiologischer Belastungstest. Postprandiale Blutzuckerwerte zwischen 130 und 180 mg/dl gelten als verdächtig, solche über 180 mg/dl als pathologisch.

Wie wird ein Blutzuckertagesprofil bestimmt?

Eine Blutzuckerbestimmung wird morgens nüchtern, dann je eine 1 Stunde nach dem Frühstück, dem Mittag- und Abendessen vorgenommen.

Wie wird der orale Glukosetoleranztest (oGTT) durchgeführt?

Am Vortag kohlenhydratreiche Nahrung mit 250 g KH. Besondere Belastungen, aber auch Bettruhe sind zu vermeiden.

Nach der Nüchternblutzuckerbestimmung werden 75 g Glukose in 300 ml warmem Tee gelöst getrunken. 1 und 2 Stunden danach wieder Blutzuckerbestimmungen. Der 2-Stunden-Wert soll 200 mg/dl nicht übersteigen.

Welche Bedeutung hat der orale Glukosetoleranztest?

Er wird heute nur noch wenig angewandt, da er zeitaufwändig und für den Patienten belastend ist, nicht die physiologische Situation der Nahrungsaufnahme im täglichen Leben berücksichtigt und keine unmittelbaren therapeutischen Konsequenzen hat.

Wie wird die Tageszuckerausscheidung bestimmt?

Der Patient wird angehalten, den Urin jeweils von 24 Stunden zu sammeln, evtl. getrennt in Tag- und Nachtportion. Die Urinmenge wird gemessen. Der Prozentgehalt an Zucker des gemischten Urins wird an einer Probe im Labor bestimmt.

Der ermittelte Prozentgehalt wird mit der 24-Stunden-Urinmenge multipliziert und ergibt die Tageszuckerausscheidung, z.B.: 2 l Harnmenge in 24 Stunden x 0,05 % Zuckergehalt = 10 g Tageszuckerausscheidung in 24 Stunden.

Wie kann die Qualität der Stoffwechseleinstellung überprüft werden?

Durch regelmäßige Blutzuckerselbstkontrollen mit entsprechender Dokumentation, die dem Arzt vorgelegt wird und durch Bestimmung des glykosylierten Hämoglobins HbA_1 bzw. HbA_{1c} im Labor.

Ein bestimmter Anteil des Hämoglobins geht mit der Glukose eine irreversible Bindung ein. Dieser Anteil ist umso größer, je höher der Blutzucker in den vorangegangenen 4–10 Wochen war. Dadurch ist eine langfristige Kontrolle der Blutzuckerhöhe unabhängig vom Augenblick möglich.

Wie ist der Zusammenhang zwischen Blutzuckereinstellung und HbA_1 bzw. HbA_{1c}?

Stoffwechselkontrolle	gut	grenzwertig	schlecht
HbA1 (%)	< 8,0	8,0–9,5	> 9,5
Hba1c	< 6,5	6,5–7,5	> 7,5

Wie kann die Gicht erkannt werden?

Der Gichtanfall zeigt eine charakteristische Vorgeschichte und typische Symptome. Die chronisch deformierenden Gelenkveränderungen einschließlich des Röntgenbefundes sind typisch. Der Harnsäurespiegel im Serum ist erhöht, bei Männern über 6,5 mg/dl, bei Frauen über 5,5 mg/dl. Im Gichtanfall kann die Harnsäure auch normal sein. Nierensteine müssen auf ihre Zusammensetzung untersucht werden. Ohrtophi sind durch die Betrachtung leicht erkennbar. Eine Sicherung der Diagnose Gicht ist durch die Untersuchung der Gelenkflüssigkeit möglich, in der doppelbrechende Harnsäurekristalle im polarisierten Licht nachgewiesen werden können.

Wie hoch ist der Normalwert der Fettstoffe im Serum?

Triglyzeride unter 170 mg/dl (nüchtern), Gesamtcholesterin 195–220 mg/dl (Normalwert altersabhängig!), davon HDL-Cholesterin über 50 mg/dl, und LDL-Cholesterin $\leq$ 150 mg/dl. Eine Vermehrung kommt bei Atherosklerose, polygener oder familiärer Hypercholesterinanämie, Myxödem und besonders bei Nephrose vor.

Wie wird die Amyloidose (s. S. 302) nachgewiesen?

Der einfachste und beste Nachweis wird histologisch durch Untersuchung einer Schleimhautbiopsie aus dem Rektum mittels Rektoskopie geführt (histologische Spezialfärbung: Kongorot). Oft kommen die Patienten erst im Zustand der Niereninsuffizienz, wenn die Nierenfunktion durch die langjährig bestehenden Amyloidose bereits erheblich eingeschränkt ist.

Wie wird der Säure-Basen-Stoffwechsel untersucht?

Blutentnahme aus einer Arterie zur Bestimmung von pH, pO_2, pCO_2 und Bikarbonat; Blutentnahme aus einer Vene zur Bestimmung von Standardbikarbonat.

11.2 Krankheiten des Stoffwechsels

11.2.1 Diabetes mellitus

Was ist ein Diabetes mellitus?

Der Begriff Diabetes mellitus umfasst mehrere, in Schweregrad und Folgen unterschiedliche chronische Stoffwechselkrankheiten mit verminderter Insulinbildung oder -wirkung. Gemeinsames Leitsymptom ist bei unbehandelten Patienten die chronische Blutzuckererhöhung (Hyperglykämie).

Wie häufig ist die Zuckerkrankheit?

Man schätzt die Diabeteshäufigkeit in Deutschland auf etwa 4%–6% (je nach Definition) der Bevölkerung. Es besteht eine Zunahme der Häufigkeit in Abhängigkeit vom Körpergewicht und vom Lebensalter. Bei übergewichtigen Personen über

60 Jahre liegt die geschätzte Häufigkeit bei 20%. Die Rate unerkannter Diabetiker ist vor allem in dieser Gruppe hoch.

Welche Formen des Diabetes mellitus* (D. m.) kennen Sie?

Form	Ursache	Häufigkeit
Typ 1-Diabetes	Zerstörung der β-Zellen des Pankreas	ca. 10%
Typ 2-Diabetes	Insulinresistenz	ca. 80–90%
spezifische Typen	genetische Defekte der β-Zellen genetische Defekte der Insulinwirkung	
sekundärer D.m.	Krankheiten des exokrinen Pankreas	ca. 10% (spezifische Typen, sekundärer D.m., Gestationsdiabetes)
	Begleitphänomen anderer endokriner Erkrankungen, z.B. Cushing-Syndrom	
Gestationsdiabetes	Schwangerschaft	
gestörte Glukostoleranz	2 Std. Wert beim oGTT**: 140–200 mg/dl	
gestörte Glukose-Homöostase	Nüchtern-Plasmaglukose 110–125 mg/dl	

* Klassifikation der WHO 1997

** oraler Glukosetoleranztest

Wie entstehen die wichtigsten Diabetesformen?

Beim Typ 1-Diabetes liegt eine Zerstörung der Insulin produzierenden Inselzellen des Pankreas, meist durch eine immunologisch vermittelte und genetisch beeinflusste Entzündung vor. Diskutiert werden Virusinfekte, z.B. Mumps, Röteln, Zytomegalie, Influenza. Es besteht ein absolutes Insulindefizit. Meistens tritt diese Diabetesform im jugendlichen Alter auf, daher die frühere Bezeichnung „Jugenddiabetes".

Beim Typ 2-Diabetes ist zunächst genügend oder sogar vermehrt Insulin im Blut vorhanden, es besteht aber eine sog. Insulinresistenz, d.h., das Insulin kann nur ungenügend an der Zellmembran wirken. Der genetische Faktor ist wesentlich stärker ausgeprägt als beim Typ 1-Diabetes, wichtigster zusätzlicher Manifestationsfaktor ist das Übergewicht.

Welche Symptome lassen an einen Diabetes mellitus denken?

Durst, große Urinmengen, Gewichtsabnahme und Leistungsschwäche. Bei Typ 1-Diabetes sind die Symptome meist sehr ausgeprägt, Typ 2-Diabetiker wissen oft lange Zeit nichts von ihrer Stoffwechselstörung, da sie keine oder als „altersbedingt" angesehene Symptome haben.

Juckreiz, Furunkulose, schlecht heilende Wunden, Hautpilzerkrankungen und Gefühlsstörungen bzw. Missempfindungen in den Beinen sollten an einen Diabetes mellitus denken lassen.

Welche Risikofaktoren für das Auftreten eines Diabetes mellitus sind bekannt?

- positive Familienanamnese, z.B. Eltern oder Geschwister mit Diabetes;
- Alter über 45 Jahre;
- Übergewicht über 20% des Normalgewichts;
- Hyperlipidämie (Cholesterin >240 mg/dl, Triglyceride >250 mg/dl);
- Hypertonie;
- Hinweise auf Gestationsdiabetes in der Schwangerschaft;
- Entbindung eines Kindes mit > 4500 g Geburtsgewicht.

Was versteht man unter dem metabolischen Syndrom?

Ein Syndrom aus Übergewicht, Hyperinsulinämie und Insulinresistenz, Hypertonie, Hyperlipidämie.

Zwischen diesen 4 Störungen bestehen enge pathophysiologische Beziehungen. Sie stellen ein hohes Risiko für Arteriosklerose und die koronare Herzerkrankung dar und werden deshalb als metabolisches Syndrom zusammengefasst.

Therapien

Wer hat das Insulin entdeckt und wer zuerst synthetisiert?

Zwei kanadische Forscher Banting und Best entdeckten 1921 das Insulin. 1963 wurde es von Zahn (Aachen) erstmalig künstlich aufgebaut (synthetisiert).

Welche chemische Struktur hat das Insulin?

Insulin ist ein Peptid, das aus 51 Aminosäuren besteht, die in zwei Ketten (der A- und B-Kette) angeordnet und über zwei Schwefelbrücken miteinander verbunden sind.

Wie wirkt das Insulin?

Insulin senkt den Blutzuckerspiegel; es fördert den Aufbau von Glykogen aus Glukose in Leber und Muskeln; es ermöglicht den Durchtritt von Glukose durch die Zellmembranen in das Zellinnere und greift in den Zellstoffwechsel ein; es fördert den Aufbau von Fett aus Kohlenhydraten und den Aufbau von Eiweiß aus Aminosäuren.

Wie kann Humaninsulin gewonnen werden?

Das Insulin des Schweins unterscheidet sich nur durch eine Aminosäure vom menschlichen Insulin. Früher wurde Humaninsulin durch die chemische Veränderung des Schweineinsulins gewonnen. Heute wird es fast ausschließlich auf gentechnologischem Weg produziert durch Bakterien, deren Erbanlagen verändert wurden.

Welche Insulinarten werden unterschieden?

Nach der *Herkunft* Rinder- und Schweineinsulin. Diese spielen aber praktisch keine Rolle mehr, da heute fast durchweg mit Humaninsulin behandelt wird.

Nach dem *Wirkungseintritt* sofort wirksames Insulin (Altinsulin, Normalinsulin) und Verzögerungsinsuline mit unterschiedlicher Wirkungsdauer sowie Mischungen aus den beiden. Das Verhältnis zwischen den beiden Insulinarten wird meistens als Zahl angegeben, z.B. 15/85 oder 25/75.

Neuerdings gibt es auch in der *Aminosäuresequenz* veränderte Insuline, sog. Insulinanaloga, z.B. Insulin lispro oder Insulin glargin, deren Wirkcharakteristik modifiziert ist. Je nach Bedarf, kann man sehr rasch oder extrem lang wirkende Insuline herstellen.

Was ist Altinsulin?

Altinsulin ist Insulin, wie es von den B-Zellen der Langerhans-Inseln abgegeben wird. Da es in dieser Form zuerst entdeckt wurde, erhielt es später nach Entwicklung der Depotinsuline den Namen Altinsulin. Andere Bezeichnungen sind Normalinsulin oder kurz wirksames Insulin. Altinsulin wirkt rasch, aber nur wenige Stunden.

Was wird als Depotinsulin bezeichnet?

Zur Vermeidung häufiger Injektionen von (Alt-)Insulin wurden länger wirksame Insulinverarbeitungen hergestellt, die Depotinsuline. Ihre Wirkung setzt langsamer ein, hält aber länger an (bis zu maximal 36 Stunden) als die von Altinsulin.

Wie wird Insulin verabreicht?

Da Insulin ein Eiweißkörper ist, würde es bei oraler Aufnahme von den Enzymen des Magens zerstört werden. Man muss es daher parenteral verabreichen. Altinsulin kann i.v. oder s.c., Verzögerungsinsuline können nur s.c. gegeben werden. In der Akutsituation auf Intensivstation (z.B. zur Behandlung des diabetischen Komas) wird Altinsulin im Perfusor intravenös infundiert. Für die ambulante Dauertherapie von Diabetikern verwendet man Verzögerungsinsuline in sukutaner Applikation. In Kürze wird auch ein nasal anzuwendendes Insulin zur Verfügung stehen.

Wie wirken orale Antidiabetika?

Sulfonylharnstoffe stimulieren die Insulinsekretion aus den B-Zellen des Pankreas durch Beeinflussung des Ansprechverhaltens der B-Zellen auf den jeweiligen Glukosespiegel. Sie wirken nur, wenn noch intakte B-Zellen vorhanden sind, also nicht beim Typ 1-Diabetes. Beispiele: Euglucon, Amaryl.

Biguanide hemmen die Kohlenhydrataufnahme aus dem Darm, die Glukoseneubildung in der Leber und verbessern die Zuckerverwertung durch die Muskulatur. Beispiel: Glucophage.

Glinide stimulieren ebenfalls die Insulinsekretion der B-Zellen, wirken aber so rasch, dass sie nur jeweils kurz vor den Mahlzeiten eingenommen werden müssen. Beispiel: Novonorm.

Glitazone steigern die Insulinsensitivität der Skelettmuskulatur und der Leberzellen durch Bindung an einen Membranrezeptor. Beispiel: Avandia.

Glukosidasehemmer verlangsamen die Aufnahme von Zucker aus dem Darm in die Blutbahn, wodurch es nach den Mahlzeiten zu einem langsameren Anstieg des Blutzuckers kommt. Beispiel: Glucobay.

An welchen Körperstellen kann Insulin gespritzt werden?

Vor allem an den Vorderseiten der Oberschenkel, an der Bauchdecke, auch an der Schulter und der Streckseite des Oberarmes, über dem M. deltoideus (Abb. **11.1a** u. **b.**).

Die Injektion erfolgt mit einer speziellen kurzen und sehr dünnen Kanüle in das subkutane Fettgewebe, indem man eine Hautfalte hochzieht und die Kanüle senkrecht einsticht. Injektionen in die Muskulatur sind unbedingt zu vermeiden.

Was bedeutet Insulindystrophie?

Wenn es am Ort häufiger Insulininjektionen zum Schwund oder zur Wucherung des Fettgewebes kommt, wird das als Insulindystrophie bezeichnet.

Wie kommt es zur Insulinresistenz?

Wenn mehr als 200 IE Insulin tgl. zum Ausgleich des Stoffwechsels erforderlich sind, liegt eine Insulinresistenz vor. Diese kann durch Antikörperbildung gegen das artfremde Insulin (Schweine- oder Rinderinsulin) oder gegen Zusatz- und Depotstoffe im Präparat bedingt sein. Es muss ein anderes Insulinpräparat verwendet werden. Es gibt aber auch Resistenzen gegen Humaninsulin. Ein weiterer Mechanismus für die Insulinresistenz ist die Verminderung der Insulinrezeptoren am Gewebe. Sind zu wenig Bindungsstellen für Insulin vorhanden, so genügen selbst sehr hohe Insulinkonzentrationen nicht, um eine entsprechende Wirkung hervorzurufen.

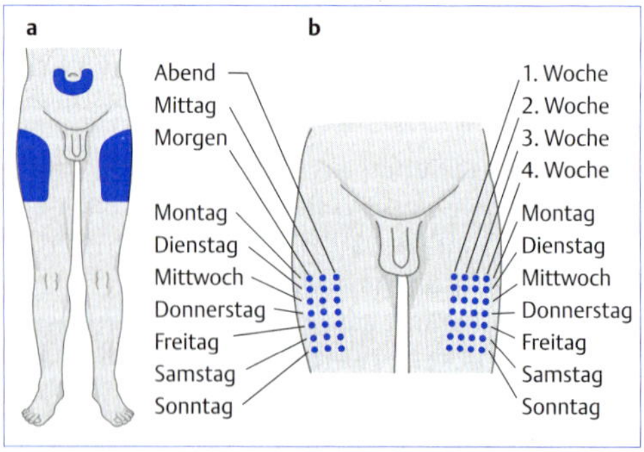

*Abb. **11.1a u. b** Insulininjektion.*
__a__ Bevorzugte Injektionsstellen.
__b__ Zwei Beispiele für das „Spritzen nach Plan“ am Oberschenkel: Verteilung der Injektionsstellen bei der Einspritzung pro Tag (Bein rechts im Bild) und bei mehreren Einspritzungen pro Tag (links) (aus Gerlach, U. u. a.: Innere Medizin für Pflegeberufe, 5. Aufl. Thieme, Stuttgart 2000)

Welche Nebenwirkungen können durch die oralen Antidiabetika entstehen?

Selten kommt es zu Arzneimittelexanthemen und Thrombozyto- oder Leukozytopenien durch Knochenmarksschädigung.

Mit Hypoglykämien ist zu rechnen, vor allem bei älteren Patienten, wenn die Nahrungsaufnahme aus verschiedenen Gründen unregelmäßig erfolgt. Diese Hypoglykämien können besonders schwer und hartnäckig sein.

Bei Biguaniden besteht die Gefahr einer Laktatazidose (Übersäuerung des Blutes), insbesondere bei sehr alten Patienten und bei Niereninsuffizienz. Daher sollten diese Präparate besonders vorsichtig angewendet werden.

Unter Glukosidasehemmern kann es zu Blähungen und Durchfällen kommen, vor allem, wenn die Dosis zu rasch gesteigert wird.

Welches Ziel hat die Behandlung des Diabetikers?

Die Behandlung des Diabetikers hat zum Ziel, den Stoffwechsel auszugleichen und mit der Lebens- und Arbeitsweise der Patienten in Einklang zu bringen. Ferner sollen die möglichen diabetischen Komplikationen verhindert oder zumindest hinausgezögert werden. Außerdem sollten die mit dem Diabetes meist verbundenen Risikofaktoren wie Übergewicht, Arteriosklerose, Bluthochdruck und Hyperlipoproteinämie behandelt werden. Die Aufklärung und Mitwirkung des Patienten ist unerlässlich.

Welche Behandlungsbedingungen gelten für alle Diabetiker?

Alle Diabetiker müssen die ihnen entsprechende Diät einhalten, ein gewisses Maß an körperlicher Tätigkeit ausüben und eine geregelte Arbeits- und Lebensweise führen.

Bei Typ-1-Diabetikern strebt man heute eine möglichst freie Kost an, d.h. der Diabetiker muss sich nicht sklavisch an ein diätetisches Regime halten, sondern durch mehrfach tägliche Insulininjektionen immer für ausreichend Insulin sorgen.

Was bedeutet die „Einstellung" des Diabetikers?

Bei der Einstellung wird die Diät des Diabetikers in ihrer Kalorienzahl, der Anteil von Kohlenhydraten und Fettstoffen und die zeitliche und mengenmäßige Verteilung der Mahlzeiten festgelegt. Die Diät wird unter Berücksichtigung der Stoffwechselleistung und der körperlichen Tätigkeit bestimmt. Wenn diätetische Einstellung nicht ausreicht, werden die nötigen Medikamente (orale Antidiabetika) und evtl. Art, Menge und Injektionszeit des Insulins verordnet.

Wie geht die Diabeteseinstellung vor sich?

Typ-2-Diabetiker können durchaus ambulant behandelt werden. Man bestimmt den Blutzucker nüchtern und/oder postprandial (meist 1 Stunde nach dem Frühstück), berät den Patienten diätetisch und wartet zunächst den Effekt einer Diabetesdiät und einer Gewichtsreduktion ab. Reicht das für die Normalisierung des

Blutzuckers nicht aus, so verordnet man orale Antidiabetika. In den meisten Fällen genügt diese Behandlung zunächst.

Typ-1-Diabetiker werden meistens unter stationären Bedingungen auf Insulin eingestellt, da anfangs sehr viele Blutzuckerkontrollen erforderlich sind. Man führt laufend Blutzuckertagesprofile durch (Blutzuckerbestimmungen 7 Uhr nüchtern, 10 Uhr, 14 Uhr, 17 Uhr, 22 Uhr) und richtet sich mit der Insulindosis danach. Neben den Blutzuckerkontrollen bestimmt man die Zuckerausscheidung im Urin und das Hämoglobin A_{1c}. In Schulungen wird der Patient in die Selbstkontrolle eingewiesen und bekommt Kenntnisse über Diabetesdiät, Spritztechnik und das Verhalten bei Hypoglykämien vermittelt.

Wann ist ein Diabetiker gut eingestellt?

Große Studien haben gezeigt, dass es bei nur geringfügig über dem Normbereich liegenden Blutzuckerwerten zu einem Anstieg diabetischer Komplikationen (s. Seite 289) kommt. Daher strebt man heute eine möglichst normoglykämische Einstellung an, d.h., Nüchternblutzucker unter 110 mg/dl, postprandialer Blutzucker nicht mehr als 130 mg/dl. Das HbA_{1c} soll unter 7% sein.

Welche Anforderungen sind an die Diät des Diabetikers zu stellen?

Die Diät muss kalorisch ausreichend und ausgewogen sein: 50–55% der Kalorien in Form von komplexen Kohlenhydraten, 30% der Kalorien in Form von Fett, 15% der Kalorien in Form von Eiweiß.

Übergewichtige Diabetiker müssen durch Reduktionskost auf das Sollgewicht nach Broca (kg = Körpergröße in Zentimeter minus 100) bzw. einen normalen Body Mass Index (BMI) (s. Idealgewicht, S. 298) gebracht werden. Etwa 30% der Diabetiker lassen sich allein durch Diät optimal einstellen.

Schnell resorbierbare Kohlenhydrate wie Zucker, Honig, süße Obst- und Weinsorten, Schokolade, süßes Gebäck sind zu meiden, gesüßt wird mit Zuckeraustauschstoffen.

Die Verwertung des Kohlenhydratgehaltes der Diät (mindestens 180 g) muss evtl. durch Antidiabetika oder Insulin gesichert sein.

Der Anteil der Fettstoffe an der Diät muss je nach Art des Falles beschränkt sein, darf aber auch ein Minimum nicht unterschreiten (z.B. 1–3 g pro kg Körpergewicht täglich). Die Diät muss genügend hochwertiges Eiweiß enthalten. Durch frisches Gemüse und Früchte soll für ausreichende Vitaminzufuhr, auch für ein entsprechendes Sättigungsgefühl und eine Darmfüllung (Zellulose zur Obstipationsbekämpfung) gesorgt werden (Abb. **11.2**).

Die Haupt- und Zwischenmahlzeiten sollen pünktlich und gleichmäßig über den Tag verteilt eingehalten werden.

Die Diät soll dem persönlichen Geschmack möglichst gerecht werden und abwechslungsreich sein.

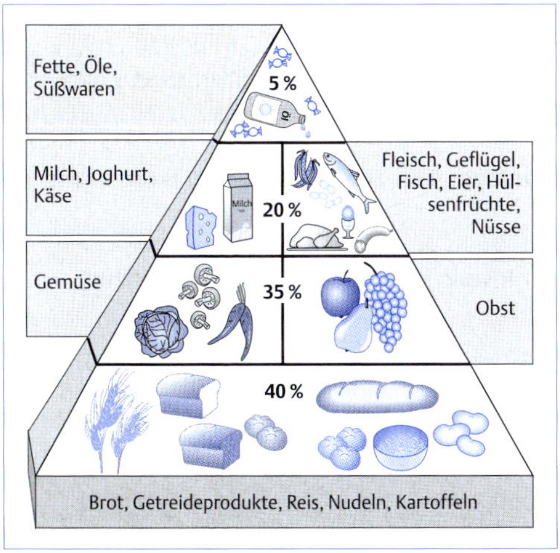

*Abb. **11.2** Ernährungspyramide. Zusammensetzung der täglichen Ernährung aus den verschiedenen Lebensmittelgruppen bei Diabetes mellitus (aus Gerlach, U. u. a.: Innere Medizin für Pflegeberufe, 5. Aufl. Thieme, Stuttgart 2000)*

Warum gab es in der Zeit knapper Ernährung (Kriegs- und Nachkriegszeit) so wenig Diabetiker?

Besonders beim Typ-2-Diabetes hängt die Stoffwechselstörung mit Fettsucht, Überernährung und Bewegungsmangel zusammen.

Wie soll der Patient seine Mahlzeiten den Diätvorschriften anpassen?

Er kann sich nach vorgedruckten, für seinen Fall geeigneten Diätvorschlägen richten. Er kann nach einer Austauschtabelle einzelne Nahrungsmittel austauschen, z.B. Fleisch und Wurst durch Käse, Fisch oder Eier. Bei Berechnung des Fettanteils muss das in Fleisch, Wurst und Fisch enthaltene, oft unsichtbare Fett berücksichtigt werden. Bei alkoholischen Getränken muss der Kaloriengehalt mitgerechnet werden: 1 g Alkohol = 7 Kalorien = 29 Kilojoule. Kohlenhydrate dürfen nur nach der Brotwerttabelle ausgetauscht werden.

Was sind Broteinheiten?

Einheit für die Berechnung der Kohlenhydratmengen des Diabetikers. *12 g Kohlenhydrate* werden eine Broteinheit genannt.

Einer Broteinheit entsprechen: 12 g Zucker, 20 g Weißbrot (eine Scheibe), 25 g Schwarz- oder Graubrot, 25 g getrocknete Hülsenfrüchte, 60 g Kartoffeln, 60 g Bananen, 125 g Äpfel, 0,25 l Milch.

Im Rahmen der vorgesehenen Broteinheiten darf der Diabetiker nach der Brotwerttabelle kohlenhydrathaltige Nahrungsmittel austauschen. Zur Gewichtsbestimmung wird oft eine Diätwaage benützt.

Wann wird mit Insulin behandelt?

Beim Typ 1-Diabetes und bei Typ 2-Diabetes, wenn mit Diät und Tabletten keine befriedigenden Blutzuckerwerte mehr erzielt werden können (Sekundärversagen) oder in besonderen Situationen wie vor Operationen, in der Schwangerschaft oder bei schweren Infektionen.

Meistens wird die Insulinbehandlung beim Typ 2-Diabetes zu lange hinausgezögert.

Worüber muss ein Diabetiker, der Insulin spritzt, aufgeklärt und geschult werden?

Er muss:

- Dosis, Art und Konzentration seines Insulins kennen (z.B. 40 oder 100 E/ml);
- die Dosis richtig in der Spritze aufziehen bzw. am Pen einstellen können;
- in die Technik der subkutanen Injektion eingewiesen sein und die geeigneten Körperstellen kennen;
- die Techniken der Selbstkonrolle mit Blut- und Harnzuckerteststreifen korrekt beherrschen;
- die Zeichen und Gefahren von Hypoglykämien kennen und wissen, was er dagegen tun kann (z.B. immer eine Scheibe Brot dabei haben);
- Kenntnis haben, in welchen Situationen sich der Insulinbedarf verringern (z.B. sportliche Betätigung) und erhöhen (z.B. Fieber, Infekte) kann und seine Dosis entsprechend anpassen können;
- bei Neigung zu schweren Hypoglykämien sollten die Angehörigen ebenfalls eingewiesen werden und die Technik der s.c. Injektion von Glukagon kennen.

Alle diese Informationen werden in speziellen Diabetes-Schulungen vermittelt.

Wodurch lässt sich die Kohlenhydratresorption aus dem Dünndarm verlangsamen und der Blutzuckeranstieg verringern?

Durch die Zugabe von Faser- und Quellstoffen zur Diät, z.B. von Guar (Glucotard) oder von Hemmstoffen der Disaccharidasen des Dünndarmepithels (Acarbose, Glucobay), kann die Resorption von Kohlenhydraten im Darm verzögert werden, wodurch der Blutzuckerspiegel langsamer und weniger hoch ansteigt.

Wann sind Insulininfusionspumpen angezeigt?

Durch Insulininfusionspumpen lassen sich Fälle von ausgesprochen labilem Diabetes, schweren diabetischen Neuropathien, Retinopathien, gravide Diabetikerinnen, Diabetiker während einer Operation und komatöse Zustände genauer einstellen.

Was wird unter Basis-Bolus-Prinzip verstanden?

Das Basis-Bolus-Prinzip oder auch die intensivierte konventionelle Insulintherapie ist die moderne Therapie des Typ-1-Diabetikers. Man injiziert einmal täglich ein ultralang (ca. 36 Stunden) wirksames Insulin für den Basisbedarf und vor jeder

Mahlzeit (d.h. in der Regel drei weitere Injektionen) ein kurz wirksames Normalinsulin, dessen Dosis sich nach dem zuvor selbst mit einem Testgerät bestimmten Blutzuckerwert bemisst. Mit diesem Verfahren spielt die Einhaltung einer bestimmten Diät nicht mehr die große Rolle wie noch früher, da immer eine bedarfsgerechte Insulinmenge zur Verfügung steht. Voraussetzung ist eine sehr disziplinierte Lebensweise. Mit diesem Verfahren können aber Spätfolgen des Diabetes mellitus weitgehend verhindert werden.

Komplikationen

Welche nicht akuten Komplikationen können sich beim Diabetes entwickeln?

Vor allem Gefäßkomplikationen durch vorzeitig und verstärkt auftretende Arteriosklerose, ferner die diabetische Fettleber und Nervenstörungen (Polyneuropathien).

Welche für den Diabetes typischen Gefäßkomplikationen kommen vor?

Bei schlecht eingestelltem Diabetes mellitus können im Lauf von Jahren bis Jahrzehnten typische Gefäßveränderungen auftreten:

- vorzeitige Koronarsklerose – Herzinfarkt,
- periphere Angiopathie an den unteren Extremitäten – Gangrän,
- diabetische Retinopathie an der Netzhaut des Auges – Netzhautblutungen, evtl. mit Erblindung,
- diabetische Nephropathie an den Glomeruli der Nieren – Niereninsuffizienz, Dialyse.

Etwa 80% der Diabetiker sterben an den vaskulären Spätkomplikationen.

Welche Folgen können die diabetischen Gefäßveränderungen in den Nieren haben?

Die Veränderungen an den Glomeruli der Nieren werden als diabetische Glomerulosklerose oder Kimmelstiel-Wilson-Niere bezeichnet. Sie führen zu einer zunehmenden Niereninsuffizienz und zur Hypertonie. Die Hypertonie kann ihrerseits wiederum die Herzkranzgefäße, die Hirngefäße und die Netzhautarterien schädigen.

Welche Komplikationen können sich an der Leber entwickeln?

Oft bildet sich eine diabetische Fettleber, schon bevor die Zuckerkrankheit erkannt ist. Die Fettleber ist eine häufige Begleiterscheinung des Diabetes mellitus.

Welche entzündlichen Krankheiten werden durch Diabetes mellitus begünstigt?

Bei Diabetes mellitus findet sich eine Abwehrschwäche gegen Krankheitserreger. Besonders häufig kommen chronische Pyelonephritis (bei etwa 20%), Furunkulose und Hauteiterungen vor.

Welche Komplikationen des Diabetes mellitus können sich am Nervensystem bemerkbar machen?

Periphere Polyneuropathie: Sensibilitätsminderung, Kribbeln und Reflexverlust, vor allem an den unteren Extremitäten; es kann zu unbemerkten Verletzungen an den Füßen, Geschwürsbildung und Infektion kommen.

Autonome Neuropathie: Kreislaufregulationsstörungen, Störungen der Magenentleerung und des Stuhlverhaltens.

Was liegt einem hypoglykämischen Schock zu Grunde?

Durch zu starke Insulinwirkung wird der Blutzucker zu stark gesenkt, wodurch es zum hypoglykämischen Schock kommt.

Eine zu starke Insulinwirkung kann eintreten durch:

- Zu hohe Insulingaben oder zu starke orale Antidiabetika;
- an sich richtige Insulingaben, aber ungenügende Nahrungsaufnahme (Aufschieben oder Auslassen von Mahlzeiten);
- Erbrechen des Essens;
- beschleunigte Darmpassage bei Durchfallskrankheiten mit ungenügender Resorption der Nahrung;
- abnorme körperliche Anstrengungen mit zu starkem Glukoseverbrauch.

Wie macht sich die Hypoglykämie bemerkbar?

Es kommt zu Schwitzen, Zittern, Heißhunger, Reizbarkeit, Schwäche, Herzklopfen und Verwirrtheit, schließlich zu Bewusstlosigkeit und Krämpfen. Die Symptomatik führt nicht selten zu psychiatrischen und neurologischen Fehldiagnosen, z.B. Psychose, Alkoholrausch, Apoplexie.

Wie erkennt man eine schwere Hypoglykämie?

Der bewusstlose Patient hat zwar einen schnellen Puls, aber normalen Blutdruck und eine unauffällige Atmung. Die Pupillen sind weit, die Haut feucht, schwitzend. Der Blutzucker ist erniedrigt oder an der unteren Grenze der Norm. Man findet Einstichstellen nach Insulininjektionen.

Andere Komazustände, vor allem das Koma diabeticum, aber auch ein Apoplex, eine Schlafmittel- oder Kohlenmonoxidvergiftung müssen ausgeschlossen werden.

Wie soll sich der Patient verhalten, wenn er die Anzeichen einer Hypoglykämie bemerkt?

Zuckerkranke, besonders insulinbedürftige Diabetiker, sollen immer ein Stück Zucker oder Brot bei sich haben und bei den ersten Anzeichen einer Hypoglykämie zu sich nehmen. Sie sollen auch immer einen Diabetikerausweise bei sich tragen.

Patienten im Krankenhaus sind über die Erscheinungen eines hypoglykämischen Schocks aufzuklären und sollen sofort eine Pflegeperson rufen, wenn sie sich nicht wohl fühlen.

Was ist bei einer schweren Hypoglykämie zu tun?

Der hypoglykämische Schock ist ein Notfall zur Krankenhauseinweisung. Wenn der Patient noch fähig ist, etwas zu sich zu nehmen, soll er schnell eine Zuckerlösung (Zuckerwasser, Tee mit Zucker usw.) trinken. Bewusstseinsgetrübten darf aber nichts zum Trinken eingeflößt werden. Evtl. kann auch durch eine Magensonde eine Zuckerlösung zugeführt werden. Bewusstlose Patienten im hypoglykämischen Schock müssen so lange Glukose i.v. bekommen, bis der Zustand behoben ist. Auch eine Nachkontrolle des Patienten ist nötig, da sich der hypoglykämische Zustand evtl. wiederholen kann.

Was liegt dem diabetischen Koma zu Grunde?

Beim Coma diabeticum liegt eine schwere, lebensbedrohliche Störung vor. Dabei ist der Blutzucker meistens stark erhöht, und die Ketonkörper (Azeton usw.) sind durch Fehlabbau der Kohlenhydrate im toxischen Ausmaß vermehrt. Durch die Ketonkörper im Blut entsteht eine Azidose (Ketoazidose). Dementsprechendes Absinken des Serumbikarbonats unter 20 mmol/l. Ferner kommt es durch die starke Urinausscheidung infolge des hohen Harnzuckers zur Exsikkose (intrazellulärer Wasserentzug, dadurch Erhöhung des Hämatokrits) und zum Kaliumverlust.

Wodurch entstehen die sog. Ketonkörper?

Durch den Mangel an Insulin kann der Zucker im Blut nicht verwertet werden, wodurch den Zellen der wichtigste Energielieferant fehlt. Der Körper greift nun auf die Fettreserven als Energiequelle zurück. Der Fettabbau verläuft jedoch unvollständig. Es entstehen als toxische Endprodukte Azeton, Azetessigsäure und Betahydroxybuttersäure, die zur Azidose führen.

Wie kann sich ein diabetisches Koma entwickeln?

Oft geht eine entzündliche Krankheit voraus (Pneumonie, Pyelonephritis, Enterokolitis usw.). Als Vorboten können Schläfrigkeit, starker Durst und vermehrte Urinmengen auftreten. Manchmal kommt es zu Bauchschmerzen und Erbrechen (Pseudoperitonitis), besonders bei Kindern.

Wie ist das Bild des ausgeprägten Koma diabeticum?

Im ausgeprägten Koma diabeticum besteht eine tiefe Bewusstlosigkeit mit vertiefter und regelmäßiger Atmung, die sog. Kussmaul-Atmung. Die Atemluft riecht nach Azeton (oft obstartiger Geruch).

Die Haut ist trocken, die Augäpfel sind eingesunken und weich (Wasserverlust), die Extremitäten kühl, der Blutdruck niedrig, der Blutzucker meist hoch (400–600 mg/dl, gelegentlich auch über 1000 mg/dl). Im Urin finden sich Zucker und Azeton.

Es bestehen erhöhter Hämatokrit und Polyglobulie durch die Exsikkose sowie eine Leukozystose, ferner Oligurie, auch Anurie mit Eiweiß und Zylindern im Urin. Die Reflexe sind erloschen.

Was ist ein hyperosmolares Koma?

Eine vor allem bei älteren Diabetikern auftretende Sonderform des diabetischen Komas ohne Ketoazidose (Azeton im Urin negativ), aber sehr hohen Blutzuckerwerten, welche die Hyperosmolalität bedingen.

Sehr wichtig ist die starke Austrocknung durch Wasserverlust (Dehydratation) mit stark erhöhtem Serum-Natrium (Hyperosmolalität). Der Hämatokrit ist über normal hoch, Erythrozyten und Leukozyten sind vermehrt.

Entscheidend ist die rasche Infusionsbehandlung mit Ausgleich von Wasser- und Elektrolythaushalt und die Behebung der diabetischen Stoffwechsellage.

Wie kann das diabetische Koma vom hypoglykämischen Schock unterschieden werden?

- *Beginn* des diabetischen Koma ist allmählich, der hypoglykämische Schock setzt rasch ein;
- *Atmung* ist im diabetischen Koma tief und regelmäßig, beim hypoglykämischen Schock unauffällig;
- *Haut* ist beim diabetischen Koma trocken, beim hypoglykämischen Schock feucht;
- im *Urin* finden sich beim diabetischen Koma Zucker und Azeton, beim hypoglykämischen Schock höchstens eine geringe Zuckermenge, aber kein Azeton.

Obstgeruch der Ausatmungsluft beim Koma und Heißhunger beim hypoglykämischen Schock.

Wovon hängt der Behandlungserfolg beim Coma diabeticum ab?

Das Koma diabeticum ist als lebensbedrohlicher Zustand ein dringender medizinischer Notfall und bedarf der Intensivpflege. Entscheidend ist beim diabetischen Koma, dass der Patient unverzüglich in intensive klinische Behandlung kommt. Ein über 24 Stunden dauerndes Koma diabeticum ist prognostisch sehr ungünstig zu beurteilen.

Welche Behandlungsrichtlinien gelten beim Coma diabeticum?

Nach Feststellung von Hyperglykämie und Azidose verabreicht man je nach Höhe des Blutzuckers initial einen Insulinbolus von 20–60 IE Altinsulin und gibt dann 4–10 IE/Std. im Perfusor. Stündliche Blutzuckerkontrollen sind erforderlich. Der Rückgang der Azidose wird durch Bestimmung von Bikarbonat und pH-Wert im Serum und Ketonkörpern im Urin überprüft.

Unbedingt erforderlich ist intravenöse Flüssigkeitszufuhr, zunächst mit 1–2 l isotoner Kochsalzlösung, später 5%ige Glukoselösung.

Bikarbonatgabe nur bei schwer azidotischen Patienten (pH 7,0 oder weniger), Kaliumersatz ist stets notwendig.

Antibiotische Therapie, falls Hinweise dafür bestehen, dass eine Infektion als Auslöser des Komas in Frage kommt.

Alle Befunde und Medikamente sind sofort mit Uhrzeit zu dokumentieren.

Welche Probleme entstehen für Diabetikerinnen in der Schwangerschaft?

Durch eine Schwangerschaft kann ein latenter Diabetes manifest und ein bereits manifester Diabetes verschlechtert werden.

Es kommt bei Diabetikerinnen öfter als bei Gesunden zu Aborten und Totgeburten. Nicht selten sind „Riesenkinder" mit über 4000 g Geburtsgewicht durch Insulinfettmast. Es besteht eine vermehrte Anfälligkeit für Infektionen.

Die Gewichtszunahme in der Schwangerschaft soll nicht mehr als 1 kg pro Monat, in den letzten 3 Monaten nicht mehr als 1,5 kg betragen. Bei Wasserretention muss das Kochsalz stark reduziert werden. Um die perinatale Mortalität zu senken, wird die Geburt in der 37. oder 38. Schwangerschaftswoche eingeleitet.

Orale Antidiabetika sind verboten. Während der Geburt wird auf Altinsulin umgestellt. Hypoglykämische Schocks müssen unbedingt vermieden werden, sie können zu Fehlbildungen führen.

Warum sind bei Diabetikern regelmäßig die Füße ärztlich zu kontrollieren?

Bei Diabetikern kommt es häufig zu Gefühlsstörungen infolge einer diabetischen Polyneuropathie. Wegen allgemeiner Unbeweglichkeit sind viele ältere Patienten nicht mehr in der Lage, ihre eigenen Fußsohlen anzuschauen. Eventuell auftretende Verletzungen oder Druckstellen werden nicht gespürt (Sensibilitätsverlust) und heilen nicht ab, können sich infizieren und zu Osteomyelitis oder Sepsis führen. Bei gleichzeitig vorhandenen Durchblutungsstörungen sind Ulzera an den Füßen von Diabetikern daher ein häufiger Grund für Amputationen.

11.2.2 Gicht

Was ist Gicht?

Die Gicht ist eine erbliche Stoffwechselkrankheit mit Vermehrung der Harnsäure im Blut (Hyperurikämie), Ablagerung von Harnsäurekristallen (Uraten) im Gewebe und Steinbildung im Urin. Die Vermehrung der Harnsäure im Blut kommt durch vermehrte Bildung, aber auch durch verringerte Ausscheidung über die Nieren zustande. Typisches Symptom der Gicht ist die akute Arthritis, meist des Großzehengrundgelenks, aber auch anderer großer Gelenke. Die Erkrankung kommt überwiegend bei Männern vor.

Welche Umstände können das Auftreten von Hyperurikämie und Gicht fördern?

Eiweißreiche, üppige Ernährung, Alkoholismus, Überanstrengung und Unterkühlung; ältere Männer von pyknisch-plethorischer Konstitution erkranken besonders häufig; Gicht ist oft kombiniert mit Übergewicht, Bluthochdruck, Arteriosklerose und Diabetes mellitus; durch vermehrten Abbau von Körpergewebe wie bei Fastenkuren besonders bei Null-Diät oder auch durch Zellzerfall wie bei Leukämie oder Polyzythämie kann es zur Hyperurikämie kommen, wobei aber keine Gicht-

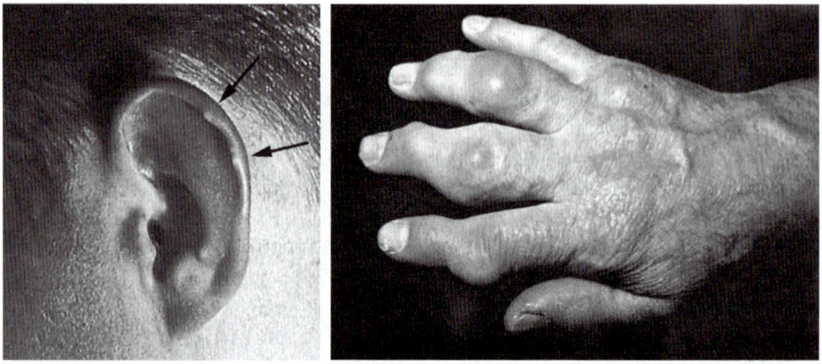

*Abb. **11.3a u. b** Gicht. **a** Tophie an der Ohrmuschel, **b** Hand mit stark ausgeprägten „Gichtknochen" (aus Gerlach, u. a.: Innere Medizin für Pflegeberufe, 5. Aufl. Thieme, Stuttgart 2000)*

anfälle in den Gelenken auftreten; auch Diuretika können zum Anstieg des Harnsäurespiegels im Blut führen.

Wo kann sich Harnsäure im Gewebe ablagern?

Betroffen sind vor allem die sog. bradytrophen Gewebe (bradytrophe Gewebe: Gewebe mit trägem Stoffwechsel und geringer Durchblutung). Dazu gehören insbesondere Knorpel, Sehnen und Knochen. Besonders häufig lagert sich Harnsäure in die Ohrmuschel („Gichtperle") und in die Fingersehnen ein (Abb. **11.3a u. b**). Man spricht dann von einem sog. Tophus (Mehrzahl: Tophi). In seltenen Fällen kann sich Harnsäure auch in das Nierengewebe einlagern und die sog. Uratnephropathie oder Gichtniere hervorrufen, die letztlich in der Niereninsuffizienz zum Tode führt.

Welche Beschwerden kommen bei Gicht vor?

Der Gichtanfall ist eine akute Arthritis an einem Gelenk mit plötzlichen heftigen Schmerzen, Rötung, Schwellung und Empfindlichkeit gegen Druck und Erschütterung des befallenen Gelenkes, die besonders häufig nachts auftritt. Häufige auslösende Ursachen sind Festessen mit Alkoholgenuss, Unterkühlung, eine Operation oder ein Infekt.

Langfristig bilden sich als Folge der rezidivierenden Gelenkentzündungen und der Harnsäureablagerung Gelenkdeformierungen mit schmerzhaften Bewegungseinschränkungen. Bei einem großen Teil der Gichtkranken kommen auch Nierenkoliken durch Uratsteine vor.

Wie kann der Gicht vorgebeugt werden?

Kalorienarme Kost, wenig Fleisch, vor allem keine Innereien, Übergewicht reduzieren und Alkohol ist zu meiden, da er die Harnsäureausscheidung über die Niere hemmt. Zur Vermeidung von Nierensteinbildung viel Flüssigkeit trinken.

Harnsäurebildung durch Allopurinol (z.B. Zyloric) hemmen, oder Harnsäureausscheidung durch sog. Urikosurika fördern (Benzbromaron, Anturano).

Wie kann der akute Gichtanfall behandelt werden?
Als Medikamente kommen Kolchizin (Colchicum-Dispert), Antirheumatika wie z.B. Indometacin (Amuno) und Prednisolon in Betracht. Das befallene Gelenk hochlagern, in Watte einpacken, Druck der Bettdecke vermeiden.

11.2.3 Störungen des Fettstoffwechsels

Hyperlipidämie

Was versteht man unter Hyperlipidämie?
Hyperlipidämie bedeutet erhöhten Gehalt des Serums an Fettstoffen (Lipide, daher auch Lipidämie genannt). Da diese an bestimmte Eiweißstoffe gebunden transportiert werden, spricht man auch von Hyperlipoproteinämie.

Welche Symptome und Befunde können bei Hyperlipidämie auftreten?
- Früh beginnende Arteriosklerose, besonders Koronarsklerose;
- gelbe Fettablagerungen in die Haut, sog. Xanthelasmen; Sehnenxanthome;
- ringförmige Trübung (Arcus corneae oder Arcus lipoides) in der Hornhaut des Auges durch Ablagerung von Fettstoffen;
- Lebervergrößerung durch Fettleber;
- häufig Übergewicht;
- Nüchternserum, z.B. bei Beobachtung der BSG, ist durch Fetttröpfchen getrübt;
- Triglyzeride und Cholesterin im Serum sind erhöht;
- die Elektrophorese der Lipide zeigt die abnorme Verteilung der Lipoproteinfraktionen.

Welches ist die wichtigste Folge einer Hyperlipidämie?
Die Atheromatose, d.h. die Ablagerung der Fettstoffe in atheromatösen Plaques in der Intima der Arterien, in die sich später Kalk einlagert (Arteriosklerose) mit ihren Komplikationen: Herzinfarkt, Apoplexie, periphere Durchblutungsstörungen.

Häufig ist die Hyperlipidämie verbunden mit dem Diabetes mellitus und mit der Gicht.

Was kann gegen die Hyperlipidämie unternommen werden?
Falls Übergewicht vorliegt, sollte es abgebaut werden. Die Fettzufuhr, insbesondere die Aufnahme tierischer Fette, sollte auf ca. 20% der Kalorienmenge eingeschränkt werden. Zu bevorzugen sind pflanzliche Fette, die reich an mehrfach ungesättigten Fettsäuren sind (Diätmargarine, Keimöl, Olivenöl).

Medikamentös werden Clofibrat, Nikotinsäurepräparate, Cholestyramin und Cholesterinsynthese-Hemmstoffe eingesetzt. Vor allem die Hemmstoffe des Schlüsselenzyms der Cholesterinsynthese in der Leber, der HMG-CoA-Reduktase, senken den Cholesterinspiegel sehr ausgeprägt.

11.2.4 Weitere Störungen des Stoffwechsels

Porphyrien

Was bedeutet Porphyrie?
Bei den Porphyrien liegen z.T. erbliche Störungen des Prophyrinstoffwechsels vor.

Die Porphyrine sind Stoffe, die dem Hämanteil des Hämoglobins und den Gallenfarbstoffen verwandt sind. Die Porphyrine werden im Urin farblos ausgeschieden, zeigen aber später unter Lichteinwirkung Nachdunkeln. Bei der häufigsten Form, der Porphyria cutanea tarda, besteht eine besondere Lichtempfindlichkeit der Haut mit Rötung, Blasenbildung, Ekzemneigung, Narbenbildung und Pigmentveränderungen, ferner bildet sich ein Leberschaden aus, evtl. bis zur Zirrhose.

Medikamente können die Erkrankung auslösen oder verschlimmern. Die akute intermittierende Form geht mit heftigen Leibschmerzen einher und ist ein bedrohlicher Zustand. Viele dieser Patienten werden wegen des Verdachts auf ein akutes Abdomen laparotomiert, ohne dass bei der Operation ein Befund erhoben wird.

Amyloidose

Was ist eine Amyloidose?
Eine Eiweißstoffwechselstörung bei chronischen Eiterungen, z.B. Osteomyelitis, Bronchiektasen oder Entzündungen wie chronischer Lungentuberkulose; auch bei chronischer Polyarthritis (c.P.) kann sie auftreten. Es kommt zu Ablagerung von Amyloid, einer eiweißartigen Substanz, in Milz, Leber und Darm. Besonders wichtig sind die Ablagerungen in den Nieren mit Ausbildung einer Amyloidnephrose und im Herzen (Kardiomyopathie).

11.2.5 Störungen der Ernährung

Fettsucht

Wodurch kommt es zur Fettsucht?
Fettsucht ist die Folge von Überernährung (Mastfettsucht). Sie ist oft mit Bewegungsmangel verbunden: Die Energiezufuhr ist größer als der Verbrauch (Abb. **11.4**).

Essgewohnheiten, Geselligkeit, Gedankenlosigkeit, Genusssucht („Fresswelle"), Verlust des rechtzeitigen Gefühls der Sättigung, das reichliche Angebot („Luxus-

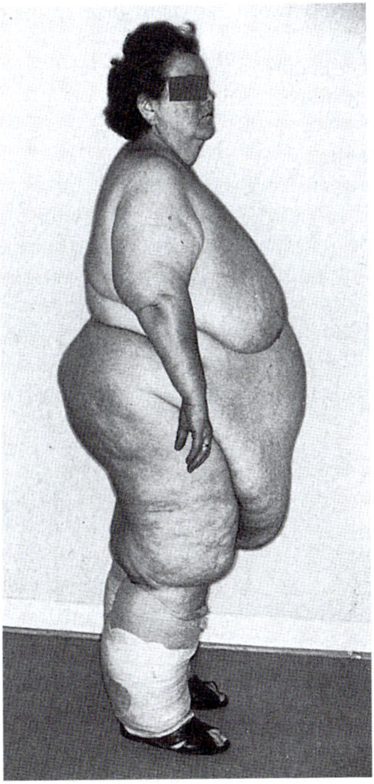

*Abb. **11.4** Extreme Fettleibigkeit (aus Gerlach, u. a.: Innere Medizin für Pflegeberufe, 5. Aufl. Thieme, Stuttgart 2000)*

welle“), Unkenntnis der Kalorien im Essen (unsichtbares Fett!), Unterschätzung von Schokolade, Zucker und Alkohol, der Kleinigkeiten und „Ausnahmen“, psychisch unbewältigte Lebenssituationen mit dem untauglichen Versuch, durch übermäßiges Essen diese abzureagieren („Kummerspeck“) können Ursache für eine Fettsucht sein.

Neben der Nahrungsaufnahme spielen aber auch genetische Faktoren eine wichtige Rolle bei der Entstehung der Fettsucht. Dieselbe aufgenommene Kalorienmenge wird nicht von allen Menschen in der gleichen Weise verwertet.

Gibt es Fettsucht durch „Drüsenstörungen“?

Nur sehr selten, z. B. beim Cushing-Syndrom durch Überproduktion von Glukokortikoiden (s. Cushing-Syndrom, S. 276) oder durch medikamentösen Hyperkortizismus (Kortisonartige Medikamente), tritt die charakteristische Fettanhäufung mit Mondgesicht, Büffelnacken, Stammfettsucht und dünnen Extremitäten auf.

Bei der Hypothyreose wird durch Verlangsamung des Stoffwechsels Energie gespart und Fettgewebe, aber auch vermehrt Gewebsflüssigkeit angesammelt („Myxöxdem").

Andere Fälle endokrin bedingter Fettsucht, z.B. durch Störungen von Hypophysen- und Hypothalamusfunktion, sind extrem selten.

Was darf als Idealgewicht eines Menschen gelten?

Nach der *Broca-Formel* beträgt das Normalgewicht: Körpergröße in cm – 100 (z.B. Größe 170,0 cm, Normalgewicht: 170,0 – 100 = 70,0 kg). Als Idealgewicht wird bei Männern das Normalgewicht der Broca-Formel – 10%, bei Frauen – 15% angesehen.

Eine weitere Formel, die auch die Konstitution und den Knochenbau mit berücksichtigt, ist der *Body Mass Index* (BMI; Körpermassenindex). Dabei wird das Gewicht in kg durch die quadrierte Körpergröße in Metern geteilt. Als Normalgewicht wird bei Frauen ein BMI von 23 kg/m², bei Männern von 24 kg/m² angesehen. Ab einem BMI von 27,3 kg/m² beginnt bei Frauen, ab 27,8 kg/m² bei Männern krankhaftes Übergewicht (Abb. **11.5**).

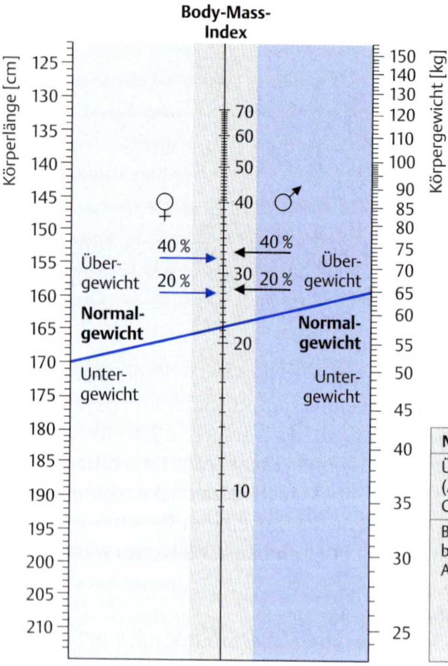

Body-Mass-Index (BMI)

Normal	**– BMI < 25**
Übergewicht (Adipositas Grad I)	– BMI > 25 – 29,9
Behandlungsbedürftige Adipositas	– BMI > 30 oder – BMI 25 – 30 *und* zusätzliche Risikofaktoren (z. B. durch Übergewicht hervorgerufene oder sich verschlimmernde Erkrankungen) oder psychosozialer Leidensdruck

*Abb. **11.5** Body-Mass-Index (BMI). Nomogramm zur Bestimmung des Körpermassenindex. Bei einer Körperlänge von 170 cm und einem Körpergewicht von 65 kg ergibt sich beispielsweise ein BMI von 22,5 (aus Gerlach, u. a.: Innere Medizin für Pflegeberufe, 5. Aufl. Thieme, Stuttgart 2000)*

Welche Mehrbelastung bringt die Fettsucht mit sich?

Fettleibigkeit beansprucht eine vermehrte Tätigkeit des Herzens, des Kreislaufs und der Atmung, um die vermehrte Körpersubstanz zu durchbluten und zu ernähren, aber außerdem noch eine Mehrbelastung, um die größere Körpermasse zu bewegen. Der Adipöse trägt, wo er steht und geht, seine Fettanhäufung als Gepäck mit sich. Das Skelettsystem, besonders Hüft- und Kniegelenke und die Füße, werden durch das stärkere Gewicht mehr belastet.

Welche Zweitkrankheiten werden durch Fettsucht gefördert?

Alle mit Arterioskerose zusammenhängenden Krankheitszustände:

- Bluthochdruck, Koronarsklerose, Herzinfarkt, periphere Durchblutungsstörungen;
- Diabetes mellitus, 90% der Altersdiabetiker haben Übergewicht;
- Gallensteinleiden;
- Gicht, 25% der Adipösen leiden auch an Hyperurikämie;
- Pankreatitis;
- Thrombophlebitis und Thromboembolie;
- Arthrosen, besonders der Knie- und Hüftgelenke;
- bestimmte Hautkrankheiten, z.B. intertriginöse Ekzeme.

Wie häufig ist die Fettsucht?

In den westlichen Industriestaaten leiden 20–30% der Bevölkerung an Fettsucht. 80% der Kinder adipöser Eltern haben auch Übergewicht.

Wie ändert sich die Lebenserwartung durch Fettsucht?

Sie ist durchschnittlich 10 Jahre geringer als die vergleichbarer Normalgewichtiger.

Menschen zwischen 45–50 Jahren müssen bei einem Übergewicht von 9 kg mit einer Abnahme der Lebenserwartung von 18%, bei einem Übergewicht von 18 kg mit einer Zunahme der Mortalität von 45% und bei einem Übergewicht von 40 kg von 116% rechnen.

Welche Voraussetzungen müssen für die Gewichtsabnahme gegeben sein?

Voraussetzung für ein ärztliches Urteil, dass keine Gegenindikation gegen die Gewichtsreduzierung (z.B. offene Tuberkulose) vorliegt. Nicht weniger wichtig ist die Mitarbeit, der feste Entschluss zur Gewichtsabnahme, die mindestens so schwer auf Dauer zu erreichen ist, wie die Aufgabe des Nikotin- oder Alkoholmissbrauchs.

Dauererfolge sind selten, etwa nur in 10% der Fälle, d.h. 90% der adipösen Menschen erreicht keine dauerhafte Gewichtsreduktion.

Wie kann Übergewicht beseitigt werden?

Durch Nulldiät, d.h. unter Flüssigkeitsfasten, Saftfasten unter klinischer Kontrolle.

Reduktionskost nach ärztlichem Diätplan unter Berücksichtigung von Alter, Geschlecht und Beruf mit Begrenzung, z.B. auf 1000 kcal, wobei der Eiweiß-, Eisen- und Vitamingehalt der Nahrung beachtet werden müssen.

Saft-, Obst- oder Milchtage, evtl. Gemüse- oder Reistage, Ersatz von Brot durch Knäckebrot, wenig Fette und Kohlenhydrate, viel Salate und Gemüse in kalorienarmer Zubereitung können die Gewichtsabnahme unterstützen.

Entscheidend bleibt die konsequente Einschränkung der Gesamtkalorienmenge über längere Zeit. Körperliche Bewegung ist wichtig, hilft aber vor allem bei älteren Personen nur wenig zur Gewichtsabnahme.

Was ist von „Appetitzüglern" zu halten?

Ihre kritiklose Anwendung ist gefährlich: Schilddrüsenpräparate verursachen eine gesteigerte Erregbarkeit, Abführmittel können zu Kaliumverlust führen. Appetitzügler sind den Aufputschmitteln der Amphetaminpräparate verwandt, die Sucht bewirken oder einen pulmonalen Hochdruck erzeugen und das Herz schädigen können.

Bulimie

Was wird unter Bulimie verstanden?

Bei der Bulimie (von griech.: Bulimía = Fressgier, eigentlich Ochsenhunger, im Deutschen würde man Wolfshunger sagen) besteht eine zwanghafte periodische Störung des Esstriebes mit *anfallsweisen Fressattacken*, wobei meist heimlich große Mengen hochkalorischer Speisen wahllos durcheinander verschlungen werden. Gleichzeitig besteht eine große Furcht, zu dick zu werden. Deshalb wird das *Wiedererbrechen* der Nahrungsmengen selbst herbeigeführt. Häufig werden auch Abführmittel benützt, um das Gegessene rasch aus dem Körper zu entfernen.

Zumeist erkranken Mädchen und junge Frauen zwischen 13 und 30 Jahren. In letzter Zeit wurde eine deutliche Zunahme von Bulimiefällen beobachtet. Die meisten Patientinnen verheimlichen das Leiden. Es werden stärkere Gewichts- und Stimmungsschwankungen beobachtet, im Allgemeinen bleibt aber das Gewicht normal. Dadurch grenzt sich die Bulimie gegen Fettsucht und Magersucht (Anorexia nervosa) ab, obwohl es auch Übergänge zu diesen gibt.

Die Ursache dieser Triebstörungen des Essverhaltens ist im psychischen Bereich zu suchen und meist nicht eindeutig zu klären. Die psychische Situation bei Bulimie ist durch den Teufelskreis zwischen der suchtartigen Fressgier einerseits und dem Masochismus der Selbstbestrafung durch Erbrechen und Abführen andererseits sowie durch Schuld- und Schamgefühle gekennzeichnet. Selbstmordversuche sind überdurchschnittlich häufig. Therapeutisch versucht man durch Selbsthilfegruppen (wie bei Alkoholikern) und andere psychotherapeutische Maßnahmen Besserung zu erzielen.

Magersucht

Wodurch kann es zur Abmagerung kommen?

- Mangel an Nahrungsmitteln (Kriegs- und Hungerzeiten);
- Störung der Nahrungsaufnahme infolge von Entzündungen oder Tumoren im Rachen oder in der Speiseröhre;
- mangelhafte Ausnützung der Nahrung bei chronischen Durchfallsleiden, Schleimhautatrophie im Magen-Darm-Trakt oder Pankreaserkrankungen;
- Stoffwechselsteigerung durch Fieber, chronische Infektionen (Tuberkulose), Hyperthyreose oder Diabetes mellitus mit Zuckerverlust durch den Urin;
- Krebskachexie;
- Darmparasiten;
- psychische Krankheitszustände, z.B. Depressionen oder die sog. Postpubertätsmagersucht (Anorexia nervosa).

Was bedeutet Anorexia nervosa?

Es handelt sich um eine psychogene Magersucht. Sie tritt im Anschluss an die Pubertät fast nur bei Mädchen auf (Postpubertätsmagersucht). Durch eine psychopathologische Abwehrreaktion gegen die Nahrungsaufnahme, oft auch mit körperlicher Überaktivität verbunden, kommt es zu einer extremen Abmagerung mit Amenorrhö (Abb. **11.6a u. b**). Die Anorexia nervosa entwickelt sich durch eine psychische Reifungskrise mit einer Art Trotzreaktion gegen die Umwelt (Familie) und gegen die eigene Rolle in der Welt.

Von der Simmonds-Kachexie (Sheehan-Syndrom) durch Zerstörung des Hypophysenvorderlappens ist sie durch das Erhaltenbleiben der Achsel- und Schambehaarung zu unterscheiden (s. Simmonds-Krankheit, S. 267).

Dystrophie

Was bedeutet Dystrophie?

Dystrophie bedeutet Mangel- und Fehlernährung. Meist wird damit ein Eiweißmangelschaden bezeichnet, der durch Unterschreitung des für den Menschen erforderlichen Eiweißminimums in der Nahrung von täglich 1 g vollwertigen Eiweiß pro kg Körpergewicht entsteht. Wenn sich dadurch das Plasmaeiweiß vermindert und der kolloidosmotische Druck in den Kapillaren absinkt, kommt es zum Flüssigkeitsaustritt in die Gewebe (Hungerödem). Dystrophische Veränderungen sind vor allem bei Kindern in den Entwicklungsländern häufig.

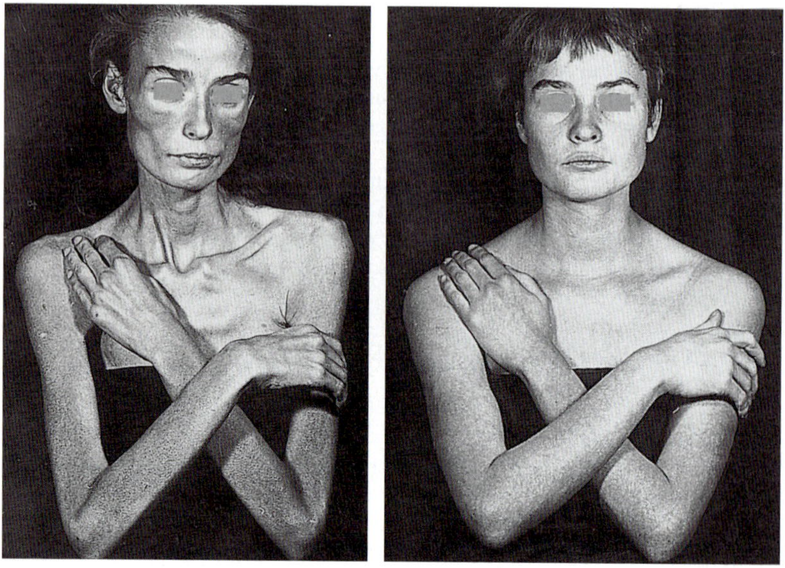

Abb. ***11.6a u. b*** *Magersucht (Anorexia nervosa). 17-jährige Patientin* ***a*** *vor und* ***b*** *nach der Therapie (aus Gerlach, u. a.: Innere Medizin für Pflegeberufe, 5. Aufl. Thieme, Stuttgart 2000)*

11.2.6 Störungen der Nährstoffzufuhr

Vitamine

Was sind Vitamine?

Vitamine sind lebensnotwendige organische Nahrungsstoffe, die in meist nur sehr geringen Mengen für Stoffwechsel und Gesundheit unentbehrlich sind und vom menschlichen Organismus nicht hergestellt werden können.

Was ist eine Avitaminose?

Das Fehlen eines Vitamins führt zu einer Vitaminmangelkrankheit, einer Avitaminose, und schließlich zum Tod. Bei einseitiger Ernährung, erhöhtem Bedarf (z.B. Schwangerschaft, Infektionskrankheiten) oder Resorptionsstörungen mit ungenügender Vitaminaufnahme entstehen Hypovitaminosen.

Die normale gemischte Kost enthält für den Gesunden genug Vitamine. Die Werbung für Vitaminpräparate ist übertrieben; die meisten Verordnungen von Vitaminen sind unbegründet.

Wie werden die Vitamine eingeteilt?

Nach ihrer Löslichkeit unterscheidet man die wasserlöslichen Vitamine des Vitamin-B-Komplexes (B_1 = Thiamin, Aneurin; B_2 = Riboflavin; B_6 = Pyridoxin; B_{12} = Cobalamin; B_c = Folsäure), ferner Vitamin C und die fettlöslichen Vitamine A, D, E, K.

Welche Störungen entstehen durch Fehlen des Vitamins A?

Nachtblindheit (Hemeralopie) und Austrocknung der Bindehaut des Auges (Xerophthalmie), Erweiterung der Hornhaut (Keratomalazie), Haut- und Schleimhautschäden („Epithelschutzvitamin"). Auch für Schilddrüse und Leber ist Vitamin A unentbehrlich.

Wo kommt Vitamin A vor?

Es findet sich in der Leber, besonders im Fischlebertran, in Butter, Rahm und Eigelb. Eine Vorstufe des Vitamins A ist das Karotin in Karotten und anderen Gemüsen.

Was wird unter Vitamin-B-Komplex verstanden?

Damit wird eine Gruppe von Vitaminen zusammengefasst, die Teile von Stoffwechselfermenten bilden. Die Vitamine des B-Komplexes finden sich z.B. in der Bäckerhefe.

Was wissen Sie über Beriberi und Pellagra?

Bei der Beriberi fehlt vor allem Vitamin B_1 (Aneurin, Thiamin), bei Pellagra Vitamin B_2 (Laktoflavin, Riboflavin), neben anderen Vitaminen z.B. B_6 (Nikotinsäureamid, Niazin) und hochwertigen Eiweißstoffen. Die Beriberi tritt auf, wo die Hauptnahrung geschälter Reis ist (Ostasien). Der Kohlenhydratstoffwechsel ist gestört; es kommt zu Ödemen, Herzerweiterung und Polyneuritis. Eine Vitamin-B_1-Hypovitaminose kann bei Alkoholikern eine Rolle spielen.

Die Pellagra kommt bei fast ausschließlicher Maisernährung (Mittelamerika) vor. Es treten Dermatitis mit Rötung und Schuppung der Haut, Magen-Darm-Störungen und psychische Symptome auf (Krankheit der drei D: Dermatitis, Diarrhö, Demenz).

Wie heißt die Krankheit durch Mangel an Vitamin B_{12}?

Perniziöse Anämie (s. Seite 23). Es handelt sich aber nicht um ein Fehlen des Vitamins B_{12} (Extrinsic factor) in der Nahrung, sondern um eine Resorptions- und Verwertungsstörung von Vitamin B_{12} durch das Fehlen des Intrinsic factor der Magenschleimhaut.

Wann kann es zu Folsäuremangel kommen?

Nur durch sehr einseitige Ernährung, z.B. mit Teigwaren, bei Alkoholismus, schweren Leberschäden oder Darmstörungen kann es zu Folsäuremangel und zu einer hyperchromen Anämie kommen (s. Folsäuremangelanämie, S. 23). In der

Schwangerschaft besteht ein erhöhter Bedarf. In gemischter Kost und durch die Tätigkeit der Darmbakterien steht dem Organismus normalerweise genügend Folsäure zur Verfügung.

Welche Krankheit entsteht durch Vitamin-C-Mangel?

Durch Mangel an Vitamin C (Askorbinsäure) entsteht das Krankheitsbild des Skorbuts (bei Kindern Moeller-Barlow-Krankheit genannt), eine hämorrhagische Diathese mit Zahnfleischblutungen (Gingivitis) und Blutungen in die Gelenke, mit Anämie und Infektionsanfälligkeit.

Wodurch kann es zur C-Hypovitaminose kommen?

- Mangel an frischem Obst und Gemüse (z.B. früher gegen Ende des Winters);
- einseitige Ernährung, schlechte Lagerung, zu langes Kochen, Warmhalten, Aufwärmen des Essens mit teilweiser Zerstörung des Vitamins C durch Hitze;
- höheren Bedarf in der Schwangerschaft, Stillperiode, bei Infektionen, Rheuma und im Alter. Alte und verwirrte Patienten ernähren sich oft sehr schlecht und einseitig, teils aus Armut, teils aus Vereinsamung.

Was ist Vitamin D und woher kommt es?

Vitamin D wird nach heutigen Kenntnissen nicht mehr der Definition eines Vitamins gerecht, sondern ist ein Vorläuferhormon (Prohormon), aus dem bedarfsweise das wirksame Vitamin D-Hormon entsteht. Vitamin D wird als Cholecalciferol (Vitamin D3) entweder mit der Nahrung aufgenommen (Fisch, Ei, Milch, Butter, Gemüse) oder es entsteht in der Haut unter dem Einfluss des UV-Lichts der Sonne (Abb. **11.7**). Nach Verstoffwechslung in der Leber gelangt 25-Hydroxy-Vitamin D in die Niere, wo das eigentlich wirksame 1,25-Dihydroxycholecalciferol (auch Calcitriol) entsteht. Dialyse-Patienten ohne eigene Nierenfunktion haben daher einen Vitamin D-Mangel, der ausgeglichen werden muss.

Welche Rolle spielt Vitamin D im Stoffwechsel?

Calcitriol steigert die Kalziumaufnahme aus dem Darm und spielt eine wichtige Rolle für den Einbau von Kalksalzen in das Skelett. Fehlt es, so entsteht beim Erwachsenen eine Knochenerweichung (Osteomalazie), beim wachsenden Skelett des Kindes eine Rachitis.

Welche Zeichen treten bei Rachitis auf?

- Beim Kind Froschbauch;
- Verbreiterung der Epiphysenfuge, Vorwölbung der Stirn, Quadratkopf, offene Fontanelle;
- rachitischer Rosenkranz durch Auftreibung der Knorpel-Knochen-Grenzen an den Rippen;
- vor allem O-, aber auch X-Beine;
- Thoraxdeformierung, Kyphoskoliose;

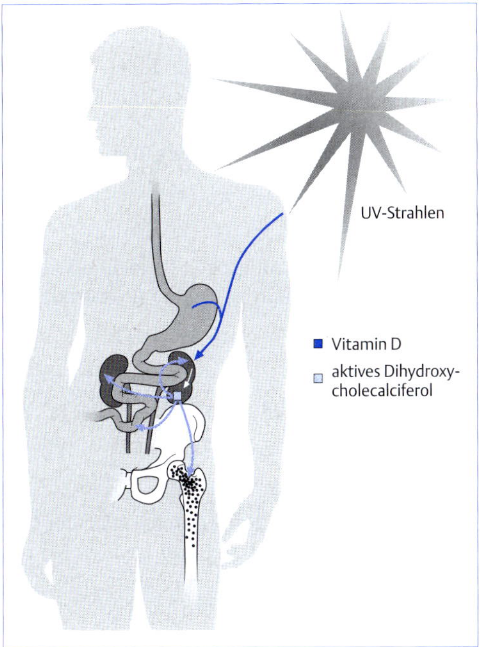

Abb. ***11.7*** *Wirkungen des Vitamin D. Vitamin D entsteht entweder in der Haut durch Sonneneinstrahlung oder wird mit der Nahrung aufgenommen (blaue Pfeile). Die Niere aktiviert Vitamin D zu Dihydroxycholecalciferol. Dieses aktive Hormon regt den Knochen zum Kalziumeinbau, den Darm zur Kalziumaufnahme und die Niere zur Kalziumresorption an (aus Schwegler, J.: Der Mensch – Anatomie und Physiologie, 2. Aufl. Tieme, Stuttgart 1998)*

- rachitisches Kartenherzbecken mit Verengung des Beckeneingangs (Geburtshindernis);
- rachitischer Zwergwuchs;
- Schmelzdefekte der Zähne.

Welche Symptome können auf Osteomalazie hinweisen?

Schmerzen im Rücken, im Becken und in den Beinen. Knochendeformierungen mit Kyphoskoliose und Verbiegung der Oberschenkel, typischer Watschelgang. Wegweisend für die Diagnose sind eine Erhöhung der alkalischen Phosphatase und charakteristische Röntgenbefunde.

Die Osteomalazie muss von der Altersosteoporose, die besonders bei Frauen nach der Menopause auftritt, unterschieden werden.

Wie sind Rachitis und Osteomalazie zu behandeln?

Bei unzureichendem Angebot oder gestörter Aufnahme von Vitamin D wird mit genuinem Vitamin D, oral 10000–20000 i.E. pro Tag behandelt. Die Dosis muss genau eingehalten werden, da es auch zu Intoxikationen bei Überdosierung kommen kann. Zusätzlich ist ein ausreichendes Kalziumangebot (1–2 g/Tag) erforderlich. Parameter für den Behandlungserfolg ist der Abfall der alkalischen Phosphatase.

Zur Verhinderung einer Rachitis sollten vor allem Kinder mit dunkler Hautpigmentierung eine Vitamin-D-Prophylaxe bekommen. Im Sommer 500 I.E., im Winter 1000 I.E. Vitamin D/Tag.

Patienten mit terminaler Niereninsuffizienz brauchen eine Substitution mit Calcitriol (z.B. Rocaltrol).

Welche Bedeutung hat das Vitamin E?

Die Bedeutung von Vitamin E (Tocopherol) für den Menschen ist nicht erwiesen, doch wird es von manchen Forschern als Schutzfaktor gegen die Arteriosklerose angesehen.

Welche Bedeutung hat das Vitamin K?

Das Vitamin K ist Voraussetzung für die Prothrombinbildung in der Leber (s. Störung der Blutgerinnung, S. 14).

Wodurch kann es zu Mangel an Vitamin K kommen?

Als fettlösliches Vitamin kann es, z.B. bei Verschlussikterus durch Fehlen der Gallensäuren im Darm nicht resorbiert werden: Es kommt zu Blutungen infolge von Prothrombinmangel. Durch Antikoagulanzien vom Typ der Kumarine wird Vitamin K in der Leber blockiert und die Bildung von Prothrombin herabgesetzt.

Spurenelemente

Was sind Spurenelemente?

Unter der Bezeichnung Spurenelemente fasst man eine Gruppe von verschiedenen Elementen zusammen, die im menschlichen Körper nur in äußerst geringen Mengen vorkommen, aber lebensnotwendig sind.

- *Jod* für die Schilddrüsenhormonbildung (s. Seite 260), besonders in Seefischen und im jodierten Kochsalz vorkommend;
- *Eisen* für die Hämoglobinbildung, besonders in Leber und Fleisch enthalten (s. Eisenmangelanämie, S. 23);
- *Kobalt* zur Bildung von Vitamin B_{12}, besonders in Leber vorkommend;
- *Kupfer* als Bestandteil von Enzymen und zur Blutbildung, besonders in der Leber, auch in Hefe, Tee und Kaffee enthalten;
- *Mangan* zum Aufbau von Enzymen, reichlich in Hülsenfrüchten, Getreide und Gemüse enthalten;
- *Zink* in Enzymen, in Hülsenfrüchten und Getreide enthalten;
- *Fluor* als karieshemmender Faktor, in Seefischen oder in künstlich mit Fluor angereichertem Trinkwasser (USA) oder Kochsalz (Schweiz) enthalten.

Störungen des Wasser- und Elektrolythaushalts

Welche Bedeutung haben Verschiebungen im Wasser- und Elektrolythaushalt?

Sie können lebensbedrohlich sein. Der Wasser- und Elektrolythaushalt bedarf deshalb einer verantwortungsvollen Kontrolle durch das Pflegepersonal.

Welche drei Flüssigkeitsräume im Körper sind zu unterscheiden?

Das Blutplasma: *intravasaler* Raum in den Blutgefäßen; die Flüssigkeiten zwischen den Zellen: *interstitieller* Raum; beide zusammen auch als extrazellulärer Raum bezeichnet; die intrazelluläre Flüssigkeit: *Intrazellularraum.*

Alle drei Flüssigkeitsräume machen je nach Lebensalter 60–70% des Körpergewichts aus.

Wodurch kann es zur Dehydration kommen?

- Durch Wassermangel, z.B. durch ungestillten Durst;
- vermehrte Wasserausscheidung, z.B. überstarke Diurese (z.B. diabetisches Koma);
- Salz- und Wasserverluste infolge von Erbrechen oder Durchfällen (z.B. Cholera);
- verringerte oder fehlende Flüssigkeitszufuhr alter Menschen mit Hirnleistungsstörungen (Demenz) bei ungenügender Pflege.

Welche Symptome können bei Wasserverarmung auftreten?

Durst, Oligurie, trockene Haut, stehenbleibende Hautfalten, Anstieg von Harnstoff und Kreatinin, Serum-Natrium, Hämatokrit und Serumeiweiß, Azidose, Muskelkrämpfe, Fieber, Unruhe, Delirium, Koma bis hin zum Tod.

Zu welchen Erscheinungen kann es bei Hyperhydration kommen?

Es kann das Bild der sog. Wasserintoxikation entstehen, z.B. durch übermäßige Flüssigkeitszufuhr (Infusionen) bei Herz- und Nierenkrankheiten: Schwäche, Apathie, Übelkeit, Erbrechen, Durchfall; Atemnot; Ödeme, vor allem ein bedrohliches Lungenödem; Kopfschmerzen, evtl. epileptische Krämpfe durch Hirnödem; Delirien, Koma, Tod.

Was sind Elektrolyte?

In Wasser gelöste Salze, z.B. Kochsalz (NaCl), zerfallen in ihre Ionen, z.B. Na^+ und Cl^-. Weil alle Ionen elektrisch geladen sind, nennt man sie Elektrolyte. Die wichtigsten positiv geladenen Ionen sind Natrium (Na^+), Kalium (K^+), Calcium (Ca^{++}), Magnesium (Mg^{++}), Chlorid (Cl^-), Bikarbonat (HCO_3^-), Phosphat (PO_4^{2-}) und Sulfat (SO_4^{2-}).

Was bestimmt man mit mval?

In Milliäquivalent (mval) werden die Ionenkonzentrationen angegeben, da nicht die Gewichtsprozente, sondern das chemische Bindungsvermögen bei Elektrolytlösungen entscheidend ist.

Was sind molare Lösungen?

Da die chemischen Reaktionen nicht nach den absoluten Gewichtsverhältnissen der Substanzen, sondern nach der Zahl der Moleküle ablaufen, ist es wichtig, diese zu bestimmen: 1 Mol ist das Molekulargewicht in Gramm, eine einmolare Lösung enthält ein Mol des gelösten Stoffes in 1000 ml Lösung.

Was ist der pH-Wert einer Lösung?

Der negative dekadische Logarithmus der Wasserstoffionenkonzentration in der Lösung. Der pH-Wert ist somit das Maß für die saure oder basische (alkalische) Reaktion einer Lösung.

Welche pH-Werte des Blutes können vorkommen?

Der Normalwert beträgt: 7,38–7,42.

pH-Werte über 7,45 entsprechen einem Anstieg der Basen: *Alkalose.*

pH-Werte unter 7,35 zeigen einen Anstieg der Säuren: *Azidose.*

Der normale pH-Wert ist Ausdruck eines Gleichgewichtszustandes zwischen Säuren und Basen im Blut, der durch ein Puffersystem exakt eingestellt wird.

Was wird unter dem Standardbikarbonat des Blutes verstanden?

Um den pH-Wert konstant halten zu können, muss das Blut saure oder alkalische Substanzen abpuffern können. Die wichtigsten Puffersubstanzen sind Bikarbonat, Phosphate, Hämoglobin und andere Eiweiße. Die basische Bindungskapazität des arteriellen Blutes, die dem ionisch gebundenen CO_2 entspricht, bezeichnet man als Standardbikarbonat. Der Normalwert beträgt 22–30 mval/l.

Wodurch können Azidosen entstehen?

Metabolische Azidosen bei Diabetes mellitus, bei Niereninsuffizienz und im Hungerzustand.

Respiratorische Azidosen durch Beeinträchtigung des Atemzentrums bei Narkose, Morphium- oder Barbituratwirkung auf das Atemzentrum oder durch Hirndruck bei Enzephalitis.

Wie kann es zur Alkalose kommen?

Metabolische Alkalose infolge von Säureverlusten (HCl) durch Erbrechen oder Magenspülung.

Respiratorische Alkalose infolge von Säureverlusten durch vermehrtes Abatmen von CO_2 bei Hyperventilation oder Fieber.

Wie werden metabolische Azidose oder Alkalose behandelt?

Bei metabolischer *Azidose* wird die Grundkrankheit behandelt, z.B. Insulin bei Ketoazidose. In Extremfällen wird das Gleichgewicht durch Infusionen von 8,4%igen Na-Bikarbonat wieder hergestellt. Achtung vor Überdosierung!

Die metabolische *Alkalose* wird mit physiologischer Kochsalzlösung ausgeglichen.

Wie kann es zum Kaliummangel kommen?

Er ist eine häufige und wichtige Stoffwechselstörung, verursacht durch zu starke Diurese (Saluretika), starke Diarrhöen (Laxanzienabusus), Niereninsuffizienz mit Polyurie, bei schweren Leberkrankheiten, Leberzirrhose, nach Azidose im diabetischen Koma, bei Nebennierenüberfunktionen: Hyperaldosteronismus (Conn-Syndrom) (s. Seite 277), bei kaliumfreien Dauerinfusionen und auch durch Lakritzenabusus.

Wie ist der Kaliummangel auszugleichen?

Vorbeugend durch kaliumreiche Kost: Aprikosen, Bananen, Tomaten; Kaliumpräparate per os, in ausgeprägten Fällen mit Herzrhythmusstörungen auch intravenös. Kaliumlösungen nie unverdünnt in die Vene injizieren, sondern immer nur in einer Kochsalz- oder Glukoselösung verdünnt langsam infundieren! Gefahr des Herzstillstands!

Wodurch kann eine Hyperkaliämie eintreten?

Bei Niereninsuffizienz mit Olig- oder Anurie und Urämie, Nebennierenrindeninsuffizienz (Morbus Addison, s. Seite 275), übermäßiger intravenöser Kaliumzufuhr, durch „kaliumsparende Diuretika" wie Triamteren oder Amilorid oder durch Aldosteronantagonisten wie Spironolacton.

Wie können die Serumkalziumwerte verändert sein?

Bei D-Avitaminose (Rachitis, Osteomalazie) und bei Hypoparathyreoidismus mit Tetanie ist das Serumkalzium erniedrigt.

Bei Überdosierung von Vitamin D, Parathormon, A.T. 10 und Epithelkörperchenadenom (Morbus Recklinghausen, s. Hyperparathyreoidismus, S. 273) ist es erhöht.

12 Rheumatischer Formenkreis

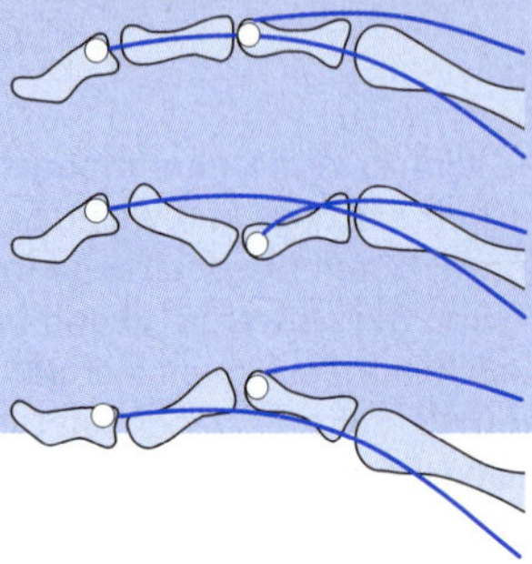

12.1 Untersuchungsmethoden

Welche Untersuchungen sind bei rheumatoider Arthritis wichtig?

Am wichtigsten sind die Anamnese und die sorgfältige körperliche Untersuchung durch einen erfahrenen Arzt.

Wichtig, aber für die Diagnose nicht beweisend sind einfache Laborbefunde wie BKS, CRP, Blutbild, Serum-Eisen und Elektrophorese. Der Nachweis des Rheumafaktors im Serum kann eine chronische Polyarthritis weder beweisen noch sein Fehlen diese Erkrankung ausschließen.

Der Röntgenbefund ist im Frühstadium der Krankheit meistens unauffällig, erst später entwickelt sich eine gelenknahe Osteoporose. Schließlich folgen Knochenusuren und Zysten.

Oft kann die endgültige Diagnose erst aus dem Verlauf der chronischen Erkrankung gestellt werden.

12.2 Krankheiten des rheumatischen Formenkreises

Was bedeutet Rheumatismus?

Rheumatismus ist keine bestimmte Krankheit, sondern ein Sammelbegriff für verschiedene schmerzhafte Krankheiten des Bewegungsapparates (Knorpel, Knochen, Muskeln, Bindegewebe), die in wechselnd starker Ausprägung auftreten. Der Begriff ist sehr unscharf und sollte von medizinischen Fachleuten nicht mehr verwendet werden.

Welche Krankheiten gehören zum rheumatischen Formenkreis?

In die Erkrankungen des rheumatischen Formenkreises werden verschiedene, pathogenetisch sehr unterschiedliche, entzündliche und degenerative Krankheiten des Binde- und Stützgewebes eingeordnet.

Unterschieden wird zwischen:

- *Chronische Polyarthritis* (auch rheumatoide Arthritis): chronisch fortschreitende Gelenkzerstörung und bleibender Funktionsverlust der Gelenke;
- *reaktive Arthritiden* und *Reiter-Syndrom:* infektionsbedingte Gelenkerkrankungen, die der primären Infektion (meist urogenitale oder gastrointestinale Infektion) mit einer gewissen Latenzzeit folgen und bei der die Mikroorganismen nicht im Gelenk nachgewiesen werden können;

- *Spondylitis ankylosans (Morbus Bechterew):* chronische Erkrankung des Achsenskeletts, die häufig mit einem Befall der Iliosakralgelenke beginnt und zu einer vollständigen Versteifung der gesamten Wirbelsäule führen kann;
- *Psoriasisarthritis:* entzündliche Gelenkerkrankung; vor allem der peripheren Gelenke, die mit einer Psoriasis assoziiert ist;
- *rheumatisches Fieber:* entzündliche Gelenk- und Systemerkrankung im Anschluss an eine Streptokokkeninfektion der Gruppe A, die heute in Europa fast verschwunden ist;
- *infektiöse (septische) Arthritis:* hier werden Erreger im Gelenkpunktat gefunden (meist Staphylokokken, Gonokokken, Tbc);
- Arthritis bei *Lyme-Borreliose*;
- Arthritiden bei *chronisch entzündlichen Darmerkrankungen* (Colitis ulcerosa, Morbus Crohn);
- *parainfektiöse Arthritiden:* bei Virusinfektionen (Grippe, Hepatitis, Röteln);
- *Kollagenosen:* Autoimmunerkrankungen des Bindegewebes mit häufiger Beteiligung innerer Organe; Lupus erythematodes (LE), Dermatomyositis, Sklerodermie, Mischkollagenose (Sharp-Syndrom), Panarteriitis nodosa, Sjögren-Syndrom;
- *Polymyalgia rheumatica:* entzündliche Erkrankung mit Schmerzen in der Muskulatur des Schulter- und Beckengürtels meist bei älteren Menschen;
- *Fibromyalgiesyndrom:* ätiologisch ungeklärte Schmerzen vor allem der Muskel- und Sehnenansätze ohne Zeichen einer Entzündung, wahrscheinlich psychosomatisches Leiden;
- *Gicht* (Arthritis urica): akute Arthritis meist des Großzehengrundgelenks durch Phagozytose von Harnsäurekristallen im Gelenk, fast nur bei Männern auftretend (s. Gicht, S. 293);
- *Arthrosen:* von einer Knorpeldestruktion ausgehende degenerative Gelenkerkrankung, die sich an der Wirbelsäule als Osteochondrose und Spondylarthrose, an den Gelenken vor allem als Koxarthrose, Gonarthrose und Omarthrose (Hüfte, Knie, Schulter) sowie an den Fingerend- und -mittelgelenken manifestieren kann; reaktive knöcherne Anbauten führen zu Gelenkdeformierungen.

Welche Vorgänge im Gewebe liegen den rheumatischen Krankheiten zugrunde?

- Entzündliche, destruierende und reaktiv reparierende Prozesse bei der chronischen Polyarthritis im Rahmen eines Autoimmunprozesses;
- degenerative und reaktive, z.T. mit Verkalkung einhergehende Prozesse bei den Arthrosen;
- entzündlich-eitrige Veränderungen bei der Infektarthritis;
- „chemische Entzündung" durch Harnsäureablagerung im Gewebe;
- allergisch-entzündliche Reaktion beim rheumatischen Fieber.

12.2.1 Rheumatisches Fieber

Wodurch kommt es zum rheumatischen Fieber?

Es ist eine Zweitkrankheit, der eine Ersterkrankung an Angina, Scharlach oder Erysipel durch β-hämolysierende Streptokokken der Gruppe A vorausging. 2–3 Wochen nach der Streptokokkeninfektion kommt es etwa in 3% der Fälle durch eine abnorme Sensibilisierung zu einer Überempfindlichkeit mit überschießender Antigen-Antikörper-Reaktion des Organismus. Diese spielt sich an der Gelenkinnenhaut (Synovia), am Endo-, Myo- oder Perikard, evtl. auch der Haut (z.B. Erythema marginatum) ab.

Das rheumatische Fieber ist heute in Mitteleuropa eine Rarität. Besonders Kinder und junge Erwachsene erkrankten daran.

Welches sind die Hauptsymptome des rheumatischen Fiebers?

Polyarthritis und Karditis. Karditis, bei Kindern bis zu 80%, bei Erwachsenen um 10–30% als Endo-, Myo-, Perikarditis mit Tachykardie, krankhaften Herzgeräuschen, Herzerweiterung und EKG-Veränderungen. Selten, vor allem bei Kindern, in Form der Chorea minor als rheumatische Erkrankung des Zentralnervensystems mit Bewegungsunruhe und Grimassieren.

Auch eine rheumatische Pleuritis, Peritonitis und eine Nierenbeteiligung als Herdnephritis oder Glomerulonephritis können beim rheumatischen Fieber vorkommen.

Welche Behandlungsmaßnahmen sind beim rheumatischen Fieber wichtig?

- Ruhigstellung der Gelenke, evtl. auch Wattepackungen;
- strenge Bettruhe bis zum Abklingen der Entzündungserscheinungen;
- im akuten Stadium Penizillinbehandlung mit etwa 2 Mill. E täglich, anschließend, evtl. über Jahre Rezidivprophylaxe mit Penizillin;
- antirheumatische Medikamente, die entzündungshemmend und schmerzlindernd wirken wie: Salizylsäurepräparate (Aspirin), Indometacin (Amuno), Prednisolon (Vorsicht bei Ulkusgefahr, Diabetes oder Tuberkulose).

Nach Verschwinden der Aktivitätszeichen: Rehabilitation mit Krankengymnastik und physikalischer Therapie.

Was ist gegen die hohe Rezidivneigung des Streptokokkenrheumatismus zu tun?

Besonders bei Herzbeteiligung ist eine Rezidivprophylaxe mit Penizillin evtl. über Jahre hinaus fortzuführen, da die bereits vorgeschädigten Herzklappen für neue rheumatische Schübe sehr anfällig bleiben.

12.2.2 Chronische Polyarthritis

Wie beginnt das Krankheitsbild der rheumatoiden Arthritis (chronischen Polyarthritis)?

Die Gelenkbeschwerden beginnen bei der chronischen Polyarthritis meist schleichend, oft symmetrisch, besonders an den kleinen und mittleren Gelenken, z. B. der Hände und Füße, mit spindelförmigen Auftreibungen, anfangs oft nur Steifigkeit und Schmerzhaftigkeit nach längerer Ruhe, z. B. morgens. Als Allgemeinsymptome werden Mattigkeit, Gewichtsabnahme, Neigung zum Schwitzen beobachtet.

Wie kann sich der Verlauf der rheumatoiden Arthritis entwickeln?

Die Entwicklung kann verschieden schnell gehen und sich über viele Jahre erstrecken. Verschlimmerungsschübe und Ruhepausen können sich abwechseln. Es werden immer mehr Gelenke befallen. Die Gelenke zeigen fortschreitende Deformierung. Einschränkung der Beweglichkeit bis zur Versteifung und Verkrüppelung (Abb. **12.1**). Gleichlaufend kommt es zu Muskel- und Knochenatrophie.

Welcher Personenkreis erkrankt besonders häufig an rheumatoider Arthritis und welche Veränderungen liegen zu Grunde?

80% der Kranken sind Frauen, zumeist beginnt die rheumatoide Arthritis im 4. Lebensjahrzehnt. Es liegt ein unbekannter Autoimmunprozess (Autoaggression) zu Grunde. Es handelt sich um eine Entzündung der Gelenkinnenhaut (Synovia) mit fortschreitender Bindegewebswucherung (Pannus), die über den Gelenkknorpel wächst und diesen und den darunter liegenden Knochen zerstört.

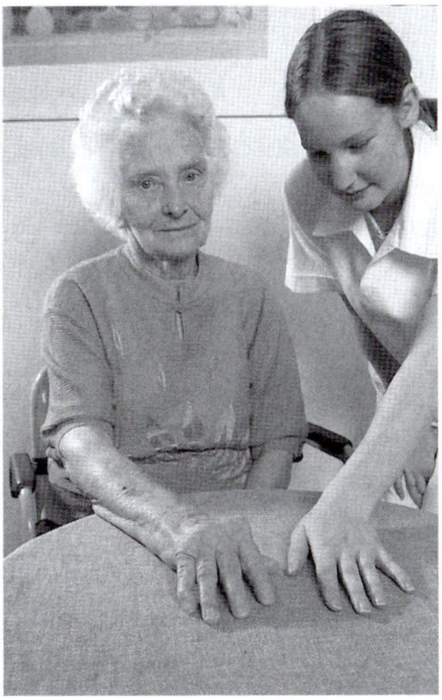

*Abb. **12.1** Deformation der Hand bei chronischer Polyarthritis (links) im Vergleich zu einer gesunden Hand (rechts) (aus Kellnhauser, u. a.: Thiemes Pflege, 9. Aufl. Thieme, Stuttgart 2000)*

Wie wird die rheumatoide Arthritis behandelt?

Medikamentös:

Man unterscheidet symptomatisch, d.h. schmerz- und entzündungshemmende Medikamente und krankheitsmodifizierende Basistherapeutika. Zur ersten Gruppe gehören die nichtsteroidalen Antirheumatika wie Indomethacin, Diclofenac oder Ibuprofen (z.B. Voltaren, Amuno), die COX-2-Hemmer (Celebrex, Vioxx) und die Kortikosteroide (z.B. Decortin, Ultralan).

Die zweite heterogene Gruppe umfasst Immunsuppressiva, Zytostatika, Goldsalze, Antimalariamittel und Antikörper gegen Tumornekrosefaktor-alpha. Dazu gehören Methotrexat, Sulfasalazin, Chloroquin, Cyclosporin A, Auranofin, Azathioprin, Cyclophosphamid, Leflunomid, Etanercept und Infliximab. Die Therapie ist heute so komplex geworden, dass sie nur von Spezialisten durchgeführt werden sollte.

Physikalisch:

Im akuten Entzündungsschub Kälteanwendungen, z.B. Eispackungen; im Intervall eher Wärme, z.B. Fangopackungen, Thermalbäder. Dazu Bewegungstherapie.

Operativ:

Synovektomie zur Entfernung des entzündet veränderten Gewebes im Gelenk (Pannus); Gelenkersatz.

Strahlentherapeutisch:

Einspritzung eines Radionuklids, das sich spezifisch in Entzündungszellen anreichert und diese zerstört (Radiosynoviorthese).

Mit welchen Nebenwirkungen muss bei antirheumatischen Medikamenten gerechnet werden?

Hochdosierte Salizylpräparate können Schwindel, Übelkeit, Brechreiz und eine toxische Myokardschädigung auslösen. Längere Behandlung mit nicht-steroidalen Antirheumatika und Kortikosteroiden kann zur Ulkusbildung führen.

Kortikosteroide können nicht nur eine Ulkusbildung, sondern auch die Aktivierung einer Tuberkulose, die Verschlimmerung einer diabetischen Stoffwechselstörung oder ein iatrogenes Cushing-Syndrom auslösen.

Goldpräparate und Immunsuppressiva verursachen manchmal Leukopenie, Anämie und Hautausschläge.

12.2.3 Degenerative Erkrankungen der Gelenke und der Wirbelsäule

Welche degenerativen Veränderungen der Wirbelsäule werden unterschieden?

Die Degeneration der Knorpelanteile und der Bandscheiben zwischen den Wirbelkörpern mit Randzackenbildung an den Wirbelkörperkanten heißt *Osteochondrose*.

Die degenerativen Veränderungen an den kleinen Wirbelgelenken mit Randwulstbildung wird *Spondylarthrose* genannt.

Welche Folgen kann eine Osteochondrose haben?

Diese bei älteren Menschen sehr häufigen Veränderungen können durch Verschiebung der Bandscheiben (Abb. **12.2a** u. **b**) Muskelverspannungen, z.B. Hexenschuss (Lumbago), oder Schiefhals (steifer Hals) verursachen.

Es können aber auch vom Rückenmark abgehende Nervenwurzeln gedrückt oder gezerrt werden und dadurch ausstrahlende Schmerzen entstehen (Wurzelneuralgie), z.B. im Lumbalbereich als Ischias, im Halsabschnitt als Brachialgien oder als zum Teil auch migräneartige Hinterkopfschmerzen. Beim Bandscheibenvorfall in den Rückenmarkskanal können Lähmungserscheinungen auftreten (Abb. **12.2b**).

Welche Maßnahmen kommen bei Bandscheibenbeschwerden in Frage?

- Feststellung des Schädigungsortes durch den klinischen Befund, Röntgenaufnahmen, CT, Kernspintomografie oder Myelografie;
- Ausschluss anderer Erkrankungen;
- als Behandlung richtige Lagerung, Gelenke in Mittelstellung, Schmerzmittel (nichtsteroidale Antirheumatika), muskuläre Entspannung, Wärme;
- evtl. chiropraktische Reposition (Einrenken);
- lokale Nukleolyse durch CT-gesteuerte Injektionen;
- bei ausbleibendem Erfolg neurochirurgische Untersuchungen und Eingriffe.

Was heißt Weichteilrheumatismus?

In der Umgebung entzündlich oder degenerativ befallener Gelenke können an Bändern, Sehnen, Sehnenscheiden, Periost und Muskelansatzstellen Schmerzen auftreten. Schmerzhafte Muskelverhärtungen werden als Myogelosen bezeichnet.

Kälte, Nässe, Zugluft, Überbeanspruchung verschlimmern, Wärme, Entspannung und Massagen bessern diese Beschwerden.

Morbus Bechterew

Welche Erscheinungen werden bei der Bechterew-Krankheit beobachtet?

Die Spondylarthritis ankylopoetica tritt vor allem bei jungen Männern auf.

Durch eine chronisch rezidivierende Entzündung der kleinen Wirbelgelenke, der Iliosakralgelenke und des Bandapparates der Wirbelsäule (Abb. **12.3**) kommt

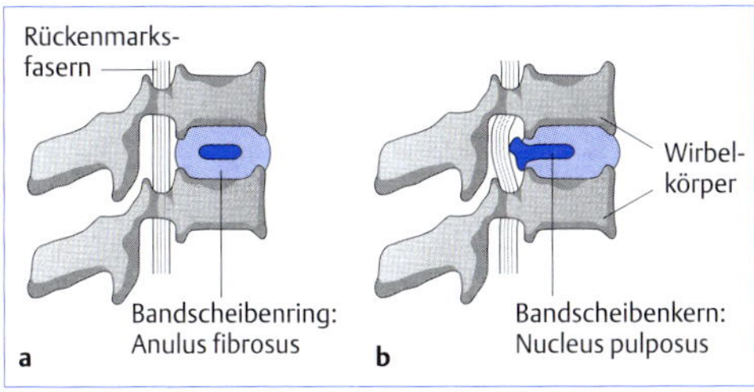

*Abb. **12.2a** u. **b** Wirbelsegment. **a** Normale Bandscheibe, **b** dorsaler Bandscheibenvorfall*

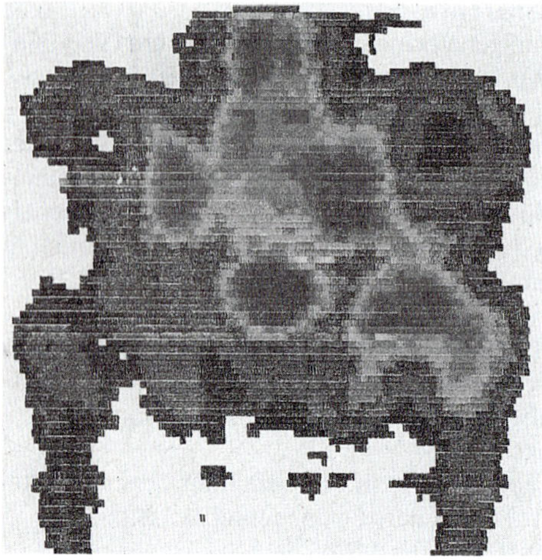

Abb. **12.3** *Morbus Bechterew. Szintigrafische Darstellung der Entzündung in den Iliosakralgelenken, des linken Hüftgelenks und der Lendenwirbelsäule (aus Gerlach, u. a.: Innere Medizin für Pflegeberufe, 5. Aufl. Thieme, Stuttgart 2000)*

es zu einer langsam fortschreitenden Verkalkung, Versteifung und Verkrümmung der Wirbelsäule. Auch die Rippen-Wirbel-Gelenke versteifen allmählich, so dass die Atembewegungen eingeengt werden. Manchmal sind auch große Gelenke wie Schulter und Hüfte mit befallen.

Die Röntgenuntersuchung lässt die Veränderungen früh erkennen, und die Blutsenkung ist früh beschleunigt. Etwa 95% der Kranken weisen das Histokompatibilitätsantigen HLA-B27 auf als Hinweis auf eine genetische Krankheitsdisposition.

Arthrose

Was versteht man unter einer Arthrose?

Arthrosen sind degenerative Gelenkerkrankungen mit Knorpelzerstörung, Knochendeformierung, Fehlstellung der gelenkbildenden Knochenteile mit reaktiven Knochenwucherungen, Bewegungseinschränkung, Muskelverspannungen und Schmerzen.

Welche sind die häufigsten Arthrosen?

Koxarthrose: Hüftgelenksarthrose; Gonarthrose: Kniegelenksarthrose; Omarthrose: Schultergelenksarthrose.

12.2.4 Kollagenosen

Welche Krankheiten werden als Kollagenosen bezeichnet?

Als Kollagenosen werden seltene Autoimmunerkrankungen des Bindegewebes zu einer Gruppe zusammengefasst, die sich an der Haut, den Gelenken, aber auch an vielen inneren Organen manifestieren können.

Die Kollagenosen entstehen durch das Zusammentreffen einer genetisch festgelegten Störung des Immunsystems mit einem exogenen Auslöser.

Was führt zum Autoimmunprozess?

Im Gegensatz zu einer Sensibilisierung gegen exogene Antigene (z.B. Bakterientoxine) kann sich auch eine Überempfindlichkeit gegen *körpereigene* Substanzen entwickeln und zu Krankheitsprozessen führen. Dieser Vorgang heißt Autosensibilisierung oder Autoimmunphänomen und spielt z.B. bei den Kollagenosen eine wichtige Rolle.

Welche wichtigen Krankheiten werden zu den Kollagenosen gezählt?

- Den akuten und chronischen *Lupus erythematodes disseminatus* mit Veränderungen an Haut und inneren Organen;
- *Panarteriitis* (oder Periarteriitis) *nodosa*, eine Entzündung der kleinen Arterien mit Knötchenbildung an der Haut und Befall der Nieren und des Magen-Darm-Trakts;
- progressive *Skerodermie* mit allmählichem Elastizitätsverlust, Verhärtungen und Atrophie der Haut an den Fingern und im Gesicht, Durchblutungsstörungen der Finger und Schluckstörungen durch Beteiligung des Ösophagus;
- *Dermatomyositis* mit Entzündungserscheinungen der Haut und Muskulatur, später auch Befall der Schleimhäute und Muskelatrophie;
- *Sjögren-Syndrom* mit Befall der Augen, der Speicheldrüsen und einer chronischen Polyarthritis.

Welche Symptome sind beim Lupus erythematodes häufig?

Charakteristisch und häufig sind das typische Erythem, eine symmetrische, schmetterlingsförmig ausgebreitete Rötung im Gesicht und Fieber (Abb. **12.4**). Gelenkveränderungen wie bei der rheumatoiden Arthritis sind häufig. Am Herzen läuft meist eine Endomyokarditis ab. Entscheidend für die Prognose ist die Nierenbeteiligung in Form einer chronischen Nephritis mit Übergang in Schrumpfniere. Auch zahlreiche andere Auswirkungen an den inneren Organen kommen vor.

Neben den üblichen Entzündungszeichen wie hohe Blutsenkungsgeschwindigkeit, α_2- und γ-Globulinvermehrung, positives CRP sind für die Diagnose vor allem die Bestimmung der antinukleären Antikörper und der Antikörper gegen Doppelstrang-DNS wichtig.

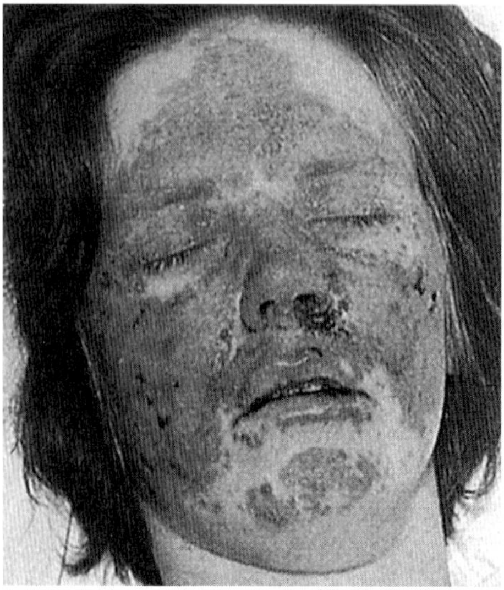

*Abb. **12.4** Lupus erythematodes. Schmetterlingsförmige Hauterscheinungen im Gesicht einer Patientin (aus Gerlach, u. a.: Innere Medizin für Pflegeberufe, 5. Aufl. Thieme, Stuttgart 2000)*

13 Immunsystem und Infektionen

13.1 Untersuchungsmethoden

Was bedeutet Serologie?

Die serologischen Untersuchungsmethoden befassen sich mit dem Nachweis von Antigenen und Antikörpern in den Körperflüssigkeiten, vor allem im Serum.

Was wird unter einem Titer verstanden?

Die Titerhöhe, z.B. 1:800 für Typhus, gibt an, in welcher Konzentration Antikörper gegen Typhustoxine bzw. Typhuserreger vorhanden sind.

Auf welche Weise können Antigen-Antikörper-Reaktionen serologisch sichtbar gemacht werden?

Das Vorhandensein von Antigenen bzw. Antikörpern kann erkannt werden durch:

- Ausflockung (Präzipitation), d.h. Fällung bzw. Gerinnung von Eiweiß. Diese Methode wird bei der Immunelektrophorese mit verwendet;
- Verklumpung (Agglutination), d.h. Zusammenballen der Antikörperträger, z.B. der roten Blutkörperchen (Hämagglutinationstest);
- Auflösung der roten Blutkörperchen (Hämolysintest). Wenn spezifische Antikörper, sog. Hämolysine, vorliegen und ein bestimmter Eiweißkörper, „das Komplement", dazugegeben wird, tritt die Auflösung der roten Blutkörperchen ein.

Mit welcher Methode werden heute Antikörper nachgewiesen?

Verwendet wird meistens ein ELISA (*e*nzyme *l*inked *i*mmuno*s*orbent *a*ssay). Bei dieser Technik ist ein Antikörper gegen die zu messende Substanz (das Antigen) an der Wand eines Probengefäßes fest gebunden. Gibt man Antigen dazu, so bindet es sich an den Antikörper, freies Antigen wird weggewaschen. In einem zweiten Schritt fügt man einen an ein Enzym gekoppelten Antikörper dazu, der sich an jedes im ersten Schritt fixierte Antigenmolekül bindet. Nach Zugabe eines Substrates kann die Enzymaktivität als indirektes Maß für die Anwesenheit bzw. Menge des Antikörpers im Serum fotometrisch bestimmt werden.

Wie wird eine Allergie diagnostiziert?

Am wichtigsten ist eine sorgfältige allergologische Anamnese. Im Blut können spezifische IgE-Antikörper und eosinophile Granulozyten bestimmt werden. Die nächsten Schritte bestehen in Hauttests mit Gruppen- und Einzelantigenen, die fertig angeboten werden. Je nach Technik unterscheidet man Prick-Tests, Scratch-Tests, Reibetests und Intrakutantests. Diese Tests sollen nur von einem spezialisierten Arzt durchgeführt werden, da die Testinterpretation nicht einfach ist und es zu lebensbedrohlichen anaphylaktischen Reaktionen kommen kann (Notfallbereitschaft).

Wodurch kann die Diagnose einer Infektionskrankheit gestellt werden?

- Durch den Nachweis des Erregers, direkt mikroskopisch mittels Züchtung auf Nährböden oder die Übertragung auf ein Versuchstier oder Nachweis der Erreger-DNS mittels Polymerase-Kettenreaktion oder
- den Nachweis von Antikörpern als indirekter Erregernachweis,
- die charakteristischen klinischen Symptome (Exanthem usw.).

Wo können Krankheitserreger nachgewiesen werden?

Sie können in Blut, Stuhl, Urin, Sputum, Rachenabstreich, Liquor und in Gewebeproben gesucht werden. Ihr Nachweis muss vor der antibiotischen Therapie versucht werden.

Welche Rolle spielen Antikörper beim Erregernachweis?

Der Nachweis spezifischer Antikörper beweist eine Auseinandersetzung mit den entsprechenden Krankheitserregern. Dazu müssen Serumproben in wöchentlichen Abständen zur Erfassung der Titerbewegungen untersucht werden (Titerhöhe: Menge des Antikörpers). Besonders ein Titeranstieg spricht für eine aktuelle Infektion. Bei der Titerbewertung müssen aber auch aktive Schutzimpfungen und sog. „Durchseuchungstiter“ berücksichtigt werden.

Wie kann bewiesen werden, ob ein Mikroorganismus der Erreger einer bestimmten Infektionskrankheit ist?

Der Erreger muss regelmäßig im erkrankten Organismus nachgewiesen werden können.

Der gefundene Erreger muss auf einem künstlichen Nährboden in Reinkultur gezüchtet werden können und der gezüchtete Erreger muss bei einem Versuchstier wieder die entsprechende Infektionskrankheit auslösen können.

Was wird unter einem Antibiogramm verstanden?

Um festzustellen, gegen welche Medikamente (z.B. Antibiotika) ein Krankheitserreger empfindlich ist, kann man Empfindlichkeitsteste, ein sog. Antibiogramm, anfertigen.

Dabei wird durch Zugabe verschiedener Antibiotika zu den Reinkulturen ausgetestet, welches Mittel eine wirksame Behandlung verspricht. Man nennt diese Untersuchung auch Resistenzprüfung oder Empfindlichkeitstest.

Welcher Zeitpunkt ist bei der Gewinnung von infektiösem Material wichtig?

Die Entnahme soll zum günstigsten Zeitpunkt erfolgen (z.B. Blutentnahme zur Blutkultur beim Fieberanstieg oder besonders bei Schüttelfrost).

Abnahme des Untersuchungsmaterials möglichst vor der antibiotischen Behandlung.

Welche Bedingungen sind bei der Entnahme und dem Versand von infektiösem Untersuchungsmaterial zu beachten?

Untersuchungsmaterial darf nicht verunreinigt werden. Es muss steril aufgefangen und verpackt werden. Versandgefäße müssen den gesetzlichen Bestimmungen für den Postversand von infektiösem Material entsprechen. Das Material enthaltende Gefäß (das innerste Röhrchen) muss richtig und ausreichend beschriftet sein.

Der Begleitschein muss genau ausgefüllt sein: Personalien des Patienten, Art des Materials, Krankheitsdiagnose, gewünschte Untersuchung, Absender, Telefonnummer für Rückfragen. Möglichst für einen raschen Transport zum Untersuchungsinstitut sorgen (Entnahme möglichst vor Postabgang und raschen Transportweg wählen).

Empfindliche Erreger (wie manche Kokken) müssen in entsprechenden Spezialgefäßen und sehr schnell zur Untersuchungsstelle transportiert werden.

Wo können Krankheitserreger nachgewiesen werden?

- Durch Abstriche mit Wattetupfer: Rachen (Diphtherie, Streptokokken), Nase (Diphtherie), Kehlkopf (Tuberkulose), Bindehaut des Auges (Trachom), Mastdarm (Ruhr), Genitalgebiet (Gonokokken);
- Rachenspülwasser (Viren, z.B. bei Erkältungskrankheiten);
- Sputum (z.B. Tuberkulose);
- Blut (Blutkultur, z.B. bei Sepsis, Endokarditis, Typhus);
- Liquor cerebrospinalis (Meningitis);
- Punktionsflüssigkeit (Pleuraergüsse, Lymphknotenabszesse);
- Stuhl (Erreger bei Darmkrankheiten, auch Poliovirus);
- Urin (Pyelonephritis);
- Sekreten (Harnröhrenexperimat bei Gonorrhö, Prostatasekret, aus Fisteln);
- Gewebeteilen (z.B. Zytomegalievirus in Kolonbiopsien).

Wie können Krankheitserreger nachgewiesen werden?

- Färben von Ausstrichen des Untersuchungsmaterials auf Objektträgern (Gramfärbung, Methylenblaufärbung, Ziehl-Neelsen u.a.m.) und Betrachtung durch das Mikroskop;
- Züchtung der Erreger in Kulturen auf bestimmten Nährböden oder in Gewebekulturen;
- Tierversuch (tuberkuloseverdächtiges Material wird dem Meerschweinchen intraperitoneal gespritzt, das im positiven Fall an einer tuberkulösen Peritonitis stirbt);

- Nachweis der spezifischen Antikörper, die im Organismus gegen bestimmte Erreger gebildet wurden;
- Nachweis der erregerspezifischen DNS mittels Polymerase-Kettenreaktion.

Welche Blutbefunde sind bei Infektionskrankheiten wichtig?

Anfangs meist Leukozytose und Linksverschiebung, später Lymphozytose. Selten Leukopenie, vor allem bei Virusinfektionen. Häufig toxische Anämie und mehr oder weniger stark beschleunigte BSG und CRP-Erhöhung.

Zu welchen pathologischen Urinbefunden kann es bei Infektionskrankheiten kommen?

Verminderung der Urinausscheidung, dadurch dunkler und konzentrierter Urin (Flüssigkeitsverlust durch Schwitzen und vermehrte Ansammlung von Feuchtigkeit), febrile Albuminurie und Mikrohämaturie.

Wie kann die Typhusdiagnose gestellt werden?

Die Frühdiagnose ist wichtig, um die weitere Ausbreitung der Krankheit zu verhindern und eine gezielte Behandlung einzuleiten. Die Frühdiagnose ist vor allem durch die Blutkultur anzustreben.

Der Nachweis der Typhusantikörper im Blut gelingt erst in der 2. Krankheitswoche und ist wenig zuverlässig. Der Nachweis der Typhuserreger im Stuhl gelingt am leichtesten im Stadium des Geschwürszerfalls (bei Obstipation Einlauf oder Rektalabstrich).

Wie wird die Dysenterie nachgewiesen?

Die Ruhrbakterien können durch *Stuhlkultur* nachgewiesen werden. Der Stuhl soll vor Übertragung auf den Nährboden möglichst nicht abkühlen.

Wie wird die Brucellose beim Menschen (Bang-Krankheit) nachgewiesen?

Der Nachweis ist durch Blutkultur oder durch serologische Untersuchung möglich.

Wie wird ein Rachenabstrich durchgeführt?

Rachenabstriche werden möglichst morgens nüchtern mit einem Wattestäbchen unter guter Sicht bei gut geöffnetem Mund und heruntergedrückter Zunge vom Rand der Beläge aus durchgeführt.

Der Patient soll so sitzen oder liegen, dass er mit dem Hinterkopf fest an- oder aufliegt, so dass er nicht (absichtlich oder unabsichtlich) nach hinten ausweichen kann. Kinder werden von einer Pflegeperson auf den Schoß genommen, die Hände des Kindes werden mit der rechten Hand, die Stirn mit der linken Hand gehalten. Nach dem Öffnen des Mundes werden Zunge und Unterkiefer mit einem Spatel entsprechend heruntergedrückt und der Rachenabstrich vorgenommen. Man sollte zunächst versuchen, die Kooperation des Kindes zu erreichen.

Welche Befundkontrollen sind während und nach eitriger Mandelentzündung unerlässlich?

Blutdruckkontrolle, Urinbefund auf Eiweiß und Sediment (in der 3. Woche nach Krankheitsbeginn), und evtl. EKG.

Wie wird die Diagnose bei Scharlach gestellt?

Als besondere Verlaufsform einer Streptokokkeninfektion ist Scharlach vor allem eine klinische Diagnose. Die Streptokokkeninfektion ist aber durch Erregernachweis im Rachen- oder Wundabstrich rasch zu sichern. Immunologische Schnelltests zum Nachweis des Antigens A sind bei positivem Ausfall beweisend, ein negatives Ergebnis muss durch Kultur kontrolliert werden. Im Serum können verschiedene Streptokokkenantikörper nachgewiesen werden, z.B. in der Anti-Streptolysin-Antikörper (ASL), Anti-Streptokokken-Desoxyribonuklease B oder Anti-Streptokokken-Hyaluronidase. Diagnostisch beweisend sind konsekutive Titeranstiege im Verlauf der Krankheitswochen 1–4.

Welche Befundkontrollen sind bei Scharlach wichtig?

Anfangs Puls und Fieber; bei Kleinkindern Inspektion der Ohren, um eine Otitis nicht zu übersehen.

Der Herzbefund (hoch bleibender Puls nach Abfieberung, Arrythmien und anhaltende Blässe sind auf Herzkomplikationen verdächtig).

In der 2. und 3. Woche Kontrollen des Urinsediments und Blutdruckkontrollen. Auch leichte Fälle müssen so überprüft werden.

Wo sind die Erreger bei Meningitis epidemica nachweisbar?

Die Meningokokken können im Nasen-Rachen-Raum, durch Abstrich mit Wattestäbchen, aus dem Liquor cerebrospinalis und evtl. aus dem Blut durch Bakterienkultur nachgewiesen werden.

Serologisch lässt sich im Serum und Liquor das Meningokokken-Kapselantigen nachweisen.

Was wird bei der Lumbalpunktion benötigt?

Hautdesinfektionsmittel, sterile Tupfer, Lokalanästhetikum mit Spritze und Kanülen, Lumbalpunktionsnadeln, sterile Röhrchen und Pflaster.

Wie ist der Patient zur Lumbalpunktion zu lagern?

Der Patient wird am äußeren Bettrand auf die Seite gelegt, die Knie angezogen, der Nacken stark gebeugt und Knie und Kinn möglichst stark angenähert („Katzenbuckel"). Die Wirbelsäule muss in der Horizontalebene verlaufen. Bei weniger schwer kranken Patienten wird im Sitzen mit nach vorne gebeugtem Kopf punktiert.

Woraus besteht der Liquor?

Der Liquor cerebrospinalis ist eine gering eiweißhaltige Flüssigkeit (Serumeiweißkörper), die Glukose (2/3 des Blutzuckers) und Elekrolyte enthält. Erythrozyten finden sich normalerweise nicht im Liquor. Die normale Zellzahl im Liquor liegt unter 10/3 Zellen. Die Bezeichnung „Drittel" wird wegen der Zähltechnik in der Kammer (Länge x Breite x Höhe) verwendet.

Wie hoch ist der normale Liquordruck?

Beim Erwachsenen im Liegen (genaue horizontale Lage des Rückenmarkkanals ist unerlässlich) beträgt der Liquordruck 10–18 cm Wassersäule.

Wie können Tuberkelbakterien nachgewiesen werden?

- In Sputum, Kehlkopfabstrich, Magensaft (verschlucktes Sputum), Eiter, Urin, Stuhl, Punktaten (z.B. Pleura) oder Liquor, auch im Aszites bei Bauchfelltuberkulose bzw. in Gewebeschnitten durch Färbung nach Ziehl-Neelsen als rote Stäbchen;
- spezielle Kulturverfahren (Dauer etwa 8 Wochen);
- durch den Tierversuch, wobei tuberkulöses Material Meerschweinchen in die Bauchhöhle (intraperitoneal) eingespritzt wird. Wenn die Tiere nach 8–12 Wochen eingegangen sind, kann durch Obduktion eine Bauchfelltuberkulose nachgewiesen werden;
- zunehmend häufiger setzt man auch die Polymerasekettenreaktion zum Nachweis von Mykobakterien-DNS ein, da dieses Verfahren sehr rasch den Ausschluss bzw. Nachweis einer Tuberkuloseinfektion erlaubt (s. Diagnose einer Infektionskrankheit, S. 320).

Auch wenn Tuberkelbakterien nicht nachgewiesen werden können, sind oft die geweblichen Veränderungen so charakteristisch, dass auf eine Tuberkulose geschlossen werden kann.

Wann wird eine Tuberkulindiagnostik angewandt?

Um festzustellen, ob der Organismus Antikörper gegen Tuberkeltoxine gebildet hat, werden Hautproben mit Tuberkulin (Toxin der Tuberkelbakterien) durchgeführt.

Welche Tuberkulinproben kennen Sie?

Die *perkutane Moro-Probe* ist eine einfache Suchreaktion für Kinder: Dabei wird eine fünfmarkstückgroße Stelle über dem Brustbein mit Äther abgerieben. Dann wird ein erbsengroßes Stück einer 50%igen Tuberkulinsalbe in die Haut eingerieben (nicht nur daraufstreichen). Wenn das Kind schon eine Tuberkuloseinfektion durchgemacht hat, bilden sich in 24–72 Stunden kleine Knötchen oder Pusteln auf der Haut.

Bei den *Stempeltests* wird das Tuberkulin durch mehrere Stacheln in die Haut hineingedrückt. Beim Tine-Test und beim Tubergen-Test haftet das getrocknete Tuberkulin an diesen Stacheln. Beurteilung nicht vor dem 3. Tag.

Die *intrakutane Mendel-Mantoux-Probe*: Mit der Tuberkulinspritze und einer sehr feinen Nadel (Nr. 16 oder 18) wird eine Verdünnung von Alttuberkulin von 1:10000 oder 0,1 ml der Stärke 1 einer TE (Tuberkulineinheit) an der Innenseite des Unterarms streng intrakutan gespritzt. Wenn sich nach 2–3 Tagen eine Rötung und Schwellung von mehr als 6 mm Durchmesser zeigt, ist die Tuberkulinprobe positiv.

Was bedeutet der positive Ausfall einer Tuberkulinprobe?

Er besagt nur, dass der Organismus Kontakt mit dem Tuberkelerreger hatte und Antikörper gegen das Toxin der Tuberkelbakterien bilden kann, aber nicht, ob der Patient jetzt eine Tuberkulose hat. Auch nach einer Tuberkulose- (BCG-) Impfung ist die Tuberkulinprobe positiv.

Umgekehrt schließt ein negativer Tuberkulintest eine Tuberkuloseerkrankung praktisch aus, mit Ausnahme von drei seltenen Fällen: die Erkrankung ist zu frisch, der Erkrankte weist einen erheblichen zellulären Immundefekt aus (z.B. bei fortgeschrittener HIV-Infektion) und reagierte anerg oder es handelt sich um eine foudroyant verlaufende Tuberkulosesepsis, bei der der Organismus mit Tuberkelerregern „überschwemmt" wird.

Wie sind die Leptospirosen nachzuweisen?

Der Nachweis kann in der ersten Krankheitswoche im Blut, Urin und Liquor mikroskopisch und kulturell gelingen. In der zweiten Krankheitswoche können die Antikörper serologisch nachgewiesen werden.

Wie wird eine Chlamydieninfektion diagnostiziert?

Erregernachweis im Abstrich mit Immunfluoreszenz- und Kulturverfahren. Mikroskopischer Nachweis von Einschlusskörperchen.

Wie kann eine Erkrankung an Virusgrippe gesichert werden?

Das Grippevirus kann in den ersten Krankheitstagen durch Rachenabstriche und im Rachenspülwasser nachgewiesen werden. Diese aufwändige Untersuchung kommt aber im Allgemeinen nicht in Betracht.

Wie ist beim serologischen Nachweis der Virusgrippe vorzugehen?

Der serologische Nachweis von Influenzaantikörpern gelingt erst 8–10 Tage nach Ausbruch der Krankheit. Da die nachgewiesenen Antikörper Ausdruck einer früheren Infektion sein können, sind zum serologischen Nachweis zwei Blutproben, die erste zu Beginn der Erkrankung, die zweite nach ungefähr zwei Wochen, zu entnehmen. Erst wenn die Differenz der beiden Proben einen vierfachen Titeranstieg ergibt, gilt der serologische Nachweis als gesichert.

Wie wird die Diagnose einer Frühsommer-Meningoenzephalitis (FSME) gestellt?

Ab der 3. Krankheitswoche treten spezifische IgM-Antikörper im Serum auf, bei Meningitis auch im Liquor, wo sich eine Zellvermehrung findet. Bei Erkrankung und Tod besteht Meldepflicht.

Welche Laboruntersuchungen sind bei Hepatitis wichtig?

Leberschwellung, Bilirubin und vermehrt Urobilinogen im Urin sind schon vor dem Ikterus nachweisbar. Die Stärke des Ikterus wird durch die Höhe des Gallenfarbstoffes Bilirubin im Blut geprüft. Eine Bilirubin-Konzentration über 15 mg/dl spricht für schweren Verlauf.

Zur differentialdiagnostischen Unterscheidung, ob es sich um einen Ikterus durch Hepatitis oder durch Gallenwegsverschluss (Steine oder Tumor) handelt, ist die frühzeitige Untersuchung von lebertypischen Enzymen (Transaminasen, SGOT, SGPT, LDH, γ-GT und alkalische Phosphatase) und des Eisenspiegels wichtig.

Beweisend für eine akute Hepatitis B-Infektion sind HB_s-Ag, gleichzeitig vorliegendes HB_e-Ag und hohe anti-HB_c-IgM-Titer. Auch für die Verlaufskontrolle, die Beurteilung eines möglichen chronischen Verlaufes und der Infektiosität der erkrankten Person sind die Transaminasen und die Antigen-Antikörper-Konstellation sinnvoll.

Für die Beurteilung des Ausheilungsergebnisses sind neben der Normalisierung der Enzyme die serologische Konstellation, die Elektrophorese, auch die Immunelektrophorese und evtl. eine Leberpunktion angezeigt.

Welche Laboruntersuchungen sind für die Beurteilung des Schweregrades, der Behandlungsbedürftigkeit und des Immundefekts bei der HIV-Infektion wichtig?

Für die Prognose der HIV-Infektion, aber auch das Ansprechen auf die Therapie, sind die Bestimmung der Viruslast mittels quantitativer PCR und die Zahl der T-Helfer-Lymphozyten (T4-Zellen) wichtig. Die Viruslast kann unter Therapie von 1–3 Mio Virusäquivalenten/ml Ausgangswert auf Werte unter die Nachweisgrenze gehen. Die normale Zahl der T-Helferlymphozyten beträgt beim Gesunden > 1000/μl und kann auf 10–20/μl zurückgehen. Patienten mit weniger als 400 T4-Helferzellen/μl sind gefährdet für opportunistische Infektionen.

Typische Veränderungen des Blutbildes bei der HIV-Infektion sind: Leukopenie, Thrombopenie und Anämie.

Wo ist das Poliovirus nachweisbar?

Das Poliovirus ist anfangs im Nasen-Rachen-Raum (Rachenspülwasser), im Liquor und oft wochenlang im Stuhl nachweisbar. Auch der Anstieg des Antikörpertiters kann beweisend sein.

Wie können Pilze als Krankheitserreger nachgewiesen werden?

Die Diagnose erfolgt klinisch durch den besonderen Aspekt, den Hautmykosen bieten. In Zweifelsfällen führt man Abstriche und Abschabungen durch, das Material wird nativ mikroskopiert und man erkennt die typischen Wuchsformen der Pilze, Hyphen und Sporen. Zur Identifizierung des Pilzes und Prüfung der Empfindlichkeit auf antimykotische Medikamente muss eine Kultur angelegt werden.

Wie wird eine Malariaerkrankung nachgewiesen?

Der typische Fieberverlauf bei Tertiana und Quartana ist ein wichtiger Hinweis. Die Diagnose wird durch den Nachweis der Erreger aus dem Blut gesichert, entweder im üblichen Blutausstrich oder besonders gut im sog. „dicken Tropfen" bzw. im Blutausstrich. Der Nachweis gelingt im Fieberanfall leichter, ist aber im fieberfreien Intervall möglich.

Wichtig für die Diagnose ist auch der Nachweis des Milztumors und der Anämie im Verlauf der Krankheit. Seit kurzem gibt es auch einen serologischen Schnelltest, mit dem Antikörper gegen den Malariaerreger im Blut nachgewiesen werden können.

Wie ist die Toxoplasmose nachzuweisen?

Spezifische IgM-Antikörper machen die Diagnose wahrscheinlich. Weiter stehen Nachweismethoden von Oberflächen-Antikörpern durch den Sabin-Feldman-Test, eine Komplementbindungsreaktion, und spezielle Untersuchungsverfahren zur Verfügung.

Wie wird die Askaridiasis erkannt?

Abgang von Askariden im Stuhl, auch Erbrechen von Askariden kommt vor. Mikroskopischer Nachweis der charakteristischen Askarideneier im Stuhl. Es besteht eine Eosinophilie.

13.2 Erkrankungen des Immunsystems

13.2.1 Allergien

Was bedeutet Allergie?

Im medizinischen Sinn bedeutet Allergie eine spezifische Änderung der Immunitätslage im Sinne einer krankmachenden Überempfindlichkeit. Diese Überempfindlichkeit kann eine breite Palette von Symptomen verursachen, die vom Heuschnupfen bis zum lebensbedrohlichen anaphylaktischen Schock reichen.

An welchen Organen spielen sich allergische Reaktionen hauptsächlich ab?

An den Grenzflächen des Individuums zur Umwelt, also vor allem Haut und Schleimhäuten, Lunge und Magen-Darm-Trakt.

Was sind die wichtigsten allergischen Krankheiten?

- allergische Rhinokonjunktivitis (ganzjähriger Schnupfen);
- saisonaler Schnupfen (Heuschnupfen);
- allergisches Asthma bronchiale;
- allergische Alveolitis (Farmer- und Vogelhalterlunge);
- Kontaktekzem;
- Neurodermitis;
- Nahrungs- und Arzneimittelallergien;
- Kontrastmittelallergien;
- Bienen- und Wespengiftallergien;
- anaphylaktischer Schock.

Wie entsteht eine allergische Reaktion?

Nach Kontakt mit einem Fremdstoff (= Allergen), z.B. Blütenpollen, wird dieser durch sog. Antigen-präsentierende Zellen den Lymphozyten als den eigentlichen Trägern des Immunsystems angeboten. Die Lymphozyten können entweder Antikörper (Immunglobuline in fünf verschiedenen Klassen) gegen das Allergen bilden oder eine lokale entzündliche (zytotoxische) Reaktion am Eindringort des Allergens verursachen.

Die häufigsten Allergien sine IgE-vermittelt. Die spezifischen Immunglobulin E-Antikörper locken weitere Entzündungszellen wie eosinophile Granulozyten und Mastzellen an. Letztere setzen hochaktive Botenstoffe wie Histamin, Bradykinin, Leukotriene usw. frei, die dann die typischen Symptome auslösen. Für diesen Vorgang spielt eine genetische Disposition eine große Rolle.

Was sind die typischen Symptome einer allergischen Reaktion?

Gefäßerweiterung, Quaddelbildung auf der Haut, Sekretionssteigerung und Schwellung der Nasen- und Bronchialschleimhaut, Bronchialobstruktion, Juckreiz, Schock.

Was heißt Immunität?

Wenn der Organismus durch bereits vorhandene Antikörperbildung den eingedrungenen Erreger beseitigt, ohne dass eine Erkrankung entsteht, ist er immun gegen den Erreger.

Was versteht man unter immunologischer Toleranz?

Das Immunsystem erkennt zwar Fremdstoffe als fremd, unterdrückt aber die oben beschriebene Reaktion. Toleranz muss meistens im Lauf der Entwicklung des Immunsystems, d.h. bereits im frühen Kindesalter aktiv erworben werden. Dieser Vorgang ist in einem labilen Gleichgewicht, das jederzeit im späteren Leben gestört werden kann.

Welche Antigene treten häufig als Allergene auf?

Inhalationsallergene: Blütenstaub, Tierhaare, Federn, Schimmelpilze, Hausstaub, latexhaltiger Puder im Krankenhausbereich (Asthma, Heuschnupfen).

Ingestionsallergene: Milch, Fisch, Krabben, Eier, Obst, Tomaten (Durchfall, Nesselausschläge: Urtikaria).

Kontaktallergene: Wolle, Seide, Kunststoff, Pflanzensäfte, Kosmetika, nickelhaltiger Schmuck (Hautausschläge, Urtikaria, Ekzeme).

Injektionsallergene: gruppenfremdes Blut, Immunserum, Penizillin, Kontrastmittel, Insektengifte (allergische Reaktionen bis zum anaphylaktischen Schock).

Wie häufig sind Allergien?

Allergien gehören zu den häufigsten Krankheiten überhaupt und sind noch weiter im Ansteigen begriffen. Bis zu 15% der Schulanfänger haben Asthma-Symptome, bei ca. 10% liegt ein Ekzem vor, 10–30% der Erwachsenen sind gegen ein Inhalationsallergen sensibilisiert. Noch ist nicht klar, wodurch die ansteigende Häufigkeit bedingt ist, doch ein Zusammenhang mit unserer zivilisierten Lebensweise besteht. Man diskutiert die trockene Luft in den Wohnungen durch Zentralheizungen mit Zunahme der Milben im Hausstaub, die Umweltverschmutzung durch Abgase, der Rückgang des Stillens, der fehlende Kontakt mit Allergenen (wozu auch Schmutz gehört) durch die moderne hygienische Lebensweise, die Zunahme von Kaiserschnittgeburten, die häufigen Kontakte mit Kunststoffen usw.

Was sind Symptome eines anaphylaktischen Schocks?

- *Haut:* Flush-Symptomatik, Quaddeln, umschriebene Schwellungen;
- *Atemwege:* Schnupfen, Augenrötung, Kratzen im Hals, Atemnot, Asthma;
- *Herz-Kreislauf:* Blutdruckabfall, Tachykardie, Kreislaufschock.

Was ist bei einem anaphylaktischen Schock zu tun?

Notfall, sofort den Arzt verständigen, Infusion anhängen, Adrenalin (Suprarenin, 1:10 verdünnen, 1 ml i.v.), Steroide (z.B. 250 mg Solu-Decortin i.v.), Antihistaminika (z.B. Tavegil i.v.) und laufend Kreislaufkontrolle.

Bei welchen Gelegenheiten kommt es im Krankenhaus am häufigsten zu allergischen Reaktionen und zum anaphylaktischen Schock und wie lassen sie sich vermeiden?

Bei Bluttransfusionen, der Gabe von Antibiotika, der Anwendung von Röntgenkontrastmitteln.

Wichtig ist, die Patienten in der Anamnese nach bekannten Allergien, evtl. Allergieausweis, nach früherer Einnahme von Medikamenten, vor allem Antibiotika und Vorkommnisse bei früheren Bluttransfusionen zu fragen.

13.2.2 Immunität

Welche Arten von Immunität sind zu unterscheiden?

Es wird unterschieden zwischen angeborener, erworbener, natürlicher und künstlicher Immunität sowie zwischen aktiver und passiver Immunisierung.

Wie kann Immunität entstehen?

Immunität kann auf natürlichem Weg oder durch ärztliche Maßnahmen entstehen (künstliche Immunität).

Natürliche Immunität kann auf zwei Wegen entstehen. Sie kann

- angeboren sein, z. B. durch Antikörper, die der Säugling von der Mutter über die Plazenta übertragen bekommt und die bis einige Monate nach der Geburt vorhanden sind;
- durch Überstehen einer Infektionskrankheit entstehen und dann meistens lebenslang vorhanden sein, z. B. gegen Masern.

Künstliche Immunität kann entstehen durch

- aktive Immunisierung, d. h. Impfung, z. B. gegen Polio oder Hepatitis B;
- passive Immunisierung, d. h. Injektion von Antikörpern, die in einem anderen Lebewesen erzeugt wurden, z. B. Tetanus-Immunglobulin.

Gegen welche Krankheiten haben wir verlässliche Impfungen?

Besonders wirkungsvolle Impfungen stehen zur Verfügung gegen: Pocken (perkutan durch Skarifikation), Diphtherie (subkutan oder intramuskulär), Tetanus (subkutan oder intramuskulär) und Poliomyelitis (oral).

Wichtige Impfungen sind vorhanden z. B. gegen: Tuberkulose (BCG-Impfung) (intrakutan oder durch Skarifikation), Röteln (subkutan oder intramuskulär) und Masern (subkutan oder intramuskulär).

Unter besonderen Verhältnissen auch gegen: Typhus, Cholera und Gelbfieber.

Was ist eine Vakzine?

Eine andere Bezeichnung für einen Impfstoff. Er besteht aus abgetöteten (Totimpfstoff) oder abgeschwächten (Lebendimpfstoff) Erregern, welchen die krankmachenden Eigenschaften genommen wurden, deren antigene Eigenschaften aber belassen wurden, so dass sie im geimpften Organismus eine Antikörperbildung hervorrufen.

Was ist eine Mehrfachvakzine?

Zur Vereinfachung des Impfprogramms vor allem der Kleinkinder versucht man mehrere abgeschwächte Erreger in einem Impfstoff zusammenzufassen. Beispiele: DT: Diphtherie, Tetanus oder DPT: Diphtherie, Poliomyelitis, Tetanus. Es gibt heute schon Impfstoffe gegen sechs Erreger (Diphtherie, Tetanus, Poliomyelitis, Haemophilus influenzae Typ b, Pertussis, Hepatitis B), die in einer Injektion verabreicht werden können.

Wer darf und wer muss geimpft werden?

Nur gesunde Menschen dürfen geimpft werden. Keine Impfungen während der Schwangerschaft.

Nach dem Reichsimpfgesetz von 1874 musste jedes Kind „in dem dem Geburtsjahr folgenden Jahr“ gegen Pocken geimpft werden. Außerdem war eine Wiederimpfung mit 12 Jahren vorgeschrieben. Durch den Erfolg der internationalen Ausrottungskampagne gelten die Pocken seit 1980 als erloschen. 1982 wurde in der Bundesrepublik die gesetzliche Impfpflicht aufgehoben.

Was sollte nach einer Impfung beachtet werden?

Nach einer Impfung sind körperliche Schonung, ausreichende Ruhepausen bzw. entsprechender Schlaf und zweckmäßige Ernährung, Vermeidung von Infekten, z. B. durch Erkältung oder Darminfektionen, geboten.

Welche Vorgänge liegen der aktiven Immunität zu Grunde?

Krankheitserreger, die in den Körper eindringen, regen die Lymphozyten und Plasmazellen zur Bildung von Stoffen an, die versuchen, die Fremdkörper zu vernichten (Verklumpen, Auflösen). Die Krankheitserreger und ihre toxischen Stoffwechselprodukte wirken als Antigene. Lymphozyten und Plasmazellen bilden gegen diese Stoffe Antikörper (Antitoxine), die ins Blut abgegeben werden. Außerdem können in den Geweben bestimmte Zellen „spezifisch geprägt werden, die sog. „zellständige Antikörper“ bilden.

Ferner bilden sich informationsspeichernde Leukozyten („memory cells“, Gedächtniszellen), in denen nach dem ersten Antigenkontakt eine spezifische, gegen dieses Antigen gerichtete Reaktionsbereitschaft bestehen bleibt.

Leukozyten und andere Zellen des RES können Erreger in sich aufnehmen und vernichten: „Fresszellen“ (s. Fresszellen, S. 11).

Was bedeutet Spezifität der Antikörper?

Antikörper, die der Organismus gegen eine bestimmte (spezifische) Art von Krankheitserregern entwickelt hat, z.B. gegen Masern, sind nur gegen Masern, aber nicht gegen andere Infektionen wirksam.

Welcher Stoffklasse gehören die Antikörper an?

Die Antikörper sind Eiweißstoffe von Globulincharakter und werden auch als Immunglobuline bezeichnet. Antikörpertragende Globuline finden sich besonders unter den Gammaglobulinen des Serums. Sie lassen sich in fünf Immunglobulinklassen trennen: IgG, IgA, IgM, IgD, IgE.

Was ist ein Immunserum?

Ein Immunserum ist ein möglichst gereinigtes und konzentriertes Serum von Menschen (Rekonvaleszenten) oder von Tieren, die durch Impfung gegen Krankheitserreger oder durch Überstehen einer Krankheit bestimmte Antikörper gebildet haben.

Welche Vor- und Nachteile hat die passive Immunisierung und wann wird sie durchgeführt?

Der Vorteil ist, dass sie sofort wirkt. Nachteilig ist, dass die Wirkung nur kurz anhält. Es besteht auch die Gefahr der Unverträglichkeit für das Serum, es kann zur Serumkrankheit oder zu einem anaphylaktischen Schock kommen.

Antitoxinhaltige Seren können bei Diphtherie oder Tetanus, evtl. auch bei Masern gegeben werden.

Was wird als Antikörpermangelsyndrom bezeichnet?

Als Antikörpermangelsyndrom (AMS) wird die ungenügende Bildung von Antikörpern bezeichnet, die mit rezidivierenden Entzündungen einhergeht. Es kann angeboren oder erworben sein.

Erworben kann es auf einer Störung oder Schädigung im blutbildenden System oder auf großen Eiweißverlusten durch ausgedehnte Verbrennungen sowie auf Nieren- und Darmkrankheiten beruhen.

13.3 Infektionskrankheiten

Was wird unter einer Infektionskrankheit verstanden?

Eine Infektionskrankheit ist eine durch Einwirkung eines Infektionserregers, z.B. Viren, Bakterien, Pilze, Parasiten hervorgerufene Erkrankung mit je nach Erreger meist typisch ablaufenden klinischen Symptomen und Laborbefunden.

Ist Infektion gleichbedeutend mit Infektionskrankheit?

Zwar wird im allgemeinen Sprachgebrauch oft nicht zwischen beiden Begriffen unterschieden, doch beinhaltet die Infektion, d.h. das Eindringen des Erregers in den Körper, nicht unbedingt auch eine Krankheit.

Wie ist der Unterschied zwischen einer lokalen Infektion und einer Infektionskrankheit?

Bei einer lokalen Infektion entstehen nur in der Gegend der Eintrittsstelle des Erregers, z.B. einer Wunde, Entzündungszeichen (ohne dass es zu allgemeinen Krankheitserscheinungen, z.B. Fieber, Krankheitsgefühl usw. kommt. Aus einer lokalen Infektion kann aber bei schlechter Abwehrlage eine Infektionskrankheit entstehen.

Wie entsteht eine Infektionskrankheit?

Das Eindringen von Krankheitserregern, pathogenen Viren, Bakterien oder Protozoen mit Vermehrung und Ausbreitung im Körper heißt Infektion.

Durch die Abwehr des Organismus gegen die körperfremden Stoffwechselprodukte und Gifte der Erreger entstehen die charakteristischen Verläufe der Infektionskrankheiten.

Wodurch ist eine Infektionskrankheit charakterisiert?

Durch den Erreger, einen bestimmten, direkten oder indirekten Übertragungsmodus, eine bestimmte Inkubationszeit von der Infektion bis zum Ausbruch der Krankheit, den Ablauf der Krankheit in charakteristischen Reaktionen und durch das meist epidemische, endemische oder pandemische Auftreten.

Wie wird die Wissenschaft von den Kleinstlebewesen genannt?

Mikrobiologie. Die Bakteriologie ist ein Teil davon, die sich im strengeren Sinne nur mit den Bakterien beschäftigt.

Welche Arten von Krankheitserregern gibt es?

- Viren, die kleinsten Erreger, sind eigentlich keine selbständigen Lebewesen, sie stellen „biochemische Einheiten“ dar, die genetische Informationen enthalten;
- Bakterien (die den pflanzlichen Lebewesen zugerechnet werden);
- Myzeten, fadenbildende Pilze, pflanzliche Lebewesen;
- Protozoen, einzellige Erreger aus dem Tierreich;
- Metazoen, mehrzellige tierische Lebewesen, die als Schmarotzer (Parasiten) Krankheitszustände bewirken können.

Was ist ein Virus?

Die Viren bilden ein eigenes Reich im Übergang von der unbelebten zur belebten Welt. Sie sind die kleinsten Erreger und können nur mit dem Elektronenmikroskop dargestellt werden. Sie bestehen aus einem Nukleinsäurekern und einer spezifischen Eiweißhülle. Sie sind keine eigentlichen Lebewesen, da sie keinen eigenen Stoffwechsel haben und sich nur mit Hilfe der Wirtszelle, in die sie eindringen, vermehren können.

Welche Virusarten werden unterschieden?

- Enteroviren, z.B. das Poliomyelitisvirus, die Coxsackie-Viren, die ECHO-Viren und die Reoviren;
- Arboviren, z.B. Gelbfiebervirus;
- Myxoviren, z.B. das Mumpsvirus und Influenzavirus;
- Herpesviren, Erreger der Windpocken, des Herpes zoster und das Herpes-simplex-Virus;
- Pockenviren, Erreger der Menschenpocken und das Vakzinevirus der Kuhpocken;
- Adenoviren, Erreger von Schnupfen und Rachenentzündungen;
- Psittakose-Lymphogranuloma-inguinale-Viren; Erreger der Papageienkrankheit, des Lymphogranuloma inguinale und des Trachoms;
- Gruppe der nicht klassifizierten Viren, Erreger der Hepatitis, Masern, Tollwut und Röteln;
- Gruppe der Retroviren, HI-Virus.

Was sind Rickettsien?

Rickettsien nennt man eine Gruppe von großen virusartigen Erregern (z.B. der Erreger des Fleckfiebers und des Q-Fiebers).

Welche Arten von Bakterien sind zu unterscheiden?

Nach der *Form* können die Bakterien eingeteilt werden in:
rundliche Bakterien: Kokken, stäbchenförmige Bakterien oder Bazillen und schraubenförmige Bakterien: Spirochäten oder Borrelien.

Welche Arten von Kokken gibt es?

Nach ihrer Färbbarkeit *(Gramfärbung)* unterscheidet man grampositive und gramnegative Erreger.

Nach der *Form ihrer Kolonien* werden sie eingeteilt in:

Streptokokken, die sich kettenförmig anordnen, Staphylokokken, die traubenförmige Verbände bilden und Diplokokken, die paarweise gelagert sind.

Welche wichtigen Arten von Stäbchen (Bazillen oder Bakterien im engeren Sinne) gibt es?

Typhus-Paratyphus-Ruhr-Gruppe, Kolibakterien, Tuberkelbakterien, Diphtheriebakterien, Tetanusbakterien und Influenzabakterien u.a.m.

Als widerstandsfähige Dauerformen können sie „Sporen“ bilden.

Welche Krankheiten werden durch grampositive Erreger verursacht?

Durch *Streptokokken* werden Angina, Sepsis, Scharlach, Erysipel verursacht.

Als Nachkrankheiten können Endo-, Myo-, Perikarditis, hämorrhagische Nephritis und rheumatisches Fieber (akuter Gelenkrheumatismus) entstehen.

Durch *Staphylokokken* werden Hauterkrankungen (z.B. Furunkulose), Staphylokokkensepsis und Osteomyelitis (Knochenmarksphlegmone) hervorgerufen.

Auch bei akuter Nahrungsmittelvergiftung können Staphylokokken durch Erzeugung von giftigen Zerfallsprodukten ihres Nährbodens eine entscheidende Rolle spielen.

Durch *Pneumokokken* können Pneumonien, Nasennebenhöhlenentzündung (Sinustis) und Mittelohrentzündung (Otitis media) ausgelöst werden.

Zu den *Clostridien* gehören die Erreger von Gasbrand, Botulismus, Tetanus und Milzbrand.

Auch Diphtheriebakterien sind grampositiv.

Welche wichtigen Erreger gehören zu den gramnegativen Keimen?

Gramnegativ sind Salmonellen (Typhus abdominalis, Paratyphus A, B und C), Shigellen (Bakterienruhr), Brucellen (Morbus Bang, Maltafieber), Escherichia coli und Bacterium proteus (normale Darmbewohner, aber u.U. pathogen) erzeugen evtl. Pyelitis, Cholezystitis, bei vorgeschädigtem Darm auch Enterokolitis. Weiterhin gehören Meningokokken (epidemische Meningitis: Hirnhautenthündung) und

Influenzabakterien: Haemophilus influenzae (Otitis media, Bronchopneumonie, Sepsis) zu den gramnegativen Keimen.

Welche Krankheiten werden durch Mykobakterien bewirkt?

Mykobakterien sind die Erreger von Tuberkulose und Aussatz (Lepra).

Welche Erreger werden als Mykoplasmen bezeichnet?

Sie sind die kleinsten auf Nährböden züchtbare Erreger. Am wichtigsten ist das Mycoplasma pneumoniae, das eine atypische Pneumonie hervorrufen kann.

Welche Erreger werden als Anaerobier bezeichnet und welche Krankheiten können sie hervorrufen?

Das sind Erreger, die unter Luftabschluss ohne Sauerstoff leben und sich vermehren.

Durch Anaerobier werden Botulismus, Tetanus und Gasbrand als schwere lebensbedrohliche Krankheiten verursacht.

Welche Eigenschaften haben die Spirochäten? Nennen Sie wichtige Krankheiten!

Die Spirochäten sind größer als die Stäbchen, sie sind schraubenförmig gekrümmt.

Zu den wichtigen Krankheiten gehören die Lues (Syphilis), Leptospirosen, z.B. die Weilsche Krankheit und Borreliosen (z.B. Lyme-Borreliose).

Welche Protozoenkrankheiten kennen Sie?

Malaria, Amöbenruhr, in Galle und Dünndarm: Lamblien und im Urogenitaltrakt: Trichomonaden.

Welche Pilzkrankheiten des Menschen sind wichtig?

Soorpilze: Candida albicans, auf den Schleimhäuten; Kryptokokkose, z.B. Kryptokokkenmeningitis; Trichophytosen (Hautkrankheiten) und Fußpilze.

Welche Metazoen kommen als Parasiten vor?

Eingeweidewürmer: Bandwürmer, Spulwürmer, Madenwürmer und Milben (Krätze). An der Haut: Läuse, Flöhe, Wanzen, Zecken.

Was sind Parasiten, Saprophyten und Symbionten?

Parasiten entziehen ihre Nährstoffe dem Wirtsorganismus; es sind Krankheitserreger, die den Wirtsorganismus schädigen.

Saprophyten gewinnen ihre Nährstoffe aus totem organischen Material, sie sind Fäulnisbewohner.

Symbionten sind Mikroorganismen, die dem Wirtsorganismus Stoffe abgeben die nützlich sind, z.B. Escherichia coli im Dickdarm für die Vitaminversorgung.

Wie groß sind die Krankheitserreger etwa?

Bakterien sind nur wenige μm (1 μm = 1 Mikrometer = 1/1000 mm) groß; *Kokken* sind nur etwa 0,5–1 μm groß. Die *Viren* schwanken zwischen 20 und 300 nm (1 nm = Nanometer = 1/1 000 000 mm), z. B. das sehr kleine Poliovirus ist nur 20 nm groß.

Wie können sich Bakterien bewegen?

Manche Bakterien tragen Haarsäume oder Geißeln, durch deren rhythmische Schwingungen sie sich fortbewegen können.

Wie schnell können sich Bakterien vermehren?

Typhusbakterien können sich bei gutem Nährstoffmilieu und günstiger Temperatur alle 20 Minuten teilen. Das bedeutet, dass aus einem Typhusbakterium in 10 Stunden 1 Milliarde Bakterien entstehen können.

Welche Lebensbedingungen spielen für Bakterien eine wichtige Rolle?

Bakterien brauchen Wasser, Salze, Kohlensäure und Phosphor. Bakterien, die Sauerstoff benötigen, heißen Aerobier, solche, die ohne Sauerstoff leben, Anaerobier.

Wichtig ist die Temperaturlage, fast alle Krankheitserreger sind gegen Hitze, nur wenige gegen Kälte sehr empfindlich. Viele vertragen Trockenheit schlecht, andere bilden widerstandsfähige Dauerformen (z. B. Sporen).

Was bedeutet Sensibilität bzw. Resistenz eines Erregers?

Sensibilität bedeutet Empfindlichkeit, Resistenz bedeutet Widerstandsfähigkeit eines Erregers gegen ein bestimmtes Medikament (z. B. gegen ein Antibiotikum).

Ein Keim ist gegen ein Medikament resistent, wenn dieses keine ausreichende Hemmwirkung auf die Vermehrung zeigt. Manche Keime sind gegen bestimmte Antibiotika „von Haus aus" resistent (z. B. Escheria coli gegen Penizillin).

Andere Keime bilden allmählich resistente Stämme aus, z. B. Staphylokokken, die gegen manche Antibiotika resistent werden. Die Resistenzbildung stellt ein schwieriges Problem für die Behandlung dar und wird gefördert durch unkritische oder unsachgemäße Antibiotikaeinnahme.

Was wird unter MRSA verstanden?

Seit einigen Jahren nehmen vor allem in den Kranknhäusern multiresistente Erreger zu, gegen die fast alle gängigen Antibiotika unwirksam sind. Es handelt sich um Stämme von sog. **M**ethicillin-**r**esistenten **S**taphylococcus **a**ureus (MRSA), benannt nach dem ersten beta-laktamasefesten Penicillin, dem Methicillin. Als Ursachen werden der weit verbreitete unkritische Einsatz von Antibiotika in der ambulanten Medizin und der Veterinärmedizin, die häufige Gabe hochwirksamer Antibiotika in den Kliniken und möglicherweise auch schlechte hygienische Bedingungen in den Krankenhäusern diskutiert.

Gibt es noch wirksame Antibiotika gegen MRSA?

Es stehen noch die beiden Glykopeptid-Antibiotika Vancomycin und Teicoplanin zur Verfügung, doch sind sie bei Staphylokokken-Infektionen prinzipiell weniger geeignet als beta-Laktamantibiotika. Zudem ist diese Behandlung sehr teuer.

Wie ist bei MRSA-Nachweis vorzugehen?

Nach den Hygiene-Vorschriften in Krankenhäusern muss der Patient isoliert werden und darf nur mit Handschuhen und Mundschutz gepflegt werden. Der Hygienebeauftragte des Krankenhauses muss verständigt werden.

Wie können Krankheitserreger in den Körper eindringen?

Als Eintrittspforten für Mikroorganismen in den Körper kommen vor allem die Atemwege und der Verdauungstrakt, seltener die verletzte oder unverletzte Haut in Betracht. In besonderen Fällen die Bindehaut des Auges und die Schleimhäute der Geschlechtsorgane.

Welche Übertragungsarten gibt es?

- Tröpfcheninfektion (sehr häufig, z.B. bei Erkältungskrankheiten, Tuberkulose);
- infizierte Speisen oder Getränke (z.B. Darminfektionen wie Typhus oder Paratyphus);
- unmittelbare Berührung von Mensch zu Mensch, auch durch sexuelle Kontakte, oder durch Gebrauchsgegenstände (z.T. als sog. Schmierinfektion);
- tierische Überträger (z.B. Tollwutübertragung von Tier auf Mensch);
- tierische Zwischenwirte (z.B. Stechmücken wie bei Malaria, Zecken für Enzephalitis und Borreliose, Läuse für Fleckfieber);
- Bluttransfusion (z.B. Hepatitis B und C, AIDS);
- Verschleppung im Körper (z.B. Escherichia coli vom Darm in die Gallen- und Harnwege).

Welche Krankheiten können durch sexuelle Kontakte übertragen werden?

Die *Geschlechtskrankheiten* im engeren Sinn: Syphilis, Gonorrhö, Ulcus molle (weicher Schanker) und Lymphogranuloma inguinale (Lymphopathia venereum).

Virusinfektionen wie Hepatitis B, Hepatitis C (s. Virushepatitis, S. 395). Herpes genitalis durch das Herpes-simplex-Virus Typ II als Vulvovaginitis oder Balanitis mit Juckreiz und Schmerzen. Feigwarzen (Condyloma acuminatum) durch Papillomviren.

AIDS (*a*cquired *i*mmuno*d*eficiency *s*yndrome), das erworbene Immundefektsyndrom durch Infektion mit dem humanen Immundefizienzvirus (HIV), das eine fortschreitende Zerstörung immunkompetenter Zellen mit dem Auftreten opportunistischer Infektionen bedingt (s. HIV-Infektion, S. 399).

Infektionen durch Chlamydien und Mykoplasmen bewirken vor allem Entzündungen der Harnröhre *(Urethritis)* und der Genitalorgane wie *Prostatitis* oder *Sal-*

pingitis oder durch Parasiten wie Trichomonaden mit Urethritis und *Vaginitis* oder durch Pilze wie bei Mykose durch Candida albicans (Moniliasis, *Soor*).

Äußerlich: *Filzläuse* (Phthiri) und *Krätze* (Skabies).

Unter welchen Voraussetzungen entwickelt sich eine Infektionskrankheit?

Die Erreger der Infektionskrankheit müssen in genügender Zahl vorhanden sein und entsprechend virulent sein, d.h. einen entsprechenden Vitalitätsgrad haben. Der Mensch muss für diese Krankheitserreger „empfänglich" sein, d.h. er darf nicht „immun" sein (s. Immunität, S. 328).

Die Krankheitserreger müssen auf dem für sie gangbaren Weg in den Körper eingebracht werden (Tröpfcheninfektion der Erkältungskrankheiten, perkutane Infektion der Malaria usw.).

Durch Resistenzminderung können Krankheitserreger, die im Körper vorhanden sind, aber wegen der Widerstandsfähigkeit des Organismus nicht ohne weiteres zur Auslösung einer Krankheit fähig sind, pathogen werden. So eine Resistenzminderung kann durch Unterkühlung der Atem- und Harnwege, durch Unterernährung, durch Störung des Stoffwechsels (z.B. Diabetes) oder durch Immunitätsverlust im hohen Alter oder bei AIDS entstehen.

Durch die starke Vermehrung der eingedrungenen Erreger können sich auch ihre z.T. schädlichen oder giftigen Stoffwechselprodukte (Toxine) vervielfachen.

Welche Wirkungen haben die Toxine?

Toxine können Entzündungen oder so starke Schädigungen verursachen, dass es zum Untergang von Zellen oder Geweben kommt. Manche Toxine wirken spezifisch auf bestimmte Gewebe (z.B. Diphtherietoxin auf den Herzmuskel und das Nervengewebe).

Durch Toxine als Antigene können Antitoxine als Antikörper gebildet werden.

Was bedeutet Pathogenität eines Erregers?

Pathogenität bedeutet die Fähigkeit eines Erregers, *Krankheitserscheinungen* zu bewirken. Es gibt pathogene und apathogene Stämme der Erreger, z.B. der Streptokokken.

Apathogene Mikroorganismen können nützlich im Wirtsorganismus, als harmlose Schmarotzer oder als nützliche Symbionten leben, z.B. das Kolibakterium ist im Dickdarm – abgesehen von enterotoxischen Stämmen – nicht pathogen, aber in der Gallenblase und im Nierenbecken pathogen.

Was ist die Virulenz eines Erregers?

Die Virulenz eines Erregers bezeichnet seine *Bösartigkeit* bzw. seine *Gefährlichkeit*.

Die Virulenz wird durch die Lebenskraft des Erregers gekennzeichnet, die sich äußert: in seiner Fähigkeit, in den Wirtsorganismus einzudringen, sich dort auszubreiten und zu vermehren und in seiner Widerstandskraft gegen die Abwehr des Organismus und durch seine Giftwirkung.

13.3.1 Gesetzliche Vorschriften

Welche gesetzlichen Maßnahmen können bei Infektionskrankheiten notwendig werden?

Bei einem Infektionsfall kann die Absonderung *(Isolierung)* des Patienten zu Hause oder in einem Krankenhaus vorgeschrieben sein.

Es ist genau festgelegt, welche Infektionskrankheiten dem *Gesundheitsamt* gemeldet werden müssen. Bei der Meldung ist zu unterscheiden zwischen Verdachtsfall, gesicherter Krankheit, Tod an einer Infektion und Dauerausscheider.

Menschen, die mit einem Infektionskranken (z.B. Pockenkranken) im Kontakt waren, können in *Quarantäne* genommen werden, d.h., ihre Bewegungsfreiheit wird so eingeschränkt, dass sie die Krankheit nicht verbreiten können. Die Quarantäne dauert etwas länger als die Inkubationszeit der betreffenden Krankheit.

Bei welchen Krankheiten besteht bereits bei Verdacht Meldepflicht?

Lepra, Botulismus, Cholera, enteropathogene Escherischia coli, Fleckfieber, Meningitis infectiosa, Gelbfieber, Poliomyelitis, Milzbrand (Anthrax), Ornithose, Paratyphus A und B, Pest, Rückfallfieber, Salmonellen-Enteritis, Shigellen-Ruhr, Tetanus, Tollwut (Rabies), Tuberkulose, Tularämie, Typhus, Yersiniose.

Bei welchen Infektionen sind Erkrankungen und Tod meldepflichtig?

Brucellose, Campylobakteriose, Gonorrhoe (anonym), Hepatitis, Kindbettfieber, Leptospirose, Listeriose (bei Neugeborenen), Malaria, Q-Fieber, Scharlach, Syphilis (anonym), Toxoplasmose, Trachom, Trichinose.

Nur der Tod ist meldepflichtig bei: Virusgrippe, Keuchhusten, Masern.

Ausscheider müssen gemeldet werden bei: Salmonellen-Enteritis, Paratyphus, Typhus und Shigellen-Ruhr.

Wer muss eine meldepflichtige Infektionskrankheit anzeigen?

Der behandelnde Arzt, jede sonstige mit der Behandlung oder Pflege von an Infektionskrankheiten erkrankten Menschen berufsmäßig beschäftigte Person: Hebammen, Leichenbeschauer, Haushaltsvorstand, Leiter einer Pflegeanstalt oder Sammelunterkunft, Schiffsführer.

13.3.2 Epidemiologie und Immunologie

Was wird mit Kontagiosität oder Infektiosität bezeichnet?

Die Kontagiosität ist der Grad der allgemeinen Empfänglichkeit für eine Infektionskrankheit. Manche Krankheiten sind sehr kontagiös, wie z.B. Masern, andere nur wenig kontagiös, wie die meist nur sporadisch (vereinzelt) auftretende Kinderlähmung.

Was ist eine Epidemie, Pandemie und Endemie?

Epidemie: Gehäuftes Auftreten einer Infektionskrankheit in einem begrenzten Gebiet innerhalb kurzer Zeit.

Pandemie: Seuchen großen Ausmaßes, die sich über die ganze Erde ausbreiten, wie z.B. die große Grippeepidemie von 1917–1919, an der viele Millionen Menschen auf der ganzen Welt erkrankten (s. Virusgrippe, S. 392).

Endemie: Infektionskrankheit, die in einem bestimmten Gebiet immer wieder auftritt oder mehr oder weniger stark vorkommt; in Europa sind z.B. die Masern endemisch, in vielen Tropenregionen die Malaria.

Wann wird von sporadischen Infektionsfällen gesprochen?

Sporadische Fälle nennt man das vereinzelte Vorkommen einer Infektionskrankheit, ohne dass sich eine seuchenhafte Ausbreitung entwickelt, z.B. heute bei der Tbc, bei der Meningokokkenmeningitis oder früher bei der Poliomyelitis.

Von welchen Umständen hängt die Entwicklung einer Seuche ab?

Zur Entstehung einer Epidemie gehören bestimmte (spezifische) Erreger (z.B. das Grippevirus, die Ruhrbakterien). Sie ist weiter abhängig von einer großen allgemeinen Empfänglichkeit („Krankheitsbereitschaft") eines Personenkreises.

Oft spielen äußere Umstände eine Rolle, wie Menschenansammlungen oder Verkehrswege, denen entlang sich eine Seuche verbreitet, oder ein Überträgerreservoir wie die Anopheles-Mücken für die Malaria.

Manche Krankheiten sind saisongebunden, z.B. die Ruhr tritt im Sommer bei Absinken des Grundwasserspiegels, das Fleckfieber im Winter durch Zunahme der Kleiderläuse auf.

Durch den Genuss von verseuchtem Wasser können in kurzer Zeit plötzlich viele Menschen erkranken (explosionsartige Ausbreitung einer Infektionskrankheit) z.B. an Cholera bei Erdbeben.

Durch Kontakt von Mensch zu Mensch kann es zu einer allmählichen Seuchenentwicklung und Ausbreitung kommen.

Was wird als Morbidität, Mortalität und Letalität bezeichnet?

Morbidität: in einem bestimmten Zeitraum registrierte Zahl der Krankheitsfälle einer definierten Krankheit, bezogen auf die Bevölkerungszahl.

Mortalität: Sterblichkeit an einer Krankheit, bezogen auf die Gesamtbevölkerung.

Letalität (Tödlichkeit): Zahl der Personen, die an einer Krankheit sterben, bezogen auf die Zahl der Erkrankten.

Ist jeder Mensch, der Krankheitserreger in sich hat, „krank"?

Außer bei manifesten Krankheiten können Krankheitserreger auch abgekapselt im Gewebe (z.B. in vernarbten oder verkalkten Tbc-Herden) vorkommen, ohne Krankheitserscheinungen zu bewirken. Ferner gibt es gesunde Keimträger (Bazillenträger) und Dauerausscheider von Krankheitserregern.

Was sind Keimträger?

Keimträger sind Menschen, die Krankheitserreger beherbergen, ohne dass bei ihnen klinisch eine Krankheit erkennbar ist oder war. Die Krankheit kann noch bevorstehen (Inkubationszeit) oder sie verläuft unbemerkbar leicht („klinisch stumm") oder sie ist früher einmal durchgemacht worden, es besteht Immunität gegen die Erreger, so dass es nicht zu Krankheitserscheinungen kommt.

Was sind Dauerausscheider?

Dauerausscheider sind Menschen, die eine Infektion, z.B. mit Typhus oder Paratyphus, durchgemacht haben, gegen diese Erreger immun geworden sind, aber mit dem Stuhl dauernd Erreger ausscheiden, weil sich diese als Schmarotzer in den Gallenwegen festgesetzt haben und immer wieder in den Darm entleert werden.

Was ist der Unterschied zwischen übertragbar und ansteckend?

Die Malaria ist zwar übertragbar, aber nicht ansteckend (kontagiös). Das heißt, man kann sich bei der Pflege von Malariakranken nicht mit Malaria anstecken, das ist (abgesehen von Bluttransfusionen) nur durch die Vermittlung der Malariastechmücke möglich.

Was ist ein Zwischenwirt und welche Arten spielen eine Rolle?

Manche Erreger können nicht von Mensch zu Mensch übertragen werden, sondern nur durch Vermittlung eines tierischen Zwischenträgers, des Zwischenwirts. Der Erreger muss in diesem Zwischenwirt einen Teil seiner Entwicklung durchmachen (Malaria, Bandwürmer).

Zwischenwirte für Wurmerkrankungen können *Rind, Schwein, Fisch* und *Hund* sein.

Für tropische Krankheiten spielen *Stechmücken* und *Fliegen* eine große Rolle (Malaria, Gelbfieber, Schlafkrankheit).

Kleiderläuse übertragen Fleckfieber, Wolhynisches Fieber und Rückfallfieber.

Die Pest kann durch *Rattenflöhe* übertragen werden und *Zecken* sind Überträger von Enzephalitis (FSME), Rückfallfieber und Lyme-Borreliose.

Wovon hängt die geographische Verbreitung einer Krankheit wie z.B. der Malaria ab?

Eine Krankheit, die durch Zwischenwirte übertragen wird, ist in ihrer Verbreitung durch das Vorkommen der Zwischenwirte der Malaria, der Malariamücke (Anopheles), begrenzt. Sie kommt deshalb nur in bestimmten klimatischen Regionen vor, wo Wärme, Luftfeuchtigkeit und Wasserstellen als Mückenbrutplätze vorhanden sind.

Welche Umstände fördern Schmierinfektionen?

Die Verschleppung von Erregern in Eiter, Stuhl, Urin und Sputum wird als Schmierinfektion bezeichnet.

Schmierinfektionen werden gefördert durch unhygienische Lebensweise: mangelhafte Körperpflege, beengte und unsaubere Wohnverhältnisse, Mangel an Wäsche, schlechte Abwasserverhältnisse, ungeeignete Abortanlagen (Fehlen der Kanalisation), unsaubere Behandlung der Nahrungsmittel in Lagerung und Zubereitung, nicht einwandfreie Wasserverhältnisse.

Unkenntnis, Gleichgültigkeit und Verantwortungslosigkeit spielen eine große Rolle.

Welche Umstände fördern die Krankheitsausbreitung durch Tröpfcheninfektion?

Menschenansammlungen auf engem Raum, Schulen, Kasernen, Massenveranstaltungen, überbelegte Wohnungen, Elendsviertel (Slums), Publikumsverkehr (Auskunftsbeamte) und durch das undisziplinierte Anhusten, Anniesen oder das freie Ausspucken.

13.3.3 Desinfektion und Sterilisation

Was wird unter Desinfektion und Sterilisation verstanden?

Desinfektion oder Entseuchung bedeutet Vernichtung oder Inaktivierung vorhandener Krankheitserreger, auch ihrer Dauerformen, zur Verhütung von Ansteckungen. Eine völlige Keimfreiheit ist nicht gegeben. Zur Desinfektion können physiologische oder chemische Verfahren eingesetzt werden.

Sterilisation bedeutet Entkeimung, d.h. Vernichtung aller lebenden Mikroorganismen, einschließlich ihrer Dauerformen (Sporen), besonders an ärztlichen Instrumenten, Spritzen, Verbandmaterial usw.

Wie kann sterilisiert werden?

- Heißluft bei 180 °C (trockene Hitze);
- Wasserdampf-Überdrucksterilisation im Autoklaven;
- Gassterilisation mit Äthylenoxidgas;
- chemische Sterilisation durch Formalintabletten in dichten kleinen Glasschränken (z.B. von urologischen Instrumenten) oder durch Sublimatlösung;
- evtl. durch Auskochen von Gegenständen aus Gummi und Kunststoff;
- Strahlensterilisation, Keimabtötung durch Röntgenstrahlen.

Was geschieht mit benutzten Instrumenten?

Sofern es sich nicht um Einmalmaterialien handelt, müssen in der *unreinen Zone* gebrauchte Instrumente, Spritzen, Kanülen, Schläuche usw. sofort in eine Desinfektionslösung gelegt werden. Danach erfolgt die Reinigung mit entmineralisiertem Wasser oder Ultraschall. Es folgt die Trocknung mit Heißluft, evtl. in einem Trocknungsapparat.

In der *sauberen Zone* werden die Gegenstände geprüft, in Papier- oder Foliensäcke keimdicht verpackt, in der Zentralsterilisation sterilisiert und in der *sterilen Zone* steril gelagert.

Welche Vorteile haben Einmalinstrumente?

Durch den Gebrauch von Einmalinstrumenten werden die Greifinstrumente, wie Pinzette, Kornzange, mit ihren meist nicht sterilen Standgefäßen entbehrlich und die Sterilität wesentlich verbessert.

Wie wird die Dampfsterilisation durchgeführt?

Es wird gesättigter Dampf, d.h. Wasserdampf ohne Luft, benutzt. Er hat einen Druck über 1 Atmosphäre (= 1 atm) und eine Temperatur über 100 °C. Je höher beide Werte, umso schneller erfolgt die Sterilisation. Das Sterilisationsprogramm kann je nach Sterilisationsgut geregelt werden oder es ist vollautomatisch gesteuert.

Wie geht die Heißluftsterilisation vor sich?

Im Heißluftsterilisator muss eine Lufttemperatur von 160–200 °C erreicht und gleichmäßig verteilt werden. Bei größeren Geräten ist dazu eine Umwälzung erforderlich. Die Sterilisationszeit ist länger als bei der Dampfsterilisation. Die Heißluftsterilisation eignet sich nicht für Gummi oder Kunststoffe.

Weshalb ist Auskochen keine ausreichende Sterilisation?

Durch Auskochen werden nicht alle Keime getötet. Besonders die Erreger der Hepatitis und des Gasbrandes werden nicht unwirksam. Es darf nur als Notmaßnahme, dann mit Zusatz von 2% Soda als Rostschutzmittel und 1% Formalin als keimtötende Substanz angewandt werden.

Welche Vorteile hat die Gassterilisation?

Sie wird bei nur mäßigen Temperaturen durchgeführt. Sie eignet sich besonders für Instrumente mit Objektiven: Zystoskope, Gastroskope, Bronchoskope, Rektoskope u.a. für hitze- und feuchtigkeitsempfindliches Material wie Gummi, Kunststoffe, elektrische Geräte und Kabel. Nachteile sind die hohen Kosten und die lange Sterilisations- und Auslüftungszeit (24 Stunden).

Wie werden kleinere Flächen, Geräte und Apparate desinfiziert?

Für kleinere Flächen, z.B. auch für den Blutdruckapparat, eignet sich die *Wischdesinfektion* mit Flächendesinfektionsmitteln. Zur chemischen Desinfektion tritt der Effekt der mechanischen Reinigung hinzu. Die Sprühdesinfektion ist eine „Zufallsdesinfektion“ und daher ungeeignet.

Was bedeutet Pasteurisieren?

Pasteurisieren nennt man das Keimfreimachen, z.B. der Milch, indem sie 30 Minuten auf 60–63 °C oder zwei Minuten auf 85 °C erhitzt wird.

Erreger der Typhus-Paratyphus-Ruhr-Gruppe oder Tuberkelbakterien werden dadurch abgetötet, Sporen aber nicht zerstört.

Was heißt Resistenz der Erreger?

Resistenz bedeutet Widerstandsfähigkeit der Erreger gegen äußere Einflüsse, gegen Medikamente, aber auch gegen Desinfektionsmittel.

Was bedeutet bakterizid bzw. bakteriostatisch?

Bakterizide Mittel töten die Keime, bakteriostatische hemmen die Vermehrung der Keime.

Unter Bakterizidie versteht man die Fähigkeit eines Mittels, z.B. eines Medikamentes oder eines Desinfektionsmittels, Krankheitserreger zu vernichten.

Welche physikalische Verfahren können zur Vernichtung vorhandener Keime angewandt werden?

Manche Keime gehen durch Austrocknung, Sonnenbestrahlung, Ultraviolettlicht, Röntgenstrahlen oder auch durch Kälte zu Grunde.

Besondere Bedeutung kommt der Anwendung von Hitze zu, z.B. Sterilisieren durch Auskochen, Wasserdampf oder Heißluft (Trockensterilisation).

Welche Anwendungsarten von Hitze werden zur Desinfektion benützt?

- Verbände, Zellstoff, Katheter, Nierenschalen aus Pappe, infizierte Gegenstände aus Papier (Zeitungen, Illustrierte) können verbrannt werden;
- Metallgegenstände können ausgeglüht werden;
- Gegenstände aus Glas, Porzellan oder Metall (z.B. Essgeschirr) können, aber nur als Notmaßnahme, ausgekocht werden;
- manche Viren (Hepatitis) und Sporen werden durch Auskochen nicht vernichtet, aber durch Heißluft (Trockensterilisation) oder durch chemische Mittel abgetötet;
- Heißluft, trocken oder feucht (Dampf), wird zur Entseuchung und Entwesung von Kleidern (Kleiderläuse), Matratzen und Decken verwendet, aber nicht für hitzeempfindliche Sachen wie Wollsachen, Pelze, Leder, Kunstfaserstoffe, Gummi oder Bücher angewandt.

Welche Eigenschaften soll ein chemisches Desinfektionsmittel haben?

Es soll zwar bakterizid sein und ein breites Wirkungsspektrum haben, aber für den Menschen ungiftig und hautverträglich sein. Ferner soll es Textilien und Metalle nicht angreifen, geruchlos, umweltverträglich und preiswert sein.

Die Wirkung eines Desinfektionsmittels hängt von seiner Bakterizidie, von seiner Konzentration, der Zeitdauer der Einwirkung und der Temperatur ab. Auch die Eindringtiefe (Tiefenwirkung) ist wichtig.

Welche Phasen der Desinfektion bei Infektionskrankheiten sind zu unterscheiden und was bedeutet infektiöser Hospitalismus?

Man unterscheidet die Maßnahmen der laufenden Desinfektion und der Schlussdesinfektion.

Unter infektiösem Hospitalismus versteht man Infektionen im Krankenhaus durch die in vielen Anstalten stark verbreiteten Keime wie Staphylokokken und Kolibakterien.

Eine laufende Desinfektion ist daher in den Krankenhäusern auf allen Abteilungen ständig durchzuführen, keineswegs nur bei Infektionskrankheiten.

Welche Arten chemischer Desinfektion werden unterschieden?

- Grobdesinfektionsmittel für Toilettenanlagen, Müllablagerungsstätten, z.B. Kalkmilch oder Chlorkalk;
- Raumdesinfektionsmittel, z.B. Formaldehyd zur Desinfektion von Krankenzimmern durch Versprühen oder Verdampfen;
- Scheuerdesinfektionsmittel, z.B. 5%-ige Kresolseifenlösung zum Abwaschen von Fußböden, Wänden, Bettgestellen und Krankenmöbeln;
- Wäschedesinfektionsmittel, z.B. 5%-ige Kresolseifenlösung, in der die Wäsche 2–3 Stunden liegen muss. 2%-ige Chloramin- bzw. Rohchloraminlösung, in der über 12 Stunden eingeweicht werden muss oder in 1%-ige Sagrotanlösung über 6–8 Stunden einweichen, ausspülen, danach waschen (Wäsche muss ohne Staubentwicklung (kein Zählen!) gesammelt, am besten vom Krankenbett weg in keimdichten Behältern transportiert werden);
- Hautdesinfektionsmittel, z.B. Sagrotan, Merfen, Kodan, auch Chloramin oder Alkohol usw. Diese eignen sich auch zur Desinfektion von Instrumenten, Geschirr und Wäsche.

Wie wird Stuhl und Sputum (besonders bei Tuberkulose) desinfiziert?

Auf ein Teil Stuhl werden drei Teile Kalkmilch gegeben und sechs Stunden stehengelassen. Der Stuhl muss völlig bedeckt sein.

Einmalsputumbecher werden verbrannt.

Welche Bedeutung haben Ätzkalk und Kalkmilch und wie wird Kalkmilch hergestellt?

Gebrannter Kalk (Ätzkalk: CaO) und Kalkmilch sind stark wirksame, billige und bei großem Bedarf (Katastrophen, Seuchen) und unter primitiven Verhältnissen sehr geeignete Mittel für die Grobdesinfektion von Abfall- und Abortgruben.

Gebrannter Ätzkalk (CaO) wird mit der gleichen Menge Wasser in gelöschten Kalk ($Ca[OH]_2$) verwandelt. Dabei entsteht starke Wärme mit der Gefahr des Verspritzens und gefährlichen Verätzens. Gelöschter Kalk gibt mit der dreifachen

Menge Wasser Kalkmilch, die durch ihre starke Alkalinität ein gutes und billiges Mittel der Grobdesinfektion darstellt. Kalkmilch muss immer frisch erzeugt werden, da sie durch das Kohlendioxid der Luft verändert wird.

Wodurch werden Krankheitserreger oft vor der Einwirkung von Desinfektionsmitteln geschützt?

Bakterien und Viren sind oft von einer schützenden Hülle von Schleim, Blut, Eiter, Stuhl, Schlamm, Schmutz, Staub und Lebensmittelstoffen umhüllt. Sie bilden die Trägerstoffe der Mikroben und schützen sie auch in getrocknetem Zustand vor der Wirkung der Desinfektionsmittel. Eiweiß- und schmutzablösende Mittel sind daher oft bei der Desinfektion wichtig, z.B. Seife, Alkohol, Netzmittel (Detergentien).

Wie wird ein Isolierzimmer eingerichtet?

Einfache glatte Möbel, die der Desinfektion gut zugänglich und abwaschbar sind und nicht unter Desinfektionsmitteln leiden. Fußböden und Möbel müssen durch tägliche Wischdesinfektion entseucht werden können (keine Teppiche). Textilien, Laken und Bezüge, Vorhänge müssen kochbar sein. Eigene Toilette, Nachtstuhl oder Steckbecken müssen bei Darminfektionen zur Verfügung stehen. Keine Pflanzen, keine Tiere im Krankenzimmer.

Waschbecken mit Desinfektionslösung für das Pflegepersonal und Schutzkleidung müssen sich vor der Tür befinden.

Krankenzimmer, auch Privaträume, Toiletten und Transportmittel (Krankenwagen), die von Infektionskranken benutzt werden, unterliegen dem Desinfektionszwang.

Wie sieht eine Desinfektionsanlage aus?

Zwischen zwei streng voneinander getrennten Räumen ist der Desinfektionsraum mit zwei gegenüberliegenden Türen eingebaut. Die eine Tür öffnet sich zur unreinen Seite, von der die zu desinfizierenden Gegenstände eingebracht werden. Die andere Tür der reinen Seite wird nach abgeschlossener Desinfektion (1 Stunde 100 °C Wasserdampf) geöffnet und das desinfizierte Material entnommen.

Was wird unter Schlussdesinfektion verstanden?

Bei Entlassung oder Verlegung aus der Infektionsabteilung muss der Patient nach einem Vollbad frische Wäsche anziehen. Das Krankenzimmer wird gleichzeitig desinfiziert. Die vom Kranken benützten Gegenstände werden (meist) der Raumdesinfektion mit Formaldehyddämpfen unterworfen, soweit sie nicht wie Essbestecke, Kämme usw. einer Desinfektion mit einem Lösungsmittel zugänglich sind oder wie Zeitschriften verbrannt werden können.

Wofür eignet sich die Formalindesinfektion?

Formalin ist ein sehr gutes Desinfektionsmittel von breiter Wirkung. Es tötet Bakterien, Viren, Sporen und Pilze.

Die Verdampfung oder Zerstäubung von Formalin (wässrige Lösung von Formaldehyd) eignet sich zur Raumdesinfektion und dabei auch zur Oberflächendesinfektion von den im Raum aufgestellten und der Einwirkung zugänglichen Gegenstände aus Metall, Porzellan, Leder, Gummi, Handarbeiten, Kleidungsstücken aus Leinen, Wolle, Seide, Samt, Pelz, auch von Papieren, Büchern, Akten und Dokumenten.

Wie wird die Raumdesinfektion durchgeführt?

Zur Raumdesinfektion werden die Fenster geschlossen und evtl. abgedichtet. Die Schränke werden geöffnet, die Matratzen aufgestellt, wertlose Dinge verbrannt und alle anderen Gegenstände so aufgestellt, dass das gasförmige Desinfektionsmittel auf alle Oberflächen einwirken kann. Dann wird der Desinfektionsapparat in Gang gebracht und die Türen verschlossen, auch evtl. abgedichtet.

Nach Beendigung der Desinfektion wird die Tür geöffnet. Der Raum wird mit einem feuchten Tuch vor Mund und Nase betreten und durch rasches Öffnen aller Fenster nachhaltig gelüftet. Nach dem Lüften abschließende Scheuerdesinfektion.

Wie schützt sich das Pflegepersonal vor Ansteckung?

Durch umfassende, sachgerechte Pflege der Kranken, regelmäßige Desinfektion entsprechend der Art der Erkrankung, Desinfektion des Krankenzimmers, der Ausscheidungen, des Essbesteckes und Geschirrs, der Bettwäsche und häufiges Lüften. Evtl. Tragen von Schutzkleidung, Einmalhandschuhen, Mundschutz; Händedesinfektion, häufige Bäder, gute Ernährung, viel Schlaf, gesunde Lebensführung.

Wie ist die Händedesinfektion vorzunehmen?

Hände müssen erst desinfiziert, dann gereinigt werden, auch wenn sie stark verschmutzt sind (evtl. mit einem mit Hautdesinfektionsmittel getränkten Tupfer oder Einmalhandtuch grobe Verschmutzung abwischen). Nach dem Sauberwaschen nochmals desinfizieren.

Es gibt eine Reihe von der Deutschen Gesellschaft für Hygiene und Mikrobiologie geprüfter und durch das Bundesgesundheitsamt bzw. Robert-Koch-Institut veröffentlichter Hautdesinfektionsmittel. Sie sind meist auf alkoholischer Grundlage entwickelt und haben oft ein Rückfettmittel zur Hautschonung beigemischt. Man lässt durch Ellenbogenbedienung des Dosierspenders etwa 3 ml Desinfektionsmittel in die Hohlhand fließen und verteilt dies intensiv eine Minute lang auf beide Hände, Handzwischenräume und Unterarm. Einwirkzeit beachten!

13.3.4 Klinik und Pflege bei Infektionskrankheiten

Welche allgemeinen Symptome können bei Infektionskrankheiten beobachtet werden?

Allgemeines Krankheitsgefühl wie Abgeschlagenheit, Kopf-, Rücken- und Kreuzschmerzen, Gliederschmerzen, Fieber mit Frösteln oder Hitzegefühl, Unruhe bis zum Delirium, aber auch Teilnahmslosigkeit bis zum Koma.

Welche Veränderungen können bei Infektionskrankheiten auftreten?

Haut- u. Schleimhäute: charakteristische Ausschläge (Exantheme) der Haut, Enantheme der Schleimhäute, z.B. des Rachens; Schweißausbrüche, aber auch trockene, heiße Haut (z.B. Typhus), Gesichtsröte, evtl. Zyanose oder Blässe, Fieberbläschen (Herpes labialis).

Verdauungssystem: Appetitlosigkeit, aber auch Durst, belegte, auch trockene Zunge, Übelkeit, Brechreiz, Obstipation, bei Darmkrankheiten Durchfall, Entzündung der Mundschleimhaut (Stomatitis).

Herz-Kreislauf-System: Tachykardie, evtl. Rhythmusstörungen, selten Bradykardie als Ausdruck einer Begleitmyokarditis; infektiös-toxische Kreislaufschwäche mit Kollapsgefahr.

Atmungssystem: dem gesteigerten Stoffwechsel im Fieber entsprechend ist die Atmung vertieft und beschleunigt.

Welche Komplikationen können bei schweren Infektionskrankheiten auftreten?

Herz-Kreislauf-Versagen, Bronchopneumonien, Bewusstseinsstörungen (Somnolenz, Koma, Fieberdelirium), Obstipation, evtl. Inkontinenz für Stuhl und Urin, Stomatitis, Speicheldrüsenabszess, Dekubitus, Thrombose und Sepsis.

Welche Gesichtspunkte gelten für die allgemeine Behandlung von Infektionskranken?

Das Prinzip der allgemeinen Schonung durch Ruhigstellung:

Bettruhe als wichtigste Voraussetzung der Schonung und Entlastung der inneren Organe (aber Gefahr der Bronchopneumonien, des Dekubitus), psychische Entspannung, ausreichender Schlaf, ausreichende Flüssigkeitszufuhr, entsprechende Diät, Bekämpfung der Obstipation, intensive Hautpflege und kausale oder symptomatische Behandlung.

Welche Rolle spielt die psychische Führung?

Durch eine ruhige Atmosphäre und Fernhaltung aller störenden Einflüsse ist für eine psychische Entspannung und zuversichtliche Haltung des Kranken zu sorgen. Der Patient muss sich geborgen fühlen und Vertrauen haben können. Verordnungen und Pflegemaßnahmen müssen zeitlich so eingeteilt sein, dass der Patient genug Ruhe findet.

Fieber

Was nennen wir Fieber?

Fieber ist eine Sollwertverstellung des Thermoregulationszentrums im Gehirn nach oben. Relativ dazu ist der Körper anfangs zu kalt (es kommt zur Wärmeerzeugung durch Muskelzittern = Schüttelfrost), später zu warm (es kommt zu Gefäßerweiterung und Schwitzen).

Welche Körpertemperatur darf als normal bezeichnet werden?

Temperatur in der Achselhöhle (axillär) bis 36,8 °C ist normal. Die unter der Zunge (sublingual) gemessene Temperaturen liegen 0,2 °C höher als die axillären Werte. Im Darm (rektal) gemessene Temperaturen liegen um 0,5 °C über der Temperatur in der Achselhöhle.

Temperaturen unter 36,4 °C werden als Untertemperatur bezeichnet.

Wodurch kann es zu Fieber kommen?

Die Sollwertverstellung des Wärmezentrums im Gehirn erfolgt entweder direkt durch Prozesse im Gehirn (z. B. Tumoren, Blutungen, „zentrales Fieber"), meistens aber indirekt auf dem Blutweg durch sog. Pyrogene. Dazu gehören

- Bakterien und deren Zerfallsprodukte;
- körpereigene zerfallene Eiweiße durch Blutergüsse und Sekrete.

Welche Fiebertypen sind zu unterscheiden?

Erhöhte Temperatur (rektal gemessen) wird unterteilt in subfebrile Temperaturen (bis 37,8 °C), mäßiges Fieber (bis 38,4 °C), hohes Fieber (bis 40 °C) und sehr hohes Fieber (ab 40,1 °C und höher). Unterschieden wird weiterhin zwischen folgenden Fiebertypen (Abb. **13.1a–f**):

- Kontinuierliches Fieber (Kontinua): gleichbleibendes Fieber mit geringer Tagesdifferenz, z. B. bei Typhus abdominalis, Scharlach;
- remittierendes Fieber: schwankendes Fieber über den Tag verteilt, mit der

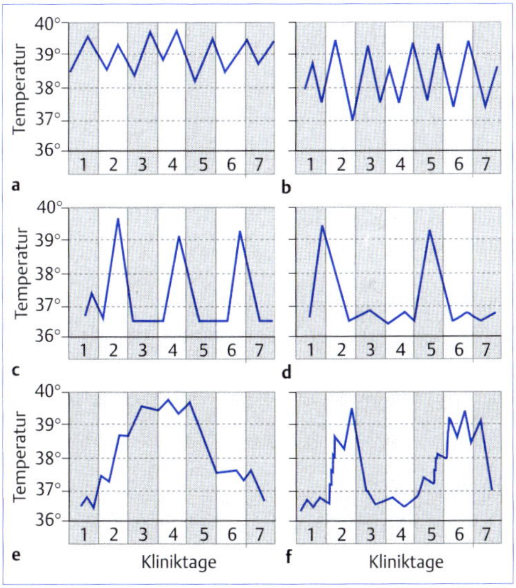

*Abb. **13.1a–f** Fiebertypen. **a** Kontinuierliches Fieber, **b** remittierendes Fieber, **c** intermittierendes Fieber, **d** rekurrierendes Fieber, **e** undulierendes Fieber, **f** biphasisches Fieber (Dromedartyp; aus Kellnhauser, u. a.: Thiemes Pflege, 9. Aufl. Thieme, Stuttgart 2000)*

höchsten Temperatur am Abend, im Allgemeinen aber hoch bleibend, z.B. bei Sepsis oder Pyelonephritis;
- intermittierendes Fieber: zwischen normalen Werten und Fieber schwankende Temperaturen mit fieberhaften Intervallen und der Neigung zu Schüttelfrösten, z.B. bei Sepsis, Pyelitis;
- rekurrierendes Fieber: Wechsel zwischen Fieberschüben über mehrere Tage und fieberfreien Intervallen, z.B. bei Malaria, Borreliose;
- undulierendes Fieber: langsamer Temperaturanstieg, hohes Fieber über Tage und fieberfreie Intervalle wechseln sich ab, z.B. bei Tumoren, Bruzellose;
- biphasisches Fieber (Dromedartyp): Verlauf von Anstieg und Abfall der Temperaturerhöhung ergeben in der Fieberkurve das Bild eines Dromedars, z.B. bei Meningokokkensepsis, Poliomyelitis.

Durch die heute frühzeitig einsetzende medikamentöse Behandlung sind die klassischen Fiebertypen kaum noch zu sehen.

Welche Methoden des Vortäuschens von Fieber gibt es?

Thermometer reiben, in warmes Getränk oder Essen halten, an die Heizung, über ein Streichholz oder Feuerzeug halten. Kontrolle: Eventuell mit einem anderen Thermometer nachmessen und während des Messens beim Patienten bleiben. Puls messen.

Was bedeutet Schüttelfrost?

Ein Schüttelfrost beginnt mit starkem Kältegefühl, grobschlägigem Zittern (Schütteln) und Zähneklappern und geht in einen Schweißausbruch mit Hitzegefühl über, wobei erst dann die Temperatur über 39 °C ansteigt. Er ist vom Frösteln ohne Schütteln streng zu unterscheiden.

Ein Schüttelfrost ist ein besonderes Vorkommnis, das dem Arzt mitgeteilt werden muss. Er stellt eine starke Beanspruchung für Herz und Kreislauf sowie für den Stoffwechsel dar. Da es sich bei einem Schüttelfrost oft um septische Bakterienaussaaten ins Blut handelt, in deren Folge neue Krankheitsherde entstehen können (Sepsis), empfiehlt es sich, im Schüttelfrost Venenblut zum kulturellen Nachweis der Erreger abzunehmen (Blutkultur).

Bei welchen Krankheiten treten Schüttelfröste auf?

Man beobachtet Schüttelfröste zu Beginn einer Lobärpneumonie, manchmal bei Pyelitis, besonders wenn der Harnabfluss behindert ist. Bei Malaria sind Schüttelfröste in bestimmten Abständen (z.B. alle zwei Tage) das Hauptsymptom der Krankheit.

Was ist bei einem Schüttelfrost zu machen?

Während des starken Kältegefühls muss der Patient gut zugedeckt werden. Eventuell kann man Wärmflaschen zur Erwärmung des Patienten benützen (Achtung vor Verbrennungen bei benommenen Schwerkranken). Bei Eintritt der Fieberhöhe muss die Wärmeabgabe unterstützt werden, durch Entfernung von Decken, kühle Getränke usw. Bei starkem Schweißausbruch bringt Abwaschen und Umkleiden Erleichterung für den Patienten.

Puls, Blutdruck, Bewusstsein sowie das weitere Temperaturverhalten müssen kontrolliert werden, evtl. werden Herz- und Kreislaufmittel verordnet. Besonders beim Abfiebern besteht Kollapsgefahr!

Der meist aufgeregte, ängstliche Patient soll nicht allein gelassen werden.

Welche psychischen Veränderungen können bei hochfieberhaften Infektionskrankheiten vorkommen?

Manche Fieberkranke sind erregt, unruhig und verwirrt, was sich bis zum Fieberdelirium steigern kann. Andere sind benommen, teilnahmslos (somnolent), das Bewusstsein kann auch ganz schwinden und ein komatöser Zustand entstehen.

Was wird als Fieberdelirium bezeichnet und bei welchen Erkrankungen kann es dazu kommen?

Bei einem Fieberdelirium ist das Bewusstsein durch die infektiös-toxische Schädigung des Zentralnervensystems stark verändert. Denken und Sprechen sind unzusammenhängend. Es treten Sinnestäuschungen (Halluzinationen), Unruhe und oft Angst auf. Das Pflegepersonal hat bei deliranten Patienten eine große Verantwortung.

Fieberdelirien beobachtet man bei schweren Infektionskrankheiten, wie z.B. Sepsis, Typhus, Lobärpneumonie, Meningitis, Enzephalitis, Fleckfieber.

Was sind Fieberkrämpfe?

Bei Kindern kommt es beim plötzlichen Fieberanstieg nicht zu Schüttelfrost, dagegen können generalisierte tonisch-klonische (epileptiforme) Krämpfe mit Bewusstseinsverlust, Zungenbiss und Einnässen auftreten.

Wie kann bei sehr hohem Fieber Erleichterung geschaffen werden?

Mit dem Fieber sind natürliche Abwehrreaktionen des Körpers gegen die Krankheitserreger verbunden, die im Allgemeinen nicht unterdrückt werden sollen. Wenn der Körper aber durch das Fieber zu schwer angegriffen wird oder ein Fieberdelirium droht, kann man durch kühle Wadenwickel (besonders bei Kindern) oder durch einen Brustwickel die Temperatur etwas senken und Erleichterung schaffen. Auch Medikamente (Antipyretika, z.B. Azetylsalizylsäure oder Paracetamol) senken das Fieber.

Wie ist die Diät bei akut fieberhaften Erkrankungen zu gestalten?

Trotz meist schlechten Appetits sollen ausreichend Kalorien, Vitamine und besonders Flüssigkeiten zugeführt werden. Häufige kleine Mahlzeiten von leicht verdaulichen Speisen, vor allem aus kohlenhydrat- und eiweißhaltiger Kost, sind empfehlenswert. Durch Infusionen kann ein Teil der Kalorien und des vermehrten Vitamin- und Flüssigkeitsbedarfs, der etwa 2 l täglich beträgt, gedeckt werden.

Bei hohem Fieber eignet sich flüssige und breiige Kost: z.B. Tee, Fruchtsäfte, Bouillon, Milch mit Honig, Joghurt, evtl. mit Fruchtgeschmack, Speiseeis, Milchspeisen in Form von Cremes mit leicht verdaulichen Kohlenhydraten, Pudding, Speisen mit Zucker, Honig und Sirup, Kompott, Püree, Eier in leicht verdaulicher Form (Creme, Bouillon mit Ei, Rotwein mit Ei), alles in für Auge und Gaumen appetitanregender Form, dem Geschmack des Patienten entsprechend.

Da dem Körper durch das Schwitzen Kochsalz verlorengeht, sollen auch salzhaltige Speisen angeboten werden, zumal sie Abwechslung bringen und den Appetit anregen können: Fleischbrühe, Suppen, leichte Gemüse.

Eine große Bedeutung hat Obst, meist in Form leicht verdaulicher Kompotte, das durch seinen Zellulosegehalt der Obstipation des Fieberkranken vorbeugt.

Welche Komplikationen können sich bei den akuten Infektionen seitens des Verdauungstraktes einstellen?

Durch Austrocknung des Mundes, besonders bei Mundatmung, kann es zur Stomatitis und zum Abszess der Ohrspeicheldrüse (Parotitis) kommen (Stomatitisvorbeugung- und Behandlung, s. Seite 189). Bei vielen Patienten stellt sich bei einer akuten fieberhaften Infektionskrankheit Verstopfung, bei manchen, besonders bei Darmkrankheiten, Durchfall ein. Schwerkranke, benommene Patienten neigen zu unkontrolliertem Abgang von Stuhl und Urin (Inkontinenz).

Manchmal Soor nach intensiver Antibiotikabehandlung.

Warum kommt es bei hochfieberhaften Infektionskrankheiten meist zur Obstipation?

Fast alle hochfieberhaften Infektionskrankheiten (mit Ausnahme gewisser Darmkrankheiten, z.B. der Ruhr) gehen mit Obstipation einher. Diese ist durch den Flüssigkeitsverlust des Körpers infolge des vermehrten Schwitzens und des Abatmens mit verstärkter Wasserrückresorption im Darm und Verhärtung des Stuhls bedingt. Dazu kommen noch die geringe Nahrungsaufnahme durch Appetitlosigkeit, die schonende schlackenarme Fieberdiät und die Ruhigstellung des Körpers durch Bettruhe, wodurch auch die Darmtätigkeit nachlässt.

Wie soll die Obstipation eines Fieberkranken behandelt werden?

Bei Fieberdiät kann nicht täglicher Stuhlgang erwartet werden. Es soll aber doch jeden 2., spätestens jeden 3. Tag für eine Darmentleerung gesorgt werden. Besonders geeignet sind Klysmen, weil sie die beste Erleichterung bringen und auch verhärteten Stuhl gut entfernen. Darüber hinaus können Einläufe auch zum Rückgang des sehr hohen Fiebers führen.

Wie kann es zum Dekubitus kommen?
Entscheidend für die Dekubitusentstehung sind die 3 Faktoren: Druck, Zeit und Disposition.

Der unwillkürliche Abgang von Stuhl und Urin bei Schwerkranken, meist somnolenten oder komatösen Patienten führt leicht zur Hautschädigung, die sich begünstigend auf die Entstehung eines Druckgeschwürs (Dekubitus) auswirken kann. Bettlägerige, abgemagerte, aber auch übergewichtige Patienten neigen durch das Liegen auf bestimmten Körperstellen wie Kreuzbein und Fersen zum Aufliegen mit Ausbildung von Druckstellen und folgender Infizierung des nekrotischen Gewebes durch Eitererreger (Druckgeschwür).

Wie kann Dekubitus verhindert werden?
Schwerkranke brauchen eine aufmerksame und intensive individuelle *Hautpflege*, u.U. Abwaschungen bei Schweißausbrüchen, Hautkontrolle bei Inkontinenz und Anziehen trockener frischer Wäsche. Häufiger *Lagewechsel*, ca. alle 2 Stunden in 30° Seitenlagerung und Weichlagerungen, sorgfältiges Betten mit Vermeiden aller druckerzeugenden Falten im Betttuch ist zwingend erforderlich. Eventuell Verwendung spezieller Antidekubitusmatratzen bei besonders gefährdeten Patienten.

13.3.5 Erkrankungen durch Bakterien

Typhus (Bauchtyphus, Typhus abdominalis)

Zu welcher Gruppe gehört der Typhuserreger?
Das Typhusbakterium gehört mit den Paratyphuserregern und den Erregern der akuten infektiösen Gastroenteritis (Gastroenteritis salmonellosa) zur Gruppe der *Salmonellen*. Die von diesen Bakterien verursachten Krankheiten werden Salmonellosen genannt.

Wie werden Typhus und Paratyphus meist übertragen?
Menschen, die Dauerausscheider der Bakterien sind, können durch Unsauberkeit Lebensmittel, Milch und Wasser verseuchen. Durch Mängel der Kanalisation können Abwässer das Trinkwasser oder Nahrungsmittel verunreinigen und dann zu größeren Epidemien führen.

Wie lange ist die Inkubationszeit beim Typhus?
Die Inkubationszeit beträgt beim Typhus 1–3 Wochen. Am häufigsten ist der Krankheitsbeginn um den 10. Tag.

Welchen Weg nehmen die Typhusbakterien im Körper?
Typhusbakterien gelangen mit Nahrung oder Getränken in den Magen-Darm-Kanal. Durch das Lymphgewebe der Darmwand gelangen sie in die Blutbahn, ver-

mehren sich dort und führen zu einer Typhusbakterien-Sepsis (Stadium der Kontinua). In dieser Zeit sind die Typhusbakterien im Blut nachweisbar (Blutkultur).

Ein Teil der Typhuserreger setzt sich im Lymphgewebe des Dünndarms, besonders in den sog. Peyer-Plaques des Ileums, fest und führt dort zu entzündlichen Veränderungen, die in der 3. Krankheitswoche geschwürig zerfallen, so dass in dieser Zeit besonders viel Typhusbakterien mit dem Stuhl entleert werden (Stuhlkultur).

Welche Stadien können beim Typhus unterschieden werden?

Das *Anfangsstadium* über einige Tage mit langsam ansteigender Temperatur.

Stadium der gleichbleibend hohen Temperatur *(Kontinua)*, das ohne antibiotische Behandlung 1–3 Wochen dauern kann.

Stadium der Entfieberung mit mehreren Tagen stark schwankendem Fieber *(lytische Entfieberung)*.

Die *Rekonvaleszenz*, manchmal durch Rückfälle (Rezidive) mit erneutem Fieberanstieg kompliziert und verlängert.

Welche charakteristischen Symptome kommen beim Typhus vor?

Somnolenz (Teilnahmslosigkeit, Schläfrigkeit, Apathie) und hohes Fieber mit heftigen Kopfschmerzen, trockenem Mund, heißer trockener Haut. Appetitlosigkeit und Schwäche kennzeichnen das schwere Krankheitsbild.

Exanthem: Zu Beginn der 2. Krankheitswoche treten die Roseolen als charakteristischer Hautausschlag auf. Es sind knapp linsengroße, leicht erhabene rötliche Fleckchen, die nicht leicht zu erkennen sind und auf Druck mit dem Glasspatel verschwinden.

Fieber: Typisch für den Typhus ist die gleichbleibend hohe Temperatur bei gleichzeitig verhältnismäßig langsamem Puls (relative Bradykardie), die Leukopenie und die fehlende Beschleunigung der Blutkörperchensenkung.

Anfangs besteht Obstipation, im späteren Verlauf treten oft *Durchfälle* mit „erbsensuppenartigen" Stühlen (bräunlich, flüssig mit krümeligem Bodensatz) auf. Der Bauch ist meist meteoristisch gebläht und druckempfindlich.

Wie wird der Typhus-Patient behandelt?

Isolierung, Desinfektion von Stuhl und Urin. Das Tragen von Schutzkleidung und Handschuhen beim Pflegen ist wichtig, trotzdem ist auch Händedesinfektion selbstverständlich.

Die medikamentöse Therapie erfolgt mit Cephalosporinen der 3. Generation (z.B. Ceftriaxon, Cefoperazon). Nach einer initialen parenteralen Therapie kann nach einigen Tagen mit einer oralen Behandlung mit Chinolonen (z.B. Ofloxacin, Ciprofloxacin) begonnen werden.

Wie kann einer Typhuserkrankung vorgebeugt werden?

- Regelmäßige Untersuchung bestimmter Berufsgruppen, Kontrolle der Dauerausscheider; Aufspüren und Sanieren der Ansteckungsquellen;
- größte Sauberkeit bei Typhusgefahr;
- Verzicht auf ungekochte Nahrungsmittel und Getränke;
- Schutzimpfung, die jährlich wiederholt werden muss, mit hochwirksamer Vakzine (dabei kommen manchmal Impfreaktionen mit Fieber und Schwellung an der Injektionsstelle vor).

Wann gilt ein Typhuskranker als nicht mehr ansteckend?

Erst wenn drei negative Stuhlbefunde von je einer Woche Abstand nach der Abfieberung vorliegen, gilt ein Typhuspatient als nicht mehr infektiös.

Was heißt Paratyphus?

Paratyphus ist eine typhusähnliche Erkrankung, die durch typhusverwandte Erreger, die Paratyphusbakterien der Gruppen A, B und C, hervorgerufen werden, von denen noch eine Reihe von Untertypen unterschieden werden.

Wie unterscheidet sich der Verlauf eines Paratyphus vom Typhus abdominalis?

Der Verlauf ist oft (aber nicht immer!) leichter und kürzer, der Fieberanstieg erfolgt rascher, die Roseolen sind oft kräftiger, die enteritischen Symptome (Durchfall) meist ausgeprägter als beim Typhus.

Während bei Typhus etwa 2–4% Dauerausscheider bleiben, sind es beim Paratyphus sogar etwa 10%; sie sind dem Gesundheitsamt zu melden. Erregerreservoir ist meist die Gallenblase.

Bakterienruhr (Shigellose)

Was wissen Sie über die Erreger der Dysenterie?

Ruhrbakterien (Gattung Shigella) kommen weltweit vor und werden in vier Hauptgruppen eingeteilt (A, B, C, D), die serologisch in bestimmte Typen unterteilt werden (z.B. Shigella flexneri, S. sonnei).

Die Bakterienruhr kommt besonders in warmen Ländern, die leichteren Formen aber auch in Mitteleuropa vor.

Wann und wo treten gehäufte Ansteckungen auf?

Gehäufte Erkrankungen treten besonders in der warmen Jahreszeit, oft da, wo Menschenansammlungen und ungenügende hygienische Verhältnisse vorliegen, auf, z.B. in Heimen, Lagern usw. In Kriegen und bei Naturkatastrophen, z.B. Erdbeben, kommt es sehr schnell zu Ruhr-Epidemien.

Wie kommt es zur Übertragung der Ruhr?

Die Bakterien werden durch den Stuhl ausgeschieden und durch Kontakt unter unhygienischen Verhältnissen (Schmierinfektion) über Nahrungsmittel und Getränke weiter verbreitet. Zum Teil werden Ruhrbakterien auch durch Fliegen oder Küchenschaben (Kakerlaken) als Zwischenträger (nicht Zwischenwirte!) vom Stuhl auf Lebensmittel gebracht.

Ruhrverdacht ist meldepflichtig.

Welche Krankheitserscheinungen stehen bei der Ruhr im Vordergrund?

- Schleimige, evtl. blutige Durchfälle; bis zu 20 und mehr Darmentleerungen täglich von nur geringerMenge, z.T. nur aus Schleim bestehend;
- krampfartige Leibschmerzen, „Tenesmen“;
- besonders bei den toxischen Formen: Schwäche, Hinfälligkeit, Kopfschmerzen, Appetitlosigkeit, mäßig Fieber, Wasser- und Elektrolytverlust, toxische Herzschwäche.

Welche Behandlungsmaßnahmen werden bei der Ruhr durchgeführt?

- Isolierung und strengste Sauberkeit, Desinfektion der Stühle, Infektionsschutz des Pflegepersonals;
- Flüssigkeitsersatz und Elektrolytausgleich durch Infusion, evtl. Transfusionen sind die wichtigsten Therapiemaßnahmen; in leichteren Fällen genügt reichlich Tee mit Zucker, auch andere flüssige Kost;
- die Gabe von Antibiotika sollte den schwereren Fällen vorbehalten bleiben. Mittel der Wahl ist Trimethoprim/Sulfamethoxazol, alternativ können Chinolone (Ciprofloxacin, Ofloxacin) verabreicht werden.

Wie kann die Ruhr ausheilen?

Die Ruhr kann vollkommen ausheilen, ohne dass Beschwerden zurückbleiben. Es kann aber auch eine Neigung zu chronischen Reizzuständen des Dickdarms mit rezidivierenden Durchfällen verbleiben. Es besteht keine Dauerimmunität nach Bakterienruhr und manche Menschen bleiben Dauerausscheider; sie müssen dem Gesundheitsamt gemeldet werden.

Bei HLA-B27-positiven Patienten (s. Bechterew-Krankheit, S. 315) kann es zu einer reaktiven Arthritis kommen (Reiter-Syndrom).

Nahrungsmittelvergiftung und Botulismus

Was wird unter aktuter Nahrungsmittelvergiftung verstanden?

Bei der Bezeichnung „Nahrungsmittelvergiftung“ handelt es sich nicht um eine bestimmte Infektionskrankheit, die durch einen spezifischen Erreger hervorgerufen wird, sondern um das klinische Bild des „Brechdurchfalls“ oder der „akuten Gastroenteritis“ oder der sog. Reisediarrhö.

Welche Erreger können eine akute Gastroenteritis verursachen?

Die verschiedenen *Salmonellenarten* können eine Gastroenteritis salmonellosa auslösen.

Bei der Staphylokokkenenteritis sind Nahrungsmittel durch enterotoxinbildende *Staphylokokken* verunreinigt.

Auch *Campylobacter jejuni* ist ein relativ häufiger Erreger der Enteritis.

Die sog. Reisediarrhö in tropischen und subtropischen Ländern wird auf enterotoxinbildende Stämme von *Escherichia coli* zurückgeführt.

Die durch verschiedene *Viren* verursachten Enteritiden sind offenbar häufiger als früher angenommen.

Wie kommt es zur akuten Nahrungsmittelvergiftung und welche Schritte müssen eingeleitet werden?

In Lebensmitteln, die unter unhygienischen Verhältnissen gelagert werden, wie Hackfleisch, Wurst, Fisch, Krabben, Muscheln, Pasteten, Majonäse, Eiscreme, Sahnekuchen usw., können sich Salmonellen oder Staphylokokken rasch vermehren und beim Genuss dieser Speisen nach wenigen Stunden stürmische Krankheitserscheinungen hervorrufen: Erbrechen, krampfartige Bauchschmerzen, Druchfall.

Es muss festgestellt werden, welche Speisen verdorben waren. Wenn ein schuldhaftes Verhalten, z.B. im Gaststättengewerbe, vorliegt, muss etwas von den betreffenden Speisen zur Untersuchung aufbewahrt und eingeschickt werden.

Wie kann ein akuter Brechdurchfall behandelt werden?

Die verdorbenen Speisen müssen rasch aus dem Körper entfernt werden. Dazu kommen evtl. auch Magenspülungen und Abführmittel in Frage. Im Übrigen Bettruhe, evtl. Infusionen, evtl. Antibiotika. Bei leichteren Fällen ist meist keine besondere Behandlung erforderlich.

Bei allen Salmonellenerkrankungen ist bereits der Verdacht meldepflichtig.

Welche Krankheit wird Botulismus genannt?

Der Botulismus ist keine Infektionskrankheit, sondern eine Vergiftung (Intoxikation), d.h. dass sich die Botulinusbazillen (Clostridium botulinum) nicht im menschlichen Körper festsetzen und vermehren, sondern mit den verdorbenen Nahrungsmitteln allein ihre enorm giftigen Toxine aufgenommen werden, die das gefährliche Krankheitsbild bewirken. Da eine Ansteckung durch Übertragung nicht möglich ist, ist auch keine Isolierung erforderlich.

Wie kommt es zum Botulismus?

Der Botulinusbazillus ist ein Anaerobier und findet sich wie der Tetanusbazillus in der Erde.

In *Konserven*, die durch Botulinussporen verunreinigt und nicht ausreichend sterilisiert wurden, entwickeln die Botulinusbazillen ein starkes Toxin, das durch

30-minütiges Kochen zerstört werden kann. Durch Zersetzung des Doseninhaltes mit Gasbildung werden die Konserven oft aufgetrieben. Beim Öffnen zischen die entweichenden Gase. Solche Konserven sind verdächtig und dürfen nicht gegessen werden. Es ist für ihre Vernichtung zu sorgen. Der Genuss von solchen Konserven (Fleischwaren, Bohnen usw.) führt zu einem schweren, oft rasch tödlich verlaufenden Krankheitsbild, dem Botulismus.

Wie sind die Symptome des Botulismus?

Es bildet sich in wenigen Stunden ein rasch fortschreitendes schweres Krankheitsbild mit Magen-Darm-Beschwerden und Nervenlähmungen. Besonders wichtig für die Erkennung sind Augenmuskellähmungen (Schielen) und eine Schlucklähmung. Kreislauf- und Atemzentrum sind gefährdet. Letalität bis zu 30%.

Welche Maßnahmen kommen bei Botulismus in Frage?

Möglichst rasch Infusion eines polyvalenten Antiserums, bei fehlender Besserung auch in den Liquorraum (intrathekal).

Von den verdorbenen Speisen muss die Herkunft sichergestellt und Material zur Untersuchung eingesandt werden. Isolierung ist nicht erforderlich, aber Meldung bereits bei Verdacht.

Bruzellosen

Was sind Bruzellosen?

Die Brucellosen sind Tierkrankheiten durch nah verwandte Erreger, die vom Rind, von Ziege, Schaf und Schwein auf den Menschen übertragen werden können. Die wichtigste Bruzellose ist die Bang-Krankheit der Rinder. Sie kommt in Mitteleuropa nur noch selten vor.

Wie ist der Infektionsweg bei den Bruzellosen?

Die Ansteckung kann durch Milch und Milchprodukte im Magen-Darm-Kanal oder durch direkte Berührung kranker Tiere erfolgen, wobei besonders Tierärzte, Schlachthofarbeiter und Hirten gefährdet sind.

Welche Erscheinungen bilden das Krankheitsbild der Bang-Krankheit?

Lang dauerndes, oft nur subfebriles Fieber in wellenförmigem Verlauf, Neigung zu Schwitzen, Gelenkbeschwerden, Mattigkeit sind die uncharakteristischen Symptome dieser Infektion. Schwere Fälle führen zu Abszessbildungen, leichte verlaufen wie eine Befindensstörung.

Längere Behandlung mit Antibiotika hat Erfolg.

Tetanus (Starrkrampf)

Was ist der Unterschied zwischen Tetanus und Tetanie?

Tetanus oder Wundstarrkrampf ist eine schwere Infektionskrankheit, die mit schweren generalisierten Muskelkrampfanfällen einhergeht.

Tetanie ist eine neuromuskuläre Übererregbarkeit durch vermindertes Blutkalzium (Hypokalzämie) oder Verschiebung des Säure-Basen-Gleichgewichts im Blut durch CO_2-Verlust (Hyperventilationstetanie) mit tetanischen Krampfanfällen, vor allem der Hände und Füße, und Parästhesien um den Mund und an den Händen (Pfötchenstellung) (s. Nebenschilddrüse, S. 260).

Was wissen Sie über den Erreger des Wundstarrkrampfes?

Der Wundstarrkrampf wird durch den Tetanusbazillus (Clostridium tetani) hervorgerufen. Es ist ein Anaerobier und findet sich in Gartenerde, Straßenstaub, Dünger und altem Holz. Er kann durch Bagatellverletzungen in den Körper eindringen. Besonders mit Erde verschmutzte Wunden sind tetanusverdächtig.

Wie lange ist die Inkubationszeit des Tetanus?

Die Inkubationszeit schwankt zwischen 4 bis 28 Tagen und länger. Je eher Tetanuserscheinungen auftreten, um so schlechter ist die Prognose. Letalität 50–60%.

Welches sind die wichtigsten Krankheitserscheinungen des Tetanus?

Die Tetanusbazillen bleiben an der Eintrittspforte in der Wunde liegen. Ihre Toxine wandern entlang der Lymph- und Nervenbahnen in das Zentralnervensystem.

Als Hauptsymptom treten *Muskelkrämpfe* auf, zuerst im Gesicht (Risus sardonicus) und in der Kaumuskulatur (Trismus), Steifigkeit der Nacken- und Rückenmuskulatur (Opisthotonus), Einziehung der Bauchdecken (Kahnbauch). Äußere Reize (Geräusche, Licht, Berührung) lösen qualvoll schmerzhafte generalisierte Muskelkrämpfe aus. Das Bewusstsein bleibt erhalten. Der Tod kann durch Erschöpfung eintreten.

Wie kann der Gefahr des Tetanus begegnet werden?

Die vorbeugende *Impfung* mit Tetanustoxoid hat eine ausgezeichnete Schutzwirkung. Allerdings werden Auffrischungsimpfungen empfohlen.

Bei einer tetanusverdächtigen Verletzung eines Nichtgeimpften wird eine Wundausschneidung durchgeführt, weil die Tetanusbazillen an der Eintrittspforte liegenbleiben. Bei tiefen Verletzungen durch rostige Nägel oder Holzsplitter ist die *Wundexzision* nicht immer möglich.

Bereits bei Tetanusverdacht muss sofort eine *passive Immunisierung* durch Tetanusimmunglobulin (Tetagam) durchgeführt werden und gleichzeitig als *aktive Impfung* Tetanustoxoid (Tetanol) gespritzt werden, damit bei einer späteren Verletzung nicht wieder Serum gegeben werden muss. Bei Kindern wird die Tetanusimpfung meist im Rahmen der Mehrfachimpfung durchgeführt.

Wie wird eine korrekte Impfung gegen Tetanus vorgenommen?

Um einen sicheren Immunitätsschutz gegen Tetanus zu erreichen, werden zweimal im Abstand von 4 Wochen 0,5 ml Tetanol s.c. injiziert und ein Jahr später eine Auffrischungsspritze von 0,5 ml Tetanol gegeben. Dadurch ist eine viele Jahre anhaltende Grundimmunität gewährleistet, die durch Auffrischungsimpfungen alle 7–10 Jahre verstärkt werden kann.

Wie muss ein Tetanuskranker behandelt werden?

- Wundexzision weit im Gesunden;
- Tetanusimmunglobulin (human) als Antitoxin, außerdem Tetanol (Vakzine);
- Isolierung, Reizabschirmung;
- Beruhigungsmittel, z. B. Benzodiazepine, Chlorpromazin, Barbiturate;
- Relaxierung durch Kurare bei Muskelspasmen;
- Ernährung durch Magensonde;
- bei Kehlkopfkrämpfen und Relaxierung Intubation, evtl. Tracheotomie.

Gasbrand

Wie wird der Gasbrand verursacht und zu welchen Symptomen kommt es?

Der Gasbrand oder die Gasphlegmone wird durch Verschmutzung von Wunden mit gasbrandbazillenhaltiger Erde (Clostridium perfringens) hervorgerufen.

Die Wunde zeigt Schwellung und zunehmende Schmerzhaftigkeit, Blasenbildung, üblen Geruch und Knistern von Gasbläschen im Gewebe beim Anfassen. Auch der Allgemeinzustand verschlechtert sich, es besteht die Gefahr der Herz-Kreislauf-Schwäche.

Nach welchen Gesichtspunkten wird die Behandlung vorgenommen?

Durch breites Eröffnen der Phlegmone und breite Ausschneidung der Nekrosen, Gaben von Gasbrandserum und Antibiotika sowie hyperbare Sauerstoffbehandlung können die weitere Ausbreitung verhindert und die Ausheilung (mit Narben und Defekten) erreicht werden.

Diphtherie

Welche Eigenschaften hat der Diphtherieerreger und wie erfolgt die Übertragung?

Die Diphtheriebakterien können auf Schleimhäuten und auf der Haut Entzündungen verursachen, die durch den Übertritt von Toxinen ins Blut schwere Organschädigungen bewirken.

Die Erreger können im Ausstrichpräparat eines Rachenabstriches erkannt werden, viel sicherer ist aber der Nachweis durch das Kulturverfahren mit Toxinnachweis.

Die Diphtheriebakterien werden vor allem durch Tröpfcheninfektion (Anhusten, Anniesen), nur selten durch Gegenstände übertragen.

Wie lange ist die Inkubationszeit der Diphtherie und wo ist sie lokalisiert?

Die Inkubationszeit beträgt nur 2–4 Tage, manchmal bis zu 7 Tagen. Durch die kurze Inkubationszeit ist eine rasche Ausbreitung möglich.

Am häufigsten ist die Rachendiphtherie, gefürchtet ist die Kehlkopfdiphtherie wegen der Gefahr des Erstickens, weniger gefährlich ist die Nasendiphtherie der Kleinkinder.

Wie sind die Anfangssymptome der Rachendiphtherie?

Blässe, Mattigkeit, Halsschmerzen und Schluckbeschwerden. Meist nur geringes Fieber, aber schneller Puls. Im Rachen sind die Tonsillen geschwollen und düsterrot gefärbt. In wenigen Stunden bildet sich ein erst weißer und zarter flächenhafter Belag, der sich nicht wegwischen lässt und bei Berührung zum Bluten neigt. Außerdem fällt manchmal ein süßlich-leimartiger Geruch auf. Die regionären Lymphknoten sind druckempfindlich, oft geschwollen.

Wie unterscheidet sich die Diphtherie von den Veränderungen einer Streptokokkentonsillitis (Angina tonsillaris)?

Der *Belag* bei Diphtherie ist mehr flächenhaft und festhaftend, bei Tonsillitis sind es Eiterpfröpfe in den Lakunen der Mandeln, die sich ausdrücken oder wegwischen lassen. Wenn man bei Diphtherie versucht, den Belag wegzuwischen, blutet es leicht, dadurch färbt sich der Belag bei Diphtherie oft bräunlich. Bei Tonsillitis bleibt der Belag auf die Mandeln beschränkt, bei Diphtherie greift er meistens auf die Umgebung über, auf die Gaumenbögen, auf das Zäpfchen (Uvula), selten auch auf die hintere Rachenwand.

Das *Fieber* ist bei Diphtherie meist nicht hoch, bei Angina oft hoch. Der *Puls* ist bei Diphtherie im Verhältnis zum geringen Fieber auffallend beschleunigt. Die Patienten mit Diphtherie sind meist blass, mit Angina fiebergerötet.

Für die Unterscheidung ist in Zweifelsfällen der bakteriologische Befund entscheidend.

Wie unterscheidet sich die Diphtherie von einer Plaut-Vincent-Angina?

Die Plaut-Vincent-Angina ist fast immer als Geschwürsbildung mit Belag nur einseitig lokalisiert und zeigt kaum toxische Rückwirkung auf den Kreislauf. Keine Tachykardie, keine EKG-Veränderungen, keine Beeinträchtigung des Allgemeinzustandes (keine Blässe, keine Zyanose, keine Hinfälligkeit).

Bei welchen Krankheiten kann es zu Belägen auf den Mandeln kommen?

Mandelbeläge können vorkommen bei Rachendiphtherie, Streptokokkentonsillitis (Angina tonsillaris), Angina Plaut-Vincent, infektiöser Mononukleose (Pfeiffer-Drüsenfieber), Agranulozytose, Leukämie, Lues.

Welche bedrohlichen Komplikationen kommen bei Diphtherie vor?

Das Diphtherietoxin wirkt besonders auf Herz und Nervengewebe.

Als Komplikationen sind besonders die Myokarditis mit Herzversagen, Herzrhythmusstörungen und Herzblockbildern gefürchtet. Daher sind laufende EKG-Kontrollen erforderlich.

Der diphtherische Befall der Kehlkopfschleimhaut kann zu Erstickung führen und durch diphtherische Lähmungen kann es zur Schluckpneumonie kommen.

Bedrohliche Folgen der Lähmungen (Landry-Paralyse mit Zwerchfelllähmung und Erstickung) sind sehr selten.

Wie lässt sich eine Kehlkopfdiphtherie erkennen?

Die Larynxdiphtherie kommt vor allem bei Kleinkindern in Verbindung mit oder auch ohne Rachen- oder Nasendiphtherie vor. Die Hauptsymptome werden durch Verengung des Luftweges hervorgerufen: Heiserkeit, bellender, dröhnender Husten (Krupp), aber auch durch Stridoratmung (pfeifendes Atemgeräusch) und durch die Toxizität der meist ausgedehnten Beläge bedingte Zyanose und Unruhe.

Was heißt Stridor und wann kann er auftreten?

Die Stridoratmung ist eine durch ein Hindernis erschwerte und hörbare Atmung, wobei die Schlüsselbeingruben und Zwischenrippenräume inspiratorisch eingezogen werden.

Stridor gibt es bei Kehlkopfdiphtherie, bei schwerer Laryngitis (z.B. bei Masern, wobei dann aber auch gleichzeitig eine Bronchitis und Konjunktivitis sowie eine Rhinitis vorliegen).

Was wird als Krupp und was als Pseudokrupp bezeichnet?

Als Krupp wird der dröhnende bellende Husten bei Atemerschwerung durch Schwellung der Schleimhaut im Kehlkopf bezeichnet, wie er bei Larynxdiphtherie, aber auch bei anderen Krankheiten auftreten kann. Bei der Diphtherie spricht man vom echten Krupp.

Als Pseudokrupp werden nächtliche Anfälle von bellendem Husten und auch inspiratorischem Stridor durch Laryngitis und Bronchitis oder infolge eines nicht entzündlichen, wahrscheinlich allergisch-infektiös bedingten subglottischen Ödems bei Kindern bezeichnet, die auf Hustensaft und Beruhigungsmittel gut ansprechen.

Auch Fremdkörper, die im Kehlkopf liegen, können einen Stridor oder Krupp verursachen.

Welche Maßnahme wird bei einem Diphtherieverdachtsfall zuerst ergriffen?

Es müssen Abstriche vom Rand der Beläge und aus der Nase entnommen werden. Diphtherie ist meldepflichtig.

Welche medikamentöse Behandlung der Diphtherie kommt in Betracht?

Wenn der klinische Verdacht einer Diphtherie besteht, besonders wenn ein toxisches Bild vorliegt, wird sofort hochdosiert *Penzillin* oder *Erythromycin* vor der bakteriologischen Bestätigung der Diagnose durch den Kulturbefund gegeben.

Bei Diphtherieverdacht muss auch sofort *Antitoxin* gegeben werden, da nur Toxin neutralisiert werden kann, das noch nicht an Zellen von Herz, Nieren oder Nervengewebe gebunden ist. Die frühzeitige und hochdosierte Gabe von Antitoxin (20000–100000 IE i.m. oder i.v.) kann entscheidend für die Prognose sein. Aber Vorsicht: Diphtherie-Antitoxin stammt vom Pferd und kann schwere allergische Reaktionen auslösen. Man sollte daher in jedem Fall einen Haut- oder Konjunktivaltest durchführen.

Außer der Behandlung mit Antitoxin und Antibiotika kann bei zunehmender Erschwerung der Atmung die Intubation oder ein Luftröhrenschnitt (Tracheotomie) in Betracht kommen. Auch das Absaugen von Diphtheriebelägen aus dem Kehlkopf mit Hilfe des Laryngoskops und einer Absaugeinrichtung kann versucht werden.

Wie wird eine Intubation vorgenommen?

Bei der Intubation wird unter Sicht mit dem Laryngoskop ein Tubus durch Mund und Rachenraum zwischen den Stimmbändern hindurch in den Kehlkopf eingelegt. Dazu muss der Patient stark sediert werden.

Was ist eine Tracheotomie?

Die Tracheotomie (der Luftröhrenschnitt) ist eine Notfalloperation, die rasch und manchmal unter behelfsmäßigen Bedingungen als lebensrettender Eingriff vorgenommen werden muss, um die Gefahr einer tödlichen Erstickung abzuwenden. Sie wird aber auch bei absehbarer Dauerbeatmung geplant durchgeführt.

Was ist bei der Pflege von tracheotomierten Patienten besonders zu beachten?

Bei tracheotomierten Patienten besteht die Gefahr, dass der Tubus durch Schleim oder bei Diphtherie durch abgestoßene Belagsmembranen verlegt wird und wieder Erstickungsgefahr eintritt. Da sich dies plötzlich entwickeln kann, ist eine intensive Beobachtung des tracheotomierten Patienten unerlässlich. Husten, Atemnot mit inspiratorischer Einziehung der Schlüsselbeingruben, Stridor, Zyanose und Unruhe müssen sofort daran denken lassen, dass der Tubus verlegt ist.

Welche Möglichkeiten der Vorbeugung gegen Diphtherie stehen zur Verfügung?

Aktive Immunisierung bereits bei Kleinkindern im Rahmen einer Mehrfachimpfung hat ausgezeichneten Erfolg, so dass die Diphtherie bei uns fast ganz verschwunden ist.

Ab dem 3. Lebensmonat wird 3 x im Abstand von 4 Wochen Diphtherie-Pertussis-Tetanus geimpft. Auffrischungsimpfungen im 2. Lebensjahr und nach dem 10. Lebensjahr werden empfohlen.

Symptomlose Kontaktpersonen von Kindern mit Diphtherie sollen untersucht, überwacht und antibiotisch behandelt werden, Antitoxin benötigen sie aber nicht.

Wie ist die epidemiologische Situation der Diphtherie heute?

Durch die routinemäßige Impfung aller Kinder ist die Diphtherie heute eine Rarität geworden. Die Lage könnte sich mit Öffnung der Ostgrenzen aber rasch ändern, da in den Ländern der ehemaligen Sowjetunion die Diphtherie in jüngster Zeit wieder epidemisch aufflammte und mit wachsender Mobilität der Bevölkerung möglicherweise auch nach Deutschland eingeschleppt wird.

Angina tonsillaris (Streptokokkentonsillitis)

Was wird unter einer Mandelentzündung verstanden?

Mandelentzündung ist ein Sammelbegriff für entzündliche Schwellungen des lymphatischen Gewebes der Gaumenmandeln (Tonsillen) mit Enge (Angina) des Rachens, wobei meist Schluckbeschwerden und Halsschmerzen entstehen.

Die Tonsillitis kann als selbstständige Krankheit oder als Begleitkrankheit auftreten. Sie kann durch verschiedene Erreger verursacht werden.

Welche Erreger spielen bei einer akuten Tonsillitis eine wichtige Rolle?

- Eine besonders wichtige Rolle spielen Streptokokken, besonders bestimmte Typen der betahämolytischen Streptokokken der Gruppe A;
- auch Staphylokokken und Pneumokokken kommen vor;
- fusiforme Bakterien und Spirillen sind die Erreger der Angina Plaut-Vincent;
- Diphtheriebakterien verursachen die Rachendiphtherie (Angina diphtherica);
- häufig verursachen Viren katarrhalische Infekte der oberen Luftwege mit besonderer Beteiligung der Tonsillen;
- auch für die Tuberkelbakterien können die Tonsillen eine Eintrittspforte darstellen;
- Pilzinfektionen der Tonsillen sind selten.

Welche Ausprägungsarten der Tonsillitis sind zu unterscheiden?

Wenn nur die Lymphfollikel in den Tonsillen geschwollen sind, spricht man von einer *Angina catarrhalis*.

Wenn Pfröpfe in den Krypten sitzen, nennt man das eine *Angina follicularis* oder *lacunaris*.

Bei der *Plaut-Vincent-Angina* liegt meist nur ein einseitiger Belag mit geschwürigem Zerfall der Tonsille vor.

Bei einem *Tonsillarabszess* besteht eine einseitige Vorwölbung einer Tonsille (s. Tonsillarabszess, S. 365).

Bei welchen Krankheiten ist die Mandelenzündung eine Begleiterscheinung?

Als Begleitkrankheit kommt eine Mandelentzündung z.B. bei der infektiösen Mononukleose (Monozytenangina, Pfeiffer-Drüsenfieber), bei der Agranulozytose, manchmal bei Leukämie, selten bei Lues vor.

Warum hat die Angina durch hämolytische Streptokokken eine besondere Bedeutung?

Eine Tonsillitis durch betahämolysierende Streptokokken der Gruppe A kann Ausgangspunkt sein für: eine allgemeine Sepsis, entzündliche Veränderungen am Herzen: Endo-, Myo-, Perikarditis, rheumatisches Fieber, hämorrhagische Nephritis, Scharlach, Mittelohrentzündung (Otitis media), besonders bei Kindern.

Welche Krankheitszeichen treten bei einer akuten Tonsillitis auf?

Plötzlicher Beginn mit Halsschmerzen und Schluckbeschwerden, Rötung und Schwellung der Tonsillen; evtl. Beläge in den Krypten (Lakunen), schmerzhafte Schwellungen der Unterkieferlymphknoten und der Lymphknoten am Kieferwinkel, oft plötzlich hohes Fieber, evtl. Schüttelfrost und Leukozytose, Linksverschiebung, beschleunigte BSG, Anstieg des Anti-Streptolysintiters (AST).

Welche Komplikationen können bei Tonsillitis auftreten?

Mandelabszess oder Retrotonsillarabszess mit Kieferklemme, Sepsis und Folgeerkrankungen durch die hämolytischen Streptokokken.

Nach Tonsillitis durch Streptokokken bildet sich keine Immunität, es bleibt vielmehr eine verstärkte Anfälligkeit.

Welche Maßnahmen kommen bei Angina in Frage?

- Zur Untersuchung Rachenabstrich mit Mundspatel und Taschenlampe;
- zur Behandlung Bettruhe, leichte Kost, warme Getränke, Antibiotika (Penicilline, Erythromycin) (wirkungslos bei virusbedingter Tonsillitis);
- evtl. Halsumschlag und Gurgeln;
- bei Tonsillarabszess kalte Umschläge, evtl. Eiskrawatte und Inzision.

Wie macht sich ein Tonsillarabszess bemerkbar?

Umschriebene Schwellung und Vorwölbung, evtl. dort Gelbfärbung einer Tonsille, starke Schmerzen, evtl. Kieferklemme oder auch Schüttelfrost weisen auf einen Tonsillarabszess hin.

Was wissen Sie über die Angina Plaut-Vincent?

Die Angina Plaut-Vincent wird durch eine Spirochätenart (Borrelien) und spießförmige Bakterien (Bacterium fusiforme) hervorgerufen. Es bildet sich meist nur auf einer Tonsille eine z.T. tiefe Ulzeration (Geschwürsbildung) mit grauweißem, schmierigem Belag. Es fällt ein übler Mundgeruch (Foetor ex ore) auf. Trotz des eindrucksvollen lokalen Bildes im Rachen verläuft die Krankheit fast immer gutartig ohne Fieber und ohne toxische Erscheinungen, allerdings oft über 3–4 Wochen hin.

Die Unterscheidung von Diphtherie usw. ist wichtig.

Scharlach (Scarlatina)

Wodurch wird der Scharlach hervorgerufen und wie übertragen?

Erreger des Scharlachs sind β-hämolysierende Streptokokken der Gruppe A, die ein Toxin produzieren, das zu einem Hauterythem führt. Die hämolysierenden Streptokokken werden durch Tröpfcheninfektion, aber auch als Schmierinfektion durch infizierte Gegenstände (Spielsachen, Bücher), evtl. auch durch Milch übertragen. Der Krankheitsprozess beginnt als Streptokokkenangina. Bei Schmierinfektion in eine Wunde kommt es zum Wundscharlach.

In welchem Alter ist die ausgeprägteste Empfänglichkeit für Scharlach und wie lange ist die Inkubationszeit?

Im Alter von 3–5 Jahren sind die Scharlacherkrankungen am häufigsten, und zwar im Winter.

Die Inkubation beträgt 2–4, selten bis 8 Tage.

Welche Anfangssymptome treten bei Scharlach auf?

- Plötzlicher Beginn mit hohem Fieber;
- Erbrechen, Hals- und Kopfschmerzen;
- starke Rötung des Rachens, weißliche Beläge auf den geschwollenen Tonsillen, geschwollene Halslymphknoten. Zuerst belegte Zunge, dann geschwollene Papillen (Himbeerzunge) (Abb. **13.2**);

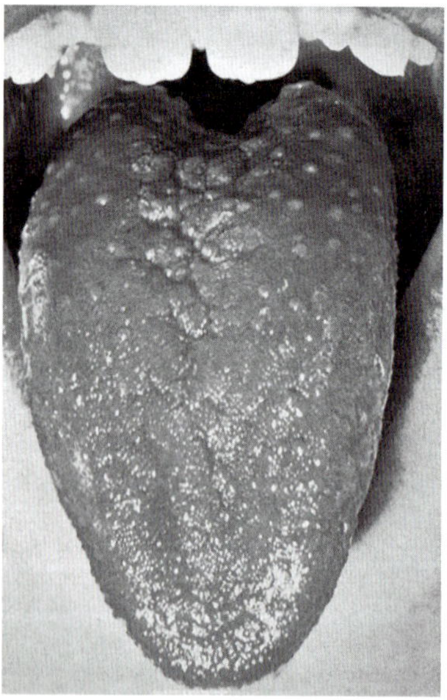

Abb. ***13.2*** *Typische „Himbeerzunge" bei Scharlach: die Zunge ist hochrot mit geschwollenen Papillen (aus Gerlach, u. a.: Innere Medizin für Pflegeberufe, 5. Aufl. Thieme, Stuttgart 2000)*

- am 2. Tag Ausbruch des hochroten Scharlachexanthems. Leukozytose mit Eosinophilie.

Was ist für das Scharlachexanthem typisch?

Das Scharlachexanthem beginnt am 2. Krankheitstag am Hals, auf der Brust oder an der Innenseite der Oberschenkel. Es besteht aus hochroten Fleckchen, die oft zusammenfließen, aber auf Druck mit einem Glasspatel verschwinden. Das Exanthem breitet sich rasch über den ganzen Körper aus, mit Ausnahme des Kinn-Mund-Dreiecks („Scharlach-Maske“ oder „Scharlach-Milchbart“), das im stark fiebergeröteten Gesicht weiß bleibt.

Das Exanthem blasst am 3. bis 5. Tag ab. Gleichzeitig klingen Fieber, Angina und Himbeerzunge ab. Zu Beginn der 2. Woche tritt die typische Hautschuppung auf.

Welche Komplikationen können bei Scharlach auftreten?

- Mittelohrentzündung (Otitis media), evtl. Mastoiditis;
- akute Endo- oder Myokarditis, wobei ein Myokardschaden oder ein Klappenvitium zurückbleiben kann;
- Scharlachnephritis (hämorrhagische Glomerulonephritis mit Gefahr des Übergangs in chronische Nephritis);
- Scharlachrheumatoid (Polyarthritis), das allerdings nicht zu Rückfällen neigt und auch nicht chronisch wird.

Welche Behandlungsmaßnahmen kommen bei Scharlach in Betracht?

Isolierung und Bettruhe, auch bei Verdacht, Penizillin über 10–14 Tage, auch bei leichten Fällen und Fieberdiät.

Erysipel (Rotlauf, Wundrose)

Wodurch wird das Erysipel hervorgerufen und wie erfolgt die Übertragung?

Das Erysipel ist eine Wundinfektion durch hämolysierende Streptokokken. Die Inkubationszeit beträgt einige Stunden bis zu 2 Tagen.

Der Erysipel wird durch Schmierinfektion in oft kaum erkennbare Hautwunden übertragen. Es tritt besonders häufig an den Unterschenkeln (Abb. **13.3**) auf.

Welche Symptome können beim Erysipel beobachtet werden und wie erfolgt die Therapie?

Meist akuter Beginn, oft mit Schüttelfrost. Es handelt sich beim Erysipel um eine Streptokokkeninfektion in den Lymphspalten der Haut. Dementsprechend zeigt diese im befallenen Bezirk eine auffallende Rötung mit scharfer Begrenzung und ist im kranken Bereich etwas erhaben, gespannt und juckt.

Die Behandlung erfolgt durch Bettruhe; Penizillin 1–2 Mill. IE tägl., evtl. mehr.

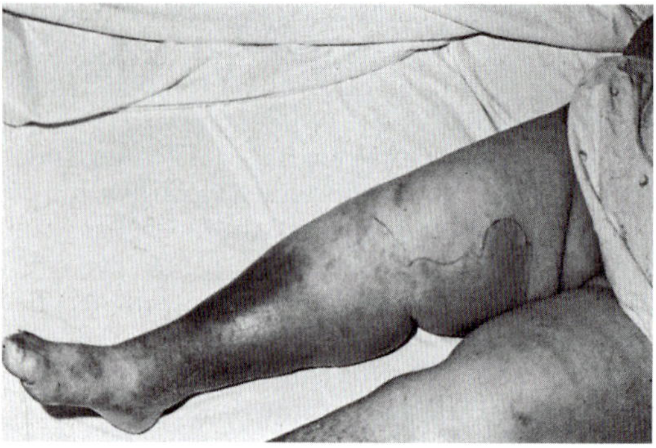

*Abb. **13.3** Erysipel. Die Streptokokkeninfektion ruft eine schmerzhafte Rötung und Schwellung hervor; die zentralen Stellen der Entzündung verblassen schon wieder, während die scharf abgesetzten, unregelmäßigen Ränder immer hochakut entzündet sind.*

Hinterlässt das Erysipel eine Immunität?

Eine bleibende Immunität tritt nicht ein, vielmehr gibt es gehäufte Wiedererkrankungen.

Meningitis epidemica (epidemische Genickstarre)

Was bedeutet Meningitis und was ist die Ursache?

Unter Meningitis versteht man eine Entzündung der Häute des Gehirns und Rückenmarks.

Durch Infektion mit Bakterien (Meningokokken, Strepto- und Staphylokokken, Pneumokokken, Tuberkelbakterien u.a.), Viren (Virusmeningitis), Pilzen (Mykosen), Protozoen (z.B. Toxoplasmose) kann es zu einer Meningitis kommen.

Was versteht man unter Meningismus?

Meningismus ist ein Reizzustand der Meningen, ohne dass entzündliche Befunde an diesen vorliegen müssen. Die klinischen Zeichen des Meningismus bestehen in Kopfschmerzenm, Nackensteifigkeit beim Beugen des Kopfes und Übelkeit mit Brechneigung. Es gibt entzündliche, toxische, allergische oder thermische (Sonnenstich) Ursachen eines Meningismus; auch nach Subarachnoidalblutung kann Meningismus auftreten.

Welches sind die Erreger der epidemischen Genickstarre und wie ist die Inkubationszeit?

Die Meningitis epidemica wird durch Infektion mit bestimmten Diplokokken, den Meningokokken (Neisseria meningitidis), hervorgerufen. Die Ansteckung erfolgt durch Tröpfcheninfektion über den Nasen-Rachen-Raum.

Inkubation beträgt 3–4 Tage, dadurch oft rasche Ausbreitung.

Wie sind die Anfangssymptome und Befunde bei epidemischer Meningitis?

Plötzlicher Beginn mit Kopfschmerzen und Erbrechen; Nackensteifigkeit, evtl. Opisthotonus (Jagdhundstellung), Kahnbauch; Kernig-Phänomen, Brudzinski-Zeichen positiv; Benommenheit; evtl. Pulsverlangsamung durch Hirndruck.

Liquorbefunde zeigen eine starke Zellvermehrung (Pleozytose) mit trübem, evtl. eitrigen Liquor, Eiweißvermehrung und Druckerhöhung im Liquorraum.

Welche Komplikationen können bei Meningitis epidemica auftreten?

Es kann zu Hirnabszess, Nebenhöhlen- und Mittelohrentzündung (Sinusitis, Otitis media) und zu Myokarditis kommen.

Bei *Meningokokkensepsis* können Blutungen in die Haut (Purpura) und in die Nebennieren vorkommen, wobei durch deren Zerstörung unter Dyspnoe und Zyanose der Tod im Schock eintreten kann (Waterhouse-Friderichsen-Syndrom).

Welche Pflege- und Behandlungsmaßnahmen kommen bei Meningitis epidemica in Betracht?

Isolierung und Bettruhe; Penizillin, hoch dosiert als Infusion; evtl. zusätzlich Steroide; Fieberdiät.

Sofortiger Behandlungsbeginn ist zur Verhütung von bleibenden Komplikationen sehr wichtig.

Welche Folgen kann eine Meningitis epidemica hinterlassen?

Besonders bei Kleinkindern kann es zu Verklebungen der Meningen mit Ausbildung eines Wasserkopfs (Hydrozephalus) und zerebralen Defekten kommen. Im Allgemeinen sind aber die Aussichten bei frühem Behandlungsbeginn nicht schlecht.

Pertussis (Keuchhusten)

Wie wird der Keuchhusten übertragen?

Keuchhusten wird direkt durch Tröpfcheninfektion der Erreger (Bordetella pertussis), selten durch Gegenstände übertragen. Ein Todesfall ist meldepflichtig.

Die Inkubationszeit beträgt 1–2 Wochen.

Wann und in welchem Lebensalter tritt der Keuchhusten gehäuft auf?

Krankheitshäufungen kommen im Frühjahr und Herbst vor.

Zumeist sind Kinder unter 5 Jahren, selten Erwachsene betroffen.

Welche Stadien sind bei Keuchhusten zu unterscheiden?

Es sind drei Stadien zu unterscheiden:

I. das uncharakteristische Anfangsstadium mit hartnäckigem Husten von 1–2 Wochen Dauer,

II. das Stadium convulsivum,

III. das Heilstadium mit Abklingen der Hustenanfälle an Häufigkeit und Stärke. Danach bleibt eine lebenslange Immunität.

Welche Erscheinungen treten im Hauptstadium des Keuchhustens auf?

Im Hauptstadium (Stadium convulsivum) treten anfallsweise schwerste Hustenstöße auf, nach denen das Kind den Atem hörbar einzieht. Bei den stakkatoartigen Hustenstößen werden die Kinder oft zyanotisch („Blauhusten") und erbrechen. Es können 10–40 Anfälle in 24 Stunden, vor allem nachts, auftreten. Erst das konvulsive Stadium erlaubt die Diagnose der Krankheit. Es kann 3–4 Wochen und länger dauern.

Woran ist zu denken, wenn ein Keuchhusten nach entsprechender Zeit nicht abzuklingen scheint?

Es kann sich um eine neurotische Fixierung von Husten, evtl. mit Erbrechen, handeln, um eine Zuwendung der Eltern zu erreichen.

Welche atypischen Verlaufsformen der Pertussis gibt es?

Der Keuchhusten kann als einfacher Husten (Bronchitis) verlaufen, nur aus Stadium I und III bestehend. Mit den Hustenanfällen können Krampfanfälle („Keuchhustenepilepsie") auftreten, die auch zum Tode führen können (sehr selten).

Welche Behandlungsmaßnahmen kommen bei Pertussis in Betracht?

In *leichten* Fällen keine Bettruhe, keine Medikamente, nur frische Luft und Verhütung weiterer Ansteckungen.

In *schweren* Fällen mit Fieber Bettruhe in gut gelüfteten Zimmern, evtl. Beruhigungsmittel und Hustensaft, um die Zahl der Anfälle zu mildern und den Bronchialschleim leichter zu lösen.

Bei *Pneumonie* Breitbandantibiotika. Häufig kleine leichte Mahlzeiten; nach Erbrechen von Speisen in angemessenem Zeitabstand erneut Nahrung geben.

Bei *Krampfanfällen*: Sauerstoff und Sedativa (das Abhusten darf aber nicht zu stark unterdrückt werden).

Welche Komplikationen können bei Pertussis auftreten?

Lungenentzündung, Mittelohrentzündung, Bronchiektasenbildung; starker Gewichtsverlust durch häufiges Erbrechen.

Wie kann der Pertussis vorgebeugt werden?

Die meisten Kinder werden heute im Rahmen der Grundimmunisierung gegen Diphtherie, Pertussis und Tetanus mit dem DPT-Impfstoff ab dem 3. Lebensmonat dreimal im Abstand von 4–6 Wochen geimpft. Der Impfschutz gegen Pertussis hält 3–7 Jahre lang an. Wegen der (seltenen) Möglichkeit von Krampfanfällen sollen nach den Empfehlungen der STIKO (ständige Impfkommission) Kinder mit Krampfleiden und neurologischen Erkrankungen nur mit DT geimpft werden. Alternativ kann der Beginn der DPT-Impfung auf das zweite Lebensjahr verschoben werden.

Pest

Wie wird die Pest übertragen?

Die Pest ist eine Krankheit der Ratten und anderer Nagetiere und kann durch infizierte Rattenflöhe, die auch Menschen beißen, auf diese übertragen werden. Dabei kommt es zur Bubonen- oder Beulenpest mit Befall der Lymphknoten. Letalität 25–50%.

Die Pestbakterien (Yersinia pestis) können auch durch Tröpfcheninfektion von Mensch zu Mensch übertragen werden, wobei sich dann die Lungenpest (eine hämorrhagische Pneumonie), ausbildet. Beide Formen können den Tod durch Septikämie rasch herbeiführen.

Welche Bedeutung hat die Pest?

Sie ist in Form der Lungenpest eine besonders bösartige, rasch um sich greifende Krankheit (Inkubationszeit der Lungenpest 1–2 Tage!), die früher besonders von endemischen Herden in Innerasien ausgehend zu verheerenden Seuchenzügen durch Europa mit Entvölkerung großer Gebiete geführt hat. Letalität 90–100%.

1997 wurden der Weltgesundheitsorganisation (WHO) weltweit 5419 Pestfälle gemeldet, davon 274 mit tödlichem Verlauf. 70–75% der gemeldeten Fälle stammen aus Afrika, wobei über die Hälfte allein auf Madagaskar entfällt.

Wie ist der Pest vorzubeugen?

Die Pest wurde durch Hygiene und strenge gesundheitspolizeiliche Maßnahmen zurückgedrängt.

Dem Ausbruch der Pest geht immer ein Rattensterben voraus. Das Wichtigste ist, die Ratten zu bekämpfen, z.B. auf den Schiffen, die früher die Pest von Hafen zu Hafen verschleppten.

Bereits der Verdacht ist meldepflichtig. Die Schutzimpfung gegen Pest hat sich bewährt.

Wie ist die Pest zu behandeln?

Isolierung, Entwesung (Flöhevernichtung) und frühzeitige, hochdosierte intravenöse Therapie mit Antibiotika (vor allem Tetrazykline) ist erfolgreich.

Welche Krankheitserscheinungen entstehen durch Infektion mit Yersinien?

Durch Yersinia enterocolitica und Yersinia pseudotuberculosa kann ein Krankheitsbild mit Fieber, Bauchschmerzen besonders im rechten Unterbauch (Pseudoappendizitis) und Durchfällen hervorgerufen werden. Es liegen dem entzündliche Veränderungen am unteren Ileum und an den regionären Lymphknoten in Darm und Mesenterium zu Grunde. Selten sind abszedierende und septische Verläufe. Oft werden auch ein Erythema nodosum und Gelenkbeschwerden beobachtet. Die Infektion geht wahrscheinlich von Tieren aus (Nagetiere, Vögel).

Inkubationszeit 10 Tage. Therapie: Tetrazykline.

Cholera

Wo kommt die Cholera heute noch vor?

Die Cholera ist in Indien und Pakistan endemisch, sie kommt auch in anderen tropischen Ländern vor. In früheren Jahrhunderten gab es vernichtende Choleraseuchen, auch in Europa, die letzte 1892 in Hamburg mit 9000 Toten.

Wie heißt der Erreger der Cholera und wie ist der Ansteckungsweg?

Die Cholera wird durch kommaförmige Bakterien, die Vibrio cholerae und Vibrio cholerae el tor, hervorgerufen.

Die Cholera wird durch infiziertes Wasser oder Lebensmittel übertragen. Inkubationszeit: wenige Stunden bis zu 5 Tage.

Wie sind die Hauptsymptome bei der Cholera?

Es kommt zu schweren Durchfällen mit schließlich reiswasserähnlichen Entleerungen. Durch den starken Wasser- und Salzverlust infolge der Diarrhö trocknet der Körper aus. Die Augen fallen ein, die Haut lässt sich in hohen Falten abheben; es kommt zu Wadenkrämpfen. Das Blut dickt ein, die Harnsekretion versiegt, dadurch entsteht eine Retention harnpflichtiger Substanzen (Urämie), die in Zusammenwirkung mit der Toxizität der Erreger rasch zum Tode führen kann.

Welche Behandlungsmöglichkeiten stehen bei der Cholera zur Verfügung?

Der Flüssigkeits- und Salzverlust muss unbedingt parenteral ausgeglichen werden; es werden bis zu 6 l Flüssigkeit gegeben. Antibiotika und schwer resorbierende Sulfonamide sind wirksam.

Welche Maßnahmen kommen bei einer Choleraepidemie in Betracht?

An der Spitze stehen seuchenpolizeiliche Maßnahmen zur Verhütung weiterer Ausbreitung und die Isolierung der Kranken. Vor allem ist eine strenge Kontrolle der Trinkwasserversorgung und der sanitären Einrichtungen notwendig. Meidung von rohem Obst und Gemüse.

Ein gewisser individueller Schutz ist die Choleraschutzimpfung. Bereits Verdachtsfälle sind meldepflichtig.

Lepra (Aussatz)

Wo kommt die Lepra heute noch vor?

Der Aussatz ist in Süd- und Ostasien sowie in Afrika und in einigen Gebieten Südamerikas verbreitet. Man schätzt die Zahl der Leprakranken auf 10–15 Millionen. In Europa gibt es nur vereinzelte, meist eingeschleppte Fälle.

Wie kommt es zur Infektion?

Als Übertragungsmöglichkeit der Leprabakterien kommen Tröpfcheninfektion und Schmierinfektion in kleine Wunden in Betracht.

Die Lepra ist nicht so ansteckend, wie man früher dachte. Unterernährung und schlechte Lebensverhältnisse erhöhen aber die Anfälligkeit.

Die Inkubationszeit beträgt mehrere Monate bis Jahre.

Leprabakterien sind säurefeste Stäbchen (Mycobacterium leprae), den Tuberkelbakterien ähnlich; sie können im Nasenabstrich gefunden werden.

Welche Symptome können bei Lepra auftreten?

Es können Verdickungen und Knotenbildungen in der Haut auftreten. Häufig sind aber auch Knochenzerstörungen im Gesicht und an den Extremitäten durch Befall der peripheren Nerven mit dadurch bedingter Gewebezerstörung, so dass es zu Verstümmelungen kommt (Abb. **13.4**).

Wie muss die Lepra behandelt werden?

Dem chronischen Verlauf entsprechend muss auch eine Langzeittherapie durchgeführt werden. Sulfonpräparate haben sich bewährt, gleichzeitig ist aber auch eine entsprechende Allgemeinbehandlung der oft unterernährten Kranken in den tropischen Ländern sehr wichtig. Rehabilitation und Resozialisierung sind für die an Lepra erkrankten Menschen in der dritten Welt sehr schwierig.

Der Verdachtsfall ist meldepflichtig.

Tularämie

Was wissen Sie von der Tularämie?

Die Tularämie oder Hasenpest ist eine bakterielle Krankheit von Hasen und anderen Nagetieren, die in Mitteleuropa selten, im Osten häufiger vorkommt. Der Erreger (Pasteurella tularensis) kann auf den Menschen beim Abhäuten durch Schmierinfektion in kleine Wunden oder auch durch den Genuss von infiziertem Fleisch in den Magen-Darm-Trakt gelangen.

Die Tularämie kann zum Teil mit hohem Fieber und Lymphknotenschwellungen verlaufen, auch Erbrechen und Durchfall können auftreten. Der Verdachtsfall ist bereits meldepflichtig. Zum Nachweis wird eine Agglutinationsprobe verwendet. Die Behandlung mit Antibiotika ist erfolgreich.

Milzbrand

Was für eine Krankheit ist der Milzbrand?

Der Milzbrand ist eine Krankheit der Rinder und Schafe, die in speziellen Situationen auch auf den Menschen übertragen werden kann. Harn und Kot der Tiere enthalten Milzbrandbazillen (Entdecker des Krankheitserregers war R. Koch, 1876) und sind infektiös.

Abb. ***13.4*** *Leprakranker in Indien (aus Gerlach, u. a.: Innere Medizin für Pflegeberufe, 5. Aufl. Thieme, Stuttgart 2000)*

Beim Menschen entsteht durch Infektion einer Hautwunde der Hautmilzbrand (Milzbrandkarbunkel), durch Genuss milzbrandsporenhaltigen Fleisches der Darmmilzbrand, durch Einatmen von sporenhaltigem Staub der Lungenmilzbrand. Bei allen Formen ist die Milz schmerzhaft vergrößert. Der Verdacht ist meldepflichtig. Die beiden letzten Formen haben eine sehr schlechte Prognose. Behandlung mit Antibiotika.

In Europa kommen nur Einzelfälle durch Einschleppung vor, vor allem durch Felle und Tierhäute.

Tuberkulose

Welche Bedeutung hat die Tuberkulose heute?

Man schätzt die Zahl der an aktiver Tuberkulose Erkrankten auf 10–20 Millionen mit einer Letalität von 10–20%. 75% der aktiven Tuberkulosefälle finden sich in den Entwicklungsländern. Die Tuberkulosehäufigkeit ist ein Spiegelbild der sozialen Verhältnisse eines Landes bzw. einer gesellschaftlichen Gruppe. Je geringer das Einkommen und je schlechter die Wohnverhältnisse, umso häufiger kommt die Tuberkulose vor.

Im Rahmen der HIV-Epidemie hat auch in den Industrieländern die Zahl der Tuberkulosefälle wieder zugenommen.

Was wissen Sie über das Tuberkelbakterium?

Das Tuberkelbakterium ist ein grampositives Stäbchen aus der Gruppe der Mykobakterien, das von einer wachsartigen Hülle umgeben wird, wodurch es vor Austrocknung und anderen Einwirkungen („alkohol- und säurefeste Stäbchen") geschützt ist. Es kann sich daher im Staub längere Zeit halten und zeigt gegen Hitze von 70 °C Widerstandsfähigkeit.

Es gibt zwei für den Menschen pathogene Typen, den Typus humanus, der durch Tröpfcheninfektion übertragen wird und zur Lungentuberkulose führt, und den Typus bovinus, den Erreger der Rindertuberkulose, die gelegentlich auch auf den Menschen durch infizierte Milch übertragen werden kann und zu einer Lymphknotentuberkulose führt.

Das Tuberkelbakterium wurde durch Robert Koch 1882 entdeckt.

Wodurch können Tuberkelbakterien vernichtet werden?

Sie können durch Sonnenbestrahlung, ultraviolettes Licht (UV-Bestrahlung), Hitze und Desinfektionsmittel vernichtet werden.

Wie wird die Tuberkulose übertragen?

- Durch Tröpfcheninfektion von offen Tuberkulösen oder durch bakterienhaltigen Staub, der eingeatmet wird;
- selten durch Kontaktinfektion (Leichentuberkulose) bei Metzgern, Tierärzten, Sektions- und Laborpersonal als Hauttuberkulose;
- die Rindertuberkulose wird durch infizierte, nicht pasteurisierte Kuhmilch, besonders als Tonsillen- oder Darmtuberkulose, übertragen (kommt aber heute praktisch kaum noch vor).

Als Eintrittspforten gelten Lungen, Tonsillen, Darm, evtl. Hautwunden. Von diesen Organen kann sich die Tuberkulose auf weitere Organe ausbreiten.

Welche Umstände fördern die Entwicklung einer tuberkulösen Infektion?

Unter- und *Fehlernährung* (Kriegs- und Hungerzeiten, unterentwickelte Länder), unhygienische *Wohnverhältnisse* mit Mangel an Sauberkeit (Staub), Belichtung und Belüftung, zu dichte Belegung der Wohnungen und Städte (Mietskasernen und Slums), unhygienisches Verhalten der Bevölkerung (Anhusten, Ausspucken).

Körperliche *Überlastung*, seelische Krisen, Mangel an Entspannung und Schlaf, konstitutionelle familiäre Erkrankungsneigung (Naturvölker, Astheniker).

Vor- oder *Begleiterkrankungen* wie HIV-Infektion mit Immundefekt, Masern, Keuchhusten, Diabetes.

Welche Organe können tuberkulös erkranken und welche Altersgruppen gelten als besonders gefährdet?

Lunge, Kehlkopf, Darm, Bauchfell, Nieren und Harnwege, Lymphknoten, Knochen, Gelenke, Sehnenscheiden, Hirnhäute, Augen, Haut, Geschlechtsorgane.

Besonders gefährdet sind Säuglinge bis zu zwei Jahren, Pubertierende und alte Menschen.

Kinder im Schulalter (6–14 Jahre) und Erwachsene zeigen mehr Widerstandsfähigkeit und gutartigere Verläufe.

Welche Stadien können bei der Lungentuberkulose unterschieden werden?

Das *Primärstadium* besteht aus dem Primäraffekt (meist in der Lunge), einem umschriebenen kleinen Entzündungsherd und der damit verbundenen Abwehrreaktion des regionären Lymphknotens, z.B. im Lungenhilus. Diese beiden bilden zusammen den sog. Primärkomplex, der durch bindegewebige Narbenbildung, oft auch mit Verkalkung ausheilen kann. Er kann aber auch manchmal nach Jahren oder Jahrzehnten zum Ausgangspunkt weiterer Ausbreitung der tuberkulösen Infektion werden, da in der bindegewebigen oder verkalkten Narbe noch lebende Tuberkelbakterien verbleiben können.

Das *Sekundärstadium* ist durch das Fortschreiten des tuberkulösen Prozesses auf die weitere Umgebung gekennzeichnet. Diese Ausbreitung kann auf dem Lymphgewebe, durch die Blutbahn und durch die Bronchialverzweigungen erfolgen. Diese Ausbreitung nennt man „Streuung“.

Als *Tertiärstadium* bezeichnet man das Befallensein bzw. die Lokalisierung des tuberkulösen Prozesses in einem bestimmten Organ (isolierte „Organtuberkulose“), die häufigste Organtuberkulose ist die chronische Lungentuberkulose (Schwindsucht).

Was heißt Reaktivierung und was Superinfektion?

Das Wieder-aktiv-Werden (Aufflackern) einer bereits abgeheilten Tuberkulose, z.B. durch Resistenzschwäche, Immunitätsverlust. Infolge Verschlechterung der Lebensbedingungen (Hunger, Diabetes, HIV-Infektion, körperliche und seelische Belastung).

Superinfektion ist eine neuerliche, von außen kommende tuberkulöse Infektion (Zweitinfektion).

Welche Verlaufsarten sind bei der Lungentuberkulose zu unterscheiden?

Die *exsudativ-infiltrative*, zu käsigem Zerfall (Kavernen) neigende Form mit ungenügender Abwehrkraft und Neigung zu weiterer Ausbreitung durch Streuung.

Die *produktiv-zirrhotische* gutartige Form mit besserer Abwehrlage, die zu bindegewebigen Narben oder Verkalkung führt.

Häufig sind Verbindungen und Übergänge beider Formen. Die zirrhotischen Lungenveränderungen stellen oft als bindegewebige Narben das Endstadium mit Raffungen, Schrumpfungen und Verziehungen in den Lungen dar. Infolge der Zirrhose können Emphysembildungen, Bronchiektasen und ein Cor pulmonale entstehen.

Was ist ein Tuberkel?

Ein Tuberkel ist die Gewebsreaktion auf die Tuberkelbakterien in Form von 1–2 mm großen Knötchen aus Epitheloidzellen, Langhans-Riesenzellen und Lymphozyten, oft mit ungenügender Ernährung durch Blutgefäße, so dass es im Zentrum der Knötchen leicht zum nekrotischen Zerfall („Verkäsung") kommt.

Was wird unter einem Tuberkulom verstanden?

Bei verhältnismäßig günstiger Immunitätslage kann es zur Entstehung kleiner, scharf abgegrenzter, 1–5 cm großer tuberkulöser Entzündungsherde im Lungengewebe kommen, die man Tuberkulome nennt. Sie können verkäsen und zerfallen, aber auch bindegewebig und mit Kalkeinlagerungen ausheilen und werden oft nur zufällig festgestellt, weil sie wenig Allgemeinbeschwerden verursachen.

Was versteht man unter aktiver Tuberkulose, offener und geschlossener und extrapulmonaler Tuberkulose?

Als aktive Tuberkulose bezeichnet man eine nicht ausgeheilte fortschreitende tuberkulöse Erkrankung. Bereits der Verdacht auf Erkrankung ist meldepflichtig.

Bei offener Tuberkulose hat ein Tuberkulom Anschluss an das Bronchialsystem und der Kranke scheidet mit dem Sputum Tuberkelbakterien aus. Die Kranken müssen isoliert und über mehrere Wochen stationär behandelt werden, bis die Ausscheidung aufgehört hat.

Die geschlossene Tuberkulose ist eine nicht ansteckungsfähige, im Sputum Tbc-negative Tuberkulose, die aber noch nicht ausgeheilt sein muss, also noch aktiv sein kann, aber eben keine Bakterien nach außen, z.B. in das Sputum, abgibt.

Als extrapulmonale Tuberkulosen werden außerhalb der Lunge liegende tuberkulöse Prozesse des 3. Stadiums (Organtuberkulose), z.B. Knochentuberkulose, Nierentuberkulose usw. bezeichnet.

Welche Aktivitätszeichen beobachten wir bei der Tuberkulose?

Um zu wissen, ob eine Tuberkulose ausgeheilt oder noch aktiv ist, muss auf die Aktivitätszeichen geachtet werden. Als klinisches Zeichen einer nicht ausgeheilten aktiven Tuberkulose finden sich Entzündungserscheinungen wie beschleunigte Blutsenkung, evtl. Leukozytose, Lymphozytose oder toxische Anämie im Blutbild, subfebrile Temperaturen, besonders abends und nach Belastung, α_2-Globulin-Vermehrung in der Elektrophorese.

Auch Nachtschweiß, Mattigkeit, Appetitlosigkeit, Gewichtsabnahme können für Aktivität einer Tuberkulose sprechen.

Was ist eine Hämoptoe oder Hämoptyse und wie wird sie behandelt?

Bluthusten, Blutspucken, wobei das Blut aus dem Rachen, den Bronchien oder den Lungen stammt. Ursache kann eine Lungenblutung sein, die durch Einschmelzung von Lungengewebe mit Blutgefäßverletzung kommt.

Bei einer Hämoptoe ist strenge Bettruhe geboten, auch für Ruhe im Krankenzimmer muss gesorgt werden. Psychische Beruhigung des Patienten, Unterdrückung des Hustenreizes (evtl. mit Kodein).

Patienten mit starkem pulmonalem Blutverlust müssen unter Umständen notfallmäßig operiert werden.

Welche prognostische Bedeutung haben zirrhotische Veränderungen?

Starke Vernarbungen, Schrumpfungen, Raffungen, Verziehungen und Verschwartungen der Lunge, der Lungenwurzeln, des Lungen- und Rippenfells bedeuten eine *Einschränkung der Lungenfunktion* (Ventilationsbewegung und Gasaustausch).

Durch die Knickung und Verziehung der Bronchien besteht die Gefahr der *Bronchiektasenbildung* und der Sekretstauung, durch Überdehnung des Lungengewebes mit Emphysembildung kommt es zu einer *Mehrbelastung des Herzens* (der rechten Herzkammer) auf Grund der Widerstandserhöhung im Lungenkreislauf (s. Cor pulmonale, S. 112).

Welche Ausbreitungswege außerhalb der Lunge kann die Tuberkulose nehmen?

Durch das tuberkulöse Sputum oder auch durch die Lymphbahnen kann es zur Kehlkopftuberkulose kommen.

Durch Verschlucken oder hämatogen kann eine Darmtuberkulose auftreten (die aber auch als primäre Infektion durch orale Infektion, z.B. mit tuberkulöser Milch, entstehen kann).

Die Lymphknotentuberkulose entsteht auf dem Lymphwege und die übrigen Organe werden auf dem Blutwege durch sog. hämatogene Streuung befallen.

Wie kann es zur lymphogenen Verschleppung der Tuberkulose kommen?

Von einem erkrankten Lymphknoten aus, z.B. im Hilus, können Tuberkelbakterien über die Lymphbahnen in andere, z.B. in die mediastinalen Lymphknoten verschleppt werden oder über den Ductus thoracicus in die Blutbahn gelangen und dann zu einer hämatogenen Streuung führen.

Wie kann es zur hämotogenen Streuung kommen?

Durch Einbruch des primären Lungen- und Lymphknotenherdes direkt in das Gefäßsystem können Tuberkelbakterien in die Blutbahn gelangen, in den kapillaren

Verzweigungen eines anderen Organs hängenbleiben und sich zu einem neuen Tbc-Herd entwickeln.

Zu welchen Krankheitsbildern kann es durch hämatogene Streuung kommen?

Durch hämatogene Streuung entstehen tuberkulöse Aussaaten in die Nieren, Nebennieren und Geschlechtsorgane, in das Skelett, aber auch in die serösen Höhlen, wodurch eine tuberkulöse Pleuritis, Perikarditis oder Peritonealtuberkulose sowie auch eine tuberkulöse Meningitis entstehen können.

Was versteht man unter Miliartuberkulose?

Bei schlechter Abwehrlage (Resistenzschwäche) des Organismus kann der ganze Körper durch eine hämatogene Aussaat mit Tuberkelbakterien überschwemmt werden. Dabei kann es zu einem typhusähnlichen Bild mit hoher Temperatur (Kontinua), relativer Bradykardie, Leukopenie, manchmal aber auch mit Tachykardie, mit Leukozytose und Milzschwellung kommen.

Es können in allen Organen hirsekorngroße Tuberkel (milia = das Hirsekorn) auftreten, die in den Lungen röntgenologisch allerdings erst 4–6 Wochen nach Beginn der Aussaat als schattengebende Tüpfel erkennbar werden. Oft zeigt sich die miliare Aussaat durch die Erscheinungen der dabei auch auftretenden tuberkulösen Meningitis an. Es kommt mit Kopfschmerzen, Meningismus, Somnolenz und Hirnnervenstörungen (z.B. Augenmuskellähmungen mit Schielen) zu einer tuberkulösen Hirnhautentzündung, die durch den Nachweis von Tuberkelbakterien im Liquor bestätigt werden kann (s. Lumbalpunktion, S. 323).

Welche Behandlungsmöglichkeiten haben wir bei Tuberkulose?

Die *Initialbehandlung* der unkomplizierten Tuberkulose erfolgt mit einer zwei- bis dreimonatigen Behandlung mit meistens vier, mindestens aber drei tuberkulostatischen bzw. bakteriziden Medikamenten, z.B. Rifampicin, Isoniazid, Streptomycin und Pyrazinamid oder Rifampicin, Myambutol und Pyrazinamid. In der nachfolgenden *Stabilisierungsphase* wird mit einer Zweierkombination, z.B. aus Isoniazid und Rifampicin bis zu einer Dauer von 6–12 Monaten weiterbehandelt. Die Gesamtdauer der Behandlung hängt ab von der Befundentwicklung und auftretenden Komplikationen.

Bei Risikopersonen (Drogenabhängige, Alkoholkranke) mit fraglicher Compliance sollte die Therapie unter stationären Bedingungen erfolgen, da eine ungenügende Behandlung die Gefahr der Bildung resistenter Stämme von Tuberkelbakterien mit sich bringt.

Welche Nebenwirkungen können bei der medikamentösen Tuberkulosebehandlung auftreten?

Gehör- und Gleichgewichtsstörungen (Schwerhörigkeit und Schwindelgefühl) können durch Streptomycinpräparate in längerer oder höherer Dosierung hervorgerufen werden.

Nebenwirkungen am Magen-Darm-Trakt können durch Rifampicin, Ethionamid und Prothionamid, an der Leber durch Rifampicin, Isoniazid, Prothionamid, Ethionamid, an den Nieren durch Streptomycin entstehen.

Eine Neuritis des N. opticus mit Beeinträchtigung der Sehleistung wird nur selten durch Ethambutol beobachtet.

Zur Vermeidung ernster Nebenwirkungen sind alle 4–5 Wochen Blutbild mit Thrombozyten, Leberstatus mit Transaminasen und Bilirubin im Serum, Serumkreatinin und evtl. audiometrische und ophthalmologische Kontrollen durchzuführen.

Wie ist die Prognose der Tuberkulose?

Die Prognose der Tuberkulose hängt ab von Virulenz und Zahl der Erreger und der Abwehrfähigkeit des Körpers. Je nachdem kommt es zur produktiven, exsudativen oder gar kavernösen Verlaufsform. Bei Alkoholikern und Patienten mit HIV-Infektion ist die Prognose schlechter als im Durchschnitt.

Wann kommen lungenchirurgische Eingriffe in Frage?

Bei therapieresistenten Kavernen, zerfallenden Tuberkulomen, evtl. auch bei Bronchustuberkulose mit Stenosenbildung können lungenchirurgische Eingriffe erforderlich werden, sind aber selten geworden.

Welche Eingriffe wurden bei Tuberkulose früher häufig durchgeführt?

Man findet bei alten Patienten noch Zustände nach Eingriffen, wie sie bis vor etwa 50 Jahren durchgeführt wurden, z.B. die Kollapsbehandlung zur Ruhigstellung der kranken Lungenseite durch *Pneumothorax*; evtl. Ergänzung des Pneumothorax durch *Thorakokaustik*, d.h. durch Lösen von Verwachsungen der Lunge, die einen vollständigen Kollaps verhinderten. Ferner wurden früher die *Pneumolyse*, eine operative Lösung der befallenen Lungenabschnitte bei ausgedehnten Verwachsungen, und der Oleothorax, eine Ölfüllung („Ölplombe") zwischen Lunge und Thoraxwand zur Kompression eines kranken Lungenbezirkes, ausgeführt.

Eine Quetschung oder *Durchtrennung des Zwerchfellnervs* (N. phrenicus) zur Lähmung des Zwerchfells wurde bei Unterlappenprozessen im Sinne der Kollapstherapie angewandt. Bei der *Thorakoplastik* wurde durch Teilentfernung der Rippen einer Seite die Lunge komprimiert, ruhig gestellt und damit die Ausheilung angestrebt.

Wie wird gegen Tuberkulose geimpft und wann ist es notwendig?

Bei der BCG-Impfung werden apathogene Tbc-Bakterien (**B**acille de **C**almette et **G**uerin) eingeimpft und der Organismus dadurch angeregt, Antikörper gegen die Tuberkulosebakterien zu bilden. Der geimpfte Körper verfügt dann über eine bessere Abwehr gegen eine Tuberkuloseinfektion. Die Impfung wird durch Skarifikation (wie bei Pocken) oder durch intrakutane Injektion durchgeführt.

Die BCG-Impfung wird heute nur noch für besonders gefährdete Personen empfohlen, z.B. Kinder, die in einem Haushalt mit einem Tuberkulosefall aufwachsen oder Personal in Tuberkulose-Krankenhäusern.

Spirochätosen

Welche Krankheiten nennt man Spirochätosen?

Spirochätosen sind durch Spirochäten-Erreger verursachte Krankheiten, z.B.:

- die durch Leptospiren hervorgerufene Weil-Krankheit, das Schlamm- oder Feldfieber, die Stuttgarter Hundeseuche u.a. ähnliche Krankheiten;
- die durch die Spirochaeta pallida (Treponema pallidum) hervorgerufene Lues (Syphilis);
- das durch die Borrelia recurrentis verursachte europäische Rückfallfieber (Febris recurrens);
- die durch Borrelia burgdorferi hervorgerufene Lyme-Borreliose (benannt nach dem Ort Lyme in Connecticut/USA).

Wie werden die Leptospirosen übertragen?

Die Leptospirosen werden bei Verletzungen der Haut und der Schleimhäute durch Harn von Ratten, Mäusen u.a. oder mit Tierharn verseuchtem Wasser übertragen. Die Übertragung der Lyme-Borreliose erfolgt durch Zeckenbisse.

Wie sind die Symptome der Weil-Krankheit und anderer Leptospirosen?

Die Weil-Krankheit ist die schwerste Leptospirose. Sie wird durch die Leptospira icterohaemorrhagica hervorgerufen. Plötzlicher Beginn mit heftigen Gliederschmerzen und hohem Fieber, evtl. Schüttelfrost, oft Brechdurchfall, dann Gelbsucht, Nierenschädigung und Herz-Kreislauf-Beteiligung. Es handelt sich um ein oft schweres Krankheitsbild.

Andere Leptospirosen zeigen z.T. ähnliche Symptome wie die Weil-Krankheit, im Allgemeinen aber leichteren Verlauf.

Wie können die Leptospirosen behandelt werden?

Sie sprechen auf Antibiotika (Penizillin) gut an. Außerdem kann symptomatische Behandlung der evtl. Leber-, Nieren-, Herz- und Kreislaufschädigung sehr wichtig sein.

Absonderung, Meldung von Erkrankung und Tod sind vorgeschrieben.

Wie kommt es zum europäischen Rückfallfieber und welche Symptome werden beobachtet?

Die Febris recurrens wird durch eine Spirochäte (Borrelia recurrentis) hervorgerufen. Als Infektionsquelle kommen in Europa Kleiderläuse und in Afrika Zecken bzw. der Kot dieser Tiere, der die Erreger enthält, in Betracht.

Plötzlicher Beginn mit Schüttelfrost, hoch bleibendem Fieber, allgemeinen Schmerzen und schwerem Krankheitsgefühl. Dann Leber- und Milzschwellung, Gelbsucht, Haut- und Schleimhautblutungen, Anämie. Nach vorübergehender Abfieberung treten erneute Fieberanfälle auf.

Im Anfang sind die Spirochäten im Blut nachweisbar. Behandlung mit Antibiotika ist sehr wirksam. Bereits der Verdacht ist meldepflichtig.

Was wird unter der Lyme-Borreliose verstanden und wie wird sie übertragen?
Die Lyme-Borreliose ist eine Multisystemerkrankung, die in drei Stadien eingeteilt wird:

- Frühstadium (Hauterscheinungen wie Erythema migrans);
- Organbeteiligung (Karditis, Meningoenzephalitis, Uveitis);
- Spätstadium (Arthritis, Enzephalomyelitis, Acrodermatitis chronica atrophicans).

Der Erreger ist Borrelia burgdorferi und wird durch Zecken und wahrscheinlich auch durch Stechfliegen übertragen.

Wie wird die Lyme-Borreliose diagnostiziert?
Wurde ein Zeckenbiss beobachtet und entwickelt sich in den Tagen nach dem Biss eine mindestens Zweimarkstück-große Rötung an der Bissstelle, so liegt ein Erythema migrans vor und man kann ziemlich sicher eine Infektion annehmen *(klinische Diagnose)*. In diesem Fall sollte auch antibiotisch behandelt werden.

Häufig bleibt der Biss aber unbemerkt. In diesen Fällen kann die Diagnose nur durch *serologische Verfahren* (hochtitrige Antikörper) wahrscheinlich gemacht werden, wobei es durchaus unsichere Fälle gibt. Ein Erregernachweis gelingt fast nie.

Ist jeder Zeckenbiss gleichbedeutend mit einer Infektion?
Nein, keineswegs. Nur etwa 10% der Zecken in Deutschland sind infektiös und nur ca. ein Drittel der seropositiven Personen entwickelt Symptome, so dass klinisch relevante Infektionen bei nur 2% der von einer Zecke gebissenen Personen auftreten. Entscheidend für die Übertragung der Borrelien von der Zecke auf den Menschen ist die Saugdauer. Wird die Zecke wenige Stunden nach dem Biss entfernt, so kann man die Wahrscheinlichkeit einer Übertragung weiter mindern.

Wie kann die Lyme-Borreliose behandelt werden?
Im Frühstadium orale antibiotische Therapie mit Tetrazyklinen oder Penizillin; bei späten Krankheitsmanifestationen parenterale Antibiotikagabe, z.B. Cephalosporine.

13.3.6 Erkrankungen durch Chlamydien

Welche Mikroorganismen sind Chlamydien?
Chlamydien stehen zwischen Viren und Bakterien. Sie sind wesentlich größer als Viren und kommen so den Bakterien nahe. Allerdings leben sie obligat intrazellulär und sind auf den Stoffwechsel anderer lebender Zellen angewiesen.

Welche Erkrankungen werden durch Chlamydien hervorgerufen?
Die drei wichtigsten Chlamydienarten C. psittaci, C. pneumoniae und C. trachomatis und ihre Untergruppen verursachen sehr unterschiedliche Erkrankungen: atypische Pneumonien, die Augenkrankheit Trachom und zwei Formen sexuell übertragbarer Krankheiten.

Ornithose (Psittakose, Papageienkrankheit)

Wie kann die Ornithose übertragen werden?

Erreger der Ornithose ist Chlamydia psittaci, das in der Vogelwelt endemisch ist und mit dem Vogelkot ausgeschieden wird. Die Übertragung erfolgt durch Einatmen von Kotstaub. Eine Übertragung von C. psittaci von Mensch zu Mensch ist praktisch ausgeschlossen, bei C. pneumoniae aber möglich.

Welches Krankheitsbild geht mit der Ornithose einher und wie wird sie behandelt?

Nach einer Inkubationszeit von 2–3 Wochen verläuft die Ornithose als „grippaler Infekt" mit Fieber, trockenem Husten und starken Stirnkopfschmerzen. Auf dem Röntgenbild sieht man feinfleckige interstitielle Infiltrate, den Befund einer sog. atypischen Pneumonie. Die Diagnose wird serologisch gestellt.

Die Behandlung erfolgt antibiotisch, z.B. mit Doxycyclin, Erythromycin oder Gyrasehemmer. Erkrankte Vögel müssen getötet werden. In Massentierhaltung empfiehlt sich eine prophylaktische Behandlung, importierte Ziervögel müssen in Quarantäne beobachtet werden. Verdacht, Erkrankung und Tod sind meldepflichtig.

Genitale Chlamydieninfektion

Wie häufig ist die genitale Chlamydieninfektion und welche Symptome treten auf?

Die genitale Infektion mit Chlamydia trachomatis, Serotyp D-K ist die mit Abstand häufigste sexuell übertragbare Erkrankung, weit häufiger als Gonorrhoe oder Syphilis. Ihre Ausbreitung wird gefördert im Wesentlichen durch die sexuelle Promiskuität.

Beobachtet werden beim Mann leichte Beschwerden beim Wasserlassen mit Ausfluss aus der Harnröhre am Morgen, bei der Frau eine Entzündung am Muttermund, die aber praktisch keine Beschwerden, möglicherweise etwas Ausfluss macht.

Wegen der geringen Beschwerden bleiben viele Fälle unerkannt.

Worin liegt die Gefahr einer unerkannten chronischen Chlamydieninfektion und wie muss die Infektion behandelt werden?

Es kann zur Endometritis und Entzündung der Eileiter kommen. Wenn die Entzündung beide Eileiter betrifft, resultiert eine Infertilität der Frau. Die Chlamydieninfektion gehört mit zu den häufigsten Ursachen für Infertilität der Frau. Als postinfektiöse Komplikation kann es zu einer Arthritis kommen (Reiter-Syndrom). Bei Infektion des Neugeborenen während der Geburt kann ein dem Trachom ähnliches Krankheitsbild einer Konjunktivitis auftreten.

Die Behandlung erfolgt durch zehntägige Therapie mit Tetracyclin oder Erythromycin. Besonders wichtig ist die Mitbehandlung des Partners, da es sonst zu einem Ping-Pong-Effekt kommt.

Wodurch und wie kommt es zum Lymphogranuloma inguinale und wie ist der Verlauf?

Es handelt sich um eine vor allem in den Tropen auftretende Infektion mit Chlamydien des Serotyps L1-L3, die durch Geschlechtsverkehr übertragen wird.

Nach einer Inkubationszeit von ca. 2 Wochen entsteht am Genitale eine in wenigen Tagen spontan abheilende Erosion mit anschließender entzündlicher Schwellung der inguinalen Lymphknoten, die eitrig einschmelzen und nach außen perforieren. Später kann es auch zum genitalen Lymphödem kommen. Die Erkrankung heilt meistens spontan aus, doch sollte wegen der lymphatischen Komplikationen mit Tetracyclin oder Erythromycin behandelt werden.

Trachom (ägyptische Körnerkrankheit)

Welche Bedeutung hat das Trachom und wie wird es übertragen?

Das Trachom ist in Ländern mit mangelhaften hygienischen Verhältnissen häufig Ursache einer Erblindung infolge einer Keratitis.

Die Übertragung von Chlamydia trachomatis erfolgt durch infiziertes Augensekret (Schmierinfektion), durch Waschwasser oder gemeinsam benutzte Handtücher, aber auch durch Fliegen, die sich an der Lidspalte kranker Kinder in das infektiöse Sekret setzen.

Wie verläuft das Trachom und wie wird es behandelt?

Die Krankheit beginnt als unspezifische Konjunktivitis. Dann treten an der Bindehaut vor allem des Oberlides (die Augapfelbindehaut bleibt frei) sulzige Follikel auf. Schließlich schiebt sich ein „Pannus“ von oben über die Hornhaut und führt zur Trübung. Narbige Verziehungen des Oberlides bedingen ein Scheuern der Wimpern auf der Hornhaut, wodurch Geschwüre und Narben entstehen.

Lokale Therapie mit Sulfonamiden oder Tetracyclin. Bereits eingetretene Vernarbungen können durch augenärztliche Eingriffe verbessert werden. Bei Hornhauttrübung bleibt nur noch die Hornhauttransplantation.

13.3.7 Erkrankungen durch Viren

Welche Viruskrankheiten kennen Sie?

Masern, Röteln, Mumps, Windpocken, Virusgrippe, Hepatitis, AIDS, Kinderlähmung, Tollwut, Enzephalitis, Papageienkrankheit, infektiöse Mononukleose (Pfeiffer-Drüsenfieber), Herpes simplex, Gürtelrose, Maul- und Klauenseuche, Gelbfieber, Coxsackie-Infektionen (Bornholmer Krankheit).

Masern (Morbilli)

Wie werden die Masern übertragen?

Das Masernvirus wird durch Tröpfcheninfektion übertragen. Masern sind eine der ansteckendsten Krankheiten. Sie sind besonders im katarrhalischen Stadium hochkontagiös. Am häufigsten erkranken Kinder im Alter zwischen 8 Monaten und 5 Jahren. Die Inkubationszeit beträgt 9–11 Tage.

Welche Stadien können bei Masern unterschieden werden und wie sind die Anfangssymptome?

Bei Masern beobachtet man das katarrhalische Stadium und das exanthematische Stadium.

Plötzlicher Beginn mit Kopfschmerzen, Schnupfen, Husten (Bronchitis), Heiserkeit (Laryngitis), Lichtscheu und Augentränen (Konjunktivitis) und hohem Fieber, das in den nächsten 3 Tagen etwas absinkt. Ein wichtiges Symptom der ersten Tage sind die Koplik-Flecke, weiße kleine Stippchen auf der fleckig-geröteten Wangenschleimhaut (katarrhalisches Stadium).

Wie verläuft das exanthematische Stadium?

Am 4. Tag steigt das Fieber evtl. bis 40 °C mit gleichzeitigem Ausbruch des Exanthems. Dieses besteht aus erst blassen, später kräftig roten, etwas erhabenen Fleckchen, die hinter den Ohren und im ganzen Gesicht beginnen, um sich dann über den ganzen Körper auszubreiten. Zwischen den Fleckchen bleiben freie Stellen, so dass ein buntscheckiger Eindruck des Exanthems entsteht. Das Gesicht wirkt gedunsen. Nach 3–5 Tagen tritt meist eine kritische Abfieberung ein. Die Haut schält sich dann in feinen, kleieartigen Schuppen.

Wie kann Scharlach von Masern unterschieden werden?

- Bei Scharlach besteht anfangs eine Angina; bei Masern Husten, Schnupfen, Lichtscheu und die Koplik-Flecke;
- das Scharlachexanthem tritt am 2., das Masernexanthem am 4. Tag auf;
- das Scharlachexanthem zeigt stärkeres Zusammenfließen der Fleckchen, aber Freibleiben des Kinn-Mund-Dreiecks; das Masernexanthem ist ein buntscheckiges Bild mit Ausbreitung über das ganze Gesicht;
- bei Scharlach grobfetzige Schuppung, besonders an Händen und Füßen; bei Masern feinlamellöse kleieförmige Schuppung;
- bei Scharlach Leukozytose; bei Masern mäßige Leukopenie.

Welche Komplikationen können bei Masern auftreten?

Lungenentzündung (Bronchopneumonien), von der Bronchitis ausgehend, an der Beschleunigung der Atmung erkennbar.

Bronchiolitis, die besonders bei Kleinkindern gefährlich werden kann. Sie ist an der blassbläulichen Hautfarbe, Dyspnoe, allgemeinen Verschlechterung und Unruhe erkennbar.

Mittelohrentzündung (Masernotitis) durch Übergreifen der katarrhalischen Schleimhautentzündung vom Nasen-Rachen-Raum über die Ohrtrompete ins Mittelohr, evtl. Mastoiditis. Dabei Ohrenschmerzen, Ohrenfluss, Druckempfindlichkeit des Warzenfortsatzes.

Pseudokrupp durch Schwellung der Schleimhaut im Kehlkopf (Laryngitis), wodurch bellender Husten und Stridor durch Atembehinderungen vorkommen (s. Pseudokrupp, S. 362).

Gehirnentzündung (Masernenzephalitis), seltene, sehr schwere Komplikation, erkennbar durch Benommenheit, Teilnahmslosigkeit (Apathie) oder Unruhe.

Welche Kinder sind durch Masern besonders gefährdet?

Säuglinge, unterernährte, rachitische und tuberkulöse Kinder. Auch die Doppelinfektion von Masern und Keuchhusten ist gefährlich.

Worauf kommt es bei Pflege und Behandlung von Patienten mit Masern an?

Eine gezielte Behandlung gegen das Masernvirus steht nicht zur Verfügung.

- Die Isolierung kommt meist zu spät und kann eine Weiterverbreitung oft nicht mehr verhindern;
- Bettruhe bis 8 Tage nach Entfieberung in einem gut gelüfteten Zimmer;
- bei hohen Temperaturen fiebersenkende Mittel oder Wadenwickel;
- bei starker Konjuntivitis mit Lichtscheu Zimmer verdunkeln;
- Bronchitisbehandlung vor allem durch Vermeidung von trockener Luft, daher Luftanfeuchtung empfehlenswert;
- Überwachung der Atmung: Achtung auf Bronchiolitis und Pneumonie;
- bei bakteriellen Komplikationen wie Pneumonie, Otitis usw. Antibiotika (Penizillin).

Wie kann den Masern vorgebeugt werden?

Es gibt eine empfehlenswerte Impfung gegen Masern, die als Masern-Lebendimpfstoff aus nicht mehr vermehrungsfähigen Spaltprodukten des Masernvirus besteht (aktive Immunisierung).

Besteht die unmittelbare Gefahr einer Masernansteckung, kann der Ausbruch der Krankheit in den ersten Tagen nach dem Kontakt durch passive Immunisierung mit Gammaglobulin (von Erwachsenen gewonnen, die Masern durchgemacht hatten) verhindert oder abgeschwächt werden.

Wie sind die Immunitätsverhältnisse nach Masern?

Nach Masern besteht eine meist lebenslange Immunität, sie lässt nur selten im hohen Alter nach. Durch Masern wird die Infektionsabwehr des Organismus voll beansprucht, so dass dadurch bis drei Monate nach der Erkrankung eine Abwehrschwäche gegen andere Infektionen, z. B. Tbc, entsteht. Masernkranke und Rekonvaleszenten sind daher vor anderen Infektionen, besonders vor Tuberkulose, zu schützen.

Röteln (Rubeola)

Wie werden die Röteln übertragen?

Das Rötelnvirus kann 7 Tage vor bis 7 Tage nach Ausbruch des Exanthems durch Tröpfcheninfektion übertragen werden. Die Inkubationszeit beträgt 14–25, durchschnittlich 18 Tage.

Wie ist der Verlauf der Röteln?

1–2 Tage vor Beginn des Exanthems kommt es zu allgemeinem Krankheitsgefühl und Fieber, auch zu Nasen- und Rachenkatarrh. Das Exanthem ist masernähnlich, aber schwächer ausgeprägt und weniger erhaben. Es breitet sich vom Gesicht über den ganzen Körper aus. Die Koplik-Flecken fehlen. Typisch ist die allgemeine Lymphknotenschwellung, besonders am Hals und Nacken.

Welche Bedeutung und Gefahren haben die Röteln und welche Komplikationen können auftreten?

Die Röteln selbst verlaufen fast immer leicht. Es kann zu Bronchopneumonien oder Mittelohrentzündung kommen.

Wichtig: Bei Erkrankung an Röteln in den ersten drei Schwangerschaftsmonaten treten Fehlbildungen auf („Rötelnembryopathie"), z.B. angeborene Herzfehler, Augenfehler, Gehörlosigkeit.

Wie kann Röteln vorgebeugt werden?

Abgeschwächte Lebendvakzine, besonders Impfung junger Mädchen vom 11. bis zum 16. Lebensjahr und später nach Vortest auf Rötelnantikörper und nur, wenn sicher keine Schwangerschaft besteht.

Ein Antikörpertiter 1:8 bedeutet Immunität.

Mumps (Ziegenpeter, Parotitis epidemica)

Wie wird die epidemische Parotitis übertragen?

Das Mumpsvirus wird durch Tröpfcheninfektion in den Respirationstrakt übertragen. Inkubationszeit von 2–3 Wochen.

Wie sind die Erscheinungen bei epidemischer Parotitis?

Als Anfangssymptome können beim Ziegenpeter allgemeines Krankheitsgefühl, Kopf- und Gliederschmerzen sowie Fieber evtl. bis 39 °C, vorkommen.

Hauptsymptom ist die entzündliche Schwellung einer, später auch der zweiten Ohrspeicheldrüse (Parotis). Sie ist vergrößert, die Haut darüber gespannt, das Ohrläppchen abgehoben. Auch die übrigen Speicheldrüsen können der Reihe nach befallen werden. Es kommt besonders beim Essen zu Schmerzen. Spätestens nach 7 bis 10 Tagen sind Fieber, Schwellung und Schmerzen abgeklungen.

Welche Komplikationen können bei Mumps vorkommen?

Durch Virämie können Fernkomplikationen entstehen:

Eine Meningitis tritt bei Erwachsenen in 30% auf. Eine Meningoenzephalitis ist selten, kann aber schwer verlaufen.

Nicht selten kann es nach der Pubertät zu Orchitis (Hodenentzündung) kommen, wodurch bei beidseitigem Befall auch Unfruchtbarkeit (Sterilität) zurückbleiben kann. Relativ selten kommt es zur Entzündung der Eierstöcke oder der Schilddrüse (Thyreoiditis).

Eine Pankreatitis ist an erhöhten Enzymwerten (Amylase und Lipase im Serum) zu erkennen.

Wie ist die Pflege und Behandlung von Patienten mit Mumps?

Eine spezielle Behandlung gibt es nicht. Solange Fieber besteht, ist Bettruhe einzuhalten, besonders bei älteren Kindern und Erwachsenen. Bei stärkeren Allgemeinbeschwerden evtl. schmerzlindernde Tabletten oder Zäpfchen. Auf die geschwollenen Drüsen evtl. Umschläge oder Öl-Wattepackungen. Wegen Schmerzen beim Kauen flüssig-breiige Kost. Mundpflege!

Bei Orchitis Hochlagerung der Hoden, evtl. Prednison. Bei Pankreatitis entsprechende Diät (s. Behandlung der Pankreatitis, S. 211).

Wie kann der Mumps vorgebeugt werden?

Zur Verhütung steht ein gut verträglicher, abgeschwächter Lebendimpfstoff zur Verfügung.

Windpocken (Varizellen)

Wie werden die Windpocken übertragen?

Das hochinfektiöse Varizellenvirus wird in der Zeit einen Tag vor und 7 Tage nach Beginn des Exanthems durch Tröpfcheninfektion („durch den Wind") übertragen, aber auch durch direkten oder indirekten Kontakt des Virus mit der Haut (Spielzeug).

Das Varizellenvirus ist identisch mit dem Erreger der Gürtelrose (Herpes zoster).

Die Inkubation bei Varizellen beträgt 12–21 Tage, meist recht genau 14 Tage.

Wie ist das Krankheitsbild der Varizellen?

Plötzlicher Beginn mit Fieber und Aufschießen von linsengroßen roten Fleckchen auf der Haut, evtl. auch auf Schleimhäuten, auch auf der behaarten Kopfhaut. Diese wandeln sich in Knötchen, Bläschen, Pusteln und Krusten um, die, ohne Narben zu hinterlassen, 1–2 Wochen nach Beginn des Exanthems abfallen. Bläschen auf der Hornhaut des Auges und am Genitale sind stark schmerzhaft. Während des Exanthems besteht oft starker Juckreiz.

Die Effloreszenzen sind am Rumpf am zahlreichsten (im Gegensatz zu den echten Pocken, die vor allem im Gesicht auftreten). Oft treten mehrere Schübe auf, so dass sich Knötchen, Bläschen, Pusteln und Krusten im Gegensatz zu den Pocken gleichzeitig nebeneinander finden (Abb. **13.5**).

Welche Komplikationen können bei Varizellen vorkommen?

Die häufigste Komplikation entsteht durch Aufkratzen und sekundäre Infektion der Pusteln mit Eitererregern. Danach können Hautnarben zurückbleiben. Gefährlich ist die seltene Komplikation einer Enzephalitis. Windpocken in der Schwangerschaft können ähnliche Fehlbildungen am Kind verursachen wie Röteln oder Contergan.

Wie kann den Varizellen vorgebeugt werden?

Es gibt einen Impfstoff gegen Varizellen zur aktiven Immunisierung.

Zur vorbeugenden Impfung der im Allgemeinen harmlosen Krankheit kommen gefährdete Neugeborene und Patienten mit abgeschwächter Immunantwort in Betracht, z.B. wegen akuter Leukämie immunsupprimierte Kinder, evtl. auch medizinisches Personal in Fachkliniken.

Pocken (Variola)

Was wissen Sie über Pocken?

Die Pocken werden durch Tröpfchen- oder Schmierinfektion übertragen und galten als eine der ansteckendsten Krankheiten. Sie wurden durch das Bekämpfungsprogramm der Weltgesundheitsorganisation (WHO) praktisch ausgerottet. Die letzten Fälle wurden 1977 gemeldet.

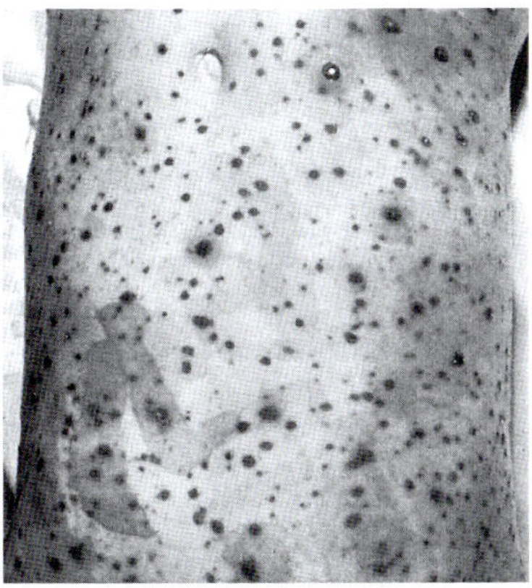

*Abb. **13.5** „Buntes Bild" des Windpockenexanthems. Juckende, rote Papeln werden zu wasserhellen Bläschen, die nach wenigen Tagen eintrocknen und verkrusten (aus Gerlach, u. a.: Innere Medizin für Pflegeberufe, 5. Aufl. Thieme, Stuttgart 2000)*

Fleckfieber (Typhus exanthematicus)

Wie wird das Fleckfieber übertragen?

Das Fleckfieber wird durch eine Rickettsienart hervorgerufen.

Kleiderläuse können durch ihren Biss Fleckfieber übertragen, die Krankheit kann aber auch durch Einatmen von Läusekot als Staubinfektion zu Stande kommen.

Wie ist das Krankheitsbild des Fleckfiebers?

Plötzlicher Beginn mit rasch ansteigendem hohen Fieber, Kopfschmerzen und starkem Krankheitsgefühl. Zunehmende Somnolenz, delirante Zustände mit Wahnvorstellungen, Unruhe und Desorientiertheit. Diese Symptome zeigen, dass es sich beim Fleckfieber um eine Enzephalitisart handelt. Gegen Ende der 1. Krankheitswoche tritt ein roseolenartiges Exanthem auf.

Als Komplikationen kommen tödliches Herz-Kreislauf-Versagen, Pneumonie, toxische Schäden der Gefäße, Leber und Nieren vor. In der Rekonvaleszenz findet sich oft eine langanhaltende Kreislaufschwäche.

Welche Maßnahmen sind bei Fleckfieber zu ergreifen?

An der Spitze aller Maßnahmen steht die konsequente Entlausung (Entwesung), um Neuansteckungen, insbesondere auch des Pflegepersonals, zu verhüten, aber auch größte Sauberkeit, da auch Staubinfektionen durch Läusekot möglich sind. Meldung an das Gesundheitsamt.

Es gelten alle Maßnahmen der Pflege bei schweren Infektionskrankheiten, die mit deliranten Zuständen verlaufen.

Medikamentös sind Antibiotika (Tetrazykline und Ciprofloxacin) wirksam. Entlausung mit Jacutin.

Herpes simplex (Herpes labialis)

Wodurch werden die Herpesbläschen hervorgerufen?

Das Virus des Herpes labialis wird durch Kontakt übertragen.

Die Herpes-simplex-Viren Typ 2, seltener auch Typ 1, sind auch sexuell übertragbar, wobei es mit schmerzhaftem Jucken zur Vulvovaginitis und Adnexitis, beim Mann zur Balanitis kommen kann (Herpes genitalis).

An welchen Körperstellen können die Bläschen des Herpes simplex auftreten?

Herpesbläschen können am Übergang von Haut zu Schleimhäuten, z.B. an den Lippen, der Umgebung von Mund und Nase, auf der Mundschleimhaut, an der Kornea des Auges, an den Genitalien und am After auftreten. Das Herpesvirus kann auch Schleimhauterkrankungen, z.B. die Stomatitis der Mundschleimhaut und die Aphthen genannten Bläschen im Munde, verursachen.

Wieso kommt es oft zu rezidivierenden Herpesbläschen?

Nach dem Abklingen einer Infektion mit dem Herpesvirus überwiegt die Körperabwehr diesen Erreger. Infolge einer vorübergehenden Störung der Immunitätslage durch andere Krankheiten (z.B. Pneumonie) oder durch Fieber, Magenverstimmung, starke Sonnenbestrahlung, aber auch z.B. im Mensesrhythmus kann es zu einem endogenen Reinfekt mit Neuaufschießen von Herpesbläschen kommen.

Wie ist der Verlauf einer Herpes-simplex-Erkrankung und wie erfolgt die Behandlung?

Zuerst wird an der befallenen Stelle ein Spannungsgefühl, dann Brennen und Jucken verspürt. Es kommt zu Rötung und Schwellung, aus der sich stecknadelkopf- bis linsengroße Bläschen, anfangs mit klarem, später eitrig-trübem Inhalt entwickeln. Die Bläschen trocknen nach 3–4 Tagen ein, die Krusten fallen ohne Narbenbildung ab.

Virustatische Salben, z.B. Zovirax (Aciclovir) oder Vectavir (Penciclovir). Bei Sekundärinfektion Antibiotika.

Welche Komplikationen können beim Herpes simplex auftreten?

Eine zusätzliche Infektion (Sekundärinfektion) mit Eitererregern. Die sehr seltene Meningoenzephalitis durch das dermato- und neurotrope Herpesvirus.

Herpes zoster (Gürtelrose)

Wodurch kommt es zur Gürtelrose?

Das Windpocken-(Varizellen-)Virus kann über Jahrzehnte im Spinalganglion einer Rückenmarkswurzel oder eines Hirnnervs symptomlos persistieren. Durch eine lokale Immunschwäche kann es wieder aktiv werden und das Krankheitsbild des Herpes zoster, der Gürtelrose, hervorrufen.

Welche Erscheinungen werden bei Herpes zoster beobachtet?

Zuerst treten manchmal starke Schmerzen im Ausbreitungsgebiet (Hautsegment) eines sensiblen Nervs noch ohne Hauterscheinungen auf. Bald kommt es dort zur Entwicklung von Knötchen, dann Bläschen, die z.T. zusammenfließen (Konfluieren) und deren Inhalt sich trübt, evtl. auch hämorrhagisch wird und eintrocknet. Nach 2–3 Wochen sind die Krusten abgefallen, die Nervenschmerzen (Neuralgien) können aber, besonders bei älteren Menschen, sehr heftig sein und noch länger anhalten.

Welche fördernden (dispositionellen) Faktoren können beim Herpes zoster eine Rolle spielen?

Manchmal tritt der Herpes zoster in dem Segment auf, wo lokale Veränderungen bestehen, wie z.B. Wirbelfrakturen, Knochenmetastasen, Tumoren im Rückenmarksbereich.

Welche besonderen Lokalisationen des Herpes zoster sind wichtig?

Beim Herpes zoster ophthalmicus ist der erste Ast des N. trigeminus befallen: Dabei können sich Herpesbläschen auf der Kornea des Auges ausbilden, dort zu Ulzeration und dadurch evtl. zur Erblindung führen.

Beim Herpes oticus im Ohrbereich können Hör- und Gleichgewichtsstörungen vorkommen. Eine Enzephalitis durch das Herpes-zoster-Virus ist selten.

Welche Behandlungsmaßnahmen kommen bei Herpes zoster in Frage?

- Virustatische Behandlung mit Zovirax (Aciclovir);
- bei starken Schmerzen Antineuralgika oder Analgetika; Anaesthesin- oder Zinkpuder, auch Zinkpaste auf die Bläschen;
- bei Sekundärinfektion Antibotikasalbe;
- evtl. Röntgenbestrahlung des Ganglions;
- bei Herpes zoster ophthalmicus ist augenärztliche Behandlung angezeigt.

Virusgrippe (Influenza)

Was wird als Grippe oder Influenza bezeichnet?

Im allgemeinen Sprachgebrauch werden oft alle Erkältungskrankheiten, vor allem mit Fieber und Befall der oberen Luftwege, als „Grippe" oder „Influenza" bezeichnet, ohne Rücksicht darauf, um welchen oder welche Erreger es sich dabei handelt.

Im strengen medizinischen Sinne wird nur eine Krankheit, bei der das Grippevirus (Myxovirus Influenza A) ursächlich beteiligt ist, als echte Grippe oder Influenza bezeichnet. Das Grippevirus ist ein ca. 0,1 µm großes Kügelchen mit stachliger Oberfläche und einem spiralförmig gewundenen inneren Aufbau.

Welche Bedeutung hat die Virusgrippe und wie wird sie übertragen?

Sie kommt in Epidemien, die nach Morbidität und Mortalität schwanken, als eine der letzten großen und bisher noch unbesiegten Infektionskrankheiten der Menschen über die ganze Erde verbreitet vor. An der Pandemie in den Jahren um 1918 starben etwa 20 Millionen Menschen auf der ganzen Erde an Grippe und ihren Komplikationen (mehr Todesopfer als im 1. Weltkrieg).

Die Virusgrippe wird durch Tröpfcheninfektion übertragen, aber auch Staubinfektion ist möglich. Die Grippeviren gelangen hauptsächlich auf die Epithelzellen des menschlichen Respirationstraktes, in denen sie sich ansiedeln und weiter vermehren. Das Grippevirus ist hochinfektiös.

Welche Arten von Grippeviren werden unterschieden?

Auf Grund von serologischen Untersuchungen kann man drei Typen, Grippevirus A, B und C, unterscheiden.

Die schweren Epidemien werden meist vom Typ A verursacht, während Typ B meist bei sporadischen Fällen eine Rolle spielt. Typ C ist fast ohne Bedeutung.

Von den A-Viren kennt man mehrere Untertypen, die sich in ihrer Antigen-

Struktur unterscheiden. Immunität, die gegen einen Untertyp gebildet wird, schützt erstens nicht gegen Erkrankung durch einen anderen Untertyp, und zweitens hält die Immunität nach Grippe nur kurze Zeit vor, so dass leicht immer wieder Neuerkrankungen an Grippe auftreten können.

Ein Todesfall an Virusgrippe ist meldepflichtig.

Wie ist der Krankheitsbeginn und weitere Verlauf bei Virusgrippe?

Plötzlicher Beginn mit Fieber nach 1–2-tägiger Inkubation.

Allgemeines Krankheitsbild: Abgeschlagenheit, Kopf- und Gliederschmerzen, manchmal auch Appetitlosigkeit, Brechreiz, Erbrechen, Bauchschmerzen, selten Durchfall. Im Vordergrund stehen katarrhalische Erscheinungen der Atemwege (Schnupfen, Husten, Heiserkeit), auch Augenbrennen.

Im weiteren Verlauf kann es in schweren Fällen durch die Toxine des Grippevirus zu Gefäßwandschäden mit Neigung zu Hämorrhagien, z.B. blutigem Sputum, Nasenbluten und Lungenödem kommen, aber auch toxische Herzschädigung und Schädigung des Zentralnervensystems mit Bewusstseinstrübung kommen in schweren Fällen häufig vor.

Im Allgemeinen wird aber die Schwere des Verlaufs einer Influenza durch bakterielle Komplikationen bestimmt: Die Schädigung des Epithels erleichtert eine sekundäre bakterielle Besiedlung.

Welche Komplikationen kommen bei Virusgrippe vor?

Als Komplikationen sind Bronchopneumonie und Lobärpneumonie wichtig. Die Lungenkomplikationen sind in erster Linie für die Todesfälle an Grippe verantwortlich. Außerdem kommen eitrige Bronchitis, bei Kleinkindern Bronchiolitis, ferner Mittelohrentzündungen und Nasennebenhöhlenvereiterungen vor.

Welche bakteriellen Erreger spielen bei der Sekundärinfektion der Grippe eine Rolle?

In erster Linie kommen Staphylokokken, Pneumokokken, betahämolysierende Streptokokken und Influenzabakterien in Betracht. Die Toxinwirkung der Viren wird durch die Toxine der Bakterien verstärkt, so dass vor allem bereits an chronischen Krankheiten oder an Organschäden leidende Personen ernstlich gefährdet werden können.

Welche therapeutischen Möglichkeiten gibt es bei Virusgrippe?

Ein spezifisches Medikament gegen das Grippevirus gibt es noch nicht.

Bettruhe, leichte vitaminreiche Diät, evtl. Schwitzpackungen, Antipyretika oder Analgetika können symptomatisch helfen, schleimlösende und hustenstillende Mittel bei entsprechenden Beschwerden. Antibiotika sind bei bakteriellen Sekundärinfektionen angezeigt.

Zu frühe Belastungen bergen die Gefahr eines Rückfalls mit bakteriellen Mischinfektionen in sich.

Kann der Grippe vorgebeugt werden?

Die Schutzimpfungen haben z.T. gute vorbeugende Wirkung, die jedoch je nach Art des Erregertyps verschieden starken Schutz bieten.

Welche Personen müssen als besonders gefährdet gelten?

- Besonders gefährdet sind Personen über 60 Jahre;
- Menschen mit chronischen Krankheiten: Herzerkrankungen, besonders rheumatischer Ursache, Hochdruckkranke und Arteriosklerotiker, Asthmakranke und Bronchitiskranke, Patienten mit Bronchiekasen, Emphysem oder Lungentuberkulose, Diabetiker;
- Schwangere;
- Kinder, besonders Kleinkinder in Heimen, Kindergärten und Schulen;
- Personen mit starker Infektionsgefährdung, z.B. Pflegepersonal, Personal mit Publikumsverkehr, Personal großer Werke, Polizei, Militär, Studenten.

Enzephalitis

Was heißt Enzephalitis und was ist deren Ursache?

Mit Enzephalitis bezeichnet man eine infektiöse Entzündung des Gehirns.

Verschiedene neurotrope Viren können das Zentralnervensystem direkt befallen oder zu einer post- oder parainfektiösen Enzephalitis führen, z.B. die Viren von Masern, Röteln, Mumps, Herpes simplex, Herpes zoster, Windpocken und Tollwut, aber auch die Rickettsien des Fleckfiebers und Q-Fiebers.

Andere Arten von Enzephalitis werden durch Arboviren (arthropod borne viruses) hervorgerufen, die durch blutsaugende Ektoparasiten (Zeckenenzephalitis) übertragen werden können.

Eine besondere Form ist die als Encephalitis epidemica oder lethargica bzw. als europäische Schlafkrankheit bezeichnete, die in einem Zusammenhang mit dem Grippevirus steht.

Welche Stadien können bei Encephalitis epidemica unterschieden werden?

Das *grippale Vorstadium* mit Kopf- und Gliederschmerzen, Fieber und katarrhalischen Erscheinungen der oberen Luftwege.

Das *akute enzephalitische Stadium* mit Fieber, Kopfschmerzen, Apathie, Schlafsucht bis zum Koma, aber auch motorischer Unruhe, Delirien und Lähmungen. Meist besteht auch eine meningitische Reizung mit Nackensteifigkeit und Liquorveränderungen (Druckerhöhung, Eiweiß- und Zellvermehrung, besonders der Lymphozyten).

Das *chronische Stadium* mit bleibender Wesensänderung, Schlafstörung, Taubheit, Blindheit, Lähmungen oder Blickkrämpfen.

Das oft erst nach Jahren auftretende *chronisch fortschreitende* (progrediente) *Stadium* mit Maskengesicht, Schüttellähmung, Speichelfluss (Parkinsonismus).

Was wissen Sie über die Frühsommer-Meningoenzephalitis (FSME)?

Die Frühsommer-Meningoenzephalitis (FSME) ist eine seltene Virusinfektion mit neurologischer Symptomatik, die hauptsächlich in den Monaten Juni bis September nach Zeckenbiss auftritt. Sie ist vor allem in Süddeutschland, Österreich und Südschweden verbreitet. Bei weniger als 1% der Zeckenbisse kommt es zur Virusübertragung (60–70% der Infektionen verlaufen symptomlos).

Wie sind die Symptome der FSME und wie kann behandelt werden?

Nach einer Inkubationszeit von 1–2 Wochen treten bei einem Drittel der Infizierten grippeähnliche Symptome mit Kopf-, Hals- und Gliederschmerzen auf. Bei etwa 10% der Erkrankten kommt es zu einem zweiten Fieberanstieg und zu neurologischen Symptomen, die zur Hälfte als seröse Meningitis, in einem Drittel als Enzephalitis mit Krämpfen, Bewusstlosigkeit und Psychosen verlaufen.

Es gibt keine Behandlungsmöglichkeit, wenn die Erkrankung erst einmal ausgebrochen ist.

Was ist von der FSME-Impfung zu halten?

Nachdem es keine Behandlungsmöglichkeit gibt, wurde früher die Impfung stark propagiert. Die sehr selten schweren Krankheitsverläufe und gelegentlich beobachtete Impfreaktionen ähnlich den neurologischen Symptomen nach Infektion haben zu einem Umdenken geführt. Heute wird die Impfung nur noch für Menschen mit besonders hohem Infektionsrisiko empfohlen (Indikationsimpfung).

Hepatitis

Welche Arten von akuter Virushepatitis werden unterschieden?

Je nach Erreger werden fünf Arten unterschieden:

Hepatitis A durch das Hepatitis-A-Virus (HAV) mit kurzer Inkubationszeit, früher auch Hepatitis infectiosa oder epidemica genannt.

Hepatitis B durch das Hepatitis-B-Virus (HBV) mit langer Inkubationszeit, früher auch als Serumhepatitis, Spritzen- oder Transfusionshepatitis bezeichnet.

Hepatitis C durch das Hepatitis-C-Virus (HCV), die vor allem als sog. Posttransfusionshepatitis bei Diaylsepatienten auftritt und zu chronischem Verlauf neigt. Vor der Entdeckung des Hepatitis-C-Virus wurde diese Hepatitisform als Non-A-non-B-Hepatitis bezeichnet. Mittlerweile weiß man, dass etwa 70% dieser NANB-Hepatitiden tatsächlich durch das Hepatitis-C-Virus verursacht werden.

Hepatitis D durch das einem Viroid ähnliche Hepatitis-Delta-Virus, das der Helferfunktion durch das Hepatitis-B-Virus bedarf.

Hepatitis E, klinisch identisch mit der Hepatitis A, hervorgerufen durch ein RNA-Virus (HEV), endemisch in Südostasien, Indien und Mittelamerika und vor allem als Reiseerkrankung von Bedeutung.

Mittlerweile wird auch ein Hepatitis-F- und Hepatitis-G-Virus postuliert.

Selten kommt es auch zu einer Hepatitis bei anderen Virusinfektionen wie durch Coxsackie B, Herpes simplex, Herpes zoster bzw. Varizellen, Mononucleosis infectiosa, Zytomegalie, Masern, Mumps und Poliomyelitis.

Erkrankung und Tod an Hepatitis sind meldepflichtig.

Wodurch unterscheiden sich die drei häufigsten Virushepatitiden?

Die *Virushepatitis A* befällt vorwiegend Kinder und Jugendliche. Die Infektion erfolgt vor allem oral durch Schmierinfektion (fäkale Verschmutzung, aber auch Blut und Speichel sind infektiös), selten parenteral. Inkubationszeit im Mittel 32 Tage. Hepatitis-A-Antikörper-Anstieg. Häufig bei oder nach Aufenthalten in den Tropen. Der Verlauf ist fast immer gutartig, chronische Verlaufsformen sind bislang nicht bekannt geworden.

Die *Hepatitis B* befällt vorwiegend jüngere Erwachsene und wird sexuell, perinatal und parenteral übertragen. Bluttransfusionen spielen durch die intensive Testung der Blutspender heute keine große Rolle mehr, doch gewinnt die Hepatitis B wachsende Bedeutung als Geschlechtskrankheit. Weitere gesicherte Wege sind die gemeinsame Nadelbenutzung i.v.-Drogenabhängiger, die Übertragung von der Mutter auf das Kind und die nosokomiale Infektion des medizinischen Personals, vor allem durch Nadelstichverletzungen. Die Inkubationszeit ist mit 15–180 Tagen besonders lang. Das Hepatitis-B-Virus besteht aus drei Antigenen, gegen die auch drei Antikörper gebildet werden. Durch die verschiedenen Antigen-Antikörper-Konstellationen können Rückschlüsse auf die Prognose gezogen werden. Dabei gilt besonders das HB_eAg als zuverlässlicher Marker für die Infektiosität des Blutes. Zur Bestätigung der Diagnose wird vor allem der Nachweis des Hepatitis-B-Oberflächenantigens benutzt, das HB_sAg (surface: Oberfläche).

Die *Hepatitis C* wird vor allem durch die Übertragung kontaminierter Blut- und Blutprodukte übertragen, wenngleich es viele in ihrem Übertragungsweg ungeklärte Fälle gibt. Inkubationszeit bis zu 20 Wochen. Sie neigt noch stärker als die Hepatitis B zu einem chronischen Verlauf.

Welche Vorgänge spielen sich bei einer Virushepatitis in der Leber ab?

Bei allen Formen gelangen die Viren über den Blut- oder Lymphweg in die Leber und rufen dort ein ähnliches klinisches Bild, eine Entzündung der Leberparenchymzellen (Hepatitis) hervor. Dabei gehen Leberzellen zu Grunde, wodurch die Transaminasen (oder Aminotransferasen) genannten Enzyme frei werden und ins Blut gelangen. Dort sind sie als wichtige Krankheitszeichen nachweisbar (SGOT = AST, SGPT = ALT u.a.). Ferner ist der Transport des Gallenfarbstoffes und der Gallensäuren gestört, es kommt zum Leitsymptom „Gelbsucht“ (Ikterus).

Welche Stadien sind bei der akuten Hepatitis zu unterscheiden?

Im *anikterischen Vorstadium* kommen vor: Schlappheit, Appetitlosigkeit, Übelkeit, Obstipation oder Durchfall, Unbehagen, Verstimmung, manchmal auch Gelenkschmerzen, Kopfweh und Temperaturerhöhung.

Das *ikterische Hauptstadium*: Gelbfärbung der Haut und Schleimhäute, oft zu-

erst an den Bindehäuten der Augen erkennbar. Dunkler, bierbrauner Urin mit gelbem Schüttelschaum, entfärbter lehmfarbener Stuhl (acholischer Stuhl), gelegentlich Juckreiz, Kratzaffekte auf der Haut.

Welche Verlaufsarten der Hepatitis kommen vor?

50% der Hepatitisfälle sollen *anikterisch*, d.h. ohne Gelbsucht, aber mit Leberschwellung und Enzymveränderungen im Blut (besonders Transaminasenanstieg) verlaufen. Sie werden oft nicht erkannt, wodurch die Gefahr der Verbreitung besonders groß ist.

Die *akute Hepatitis* mit Ikterus (s. Seite 216): Schwere und Dauer können stark schwanken, besonders schwere Fälle können in die nekrotisierende Hepatitis und ins Leberkoma übergehen und zum Tode führen.

Wenn HB_sAg und HB_eAg länger als 6 Monate nachweisbar sind, besteht der Verdacht auf eine *chronische Hepatitis*.

Alle Verlaufsformen der Hepatitis, ausgenommen die Hepatitis A, können in eine Leberzirrhose (s. Seite 218) übergehen.

Wo wird das Hepatitisvirus ausgeschieden?

Es wird im Urin, Speichel und Stuhl (aber auch im Vaginalsekret, in der Samenflüssigkeit und sogar in den Tränen) ausgeschieden, daher ist eine Desinfektion der Ausscheidungen (wie bei einer infektiösen Darmkrankheit) vorgeschrieben.

Wie kann der Virushepatitis vorgebeugt werden?

Hepatitis A: Vorsicht bei Reisen in die Tropen; kein Genuss von verunreinigten Nahrungsmitteln („boil it, peel it or forget it") und Wasser; Kontakt mit Exkrementen vermeiden; Impfung erfolgreich und vor Tropenaufenthalten empfohlen; auch eine passive Immunisierung mit Immunglobulin hat sich bewährt, gewährt aber einen weniger guten Schutz als die zweimalige aktive Imfpung, welche einen lebenslangen Schutz bewirkt.

Hepatitis B und C: bei Geschlechtsverkehr mit weitgehend unbekannten Partnern Kondome benutzen; auch Ehepartner von infektiösen Personen (HB_sAg, HB_eAg positiv) sollten rasch geimpft werden, am besten aktiv/passiv; Testung der Blutspender; Schutzmaßnahmen beim Umgang mit Blut und kontaminierten Kanülen (medizinisches Personal); alle Risikopersonen, z.B. Krankenhauspersonal sollten geimpft werden; nach erfolgreicher Impfung wahrscheinlich lebenslange Immunität, Titerkontrollen von Anti-HB_s aber empfehlenswert; aktiv/passive Impfung von Kindern HB_sAg-positiver Mütter unmittelbar nach der Geburt.

Welche Personen sollten gegen Hepatitis B geimpft werden?

Die Impfung gegen Hepatitis B wird heute ganz allgemein für alle Kinder und Jugendlichen vor Beginn der sexuellen Aktivität empfohlen.

Ein besonderes Risiko für eine Hepatitis haben folgende Personengruppen:

Personen, die im Gesundheitswesen beschäftigt sind, Bewohner und Betreuer in

Einrichtungen für geistig Behinderte, Dialysepatienten, Homosexuelle, Drogenabhängige, Neugeborene HB_sAg-positiver Mütter, Gefängnisinsassen und Personen, die regelmäßig in Hepatitis-B-Endemiegebiete reisen, z.B. Ostasien.

Besteht bei der Hepatitis-Impfung die Gefahr einer HIV-Infektion?

HIV-Übertragungen kamen bis Mitte der 80er Jahre vor. Seitdem wird aber nur noch gentechnologisch hergestellter Impfstoff verwendet, wodurch eine HIV-Infektion durch den Impfstoff ausgeschlossen ist.

Was soll nach einer Nadelstichverletzung getan werden?

Wenn sich eine nicht geimpfte Person mit einer mit dem Blut eines HB_sAg-positiven Patienten kontamierten Nadel gestochen hat, so sollte sofort eine passive (mit Anti-B-Hyperimmunglobulin) und aktive Immunisierung vorgenommen werden. Die Untersuchung des Immunstatus der gestochenen Person vor der Impfung empfiehlt sich. Die routinemäßig aktive Immunisierung aller Beschäftigten im Gesundheitswesen vermeidet derartige stressbeladene Situationen.

Wie kann die akute Hepatitis behandelt werden?

Für die akute Hepatitis kommen nur symptomatische Maßnahmen in Frage, da keine spezifische Therapie existiert. Am wichtigsten sind diätetische Maßnahmen wie völlige Alkoholabstinenz, Vermeidung von Medikamenten, welche die Leber belasten könnten, insbesondere keine Sedativa und Schlafmittel. Spezielle Kostformen sind dagegen nicht erforderlich. Leichte Bettruhe empfehlenswert, Aufstehen zur Toilette sollte aber gestattet werden.

Wie ist der Verlauf der verschiedenen Hepatitisformen?

Die Hepatitis A heilt praktisch immer folgenlos aus, sie hinterlässt oft, aber nicht immer eine lebenslange Immunität, erkennbar am Nachweis von Anti-HAV-IgG.

Bei akuter Hepatitis B normalisiert sich die Leberfunktion bei weit über 90% der Kranken innerhalb von vier Monaten vollständig. In 1% der Fälle ist aber mit einem tödlichen Verlauf zu rechnen, bei etwa 5–6% entwickelt sich eine chronische Hepatitis B.

Die Hepatitis C bleibt in vielen Fällen klinisch unerkannt, da nur in 10–30% der Fälle überhaupt Symptome auftreten. Dafür ist das Risiko für einen chronischen Verlauf bei dieser Hepatitisform mit 50–70% enorm hoch.

Wie wird eine chronische Hepatitis erkannt?

Eine chronische Hepatitis liegt dann vor, wenn sich die Transaminasen auch nach sechs Monaten noch nicht normalisiert haben und das HB_sAg, evtl. auch HB_eAg nachweisbar bleiben. Klinisch können die Patienten beschwerdefrei sein oder alle Zeichen einer Lebererkrankung aufweisen. Ein wichtiger Baustein der Diagnose ist der histologische Befund der Leber.

Warum ist die chronische Hepatitis eine Gefahr, wenn sie doch keine Symptome macht?

Patienten mit chronischer Hepatitis haben ein deutlich erhöhtes Risiko für eine Leberzirrhose oder ein Leberzellkarzinom. Patienten mit chronischer Hepatitis sollten daher regelmäßig mittels Sonografie und Kontrolle des α-Fetoproteins überwacht werden.

Ist das Serum von Patienten mit chronischer Hepatitis infektös?

Wahrscheinlich, aber nicht generell. Eine hohe Infektiosität besteht, wenn HB_sAg und HB_eAg nachweisbar sind und mit molekularbiologischen Methoden (Polymerase-Kettenreaktion) eine hohe Virusbeladung nachgewiesen wird. Diese Laborbefunde sprechen gleichzeitig dafür, dass die Erkrankung bei dem Patienten aktiv und chronisch ist.

Wie wird die chronische Hepatitis behandelt?

Es stehen heute eine Reihe von antiviralen Medikamenten zur Verfügung wie Acyclovir, Ribavirin oder Foscarnet. Besonders bewährt hat sich Interferon-α. Bei einer Behandlung über 4–6 Monate gelingt es bei 25–40% der Patienten mit chronischer Hepatitis B, das Virus aus dem Blut zu entfernen, wodurch sich die Prognose wesentlich bessert. Auch bei der chronischen Hepatitis C erreicht man mit einer Kombination aus Interferon-α und Ribavirin Virusfreiheit, d.h. eine in der PCR nicht nachweisbare HVC-RNA bei etwa 50% der behandelten Personen. Diese Behandlung ist aber langwierig, nebenwirkungsreich und teuer.

HIV und AIDS

Wie heißt der Erreger der HIV-Infektion?

Der Erreger der HIV-Infektion ist das lympho- und neutrope *h*umane *I*mmunodefizienz*v*irus (HIV), ein Retrovirus, das zum Einbau in das menschliche Genom ein spezielles Enzym, die reverse Transkriptase, besitzt. Es ist nur für den Menschen pathogen. Bislang sind zwei Formen bekannt, HIV 1 und HIV 2.

Wie wird das HIV übertragen?

- Durch Geschlechtsverkehr (anal mehr als vaginal), daher bei Homosexuellen gehäuft;
- gemeinsame Benutzung von Nadeln bei Drogenabhängigen;
- Bluttransfusionen und Übertragung von Blutprodukten;
- vertikal von der Mutter auf das Kind;
- akzidentelle Stichverletzungen beim medizinischen Personal, offene Hautwunden oder intensiven Schleimhautkontakt.

Gibt es einen AIDS-Test?

Nein, AIDS ist eine klinische Diagnose, die nicht mit einem „Test" gestellt werden kann, sondern durch eine Reihe von klinischen Phänomenen und Zweiterkrankungen deutlich wird. Der *HIV-Test* weist Antikörper gegen das Virus nach und belegt nur die Tatsache einer Infektion, sagt aber nichts über die Dauer und den Schweregrad des Immundefekts aus.

Wie ist der Ablauf einer HIV-Infektion?

1–2 Wochen nach der Infektion kann es zu einem ***akuten Krankheitsbild*** mit Fieber, Exanthem und Lymphknotenschwellung kommen. Diese Krankheitserscheinungen werden meistens fehlgedeutet und klingen nach kurzer Zeit ab.

Danach folgt ein Stadium der ***ruhenden Infektion***, in dem sich der Infizierte jahrelang gesund fühlen, aber das Virus weitergeben kann.

Nach 5–7 Jahren laufender Infektion kann es zum *Lymphadenopathiesyndrom* kommen, einer generalisierten Vergrößerung der Lymphknoten.

Schließlich können Fieberschübe, Nachtschweiß, Durchfälle und Gewichtsverlust (*ARC:* AIDS related complex) und das Vollbild von *AIDS* auftreten.

Einige wenige Patienten leben aber mittlerweile schon fast 20 Jahre mit nachgewiesener HIV-Infektion und sind immer noch nicht erkrankt. Offensichtlich gibt es auch Bedingungen, unter denen sich der Infizierte mit dem Virus „arrangiert" hat.

Welche Krankheiten definieren AIDS?

AIDS wird durch folgende sog. opportunistische Infektionen bzw. Tumoren definiert: Pneumocystis carinii-Pneumonie, Zytomegalievirus-Infektion, zerebrale Toxoplasmose, Tuberkulose und atypische Mykobakteriose, Soor des Ösophagus, Kryptokokkose des Gehirns, Kaposi-Sarkom der Haut und innerer Organe und maligne Lymphome des Gehirns.

Eine opportunistische Infektion ist eine Infektion mit einem Erreger, der sich nur unter bestimmten Bedingungen seitens des Erkrankten vermehren kann, z.B. wenn ein Immundefekt durch die HIV-Infektion vorliegt.

Was bedeutet HIV-Enzephalopathie?

Unscharf definierter Begriff der zentralnervösen Erscheinungen der HIV-Infektion: Kopfschmerzen, Hirnnervenausfälle, Vergesslichkeit, Konzentrationsstörungen bis zur Demenz.

Wie kann die HIV-Infektion behandelt werden?

- Gesunder Lebensstil, Vermeidung von Infektionen, gute Ernährung, ausreichend Schlaf und wenig Stress;
- frühzeitige Behandlung mit mehreren virushemmenden Substanzen;
- beim Auftreten von opportunistischen Infektionen Behandlung mit Antibiotika, Pilzmitteln, Tuberkulosemitteln oder Virustatika.

Welche Medikamente stehen heute für die Behandlung der HIV-Infektion bzw. von AIDS zur Verfügung?

Drei Substanzklassen haben sich für die Therapie der HIV-Infektion bewährt:

Nukleosidartige Hemmstoffe der reversen Transkriptase, z.B. Zidovudin (Retrovir), Lamivudin, Didanosin, Zalcitabin, Abacavir; nicht-nukleosidartige Hemmstoffe der reversen Transkriptase, z.B. Nevirapin, Delavidin, Efavirenz und Protease-Inhibitoren, z.B. Indinavir, Saquinavir, Ritonavir, Nelfinavir.

Es hat sich gezeigt, dass die Prognose der HIV-Infektion wesentlich verbessert wird, wenn man frühzeitig mit einer Kombination aus verschiedenen Medikamenten behandelt, als abzuwarten, bis sich Symptome einstellen. Wahrscheinlich ist eine lebenslange Therapie erforderlich, da das Virus nur unterdrückt, aber nicht beseitigt wird. Seitdem diese Kombinationsbehandlung in Europa und den USA allgemein eingesetzt wird (1995), hat sich der Verlauf der HIV-Infektion völlig geändert. Sie ist heute eine prinzipiell kontrollierbare Krankheit mit guter Prognose.

Wo finden heute die meisten Neuinfektionen mit den HI-Virus statt?

In vielen unterentwickelten zentralafrikanischen und südostasiatischen Ländern reichen die finanziellen Mittel nicht für eine Aufklärung der Bevölkerung aus und es ist kein Geld für die sehr teure Behandlung vorhanden. Der traditionelle Lebensstil und die gesellschaftlichen Verhältnisse in diesen Ländern tragen besonders zur Verbreitung der HIV-Infektion bei. In manchen Ländern ist fast die Hälfte der jungen aktiven Generation erkrankt, so dass mit erheblichen gesellschaftlichen Auswirkungen zu rechnen ist.

Ist die HIV-Infektion eine meldepflichtige Erkrankung?

Nein, sie ist nicht meldepflichtig. Es besteht aber für Labors, die den HIV-Test durchführen, eine anonyme Laborberichtspflicht an das Robert-Koch-Institut, um die Zahl der Infektionen in Deutschland verfolgen zu können.

Wie kann sich das medizinische und pflegerische Personal vor einer nosokomialen HIV-Infektion schützen?

- Beim Umgang mit Blut und Sekreten von Infizierten immer Einmalhandschuhe tragen;
- vorsichtiger Umgang mit spitzen und scharfen kontaminierten Gegenständen, vor allem Kanülen;
- nicht die Kanüle in die Kappe zurückstecken;
- spitze und scharfe Gegenstände gehören nicht in den Abfallkorb, sondern in eigene bruchfeste Behälter;
- Brille und Mundschutz bei invasiven Eingriffen wie Endoskopie und Aerosolbildung, z.B. beim Zahnarzt;
- Gewebe- und Blutproben mit der Aufschrift „infektiös“ kennzeichnen;
- niemals mit dem Mund pipettieren.

Was ist zu tun, wenn man sich mit einer kontaminierten Kanüle gestochen hat?

- Inspektion der Wunde: wie tief?;
- Reinigung der Wunde unter fließendem Wasser mit Seife, anschließend Desinfektion mit gebräuchlichem Desinfektionsmittel;
- Inspektion des Instruments, mit dem man sich verletzt hat: Kontamination mit Blut?;
- Entscheidung über antiretrovirale Therapie, möglichst innerhalb einer Stunde nach dem Ereignis; wenn Postexpositionsprophylaxe, dann mit Retrovir 2 x 250 mg (AZT), Epivir 2 x 150 mg (Lamivudin) und Crixivan 3 x 800 mg (Indinavir) über 2–4 Wochen;
- Blutentnahme zur Feststellung des HIV-Status und Überprüfung des Hepatitis-B- und C-Antikörperstatus;
- Arbeitsunfallmeldung und Meldung beim Betriebsarzt.

Infektiöse Mononukleose

Wie wird die infektiöse Mononukleose übertragen?

Das Virus (Epstein-Barr-Virus, EBV) der Monozytenangina (Lymphoidzellenangina, Pfeiffer-Drüsenfieber) ist im Speichel nachweisbar und wird durch *Tröpfcheninfektion* verbreitet. Vor allem junge Menschen sind betroffen („kissing disease", „college disease").

Welche Krankheitserscheinungen können bei der infektiösen Mononukleose auftreten?

Einige Tage nach der Infektion stellen sich allmählich mäßig starkes Krankheitsgefühl, Appetitlosigkeit und Temperaturerhöhung ein.

Meist finden sich Schwellung, Rötung und auch Beläge der Tonsillen, Schwellung der Lymphknoten, besonders am Hals, der Milz und Leber, SGOT, SGPT und die alkalische Phosphatase sind erhöht. Ein masernähnlicher Ausschlag oder ein Ikterus sind selten.

Im Blutbild findet sich eine leichte Leukozytose mit sehr starker Vermehrung atypischer lymphomonozytoider Zellen. Im Serum kann der quantitative Nachweis von IgG- und IgM-Antikörpern zur Diagnosestellung verwendet werden.

Welche Behandlungsmaßnahmen kommen beim Pfeiffer-Drüsenfieber in Betracht?

Solange Temperaturerhöhungen bestehen, die sich manchmal einige Wochen hinziehen, ist Bettruhe einzuhalten. Eine spezifische Behandlung gibt es nicht. Komplikationen müssen symptomatisch behandelt werden.

Was ist von einer antibiotischen Behandlung bei infektiöser Mononukleose zu halten?

Die Einnahme von gängigen β-Lactam-Antibiotika (z.B. Ampicillin) kann bei der infektiösen Mononukleose gefährlich sein, da unter dieser Behandlung in vielen Fällen ein schweres Arzneimittelexanthem bis hin zur lebensbedrohlichen Epidermiolyse (Lyell-Syndrom) auftritt. Deshalb sollte auch frühzeitig eine Diagnosestellung angestrebt werden.

Welche Bedeutung hat die Zytomegalieinfektion?

Die Durchseuchung der Bevölkerung mit dem Zytomegalievirus ist offenbar sehr groß. 80% der Erwachsenen haben Antikörper im Serum, ohne dass Krankheitserscheinungen bemerkt wurden.

Besonders gefährlich für den Feten sind intrauterine Infektionen im ersten und zweiten Trimenon der Schwangerschaft, da es zu Missbildungen im Magen-Darm-Trakt, kardiovaskulären System, Muskeln und Skelett kommen kann.

Welche Personengruppen sind vor allem durch Zytomegalie gefährdet?

Vor allem Personen mit angeborenem oder erworbenem Immundefekt (AIDS) und medikamentös immunsupprimierte Patienten (Z.n. Organtransplantation, Zytostatikatherapie) haben ein erhöhtes Risiko, an einer Zytomegalie zu erkranken (Pneumonie, Retinitis). Für diesen Personenkreis steht auch ein Impfstoff zur Verfügung.

Wie ist die Behandlung der Zytomegalie?

Immunkompetente Erkrankte werden nur symptomatisch behandelt. Immunsupprimierte Personen müssen im Erkrankungsfall mit Virustatika, z.B. Ganciclovir oder Foscarnet behandelt werden.

Poliomyelitis (spinale Kinderlähmung)

Welche Arten von Polioerregern gibt es?

Es gibt drei Typen des Poliovirus. Sie sind nur für Menschen und Affen pathogen und so verschieden, dass mit drei Antigenen geimpft werden muss.

Verdacht, Erkrankung und Tod sind meldepflichtig. Absonderung ist vorgeschrieben, Desinfektion der Ausscheidungen ist erforderlich.

Wie kann die Kinderlähmung übertragen werden?

Das Poliovirus kann durch Tröpfcheninfektion in den Respirationstrakt oder durch Schmutz- und Schmierinfektion (durch Fliegen, in Schwimmbädern) in den Verdauungstrakt gelangen.

Das Poliovirus findet sich anfangs im Rachensekret und wird 4–6 Wochen, manchmal auch noch länger durch den Stuhl ausgeschieden.

Die Inkubation dauert 4–14 Tage, evtl. länger. Es werden bevorzugt Kinder und jugendliche Erwachsene befallen.

Welche Stadien sind bei der Poliomyelitis zu unterscheiden?

Das *Vorstadium* kann plötzlich mit Fieber, Kopfschmerzen, Mattigkeit, katarrhalischen Erscheinungen der oberen Luftwege, Appetitlosigkeit und Darmstörungen („Darmgrippe") beginnen. Bei etwa 90% der Kranken klingt die Krankheit mit diesen Erscheinungen wieder ab und wird meist nicht erkannt. Diese Patienten verbreiten aber oft die Krankheit weiter.

Das *präparalytische Stadium* ist durch Kopfschmerzen, Nackensteifigkeit, Rückenschmerzen, Überempfindlichkeit der Haut, Schmerzen der Muskulatur, Harnverhaltung gekennzeichnet. Im Liquor sind Eiweiß positiv und die Zellen vermehrt. Auch in diesem Stadium kann die Krankheit folgenlos abklingen.

Das *paralytische* (Lähmungs-)*Stadium* kann nach 2–5 Tagen plötzlich mit schlaffen Lähmungen an Rumpf und Extremitäten einsetzen.

Teilweise Rückbildung der Lähmungen oder Atrophie (Schwund) der befallenen Muskulatur, auch Ernährungs- und bei Kindern und Jugendlichen Wachstumsstörungen der betroffenen Gebiete. Das *Reparationsstatium* kann sich ein bis zwei Jahre hinziehen.

Welche besonderen Verlaufsformen kommen bei Poliomyelitis vor?

Bei Befall des Gehirns (Polioenzephalitis) kann z.B. durch Lähmung der lebenswichtigen Zentren für Atmung und Kreislauf der Tod eintreten: zentrale Atemlähmung. Unruhe, Zyanose und angestrengte Atmung sind wichtige Hinweise auf die Gefahr der peripheren Atemlähmung. Die Erstickung kommt dann durch die gefürchtete Lähmung des Zwerchfells und der Interkostalmuskulatur, die aber durch rechtzeitige künstliche Beatmung in einem Respirator verhindert werden kann.

Wie ist die Immunitätslage nach Poliomyelitis?

Nach Überstehen einer Polioinfektion bleibt lebenslange Immunität gegen den verursachenden Virusstamm zurück, aber nicht gegen die beiden anderen Stämme.

Wie kann gegen die Poliomyelitis vorgebeugt werden?

Die Schluckimpfung, die alle drei Antigene als abgeschwächte lebende Viren enthält, stellt bei richtiger Durchführung einen idealen Schutz gegen die Poliomyelitis dar, auch die Auffrischungsimpfungen dürfen nicht versäumt werden. Die Polio-Schluckimpfung gehört zu den größten Errungenschaften der modernen Medizin.

Tollwut (Lyssa, Rabies)

Wie kommt es zur Erkrankung an Tollwut?

Das Virus der Tollwut wird durch den Biss eines tollwutkranken Tieres, in dessen Speichel es sich findet, auf den Menschen übertragen.

Der Speichel und wahrscheinlich auch Urin und Stuhl eines tollwutkranken Menschen sind z.B. für das Pflegepersonal ansteckend.

Vorgeschrieben ist eine Absonderung. Es besteht Meldepflicht bei Verdacht, Erkrankung und Tod.

Welche Tiere spielen als Infektionsreservoir eine Rolle?

Als Überträger spielen tollwutkranke Hunde, Katzen, Füchse, Dachse, Rehe, Ratten, Rinder, Schweine, Pferde und viele andere Tiere eine Rolle. Auch gesunde oder gesund erscheinende Tiere können Virusüberträger sein.

Es liegt vor allem am Erregerreservoir der Füchse, dass sich die Tollwut in Mitteleuropa seit dem Zweiten Weltkrieg immer weiter ausgebreitet hat und noch nicht zum Erlöschen gekommen ist.

Die Letalität einer unbehandelten Tollwut beträgt praktisch 100%.

Wie lange ist die Inkubation bei Rabies?

Die Inkubation schwankt stark je nach Größe der Verletzung und Anzahl der übertragenen Erreger und nach der Lokalisation der Wunde (Kopfwunden sind besonders ungünstig). Sie beträgt durchschnittlich 1–3 Monate, aber auch länger.

Was ist bei einem Biss durch ein tollwütiges Tier zu unternehmen?

Das Wichtigste ist die Sicherstellung des kranken Tieres oder seines Kadavers zur Untersuchung durch den Amtstierarzt. Dieser entscheidet, ob Tollwut vorliegt. Wenn bei dem Tier Tollwut nachgewiesen wurde, muss sofort die unerlässliche Prophylaxe des gebissenen Menschen mit Serum vorgenommen werden, d.h. die Bissstelle ist sofort mit Wasser und Seife zu reinigen und zu desinfizieren, dann mit Antitollwutserum zu umspritzen, gleichzeitig ist die aktive Immunisierung durch die Wutschutzbehandlungsstelle unerlässlich. Durch den HDC-Impfstoff ist die Tollwut-Schutzimpfung weithin komplikationslos geworden. Wutschutzbehandlungsstellen gibt es in Universitätskliniken und -instituten.

Wie kann man sich gegen Tollwut schützen?

Risikopersonen wie Tierärzte, Jäger, Laborpersonal können sich durch aktive Impfung mit dem gut verträglichen Impfstoff schützen.

Bei Bissverletzung durch ein tollwutkrankes Tier wird die Simultanimpfung, d.h. die gleichzeitige, aber örtlich getrennte Verabreichung von Hyperimmunglobulin und Impfung mit der HDC- oder PCEC-Vakzine, vorgenommen.

Was kann getan werden, um die Ausbreitung der Tollwut zu verhindern und wann besteht Tollwutverdacht bei einem Tier?

Es werden Tollwutsperrbezirke polizeilich angeordnet, in denen Maulkorbzwang besteht und die Hunde nur an der Leine geführt werden dürfen.

Kranke Tiere zeigen oft ein struppiges Fell, manchmal fällt Speichelfluss auf. Oft erscheinen sie zutraulich und zahm. Dadurch besteht die Gefahr, dass wildlebende Tiere den Menschen ungewöhnlich nah herankommen lassen und es zu einer Infektion kommt.

Im Erregungsstadium geraten die Tiere „in rasende Wut“, werden aggressiv, auch Pflanzenfresser werden bissig (Achtung auf den infektiösen Speichel!).

Welche Stadien der Tollwuterkrankung des Menschen sind zu unterscheiden?

Im *Prodromalstadium* depressive Verstimmung, Angst, Schlaflosigkeit, Kopfschmerzen, Fieber, Schmerzen an der Bissstelle.

Im *Erregungsstadium* schwere Unruhezustände, schwere Krämpfe der Muskulatur, vor allem Schlingkrämpfe, bereits der Anblick von Speisen oder Getränken löst Schlingkrämpfe aus (Hydrophobie). Hohes Fieber, Atemmuskelkrämpfe oder Erschöpfung führen den qualvollen Tod bei klarem Bewusstsein oder im Koma herbei.

Manchmal verläuft die Tollwut mit aufsteigenden Lähmungen, Bewusstlosigkeit und Tod durch Atem- und Kreislauflähmung.

Welche Behandlungsmöglichkeiten gibt es bei Tollwut?

Außer Narkotika zur Linderung der Muskelkrämpfe und der Unruhe gibt es keine Behandlungsmöglichkeiten.

Maul- und Klauenseuche

Welche Bedeutung hat die Maul- und Klauenseuche für den Menschen?

Sie ist eine schwere Erkrankung der Haustiere, deren Virus manchmal auch auf den Menschen übertragen wird und schmerzhafte Haut- und Schleimhautveränderungen an Mund, Lippen, Nase, Händen und Zehen hervorruft, aber im Allgemeinen leicht verläuft.

Wie kann das Virus der Maul- und Klauenseuche übertragen werden?

Durch Schmierinfektion des Bläscheninhaltes, durch Urin und Kot der Haustiere, durch Milch und Butter.

Wie kann der Erkrankung vorgebeugt werden?

Hygienisches Verhalten, in Zeiten der Maul- und Klauenseuche keine rohe Milch trinken, keine Butter essen. Um eine Verbreitung durch die Tiere und durch Lebensmittel zu vermeiden, werden umfangreiche Schutzmaßnahmen getroffen. Es dürfen keine Lebensmittel aus dem betroffenen Land eingeführt werden und ganze Tierherden werden getötet. Zuletzt gab es in England (2001) den Ausbruch der Seuche.

Coxsackie-Virus-Erkrankungen

Welche Krankheiten werden durch die Coxsackie-Viren hervorgerufen?

Die Coxsackie-Viren sind eine Gruppe von Erregern, die verschiedene Krankheitsbilder verursachen können:

- Sog. „Sommergrippe“ als akuter fieberhafter Katarrh der oberen Luftwege, auch mit Durchfall verbunden;

- Herpangina: Bei Kleinkindern Rötung und Bläschenbildung im hinteren Teil der Mundhöhle, dabei Fieber, Kopfschmerzen, Muskelschmerzen;
- Bornholm-Krankheit (Myalgia epidemica, Pleurodynie): Vor allem starke Schmerzen und Druckempfindlichkeit der Muskulatur, auch Kopf- und Nackenschmerzen, Fieber, manchmal Zwerchfellkrämpfe („Teufelsgriff");
- Meningitis myalgica oder Coxsackie-Virus-Meningitis: Zeichen der Virusmeningitis, Muskelschmerzen;
- Virusmyokarditis, die im Säuglingsalter meist tödlich verläuft.

Gelbfieber

Was für eine Krankheit ist das Gelbfieber?
Das Gelbfieber ist eine tropische Viruskrankheit in Afrika und Amerika, die durch Stechmücken (Aedes aegypti) übertragen wird.

Es kommt zu hohem Fieber mit starken Kopf- und Gliederschmerzen, später zu Gelbsucht durch toxische Leberschädigung und Urämie durch toxische Nephrose. Auch Haut- und Schleimhautblutungen, Myokarditis und Anämie gehören zu dem schweren Krankheitsbild. Diagnose durch Antikörperanstieg.

Eine spezifische Behandlung steht nicht zur Verfügung, um so wichtiger sind Mückenbekämpfung und die wirksame Schutzimpfung, da die Letalität 50% beträgt. Die Gelbfieberimpfung ist vor Reisen in Endemiegebiete obligatorisch.

Dengue-Fieber

Was wissen Sie über das Denguefieber?
Denguefieber tritt nach Mückenstich durch Übertragung von Dengueviren in den Tropen und Subtropen auf. Es verläuft gutartig mit einem zweigipfligen Fieberverlauf und einem Exanthem. Symptome sind Fieber, Kopfschmerzen, Glieder- und Muskelschmerzen und ein fleckförmiges Exanthem im Gesicht und an den Extremitäten. Selten kommt es auch zu petechialen Blutungen. Eine spezifische Therapie gibt es nicht.

Nachdem es keinen Impfstoff gibt, kommt der Primärprophylaxe mit Mückenschutznetzen und Repellents die größte Bedeutung zu.

13.3.8 Erkrankungen durch Pilze

Wo spielen sich Pilzerkrankungen meistens ab?
Pilzkrankheiten (Mykosen) betreffen am häufigsten Haut, Hautanhangsgebilde und Schleimhäute mit Plattenepithel. Dementsprechend findet man Haut-, Haarboden- und Nagelmykosen. Auch in der Mundhöhle und im Ösophagus sowie in der Vagina kommen Mykosen vor.

Welche schweren Krankheitszustände können Pilze hervorrufen?

Bei Patienten mit Immundefekt können Pilze auch invasiv von der Schleimhaut aus wachsen, über den Blutstrom (Pilzsepsis) verschleppt werden und innere Organe befallen. Gefürchtet ist vor allem die Mykose der Lunge und des Gehirns. Die Diagnose kann, wenn überhaupt, in der Blutkultur sowie durch Untersuchung von Eiter, Sputum, Stuhl und Urin gesichert werden.

Welche schwerwiegenden Mykosen kennen Sie?

- Der Soor (Candidiasis, Moniliasis) befällt vorwiegend die Schleimhaut von Mundhöhle und Vagina bei immundefizienten Kranken; er wird nur bei schweren Immundefekten invasiv;
- Histoplasmose ist eine schwere Lungenmykose;
- Aspergillose befällt vor allem Personen mit einer tuberkulösen Lungenkaverne;
- Kryptokokkose ruft eine schwere Meningitis und Enzephalitis hervor.

Aktinomykose

Was wissen Sie über die Aktinomykose?

Trotz des Namens „Strahlenpilzkrankheit“ ist der Erreger der Aktinomykose kein Pilz, sondern ein anaerobes grampositives und sporenbildendes Bakterium (Actinomyces israeli).

Die Aktinomyzessporen (Strahlenpilze) haften an Grashalmen. Durch das Kauen an Grashalmen können sie in die Mundhöhle oder in den Atmungstrakt gelangen. Es bilden sich fistelnde Entzündungen, die mit derben Narben ausheilen. Außer diesen Veränderungen am Hals und evtl. im Ileozäkalbereich kann es durch die Strahlenpilze zu einer chronisch eitrigen Infektion der Lungen kommen. Von dort können die Erreger auch in andere Organe verschleppt werden.

Wie ist die Aktiomykose zu erkennen und wie wird sie behandelt?

Die Aktinomyzesfäden finden sich in Form von Drusen im eitrigen Fistelsekret oder im Auswurf.

Die Behandlung erfolgt mit Antibiotika. Auch lokale chirurgische Behandlung kann erforderlich sein.

Soor (Moniliasis, Candidamykose)

Wodurch kommt es zur Soorinfektion?

Der Soor wird durch Hefepilze, meist durch Candida albicans, hervorgerufen. Ihre Sporen sind widerstandsfähig und können durch die Luft und Kontakt weiter verbreitet werden.

Wo kann sich der Soor entwickeln?

Vor allem in der Mundhöhle, z.B. bei Zahnprothesenträgern, durch mangelhafte Mund- und Prothesenreinigung. Besonders betroffen sind Diabetiker und Patienten mit HIV-Infektion. Häufig findet sich ein Soor im Genitalbereich bei schlechter Intimhygiene (Abb. **13.6**).

Bei Patienten mit geschwächtem Abwehrsystem durch HIV, Zytostatika, Immunsuppressiva, Kortikoide und nach hoch- oder langdosierten Antibiotikatherapien kann es zur Pilzösophagitis, zur Lungenmykose (Pilzpneumonie), sogar zur Pilzmeningitis kommen. Intravasale Katheter bilden oft die Eintrittspforte für eine Pilzinfektion.

Wie sieht Soor aus und wie sollte er behandelt werden?
Es finden sich weißlich gelbliche, leicht abwischbare Beläge auf den Schleimhäuten. Mikroskopisch lassen sich die Moniliahefen erkennen.

Leichte Fälle lassen sich durch Pinselungen mit Borglyzerin, schwerere mit speziellen Pilzmitteln, Antimykotika wie Moronal oder Nizoral behandeln.

13.3.9 Erkrankungen durch Protozoen (einzellige tierische Erreger)

Amöbenruhr (Amöbendysenterie)

Wie heißt der Erreger der Amöbenruhr und wie wird er übertragen?
Der Erreger, die Entamoeba histolytica, wird durch verseuchte Speisen und Getränke, evtl. durch Vermittlung tierischer Überträger (Fliegen, Küchenschaben), selten durch Gebrauchsgegenstände übertragen.

Wo kommt die Amöbenruhr vor?
Die Amöbendysenterie ist in warmen Ländern weit verbreitet, daher ihr Name „tropische Ruhr“ (zum Unterschied von Bakterienruhr, die auch in kühlen Regionen vorkommen kann).

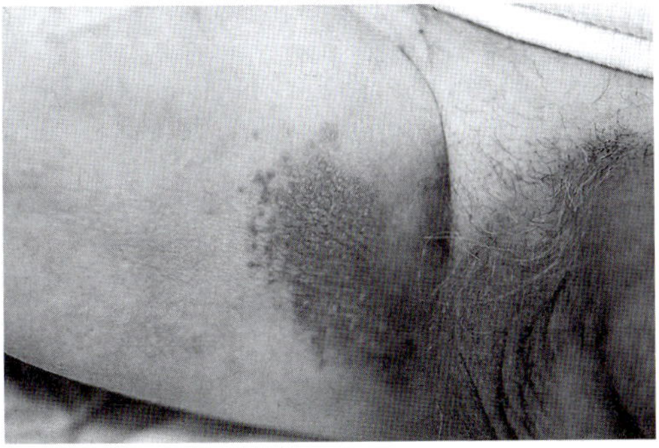

*Abb. **13.6** Ein von Candida albicans befallener Genitalbereich (Soor). Die Hautpartie ist stark gerötet und von Pusteln besetzt (aus Kellnhauser, u. a.: Thiemes Pflege, 9. Aufl. Thieme, Stuttgart 2000)*

Wie ist das Krankheitsbild der Amöbenruhr?

Allmählicher Krankheitsbeginn ohne Fieber, aber mit breiigen, später blutig schleimigen Durchfällen („himbeergeleeartige“ Stühle). In den Schleimflocken des frisch abgesetzten noch körperwarmen (!) Stuhles sind die Amöben mikroskopisch nachweisbar.

Später chronisch rezidivierende Durchfallsperioden nach Erkältung oder Diätfehlern über Jahre hin.

Welche Komplikationen können bei Amöbenruhr auftreten?

Von den geschwürigen Entzündungsprozessen aus der Darmwand des Kolons können Amöben in die Leber verschleppt werden und zur Amöbenhepatitis oder zu den durch Sonografie erkennbaren Leberabszessen führen. Auch Abszesse in Lunge und Gehirn können auftreten.

Wenn die Amöbendysenterie länger besteht, kann sie zu organischen Darmwandveränderungen mit zunehmenden Stuhlgangsbeschwerden führen. Über chronische Ernährungsstörungen mit Kachexie kann sie zum Tode führen.

Wie kann der Amöbenruhr vorgebeugt werden und wie wird sie behandelt?

Vermeidung der Ansteckung durch Trinken von abgekochtem Wasser, Vermeidung nicht kochbarer Nahrungsmittel wie von frischem Obst und Salat („Boil it, peel it or forget it!“). Aborthygiene!

Beschränkt sich der Amöbenbefall auf das Darmlumen, so muss nicht unbedingt behandelt werden. Man kann aber Mebinol oder Furamid einsetzen. Bei der Amöbenruhr und extraintestinaler Manifestation muss mit Metronidazol (Clont) oder Tinidazol mindestens fünf Tage lang therapiert werden.

Leberabszesse müssen evtl. chirurgisch behandelt werden (Drainage). Alte chronische Fälle, besonders mit Leberabszessen, sind schwer amöbenfrei zu bekommen.

Malaria (Sumpffieber)

Welche Bedeutung hat die Malaria?

Die Malaria ist eine der häufigsten, vielleicht die häufigste Infektionskrankheit, die in den warmen Ländern und über die ganze Erde verbreitet ist. Es sollen jährlich ca. 400 Millionen Erkrankungen auftreten, davon zwei Millionen mit tödlichem Verlauf. Allein in Afrika sollen jährlich eine Million Kinder an Malaria sterben. Europa ist heute auch im Süden und Osten weitgehend malariafrei.

Durch die überall zunehmende Resistenz der Malariaerreger gegen die gebräuchlichen Medikamente kann jetzt auch trotz genauer Einhaltung der Malariaprophylaxe bei Tropenreisen ein evtl. tödliches Infektionsrisiko nicht ausgeschlossen werden. Zur Zeit werden große Hoffnungen auf die rasche Entwicklung eines sicheren Impfstoffes gesetzt.

Welche Formen und Erreger der Malaria sind zu unterscheiden und wie ist der Übertragungsweg?

Nach Art der Erreger sind drei verschiedene Krankheitsbilder zu unterscheiden: Malaria tertiana durch das Plasmodium vivax bzw. Plasmodium ovale, Malaria quartana durch das Plasmodium malariae und Malaria tropica durch Plasmodium falciparum.

Die Malariaplasmodien werden durch den Stich einer infizierten weiblichen Anophelesmücke übertragen. Die Plasmodien machen einen geschlechtlichen Entwicklungsgang in der Anophelesmücke (Zwischenwirt) und zwei ungeschlechtliche Vermehrungen im Menschen (Leber und Blut) durch.

Wie infiziert sich die Anophelesmücke?

Im Körper des Malariakranken entwickeln sich männliche und weibliche Gameten (Samen- und Eizellen). Diese gelangen durch den Stich der Anophelesmücke mit dem angesaugten Blut in den Mückenmagen. Im Mückenmagen kommt es zur Befruchtung von Ei- und Samenzellen. Nach einer etwa 8–15 Tage dauernden Entwicklung entstehen durch Kernteilung Tausende von Sichelkeimen (Sporozoiten), die sich in den Speicheldrüsen der Mücke sammeln. Die Mücke ist dann wieder übertragungsfähig.

Wie verläuft die Infektion im Menschen?

Beim Stich der Mücke gelangen Sichelkeime (Sporozoiten) in den menschlichen Organismus und entwickeln sich in der Leber zu kleinen amöboiden Plasmodien, aus denen durch zahlreiche Kernteilungen die Schizonten entstehen (ungeschlechtliche Vermehrung in der Leber) (Abb. **13.7**). Inkubationszeit 1–3 Wochen vom Mückenstich bis zum ersten Schüttelfrost.

Diese Schizonten dringen in Erythrozyten ein und werden als Merozoiten bei deren Zerfall unter Schüttelfrost frei. Die Merozoiten dringen in neue Erythrozyten ein, die nach der jeweils typischen Entwicklungszeit von 24–72 Stunden wieder unter Schüttelfrost zerfallen (ungeschlechtliche Vermehrung im Blut).

Es bilden sich auch männliche und weibliche Gameten (Samen- und Eizellen) aus, so dass neue Übertragungen durch die Anophelesmücke als Zwischenwirt möglich werden.

Wodurch wird das Ausbreitungsgebiet der Malaria begrenzt?

Die Malaria kann sich nur ausbreiten, wo die Anophelesmücke als Zwischenwirt und Überträger vorkommt. Diese Stechmücken leben zunächst als Larven in stehendem Wasser (Sümpfe, Pfützen).

Die Anophelesmücken und die Plasmodien, besonders das Plasmodium der Malaria-tropica-Form, brauchen eine gewisse Wärme zu ihrer Entwicklung, die in Mitteleuropa nur ausnahmsweise und nicht jedes Jahr gegeben ist, so dass sich hier nur selten endemische Herde der Malaria tertiana bilden konnten (z.B. im Emsland und in Schleswig-Holstein).

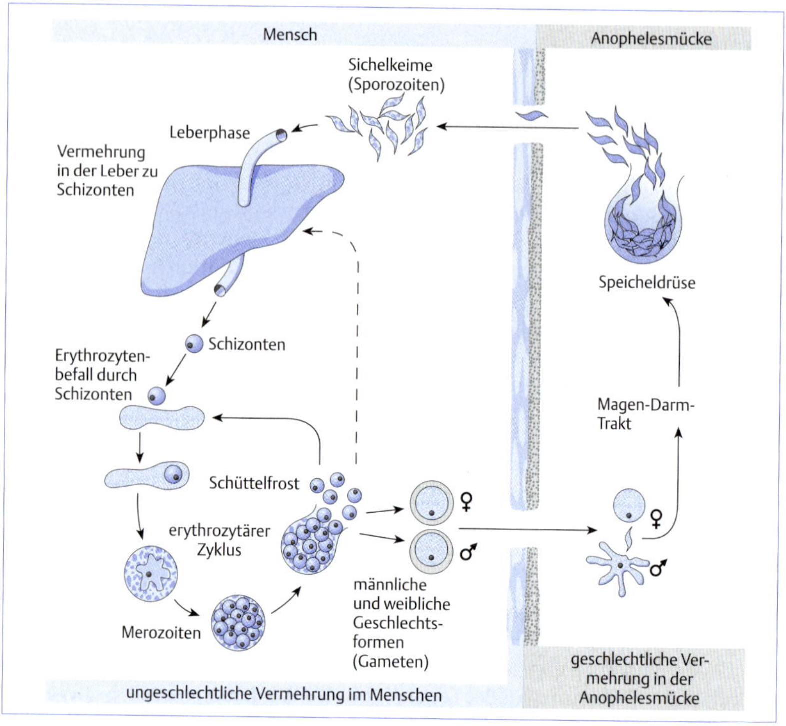

*Abb. **13.7** Die Entwicklung des Malariaparasiten in Mensch und Mücke*

Möglicherweise werden sich mit der zunehmenden Erderwärmung auch die Malaria-Endemiegebiete nach Norden verschieben. In Einzelfällen kann es aber auch schon durch in Flugzeugen mitgebrachte Anopheles-Mücken zu Infektionen in Flughafennähe („Flughafen-Malaria“) kommen.

Welche Maßnahmen dienen der Sanierung eines malariaverseuchten Gebietes?

Die Sanierung erfordert:

- Trockenlegung der Sümpfe (Drainage), aber auch Beseitigung aller stehenden Wasseransammlungen zur Vernichtung der Mückenbrutplätze. Insektenvernichtung durch „Insektizide“;
- Ausheilung aller Malariakranken, um das Infektionsrisiko zu beseitigen;
- Schutz vor Infektion durch Moskitonetze, Fenstergitter, Insektizide und medikamentöse Prophylaxe;
- biologische Bekämpfung mit suptropischen lebend gebärenden „Zierfischen“.

Welche Symptome werden bei Malaria beobachtet?

Charakteristisch sind die plötzlichen Fieberanfälle mit schweren Schüttelfrösten, Kopfschmerzen und Erbrechen sowie nachfolgendem Schweißausbruch. Zwischen den Schüttelfrösten normale Temperaturen und meist relatives Wohlbefinden. Milz und Leber sind vergrößert.

Durch den Zerfall der Erythrozyten und auch toxisch bedingt kommt es zu einer deutlichen Anämie. Bilirubin im Serum und Urobilinogen im Urin sind durch Hämolyse erhöht.

Wodurch unterscheiden sich die drei Malariaformen?

Bei *Malaria tertiana* treten genau alle 48 Stunden Schüttelfröste auf und bei *Malaria quartana* kommt es regelmäßig nach 72 Stunden zu Fieberanfall mit Schüttelfrost. Als Komplikation kann es bei beiden Formen durch den Blutkörperchenzerfall zur Anämie und Verschlechterung des Allgemeinzustandes kommen.

Die Schüttelfröste bei der *Malaria tropica* treten in unregelmäßigen Abständen zwischen 24 und 48 Stunden auf. Sie zeigt schwerere Verläufe als die Malaria tertiana und quartana und ist wegen des unregelmäßigen Fiebers oft nicht leicht erkennbar. Umso wichtiger ist der Erregernachweis im Blut. Es können Delirien und komatöse Zustände mit Todesfolge, aber auch andere Störungen des Zentralnervensystems wie Lähmungen, Parästhesien, Ataxien und epileptische Krämpfe auftreten. Störungen des Herz-Kreislauf-Systems, der Nieren, der Leber und des Magen-Darm-Traktes sind nicht selten. Durch Verstopfung der Darmkapillaren können schwere Durchfälle auftreten.

Auch bei Doppel- und Mischinfektionen kommt es zu ungleichen Zeitabständen der Fieberanfälle.

Was bedeutet latente Malaria?

Eine nicht oder nur ungenügend behandelte Malaria kann nach Abklingen einer Serie von 6–8 Schüttelfrösten latent bleiben. Nach einigen Wochen kann es zu Früh-, nach einigen Monaten zu Spätrezidiven kommen.

Wann ist mit der Ausheilung einer unbehandelten Malaria zu rechnen?

Die Malaria tropica heilt nach einem Jahr aus und die Malaria tertiana ist nach drei Jahren von selbst ausgeheilt. Bei der Malaria quartana können noch nach Jahren Rückfälle auftreten.

Eine chronische Malaria, die immer wieder zu Fieberanfällen führt, gibt es nicht. In Malariagebieten kommen aber häufig Neuinfektionen vor, so dass der irrtümliche Eindruck einer chronischen Malaria entstehen kann.

Patienten, die einmal Malaria durchgemacht haben, halten oft fieberhafte Virusinfekte für Malariarückfälle.

Kann sich eine Pflegeperson bei der Pflege von Malariakranken anstecken?

Nein, die Übertragung kann nur von Blut ins Blut erfolgen, z.B. durch Frischbluttransfusion.

Wie sollte man sich im Erkrankungsfall verhalten?

Jedes unklare Fieber in den Tropen und auch lange Zeit nach der Rückkehr ist so lange verdächtig auf Malaria, bis das Gegenteil bewiesen ist.

Bei Verdacht auf Malaria sollte sofort ein Arzt aufgesucht werden. Ist kein Arzt erreichbar, so kann eine Selbstbehandlung mit Mefloquin (Lariam) durchgeführt werden: drei Tabletten initial, nach 6–8 Stunden weitere zwei Tabletten; bei einem Körpergewicht von > 60 kg nochmals eine Tablette nach 6–8 Stunden.

Die gesetzlichen Vorschriften erfordern keine Isolierung oder Absonderung. Erkrankung und Tod sind jedoch meldepflichtig.

Welche Bedeutung hat das Chinin bei der Malaria?

Das Chinin war etwa 300 Jahre lang das einzig wirksame Mittel gegen Malaria, heute ist es überholt. Als Nebenwirkungen der Chininbehandlung können auftreten: Ohrensausen, Erbrechen, Hautausschläge, Schädigung des Herzens, Abort bei Schwangeren und Schwarzwasserfieber. Außerdem hat es keine Wirkung auf die Gameten.

Wie kann eine medikamentöse Prophylaxe durchgeführt werden?

Bei Einreise in das Malariagebiet sofort zwei Tabletten Chloroquin (Resochin) à 300 mg, dann wöchentlich zwei Tabletten immer am gleichen Wochentag einnehmen.

In Gebieten mit Choroquin-(Resochin-)resistenten Erregern, z.B. in Asien östlich von Pakistan, wöchentlich zwei Tabletten Chloroquin (Resochin) und zusätzlich täglich eine Tablette Proguanil (Paludrine) einnehmen.

Bei längerem Aufenthalt in Malariagebieten (>12 Wochen) sollte eine Prophylaxe mit 250 mg Mefloquin (Lariam) durchgeführt werden.

Sulfadoxin-Pyrimethamin (Fansidar) wird nicht mehr zur Prophylaxe eingesetzt.

Wegen der sich rasch ändernden epidemiologischen Situation sollte man sich rechtzeitig vor Beginn eines Tropenaufenthaltes akutelle Informationen bei einem Tropeninstitut oder im Internet einholen, z.B. unter

www.rki.de	Robert-Koch-Institut
www.cdc.gov/travel	Centers of Disease Control, Atlanta
www.fit-for-travel.de	Reisemedizinischer Infodienst mit Malariakarten
ww.dtg.msn.de	Prophylaxe-Empfehlungen der Deutschen tropenmedizinischen Gesellschaft

Afrikanische Schlafkrankheit

Wie wird die afrikanische Schlafkrankheit übertragen?

Die Erreger der afrikanischen Schlafkrankheit (Trypanosomen), eine Protozoenart, werden durch den Stich der Tsetsefliege (Zwischenwirt) übertragen.

Wie ist der Krankheitsverlauf der Schlafkrankheit?

Im *Prodromalstadium* fühlt sich der Patient nicht krank. Trypanosomen sind aber im Blut nachweisbar.

Im *Hauptstadium* finden sich an der Einstichstelle (Primäraffekt) eine entzündliche Reaktion mit Schwellung der regionalen Lymphknoten, später treten Fieberschübe und Lymphknotenschwellungen, besonders im Nacken, auf.

Im *Endstadium*, das sich nach drei Monaten bis drei Jahren einstellt, finden sich erste Reizerscheinungen am Zentralnervensystem wie Kopfschmerzen, Krämpfe, Wahnvorstellungen und schließlich unter fortschreitendem körperlichen Verfall und Anämie eine Schlafsucht mit tödlichem Ausgang, die der Krankheit den Namen gab.

Im Frühstadium ohne ZNS-Befall kann Germanin eingesetzt werden. Im Spätstadium bleibt nur das liquorgängige Melarsoprol als Alternative.

Toxoplasmose

Wie wird die Toxoplasmose übertragen?

Das Toxoplasma gondii, der Erreger der Toxoplasmose, wird durch Schmierinfektion, enterale Infektion (Genuss von rohem Fleisch oder Milch kranker Tiere) oder während der Schwangerschaft durch die Plazenta (diaplazentar) übertragen.

Welche Tiere kommen als Infektionsquelle in Frage?

Der Erreger ist im Tierreich weit verbreitet. Kranke, aber auch gesund erscheinende Tiere, vor allem Hunde, aber auch Katzen, Rinder, Kaninchen, Mäuse und Ratten sowie Vögel können den Erreger der Toxoplasmose auf den Menschen übertragen.

Wie kann die Toxoplasmose beim Menschen verlaufen?

Bei *embryonaler Infektion* kann es zu Aborten, schweren Störungen am Zentralnervensystem (herdförmige Verkalkungen, Hydrozephalus und Augenstörungen) kommen.

Die später *erworbene Infektion* verläuft meist leicht mit Leber-, Milz- und Lymphknotenschwellungen, aber auch Erkrankungen des Gehirns und der Augen können vorkommen! Besonders AIDS-Patienten können an einer zerebralen Toxoplasmose erkranken. Der Nachweis erfolgt durch einen typischen computertomografischen Befund des Gehirns.

Meist verläuft die Infektion unbemerkt. Die erwachsene Bevölkerung ist bis zu 80% durchseucht.

Welche Behandlungsmöglichkeiten gibt es bei Toxoplasmose?

Bei immunkompetenten Personen ist praktisch nie eine Therapie erforderlich. Bei Kranken mit Immundefekten kann es zu Lymphadenitis, Enzephalitis und Myokarditis kommen. In diesen Fällen wird mit Pyrimethamin und Sulfadiazin behandelt.

13.3.10 Erkrankungen durch Metazoen (mehrzellige Tiere)

Welche Eingeweidewürmer können in Europa als Parasiten des Menschen vorkommen?

- Die Bandwürmer (Tänien), und zwar Rinder-, Schweine-, Fisch- und Hundebandwurm;
- Spulwürmer (Askariden);
- Madenwürmer (Enterobien, alter Name Oxyuren);
- Trichinen (Trichinose);
- Peitschenwurm (Trichiuren);
- Haken- oder Palisadenwurm (Ancylostoma duodenale).

Bandwürmer

Welche biologischen Eigenschaften haben die Bandwürmer?

Der Rinderbandwurm (Taenia saginata), der Schweinebandwurm (Taenia solium) und der Fischbandwurm (Diphyllobothrium latum) leben als *Schmarotzer* im Darm des Menschen.

Es sind flache, lange, aus einzelnen Gliedern bestehende Würmer ohne Mund und Darm, die die Nährstoffe, wie sie durch die menschliche Verdauung zerlegt sind, direkt durch ihre Oberfläche aufnehmen. Sie halten sich mit einem etwa stecknadelkopfgroßen Kopf, der Saugnäpfe und beim Schweinebandwurm auch einen Strahlenkranz trägt, an der Darmwand fest. Der Schweinebandwurm wird bis zu 3 m, die beiden anderen bis zu 10 m lang.

Wie sind die Wirtsverhältnisse beim Rinder- und Schweinebandwurm?

Von einem bandwurmkranken Menschen werden mit dem Stuhl massenhaft Bandwurmeier ausgeschieden. Diese werden vom Tier (Rind oder Schwein) mit dem Futter aufgenommen. Im Verdauungstrakt des Zwischenwirts (Rind oder Schwein) entwickeln sich aus den Eiern Larven, die die Darmwand der Tiere durchdringen und mit dem Blutstrom in die Muskulatur gelangen. Im Fleisch der Tiere verkapseln sie sich in kleinen blasenartigen Hohlräumen und bilden dort die sog. Finnen.

Wie kommt es zum Bandwurmbefall des Menschen?

Durch den Genuss von rohem Rind- oder Schweinefleisch (z.B. Beefsteak à la tartare; rohem Schinken) bzw. von ungenügend gekochtem oder geräuchertem Fisch, in dem sich die Larvenformen des Bandwurms, die sog. Finnen, vorfinden, kommen diese in den menschlichen Verdauungstrakt. Dort entwickeln sich die Larven durch Ausbildung und Vermehrung der Bandwurmglieder zu einer mehrere Meter langen Tänie.

Welche Erscheinungen können beim Rinder- oder Schweinebandwurm auftreten?

Die Beschwerden sind oft gering. Manchmal treten an wechselnden Stellen Bauchschmerzen auf. Oft besteht übermäßiger oder auch fehlender Appetit, manchmal Gewichtsabnahme, gelegentlich nervös gesteigerte Erregbarkeit.

Einzelne Bandwürmer oder auch längere Gliederketten gehen mit dem Stuhl ab und sind neben dem Nachweis von Wurmeiern im Stuhl ein sicherer Beweis für die Diagnose. Meist besteht eine Eosinophilie im Blut.

Welche Besonderheiten bestehen beim Fischbandwurm?

Der Fischbandwurm hat zwei Zwischenwirte (Krebs und Fische). Er verursacht manchmal stärkere Beschwerden, Übelkeit, kolikartige Bauchschmerzen, evtl. epileptische Anfälle und eine toxisch bedingte Anämie vom Perniziosa-Typ (hyperchrome Anämie).

Welche Behandlung empfiehlt sich bei Bandwürmern?

Die Diagnose muss sicher gestellt werden, keine Behandlung nur auf Grund der Anamnese.

Bei obstipierten Patienten muss für regelmäßige Darmentleerung vor der Kur gesorgt werden. Am Vorabend nur Flüssigkeit. Einnahme von vier Tabletten Niclosamid (Yomesan), auch Cesol oder Biltricide (Praziquantel) nach einem leichten Frühstück (bei Kindern entsprechend weniger). Tabletten gut zerkauen, mit wenig Wasser schlucken. Nach drei Monaten Stuhlkontrolle auf Wurmeier zur Sicherung des Behandlungserfolges.

Was wissen Sie vom Hundebandwurm?

Die Eier des Hundebandwurms (Echinococcus granulosus) werden durch direkten Kontakt mit einem infizierten Hund (Streicheln, Hundeschnauze) auf den Menschen, meist auf Kinder, übertragen. Die Larven gelangen aus dem menschlichen Darm meist in die Leber, evtl. in die Lunge, selten ins Gehirn. Dort entwickeln sich große blasenartige Geschwülste, die Echinokokkuszysten, die Verdrängungserscheinungen wie Tumoren machen können.

Durch CT, Sonografie und Szintigrafie werden die Echinokokkuszysten erkannt. Meist können sie operativ entfernt werden. Bei inoperablen Zysten kann eine Langzeitbehandlung mit Vermox (Mebendazol) versucht werden.

Askariden (Spulwürmer)

Wie kommt es zur Erkrankung an Askariden (Askaridiasis)?

Die Infektion erfolgt durch den Genuss von askarideneierhaltigen Speisen, vor allem Gemüse und Salat, auf die die Eier des Ascaris lumbricoides durch Düngung gelangt sind.

Aus den Wurmeiern entwickeln sich im menschlichen Darm Larven, die durch die Darmwand in den Blutweg und über die Lungen und die Trachea, über den Kehlkopf in den Ösophagus und wieder in den Darm gelangen. Die Spulwürmer legen bis zu 200000 Eier täglich, die mit dem Stuhl abgehen.

Die Männchen sind bis zu 20, die Weibchen bis zu 30 cm lang, sie sind spulrund und haben bei spitzen Enden ein etwas regenwurmartiges Aussehen.

Welche Erscheinungen können durch Spulwürmer hervorgerufen werden und wie werden sie behandelt?

Während der Wanderung durch die Lungen kann es zu flüchtigen sog. eosinophilen Infiltraten kommen. Bei Askaridiasis können Bauchschmerzen, Stuhlunregelmäßigkeiten, bei Kindern Bettnässen und auch Krämpfe mit Bewusstlosigkeit (Konvulsionen) auftreten. Im Blutbild findet sich eine starke Eosinophilie.

Durch Eindringen von Askariden in den Gallengang kann es zum Verschlussikterus, in den Wurmfortsatz zu appendizitischen Erscheinungen und durch Knäuelbildung von Askariden im Dünndarm zum Ileus kommen.

Zur Behandlung von Spulwurmerkrankungen eignen sich Vermox (Mebendazol) oder Helmex (Pyrantel).

Enterobiasis (Madenwürmer)

Wie kommt es zur Erkrankung an Madenwürmern?

Die Infektion mit Madenwürmern (Enterobius vermicularis) kommt durch Verschlucken von Wurmeiern und zwar durch Kontaktinfektion von Mensch zu Mensch bei mangelhafter Hygiene. Auch ist eine Aufnahme von Wurmeiern im aufgewirbelten Staub möglich.

Wie verhalten sich die Madenwürmer im menschlichen Körper?

Die Madenwürmer leben als Parasiten im unteren Dünndarm und Dickdarm. Die Weibchen kriechen nachts aus dem After und legen ihre zahlreichen Eier in die Analfalten. Durch den dabei entstehenden Juckreiz kommt es zum unbewussten Kratzen, wodurch die Wurmeier vor allem unter die Fingernägel gelangen und bei mangelnder Sauberkeit zur oralen Reinfektion führen.

Im Vordergrund steht das Afterjucken, bei Mädchen kann es zu Fluor kommen. Die Madenwürmer sind als weißliche, 5–10 mm lange Würmchen auf dem Stuhl und besonders nachts auch in der Analgegend erkennbar.

Welche Schwierigkeiten treten bei der Bekämpfung der Madenwürmer auf und wie kann vorgebeugt werden?

Sehr häufig ist die Selbstinfektion (Reinfektion), besonders bei Kindern, vom After zum Mund, wodurch der Befall mit Madenwürmern oft jahrelang bestehen bleibt. Oft trägt auch der ständige Kontakt mit anderen Kindern, die mit Madenwürmern verseucht sind, in Familie, Schule oder Kindergarten dazu bei, dass die Enterobiasis nicht zum Abklingen gebracht werden kann.

Einer Reinfektion wird vorgebeugt durch:

- Gleichzeitige Behandlung der ganzen Familie ist eine wichtige Voraussetzung: Eintagekur mit Molevac oder Vermox;
- Fingernägel müssen kurz geschnitten werden („nach dem Stuhlgang, vor dem Essen, Händewaschen nicht vergessen");
- Finger mit Jodlösung bestreichen, um Fingerlutschen zu verhindern;
- nachts eng anliegende Höschen tragen lassen, um das Kratzen zu verhindern;
- Bekleidungs- und Bettwäsche häufig wechseln (Wäsche kochen);
- nach dem Stuhlgang die Analgegend gründlich reinigen.

Welche medikamentöse Behandlung kommt bei Enterobiasis in Frage?

Neben der sehr wichtigen Vorbeugung der Reinfektion eignen sich Molevac oder Vermox als Eintageskur zur Behandlung.

Trichinellose

Wie kommt es zur Trichinellose des Menschen?

Die Trichinen (Trichinella spiralis) sind kleine Würmer, deren Larven (Muskeltrichinen) sich im Fleisch von Haus- oder Wildschwein finden können. Bei längerem Kochen gehen sie zu Grunde, sind aber widerstandsfähig gegen Räuchern. Nach dem Genuss von trichinenhaltigem Fleisch wandern die jungen Larven vom Darm des Menschen in die quergestreifte Muskulatur, wo sie sich einkapseln.

Welche Erscheinungen können bei der Trichinellose beobachtet werden?

Anfangs kann es zu Übelkeit, Erbrechen und Durchfall sowie zu Bauchschmerzen kommen, danach entwickelt sich ein meist schwerer Krankheitszustand mit Fieber, Muskelschmerzen und einem Ödem im Augenbereich.

Die Diagnose wird durch den Antikörpernachweis (KBR) nach zehn Tagen und durch Probeexzision von Muskelgewebe mit mikroskopischem Nachweis von Trichinenlarven gesichert.

Was ist über Behandlung oder Vorbeugung der Trichinellose zu sagen?

Wichtig ist die Vorbeugung durch die Fleischbeschau, die den Genuss von trichinenhaltigem Fleisch verhüten muss.

Die meisten Patienten werden bei nur geringem Befall ohne Therapie beschwerdefrei, wenn sich die Larven im Muskel abgekapselt haben. Eine wirksame Behandlung z.B. mit Albendazol, ist nur möglich, wenn die Therapie frühzeitig, d.h. vor Abgabe der Larven in den Darm einsetzt. Bei schwerem Befall kommt es zu hyperergischen Reaktionen, die mit Kortikosteroiden zu behandeln sind.

Peitschen- (Trichuriasis) und Hakenwurm (Ankylostomiasis)

Welche Bedeutung hat der Peitschenwurm?

Die Eier des 4–5 cm langen Peitschenwurms (Trichuris trichiura) können mit ungenügend gewaschenem Gemüse in den menschlichen Darm gelangen. Der daraus sich entwickelnde Wurm bohrt sich mit seinem peitschenartigen Kopfteil in die Wand des Dünn- und Dickdarms. Er kann leichte Blutungen und Bauchfellreizungen verursachen.

Durch Mebendazol (Vermox) kann Wurmfreiheit erzielt werden.

Wie kann der Hakenwurm in den Körper gelangen?

Die Larven des Haken- oder Palisadenwurms (Ancylostoma duodenale) können z.B. in feuchten Bergwerken oder beim Barfußgehen auf nassem Boden durch die intakte Haut eindringen, aber auch mit Speisen in den Darm gelangen.

Das 10–18 mm lange Ancylostoma duodenale dringt in die Wandung des Duodenums oder Dünndarms ein und verankert sich dort mit den kräftigen Haken an seiner Mundöffnung, um Blut zu saugen.

Welche Veränderungen kann der Hakenwurm verursachen und wie wird er behandelt?

Es kann durch den Blutverlust zu einer Eisenmangelanämie kommen.

Durch Mebendazol (Vermox) oder Pyrantel (Helmex) und symptomatische Behandlung der Anämie.

Bilharziose (Schistosomiasis)

Welche Bedeutung hat die Bilharziose?

Von der tropischen Wurmkrankheit durch die drei Schistosomaarten sind in Afrika, Asien und Südamerika etwa 200 Millionen Menschen befallen. In Ägypten und auf den Philippinen sind bis zu 70% der Bevölkerung an Schistosomiasis erkrankt.

Wie geht die Entwicklung und Übertragung bei der Bilharziose vor sich?

Von einem kranken Menschen werden durch Stuhl oder Urin Schistosomeneier ausgeschieden und gelangen ins Wasser. Dort entwickeln sich aus den Eiern kleine Larven (Mirazidien), die in Wasserschnecken als Zwischenwirt zu reifen Wurmlarven (Zerkarien) heranreifen. Diese verlassen die Schnecken und können im Wasser durch die menschliche Haut in die Lymph- und Blutbahn eindringen. Die geschlechtsreifen Würmer siedeln sich in den Darm- und Urogenitalvenen an, wobei das größere Männchen das fadendünne Weibchen umschließt („Pärchenegel") (Abb. **13.8**).

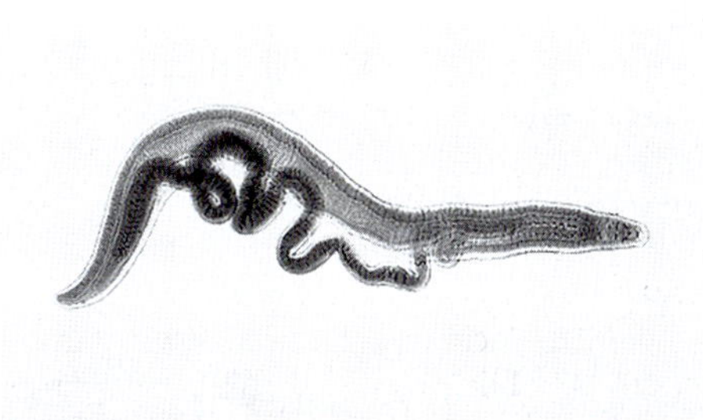

Abb. **13.8** *Erreger der Bilharziose (Schistosoma mansoni). Wurmpärchen, das größere Männchen umschließt das fadenförmige Weibchen (aus Gerlach, u. a.: Innere Medizin für Pflegeberufe, 5. Aufl. Thieme, Stuttgart 2000)*

Welche Krankheitserscheinungen zeigt die Bilharziose?

Die Schistosomen verstopfen die Venen und rufen dort entzündliche und granulomatöse Reaktionen hervor. Bei der Urogenitalbilharziose stehen zystitische Beschwerden und blutiger Urin, bei der Darmbilharziose eine ulzerierende Kolitis im Vordergrund der Erscheinungen. Diagnose durch Nachweis der Wurmeier im Urin, Stuhl oder Biopsiematerial oder auch durch Antikörper.

Therapie mit Praziquantel. Prophylaxe vor allem durch Meiden verseuchter Gewässer, Schneckenvernichtung und Sanitärhygiene.

Sachverzeichnis

A

AAST s. Aspartat-Aminotransferase
Abführmittel, Arten 204
Abhören s. Auskultation
Abroviren, Enzephalitis 394f
Abszess, peritonitischer 210
Abwehr, unspezifische 47
Abwehrsystem
- humorales 45f
- zelluläres 45f
ACE-Hemmer
- Nebenwirkungen 116
- Standardtherapie 114
- Wirkungsweise 69, 116
Acetylcystein 144
Acetylsalicylsäure 102
Achalasie
- Definition 189
- Symptome 190
Achselarterie 52
ACTH s. Adrenokortikotropes Hormon
ACTH-Test 266
Adams-Stokes-Anfall 125
Addison-Krankheit 275f
- Behandlung 276
- Symptome 276
- Ursachen 276
Addison-Krise 276
Adenohypophyse 258
ADH s. Antidiuretisches Hormon (ADH)
Adiuretin 228
Adrenalin
- Abgabe, vermehrte 274
- Nebennierenmark 261f
Adrenalinbestimmung, Phäochromozytom, Nachweis, klinischer 266
Adrenogenitales Syndrom 275, 277
Adrenokortikotropes Hormon (ACTH)
- Hypophyse 259
- Hypothalamus 258
- Steuerung der Glukokortikoidproduktion 262
- Test 266
Adventitia 53
Aerophagie 194
Afterjucken, Madenwürmer 413
Agglutination, Antigen-Antikörper-Reaktion, Nachweis 319
Agglutinine 14f
Agranulozytose 32f
- Behandlung 33
- Prognose 33
AIDS 399ff
- Erkrankungen 400
- Medikamente 401
- Übertragung, bei sexuellem Kontakt 399
AIDS-Test 400
Akromegalie 267
- Symptome 268
- Ursachen 268
Aktinomykose 403
Alanin-Aminotransferase (ALT) 20
- Lebererkrankungen 183
Albumin 8
Albuminurie, Urinteststreifen 231
Aldosteron, Funktion 275
Aldosteronantagonisten
- Standardtherapie 114
- Wirkungsweise 114
Alkalische Phosphatase (AP) 21
- Lebererkrankungen 183
Alkalose
- Auftreten 163
- metabolische
-- Behandlung 308
-- Beispiele 163
-- Ursachen 308
- respiratorische
-- Beispiele 163
-- Ursachen 308
Alkoholismus
- chronischer, und Leberzirrhose 218
- Leberschäden 218
Allergie
- Definition 327
- Diagnostik 319f
- Häufigkeit 329
Allergische Erkrankung
- Arten 328
- Reaktion
-- Entstehung 328
-- Organe 327
-- Symptome, typische 328
-- Vorkommen 329
Alpha-Rezeptoragonisten, zentral wirkende 69
ALT s. Alanin-Aminotransferase (ALT)
Altersemphysem 149
Altinsulin 283
Amenorrhö, bei Prolaktinom 268
Aminotransferasen, Lebererkrankungen 183
Ammoniak, und Leberkoma 217
Amöbendysenterie 409f
Amöbenruhr 409f
- Behandlung 410
- Erreger 409
- Komplikationen 410
- Symptome 410
- Vorbeugung 410
- Vorkommen 409
AMS (Antikörpermangelsyndrom) 332
Amyloidose
- Beschreibung 296
- Nachweis 280
Anaerobier 336
Anämie 21ff
- akute 21
- aplastische 22, 26
- chronische 21
- Entstehung 21f
- hämolytische 21, 24f
-- erworbene 24

Anämie
- hyperchrome, Folsäuremangel 303
- Laborbefunde 22
- bei Leukämie 29
- perniziöse 23, 303
- symptomatische 22
Androgene 262
Aneosinophilie 17
Aneurysma 62
Anfall, tetanischer
- Auslöser 274
- Behandlung 274
- Symptome 274
- Ursachen 273
Angina
- catarrhalis 143, 364
- follicularis 143, 364
- lacunaris 143, 364
- membranaceae 143
- necroticans 143
- pectoris
- - Beschwerden 101
- - Medikamente 102
- Plaut-Vincent
- - Auswirkung 365
- - Beschreibung 365
- - Unterschied zu Diphtherie 361
- tonsillaris s. Tonsillitis
Angina-pectoris-Anfall
- Bedeutung 102
- starker 102
- Unterschied zu Herzinfarkt 104
Angiographie 58
- Leberdiagnostik 185
Angiokardiographie 91
- bei Herzfehler, angeborenem 93
Angiopathie, periphere, Gefäßveränderung, diabetische 289
Angioplastie, perkutane transluminale (PTA) 60
- koronare 103
Angiotensin-Converting-Enzym-Hemmer 69
Angiotensin-II-Antagonisten 69
Anisozytose 16
Ankylostomiasis 420
Anophelesmücke, Infektion 411
Anorexia nervosa 298
Ansteckung, Unterschied zu Übertragbarkeit 341
Anstrengungsdyspnoe 109
Antibiogramm
- Beschreibung 320
- Erstellung 235
Antibiotika
- bei Bronchitis 145
- bei Leberkoma 218
Anti-D-Gammaglobulin 25
Antidiabetika, orale
- Nebenwirkungen 285
- Wirkung 283 f
Antidot, zu Heparin 108
Antidiuretisches Hormon (ADH)
- - Hypothalamus 258
- - Nierentätigkeit 228
Antigen-Antikörper-Reaktion, Nachweis 319
Antigene 45
- als Allergene 329
Antihypertensiva 69 f
Antikoagulantien 18
- bei Herzinfarkt 108
- Kontraindikation 108
Antikörper 45 ff
- und Erregernachweis 320
- Lebererkrankungen 183
- Nachweis 319
- Spezifität 331
- Stoffklasse 331
Antikörpermangelsyndrom (AMS) 332
Antirheumatika, nichtsteroidale 314
- Nebenwirkungen 314
Antitoxin, bei Diphtherie 363
Anurie 252
Aorta
- abdominalis
- - Verlauf 50
- - Verzweigung 51
- descendens 51
- Windkesselwirkung 53
Aortenbogen 51
- Missbildungen 128
- Verzweigungen 50 f
Aortenfehler, Herz, Umbau 100
Aortenklappe 80
- Anatomie 81
Aortenklappeninsuffizienz, Blutdruckamplitude 57
Aortenklappenstenose, Blutdruckamplitude 57
AP s. Alkalische Phosphatase (AP)
Aphasie, bei Apoplexie 76
Aphthen 187
Apnoe 162
Apoplexie 74 ff
- Blasenstörung 77 f
- Definition 74
- Folgen 78
- Gefäßveränderung 74 f
- bei Hemiphlegie, Lähmungsarten 76
- Komplikationen 76 f
- Pflege 77
- Schweregrade 75
- Verlauf 76
Apparatedesinfektion 343 f
Appendix 170
- Aufbau 170
Appetitzügler, Verwendung 297
Arbeitsdyspnoe 109
Arrhythmie, absolute 118, 122 ff
Arteria
- axillaris 52
- brachialis 52
- carotis
- - Atembewegung 135
- - communis 51 f
- - externa 51 f
- - interna 51 f
- femoralis 51 f
- fibularis 52
- hepatica 171
- iliaca communis 51 f
- mesenterica
- - inferior 51
- - superior 51
- poplites 52
- radialis 53
- renalis 51
- subclavia 51 f
- tibialis
- - anterior 52
- - posterior 52
- ulnaris 52
Arterien 50 ff
- im Armbereich 52
- im Beckenbereich 52
- im Beinbereich 52
- Blutzusammensetzung 49
- Krankheiten 58 ff
- Pulsmessung 55
- im Schulterbereich 52
- im Stammbereich 51
Arterienbogen, Fußrücken 52
Arterien-Embolie, Behandlung 67
Arterienwand, Schichtaufbau 53
Arteriitis temporalis 61 f
- Krankheitszeichen 62

Arteriosklerose 58f
- Komplikationen, lokale 59
- Koronararterien 101
- Vorbeugung 60
Arthritis
- und Darmerkrankung, chronisch-entzündliche 311
- infektiöse 311
- und Lyme-Borreliose 311
- parainfektiöse 311
- reaktive 310
- rheumatoide s. Polyarthritis, chronische
- septische 311
- urica 311
Arthrose 311
- Arten 316
- Beschreibung 316
Ascaris lumbricoides 418
Askariden 418
Askaridiasis 418
- Nachweis 327
Askorbinsäure 303
Aspartat-Aminotransferase (AST) 20
- Lebererkrankungen 183
Aspergillose 408
Asphyxie 162
AST s. Aspartat-Aminotransferase
Asthma
- und Atemnot 146
- Bedeutung 145
- bronchiale 147f
- cardiale 111
- extrinsisches 147
- intrinsisches 147
- Komplikationen 148
Asthmamittel 145
Asystolie 124
Aszites
- Arten 210
- Behandlung 211
- chylöser 210
- Definition 210f
- hämorrhagischer 210
- bei Herzinsuffizienz 111
- Untersuchungsmethoden 179
Aszitesflüssigkeit, Untersuchung 180
Aszitespunktion 180
Aszitesretransfusion 180
AT1-Blocker 69
Atelektase 150
Atembewegung, Steuerung 135
Atemluft, Wege 133
Atemminutenvolumen, Berechnung 138
Atemnot
- bei Asthma 146
- bei Bronchitis 146
- starke 109
Atemtypen, pathologische 162f
Atemwege
- Pilzbefall 154
- Schutz beim Schluckakt 131
Atemzüge, Anzahl, normale 135
Atemzugvolumen
- und Atemminutenvolumen 138
- Definition 135
Atheromatose
- bei Hyperlipidämie 295
- Komplikationen, lokale 59
Atmung
- äußere 133f
- diabetisches Koma versus hypoglykämischer Schock 292
- innere 133
- Verstärkung 134
Atmungsorgane, Aufgaben 133
Atmungssystem 130ff
- Erkrankungen 142ff
- Untersuchungsmethoden 137ff
- Veränderung bei Infektionskrankheit 334
Atonie, Magen 195
Atrioventrikularklappen 80
Atrium 80
Atrophie 5
Ätzkalk 345
Ausatmung 134
Ausatmungsluft, Zusammensetzung 133
Auskochen 417
Auskultation
- Atmungsorgane 137
- Herz 86
- Puls 55
Aussatz 372f
Autoaggression, Krankheiten 47f
Autoantikörper, Anämien, hämolytische 24
Autoimmunerkrankung
- Definition 47
- und Stomatitis 189
Autoimmunprozess, bei Kollagenose 317
AV-Block 124
Avitaminose 302
Azetonausscheidung, Urinteststreifen 231
Azidose 73
- Auftreten 163
- metabolische
- - Behandlung 308
- - Beispiele 163
- - Ursachen 308
- respiratorische
- - Beispiele 163
- - Ursachen 308
- Ursachen 308

B

Bakterien 334
- Arten 334
- Desinfektionsschutz 346
- Erkrankungen durch 353ff
- Fortbewegung 336
- fusiforme 364
- Größe 336
- Lebensbedingungen 336
- Vermehrungsgeschwindigkeit 336
Bakterienruhr 355f
- Ansteckung, gehäufte 355
- Ausheilung 356
- Behandlung 356
- Symptome, typische 356
- Übertragung 356
Bakteriostatisch, Definition 344
Bakterizid Definition 344
BAL s. Bronchoalveoläre Lavage
Ballondilatation 61
- Koronararterienstenose 103
Bandscheibenbeschwerden, Behandlung 315
Bandwürmer 416f
- Befall beim Mensch 417
- Behandlung 417
- Eigenschaften, biologische 416
Bang-Krankheit
- Nachweis beim Menschen 322
- Symptome 358
Basis-Bolus-Prinzip 288f
Bauchaorta 51
Bauchfell
- Beschreibung 170
- Hormondrüsen 257
Bauchspeicheldrüse s. Pankreas

Bauchtyphus 353ff
Bauchwassersucht s. Aszites
BCG-Impfung 380
Beatmung
- künstliche 163
- Status asthmaticus 148
Becherzellen
- Bronchien 131
- Nasenschleimhaut 130
- Trachea 131
Beckenkamm-Nadelbiopsie 18f
Beckenniere 240
Beckenschlagadern 51f
- gemeinsame 52
Begleitanämien 25
Bein, Embolie, arterielle 66
Beinarterie, Thrombose 66
Beinvenenthrombose, tiefe, Diagnostik 57
Belastungsdyspnoe 109
Beriberi 303
beta-Laktamantibiotika 337
Betarezeptorenblocker 69
- Angina pectoris 102
- Herzinsuffizienz, chronische, Standardtherapie 114
- Ösophagusvarizen 221
Bifurkation 131
Bigeminus 119
Biguanide, Wirkung 283
Bikarbonatkonzentration, Bestimmung 139
Bilharziose 420f
Bilirubin, Weg 174
Bilirubinspiegel und Ikterus 215
Bilirubinurie, Urinteststreifen 231
Biot-Atmung 162
Blasenkapazität 230
Blasenkrebs 251
Blasenpunktion 233f
Blasensteine 251
Blasenstörung, Apoplexie 77f
Blauhusten 370
Blinddarm 169
Blut 6ff
- Aufgaben 6
- Bestandteile 6
- Farbe 8
- Kohlensäuretransport 134
- Krankheiten 21ff
- okkultes, im Stuhl 177
- pH-Wert 308
-- Atembewegung 135
-- Bestimmung 139
- Sauerstofftransport 134
- Standardbikarbonat 308
- Strömungsgeschwindigkeit 50
- Urinteststreifen 231
Blutabfluss, Koronarsystem 84
Blutarmut s. Anämie
Blutbild
- Linksverschiebung 17
- weißes, normales 17
- bei Herzkrankheiten 86
Blutbildung, Faktoren 10
Blutdruck
- Definition 56
- Messung 56
- Nephritis, akute 242
- und Nierentätigkeit 230f
- normaler 57
- Steuerung 53
Blutdruckamplitude 57
- hohe 57
- kleine 57
Bluteiweißkörper, Untersuchung 19
Bluter, Verhaltensmaßnahmen 35
Bluterkrankheit s. Hämophilie 34
Blutfluss
- Herz 82
- Lunge 82
Blutgasanalyse 139f
Blutgerinnung 13ff
- Herabsetzung 17f
- Störungen, erworbene 35
- Störungsursachen 34
Blutgruppen 14
- bei Bluttransfusion 36f
Bluthusten 378
Blutkonserve
- Aufbewahrung 38
- Vorteile 37
Blutkörperchen 1, 6
Blutkreislauf 49ff
- Krankheiten 58ff
- und Leber 171
Blutmenge
- gesamte 8
- zirkulierende 8
- zu geringe 9
- große 9
Blut-pH-Wert 308
- Atembewegung 135
- Bestimmung 139
Blutplasma 6f
- Bikarbonatkonzentration 139
- Glukosekonzentration 278
- Raum, intravasaler 306
Blutplättchen, Bildungsort 12
Blutsenkung, Durchführung 19
Blutsenkungsgeschwindigkeit 19
Blutserum 7
- Eiweißbild, normales 19
- Enzyme 20f
- Farbe 8
Blutspender 37f
Blutspucken 378
Blutthrombokinase 13
Bluttransfusion
- Arten 37
- Erregerübertragung 337
- Gefahren 37
- Verantwortlichkeit 39
- Vorgehen 38
Blutung, im Ösophagus 219ff
Blutungsanämie 22
Blutungszeit 14
Blutverlust 8f
- akuter, Ausgleich 9
Blutversorgung, Leber 171
Blutverteilung, Regelung 50
Blutzellen 7
- Bildungsort 9
Blutzucker, Einstellung und Hämoglobin, glykosyliertes 279
Blutzuckeranstieg, Minderung 288
Blutzuckerbestimmung, postprandiale 278f
Blutzuckerselbstkontrolle 279
Blutzuckertagesprofil 279
B-Lymphozyten 12
- Abwehrsystem, humorales 45
BMI (Body Mass Index) 298
Body Mass Index (BMI) 298
Bornholmsche Krankheit 407
Borrelia
- burgdorferi 381
- recurrentis 381
Botulismus 356f
Bowman-Kapsel 228
Bradykardie 94
Brechdurchfall
- Behandlung 357
- Nahrungsmittelvergiftung 356
Brocca-Formel 298
Bronchialasthma 147

Bronchialbaum 131 f
Bronchialkarzinom 158
Bronchialkrebs
- Behandlung 158
- Diagnostik 141
Bronchiektasie
- Beschreibung 148
- Nachweis 142
- bei Tuberkulose, produktiv-zirrhotischer 378
Bronchien
- Schichtaufbau 131 f
- Verzweigung 131
Bronchiolitis 145
- bei Masern 385
Bronchitis
- akute 145 f
- und Atemnot 146
- Behandlung 146
- chronische 145 f
- - Beschreibung 146
- - Symptome 146
- Komplikationen 145, 148
Bronchoalveoläre Lavage 137 f
- Beschreibung 138
Bronchographie 137
Bronchopneumonie
- durch Apoplexie 77
- Bedeutung 151
- Behandlung 152
- Definition 151
- Nachweis 151
- Symptome 151
- Ursachen 151
Bronchoskopie 137
Bronchospasmolyse, Status asthmaticus 148
Broteinheiten, Definition 287
Brunner-Drüsen, Duodenum 167
Brustableitungen 87
Bruzellose 358
- Nachweis beim Menschen 322
Buerger-Winiwartersche Krankheit 61
Bulimie 300
Bypass 60
- aortokoronarer 103
B-Zell-Lymphom 31

C

C13-Atemtest 176
Calcitriol 304
Campylobacter, Gastroenteritis, akute 357
Candida albicans 408
Candidamykose 408 f
Candidiasis 408 f
Capsula interna, Gefäßveränderung 74 f
Cheyne-Stokes-Atmung 162
Chinin, bei Malaria 414 f
Chlamydia
- pneumoniae 382
- psittaci 382
- trachomatis
- - bei Chlamydieninfektion, genitaler 383
- - bei Trachom 384
Chlamydien 382 ff
Chlamydieninfektion
- chronische, unerkannte 383
- Diagnostik 325
- genitale 383
Cholangiographie, perkutane transhepatische, Gallenwege 186
Cholangio-Pankreatikographie, endoskopische, retrograde (ERCP) 181
Cholangitis 224 f
- bei Gallensteinkolik 222
Cholecalciferol 304
Cholera 372
Choleraepidemie, Maßnahmen 372
Choleraschutzimpfung 372
Cholestase 216
Cholezystektomie 223
Cholezystitis 223 f
- Behandlung 223 f
- chronische 224
- Entstehung 223
- bei Gallensteinkolik 222
- Symptome 223
Cholezystogramm, negatives 187
Chylusgefäße, Dünndarm 168
Chymotrypsin 181
C-Hypovitaminose 304
CK s. Kreatinkinase
Claudicatio intermittens 58
- Beschwerden 59
Clearance-Methoden, Definition 236
Clostridium
- perfringens 360
- tetani 359
CLO-Test 176
Colitis ulcerosa 207 f
- und Arthritis 311
- Behandlung 208
- Heilungschancen 208
- Symptome 207 f
- Ursachen 208
Colon
- ascendens 169 f
- descendens 169
- irritabile 206
- transversum 169
Colonkarzinom 208 f
- Vorbeugung 209
Coma
- basedowicum 271
- diabeticum 291 f
- uraemicum 250
Computertomographie
- Gallenwege 186
- Harnwege 237
- Herz 85
- bei Herzfehler, angeborenem 94
- Leberdiagnostik 185
- Nebenschilddrüsentumor, Nachweis 266
- Pankreasuntersuchung 181
- Phäochromozytom, Nachweis, klinischer 266
Conn-Syndrom 275
- Ursachen 277
Coombs-Test 24
Cor pulmonale 112 f, 148
- akutes, Krankheitszeichen 112 f
- chronisches 113
- bei Tuberkulose, produktiv-zirrhotischer 378 f
Corpus
- pineale 259
- ventriculi 165
Corticotropin releasing factor (CRF)
- Aufgabe 258
- Steuerung der Glukokortikoidproduktion 262
Coxackie-Virus-Meningitis 407
Coxsackie-Virus-Erkrankungen 406 f
CRF s. Corticotropin releasing factor (CRF)
Cushing-Syndrom 275
- Behandlung 277
- als Nebenwirkung 275
- Symptome 276 f
- Ursachen 276

D

Dampfsterilisation 47
Darmerkrankung, chronisch-entzündliche, und Arthritis 311
Darmfunktion, Untersuchungsverfahren 177
Darmkrebs s. Colonkarzinom
Darmsaft 169
Darmtuberkulose 375
Dauerausscheider, Definition 341
Dauerspender 37
DDD-Schrittmacher 125
Defibrillation, elektrische 121
Defibrillieren 127
Dehydration 307
Dekubitalgeschwüre, durch Apoplexie 77
Dekubitus 348
Dengue-Fieber 407
Depotinsulin 283
Depranozyten 16
Dermatomyositis 317
Desinfektion 342 ff
- chemische, Arten 345
- durch Hitze 344
- Phasen bei Infektionskrankheiten 345
Desinfektionsanlage 346
Desinfektionsmittel, chemisches, Eigenschaften 344
Dexamethason-Hemmtest 266
Diabetes
- insipidus
- - Behandlung 269
- - Nierentätigkeit 228
- - Symptome 269
- - Ursachen 269
- mellitus 280 ff
- - Begleiterkrankungen, entzündliche 289
- - Behandlung 282 ff
- - Definition 280
- - Einstellung 285
- - Formen 281
- - Gefäßkomplikationen 289 f
- - Grenzwerte 278
- - Häufigkeit 280 f
- - jugendlicher, Autoaggression 47
- - Komplikationen 289 ff
- - Risikofaktoren 282
- - sekundärer 281
- - Symptome 281
- - Untersuchungsmethoden 278
Diabetiker
- Diät, Anforderungen 286
- Einstellung 285
- insulinpflichtiger, Schulung 288
- Kontrolle der Füße 293
Diabetikerbehandlung 285
Dialyse 253 f
Dialysepatient, Zweiterkrankung 254
Diarrhö
- bei Colitis ulcerosa 207
- Definition 202
- Stuhlkonsistenz, Änderung 177
- Ursachen 203
Diastole 81
Diät
- bei Diabetikern 286 f
- bei Krankheit, akut fieberhafter 351 f
Diathese, hämorrhagische 34 ff
Dickdarm
- Abschnitte 169
- Aussehen 169
- Divertikulose, Folgen 205 f
- Erkrankungen 202 ff
- Lage 169
- Schleimhaut 170
- Übergang zu Dünndarm 169
- Untersuchung 179
Digitalis
- Dosiskontrolle 116
- Nebenwirkungen 115
- Wirkung auf das Herz 115
- Standardtherapie bei Herzinsuffizienz, chronischer 114
Digitoxin 115
Digoxin 115
Dihydroxycholecalciferol 304
Dikumarol 108
Diphtherie 360 ff
- Behandlung, medikamentöse 362 f
- epidemiologische Situation 364
- Impfung 330
- Komplikationen, bedrohliche 361 f
- Unterschied zu
- - Plaut-Vincent-Angina 361
- - Streptokokkentonsillitis 361
- Vorbeugung 363
Diphtheriebakterien
- Eigenschaften 360
- Inkubationszeit 361
- Tonsillitis, akute 364
Diphtherieverdacht, Maßnahmen 362
Disposition 3
Diurese, nach Nierenversagen, akutem 248
Diuretika 69
- Definition 114
- Herzinsuffizienz, chronische, Standardtherapie 114
- kaliumsparende 114
- Nierentätigkeit, Beeinflussung 241
Divertikel, Befunde 194
Divertikulose, Dickdarm 205 f
Doppelniere 240
Doppelureter 240
Doppler-Echokardiographie 90
Doppler-Effekt 90
Dreigefäßerkrankung 101
Drüsen, endokrine s. Hormondrüsen
Drüsenstörung, bei Fettsucht 294
Ductus
- Botalli, offener 128
- choledochus 173
- - Mündung ins Duodenum 173
- hepaticus 173
Dumping-Syndrom 202
Dünndarm
- Bewegung 169
- Erkrankungen 202 ff
- Übergang zu Dickdarm 169
Dünndarmschleimhaut, Beschaffenheit 168
Duodenalschleimhaut 167
Duodenum
- Anatomie 167
- Lage 167
- Mündung Ductus choledochus 173
- Wandaufbau 167
Duplex-Sonographie 57
Durchblutungsförderung, chirurgische 60
Durchfall s. Diarrhö
Dysenterie
- Erreger 350
- Nachweis 322

Dyspepsie, funktionelle 195f
Dysphagie 191
Dyspnoe
- Definition 162
- bei Herzinsuffizienz 109
- starke, Behandlung 114
Dystrophie 301f
Dysurie 252

E

Echokardiographie
- Herzanatomie 850
- Herzinfarkt 107
- Nachweismöglichkeiten 89f
Einatmung 134
Eingefäßerkrankung 101
Einmalinstrumente, Vorteile 343
Einsekundenkapazität, forcierte exspiratorische 139
Eisen 306
Eisenmangelanämie 23
Eisenspeicherkrankheit, und Leberzirrhose 218
Eisenspeicherung, übermäßige krankhafte 16
Eiweiß
- als Erythrozytenbestandteil 10
- im Serum
- - normales Bild 19
- - bei Lebererkrankungen 183
Eiweißausscheidung, Urinteststreifen 231
Eiweißstoffwechsel
- und Leber 172
- Nierenausscheidung 229
Eiweißzufuhr, bei Leberkoma 218
Eizellen 1
EKG (Elektrokardiographie) 86ff
EKG-Ableitungen 87
Eklampsie, Definition 251
Elektrodenkatheter, flexibler 125
Elektrokardiogramm
- Aussage 87
- Bezeichnungen 88
Elektrolyte
- Definition 307
- im Serum 21
- Veränderung 21
Elektrolythaushalt, Störungen 306ff
Elektrophorese
- Prinzip 19
- Veränderungen, typische 19f
Elestase 181
ELISA, Antikörpernachweis 319
Ellenschlagader 52
Embolie 65ff
- arterielle, am Bein 66
- und Venenthrombose 66
Embolus, peripherer, Diagnostik 58
Emphysem, Bedeutung 145
Encephalitis epidemica 394
Endangiitis obliterans 61
Endarterie 52
Endarteriektomie 60
Endemie 340
Endokard 79
Endokarditis 95ff
- bakterielle 97
- - Behandlung 97
- - Krankheitszeichen 97
- - Laborbefunde 92
- - Verlauf 97
- rheumatische 95f
- - Behandlung 96
- - Häufigkeit 96
- - Verlauf 96
Endokrines System 256ff
- - Erkrankungen 267ff
- - Untersuchungsmethoden 264ff
Endokrinologie, Definition 256
Endokrinum, Hypothalamus, Stellung 257
Endometritis, Chlamydieninfektion, genitale 383f
Endoskopie
- Darmfunktion 177
- Nasennebenhöhlen 137
Entamoeba histolytica 409
Enteritis 205
- regionalis, Veränderungen 205
Enterobiasis 418f
Enteropathie, exsudative 205
Entfieberung, lytische, Typhus 354
Entzündung, akute, Kennzeichen 5
Entzündungsreaktion, in Gewebe 11
Enuresis nocturna 252
Enzephalitis 394f
- Definition 394
Enzyme
- Bestimmung für Pankreasdiagnostik 180
- Blutserum 20f
- Darmsaft 169
- Herzmuskel 92f
- Pankreas 171, 180
Eosinophilie 17
EPH-Gestose, bei Schwangerschaft 250f
Epidemie 340
Epiglottitis 144
Epiphyse 259
Epiphysenfugen, Verbreiterung 305
Epithelschutzvitamin 303
Epstein-Barr-Virus 402
Erbkrankheiten 3
Erbrechen, Ursache 194f
ERCP (Cholangio-Pankreatikographie, endoskopische, retrograde) 181
Ergometrie 89
Ernährung
- enterale, und Gastrostomie, endoskopische, perkutane 193
- bei Schluckstörung, schwerer 77
Ernährungspyramide 287
Ernährungsstörungen 296ff
Erosionen, Magen 195
Erreger
- abgekapselte 340
- Amöbenruhr 409f
- Arten 333
- Cholera 372
- Diphtherie 360
- Dysenterie 355
- Eindringen in Körper 337
- Endokarditis, bakterielle 97
- gramnegative 334
- grampositive, Krankheiten 334
- Größe 336
- Harnwege, Nachweis 235
- HIV-Infektion 399
- Lobärpneumonie 152
- Malaria 411
- Meningitis epidemica 368
- - Nachweis 323
- Nachweis 320
- - Methoden 321f
- - Ort 320f
- Pathogenität, Bedeutung 338
- Pneumonie 150
- Poliomyelitis 403
- Pyelonephritis 244

Erreger
- Resistenz, Definition 336, 344
- Sekundärinfektion bei Virusgrippe 393
- Sensibilität, Definition 336
- Tonsillitis, akute 364
- Übertragungsarten 337
- Virulenz 338
- Wundstarrkrampf 359
Erregernachweis
- und Antikörper 320
- Meningitis epidemica 323
Erregungsausbreitung, Störung 124
Erregungsüberleitung, Störung 124
Erysipel 367
Erythroblastose 25
Erythromycin, bei Diphtherie 362
Erythropoetin, Aktivierung 229
Erythrozyten 6f
- Abbau 10
- Anämien, hämolytische 24
- Anzahl 10
- - bei Anämie, perniziöse 23
- Aufgaben 10
- Bestandteile 10
- Bildung 9
- Bildungsfaktoren 10
- Formen, pathologische 16
- jugendliche 10
- Lebensdauer 10
- Ultraschall-Reflektion 90
- Vermehrung, krankhafte 26
Escherichia coli, bei Gastroenteritis, akuter 357
Eustachische Röhre 131
Exanthem, bei Typhus 354
Expektorantien 145
Extraschläge, Herz 118
Extrasystole 118ff
- Bedeutung 119
- Behandlung 120
- supraventrikuläre 118
- Ursachen 118f
- ventrikuläre 118
Extremitätenableitungen 87

F

Faktor IX 14
- Hämophilie B 34
Faktor VIII 14
- Hämophilie A 34
Fallotsche Tetralogie 128
Farb-Doppler-Echokardiographie 90
Fäzes, Bestandteile 169
FDL-Test 181
Febris recurrens 381
Fehlernährung 301
Feldfieber 381
Ferritin 8
Fettleber 214
- alkoholische 218
- Behandlung 216
- Bildung 216
- diabetische 289
- Diagnostik 185
- Prognose 216
Fettleibigkeit, extreme 299
Fettstoffe, Normalwert im Serum 280
Fettstoffwechsel
- und Leber 172
- Störung 295f
Fettsucht 296ff
- Häufigkeit 299
- Lebenserwartung 299
- Mehrbelastung 299
- Ursachen 296f
- Zweiterkrankungen 299
FEV_1, Definition 139
Fibrinogen 8
Fibromyalgiesyndrom 311
Fieber 348ff
- biphasisches 350
- Definition 348
- bei Diphtherie 361
- hohes, Erleichterung 351
- intermittierendes 350
- kontinuierliches 349
- rekurrierendes 350
- remittierendes 349f
- rheumatisches 311f
- bei Streptokokkentonsillitis 365
- bei Typhus 354
- Ursachen 349
- Vortäuschungsmethoden 350
Fieberdelirium 351
Fieberkrämpfe 351
Fiebertypen 349f
Filzläuse, Übertragung, bei sexuellem Kontakt 338
Fischbandwurm 417
Fistel, arteriovenöse 62f
Flächendesinfektion 343
Flachlagerung, bei Schock 73
Flatulenz 204
Fleckfieber 390
- Behandlung 390
- Symptome 390
- Übertragung 390
Flimmerepithel
- Bronchien 131
- Nasenschleimhaut 130
- Trachea 131
Fluor 306
- Madenwürmer 418
Fluoreszein-Dilaurat-Test 181
Flüssigkeitsbilanz, Aufstellen 234f
Follikelstimulierendes Hormon (FSH) 258
- - Hypophyse 259
Folsäure, Blutbildung 10
Folsäuremangel 303
Folsäuremangelanämie 23f
Formalindesinfektion, Anwendung 346f
Formenkreis, rheumatischer s. Rheumatischer Formenkreis
Fressattacke, anfallsweise 300
Froschbauch 305
Frühsommer-Meningoenzephalitis (FSME)
- Behandlung 395
- Beschreibung 395
- Impfung 395
- Nachweis 326
- Symptome 395
FSH s. Follikelstimulierendes Hormon (FSH)
Furunkulose, bei Diabetes mellitus 289
Fußgangrän 61
Fußrücken, Arterienbogen 52

G

Gabelureter 240
Galaktorrhoe, bei Prolaktinom 268
Galaktosämie, und Leberzirrhose 218
Galle, Aufgabe 173f
Gallenabfluss, Störung 214
Gallenblase 173
- Funktion 173
- Lage 173
- Sonographie 186
Gallenblasenempyem 223
Gallenblasenhydrops 222
Gallenfarbstoffe, Untersuchung 182

Gallenflüssigkeit, Wege 173
Gallengänge
- Anatomie 173
- Darstellung 186
- Dyskinesie, Definition 225
- Erkrankungen 221 ff
- Sonographie 186
- Untersuchung 186
Gallengangsdrainage, transhepatische, perkutane (PTD) 222
Gallenkapillaren 173
Gallenkolik, Behandlung 223
Gallensteine 221 ff
- Arten 221
- Lokalisation, typische 222
- Nachweis 187
- Risikofaktoren 221
- Symptome 221
- Ursachen 221
Gallensteinkolik 222
- Komplikationen 222
Gallenwege s. Gallengänge
Gangrän
- Arten 60
- Gefäßveränderung, diabetische 289
Ganzkörper-Plethysmograph 139
Gasbrand 360
Gassterilisation 343
Gastrektomie 201
Gastritis 194
- akute 196
- chronisch atrophische, Autoaggression 48
- chronische, Ursachen 197
Gastroenteritis, akute
- Erreger 353
- Nahrungsmittelvergiftung 357
Gastroenteroanastomose 201
Gastroskopie 174
- Durchführung 175
Gastrostomie, endoskopische, perkutane (PEG) 192 ff
Gaumen 130
Gaumensegel 131
Gefäßkrankheiten, organische, wichtige 58
Gefäßplastik 60
Gefäßveränderung, luische 61
Gefäßwand, Arteriosklerose 59
Gefäßwandschädigung, Symptome 36
Gehirnhautentzündung, bei Masern 380
Gelbfieber 407
Gelegenheitsspender 37
Gelenke, Erkrankungen, degenerative 314 ff
Genickstarre, epidemische s. Meningitis epidemica
Gerinnung, Blut 13 ff
Gerinnungskaskade 13
Gerinnungszeit 14
Gesamtcholesterin, Normalwert im Serum 280
Geschlechtskrankheiten, Übertragung 338
Geschwür, peptisches 197
Gesichtsschlagader 52
Gestagene 264
Gestationsdiabetes 281
Gesundheit 2
- Definition der Weltgesundheitsorganisation 2
Gewebe 1 f
- bradytrophes, Beschreibung 294
- Entzündungsreaktion, Ursache 11
- lymphatische 41
Gewebethrombokinase 13
Gewicht, spezifisches
- hohes 236
- Messung 236
- Urinteststreifen 231
Gewichtsabnahme, Voraussetzungen 299
Gicht 293 ff
- Beschreibung 293
- Formenkreis, rheumatischer 311
- Symptome 280, 294 f
- Ursachen 293
- Vorbeugung 294 f
Gichtanfall, akuter, Behandlung 295
Gichtperle 294
Gigantismus 267
Gingivahyperplasie 188
Gingivitis 188, 303
Glandulae
- parotis 165
- sublinguales 165
- submandibularis 165
- suprarenales 261 f
Gleithernie, axiale 190
Glinide, Wirkung 283 f
Glitazone, Wirkung 284
Globuline 8
- thyroxin-bindende (TBG) 265
Glomerulonephritis 241 ff
- akute, Prognose 242
- chronische 243
- rasch progressive 242
- Symptome 242
- Ursachen 241
Glomerulus, Niere 226 ff
Glomeruluserkrankungen, Symptome 239
Glukagon, Bildungsort 263
Glukokortikoide
- Nebennierenrinde 262
- Produktionssteuerung 262
- Wirkungsweise 262
Glukose-Homöostase, gestörte 281
Glukosekonzentration, Umrechnung 278
Glukosetoleranz, gestörte 281
Glukosetoleranztest, oraler (oGTT) 279
Glukosidasehemmer, Wirkung 284
Glukosurie, Urinteststreifen 231
Gonaden 264
Gonadotropine, Hypophyse 259
Gonarthrose 316
GPT s. Alanin-Aminotransferase
Granula-Arten, bei Leukozyten 11
Granulozyt 7
- Bildung 10
- Lebensdauer 12
- Reifungsgrade 11
Granulozytopenie, Behandlung 33
Grenzwert-Hypertonie 68
Grippe s. Virusgrippe
Grippeviren, Arten 392 f
Grobdesinfektionsmittel 345 f
Gürtelrose 391 f

H

Hakenwurm 420
Hämagglutinationstest 319
Hämatokrit 16
Hämatologie 6
Hämoccult-Test 177
Hämochromatose 16
- und Leberzirrhose 218
Hämodialyse 254

Hämoglobin 10
- glykosyliertes, und Blutzuckereinstellung 279
- Krankheiten 17
- mittleres korpuskuläres (MCH) 15
- - bei Anämie, perniziöser 23
- - Konzentration (MCHC) 16
- Normalwert 15
Hämolyse 16
Hämolysintest 319
Hämophilie, Ursache 34
Hämoptoe 378
Hämoptyse 378
Hämorrhagische Diathese 34ff
Hämostyptika 14
Hamsterbäckchen 188
Händedesinfektion, Durchführung 347
Harnapparat, Anatomie 226
Harnblase
- Entleerungsvorgang 230
- Erkrankungen 251f
- Geschwulste 251
- Lage 230
- Untersuchungsmethoden 231
- Wandaufbau 230
Harnblasenstörung, Apoplexie 77f
Harnflut 252
Harninkontinenz, Arten 253
Harnkanälchen 226
- Abschnitte 228
- Aufgabe 228
Harnleiter
- Anatomie 229
- Aufgabe 229
Harnorgane, Missbildungen 240
Harnröhre, Anatomie 230
Harnsäure, Ausscheidung, tägliche 235
Harnsäureablagerung, im Gewebe 294
Harnsäurespiegel, bei Gicht 280
Harnsteine
- Bildung, Risikofaktoren 246
- Lokalisation 246f
Harnstoff, Ausscheidung, tägliche 235
Harnwege 226ff
- Erkrankungen, Diagnostik, bildgebende 237
- Krankheitserreger 235
- Orte der Steinbildung 246
Harnwegesystem 226ff
- Erkrankungen 239ff
Harnwegsinfektion, durch Apoplexie 77
Hasenpest 373
Hauptbronchien 131
Haut
- diabetisches Koma versus hypoglykämischer Schock 292
- Gelbfärbung 215
- Veränderung bei Infektionskrankheit 348
Hautdesinfektionsmittel 347
Hauteiterung, bei Diabetes mellitus 289
Hautmilzbrand 374
Hautpflege, Dekubitusprophylaxe 353
Hauttemperaturmessung 58
Hauttest, Allergiediagnostik 320
Hb s. Hämoglobin
HbA_1 (Hämoglobin, glykosyliertes) 279
HbA_{1c} (Hämoglobin, glykosyliertes) 279
HbS (Sichelzellen mit abnormem Hämoglobin) 16
HDL-Cholesterin, Normalwert im Serum 280
Hefepilze 408
Heißluftsterilisation 343
Helicobacter pylori
- Bedeutung 196
- und Dyspepsie, funktionelle 196
- Nachweis 176
Hemeralopie 302
Hemiphlegie, und Koma, apoplektisches 76
Henle-Schleife 226f
Heparin
- Antidot 108
- bei Herzinfarkt 107f
- zur Thromboseprophylaxe 107
Heparinbehandlung
- Kontrolle 18
- vollständige 107
Hepatitis 216f, 395ff
- akute 214
- - Behandlung 398
- - Stadien 396f
- - Verlaufsform 397
- alkoholische 218
- anikterische 216
- chronisch aggressive, Autoaggression 48
- chronische 214
- - Behandlung 219, 399
- - Beschreibung 216f
- - Diagnostik 398
- - Patientenserum 399
- - Verlaufsform 397
- fulminante 217
- Laboruntersuchungen 326
- nekrotisierende 217
- rezidivierende 216
- Unterschiede 396
- Ursachen 216
- Verlaufsformen 216f, 397
Hepatitis A 395
- Unterschied zu anderen Hepatitiden 396
- Verlauf 396f
- Vorbeugung 397
Hepatitis B 390
- akute, Verlauf 396f
- Impfung 397f
- Risikopersonen 397
- Unterschied zu anderen Hepatitiden 396
- Vorbeugung 397
Hepatitis C 390
- Unterschied zu anderen Hepatitiden 396
- Verlauf 396f
- Vorbeugung 397
Hepatitis D 395
Hepatitis E 395
Hepatitis F 395
Hepatitis G 395
Hepatitis-Impfung, und HIV-Infektion 398
Hepatitisvirus, Ausscheidung 397
Hernie
- gemischte 190
- paraösophageale 190
Herpangina 407
Herpes
- labialis 390f
- oticus 392
- simplex 390f
- zoster 391
- - ophthalmicus 392
Herpes-simplex-Viren 390
Herpes-simplex-Erkrankung
- Behandlung 391
- Komplikationen 391
- Verlauf 391
Herz 79ff
- Abschnitte 80
- Auskultation 86

Herz
- Blutfluss 82
- Erregungsausbreitung, Störung 124
- Extraschläge, Ursache 118
- Fehlbildungen, angeborene 128
- Größe 79
- Kontrastmitteluntersuchungen 91
- Lage 79
- Schichtaufbau 79
- Strömungsverhältnisse, Darstellung 90
- Umbau
- - bei Aortenfehler 100
- - bei Mitralvitium 100
Herzaktion, rhythmische 84
Herzaktionsströme, Ableitung 87
Herzbeutel 79f
Herzblock 124ff
- Ursachen 124
Herzfehler, angeborene 128f
- Komplikationen 129
- Untersuchungsmethoden 93f
Herzfrequenz
- Erhöhung 94
- Vorhofflattern 123
- Vorhofflimmern 123
Herzgeräusche, krankhafte 86
Herzglykoside
Herzgröße, Untersuchung 85
Herzinfarkt 104ff
- Behandlungsrichtlinien 106
- bildgebende Verfahren 107
- Definition 104
- Heparin 107f
- Komplikationen 105f
- Kontrollen durch Pflegepersonal 105
- Lokalisation 105
- Unterschied zu Angina-pectoris-Anfall 104
- Untersuchungen, wichtige 92
- Zunahme, Ursachen 104
Herzinfarktrisiko, Risikoerhöhung 104
Herzinsuffizienz 109ff
- chronische, Standardtherapie 114
- Definition 109
- Diagnostik vor Auftreten von Stauungszeichen 93
- Differenzialdiagnostik 142
- Stauungserscheinungen 110
- Symptome, sichtbare 109
Herzkammern 80
Herzkatheter, bei Herzfehler, angeborenem 93
Herzkatheterismus 90
Herzklappen 80f
- bei Endokarditis 95
- Erkrankungen 99ff
Herzklappenfehler
- erworbener, Operationsmöglichkeiten 101
- kombinierter 99f
Herzklappenveränderung, Diagnostik 92
Herzkranke, Pflege 113f
Herzkrankheiten 94ff
- Blutuntersuchungen, wichtige 86
- Kontrolle, allgemeine 86
- rheumatische 95f
- - Dauerfolgen 96
Herzkranzgefäße, Bedeutung 84
Herz-Kreislauf-System
- Bestandteile 49
- Veränderung bei Infektionskrankheit 348
Herzmassage 127
Herzmuskelaktionen 81
Herzmuskelenzyme, Konzentration 92f
Herzrhythmus
- künstlicher 125
- normaler 116
Herzrhythmusstörungen 116ff
Herzschrittmacher s. Schrittmacher
Herzskelett, bindegewebiges 80
Herzspitze 79
Herzspitzenstoß, Verlagerung 79
Herztöne 86
Herzventrikel 80
Herzvorhof 80
Heuschnupfen 142
Hiatushernie
- Behandlung 192
- Beschreibung 189
- Symptome 191
Hilus s. Lungenhilus
Himbeerzunge, Scharlach 366
Hinken, intermittierendes s. Claudicatio intermittens
Hinterwandinfarkt 105
Hirnarterie
- Embolie, Folgen 75
- Thrombose 65
- - Folgen 75
Hirnblutung, und Apoplexie 74f
Hirnembolie, und Apoplexie 75
Hirnleistungsstörung, bei Apoplexie 78
Histiozytäres System (RES) 42
Histoplasmose 408
Hitze, zur Desinfektion 344
HIV (Immunodefizienzvirus, lympho- und neutropes humanes) 399ff
- Kanüle, kontaminierte, Vorgehen 402
- Meldepflicht 401
- Neuinfektionen 401
- Übertragung 399
HIV-Enzephalopathie 400
HIV-Infektion
- Behandlung 400f
- Erreger 399
- und Hepatitis-Impfung 398
- Laboruntersuchung 326
- Medikamente 401
- nosokomiale, Schutz des Pflegepersonals 401f
- Verlauf 400
HIV-Test 400
Hodenentzündung, bei Mumps 388
Hodgkin-Lymphom 30
- Prognose 31
Hohlvene, Funktion 54
Hormon
- adrenokortikotropes s. Adrenokorikotropes Hormon (ACTH)
- antidiuretisches s. Antidiuretisches Hormon (ADH)
- Definition 256
- follikelstimulierendes s. Follikelstimulierendes Hormon (FSH)
- lutenisierende s. Lutenisierendes Hormon (LH)
- melanozytenstimulierendes (MSH) 259
- Thyreoidea stimulierendes s. Thyreoidea stimulierendes Hormon (TSH)
Hormondrüsen 256
- Aufgaben 256

Hormondrüsen 256
- lebensnotwendige 257
- Tätigkeit, Lebensabschnitt 257
Hormone
- Nebennierenrinde 262
- Stoffklassen 256
Hospitalismus, infektiöser 345
Hufeisenniere 240
Humaninsulin, Gewinnung 282
Hundebandwurm 417
Hungerödem 301
Hydronephrose 247
Hyperhydration 307
Hyperkaliämie 21
- Ursachen 309
Hyperlipidämie 295f
- Behandlung 102f, 295f
- Folge 295
- Symptome 295
Hypernephrom 241
Hyperparathyreoidismus 273
Hyperspenismus 44
Hypertension, portale
- Komplikationen 219
- bei Leberzirrhose 218
Hyperthyreose
- Behandlung 272
- Definition 269
- Schilddrüsenszintigramm 265
- Symptome, klinische 270f
- TSH-Regulation 264
- Typ Morbus Basedow, Autoaggression 47
Hypertonie 68ff
- Behandlung 69
- Definition 68
- Gefäßveränderung, diabetische 289
- und Herz 111
- Krankheitszeichen 68
- maligne 69
- als Nebenwirkung 275
- Ursachen 68
- Verlauf 68
- - bösartiger 69
Hypertrophie 5
Hypoglykämie
- als Nebenwirkung 285
- Patientenverhalten 290
- schwere
- - Behandlung 291
- - Symptome 290
- Symptome 290
Hypokaliämie 21
- und Leberkoma 217
Hypokalzämie 21
- Nebenschilddrüsen, Verlust 273
Hypoparathyreoidismus 273
Hypophyse 258f
- Anatomie 258
Hypophyse-Hypothalamus, Regulationskreis 263
Hypophysenhinterlappen 258
- Erkrankungen 269
- Hormonspeicherung 259
- Nierentätigkeit 228
Hypophysenvorderlappen 258
- Erkrankungen 267f
- Hormone 259
- Zellarten 258f
- Zerstörung, Ursachen 267
Hypophysenvorderlappen-Insuffizienz 267
Hypothalamus 257f
- Hormone 257f
Hypothalamus-Hypophyse, Regulationskreis 263
Hypothyreose 272f
- Arten 272
- Definition 269
- TSH-Regulation 264
- Ursachen 273
Hypotonie 67
- Blutdruckamplitude 57
Hypoxie 72

I

ICSH s. Lutenisierendes Hormon (LH)
Idealgewicht 298
IgA-Antikörper 45
IgE-Antikörper 45
IgG-Antikörper 45
IgM-Antikörper 45
Ikterus
- hämolytischer 24
- - Neugeborene 25
- Ursachen 214
Ileitis terminalis, Veränderungen 205
Ileum 168
Ileus 206
- Behandlung 206f
- mechanischer 206
- paralytischer 206
- - Absaugung 207
- Röntgenbild, typisches 207
Immunelektrophorese 20
Immunglobuline, zur Behandlung 48
Immunisierung
- aktive
- - Masern 386
- - Mumps 388
- - Windpocken 389
- passive 47, 332
- - Masern 386
- - bei Tetanus 359
Immunität 47, 330ff
- aktive 47
- Arten 330
- Definition 328
- Entstehung 330f
- bei Erysipel 368
- Poliomyelitis 404
Immunodefizienzvirus, lympho- und neutropes humanes s. HIV
Immunserum, Definition 331
Immunsuppressiva, Polyarthritis, chronische 314
Immunsystem 45ff, 319ff
- Erkrankungen 47f, 327ff
- Untersuchungsmethoden 319ff
Impfung
- Frühsommer-Meningoenzephalitis (FSME) 395
- Hepatitis 397f
- Komplikationen 331
- Masern 386
- Personenkreis 331
- Röteln 387
- bei Tetanus 359
- Tuberkulose 380
- verlässliche 330
- Virusgrippe 394
- Windpocken 389
Infektionen 319ff
- Unterschied Infektionskrankheit 332
Infektionsallergene 329
Infektionsfälle, sporadische 340
Infektionskrankheit 332ff
- akute, Komplikationen im Verdauungstrakt 352
- Behandlung, allgemeine 348
- Blutbefunde 322
- Charakteristik 333
- Definition 332
- Diagnostik 320
- Entstehung 332
- Führung, psychische 348
- hochfieberhafte

Infektionskrankheit
-- Obstipation 352
-- Veränderung, psychische 351
- meldepflichtige 339
- Pflege 347ff
- schwere, Komplikationen 348
- Unterschied Infektion 332
- Veränderungen, körperliche 348
- Voraussetzung für Entwicklung 338f
- Vorschriften, gesetzliche 339
Infektiosität 339f
Infertilität, Hypophysenvorderlappen-Insuffizienz 267
Influenza 392f
Infusionsurogramm 237
Ingestionsallergene 329
Inhalationsallergene 329
Inhalieren 145
Inkubationszeit, Diphtherieerreger 361
Innenschichtinfarkt 105
Inselapparat
- Erkrankungen 277
- Pankreas 263
Instrumente, benutze, Behandlung 342f
Insuffizienz, chronische venöse 63f
Insulin
- Behandlungszeitpunkt 288
- Bildungsort 263
- Struktur, chemische 282
- Verabreichung 283
- Wirkung 277, 282
Insulinarten 283
Insulin-Clearance 236
Insulindystrophie 284
Insulininfusionspumpe 288
Insulinom 277
Insulinomverdacht, Diagnostik 266
Insulinresistenz, Entstehung 284
Insulinspritze, Verabreichungsort 284
Intima 53
Intrazellularraum 306
Intrinsic factor
- Blutbildung 10
- Magenschleimhaut 167
Intubation, Vorgehen 363
Ischämie 60
Isolierung, Infektionskrankheit 339
Isolierzimmer, Einrichtung 346
Isosthenurie 236

J

Jejunum 168
Jod 306
Jodbedarf, täglicher 270
Jodmangel, Vorbeugung 270
Jodmangelgebiete 270
Jodmangelkropf 269
Jodprophylaxe, medikamentöse 270

K

Kalium, im Serum 21
Kaliummangel
- Behandlung 309
- Kennzeichen 115
- Ursachen 308
Kalk, gebrannter 345f
Kalkmilch 345f
Kalzitonin (TCT) 260
Kalzium
- Hyperparathyreoidismus 273
- im Serum 21
-- Veränderung 309
Kalziumantagonisten 69
- Angina pectoris 102
Kalziumstoffwechsel, Regulation 261
Kammerflimmern
- Behandlung 122
- Beschreibung 121
- Ursachen 122
Kammertachykardie s. Tachykardie
Kammertätigkeit, Abstimmung auf Vorhoftätigkeit 85
Kanüle, HIV-kontaminierte, Vorgehen 402
Kapillarblut, Glukosekonzentration 278
Kapillaren 54
Kardia 165
Kardiospasmus
- Behandlung 190
- Definition 189
Kardioversion, elektrische 123
Karotin 215, 303
Kartenherzbecken, rachitisches 305
Katecholaminbestimmung, Phäochromozytom, Nachweis, klinischer 266
Katheterisierung, Harnröhre 232ff
Kehlkopf
- Aufbau 131
- Erkrankungen 142ff
Kehlkopfdiphtherie 362
Kehlkopfentzündung 143f
Kehlkopftuberkulose 376f
Keimdrüsen 264
Keimträger 341
Keimvernichtung, Verfahren, physikalische 344
Keratomalazie 303
Kernspintomographie
- Harnwege 237
- Herz 85
- bei Herzfehler, angeborenem 94
- Phäochromozytom, Nachweis, klinischer 266
Ketonkörper, Entstehung 291
Ketonurie, Urinteststreifen 231
Keuchhusten s. Pertussis
Keuchhustenepilepsie 370
Kinderlähmung, spinale 403f
- Immunitätslage 404
- Schluckimpfung 404
- Stadien 404
- Übertragung 403
- Verlaufsformen 404
- Vorbeugung 404
Klappen s. Herzklappen
Klappenfehler, kombinierter 99f
Klappenveränderung, Diagnostik 92
Kleiderläuse 341
- Fleckfieberübertragung 390
KMT (Knochenmarkstransplantation) 39f
Kniekehlenarterie 52
Knöchelödem, bei Herzinsuffizienz 110
Knochenabbau, verstärkter, Hyperparathyreoidismus 273
Knochenmark, rotes 7, 9
Knochenmarkpunktion 18
Knochenmarkschädigung 32ff
Knochenmarkstransplantation 39f
- autologe 40

Knoten
- heißer, Schilddrüsenszintigramm 265f
- kalter, Schilddrüsenszintigramm 265f
Kobalt 306
Kodein 145
Kohlendioxid, Aufgabe 133
Kohlendioxidgehalt, Atembewegung 135
Kohlendioxidpartialdruck, Messung 139
Kohlenhydratresorption, Verlangsamung 288
Kohlensäure, Transport im Blut 134
Kokken
- Arten 334
- Größe 336
Kolibakterien 169
Kollagenose 311, 317f
- Definition 317
Kollaps 70
Kollateralen 53
Kolographie 179
Kolonkontrasteinlauf 179
Koloskopie, virtuelle 179
Koma
- apoplektisches, bei Hemiphlegie 76
- diabetisches
- - ausgeprägtes 291
- - Behandlung 292
- - - Richtlinien 292f
- - Entwicklung 291
- - Unterschied zum hypoglykämischen Schock 292
- - Ursachen 291
- hepaticum 214
- - Zeitpunkt 217
- hyperosmolares 292
Kontagiosität 339f
Kontakt, sexueller, übertragbare Krankheiten 337
Kontaktallergene 329
Kontrastmittel, Risikofaktoren 238
Kontrastmittelgabe, Gallenwege, Darstellung 186
Kontrastmitteluntersuchungen, Herz 91
Körnerkrankheit, ägyptische 384
Koronarangiographie, Herzinfarkt 107
Koronararterie
- Erkrankungen 101ff
- Gefäßwandveränderung 101
- Herz 80
- linke 84
- rechte 84
- Verlauf 50f
Koronararterienstenose, Ballondilatation 103
Koronarinsuffizienz, akute 101
Koronarographie 91
Koronarsklerose
- Gefäßveränderung, diabetische 289
- Vorbeugung 102
Koronarsystem
- Beschreibung 83f
- Blutabfluss 84
Koronarthrombose 66, 101
Koronarverschluss 106f
Körper, Flüssigkeitsräume 306
Körperkreislauf 49
- Schema 83
Körpertemperatur, normale 349
Körperzellen s. Zellen
Kortisol, Plasmabestimmung 266
Koxarthrose 316
Krampfanfälle, bei Pertussis 370
Krankheit
- akut fieberhafte, Diät 351f
- Definition 2f
- funktionelle 4
- organische 4f
Krankheitserreger s. Erreger
Krankheitserscheinungen, Auswirkung 3
Krankheitsgefühl, allgemeines 347
Krankheitsursachen, äußere 3
Krätze, Übertragung, bei sexuellem Kontakt 337
Kreatinin, Ausscheidung, tägliche 235
Kreatinin-Clearance, endogene 236f
Kreatinkinase 221
Kreislauf
- Definition 82
- Druckabfall, größter 50
- großer, Schema 83
- kleiner, Schema 83
- Unterteilung 49
- Widerstand, größter 50
Kreislaufmittel, Hypotonie, konstitutionelle 67
Kreislaufreize, bei Schock 71
Kreislauftraining, Hypotonie, konstitutionelle 67
Kreislaufversagen, und Schock 70
Kretinismus 272
Kreuzprobe 38
Krise
- hämolytische 25
- thyreotoxische 271
Kropf s. Struma
Krupp-Krankheit 362
Kryptokokkose 408
Kugelzellen 16
Kumarine 108
- Komplikationen 108
- Wirkungsverstärkung 109
Kupfer 306
Kupferspeicherkrankheit, und Leberzirrhose 218
Kupffer-Sternzellen 172
Kurvatur
- große 165
- kleine 165
Kurzatmigkeit 109
- Nephritis, akute 242
Kussmaul-Atmung 162
Kyphoskoliose 305

L

Lagerung, bei Lungenödem 112
Lagerungsprobe nach Ratschow 57
Lagewechsel, Dekubitusprophylaxe 347
Lähmung, bei Hemiphlegie durch Apoplexie 76
β-Laktam-Antibiotika 337
Laktatazidose, als Nebenwirkung 285
Laktatdehydrogenase (LDH) 20
Laktosetoleranztest 178
Langerhans-Inseln 263
Laparoskopie 185
Lappenbronchien 131
Laryngitis 143f
- acuta 144
- chronica 144
- stenosierende 144
- tuberkulöse 144
Lateralinfarkt 105
Laugenverätzung, Ösophagus 191
Lavage, bronchoalveoläre 137
Laxanzienabusus 203f

LDH (Laktatdehydrogenase) 20
LDL-Cholesterin, Normalwert im Serum 280
Lebenserwartung, bei Fettsucht 299
Leber
- Ausscheidung 172
- Bauelemente 171 f
- Bindegewebswucherung 215
- und Blutkreislauf 171
- Blutversorgung 171
- und Eiweißstoffwechsel 172
- Entgiftung 172
- und Fettstoffwechsel 172
- und Hepatitis 396
- Komplikationen bei Diabetes mellitus 289
- Lage 171
- Reaktion auf Schädigung 215
- Speicheraufgabe 172
- Zellarten 172
Leberabszess 214
- Behandlung 215
- Ursachen 215
Leberarterie 171
Leberblindpunktion 182
- Durchführung 184
- Indikation 183
- Komplikationen 184
- Kontraindikation 183
Leberdysthrophie, gelbe 217
Lebererkrankung 213 ff
- Befunde, typische, körperliche 182
- Diagnostik, bildgebende 182
- Laborbefunde 182
- Symptome 213
- und Serumenzyme 183
- Veränderung, äußere 214
Leberinsuffizienz, bei Leberzellschädigung 215
Leberinusoide 171
Leberkoma 217 f
- Behandlung 218
- Symptome 217
- Ursachen 217
Leberkoma-Cocktail 218
Leberläppchen 171 f
Lebermetastasen, Diagnostik 185
Leberpforte 171
Leberschaden
- durch Alkohol 218
- toxischer 214
Leberschwellung, bei Herzinsuffizienz 110
Leberszintigraphie 185
Lebertest, Prothrombinwert 183
Lebertumor 214
- Arten 215
- Diagnostik 185
- Nachweis 186
Leberzellgewebe, bei Leberzirrhose 218
Leberzellinsuffizienz 214
Leberzellschädigung 214
- und Leberinsuffizienz 215
- Ursachen 215
Leberzirrhose 214, 218 ff
- alkoholische 218
- Behandlung 219
- Komplikationen 219
- Laborbefunde 186
- Ursachen 218
Leistungsminderung, Hyperparathyreoidismus 273
Lentasepsis 97
Lepra 372 f
Leprabakterien 372
Leptospiren 381
Leptospirose
- Behandlung 381
- Nachweis 325
- Symptome 381
- Übertragung 381
Letalität 340
Leukämie
- Arten 27 f
- chronische 28
- Komplikationen 29
- lymphatische 27
- - Behandlung 30
- - chronische 28
- - Definition 29 f
- - Prognose 30
- - Symptome 30
- myeloische 27
- - akute, Krankheitsbild 28
- - Befunde, wichtige 28 f
- - Behandlung 29
- - chronische, Krankheitsbild 28
- - Prognose 29
- - Typen 29
- Remission 29
- Unterschied zu Leukozytose 27
Leukopenie 17
Leukosen s. Leukämien
Leukozyten 6 f
- Arten 10 f
- Bewegung 11
- Bildung 10 f
- Granula-Arten 11
- Krankheiten 27
- Leukämie, myeloische 28
- Ort 11
- Urinteststreifen 231
Leukozytopenie, als Nebenwirkung 285
Leukozytose 17
- Unterschied zu Leukämie 27
Leydig-Zellen 264
LH s. Lutenisierendes Hormon (LH)
LHRH (Luteinizing hormone releasing hormone) 258
Lidödem, Nephritiskranker 242
Linksherzinsuffizienz 111 f
Linksherzkatheter 91
Linksherzkatheterismus, Nachbehandlung 92
Links-rechts-Shunt 128
Linksschenkelblock 124
Linksverschiebung, Blutbild 17
Lipämie 20
Lipidämie 20
Liquor, Zusammensetzung 324
Liquordruck, normaler 324
Lithotripsie 213
Lobärpneumonie 152
- Behandlung, medikamentöse 153
- Erreger 152
- Pflege 153
Lösung
- molare 307
- pH-Wert 307
Lues 375
Luftröhre s. Trachea
Luftröhrenschnitt 363
Luftwege
- Erkältung 144
- Infekte 144
- obere 133
- untere 133
Lumbalpunktion 323
Lunge
- Aufbau 132
- Blutfluss 82
- Bronchienverzweigung 131
- Erkrankungen 145 ff
- und Thoraxwand 134
Lungenabszess 157 f
Lungenalveolen 132
Lungenembolie 154 ff

Lungenemphysem 149ff
- Befunde 149
- Behandlung 150
- Folgen 149
- obstruktives
- - Definition 149
- - als Komplikation 148
- Symptome 149
Lungenentzündung s. Pneumonie
Lungenfell 132f
Lungenfibrose 156f
- Beurteilung der Leistungsfähigkeit 140
- fortgeschrittene, Folgen 156
- Vorbeugung 157
Lungenfunktionseinschränkung, bei Tuberkulose, produktiv-zirrhotischer 378
Lungengangrän 158
Lungenhilus 133
- Bronchienverzweigung 131
Lungeninfarkt
- Behandlung 156
- Entstehung 154
- Komplikationen 155
- Röntgenbild 155
- Symptome 154, 156
- Vorbeugung 156
Lungenkreislauf 49
- Schema 83
Lungenlappen 132
Lungenleistung, Messung 139
Lungenmilzbrand 373f
Lungenmykose 154
Lungenödem
- Behandlung 112
- Krankheitserscheinungen 111f
- bei Linksherzinsuffizienz 111
Lungenpest 371
Lungenszintigraphie 137
Lungentuberkulose
- exsudativ-infiltrative 377
- Operationsindikation 380
- produktiv-zirrhotische 377
- Stadien 376
- Verlaufsformen 377
Lungentumor 158
Lungenvenen, Blutzusammensetzung 82
Lungenvolumen, Messung 136
Lungenwurzel 131
Lupus erythematodes
- Autoaggression 48
- disseminatus 317f
Luteinizing hormone releasing hormone (LHRH) 258
Lutenisierendes Hormon (LH) 258
- Hypophyse 159
Lyme-Borreliose 382
- und Arthritis 311
- Behandlung 382
- Beschreibung 382
- Diagnostik 382
- Übertragung 382
Lymphangiosis carcinomatosa 158
Lymphatisches System
- Aufgaben 42
- Krankheiten 43f
- Untersuchungsmethoden 43
Lymphe 41
Lymphflüssigkeit, Zusammensetzung 41
Lymphknoten 41
Lymphknotenschwellung, allgemeine 43
Lymphknotentuberkulose 378
Lymphogranuloma inguinale 384
Lymphogranulomatose
- Behandlung 31
- Diagnose 31
- Krankheitsbeginn 30f
- Verlauf 31
Lymphographie 43
Lymphoidzellenangina 402
Lymphom
- gemischtes 31
- malignes 30ff
Lymphozyten, Bildung 11f
Lymphozytose 27
Lymphsystem s. Lymphatisches System
Lyssa 404f

M

Madenwurm 418f
- Behandlung, medikamentöse 419
- Verhalten im Menschen 418
Magen
- Atonie 195
- Aufgabe 166
- Begrenzung, seitliche 165
- Entleerung 166
- Erkrankungen 194ff
- Erosionen 195
- Lage 165
- Motilitätsstörung 194
- Oberfläche, innere 166
- Röntgenuntersuchung 175
Magenausgang 165f
Magenblutung
- Behandlung, weitere 200
- große 199
- Sofortbehandlung 199
Magendrüsen 166f
Magenentleerungsstörung, Ursachen 201
Magenfundus 165
Magengeschwür, Ursachen 198
Magenkarzinom 194, 202
- Nachweis 177
Magenkörper 165
Magenoperation 200ff
- nach Billroth I 201
Magenperistaltik 166
Magenresektion 201
- Funktionsstörungen, anschließende 201f
Magensaft 167
Magenschleimhaut 166f
Magenschleimhautentzündung 194
- akute, Beschwerden 196
Magensekretionsanalyse 175
Magenspülung 175
Magenstraße 166
Magentumor, Arten 202
Magenulkus 194
Magenuntersuchungen, Voraussetzungen 175
Magenwand, Schichten 165f
Magersucht 297f
- psychogene 298
Magnesium, im Serum 21
Magnetresonanz-Cholangio-Pankreatikographie, Gallenwege 186
Magnetresonanztomographie s. Kernspintomographie
Makrophagen, Abwehrsystem, zelluläres 45
Malabsorption, Grunderkrankungen 205
Malabsorptionssyndrom 204
Malaria 410ff
- Ausbreitungsgebiete, Begrenzung 411f
- Bedeutung 410
- und Chinin 414

Malaria 410ff
- chronische, unbehandelte, Ausheilungszeitpunkt 413
- Erreger 411
- Formen 411
- - Unterschiede 413
- Gebietssanierung 412
- Infektionsverlauf 411
- latente, Definition 413
- Nachweis 327
- quartana 413
- - unbehandelte, Ausheilungszeitpunkt 413
- - Unterschied zu anderen Malariaformen 413
- Risiko für Pflegepersonal 414
- Symptome 413
- tertiana 413
- - unbehandelte, Ausheilungszeitpunkt 413
- - Unterschied zu anderen Malariaformen 413
- tropica 413
- - unbehandelte, Ausheilungszeitpunkt 413
- - Unterschied zu anderen Malariaformen 413
- unbehandelte, Ausheilungszeitpunkt 413
- Verbreitung, geographische 341 f
- Verhalten bei Erkrankung 414f
- Vorbeugung, medikamentöse 414
Malariaparasiten, Entwicklung 412
Malariaplasmodien 411
Maldigestion, Grunderkrankungen 205
Maldigestionssyndrom 204
Mandelentzündung
- als Begleiterkrankung 364
- Definition 364
- eitrige, Befundkontrolle 323
Mandeln, Belag 361
Mangan 306
Mangelanämie 22f
Mangelernährung 301 f
Manometrie, Ösophagus 174
Masern 385ff
- Immunitätsverhältnisse 386
- Komplikationen 385f
- Patientenpflege 386
- Risikopatienten 386
- Stadien 375
- Stadium, exanthematisches, Verlauf 385
- Übertragung 385
- Unterschied zu Scharlach 385
- Vorbeugung 386
Masernenzephalitis 386
Masernotitis 386
Mastdarmkrebs, Stuhlkonsistenz, Änderung 177
Mastfettsucht 296f
Maul- und Klauenseuche 406
MCH s. Hämoglobin, mittleres korpuskuläres (MCH)
MCHC (Hämoglobinkonzentration, mittlere korpuskuläre) 16
MCV (Volumen, mittleres korpuskuläres) 16
Media 53
Mediastinalemphysem 161
Mediastinalflattern 161
Mediastinalphlegmon 161
Mediastinaltumor 161
Mediastinoskopie 138
Mediastinum 135
- Erkrankungen 159ff
Mediatinitis 161
Megalozyten 16
Mehrfachvakzine 330
Melanozytenstimulierendes Hormon (MSH) 259
Meldepflicht
- Cholera 372
- Hepatitis 396
- HIV 401
- Infektionskrankheiten 339
- Lepra 373
- Milzbrand 374
- Pest 371
- Poliomyelitis 403
- Tularämie 373
Mendel-Mantoux-Probe, intrakutane 325
Meningismus 368
Meningitis 368
- epidemica 368f
- - Behandlung 369
- - Erreger 368
- - Erregernachweis 323
- - Folgeschäden 369
- - Komplikationen 369
- - Symptome 369
- myalgica 407
Mesenterialarterie 51
Metabolisches Syndrom 282
Metanephrine, Phäochromozytom, Nachweis, klinischer 266
Metazoen 333
- als Parasiten 333
Metazoen-Infektionen 416ff
Meteorismus 204
Methacillinresistenter Staphylococcus aureus (MRSA) 336
Mikrobiologie 333
Mikroorganismen, Eintrittspforte 337
Miktion 230
Milchabsonderung, Hypophysenvorderlappen-Insuffizienz 267
Miliartuberkulose 379
Milliäquivalent (mval), Bestimmung 307
Milz 42
- Anatomie 168
- Größenbestimmung 43
- Krankheiten 44
Milzbrand 369f
Milzbrandkarbunkel 369f
Milzruptur 44
Milzschwellung, bei Herzinsuffizienz 110
Milztumor 44
Mineralokortikoide
- Nebennierenrinde 262
- Wirkungsweise 262
Minutenvolumen 88
Mitralinsuffizienz
- relative 100
- sekundäre 100
Mitralklappe 80
- Anatomie 81
Mitralklappenprolapssyndrom 100
Mitralvitium, Herz, Umbau 100
Mittelfell, Organe 135
Mittelfellraum 135
Mittelohrentzündung, bei Masern 386
Mittelstrahlurin 232
Moeller-Barlow-Krankheit 303
Moniliasis 408
Mononukleose, infektiöse 402f
- Behandlung, antibiotische 402f
- Symptome 402
- Übertragung 402
Monozyten, Bildung 11
Monozytenangina 402
Monozytose 27
Morbidität 340
Morbilli s. Masern

Morbus
- Addison, Autoaggression 48
- Basedow
- - Beschreibung 271
- - Schilddrüsenszintigramm 265
- Bechterew 311, 315 f
- - Symptome 315 f
- - Szintigramm 316
- Beck 156 f
- Crohn 205
- - und Arthritis 311
- - Heilungschancen 208
- Cushing s. Cushing-Syndrom
- Kahler 32
- Wilson, und Leberzirrhose 218
Moro-Probe 324
Mortalität 340
Motilitätsstörung, Magen 194
MRSA (Methacillinresistenter Staphylococcus aureus) 336
MSH (Melanozytenstimulierendes Hormon) 259
Mukosa
- Duodenum 167
- Magen 165 f
Mumps 188, 387 f
- Impfung 388
- Komplikationen 388
- Pflege 388
- Übertragung 387
- Vorbeugung 388
Mumpsvirus 387
Mund, Erkrankungen 187 ff
Mundhöhlenorgane 164 f
Mundtrockenheit 188
Mund-zu-Mund-Beatmung 127
Muskelkrämpfe, bei Tetanus 359
Muskelschicht, Magen 165 f
Muskelzellen 1
Myalgia epidemica 407
Myelodysplastisches Syndrom 28
Myelom, multiples 32
Mykobakterien, Krankheiten 335
Mykoplasmen 335
Mykosen 407 ff
Myokard 79
- Aufbau 82 f
Myokardinfarkt
- akuter, Symptome 104 f
- Nachbehandlung 107
- und Perikarditis 99
Myokarditis 98
- akute rheumatische 98
- Behandlung 98
- Symptome 98
Myxödem
- Behandlung 273
- Definition 269, 272
- Symptome 273
Myzeten 334

N

Nachtblindheit 303
Nadelstichverletzung
- HIV-kontaminierte 402
- Maßnahmen 402
Nährstoffzufuhr, Störungen 302 ff
Nahrungsmittel, kaliumreiche 115
Nahrungsmittelvergiftung 356 f
- akute, Definition 356
- Ursachen 357 f
Nase, Erkrankungen 142 ff
Nasenhöhlen 130
Nasenmuschel 130
Nasennebenhöhlen 130
- Entzündung 142 f
- Untersuchung 137
Nasenscheidewand 130
Natrium, im Serum 21
Nebennieren 261 ff
Nebenniereninsuffizienz, Autoaggression 48
Nebennierenmark 261
- Erkrankungen 274 f
Nebennierenrinde 261
- Erkrankungen 275 ff
- Hormone 262
- - Produktion, Untersuchung 266
- - therapeutischer Nutzen 275
Nebenschilddrüsen 260 f
- Erkrankungen 273 f
- Überfunktion 273
- Unterfunktion 273
- Verlust, Symptome 273
Nebenschilddrüsentumor, Nachweis 266
Nekrose, Leber 215
Nephritis
- akute 242
- chronische 243
- bei Schwangerschaft 250
- Symptome 242
Nephrolithiasis 246 f
- Behandlung 246 f
- Vorbeugung 247
Nephron, Schema 227
Nephropathie, diabetische 289
Nephroptose 240
Nephrotisches Syndrom 243
- Symptome 243
- Ursachen 244
Nervensystem
- Hormondrüsen 257
- Komplikationen bei Diabetes mellitus 290
Neugeborene, Ikterus, hämolytischer 25
Neurodermitis 328
Neurohypophyse 258
Neurokrine 258
Neuropathie, autonome, bei Diabetes mellitus 290
NHL s. Non-Hodgkin-Lymphome
Nieren
- Aufgaben 228
- - regulatorische 229
- Ausscheidungsfunktion 229
- Blutversorgung 227
- Erkrankungen 239 ff
- - und Schwangerschaft 250 f
- Feinbau 227
- Form, äußere 226
- Gefäßerkrankungen, Symptome 239
- Gefäßsystem, Darstellung 238
- Gefäßveränderung, diabetische 289
- künstliche 254
- Lage 226
- Längsschnitt 226 f
- und Schockgeschehen 73
- Stoffsynthese 229
- Untersuchungsmethoden 231 ff
Nierenangiographie 238
Nierenarterien 5
- Stenose 240
Nierenbecken, Aufgaben 229
Nierenbecken-Karzinom 241
Nierenblut, Wege 227
Nierenfunktion, Untersuchungsmethoden 231
Nierengewebe, Sarkom 241
Niereninsuffizienz
- chronische 248 ff

Niereninsuffizienz
- - kompensierte, Behandlung 250
- dekompensierte 249
- kompensierbare 249
- latente 249
- Stadien 249
- terminale, Calcitriolsubstitution 305
- Ursachen 249
Nierenkapsel 226
Nierenkarzinom, hypernephroides 241
Nierenkörperchen 226 ff
Nierenleeraufnahme 237
Nierenmark 226
Nierenpapillen 227
Nierenpunktion 239
Nierenrinde 226
Nierenspender, Eigenschaften 254 f
Nierensteine, Bestandteile 246
Nierenstützfett, Verlust 226
Nierentätigkeit
- Beeinflussung, medikamentöse 241
- und Blutdruck 230 f
- Steuerung 228
Nierentransplantation 254 f
Nierentubuluserkrankungen, Symptome 240
Nierentumor 241
Nierenuntersuchung, sonografische 237
Nierenversagen, akutes 247 f
- Behandlung 248
- Symptome 248
- Ursachen 247
Nitrate, Angina pectoris 102
Nitrit, Urinteststreifen 231
Non-Hodgkin-Lymphome 31 f
- Behandlung 32
- Symptome 32
Noradrenalin
- Abgabe, vermehrte 274
- Nebennierenmark 261
Noradrenalinbestimmung, Phäochromozytom, Nachweis, klinischer 266
Normalinsulin 283
Normalzustand, Definition 2
Nykturie
- Beschreibung 252
- bei Herzinsuffizienz 110

O

Oberarmarterie 52
Oberbauchschmerzen, Pankreatitis, akute 211
Oberflächengastritis 194
Oberschenkelschlagader 52
Obstipation
- Behandlung 203
- Definition 203
- Infektionskrankheit, hochfieberhafte 352
- Ursachen 203
Ödem 43 f
Ödembildung, bei Herzinsuffizienz 110
Ohnmacht 70
Ohrspeicheldrüsen 165
Ohrtrompete 131
Oleothorax, bei Tuberkulose 380
Oligurie 252
Omarthrose 316
Opisthotonus, bei Tetanus 359
Orchitis, bei Mumps 388
Organe, Bildung 2
Organismus 2
Organsystem 2
Organtuberkulosen 377
Ornithose 383
Orthopnoe 162
Ösophagoskopie 174
Ösophagus
- Anatomie 165
- Erkrankungen 189 ff
- und Fremdkörper 190
- Schleimhautläsion 190
- Untersuchungsmethoden 174
Ösophagusbreischluck 174
Ösophagusdivertikel 189
Ösophaguskarzinom 190, 192
Ösophagusstenose 190
Ösophagusvarizen
- Beschreibung 189
- Blutung 219 ff
- Komplikationen 219 ff
Ösophagusverätzung 189
Ösophagusverletzung 189
Osteochondrose 314 f
- Folgen 315
Osteomalazie
- Behandlung 305
- Symptome 305
Osteomyelofibrose 33 f
Osteomyelosklerose 33 f
Osteoporose, als Nebenwirkung 275
Östrogen, Gonaden 264
Östrogene 264
Ovarien, Hormone 264
Oxytozin, Hypophysenhinterlappen 259

P

PABA-Test 181
PAH-Clearance 236
Palpationsstellen, Puls 55
Panarteriitis 317
- nodosa 61 f
- - Krankheitszeichen 62
Pandemie 340
Pankreas
- Anatomie 170 f
- Aufgabe 170 f
- Enzyme 171
- Erkrankungen 211 ff
- Inselapparat 263
- - Erkrankungen 277
- Lage 170
Pankreasdiagnostik, Enzymbestimmung 180
Pankreasfunktion, Stuhluntersuchung 181
Pankreasfunktionsprüfungen 181
Pankreasgangsystem, Untersuchung 181
Pankreasinsuffizienz, Folgen 212
Pankreaskarzinom 213
Pankreassaft, Entleerung 170
Pankreassteine 213
Pankreaszysten, Entstehung 213
Pankreatitis
- akute
- chronische, Behandlung 212
- Laborbefunde 182
- bei Mumps 388
Pankreolauryltest 181
Panzytopenie 33
Papageienkrankheit 383
Papilla duodeni major 173
Papillarmuskel 83
Papillotomie 223
Paraaminobenzoeacid-Test 181
Para-Aminohippursäure-Clearance 236
Parasiten 335
Parasympathikus
- Magenperistaltik 166
- Wirkung auf das Herz 84

Parathormon (PTH) 260
- Nebenschilddrüsentumor, Nachweis 266
- Produktion, Regulation 260
Parathyreoideae 260f
Paratyphus
- Beschreibung 355
- Übertragung 353
- Unterschied zu Typhus abdominalis 355
Parotitis
- eitrige 188
- epidemica 387f
- epidemische 188
- unspezifische 188
Pasteurella tularensis 373
Pasteurisieren 344
Pathogenität, Bedeutung 338
Patientenpflege s. Pflege
Patientenvorbereitung
- Koloskopie 179
- Kontrasteinlauf 179
- Laparoskopie 184f
- Leberblindpunktion 183f
- Lumbalpunktion 323
- Magenspülung 176
- Proktoskopie 179
- Rektoskopie 179
Peak-Flow-Meter 139f
PEG (Gastrostomie, endoskopische, perkutane) 192ff
Peitschenwurm 420
Pellagra 303
Penizillin
- bei Diphtherie 362
- Streptokokkenrheumatismus 312
Perforansvenen 55
Pericarditis sicca 98
Perikard 79
Perikarderguss 98
Perikarditis 98f
- rheumatische 99
- tuberkulöse 99
- unspezifische 99
- urämische 99
Peritonealdialyse 253f
Peritonealkarzinose 209
Peritoneum 166
- Definition 170
- Duodenum 167
- Erkrankungen 209ff
Peritonitis
- akute
-- Behandlung 210
-- Beschreibung 209
-- Symptome 210
- chronische, Beschreibung 209
- bei Gallensteinkolik 222
Perkussion, Atmungsorgane 137
Pertussis 369f
- Behandlung 370
- Komplikationen 370
- langandauernde 370
- Stadien 369f
- Verlaufsform, atypische 370
- Vorbeugung 370
Pest 371f
- Bedeutung 371
- Behandlung 371
- Übertragung 371
- Vorbeugung 371
Pestbakterien 371
Peyer-Plaques, Dünndarm 168
Pfeiffer-Drüsenfieber 402
Pflege
- bei Gastrostomie, endoskopische, perkutane 193f
- bei Infektionskrankheiten 347ff
- Masern 386
- bei Meningitis epidemica 369
- Mumps 388
- Nephritis, akute 242
- Tracheotomie 363
Pflegepersonal, Schutz vor Ansteckung 347
Pfortaderkreislauf 49
- Beschreibung 171
Phagozytose 11
Phäochromozytom
- Behandlung 274
- Nachweis, klinischer 266
- Symptome 274
Pharyngitis 143
Philadelphia-Chromosom 28
pH-Metrie, Ösophagus 174
Phonokardiographie 86
Phosphatase, alkalische s. Alkalische Phosphatase (AP)
pH-Wert
- Bestimmung 307
- Blut 308
- Urinteststreifen 231
Pilze, Nachweis 327
Pilzinfektionen 335, 407ff
- Tonsillitis, akute 364
Pilzmeningitis 409
Pilzpneumonie 154
Pilzsepsis 408
Plasmaeiweißkörper 7
Plasmazellen 12
- Abwehrsystem, humorales 45
Plasmin 14
Plasmodium
- falciparum 411
- malariae 411
- ovale 411
- vivax 411
Plasmozytom 32
Plaut-Vincent-Angina s. Angina Plaut-Vincent
Pleura 132f
- diaphragmatica 133
- Erkrankungen 159ff
- parietalis 132f
- visceralis 132f
Pleuraempyem 160
Pleurapunktion 140f
Pleuritis
- entzündliche 159
-- Behandlung 160
- exsudativa 159
-- Differenzialdiagnostik 142
-- Symptome 159
- sicca 159
Pleurodynie 407
Pneumokinose 156
Pneumokokken
- Krankheiten 334
- Sekundärinfektion bei Virusgrippe 393
- Tonsillitis, akute 364
Pneumolyse, bei Tuberkulose 380
Pneumonie 150ff
- Arten 150
- Erreger 150
- bei Masern 385
- bei Pertussis 370
Pneumothorax 160f
- künstlicher 160
- bei Tuberkulose 380
Pocken 389
- Impfung 330
Poikilozytose 16
Polioerreger, Arten 403
Poliomyelitis 403f
- Impfung 330
Poliovirus 403
- Nachweis 326
Pollakisurie 252
Polyarthritis, chronische 310, 313f
- Autoaggression 48
- Behandlung 314
- Risikopatienten 313f
- Untersuchungen 310
- Verlauf 313

Polychromasie 16
Polycythaemia vera 26
Polyglobulie 26f
Polymyaldia rheumatica 311
Polyneuropathie, periphere, bei Diabetes mellitus 290
Polyurie 252
Polyzythämie
Porphyrie 301f
Porphyrine 16
Postcholezystektomie-syndrom 225
Poststreptokokken-Glomerulonephritis, akute, Risikopatienten 243
Präzipitation, Antigen-Antikörper-Reaktion, Nachweis 319
Proktoskopie 179
Prolaktin (Prl) 259
Prolaktinom 267
- Symptome 268
Prostatitis, Übertragung, bei sexuellem Kontakt 337
Prothrombin
- Bestimmung 17
- - Kumarinwirkungskontrolle 108
- Bildung 14
- Umwandlung in Thrombin 13
Prothrombinwert, als Lebertest 183
Protozoen 335
Protozoen-Infektionen 409ff
Protozoenkrankheiten 335
Pseudokrupp 362
- bei Masern 386
Psittakose 383
Psoriasisarthritis 311
PTA (Angioplastie, perkutane transluminale) 60
PTC (Cholangiographie, perkutane transhepatische) 186
PTH (Parathormon) 260
Pulmonalarterien
- Blutzusammensetzung 82
- Fehlbildung 128
- Stammbronchus 131
Pulmonalklappe 80
- Anatomie 81
Pulsdefizit
- Bedeutung 124
- Feststellung 123f
Pulsfrequenz, Erhöhung 94
Pulsmessung 56
- Arterien 55
Pulswelle, Tastbarkeit 55
Purpura
- thrombozytopenische 35
- vaskuläre 35
- - und Gefäßwandschädigung 36
P-Welle 87
Pyelitis, bei Schwangerschaft 250
Pyelographie, retrograde 237
- Durchführung 238
Pyelonephritis 244f
- akute 244f
- Behandlung 245
- chronische 245
- - bei Diabetes mellitus 289
- Erreger 244
- Heilungsaussichten 245
- Risikopatienten 244
- Ursachen 244
Pyloroplastik 201
Pylorus 165
Pylorusstenose
- angeborene 201
- Behandlung 201
- Operation 200

Q

QRS-Gruppe 87
Quarantäne, Infektionskrankheit 339
Quick-Test, Kumarinwirkungskontrolle 108

R

Rabies 404f
Rachen
- Bedeutung 131
- Erkrankungen 142ff
Rachenabstrich, Durchführung 322
Rachendiphtherie, Anfangssymptome 361
Rachenkatarrh 143
Rachenmandel 131
Rachitis
- Behandlung 305
- Kennzeichen 305
Radiojodtherapie 272
Rattenflöhe 341
Raucherbein 61
R-auf-T-Phänomen 119
Raumdesinfektion, Durchführung 347
Raumdesinfektionsmittel 347
Raynaud Krankheit 61f
Reaktion, allergische s. Allergische Reaktion
Reaktivierung, bei Tuberkulose 376
Reanimation, kardiopulmonale 127
Rechtsherzkatheter 91
Rechts-links-Shunt 128
Rechtsschenkelblock 124
Refluxkrankheit 189
Refluxösophagitis 191
Regelkreis, hormoneller 257
Reinfektion, Madenwürmer 419f
Reisediarrhö, Nahrungsmittelvergiftung 357
Reiter-Syndrom 310
- Chlamydieninfektion, genitale 383
Reizempfindlichkeit, bei Tetanus 359
Reizleitung, Störung 118
Reizleitungssystem, Herz 80, 84f
Rekonvaleszenz, Typhus 354
Rektosigmoidoskopie 179
Rektum 169
Renin 229
Renovasogramm 237
RES 42
Reserveluft 135f
Reservevolumen
- exspiratorisches 135
- inspiratorisches 135
Residualluft 135f
Resistenz, Erreger 336, 344
Resorptionstest, Darmfunktion 177
Respirationstrakt 130ff
Retikuloendotheliales System (RES) 42
Retikulozyten 10
Retinopathie, diabetische 289
α-Rezeptoragonisten, zentral wirkende 69
Rezidivulkus 202
Rhagaden 187f
Rh-Antikörper 25
Rhesus-Faktor 15
- Transfusionskomplikationen 36f
Rheumatischer Formenkreis 310ff
- Erkrankungen 310f
- Gewebevorgänge 311

Rheumatismus 310
Rhinitis 142f
Rickettsien 334
Riechfeld 130
Riesenwuchs 267
- Ursachen 268
Rinderbandwurm
- Symptome 417
- Wirtsverhältnisse 416
Rinderinsulin 283
Rippenfell 132f
Risikopopulation
- Ösophaguskarzinom 192
- Polyarthritis, chronische 313f
- Poststreptokokken-Glomerulonephritis, akute 243
- Pyelonephritis 244
Rivalta-Probe 142
Röntgenkontrastmittel, Anwendung 186f
Röntgenleeraufnahme
- Gallenwege 186
- Pankreasuntersuchung 181
Röntgenuntersuchung
- Atmungsorgane 137
- Harnwege 237
- Herzinfarkt 107
- Magen 175
Rosenkranz, rachitischer 305
Röteln 387
- Impfung 387
- Komplikationen 387
- Übertragung 387
- Verlauf 387
- Vorbeugung 387
Rötelnembryopathie 387
Rotlauf 367f
Rubeola 387f
Rückfallfieber, europäisches 381
- Symptome 381
- Ursachen 381
Rückstau, venöser
- Bauchraum 110
- obere Körperhälfte 110
Rumpel-Leede-Phänomen 36

S

Säbelscheidentrachea 269
Salmonellen, Gastroenteritis, akute 357
Salpingitis, Übertragung, bei sexuellem Kontakt 337f
Saluretika 114
Salzsäure, im Magensaft 167
Samenzellen 1
Sammelrohr, Niere 227
Sammelurin, 24-Stunden- 235
Saprophyten 335
Sarkoidose 156
- Behandlung 157
- Ursachen 157
Sauerstoff
- Aufgabe 133
- Status asthmaticus 148
- Transport im Blut 134
Sauerstoffpartialdruck, Messung 139
Säure-Basen-Stoffwechsel, Untersuchung 280
Säureverätzung, Ösophagus 191
Scarlatina s. Scharlach
Scharlach 366f
- Anfangssymptome 366f
- Befundkontrolle 323
- Behandlung 367
- Diagnosestellung 323
- Empfänglichkeit, altersabhängige 366
- Komplikationen 367
- Unterschied zu Masern 385
- Ursachen 366
Scharlachexanthem 367
Scharlachmaske 367
Scharlach-Milchbart 367
Schaufensterkrankheit 59
Schellong-Test 88
Scheuerdesinfektionsmittel 345
Schienbeinarterie
- hintere 52
- vordere 52
Schilddrüse 259f
- Arbeitsweise 260
- Erkrankungen 269ff
Schilddrüsenentzündung 269
Schilddrüsenfunktion
- Prüfung 264
- Regelkreis 260f
Schilddrüsengewebe, Feinnadelpunktion 266
Schilddrüsenhormone 260
Schilddrüsenkrebs 269
Schilddrüsenoperation 272
Schilddrüsensonogramm 265
Schilddrüsenszintigramm 265
Schistosoma mansoni 421
Schistosomiasis 420f
Schlackenstoffe, Ausscheidung über die Nieren 235
Schlafkrankheit, afrikanische 415
- Übertragung 415
- Verlauf 415
Schläfrigkeit, Nephritis, akute 242
Schlagvolumen 88
Schlammfieber 381
Schleimhaut
- der Nase 130
- Veränderung bei Infektionskrankheit 348
Schleimhautpolypen, Magen 202
Schluckakt, Atemwege, Schutz 131
Schluckimpfung, Kinderlähmung, spinale 404
Schluckstörung, schwere, Ernährung 77
Schlussdesinfektion 346
Schmerzen, atemabhängige, Milz 44
Schmierinfektion 342
- Ursachen 342
Schnupfen
- eitriger 142
- Ursachen 142
Schock 70ff
- anaphylaktischer
- - Behandlung 329
- - Symptome 329
- - Vorkommen 329
- Behandlung 73
- Beobachtung durch Pflegepersonal 74
- Beschreibung 70
- hypoglykämischer 72, 290
- - Unterschied zum diabetischen Koma 292
- hypovolämischer 71
- kardiogener 71
- und Kreislaufversagen 72
- Laborbefunde 73
- und Nieren 73
- Prognose 73
- Schweregrade 72
- schwerer, Behandlung, ärztliche 74
- septischer 71
- Sofortmaßnahmen 73
- traumatischer 72
Schockarten 71
Schockindex 72
Schocksymptome
- Myokardinfarkt, akuter 104f

Schocksymptome
- Pankreatitis, akute 211
Schrittmacher
- Batterie 127
- batteriebetriebener 125
- externer temporärer 125
- Störungen 126
- nach Tod 127
Schrittmacherbehandlung, Zeitpunkt 126
Schrittmachertypen 125
Schüttelfrost 350f
Schwangerschaft, und Nierenerkrankung 250f
Schwangerschaftsanämie 24
Schwangerschaftserkrankung, hypertensive 250
Schwangerschaftsnephropathie 250
Schweinebandwurm
- Symptome 417
- Wirtsverhältnisse 416
Schweineinsulin 283
Sedierung, Status asthmaticus 148
Segmentation, Dünndarm 169
Seitenstrang-Angina 143
Sekretin-Test, Pankreas 181
Sekretion, innere, Definition 256
Selbstandauung, Pankreas 211
Sengstaken-Blakemore-Sonde 220
Sensibilität, Erreger 336
Septum
- Fehlbildung 128
- Herz 80
Serologie 319
Serumamylase 20
Serumeiweißbild, normales 19
Serumeiweißkörper, Lebererkrankungen 183
Serumenzyme, bei Lebererkrankung 183
Serumelektrolyte 20
Serum-Glutamat-Oxalacetat-Transaminase (SGOT) 20
Serum-Glutamat-Pyruvat-Transaminase (SGPT) 20
Serumkalziumwert, Veränderung 309
Serumlipase 20
Seuche, Entwicklung 340
SGOT (Serum-Glutamat-Oxalacetat-Transaminase) 20
SGPT (Serum-Glutamat-Pyruvat-Transaminase) 20
Sheedan-Syndrom 267
Shigellose 355f
Shunt 128
Sichelzellanämie 17
Sichelzellen 16
Sickerblutung, Magen 199
Siebbein 130
Sigma 169
Simmonds-Krankheit 267
Singultus, Auslöser 195
Sinusarrhythmie, periodische 117
Sinusbradykardie
- Beschreibung 116
- pathologische 117
- Ursachen beim Gesunden 117
Sinusitis 142f
Sinusknotensyndrom 117
Sinusrhythmus, Änderung 116ff
Sinustachykardie
- Beschreibung 116
- pathologische 117
- Ursachen beim Gesunden 117
Sjögren-Syndrom 317
Sklerodermie, progressive 317
Sklerosierung, endoskopische, Ösophagusvarizen 221
Skorbut 303
Skyballa, Stuhlkonsistenz, Änderung 177
Sludge-Phänomen 72
Sodbrennen 194
Solitärsteine, Gallensteine 221
Somatotroptin (STH) 259
Sommergrippe 406
Somnolenz, bei Typhus 354
Sonographie
- Gallenblase 186
- Gallenwege 186
- Leberdiagnostik 185
- Nasennebenhöhlen 137
- Nebenschilddrüsentumor, Nachweis 266
- Nieren 237
- Pankreasuntersuchung 181
- Phäochromozytom, Nachweis, klinischer 266
Soor 188, 408f
- Behandlung 409
- Entwicklung 408f
Soorpilze 335
Spannungspneumothorax 161
Spärozyten 16
Speicheldrüsen
- Erkrankungen 188
- Mundhöhle 165
Speichelsekretion, Förderung 165
Speichelsteine 188
Speichenschlagader 52
Speiseröhre s. Ösophagus
Speiseröhrenkrebs, Untersuchungsmethoden 174
Speisesalzjodierung 270
Spenderniere
- Abstoßungsreaktion 255
- Einpflanzung 255
Spezialstrümpfe, bei chronisch venöser Insuffizienz 64
Spezifität, von Antikörpern 331
Sphinkter, Magen 166
Spirillen, Tonsillitis, akute 364
Spirochaeta pallida 381
Spirochäten 335
Spirochätose 381f
Spirometer 139
Splenektomie 44
Spondylarthrose 314
Spondylitis ankylosans 311
Spontanpneumothorax 160
Sprühdesinfektion 343
Spulwürmer 418
Spurenelemente 306
Sputum
- Beschaffenheit, äußere 138
- Desinfektion 345
Sputumausstrich 138
Sputumuntersuchung 137
Stäbchenbakterien, Arten 334
Stammbronchien 131
Standardbikarbonat, Blut 308
Staphylokokken
- Gastroenteritis, akute 357
- Krankheiten 334
- Sekundärinfektion bei Virusgrippe 393
- Tonsillitis, akute 364
Starrkrampf s. Tetanus
Status asthmaticus, Behandlung 148

Stauungsaszites 210
Stauungserguss
- Differenzialdiagnostik 142
- bei Herzinsuffizienz 111
Stauungserscheinungen, bei Herzinsuffizienz 110f
Stauungsgastritis, bei Herzinsuffizienz 110
Stauungsleber, bei Herzinsuffizienz 110
Stechmücken 341
Stempeltest 324
Stenokardie, Beschwerden 101f
Stent 60f
Sterblichkeit 340
Sterilisation 342ff
- Vorgang 342
Sterilität, bei Mumps 388
Sternalmark, Zellen 9
Sternalpunktion, Materialien 18
Steroiddiabetes 275
Steroide, Status asthmaticus 148
Steroidulkus 275
STH (Somatotroptin) 259
Stimmbänder 131
Stimmritze 131
Stoffaustausch, Ort 6
Stoffwechsel, Untersuchungsmethoden 278ff
Stoffwechseleinstellung, Qualitätsprüfung 279
Stoffwechselerkrankungen 280ff
Stoffwechselstörung
- durch Apoplexie 77
- und Leberzirrhose 218
Stomatitis 188f
- Behandlung 189
- Vorbeugung 189
Strahlenpilzkrankheit 408
Streptococcus viridans 97
Streptokokken
- beta-hämolysierende 312
- - Sekundärinfektion bei Virusgrippe 393
- hämolytische, bei Tonsillitis 365
- Krankheiten 334
- Tonsillitis, akute 364
Streptokokkenrheumatismus 312
Streptokokkentonsillitis s. Tonsillitis
Streuung
- hämatogene 378f
- bei Tuberkulose 376
Stridor 362
Stroke-unit 78
Struma
- Arten 269f
- euthyreote 269
- - Beschreibung 270
- Folgeschäden 269f
- durch Jodmangel 269
- maligna 269
- retrosternale 270
ST-Strecke 87
Stuhl
- Beimengungen 178
- Bestandteile 170
- Desinfektion 345
Stuhlfarbe, Änderung 177
Stuhlgangsfrequenz, normale 203
Stuhlkonsistenz, Änderung 177
Stuhlkultur, Dysenterie-Nachweis 322
Stuhluntersuchung
- Darmfunktion 177
- Pankreasfunktion 181
Stuttgarter Hundeseuche 381
Submukosa, Magen 165f
Subtraktionsangiographie, digitale, Nieren 238f
Sulfonylharnstoffe, Wirkung 283
Sumpffieber 410ff
Symbionten 335
Sympathikus
- Magenperistaltik 166
- Wirkung auf das Herz 84
Synkope 70
Synovektomie, Polyarthritis, chronische 314
Syphillis 381
Systole 81
Szintigraphie
- Herzinfarkt 107
- Leber 185
- Lunge 137
- Morbus Bechterew 316
- Nebenschilddrüsentumor, Nachweis 266
- Ösophagus 174
- Schilddrüse 265f

T

T_3 (Trijodthyronin) 260
T_4 (Thyroxin) 260
Tachykardie
- bei Herzinsuffizienz 111
- paroxysmale 120ff
- - supraventrikuläre 120
- - ventrikuläre 120
- Symptome 121
- Ursachen 121
Tageszuckerausscheidung 279
TBG (Globuline, thyroxinbindende) 265
TCT (Kalzitonin) 260
Teerstuhl 177
Teicoplanin 337
Testosteron 264
Tetanie
- latente
- - Symptome 274
- - Ursachen 273
- Unterschied zu Tetanus 359
Tetanus 359f
- Behandlung 360
- Impfung 330
- Inkubationszeit 359
- Symptome, wichtigste 359f
- Unterschied zu Tetanie 359
Tetanusbazillus 359
Tetanusimpfung, korrekte 360
Thalassämie 17
Therapie, immunsuppressive 48
Thorakokaustik, bei Tuberkulose 380
Thorakoplastik, bei Tuberkulose 380
Thorakoskopie 137
Thoraxwand, und Lunge 134
Thrombangiitis obliterans 61
Thrombin, aus Prothrombin 13
Thrombolyse, intrakoronare 106f
Thrombopenie, bei Leukämie 29
Thrombophlebitis 64f
- oberflächliche 64
Thromboplastin 13
Thromboplastinzeit, partielle 18
Thrombose 64f
- und Apoplexie 74
- arterielle, Lokalisation 65
- Heparin zur Prophylaxe 107
Thrombozyten 6f
- Aufgaben 12
Thrombozytenaggregationshemmer, Angina pectoris 102

Thrombozytenmangel, Folge 34
Thrombozytopenie, als Nebenwirkung 285
Thrombus
- in Endarterie 53
- in Lungen 155
Thymus 263 f
Thyphusdiagnose 322
Thyreoidea 259 f
- stimulierendes Hormon (TSH)
- - - Sekretion, Regulation 264
- - - Hypophyse 259
- - - Hypothalamus 257 f
Thyreoiditis 269
- bei Mumps 388
Thyreostatika 272
Thyreotropin releasing hormone (TRH) 257 f
Thyreotropin (TSH) 257
Thyroxin (T_4) 260
Thyroxin-bindendes Globuline (TBG) 265
Titer 319
T-Lymphozyten
- Abwehrsystem, zelluläres 45
- Arten 12
- Thymus 264
Tocopherol 305
Tod, durch Apoplexie 76
Tödlichkeit 340
Toleranz, immunologische 328
Tollwut 404 ff
- Behandlung 406
- Entstehung 404
- Inkubationszeit 405
- Maßnahmen 405
- Schutzimpfung 405
- Stadien beim Menschen 401
- Tiere als Infektionsreservoir 405
- Vorbeugung gegen Ausbreitung 405
Tollwutsperrbezirk 405
Tonsillarabszess 364
- Symptome 365
Tonsillektomie 143
Tonsillitis 143, 364 ff
- akute, Behandlung 365
- - Erreger 364
- - Komplikationen 365
- - Symptome 365
- Ausprägungsarten 364
Tophus 299 f
Totalkapazität 136
Toxine, Wirkungen 338
Toxoplasmose 415 f
- Nachweis 327
Trachea
- Lage 131
- Schichtaufbau 131 f
Tracheitis 144
Tracheomalazie 269
Tracheotomie
- Beschreibung 363
- Patientenpflege 363
Trachom 384
Transaminasen 20
- Lebererkrankungen 183
Transferrin 8
Transfusion 36 ff
Transfusionszwischenfall 38 f
Transplantationen 39 f
TRH (Thyreotropin releasing hormone) 257 f
TRH-Test, Durchführung 265
Trichinellose 419 f
Trichuriasis 420
Trigeminus, Extrasystolen 119
Triglyzeride, Normalwert im Serum 280
Trijodthyronin (T_3) 260
Trikuspidalklappe 80
- Anatomie 81
Trinkwasserjodierung 270
Trismus, bei Tetanus 359
Trockensterilisation 344
Tropeninformation, aktuelle 414
Tröpfcheninfektion 342
- Ursachen 342
Troponin T 93
Truncus coeliacus 51
Trypanosomen 415
Tsetsefliege 415
TSH s. Thyreoidea stimulierendes Hormon (TSH)
TSH-Bestimmung 264
TSH-Sekretion, Regulation 264
Tubae auditivae 131
Tuberkel 377
Tuberkelbakterien
- Beschreibung 375
- Nachweismethoden 324
- Tonsillitis, akute 364 f
- Vernichtung 375
Tuberkulindiagnostik, Zeitpunkt 324
Tuberkulinprobe 324 f
- positive 325
Tuberkulom 377
Tuberkulose 375 ff
- aktive 377
- Aktivitätszeichen 377 f.
- Ausbreitungswege, außerpulmonale 378
- Bedeutung 375
- Eingriffe 380
- extrapulmonale 377
- geschlossene 377
- Impfung 330, 380
- offene 377
- Organe, prädisponierte 376
- Prognose 380
- Reaktivierung 376
- Streuung, hämatogene 378 f
- Superinfektion 376
- Übertragung 375
- Verschleppung, lymphogene 378
- zirrhotische Veränderung, Bedeutung 378
Tuberkulosebehandlung
- medikamentöse, Nebenwirkungen 379 f
- Möglichkeiten 379
Tubulus
- distaler, Niere 227
- proximaler, Niere 227
Tularämie 373
Typ-1-Diabetes 281
Typ-1-Diabetiker, Einstellung 286
Typ-2-Diabetes 281
Typ-2-Diabetiker, Einstellung 285
Typhus
- abdominalis 353 f
- - Unterschied zu Paratyphus 355
- exanthematicus 390
- - Inkubationszeit 353
- - Stadien 354
- Symptome, charakteristische 354
- Übertragung 353
- Vorbeugung 355
Typhuserreger 353
Typhuspatient
- Ansteckungsdauer 355
- Behandlung 354
T-Zell-Lymphome 31

U

Übergewicht, Beseitigung 296

Überlaufblase
- bei Apoplexie 78
- Beschreibung 251
Übertragbarkeit, Unterschied zu Ansteckung 341
Überträger, tierischer 337
Übertragungsarten, Krankheitserreger 337
Ulcus
- duodeni 194, 197 ff
- - Behandlung 199
- - perforierender, Übernähen 201
- ventriculi 194, 197 ff
- - Behandlung 199
- - perforierender, Übernähen 201 f
Ulkus
- Nachweis 174
- Penetration, Verlauf 200
- pylorischer, Magenentleerungsstörung 201
- Symptome 198
Ulkusblutung 199
- Symptome
Ulkuskomplikationen 199
Ulkusperforation
- und Bauchhöhle, freie 200
- gedeckte 200
- Operation 200
Ultraschall
- Gallenblase 186
- Gallenwege 186
- Leberdiagnostik 185
- Nasennebenhöhlen 137
- Nebenschilddrüsentumor, Nachweis 266
- Nieren 237
- Pankreasuntersuchung 181
- Phäochromozytom, Nachweis, klinischer 266
- Wirkung 89
Unfruchtbarkeit, bei Mumps 388
Unterkieferspeicheldrüsen 165
Unterschlüsselbeinarterie 52
Untersuchungsmaterial, infektiöses
- Abnahmezeitpunkt 321
- Versand 321
Unterzungenspeicheldrüsen 165
Urämie 249
Uratsteine 246
Ureter s. Harnleiter
Urethritis, Übertragung, bei sexuellem Kontakt 337 f
Uriculttest, Durchführung 235
Urin
- brauner 231
- diabetisches Koma versus hypoglykämischer Schock 292
- Färbungen 231
- - Nephritiskranker 242
- roter 231
- trüber 231
Urinausscheidung, Veränderungen 252 f
Uringewinnung 232
Urinretention, bei Apoplexie 77 f
Urinsammeln, Vorgehen 233 f
Urinsediment
- normales 231
- pathologisches 232
Urinteststreifen, Untersuchungsparameter 231
Urinuntersuchung 231
Urobilinogenurie, Urinteststreifen 231
Urogramm, i.v., Durchführung 237

V

Vancomycin 337
Vanillinmandelsäure, Phäochromozytom, Nachweis, klinischer 266 f
Varikose 63
Variola 389 f
Varizellen 388 f
Varizellenvirus 388
- bei Gürtelrose 391
Varizen 63
Vasopressin, Hypophysenhinterlappen 259
Vater-Papille 173
Vena
- cava
- - inferior 54
- - superior 54
- femoralis 55
- jugularis, Stauung 270
- saphena magna 54
Venae portae 171
Venen 54 f
- Blutfortbewegung 54
- Blutzusammensetzung 49
- Krankheiten 63 f
- oberflächliche 54 f
- tiefe 55
Venendruck, zentraler (ZDV) 89
Venenerweiterung 63
Venengeflecht, Nasenschleimhaut 130
Venensystem, funktionelle Teile 54 f
Venenthrombose
- und Embolie 66
- Entstehung 64
- Lokalisationen 65
- tiefe 65
Ventilation, Verstärkung 134
Ventilationsleistung, Veränderung im Alter 136 f
Ventilationsstörung
- obstruktive 147
- restriktive 147
Ventilpneumothorax 161
Ventrikel 80
Verätzung, Ösophagus 190 f
Verbrauchskoagulopathie 35
Verbreitung, geographische, Krankheit 341
Verdauung 164 ff
Verdauungssystem
- Abschnitte 164
- Erkrankungen 187 ff
- Untersuchungsmethoden 174 ff
- Veränderung bei Infektionskrankheit 348
Verdauungstrakt
- Aufgaben 164
- Hormondrüsen 256 f
- Komplikationen bei akuter Infektionskrankheit 348
Vergiftung, Stomatitis 189
Verklumpung, Antigen-Antikörper-Reaktion, Nachweis 319
Verschleppung, im Körper, Erregerübertragung 337
Verschlussikterus, bei Gallensteinkolik 222
Verschlusskrankheit, arterielle 59
- Angioplastie, perkutane transluminale 60
Vibrio cholerae 372
- el tor 372
Viren 333
- Desinfektionsschutz 346
- Gastroenteritis, akute 357
- Größe 333
- Infektionen 384 ff
- neurotrope, Enzephalitis 394

Viren
- Tonsillitis, akute 364
Virulenz 338
Virus
- Definition 333
- Erkrankungen 384 ff
Virusarten 333
Virusgrippe 392 f
- Behandlung 393
- Beschreibung 392
- Komplikationen 393
- Nachweis, serologischer 325
- Risikopatienten 394
- Schutzimpfung 394
- Sekundärinfektion, Erreger 393
- Übertragung 392
- Verlauf 393
- Vorbeugung 394
Virushepatitis s. Hepatitis
Virusinfektion, Übertragung, bei sexuellem Kontakt 337
Virusmyokarditis 407
Viruspneumonie 154
Virustatika, bei Herpes
- simplex 391
- zoster 392
Vitalkapazität 135
Vitamin A, Vorkommen 303
Vitamin B_{12}
- Anämie, perniziöse 23
- Blutbildung 10
Vitamin D 304 f
- Nieren 229
- und Stoffwechsel 305
- Vorkommen 304
Vitamin D_3 304
Vitamin E 305
Vitamin K 306
Vitamin-A-Mangel 303
Vitamin-B_1-Hypovitaminose 303
Vitamin-B_1-Mangel 303
Vitamin-B_2-Mangel 303
Vitamin-B_{12}-Mangel 303
Vitamin-B-Komplex, Definition 303
Vitamin-C-Mangel 303
Vitamin-D-Prophylaxe 305
Vitamine 302 ff
Vitamin-K-Mangel, Ursachen 306
Vitien, konnatale, Behandlung 129
Vollheparinisierung 107
Volumen, mittleres korpuskuläres (MCV) 16
Vorderwandinfarkt 105
Vorhof 80
Vorhofflattern 118
- Beschreibung 122
- und Herzfrequenz 123
Vorhofflimmern 118
- Definition 122
- und Herzfrequenz 123
Vorhoftätigkeit, Abstimmung auf Kammertätigkeit 85
VVI-Schrittmacher 125

W

Wabenlunge 157
Wachstumshormon 259
Wadenbeinarterie 52
Wandaufbau
- Duodenum 167
- Harnblase 230
- Magen 165 f
Wanderniere 240
Wäschedesinfektionsmittel 345
Wasserhaushalt, Störungen 306 ff
Wasserlassen 230
Wasserrückresorption 228
Wasserstoff-Atemtest 178
Wasserverarmung 307
Weichteilrheumatismus 315
Weil-Krankheit 381
- Symptome 381
Weltgesundheitsorganisation, Definition von Gesundheit 2
WHO s. Weltgesundheitsorganisation
Windkesselwirkung, Aorta 53
Windpocken 388 f
Wirbelsäule, Erkrankungen, degenerative 314 ff
Wischdesinfektion 343
Wundrose 367 f
Wundstarrkrampf, Erreger 359
Wurmfortsatz 168

X

Xerophthalmie 303
Xylosetest 178

Y

Yersinia pestis 371

Z

Zähne, Schmelzdefekt 305
Zahnfleisch, Erkrankungen 188
Zahnfleischblutung 188
Zahnfleischverfärbung 188
Zäkum 168
ZDV (Venendruck, zentraler) 89
Zecken 341
Zeckenbiss, bei Lyme-Borreliose 382
Zellen 1
Ziegenpeter 387 f
Zink 306
Zirbeldrüse 259
Zirrhose, posthepatische 217
Zuckerausscheidung, Urinteststreifen 231
Zuckerkrankheit s. Diabetes mellitus
Zunge, Veränderungen 188
Zweigefäßerkrankung 101
Zweigläserprobe 235
Zwerchfell 132 f
Zwerchfellbruch, Definition 189
Zwerchfellnerv, Durchtrennung, bei Tuberkulose 380
Zwergwuchs
- hypophysärer 267
- rachitische 305
Zwischenrippenarterien, Verlauf 50 f
Zwischenwirt, tierischer 341
Zwölffingerdarm s. Duodenum
Zwölffingerdarmgeschwür, Ursachen 198
Zyanose 110
- starke, Behandlung 114
Zystenniere 240
Zystitis 251 f
Zystoskopie, Harnblase 231
Zysturethrogramm 237 f
Zytomegalieinfektion
- Bedeutung 403
- Behandlung 403
- Risikopersonen 403
Zytoskopie, Harnwege 238

Literaturverzeichnis

Faller, A., M. Schünke: Der Körper des Menschen, 13. Aufl. Thieme, Stuttgart 1999

Gerlach, U., H. Wagner, W. Wirth: Innere Medizin für Pflegeberufe, 5. Aufl. Thieme, Stuttgart 2000

Kellnhauser, E. u.a.: THIEMEs Pflege, 9. Aufl. Thieme, Stuttgart 2000

Lindner, U. K.: Schnellinterpretation des EKG. Springer, Berlin 1999

Paetz, B., B. Benzinger-König: Chirugie für Pflegeberufe, 19. Aufl. Thieme, Stuttgart 2000

Schwegler, J. S.: Der Mensch – Anatomie und Physiologie, 2. Aufl. Thieme, Stuttgart 1998